"十二五"普通高等教育本科国家级规划教材

全国电力行业"十四五"规划教材

国家级线下一流本科课程配套教材

中国电力教育协会
高校电气类专业精品教材

FUNDAMENTALS OF ELECTRICAL ENGINEERING

电气工程基础

（第四版）上册

主　编　陈慈萱
副主编　向铁元　徐　箭　彭　辉

中国电力出版社
CHINA ELECTRIC POWER PRESS

内 容 提 要

本书为“十二五”普通高等教育本科国家级规划教材，全国电力行业“十四五”规划教材。

本书分为上、下册，此为上册。全书主要内容包括电力系统组成的特点和接线方式，电力系统中的电气主设备和负荷，电力系统在稳态或故障时分析计算的基本理论和方法，电力系统稳定的基本概念，远距离输电技术，电力系统的内部过电压和防雷保护，电力系统继电保护、控制与信号系统，电力系统自动化技术以及变电站电气部分课程设计的基本方法。

本书可作为高等院校电气类专业的本科教学用书，也可作为职业教育相关专业教材，同时可供电气工程相关专业的技术人员参考。

图书在版编目（CIP）数据

电气工程基础．上册/陈慈萱主编．--4 版．--北京：中国电力出版社，2024.6.（2025.8 重印）
-- ISBN 978-7-5198-8617-2

Ⅰ. TM

中国国家版本馆 CIP 数据核字第 2024Q6Y692 号

出版发行：中国电力出版社
地　　址：北京市东城区北京站西街 19 号（邮政编码 100005）
网　　址：http://www.cepp.sgcc.com.cn
责任编辑：雷　锦（010-63412530）
责任校对：黄　蓓　李　楠
装帧设计：郝晓燕
责任印制：吴　迪

印　　刷：廊坊市文峰档案印务有限公司
版　　次：2003 年 9 月第一版　2024 年 6 月第四版
印　　次：2025 年 8 月北京第二次印刷
开　　本：787 毫米×1092 毫米　16 开本
印　　张：21.75
字　　数：519 千字
定　　价：65.00 元

前言

《电气工程基础（第四版）》是面向电气工程及其自动化和相关专业的专业编写的一部宽口径专业基础教材。本书第一版于2003年出版发行，得到广大使用者的认可，第二版、第三版在2012年和2016年由本书编写组先后两次对教材进行了修订，并于2014年入选“十二五”普通高等教育本科国家级规划教材。2023年本书编写组响应国家教材委员会办公室“党的二十大精神进教材”的要求，在第一章增补了面向能源结构优化和绿色低碳转型的发展战略需求，新型电力系统发展趋势等内容；第三章补充了直流断路器的相关内容，第四章补充了一些典型的城市配电网接线方式；在第十章增补了特高压输电系统对于“党的二十大”所倡导的绿色低碳转型发展战略的支撑作用以及我国特高压输电的发展动态等内容。同时，结合第三版教材使用过程中发现的某些问题和不足进行了增补修订，形成了第四版。

本书分上、下册，共十六章，由陈慈萱任主编，向铁元、徐箭和彭辉任副主编，其中第一、八章由徐箭修订补充，第三章由徐箭和乔卉修订补充，第四章由柯德平修订补充，第五章由李勇汇、柯德平和乔卉修订补充，第六、十三章由郭晓云修订补充，第九章由唐飞修订补充，第十章由田翠华修订补充，第十一章由陈小月修订补充，第十二章由蓝磊修订补充，第十四章由彭辉修订补充，第十五章由赵洁修订补充。本书上册由徐箭统稿，下册由彭辉统稿，终稿由陈慈萱、向铁元审定。

限于编者水平，书中疏漏和不足之处在所难免，恳切希望使用本书的广大读者提出宝贵意见。

编　者

2024年6月

第一版前言

《电气工程基础》是为宽口径的“电气工程与自动化”或“电气工程及其自动化”专业编写的一部专业基础教材，是在“电工基础”“电机学”“电子技术”“计算机技术”等基础课程后的一门大型专业平台课。

本课程以电能的生产、输送以及确保电力系统运行中的“安全、可靠、优质、经济”原则为主线，将“电力系统分析”“继电保护”“自动化”“高电压技术”“电力电子技术”以及“通信技术”等传统专业课中的相关内容融合成一体，介绍了电力系统的组成及其主要设备和接线方式、远距离输电技术、简单的潮流和短路计算方法以及电力系统稳定的基本概念、电力系统运行中的过电流和过电压保护、电能质量的控制以及电力系统中的通信和自动控制的特点。最后通过相关的课程设计巩固所学内容并为学生对相关专业课的选择和学习打下基础。

全书共十七章，分上、下两册，上册为一至九章，下册为十至十七章。其中第一章由关根志编写，第二、五、六、八章由向铁元编写（其中第二章的第三节由刘涤尘编写），第四、十四、十七章由陈丽华编写，第七、九章由陈昆薇编写，第十章由陈柏超编写，第十三章由肖军华编写，第十五章由殷小贡编写，第十六章由张承学编写。陈慈萱编写了第三、十一、十二章并对全书进行统稿。陈允平教授主审了全书，并提出许多宝贵意见。

本书是在全院教师的大力支持下完成的，谈顺涛教授在本书的编写和统稿过程中做了大量组织工作。张元芳教授在本书的定稿过程中花费了很多心血。“电气工程基础”课程教学小组阅读了初稿，提出了很多修改意见。在此表示衷心的感谢。

由于编写时间仓促，错误和不足之处在所难免，恳切希望使用此书的教师和学生提出意见。

编　者

2003 年 6 月

第二版前言

《电气工程基础》是为宽口径的“电气工程与自动化”或“电气工程及其自动化”专业编写的一部专业基础教材。该书第一版于2003年出版发行，得到广大使用者的认可，沿用至今。

现应中国电力出版社的要求，在第一版的基础上，就使用过程中发现的一些问题和不足之处，结合我国电力工业的发展，对第一版的各章进行了修订和补充，并将第一版的第十五章电力系统通信和第十六章电力系统自动控制技术这两章的内容进行了整合，构成为第二版的第15章电力系统自动化技术。

全书共十六章，分上、下两册，上册为一至九章，下册为十至十六章。

第一版各章节的编者（陈慈萱、向铁元、肖军华、张承学、关根志、刘涤尘、陈丽华、陈昆薇、陈柏超、殷小贡）和张元芳、丁坚勇、乔卉、郭晓云、田翠华、方华亮等共同完成了第二版的修订和补充工作。陈慈萱对全书进行了统稿。

华中科技大学涂光瑜教授和武汉大学谈顺涛教授担任本书的审稿工作，提出了许多宝贵的修改意见，在此表示衷心感谢。

限于编者水平，书中疏漏和不足之处在所难免，恳切希望使用此书的教师和学生提出意见。

编　者

2012年2月

第三版前言

《电气工程基础》是为电气工程及其自动化和相关专业编写的一部宽口径专业基础教材。本书第一版于2003年出版发行，得到广大使用者的认可。2012年修订后出版发行的第二版于2014年入选“十二五”普通高等教育本科国家级规划教材。现就使用过程中发现的一些问题和不足之处，结合我国电力工业的发展，增补修订为第三版。

本书分上、下册，共十六章，由陈慈萱任主编，向铁元任副主编，其中第一章由关根志修订补充，第四、十四、十六章由陈丽华、彭辉修订补充，第五章由向铁元、徐箭修订补充，第十章由徐箭、田翠华修订补充，第十五章由张莲梅补充。本书上册由徐箭统稿，下册由彭辉统稿，终稿由陈慈萱、向铁元审定。

对书中疏漏和不足之处，恳切希望使用本书的广大读者提出宝贵意见。

编　者

2016年1月

目 录

第一章 概 述

第一节 电力工业在国民经济中的地位

一、电力工业与国民经济的关系

能源是社会生产力的重要基础。随着社会生产力的不断发展，人类使用的能源不仅在数量上越来越大，而且在品种及其构成上也越来越多样化。其中，煤、石油、天然气、水能、核能、风能、太阳能等由自然界演化而生成的资源，称为一次能源；在人们日常生产和生活中广泛使用的电能则是由一次能源转换而来的，称为二次能源。将一次能源转换成电能供人们直接使用的产业即是电力工业。

在现代社会中，电能为工业、农业、交通和国防等各行各业提供不可缺少的动力，也是人们日常生活须臾不可离开的能源。电能已像粮食、空气和水那样，成为支撑现代社会文明的物质基础之一，社会文明越发达，人类的生产和生活就越离不开电能。因此，电力工业是国民经济的一项基础产业。电力工业的发展水平已成为反映国家经济发达程度的重要标志；人均消费电能的数量也成为衡量人们现代生活水平的重要指标。

世界各国的发展表明：国民经济每增长 1%，电力工业要相应的增长 1.3%～1.5%，才能为国民经济其他各行业的快速稳定发展提供足够的动力。因此，电力工业是国民经济发展的先行产业。优先和快速发展电力工业是社会进步、综合国力增强和人民物质文化生活现代化的必然要求。

二、我国电力工业发展简介

我国电力工业的发展经历了一个曲折的过程。从历史上看，1875 年在法国巴黎北火车站建成世界上第一座火力发电厂。七年后的 1882 年，在我国上海南京路建成了中国第一座发电厂。在这一点上，可以说中国电力与世界电力几乎是同时起步的。但遗憾的是，由于封建统治和外国列强的侵略，我国的电力工业在此后长达 60 余年的时间里发展极为缓慢，技术也十分落后。直到 1949 年，全国装机容量累计只有 1850MW，年发电量为 4.3×10^{9}kW·h，分别列居世界第 21 位和第 25 位。就装机容量而言，仅相当于我国现在一座6×300MW机组的中等规模的发电厂。

新中国的建立使我国的电力工业得到了飞速的发展。截止到 1979 年，我国电力装机容量和年发电量已分别为 1949 年的 21 倍和 65 倍，在世界排名中居第 7 位。改革开放以来，我国电力工业得到了长足的发展，在电源建设和电网建设等方面均取得了令世人瞩目的成就。目前，我国电力工业已开始进入“大机组”“大电网”“超高压”“高自动化”的发展新阶段，调度自动化、光纤通信、计算机控制等高新技术在我国电力系统中均已得到广泛应用。国家能源局以及相关部门发布的统计信息显示：截止到2023年末，我国电力总装机容量为2920GW，年发电量为8.91×10^{12}kW·h，双双稳居世界第一。装机容量中火电装机为1390GW，占总装机容量的47.6%，其中，煤电1160GW水电装机为420GW，占14.4%；核电装机为56.9GW，占1.9%；并网风电容量为440GW，占15.1%；并网太阳能发电容量为610GW，占20.9%。2023年煤电发电量占总发电量比重接近六成，煤电仍然是当前我国电力供应的主力电源。

举世瞩目的三峡工程的建成，为我国电力工业的发展注入了强大的活力并将产生深远的影响。三峡水电厂总装机容量为22500MW，是此前世界上最大的巴西伊泰普水电厂的1.7倍，因此三峡水电厂为当今世界上最大的水力发电厂。三峡工程的成功建设标志着我国对大型水电的勘测、设计、施工、安装和设备制造等均已达到国际先进水平。

我国的电网建设，在经历了20世纪50～60年代建成110～220kV省级高压电网之后，70年代建成了西北330kV超高压区域电网。1981年建成的平顶山至武昌的第一条500kV输电线路，使我国的超高压输电技术达到了一个新的水平。如今我国已建成了以500kV超高压输电线路为骨干网架的东北、华北、华中、华东、南方电网以及以330kV超高压输电线路为骨干网架的西北电网等六大区域电网，区域电网之间又通过交流、直流或者交、直流混合形式相联系，形成了跨区域联合电网。随着2009年晋东南—南阳—荆门1000kV特高压交流试验示范工程的建成投产，以及2010年向家坝至上海±800kV特高压直流示范工程的全线带电成功，标志着我国特高压输电技术取得了实质性突破，走在了世界输电领域的前列。

我国电力工业发展的方针一方面是优先开发水电，积极发展火电，稳步发展核电，因地制宜地利用其他可再生能源发电，搞好水电的“西电东送”和火电的“北电南送”建设，建设坚强的智能电网；另一方面，要继续深化电力体制改革，实施厂网分开，实行竞价上网，建立起竞争、开放、规范的电力市场。目前我国建成以华北、华中和华东地区为核心，连接各大区域电网和主要负荷中心的1000kV特高压交流及±800kV特高压直流智能骨干电网，我国电网规模稳居世界第一。

第二节　电网、电力系统和动力系统的划分

通常，发电厂所需的一次能源产地和电能用户往往不在同一地区。水能资源集中在河流水位落差较大的偏远山区，燃料资源集中在矿区，而电能用户一般都集中在大城市、大工业区，与一次能源产地相距甚远。例如，水力发电厂只能建在河流水位落差大的峡谷地区，而火力发电厂虽然可以远离矿区，建在电力负荷中心附近，但这要付出高昂的燃料运输费，并会给电力负荷中心的城区带来严重的环境污染。因此，大容量的火力发电厂也应尽可能地建在远离城市的矿区。为了将这些分散的、地处偏远地区的水力发电厂、火力发电厂或其他型式的发电厂生产的电能输送到远方的电力负荷中心，并使这些发电厂能够联系起来并列运行，以提高供电的可靠性和经济性，必须寻求实现这种大容量、远距离输送

电能的方法。理论分析和实践证明，采用高压输电是最经济实用的方法。由于绝缘结构的困难，目前发电机的电压不高于20kV，因此需要建立升压变电站来升高发电机发出的电压，并通过高压输电线路将分散于各地的发电厂以及各负荷中心连接起来。高压电能输送到电力负荷中心后，再通过降压变电站将电压降低，然后通过配电线路向用户提供电能，如图1-1所示。

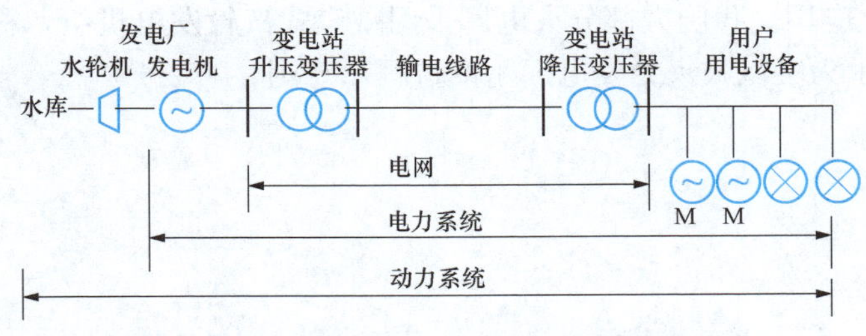

图1-1 动力系统、电力系统及电网示意图

习惯上，人们将图1-1中由带动发电机转动的动力部分（如火力发电厂的汽轮机、锅炉、燃料供给、供热管道以及水力发电厂的水轮机、压力管道和水库等）、发电机、升压变电站、输电线路、降压变电站和负荷等环节构成的整体称为动力系统。其中，由各类升压变电站、输电线路和降压变电站组成的电能传输和分配的网络称为电网。由发电机、电网和负荷所组成的统一体称为电力系统。本书将着重介绍电力系统设计、运行中的有关问题。

第三节 发 电 厂

存在于自然界中的能源称为一次能源，在一次能源基础上生产或转换而来的能源称为二次能源。从可持续发展的角度出发，一次能源又可分为可再生能源和非再生能源。可再生能源可以由自然界源源不断地持续提供，不会因为人类的使用而减少，如水能、风能、太阳能、地热能、生物质能、海洋能等。非再生能源则会随着人类的不断开发利用而日益减少，如传统使用的煤、石油、天然气等化石类燃料。

发电厂（简称电厂或电站）是将一次能源转换为电能（二次能源）的工厂。按其所用能源划分，发电厂主要有火力发电厂、水力发电厂以及核能发电厂等。其他新能源，如风力发电、太阳能发电、地热发电、潮汐发电、生物质能发电等，由于其能源的可再生性和无污染性，更加符合人类对环境保护和能源可持续发展的要求，近年来引起国内外的高度重视，得到了积极开发和广泛应用。处于研究阶段的还有核聚变能发电、磁流体发电、燃料电池等。

一、 火力发电厂

利用固体、液体、气体燃料的化学能来生产电能的工厂称为火力发电厂，简称火电厂。迄今为止，火电厂仍是我国电能生产的主要方式。在发电设备总装机容量中，火力发电的装机容量约占48%。我国和世界各国的火电厂所使用的燃料大多以煤为主，其他可以使用的燃料还有天然气、燃油（石油）以及工业和生活废料（垃圾）等。

火电厂在将一次能源转换为电能的生产过程中要经过三次能量转换。首先通过燃烧将燃料的化学能转变为热能，再经过原动机将热能转变为机械能，最后通过发电机将机械能转变为电能。

火电厂使用的原动机可以是凝汽式汽轮机、燃气轮机或内燃机，其中内燃机一般只在农村和施工工地上应用。我国大部分火电厂采用凝汽式汽轮发电机组，称为凝汽式火力发电厂。图 1-2 所示为凝汽式火力发电厂生产过程示意图。

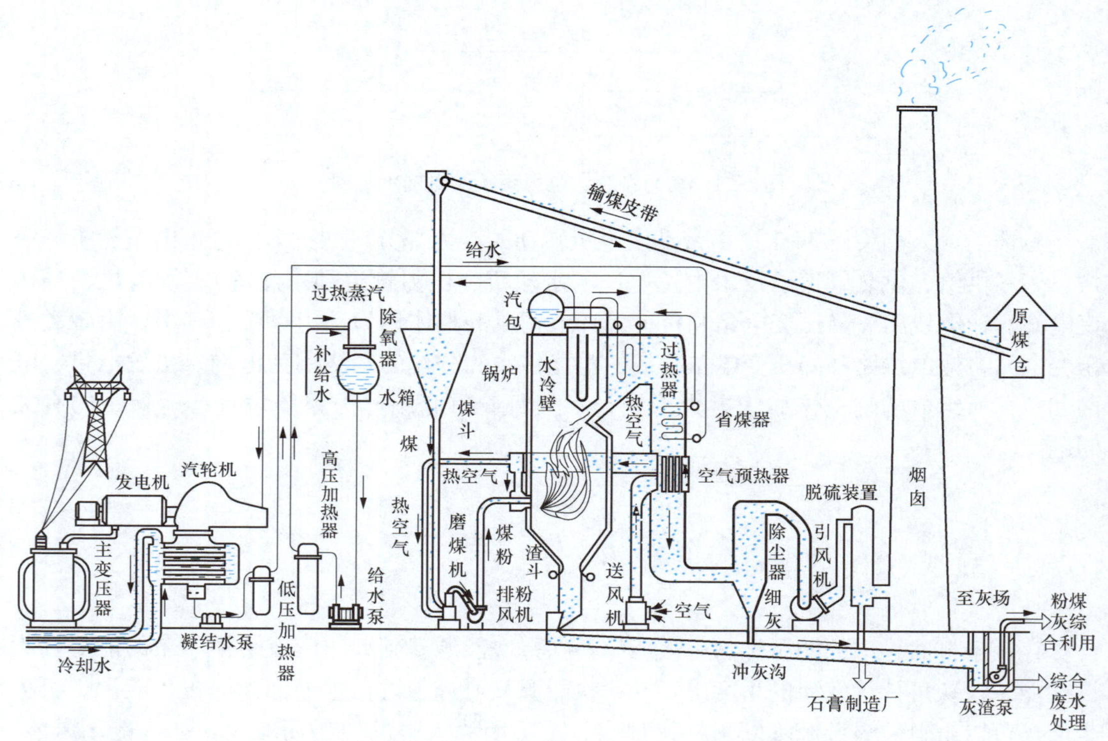

图 1-2　凝汽式火力发电厂生产过程示意图

由图 1-2 可见，经过分拣和破碎处理后的原煤存储在原煤仓中，仓中的原煤再由输煤皮带送入煤斗中。为了提高煤的燃烧效率，煤斗中的原煤要先通过磨煤机磨成煤粉，再由排粉风机将煤粉混同热空气经喷燃器送入锅炉的燃烧室内燃烧。煤燃烧时其化学能将转变成热能，加热燃烧室四周水冷壁管中的水，使之变成蒸汽。此蒸汽再通过过热器进一步吸收烟气的热量而变为高温高压的过热蒸汽，过热蒸汽经主蒸汽管道进入汽轮机。进入汽轮机的高温高压蒸汽迅速膨胀，推动汽轮机的转子旋转，将热能转换为机械能。汽轮机带动联轴的发电机旋转发电，将机械能转换成电能。在汽轮机内做完功的蒸汽经凝汽器放出汽化热而凝结成水后，由凝结水泵送入低压加热器和除氧器加热和除氧。除氧后的水由给水泵打入高压加热器加热，再经省煤器进一步提高温度后重新进入锅炉的水冷壁管中，如此往复，循环使用。

由于凝汽式火电厂运行时需要将做过功的蒸汽送入凝汽器凝结成水，这样大量热能将被凝汽器中作冷却用的循环水带走，因此凝汽式火电厂的热效率（指热能利用率）很低。

为了提高热效率，火电厂均向高温（530℃以上）、高压（8.83～23.54MPa）的大容量（500MW以上）机组发展。高温、高压、大容量机组的使用可以使火电厂的热效率提高到30%～40%。目前世界上最大火电机组的单机容量已达1300MW。

为了减少循环水带走的热量以提高火力发电厂的热效率，可将凝汽式汽轮机中一部分做过功的蒸汽从中间抽出直接供给热用户，或经过热交换器将水加热后，将热水供给用户。这种既发电又供热的火电厂称为热电厂。通常热电厂的热效率可上升到60%～70%。热电厂一般都建在大城市及工业区附近。

对于大容量的火电厂，由于其燃料需要量极大，同时还大量排放废气、粉尘和废渣等，会对环境造成污染，因此现代的火电厂都附有废气处理和除尘设备以及对粉煤灰的综合利用设施。为了减少对城市的环境污染和燃料运输，大型火电厂宜建在燃料产地附近，这样的火电厂称为坑口电厂。

燃气轮机发电厂是通过燃烧天然气的燃气轮机带动发电机发电的，是一种清洁能源发电厂。这类发电厂因机组启动速度快，可作为调峰电源承担日负荷曲线上的尖峰负荷。采用燃气—蒸汽联合循环的运行方式可进一步提高火力发电厂的热效率。

二、 水力发电厂

水力发电厂是利用河流所蕴藏的水能资源来生产电能的工厂，简称水电厂或水电站。水力发电的能量转换过程只需两次，即通过原动机（水轮机）将水的位能转变为机械能，再通过发电机将机械能转变为电能，故在能量转换过程中损耗较小，发电的效率较高。

水电厂的发电容量取决于水流的水位落差和水流的流量，即

$$P = 9.8\eta QH \tag{1-1}$$

式中：P 为水电厂的发电容量，kW；Q 为通过水轮机的水的流量，m^3/s；H 为作用于水电厂的水位落差，也称水头，m；η 为水轮发电机组的效率，一般为0.80～0.85。

由式（1-1）可见，在流量一定的条件下，水流落差越大，水电厂输出功率就越大。为了充分利用水力资源，应尽量抬高水位。因此水电厂往往需要修建拦河大坝等水工建筑物，以形成集中的水位落差，并依靠大坝形成具有一定容积的水库，用以调节水的流量。

根据水利枢纽布置的不同，水电厂可分为堤坝式和引水式等，其中以堤坝式水电厂应用最为普遍。

（一）堤坝式水电厂

堤坝式水电厂利用修筑拦河堤坝来抬高上游水位，形成发电水头。根据厂房位置的不同，堤坝式水电厂又分为坝后式和河床式两种。

(1) 坝后式水电厂。这种水电厂的厂房建在坝后，全部水压由坝体承受，厂房本身不承受水的压力。

图1-3所示为坝后式水电厂生产过程示意图。如图所示，拦河坝将上游水位提高，形成水库，水库中的水在高落差的作用下经压力水管高速进入螺旋形蜗壳推动水轮机转子旋转，将水能转换为机械能。水轮机的转子带动与之同轴相连的发电机旋转，将机械能转换成电能。水流对水轮机做功后经尾水管排往下游。发电机发出的电能则经变压器升压后，送入高

压电网。

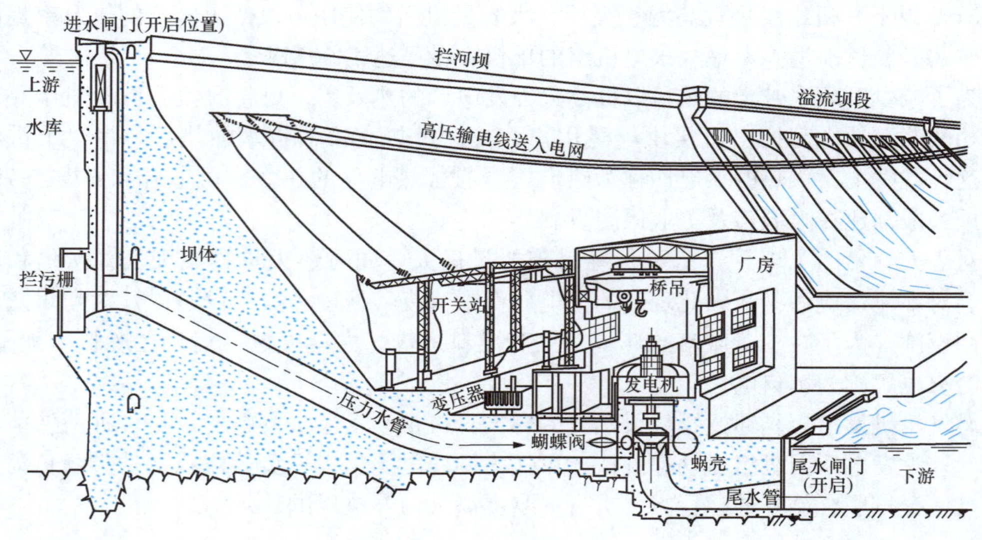

图 1-3　坝后式水电厂生产过程示意图

我国长江三峡、刘家峡、丹江口等水电厂均属坝后式水电厂。

(2) 河床式水电厂。这种水电厂建在河道平缓区段，水头一般在 20～30m 之间。堤坝和厂房建在一起，厂房成为挡水建筑物（拦河坝）的一部分，库水直接由厂房进水口引入水轮机，如图 1-4 所示。我国的葛洲坝水电厂即属此类型。

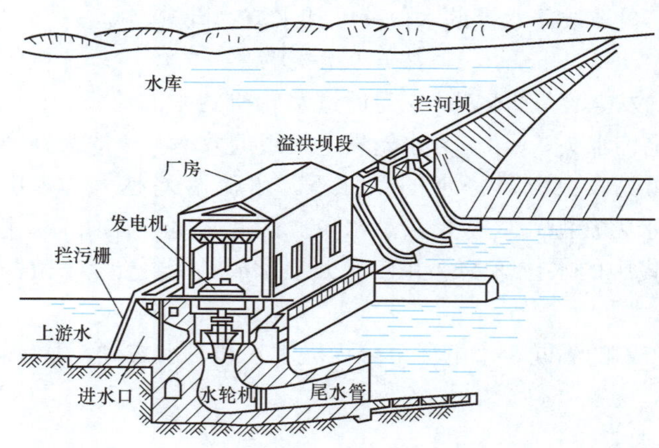

图 1-4　河床式水电厂示意图

(二) 引水式水电厂

引水式水电厂一般建在河流坡度较大的区段，修筑引水渠或隧道用以集中水头，将上游河水引入压力前池形成落差，然后再通过压力水管把水引入河流下游的水电厂中推动水轮发电机组发电，如图 1-5 所示。

引水式水电厂的挡水建筑物较低，淹没少或不存在淹没，而水头集中常可达到很高的数值，但受当地天然径流量或引水建筑物截面尺寸的限制，其用于发电所引用的流量不会

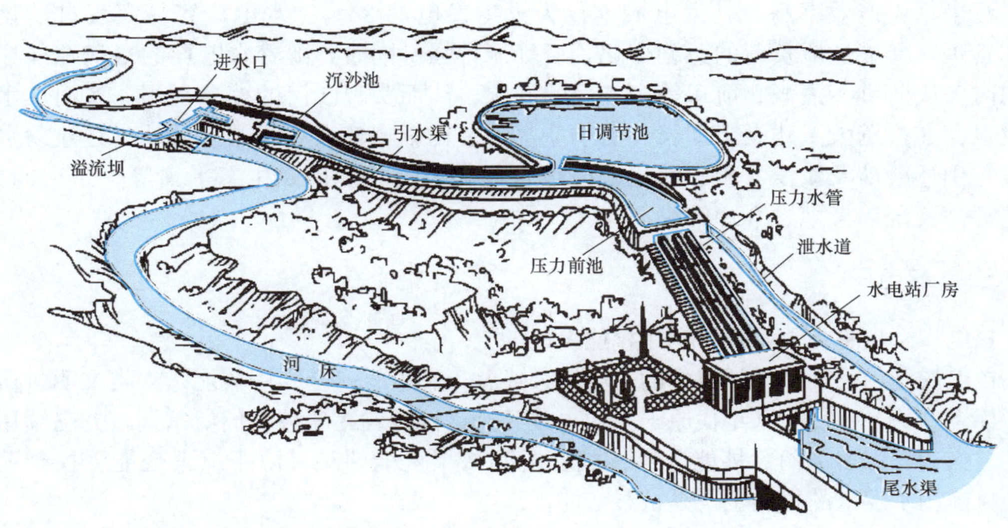

图 1-5 引水式水电厂示意图

太大，一般适合于山区小水电建设。

除此之外，还有近年来得到较快发展的抽水蓄能电厂，如图 1-6 所示。抽水蓄能电厂设有上、下游两座水库，下游水库称为蓄水库，两个水库之间通过压力钢管相连接。

当夜间或丰水期电力系统中的电能充裕时，利用系统富余的电力通过抽水蓄能电厂将蓄水库中的水抽回到上游水库中变成水的位能，以备白天或枯水期电力系统中的电能不足时放水给抽水蓄能电厂发电，从而对电力系统起到填谷调峰的作用，这种电厂因此而得名并得到相应的发展。抽水蓄能发电机组启动灵活、迅速，从停机状态启动至满负荷运行仅需几分钟，因此常用来作为系统事故备用机组或调频机组。对于以火电、核电为主的电力系统，建设适当比例的抽水蓄能电厂可以提高系统运行的经济性和可靠性。

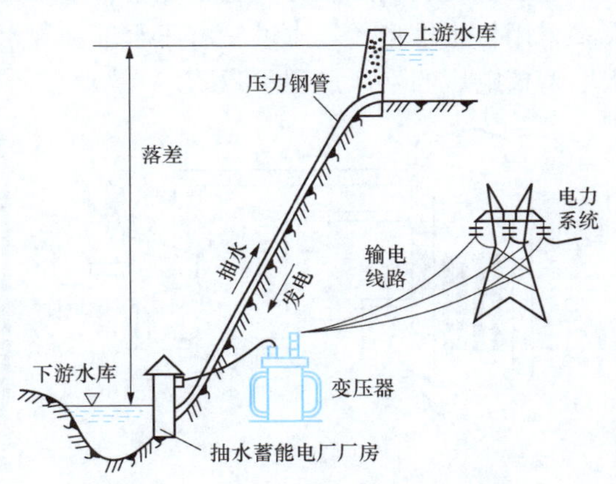

图 1-6 抽水蓄能电厂示意图

我国最大的抽水蓄能电厂是河北丰宁抽水蓄能电厂，总装机容量为 3600MW，共安装 12 台单机容量 300MW 机组（10 台定速机组，2 台变速机组），设计年发电量 66.12 亿 kW·h。该电站紧临京津冀负荷中心和冀北千万千瓦级新能源基地，是世界上装机容量最大的抽水蓄能电站。

为了充分利用水能，在一条河流上可以根据地形建设一系列水电厂，进行梯级开发，使上游的水流发电后放入下游，再供下游的发电厂发电，这种形式的水电厂称为梯级电厂，如湖北省清江上的水布垭电厂、隔河岩电厂和高坝洲电厂。

与火电厂相比，水电厂的生产过程相对简单。水能属洁净、廉价的可再生能源，无环境污染，生产效率高，其发电成本仅为火力发电的 25%。水电厂容易实现自动化控制和管理，并能适应负荷的急剧变化，调峰能力强。同时，随着水电厂的兴建往往还可以同时解决防洪、灌溉、航运等多方面的问题，从而实现江河的综合利用。然而，水电建设也存在投资大、建设工期长、受季节水量变化影响较大等问题。另外，在建设水电的过程中还会涉及淹没农田、移民、破坏自然和人文景观以及生态平衡等一系列问题，这些都需要统筹考虑、合理解决。

三、核电厂

核电厂（也称核电站）是利用核能发电的工厂。

核能的利用是现代科学技术的一项重大成就，和平、安全利用核能是人类文明进步的一种标志。从 20 世纪 40 年代原子弹的出现开始，核能就逐渐被人们所掌握，并陆续用于工业、交通等许多部门。核能分为核裂变能和核聚变能两种。由于核聚变能受控难度较大，目前用于发电的核能主要是核裂变能。

（一）核裂变能发电

核能发电过程与火力发电过程相似。核裂变能发电所需的热能，是来自于核反应堆中的核燃料在核反应中将可裂变较重的原子核分裂成两个或两个以上较轻的原子核所释放出的能量。实现大规模可控核裂变链式反应的装置称为核反应堆。根据核反应堆型式的不同，核裂变能发电厂可分为轻水堆型、重水堆型及石墨冷气堆型等。目前世界上的核电厂大多采用轻水堆型。轻水堆又有压水堆和沸水堆之分。图 1 - 7 所示为沸水堆型核电厂和压水堆型核电厂的生产过程示意图。

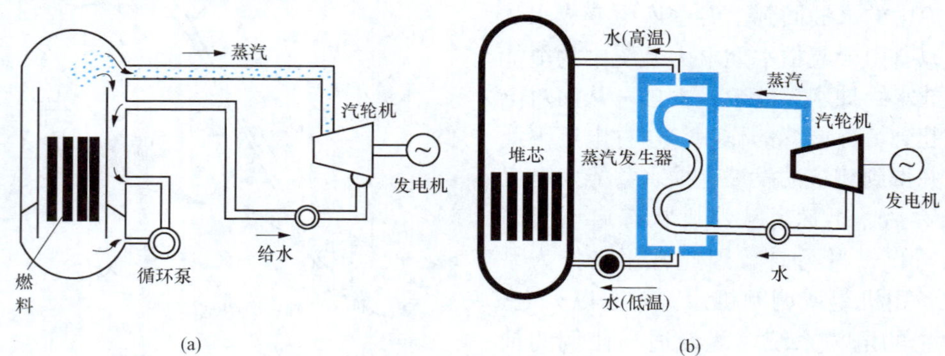

图 1 - 7　核能发电厂生产过程示意图

（a）沸水堆型核能发电系统；（b）压水堆型核能发电系统

由图 1 - 7（a）可以看出，在沸水堆型核能发电系统中，水直接被加热至沸腾而变成蒸汽，然后引入汽轮机做功，带动发电机发电。沸水堆型的系统结构比较简单，但由于水是在沸水堆内被加热，其堆芯体积较大，并有可能使放射性物质随蒸汽进入汽轮机，对设备造成放射性污染，使其运行、维护和检修变得复杂和困难。为了避免这个缺点，目前世界上 60%以上的核电厂采用如图 1 - 7（b）所示的压水堆型核能发电系统。与沸水堆系统不同，在压水堆系统中增设了一个蒸汽发生器，从核反应堆中引出的高温水进入蒸汽发生器内，将热量传给另一个独立系统的水，使之加热成高温蒸汽，推动汽轮发电机组发电。由于在蒸汽发生器内两个水系统是完全隔离的，所以不会造成对汽轮机等设备的放射性污染。我国的核电厂即以压水堆型为主。

核电厂的主要优点是可以大量节省煤、石油等日益枯竭的化石类燃料。例如，1kg 的铀裂变所产生的热量相当于 2.7×10^{3} t 标准煤燃烧产生的热量。一座容量为 500MW 的火电厂每年要燃烧 1.5×10^{6} t 煤，而相同容量的核电厂每年只要消耗 600kg 的铀燃料，从而避免了大量的燃料运输。虽然核电厂的造价比火电厂高，但其长期的燃料费、运行维护费则比火电厂低，且核电厂的规模越大生产每度电的投资费用下降越快。目前世界上核能发电量约占总电力供应的 10%，不少国家核电已占总供电量的 30%，法国高达 70%。最大的核电厂容量已达 7965MW，单机容量为 1315MW。我国广东阳江核电厂装机容量为 6000MW，单机容量为 1000MW。在我国的年发电量中，核能电量约占 2%。

（二）核聚变能发电

与核裂变过程相反，在由两个较轻的原子核聚合成一个较重的原子核的聚合反应中，同样有能量释放出来，这种能量称为核聚变能。核聚变能是比核裂变能更为巨大的一种核能，太阳能就是氢发生核聚变反应所产生的。核聚变反应也称为热核反应。

核聚变反应所用的燃料是氘和氚，反应生成物为氦，既无毒性，又无放射性，不会产生环境污染和温室效应气体，是最具开发应用前景的清洁能源。

核聚变燃料氘在海水中大量存在，因此从海水中提取氘几乎是取之不尽、用之不竭的。而核聚变反应所需的另一种燃料氚可以由锂制造，地球上锂的储量约为两千多亿吨，足以满足人类开发利用核聚变能的需要。

实现可控核聚变，是国内外研究机构所一直关注的，可控核聚变的目标是实现安全、持续、平稳的能量输出。2023 年，我国在该领域取得了显著进展，核聚变大科学装置“中国环流三号”成功实现 100 万安培等离子体电流下的高约束运行模式，此举是我国核聚变开发进程中的重要里程碑，标志着我国磁约束核聚变研究向高性能聚变等离子体运行迈出重要一步。

虽然目前可控核聚变的商业化应用仍然面临许多技术上和工程上的挑战，然而一旦实现突破，它将为人类提供用之不竭的清洁能源。

四、新能源发电

目前，除了上述利用燃料的化学能、水的位能和核能等传统能源作为生产电能的主要方式外，被称为新能源的其他能源发电正得到迅速的开发和应用。这一方面促进能源的多样化，增加能源供应；另一方面对保护生态环境，实现社会、经济的可持续发展具有重要意义。从目前的技术经济条件来看，风力发电、太阳能发电是发展最快的新能源发电项目。预计到 2030 年，我国风电、太阳能等新能源发电装机规模将超过煤电成为第一大电源，2060 年前新能源发电量占比有望超过 50%。

（一）风力发电

风力发电是利用风力使风机的叶轮旋转，将风的动能转换成机械能，再通过变速和超速控制装置带动发电机发出电能。

目前广泛应用的典型并网水平轴风力发电系统如图 1-8 所示，它由叶轮、升速齿轮箱、发电机、偏航（对风）系统、控制系统、塔架等部分组成。叶轮的作用是将风能转换为机械能。通常，较低转速的叶轮还需通过传动系统由升速齿轮箱增速，以便与发电机所

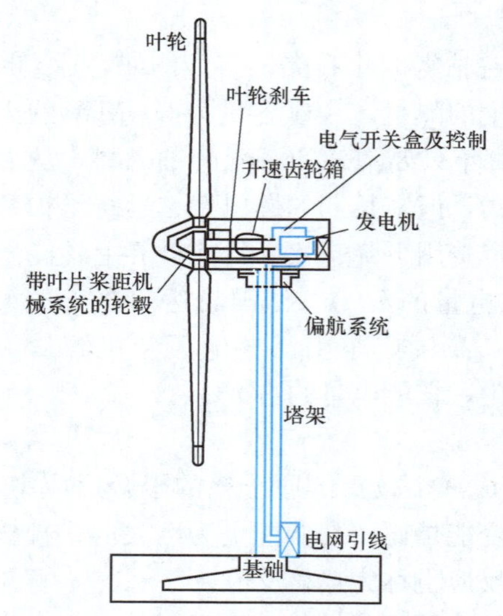

图 1-8　典型并网水平轴风力发电系统示意图

需要的转速相匹配，并将动力传递给发电机。上述这些部件都安装在机舱内，并由高大的塔架支撑起来，以获得较大的风能。由于风的方向和风的大小多变，所以必须设置偏航系统和控制系统，确保叶轮始终对准来风的方向，并根据风力和负荷变化及时调整、控制发电机组的运行状态。

目前，我国已在内蒙古、甘肃、宁夏、青藏高原等一些风力资源丰富的地区，建造了风力发电场（简称风电场）。截止到 2023 年底，我国风电的总装机容量已达 440GW，稳居世界第一。

（二）太阳能发电

太阳能发电是利用太阳的光能或热能来生产电能。

利用太阳的光能直接生产电能的光电池是目前应用最为广泛的太阳能发电，也称为太阳能光伏发电。它是利用半导体“光生伏打效应”将太阳辐射的光能直接转换成电能的发电方式。将若干个单体光伏转换器件即光伏电池封装成光伏组件，再根据需要将若干组件组合成一定功率的光伏阵列，并与储能、测量、控制和转换装置等配套，即构成太阳能光伏发电系统，如图 1-9 所示。

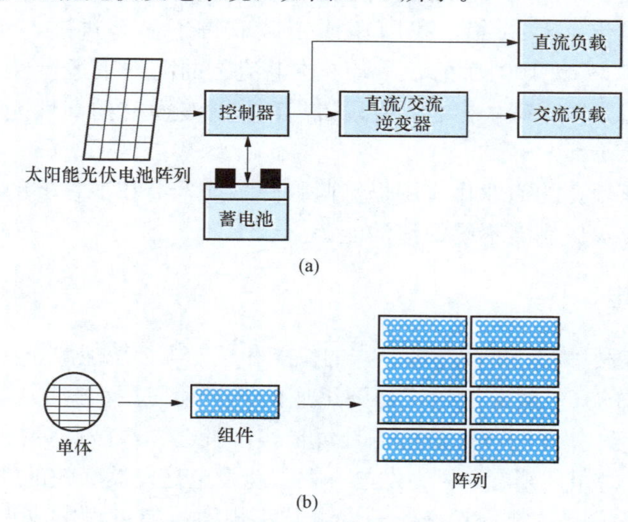

图 1-9　太阳能光伏发电系统

（a）太阳能光伏发电系统示意图；（b）太阳能光伏电池单体、组件和阵列

利用太阳的热能发电，有直接热电转换和间接热电转换两种形式。温差发电、热离子和磁流体发电等，属于直接转换方式；将太阳能聚集起来，通过热交换器将水变为蒸汽来驱动汽轮发电机组发电则属于间接转换方式。

太阳能取之不尽、用之不竭、成本低且无污染，是 21 世纪最有发展潜力的能源之一。我国首个光伏并网发电示范项目敦煌 2×10MW 光伏发电系统已于 2010 年 12 月 31 日建成投产。截止到2023年，我国太阳能发电容量已达到610GW。

（三）地热发电

地热发电是以地下热水或蒸汽为动力源的一种发电技术。

地热发电的基本原理与常规的火电厂相似，都是用高温高压的蒸汽驱动汽轮机带动发电机发电，所不同的是火电厂利用燃烧燃料获取热能，而地热发电的热能来自地热，不需要消耗燃料，属于清洁的可再生能源。

地热发电按载热体的类型、温度、压力及其特性不同，可分为蒸汽型地热发电和热水型地热发电两大类型。

（1）蒸汽型地热发电。蒸汽型地热发电是把地热蒸汽田中的干蒸汽直接引入汽轮发电机组进行发电。不过，在把地热蒸汽引入汽轮机之前，还必须先把地热蒸汽中的岩屑、矿渣和水滴等杂质分离出去。

这种发电方式相对比较简单，与普通的火电厂相似，只是所用的蒸汽不是来自锅炉，而是来自地热蒸汽田。但是，干蒸汽地热资源十分有限，且多存在于较深的地层，开采难度大，因此其发展有一定的局限性。

（2）热水型地热发电。热水型地热发电是目前地热发电的主要方式。这里所说的“热水型”，包括热水和蒸汽混合（湿蒸汽）的情况。这种发电方式适用于分布最为广泛的中、低温地热资源。

低温地热所产生的热水或湿蒸汽不能直接送入汽轮机，需要经过处理，把热水变成蒸汽或者利用其热量产生别的蒸汽，才能用于发电。于是，热水型地热发电又有两种方式：一种是通过减小气压的方法将地下热水快速转变成蒸汽进入汽轮机工作，称之为闪蒸地热发电，即“减压扩容法”；另一种是利用地下热水加热某种低沸点的工作介质（如氟利昂），使其变为蒸汽进入汽轮机工作，称之为双循环地热发电，即“低沸点工质法”。

采用闪蒸法发电的地热电厂基本上沿用火电厂的技术，只是需要将地下热水送入称为扩容器的减压设备，然后将产生的低压水蒸气导入汽轮机做功，如图1-10所示。这种电厂由于直接以地下热水蒸气为工作介质，因而对地下热水的温度、水质等有较高要求。

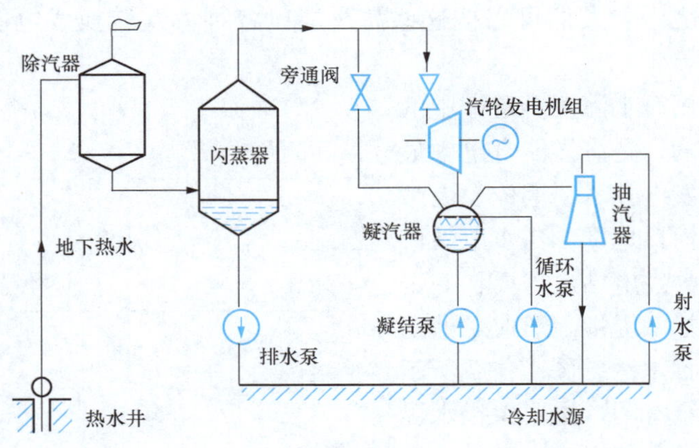

图1-10 单级闪蒸地热发电系统（热水型）

双循环地热发电采用两个各自独立的循环流体系统：一个是作为热源的地热水流体循

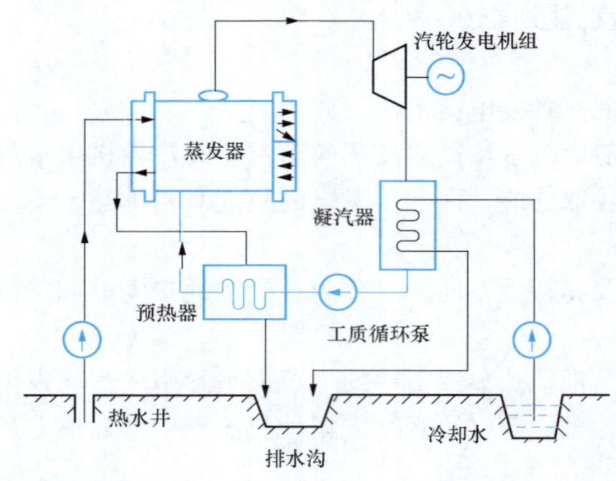

图 1-11　单级双循环地热发电系统

环系统；另一个是作为工作介质来完成将地下热水的热能转变为机械能的低沸点工质流体循环系统，如图 1-11 所示。

常用的低沸点工质多为碳氢化合物或碳氟化合物，如异丁烷（常压下沸点为 −11.7℃）、氟利昂等。

双循环地热发电工作原理是用深井泵将热水井中的地下热水抽到地面电厂内的蒸发器，加热某一种低沸点工质，使之变为低沸点介质蒸汽，然后通入汽轮发电机组做功发电。汽轮机排出的做过功的蒸汽（称为乏汽）经凝汽器冷凝成液体后，用工质循环泵再打回蒸发器重新加热，循环使用。为了充分利用地热水的余热，可使其从蒸发器排出的地热水经过一个预热器先预热来自凝汽器的低沸点工质液体后，再回灌到地热田中。

由于地热发电的蒸汽温度比火电厂锅炉里出来的蒸汽温度低得多，因此地热蒸汽经过汽轮机的转换效率较低，一般只有 10%左右，而火电厂汽轮机的能量转换效率一般为 35%～40%，也就是说，3 倍的地热蒸汽流才能产生与火电厂的蒸汽流相对等的能量输出。

地球内部蕴藏着巨大的热能，据估计全世界可供开采利用的地热能相当于几万亿吨煤，因此，开发利用地热资源发电具有广阔的发展前景。目前世界上最大的地热电厂是美国加利福尼亚州的盖尔瑟斯地热电厂，总装机容量为 2023MW。我国最大的地热电厂是西藏的羊八井地热电厂，总装机容量为 24.18MW。

（四）潮汐发电

海洋是一个巨大的能源宝库。海洋能通常指海洋中所蕴藏的可再生自然能源。海洋通过各种物理过程接收、储存和放出能量，这些能量以潮汐、波浪、温差、盐分梯度、海流等形式存在于海洋之中。人们可以把这些海洋能以各种方式转换成电能，即称为海洋能发电。

潮汐发电是利用海水涨潮、落潮中的动能和势能来发电的，是海洋能发电中最具规模和最成熟的发电技术。潮汐发电站一般建在海岸边或河口地区，与水电站修建拦河坝一样，潮汐发电站也需要在一定的地形条件下修建拦潮堤坝，形成足够的潮汐潮差及较大的容水区。图 1-12 所示为潮汐发电的简单示意图，主要由拦水堤坝、水闸和发电厂三部分组成。

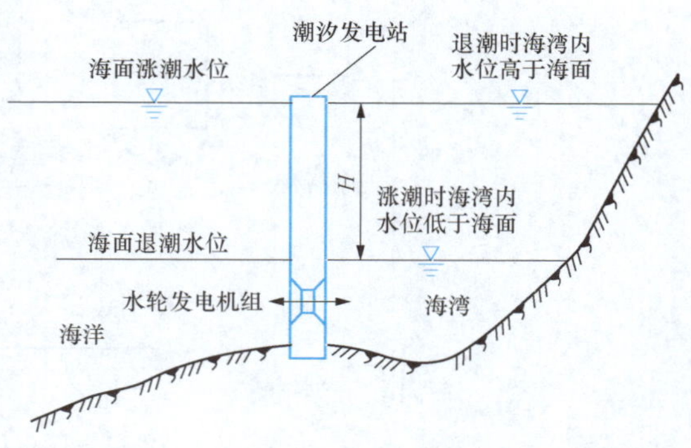

图 1-12　潮汐发电示意图

潮汐发电站在涨潮和退潮时均可发电，即涨潮时将水通过闸门引入站内发电并储水，退潮时打开另一闸门放水发电。

我国的海岸线长，沿海的潮汐能量约有 2×10^8kW。1985 年建成的江厦潮汐电站总容量为 3.2MW，属于单库双向运行方式，是国内最大的潮汐电站。目前世界上最大的潮汐电厂是韩国的始华潮潮汐电站，总装机容量为 254MW。

（五）生物质能发电

生物质是除化石类燃料外的所有来源于动物、植物和微生物的有机物。生物质能是指蕴藏在生物质中的能量，它是直接或间接地通过绿色植物的光合作用由太阳能转化而来。由此可见，生物质能是极为丰富的可再生能源。

用于发电的生物质主要包括各种植物，各种工业、林业、农业加工废弃物，生活垃圾及动物粪便等。开发利用生物质能可以变废为宝，因此具有很高的经济效益和社会效益。

利用生物质能发电的关键在于对生物质原料的处理、转化技术。通过转化可从生物质原料中获得乙醇、甲醇、生物柴油、沼气、木煤气及固体燃料（如生物炭）等能源形式。目前我国生物质能发电主要集中在垃圾焚烧发电、城镇秸秆发电和沼气发电三方面。

生物质能发电厂的种类较多，其规模大小受生物质资源的制约，主要有垃圾焚烧发电厂、柴薪发电厂、蔗渣发电厂、沼气发电厂、木煤气发电厂等。从能量转换的角度和动力系统的构成来看，它们都与火电厂基本相同。但由于生物质的多样性，其开发利用技术也较化石燃料复杂得多。

综上所述，新能源发电具有种类多、分布广的特点，可统称之为分布式电源。受诸多自然因素影响，新能源发电的发电功率和输出电能常常存在着严重的不均衡性和不确定性。因此，当大量的分布式电源接入电网时，会给电力系统的运行、调度和保护带来一些新的问题，需要在发展过程中妥善解决。

（1）对电能质量及电网运行特性的影响。受自然因素影响，新能源发电输出电流变化不规则，会造成电压的波动，由此可能引起无功调节装置的频繁动作，从而影响到电网的电压形态、短路电流、网损、有功和无功潮流、谐波、暂态稳定、动态稳定以及频率控制等一系列运行特性。例如，大量的太阳能光伏发电接入电网的终端，会产生逆向潮流，逆向潮流通过馈线阻抗所产生的压降会使负荷侧电压高于变电站侧，可能会导致负荷侧电压越限。

（2）对配电网规划及调度自动化的影响。新能源发电接入电网，向电网反送功率，改变了电网的潮流分布，使配电网的可调度发电容量发生变化。由于目前多数新能源发电本身尚不具备调度自动化功能，不能有效参与电网频率和电压的调节，因此相对减小了配电网可调度的发电容量，从而对现有配电网的规划和调度运行方式产生影响。

（3）对继电保护的影响。目前变电站继电保护主要是基于断路器的三段式电流保护，主馈线装设自动重合闸，支线装设熔断器。大量的新能源发电接入电网，致使电网从传统的单电源辐射状网络变成双端网络，从而改变了故障电流的大小、方向及持续时间，影响继电保护的正常工作，因此有可能造成保护误动、拒动或自动重合闸失效等，降低了电力系统运行的安全可靠性。

第四节　电力系统和电网

一、电力系统

图1-13所示为电力系统示意图。由图可见，电力系统是一个非常复杂的系统，它覆盖电能的生产、变换、输送、分配和消费等诸多环节，即由发电机发出电能，通过升压变电站、输电线路、降压变电站、配电线路等环节的变换、传输并分配到各个用户。这些由电能生产、变换、输送、分配、消费所涉及的发电机、变压器、电力线路和用电设备联系在一起的整体称为电力系统的一次系统。为了保证电力系统安全、经济、可靠运行和保证电能质量，在电力系统中还必须设置有信号监测、继电保护、调度控制、自动装置等设备，由这些设备组成的系统，通常称为二次系统。

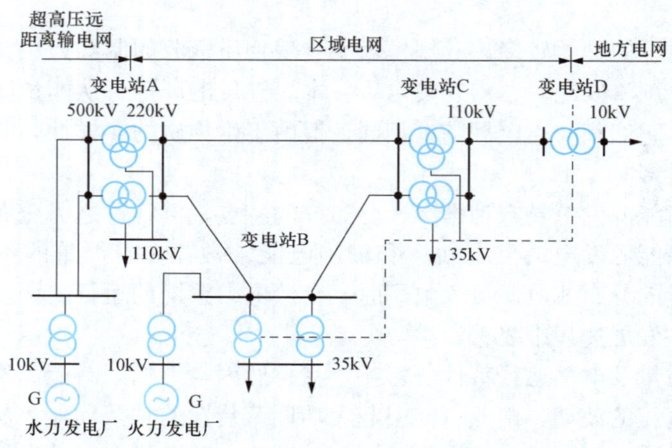

图1-13　电力系统示意图

一个具体的电力系统可以用以下基本参量加以描述。

(1) 总装机容量是指系统中所有发电机组额定有功功率的总和，以MW（兆瓦）计。

(2) 年发电量是指系统中所有发电机组全年所发电量的总和，以kW·h（千瓦时）计。

(3) 最大负荷是指规定时间（一天、一月或一年）内系统中总有功功率负荷的最大值，以MW（兆瓦）计。

(4) 年用电量是指系统中所有用户全年所用电量的总和，以kW·h（千瓦时）计。

(5) 额定频率是指电力系统频率的额定值，我国电力系统的额定频率为50Hz（赫兹）。

(6) 最高电压等级是指电力系统中最高电压等级的电力线路的额定电压，以kV（千伏）计。

二、电网

由图1-1可以看出，电力系统中除发电厂及用户以外的部分即为电网，电网的作用是输送、控制和分配电能。

电网中由电源向电力负荷中心输送电能的线路称为输电线路，含有输电线路的电网称为输电网。担负分配电能任务的线路称为配电线路，含有配电线路的电网称为配电网。

电网根据其电压的高低和供电范围的大小，还可分为地方电网、区域电网和超高压或特高压电网。

（1）地方电网是指电压等级在35～110kV，输电距离在50km以内的中压电网，是一般给城区、农村、工矿区供电的网络。

（2）区域电网是指电压等级在110～220kV，输电距离在50～300km之间的电网。它可以将较大范围内的发电厂联系起来，通过较长的高压输电线路向较大范围内的各种类型的用户输送电能。目前我国各省（区）电压为110～220kV的高压电网都属于这种类型。

（3）超高压电网是指电压等级在330～750kV，特高压电网是指电压等级在1000kV及以上，输电距离在300～1000km或者更远。主要用于将地处远方的大型发电厂生产的电能送往电力负荷中心，同时可以将几个区域电网连接成跨省（区）的联合电力系统。

三、变电站

按发电、输电和配电对电压的不同要求，电网中存在各种不同的电压等级，为使电网成为一个完整的、相互依存、相互作用的统一体，这些不同电压等级的发电、输电、配电电压要通过变电站实现电压变换及电能的传递和分配。

变电站由电力变压器（简称主变）和相应的断路器、隔离开关、互感器、避雷器、母线、继电保护、信号监测和计量设备等组成，在电力系统中起着电能汇集、变换和分配的作用，是电力系统的重要组成部分。

变电站运行的电压往往有2或3个电压等级，变电站的电压等级取决于主变高压侧的电压。

按功能划分，变电站可分为升压变电站和降压变电站。升压变电站的电源侧（一次侧）电压低于负荷侧（二次侧）电压，而降压变电站则与之相反。电力系统中所有发电厂发出的电能均需经过升压变电站升压后连接到高压、超高压输电线路上，以便将电能送出，之后再经过降压变电站降压，将电能分配给各个地区及用户。

根据变电站在电力系统中的作用和地位的不同，又可将其分为枢纽变电站、中间变电站和终端变电站。

枢纽变电站处于电力系统的中枢地位，它连接电力系统高压和中压的几个部分，汇集多个电源，并具有多条联络线路，其高压侧电压为330kV及以上，如图1-13中的变电站A。枢纽变电站一旦出现全站停电，将会引起系统解列，甚至出现瘫痪。

中间变电站是指将发电厂或枢纽变电站与负荷中心联系起来的变电站。一般汇集2～3个电源，起系统交换功率或使长距离输电线路分段的作用。它可以向附近用户输送电能，也可以中转一部分电能到别的电力负荷中心。图 1-13 中的变电站 B 和 C 即为中间变电站。中间变电站出现全站停电时，将引起区域电网解列。

终端变电站则处于电网的末端，一般是降压变电站，也称为末端变电站。它直接向本地负荷供电，而不再向其他地区输送电能。终端变电站出现全站停电时，只影响用电用户，而对电力系统的运行影响不大。图 1-13 中的变电站 D 即为终端变电站。在电力系统的有关计算中，常常可以将终端变电站直接看作是电力系统的一个负荷，从而使所考虑的问题得到简化。

四、 电网的电压等级

为了保证生产的系列性和电力工业的有序，各国都用国家标准规定了电网的标准电压（又称额定电压）等级。我国国家标准规定的额定电压（三相交流系统的线电压）等级有 3、6、10、20、35、63、110、220、330、500、750kV 及 1000kV 等。

从输送电能的角度来看，三相交流输电线路传输的有功功率为

$$P = \sqrt{3}UI\cos\varphi \tag{1-2}$$

式中：U 为三相交流输电线路线电压，kV；I 为线路电流，kA；P 为传输的有功功率，MW。

三相导线中的损耗可表示为

$$\Delta P = 3I^2R_1 = 3\left(\frac{P}{\sqrt{3}U\cos\varphi}\right)^2\rho\frac{l}{S} = \frac{P^2\rho l}{SU^2\cos^2\varphi} \tag{1-3}$$

式中：I 为线路电流，kA；R_1 为一相导线电阻，Ω；ΔP 为三相线路的功率损耗，MW；P 为三相线路的输送功率，MW；ρ 为导线电阻率，$\Omega\cdot mm^2/km$；l 为一相导线长度，km；S 为导线截面积，mm^2；$\cos\varphi$ 为负载功率因数；U 为三相交流输电线路线电压，kV。

由式（1-2）、式（1-3）可知，当输送的功率一定时，线路的电压越高，线路中通过的电流越小，选用导线的截面可相应减小，用于导线的投资即可减少，而且线路中的功率损耗、电能损耗也都会相应降低。因此大容量、远距离输送电能要采用高压输电。但是，电压越高，要求线路的绝缘水平也越高，除去线路杆塔投资增大、输电走廊加宽外，所需的变压器、电力设备等的投资也要增加。因此，对电力系统电压等级的选择，过高或过低都不合理。科学的方法是根据输送功率和输送距离，结合电力系统运行和发展的实际需要以及电力设备的制造水平，通过对若干方案的计算结果进行比较来确定。电力工业发展的经验表明，电压等级不宜过多或过少，即相邻的两个电压等级的级差不宜过大或过小。级差过小，将导致电压等级过多，使电力设备制造部门的生产复杂化，增加设备成本，也为电力系统中设备的维护和检修带来诸多不便，增大运行管理的困难。反之，过少的电压等级又会使电压等级的选择受到限制，不易达到合理配置。根据经验，架空输电线路的额定电压等级中相邻的两个电压之比，在电压为 110kV 以下时一般为 3 倍左右，在 110kV 以上时宜为 2 倍左右。表 1-1 列出了架空输电线路的额定电压与输送功率和合理的输送距离的关系，可供选择电压等级时参考。

表 1-1 架空输电线路的额定电压与输送功率和合理输送距离的关系

线路额定电压（kV）	输送功率（MW）	输送距离（km）	线路额定电压（kV）	输送功率（MW）	输送距离（km）
3	0.1～1.0	1～3	220	100.0～500.0	100～300
6	0.1～1.2	4～15	330	200.0～800.0	200～600
10	0.2～2.0	6～20	500	1000.0～1500.0	250～850
35	2.0～10.0	20～50	750	2000.0～2500.0	500～1000
110	10.0～50.0	50～150	1000	3000.0～10000.0	600～2000

随着大型水电厂、大型火电厂及大型核电厂的建设，输电距离和输电容量的不断增大，输电电压也在不断提高。因此，输电线路的最高电压等级已成为一个国家电力系统规模和输电技术水平的象征。

五、电气设备的额定电压

电气设备在额定电压下运行时，不但技术经济性能最好，而且运行安全可靠。同时，采用统一的额定电压标准，可以使电力工业、电工电器制造等行业便于实现生产的标准化、系列化，有利于保证产品的质量和使用的安全可靠性。表 1-2 列出了与各级电网相对应的主要电气设备或元件的额定电压。

表 1-2 与各级电网相对应的主要电气设备或元件的额定电压

电网的额定电压（kV）	用电设备的额定电压（kV）	发电机额定电压（kV）	电力变压器额定电压（kV）	
			一次绕组	二次绕组
3	3	3.15	3 及 3.15	3.15 及 3.3
6	6	6.3	6 及 6.3	6.3 及 6.6
10	10	10.5	10 及 10.5	10.5 及 11
—	—	13.8，15.75，18，20，22	13.8，15.75，18，20，22	—
35	35	—	35	38.5
63	63	—	63	69
110	110	—	110	121
220	220	—	220	242
330	330	—	330	363
500	500	—	500	550
750	750	—	750	825
1000	1000	—	1000	1100

（一）用电设备的额定电压

用电设备的额定电压应与电网的额定电压相一致。但实际中，由于输送电能时在线路和变压器等元件上产生电压损失，会使线路上各处的电压不相等，使各点的实际电压偏离额定电压，即线路首端的电压将高出额定电压，线路末端的电压会低于额定电压，其电压分布如图 1-14 所示。

为了使电气设备有良好的运行性能，国家标准规定各级电网电压在用户处的电压偏差

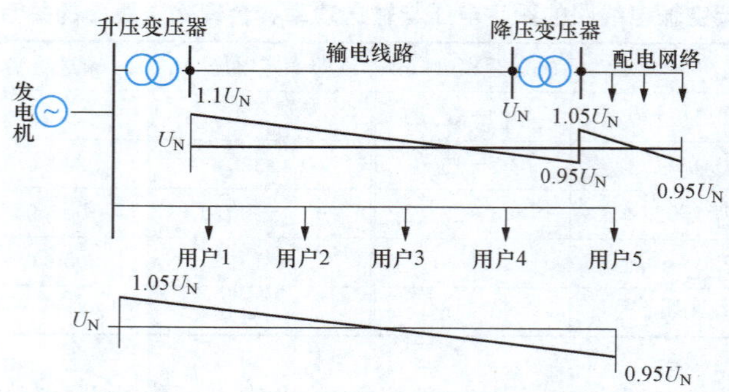

图 1 - 14　电网各部分电压分布示意图

不得超过±5%。故在运行中通常可允许线路首端的电压比额定电压高 5%，而线路末端的电压比额定电压低 5%，即电力线路从首端至末端的电压损失允许为 10%。这样，无论用电设备接在线路的哪一点，都能保证其承受的电压不超过额定电压值的±5%，以满足用电设备安全、经济运行的要求。

（二）发电机的额定电压

因为发电机总是接在线路的首端，所以它的额定电压应比电网的额定电压高 5%，用于补偿电网上的电压损失。

（三）变压器的额定电压

变压器在电力系统中具有发电机和用电设备的双重性。变压器的一次绕组是从电网接收电能，相当于用电设备；其二次绕组输出电能，则相当于发电机。因此规定，变压器一次绕组的额定电压等于电网的额定电压。但是，当变压器的一次绕组直接与发电机的出线端相连时，其一次绕组的额定电压应与发电机的额定电压相同。变压器二次绕组的额定电压是指变压器空载运行时的电压。当变压器在额定负荷下运行时，其内部阻抗会造成大约 5%的电压损失。为使变压器在额定负荷下工作时，二次绕组的电压比同级电网的额定电压高 5%，因此规定变压器二次绕组的额定电压应比同级电网的额定电压高 10%。当变压器的二次侧输电距离较短，或变压器阻抗较小时，则变压器二次绕组的额定电压可比同级电网的额定电压高 5%。

第五节　电力系统的运行

一、电力系统运行的特点

电力系统的运行和其他工业系统比较起来，具有下述明显的特点：

（1）电能不能大量储存，电能的生产和使用只能同时完成。尽管人们对电能的储存进行了大量的研究，并在一些新的储存电能方式上（如压缩空气储能、超导储能、燃料电池储能等）取得了某些突破性进展，但迄今为止，储存大容量电能的问题仍未得到有效解决。因此，电能难以大量储存可以说是电能生产的最大特点。这一特点决定了电力系统中电能的生产和使用只能同时完成，即在任一时刻，系统的发电量都取决于同一时刻用户的用电量（包括输配电环节的损耗）。因此，在系统中必须保持电能的生产、输送和使用处于一种动态的平衡状态。如果在系统运行中发生了供电与用电（包括有功功率和无功功率）的不平衡，系统运行的稳定性就会遭到破坏，甚至发生事故。

（2）正常输电过程和故障过程都非常迅速。由于电能是以电磁波的形式传播的，其传播速度为光速（300 000km/s），因此不论是正常的输电过程还是发生故障的过程都极为迅速。例如，开关的切换操作，发电机、变压器、线路和用电设备的投切都在瞬间完成。电网的短路过程、故障的发生和发展时间十分短暂，过渡过程时间一般以 μs 或 ms 计。因此，为了保证电力系统的正常运行，必须设置完善的自动控制和保护装置，以便对系统进行灵敏而迅速的测量和保护，完成各项调整和操作任务，将操作或故障引起的系统变化限制在尽可能小的范围之内。电力系统的这一特点给系统的运行、操作带来了许多复杂的课题。

（3）具有较强的地区性特点。电力系统的规模越来越大，其覆盖的地区也越来越广，各地区的自然资源情况存在较大差别。例如，我国西北煤资源丰富，以火力发电为主；而西南水能资源较为丰富，故以水力发电为主；沿海地区则主要发展核电。同时各地区的经济发展情况也不一样，工业布局、城市规划、电力负荷不尽相同，例如，我国的东部及东南沿海地区的工业比西部发达。因此，在制定电力系统的发展和运行规划时必须充分考虑地域特点。

（4）与国民经济各部门关系密切。电能具有方便、高效地转换成其他形式的能（如机械能、光能、热能等），使用灵活及易于实现工作过程自动化和远程控制等突出优点，所以被广泛应用于国民经济的各个部门和人民生活的各个方面。而且随着国民经济各部门的电气化、自动化和人民生活现代化水平的日益提高，整个社会对电能的依赖性也越来越强，由于电力供应不足或电力系统故障造成的停电，将给国民经济造成的损失和对人们日常生活的影响也越来越严重。

二、 对电力系统运行的基本要求

由于电力系统与国民经济和人民日常生活密切相关，电能不足或质量不好以及停电等都将直接影响国民经济的发展和人民的日常生活。同时，电能的生产成本也会影响到国民经济各部门的生产成本。因此对电力系统运行的基本要求可以简单地概括为“安全、可靠、优质、经济、环保”。

（一）保证供电的安全可靠性

保证供电的安全可靠性是对电力系统运行的基本要求。这就要求从发电到输电以及配电，每个环节都必须安全可靠，不发生故障，以保证连续不断地为用户提供电能。为此，电力系统的各个部门应加强现代化管理，提高设备的运行和维护质量。例如，高压专业部门要做好电气设备绝缘的监督和过电压防护工作；通信部门要保证远动及信息畅通；继电保护及自动化部门要加强继电保护与自动化装置的设置与维护，保证保护和自动装置灵敏、快速、可靠，以维护电力系统的稳定运行；运行部门则要时刻关注电力系统的运行状态，合理调度和正确处理事故等。应当指出，要绝对防止事故的发生是不可能的，而各种用户对供电可靠性的要求也不一样。因此，应根据电力用户的重要性不同区别对待。通常将电力用户分为三类。

(1) 一类用户：是指中断供电会造成人身伤亡的用户，如煤矿、大型医院等；或中断供电会在政治、经济上给国家造成重大损失的用户，如大型冶炼厂、军事基地等；再或中断供电会影响国家重要部门的正常工作的用户，如铁路枢纽、通信枢纽、国家重要机关以及大量人员集中的公共场所、城市公用照明等。对一类用户通常应设置两路以上相互独立的电源供电，其中每一路电源的容量均应保证在此电源单独供电的情况下就能满足用户的用电要求。确保当任一路电源发生故障或检修时，都不会中断对用户的供电，即一类用户要求有很高的供电可靠性。

(2) 二类用户：是指中断供电会在政治、经济上造成较大损失的用户，或中断供电将影响重要单位的正常工作的用户以及大型影剧院、大型商场等。对二类用户应设专用供电线路，条件许可时也可采用双回路供电，并在电力供应出现不足时优先保证其电力供应。

(3) 三类用户：一般是指短时停电不会造成严重后果的用户，如小城镇、小加工厂及农村用电等。

当系统发生事故、出现供电不足的情况时，应当首先切除三类用户的用电负荷，以保证一、二类用户的用电。

(二) 保证电能的良好质量

电力系统不仅要满足用户对电能的需要，而且还要保证电能的良好质量。频率、电压和波形是电能质量的三个基本指标，其额定值是电气设备设计的最佳运行条件。当系统的频率、电压和波形不符合电气设备的额定值要求时，往往会影响设备的正常工作，造成振动、损耗增加，使设备的绝缘加速老化甚至损坏，危及设备和人身安全，影响用户的产品质量等。因此要求系统所提供电能的频率、电压及波形必须符合其额定值的规定。

系统频率主要取决于系统中有功功率的平衡。发电机发出的有功功率不足，会使系统频率偏低。节点电压主要取决于系统中无功功率的平衡，无功不足，则电压偏低。波形质量是由谐波污染引起的，用总谐波畸变率来表示。正弦波的总谐波畸变率是指各次谐波有效值平方和的方根值占基波有效值的百分比。保证波形质量就是限制系统中电压、电流中的谐波成分。

我国规定电力系统的额定频率为50Hz，大容量系统允许频率偏差±0.2Hz，中小容量系统允许频率偏差±0.5Hz。35kV及以上的线路额定电压允许偏差±5%；10kV线路额定电压允许偏差±7%，电压总谐波畸变率不大于4%；380V/220V线路额定电压允许偏差±7%，电压总谐波畸变率不大于5%。

电力系统的负荷是不断变化的，系统的电压和频率必然会随之变动。这就要求调度必须时刻注视电压、频率变化情况和系统的有功和无功负荷平衡情况，随时给发电厂及变电站下达指令，通过自动装置快速及时地调节发电机的励磁电流或原动力，停止或启动备用电源及切除部分负荷等，使电力系统中发出的无功和有功功率分别与负荷的无功和有功功率保持平衡，以保持系统额定电压和额定频率的稳定，确保系统的电能质量。

(三) 保证电力系统运行的稳定性

电力系统在运行过程中不可避免地会发生短路事故，此时系统的负荷将发生突变。当电力系统的稳定性较差，或对事故处理不当时，局部事故的干扰有可能导致整个系统的全面瓦解（即大部分发电机和系统解列），而且需要长时间才能恢复，严重时会造成大面积、长时间停电，因此稳定问题是影响大型电力系统运行可靠性的一个重要因素。为使电力系统保持稳定运行，除要求系统参数配置得当，自动装置灵敏、可靠、准确外，还应做到调度合理，处理事故果断、正确等。

（四）保证运行人员和电气设备工作的安全

保证运行人员和电气设备工作的安全是电力系统运行的基本原则，为此要求不断提高运行人员的技术水平和保持电气设备始终处于完好状态。这一方面要求在设计时，合理选择设备，使之在一定过电压和短路电流的作用下不致损坏；另一方面应按规程要求及时安排对电气设备进行预防性试验或实施在线监测和状态检修，及早发现隐患，及时进行维修。在运行和操作中要严格遵守有关的规章制度。

（五）保证电力系统运行的经济性

为使电能在生产、输送和分配过程中效率高、损耗小，以期最大限度地降低电能成本，实现发电厂和电网的经济运行，就要最大限度地降低发电厂的能源消耗率。为了实现电力系统的经济运行，除了进行合理的规划设计外，还需对整个系统实施最佳经济调度，实现火电厂、水电厂、核电厂负荷的合理分配，积极开发新能源发电等，同时还要提高整个系统的管理水平。

（六）减少污染保护生态环境

电力系统要采用新技术、新方法，减少火电厂的温室气体排放和加大对废气、废物的无害化处理力度，提高无害化处理水平，最大限度地采用可再生清洁能源发电。要保护水体，保护生态环境，坚持科学发展，倡导绿色电力。

第六节　电力工业发展趋势

一、节能减排、大力开发新能源、走绿色电力之路

在发电用一次能源的构成中，以煤、石油、天然气为主的局面在相当长的时间内还难以改变。但由于这类化石燃料的短期不可再生性，且储量在逐年减少，因此面临资源枯竭的危险。同时由于这些燃料（特别是煤）的低效“燃烧”使用，既浪费了能源，又向大气中排放大量的二氧化碳（CO_2）、二氧化硫（SO_2）、氮氧化物（NO_x）等温室气体及烟尘，导致气候变暖、冰层融化，将会给人类带来严重的灾难性后果。旨在限制全球 CO_2 温室气体排放总量的《联合国气候变化框架公约》（《京都议定书》）已于 2005 年 2 月正式生效，议定书规定了具体的、具有法律约束力的温室气体排放标准。因此，世界各国都把节约能源、提高燃料的利用效率、减少温室气体排放、大力开发可再生新能源发电技术提上日程。

在未来的几十年乃至更长的时间内，研究洁净煤技术，包括洁净煤处理技术、洁净煤燃烧技术及煤的气化、液化等转化技术；研究采用高效率的大容量超临界发电机组及整体煤气化联合循环、增压流化床联合循环等高效发电技术，将在煤电领域节能减排中发挥更大的作用。然而，要真正解决温室气体排放和化石类资源枯竭问题，最根本的途径是研究开发可替代的新能源，改变现有的能源结构，保证电力工业的可持续发展，走绿色电力之路。因此，水能、风能、太阳能、地热能、海洋能、氢能等低碳和无碳能源将成为今后重

点发展的可再生能源。

近年来，我国立足资源禀赋，持续调整优化能源结构，大力发展非化石能源，加快发展风电、太阳能发电，建设一批多能互补清洁能源基地，统筹水电开发和生态保护，积极安全发展核电。大力推进煤炭等化石能源清洁低碳高效利用，推进生物质能多元化利用，着力提高利用效能。2021 年，我国煤炭消费量占能源消费总量的比重比 2012 年下降 12.5 个百分点，清洁能源消费占比提升到 25.5%，可再生能源装机规模突破 11 亿千瓦，水电、风电、太阳能发电、生物质能发电装机和新能源汽车产销量均居世界第一，并建立了全球规模最大的碳市场。

2020 年 9 月 22 日，国家主席习近平在第七十五届联合国大会一般性辩论上发表重要讲话，指出："中国将提高国家自主贡献力度，采取更加有利的政策和措施，二氧化碳排放力争于 2030 年前达到峰值，努力争取 2060 年前实现碳中和"。党的二十大报告提出，"积极稳妥推进碳达峰碳中和"。这是以习近平同志为核心的党中央统筹国内国际两个大局作出的重大决策部署，为推进碳达峰碳中和工作提供了根本遵循，对于全面建设社会主义现代化国家、促进中华民族永续发展和构建人类命运共同体都具有重要意义。

二、 建设以新能源为主体的新型电力系统

（一）新型电力系统的提出

碳达峰、碳中和目标的提出是国家重大战略决策，事关中华民族永续发展和构建人类命运共同体。在能源消费清洁低碳化的进程中，电力占据着能源体系的主导地位，同时电力系统发展面临着艰巨任务。考虑我国各类非化石能源资源禀赋，以及开发利用的技术经济性，大力发展新能源是必然选择。2021 年 3 月 15 日，习近平总书记在中央财经委员会第九次会议上部署未来能源领域重点工作：要构建清洁低碳安全高效的能源体系，控制化石能源总量，着力提高利用效能，实施可再生能源替代行动，深化电力体制改革，构建以新能源为主体的新型电力系统。建设以新能源为主体的新型电力系统，既是能源电力转型的必然要求，也是实现碳达峰、碳中和目标的重要途径。

（二）电力系统转型带来的变化

电力系统实现碳达峰、碳中和目标的过程，伴随着传统电力系统向以新能源为主体的新型电力系统转型升级，相关物质基础和技术基础也在发生持续深刻的变化。

一是一次能源特性变化。电力系统的一次能源主体由可存储和可运输的化石能源转向不可存储或运输、与气象环境相关的风能和太阳能，一次能源供应面临高度不确定性。

二是电源布局与功能变化。根据我国风能、太阳能资源分布，新能源开发将以集中式与分散式并举，电源总体接入位置愈加偏远、愈加深入低电压等级。未来新能源作为主体电源，不仅是电能的主要提供者，还将具备相当程度的主动支撑、调节与故障穿越等"构网"能力；常规电源功能则逐步转向调节与支撑。

三是网络规模与形态变化。保持西部、北部地区的大型清洁能源基地向东中部地区负荷中心输电的整体格局不变，近期仍将进一步扩大电网规模。电网形态将从交直流混联大电网向微电网、柔直电网等多种形态电网并存转变。

四是负荷结构与特性变化。能源消费高度电气化，用电需求持续增长。配电网有源化，多能灵活转换，"产消者"广泛存在，负荷从单一用电朝着发电、用电一体化方向转

变，调节支撑能力增强。

五是电网平衡模式变化。新型电力系统供需双侧均面临较大的不确定性，电力平衡模式由“源随荷动”的发电、用电平衡转向储能、多能转换参与缓冲的更大空间、更大时间尺度范围内的平衡。

六是电力系统技术基础变化。电源并网技术由交流同步向电力电子转变，交流电力系统同步运行机理由物理特性主导转向人为控制算法主导；电力电子器件引入微秒级开关过程，分析认知由机电暂态向电磁暂态转变；运行控制由大容量同质化机组的集中连续控制向广域海量异构资源的离散控制转变；故障防御由独立“三道防线”向广泛调动源网荷储可控资源的主动综合防御体系转变。

（三）新型电力系统的内涵

新型电力系统以新能源为供给主体，能满足不断增长的清洁用电需求，具有高度的安全性、开放性、适应性。

在安全性方面，新型电力系统中的各级电网协调发展，多种电网技术相互融合，广域资源优化配置能力显著提升；电网安全稳定水平可控、能控、在控，有效承载高比例的新能源、直流转换等电力电子设备接入，适应国家能源安全、电力可靠供应、电网安全运行的需求。

在开放性方面，新型电力系统的电网具有高度多元、开放、包容的特征，兼容各类新电力技术，支持各种新设备便捷接入需求；支撑各类能源交互转化、新型负荷双向互动，成为各类能源网络有机互联的枢纽。

在适应性方面，新型电力系统的源网荷储各环节紧密衔接、协调互动，通过先进技术应用和控制资源池扩展，实现较强的灵活调节能力、高度智能的运行控制能力，可适应海量异构资源广泛接入并密集交互的场景。

（四）新型电力系统的发展阶段

1. 传统电力系统转型期

新能源快速发展，高比例新能源、高比例电力电子设备的“双高”影响处于“量变”阶段，常规电源仍是以电力电量作为供应主体，新能源作为补充。发用电的实时平衡仍然是主要特征，依靠以抽水蓄能为主体的成熟储能技术基本满足日内平衡需求。跨区输电、交流电网互联的规模进一步扩大并“达峰”。本阶段，充分开发现有资源、挖掘可用技术潜力，同步开展支撑更高比例新能源的颠覆性技术研发。

2. 新型电力系统形成期

新能源成为装机主体，具备相当程度的主动支撑能力；常规电源功能逐步转向调节与支撑；大规模储能技术取得突破，实现日以上时间尺度的平衡调节。存量电力系统向新形态转变，交直流互联大电网与局部全新能源直流组网、微电网等多种形态共存。在此阶段，“双高”影响转入质变，现有的技术和发展模式面临瓶颈，颠覆性技术逐步成熟并具备推广应用条件。

3. 新型电力系统成熟期

依托发展成熟的颠覆性技术，完成全新形态的电力系统构建，新能源成为主力电源，发用电基本实现解耦。新能源以多种二次能源形式、多种途径传输和利用，将因地制宜发展出多种形态（如输电与输氢网络共存等）。这一阶段，颠覆性技术高度成熟并获得广泛应用，新型电力系统基本构建完成。

本章小结

电力工业是国民经济的一项基础工业，也是国民经济发展的先行产业，是一个庞大而复杂的系统工程。

发电厂是将一次能源转换成电能的工厂。根据一次能源的种类不同，发电厂可分为火力发电厂、水力发电厂、核电厂及风力发电厂、太阳能电厂、地热电厂、潮汐电厂以及生物质能发电厂。目前我国电力发展的方针是以火力发电为主，大力和优先发展水电，积极稳步发展核电，努力开发其他可再生能源的发电实用技术，以保证我国电力工业的可持续发展。

电网是由各种电压等级的输电线路和变电站组成的电网络。按照电压等级和供电范围的不同，电网可分为地方电网、区域电网和超高压/特高压电网。我国目前已建成以500kV超高压输电线路为骨架的6大跨省区域电网，并实现了区域电网之间的互联。1000kV特高压交流输电线路的建成投产，标志着我国特高压输电技术取得了实质性突破，走在世界输电领域的前列。

电力系统是由发电厂、电网和电力用户组成的有机整体，完成从发电、输电、配电到用电的全过程。

电力系统运行的特点是电能的生产和使用必须同时完成，正常输电过程和故障过程都非常迅速，具有较强的地域特点和与国民经济各部门密切相关。对电力系统运行提出的基本要求可以简单地概括为“安全、可靠、优质、经济、环保”。电力系统电能质量的主要指标是频率、电压和波形，对此国家都有具体规定。对电力系统的额定电压应根据输送容量和输送距离，结合电力发展情况，在进行技术经济比较的基础上合理规划、正确选择。

发展联合电力系统具有经济调度、余缺互补、合理利用资源、增强供电可靠性、减少系统备用容量和使用大容量发电机组等一系列优点。

构建清洁低碳安全高效的能源体系，建设以新能源为主体的新型电力系统，既是能源电力新型的必然要求，也是实现碳达峰、碳中和目标的重要途径。

思考题与习题

1-1　简述我国电力工业的现状和发展前景。

1-2　电能生产的主要特点是什么？联合电力系统运行有何优点？

1-3　动力系统、电力系统及电网各由哪些部分组成？对电力系统的运行有何要求？

1-4　试述电力系统电能质量的主要指标及达标的基本措施。

1-5　我国标准额定电压等级有哪些？发电机、变压器和电网的额定电压的选用原则是什么？

1-6　试述火电厂、水电厂、核电厂的基本生产过程及其特点。

1-7　新能源发电主要有哪些发电形式？有何优点？

1-8　试述新型电力系统的主要特征。

1-9　试确定图1-13中各设备的额定电压。

第二章　电力系统负荷

电力系统中接有大量功能千差万别、功率大小不一、特性各不相同的用电设备，如异步电动机、同步电动机、各类整流设备、电热设备、电子仪器、照明设施以及家用电器等，这些用电设备所消耗电功率的总和称为电力系统综合负荷，简称为电力系统负荷或负荷。负荷加上电网的功率损耗称为电力系统的供电负荷。供电负荷与发电厂的厂用电之和称为电力系统的发电负荷。

第一节　负荷的表示方法

电力系统负荷有有功负荷和无功负荷之分。

将电能转换为其他能量，如机械能、光能、热能等，并在用电设备中消耗掉的功率称为有功负荷，例如，电灯（将电能转换为光能），电炉（将电能转换为热能），以及带动水泵、风机、车床、轧钢设备等的电动机（将电能转换为机械能）等均为有功负荷。

仅完成电磁能量的相互交换，而不消耗燃料或水能的功率称为无功负荷，例如异步电动机的励磁功率和变压器的励磁功率均为无功负荷。没有无功负荷，电动机就转不动，变压器也不能变压，无功负荷和有功负荷同样重要。

为了满足有功负荷和无功负荷的需要，在电力系统中需要有功电源和无功电源。同步发电机既是有功电源，又是无功电源。有功功率靠改变发电机的原动机输出功率调节，无功功率则通过改变发电机励磁电流的大小来调节。除发电机外，系统中的无功电源还有调相机、并联电容器、静止无功补偿器（SVC）、静止无功发生器（STATCOM）等。

一、负荷功率的表示方法

电力系统的负荷功率通常用复数功率或电流表示。

设已知某电力线路的相电压为 $\dot{U}_{p}$，相电流为 $\dot{I}_{p}$，电压和电流之间的夹角为 φ，两者相量关系如图 2 - 1 所示。运用“电路”课程知识，不难写出其单相复数功率 $\dot{S}_{p}$ 为

$$\dot{S}_{p}=\dot{U}_{p}\overset{*}{I}_{p}\quad 或\quad \dot{S}_{p}=\overset{*}{U}_{p}\dot{I}_{p}$$

电力系统的负荷功率目前大都用 $\dot{S}_{p}=\dot{U}_{p}\overset{*}{I}_{p}$ 形式表示。

对于图 2 - 1（a）所示的感性负荷（图中 $\alpha>\beta$）可导出

$$\begin{aligned}\dot{S}_{p}=\dot{U}_{p}\overset{*}{I}_{p}&=U_{p}I_{p}\angle[\alpha+(-\beta)]=U_{p}I_{p}\angle(\alpha-\beta)=U_{p}I_{p}\angle\varphi\\&=U_{p}I_{p}\cos\varphi+jU_{p}I_{p}\sin\varphi=P_{p}+jQ_{p}\end{aligned}\tag{2-1}$$

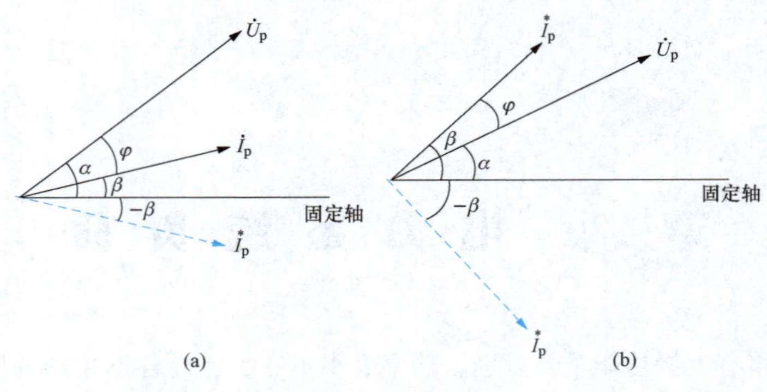

图 2 - 1　电压电流相量图

(a) 感性负荷；(b) 容性负荷

式中：P_p 为单相有功功率；Q_p 为单相无功功率。

相应的三相复数功率 $\dot{S}$ 为

$$\dot{S} = 3\dot{S}_p = 3U_pI_p\angle\varphi = 3(U_pI_p\cos\varphi + jU_pI_p\sin\varphi) = 3(P_p + jQ_p) = P + jQ$$

用线电压 U 和线电流 I 表示时则为

$$\dot{S} = \sqrt{3}UI\angle\varphi = \sqrt{3}UI\cos\varphi + j\sqrt{3}UI\sin\varphi = P + jQ \tag{2-2}$$

同理，对于图 2 - 1（b）所示的容性负荷（图中 $\alpha<\beta$）可导出

$$\begin{aligned}\dot{S} &= \sqrt{3}UI\angle[-(\beta-\alpha)] = \sqrt{3}UI\angle(-\varphi)\\ &= \sqrt{3}UI\cos\varphi - j\sqrt{3}UI\sin\varphi = P - jQ\end{aligned} \tag{2-3}$$

视在功率 S 为

$$S = |\dot{S}| = \sqrt{P^2 + Q^2} = \sqrt{3}UI$$

二、负荷曲线

描述某段时间内用电负荷随时间变化的曲线称为负荷曲线。按功率性质的不同，负荷曲线分为有功负荷曲线和无功负荷曲线；按时间的不同，负荷曲线分为日负荷曲线、月负荷曲线、季负荷曲线和年负荷曲线；按所描述的负荷范围的不同，负荷曲线分为用户负荷曲线、地区电网负荷曲线以及电力系统负荷曲线。实际负荷曲线应是一条不间断的连续曲线，但在绘制时由于只能得到离散时间的实测（或估计）值，一般都用折线法或阶梯法描绘。常用的是日负荷曲线和年负荷曲线。

为了考虑发电机组投运和停运的时间，合理安排发电机组的检修计划，电力系统调度部门应该掌握这些负荷曲线。

（一）日负荷曲线

日负荷曲线是描述一天 24h 负荷变化情况的曲线，分为日有功负荷曲线和日无功负荷曲线。由于无功负荷曲线不如有功负荷曲线那样用得普遍，只是在进行无功功率平衡时才需考虑，因而本书主要讨论日有功负荷曲线。

图 2 - 2 所示为某电力系统的日有功负荷曲线，曲线的最大值和最小值分别代表日最大负荷 P_{max} 和日最小负荷 P_{min}，是电力系统运行中必须掌握的重要数据。P_{max} 和 P_{min} 的差值，

称为峰谷差。日有功负荷曲线所围成的面积即为电力系统的日用电量 A_d，即

$$A_d = \int_0^{24} P\mathrm{d}t = \sum_{k=1}^{24} P_k t_k \tag{2-4}$$

由此可得到日平均负荷 P_{av} 为

$$P_{av} = \frac{A_d}{24} = \frac{1}{24}\int_0^{24} P\mathrm{d}t = \frac{1}{24}\sum_{k=1}^{24} P_k t_k \tag{2-5}$$

根据日最大负荷 P_{max}、日最小负荷 P_{min} 和日平均负荷 P_{av}，可以确定两个描述负荷曲线变化形状的系数，即负荷率 k_m 和最小负荷系数 α，计算式为

$$k_m = \frac{P_{av}}{P_{max}} \tag{2-6}$$

$$\alpha = \frac{P_{min}}{P_{max}} \tag{2-7}$$

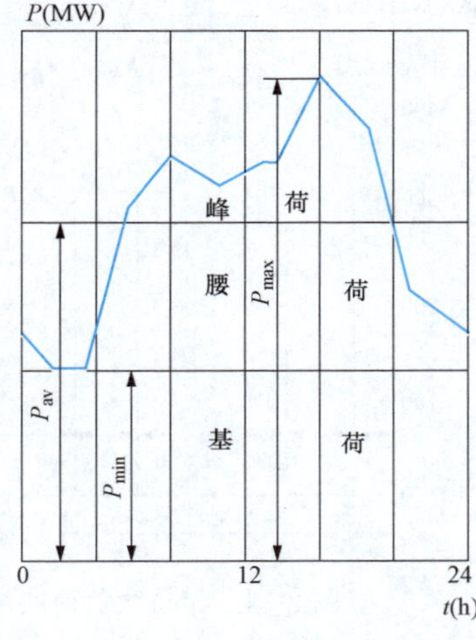

图 2-2　日有功负荷曲线

k_m 和 α 都是小于 1 的系数，它们是发电、供电企业统计观察的重要指标。数值越大，表明生产均衡性越高，运转中的生产设备利用情况越好。数值越小，表明生产波动越大，需要较多备用设备以应付高峰负荷，且发电设备启停频繁，严重影响生产效益。

一般来说，k_m 和 α 值的大小取决于负荷的性质，例如，厂矿企业的生产特点及作息制度，用电地区的地理位置、气候条件以及人们的生活习惯等。不同行业用户的日有功负荷曲线差异很大，电力系统实际中通常采用“削峰填谷”的方法来改善负荷特性，如合理调整用户用电时间，采用分时电能计量等措施，使用电均衡，k_m 和 α 趋于 1。

日负荷曲线对电力系统的运行有很重要的意义，它是安排日发电计划，确定各发电厂发电任务和系统运行方式以及计算用户日用电量等的重要依据。

（二）年负荷曲线

年负荷曲线分为年最大负荷曲线和年持续负荷曲线。

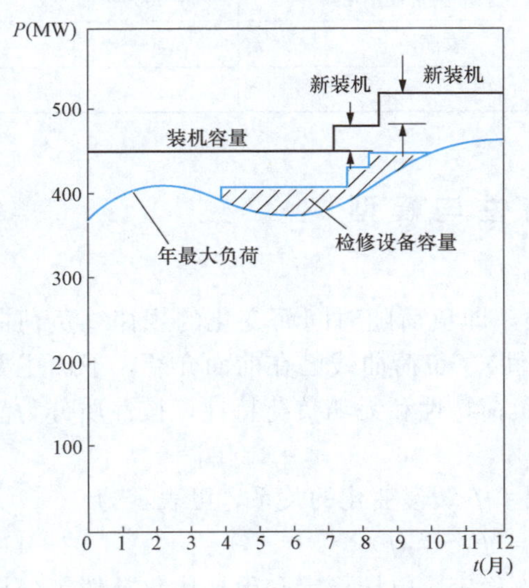

图 2-3　年最大负荷曲线

年最大负荷曲线是描述一年内每月（或每日）最大有功负荷随时间变化情况的曲线，如图 2-3 所示。随着生产的发展、生活的改善以及季节气候的变化，一年内每月（或每日）的最大负荷会发生变化，年最大负荷曲线也会随之改变。年最大负荷曲线可用于计划一年内电力系统的电力（功率）与电量（能量）的平衡，以保证水电不弃水为条件，确定其他类型发电厂的开机以及制订发电设备的检修计划，并为新建或扩建电厂的容量提供依据。由图 2-3 可见，检修机组应尽量安排在负荷量小的时段，而且为适应负荷的增长，应当不断增设或扩建新的发电设备。

年持续负荷曲线是按一年内系统负荷数值的大小及其累计小时数顺序由大至小排列而成

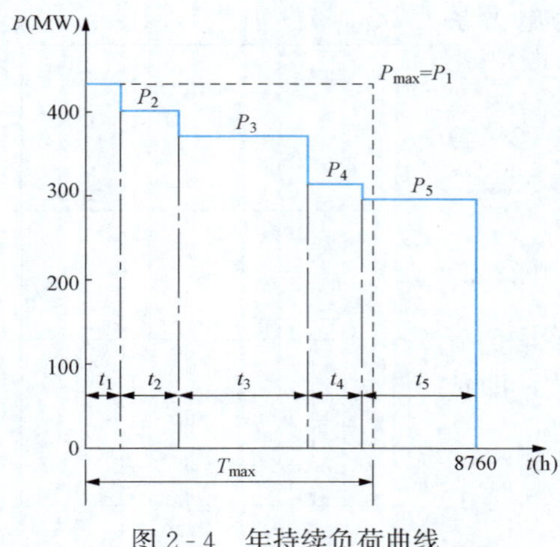

图 2-4　年持续负荷曲线

的曲线，如图 2-4 所示。此曲线可用来安排发电计划及进行可靠性估计。图 2-4 中曲线所围成的面积表示全年的电能消耗量，其计算公式为

$$A = \sum_{k=1}^{5} P_k t_k \approx \int_0^{8760} P\mathrm{d}t \tag{2-8}$$

三、最大负荷利用时间 T_{max}

由图 2-4 可见，若系统始终以最大负荷 P_{max}运行，经过一段时间后其所围成的面积恰好等于图 2-4 中曲线所围成的面积，即等于全年的电能消耗量时，则称这一段时间为最大负荷利用时间 T_{max}。其数学表达式为

$$\begin{aligned} T_{max} &= \frac{A}{P_{max}} = \frac{1}{P_{max}}\int_0^{8760} P\mathrm{d}t \\ &= \frac{1}{P_{max}}(P_1t_1 + P_2t_2 + P_3t_3 + P_4t_4 + P_5t_5) \end{aligned} \tag{2-9}$$

用户的性质不同、生产班次不同、环境条件不同，其最大负荷利用时间都会不同。电力系统的实际运行经验表明，性质相同的各类负荷的最大负荷利用时间大体都在一个范围内。表 2-1列出了各类用户的年最大负荷利用时间 T_{max}。只要知道用户的性质，就可由表 2-1 查出相应的最大负荷利用时间 T_{max}，近似计算出用户的全年用电量，即

$$A = P_{max} T_{max} \tag{2-10}$$

表 2-1　各类用户的年最大负荷利用时间

负荷类型	T_{max}（h）	负荷类型	T_{max}（h）
户内照明及生活用电	2000～3000	三班制企业用电	6000～7000
单班制企业用电	1500～2200	农灌用电	1000～1500
两班制企业用电	3000～4500		

第二节　负荷特性与模型

电力系统负荷的运行特性广义地可分两大类，即负荷随时间而变化的规律（负荷曲线）和负荷随电压或频率而变化的规律（负荷特性）。负荷曲线已在前面介绍，下面主要讨论负荷特性与模型。负荷特性按功率分为有功负荷特性和无功负荷特性，按性质分为静态特性和动态特性。

负荷静态特性描述负荷功率 P 随电压 U 和频率 f 缓慢变化的关系，可表示为

$$P = F_P(U,f),\quad Q = F_Q(U,f) \tag{2-11}$$

负荷静态模型经常用于电力系统的潮流、频率稳定、电压稳定和无功优化补偿等分析计算中。图 2-5 所示为某电力系统实测所得的综合负荷静态特性。图 2-5（a）为频率不

变时的负荷电压静态特性，图 2-5（b）为电压不变时的负荷频率静态特性。

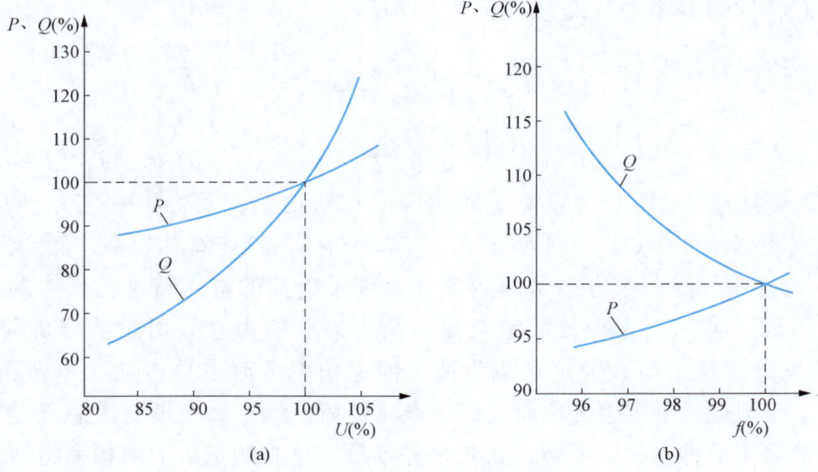

图 2-5 某电力系统的综合负荷静态特性

（a）电压特性曲线；（b）频率特性曲线

负荷动态特性描述负荷功率随电压和频率急剧变化的关系，可表示为

$$\left.\begin{aligned} P &= \varphi_{\mathrm{P}}\left(U, f, \frac{\mathrm{d}U}{\mathrm{d}t}, \frac{\mathrm{d}f}{\mathrm{d}t}, \frac{\mathrm{d}U}{\mathrm{d}f}, \cdots\right) \\ Q &= \varphi_{\mathrm{Q}}\left(U, f, \frac{\mathrm{d}U}{\mathrm{d}t}, \frac{\mathrm{d}f}{\mathrm{d}t}, \frac{\mathrm{d}U}{\mathrm{d}f}, \cdots\right) \end{aligned}\right\} \tag{2-12}$$

负荷动态模型通常用于研究电力系统受到大扰动的暂态过程。由于综合负荷所代表的用电设备数量很大、种类繁多、分布又广，而且其工作状态带有随机性和时变性（甚至是跃变性），同时连接各类用电设备的配电网的结构也可能发生变化，使得建立一个既准确又实用的负荷动态模型问题至今还未能很好解决，一般只是根据所研究问题的特点，用不同的近似数学模型表示。

目前，研究负荷特性的主要方法有实测法与辨识法两种。

实测法的难度较大，主要原因是需要大量的测点，且这些测点的电压变化要求大于±10%，这在实际运行中一般是不允许的。频率的改变允许范围更小，实测中变化频率更加困难。因此，一般只能测量到额定电压或额定频率附近的一段静态特性。

辨识法的基本思想是将负荷当成一整体，根据现场采集的测量数据，确定负荷模型的结构，然后辨识所采集的数据得出模型所需参数。负荷模型辨识中常用的方法有最小二乘法、人工神经网络法、卡尔曼滤波法和非线性递推滤波法等。

下面简述负荷静态特性和负荷动态特性的建立。

一、 负荷静态特性的建立

在一定的频率、电压变化范围内，综合负荷的有功功率 P 和无功功率 Q 的静态特性可用代数方程或曲线表示，常用的有多项式、幂函数和恒定阻抗等近似模型。

(一) 多项式负荷静态特性

负荷静态特性的多项式形式为

$$\left.\begin{aligned}P&=P_{\mathrm{N}}\left[A_{\mathrm{P}}\left(\frac{U}{U_{\mathrm{N}}}\right)^{2}+B_{\mathrm{P}}\left(\frac{U}{U_{\mathrm{N}}}\right)+C_{\mathrm{P}}\right]\left[1+\left.\frac{\mathrm{d}(P/P_{\mathrm{N}})}{\mathrm{d}(f/f_{\mathrm{N}})}\right|_{f_{\mathrm{N}}}\left(\frac{\Delta f}{f_{\mathrm{N}}}\right)\right]\\Q&=Q_{\mathrm{N}}\left[A_{\mathrm{Q}}\left(\frac{U}{U_{\mathrm{N}}}\right)^{2}+B_{\mathrm{Q}}\left(\frac{U}{U_{\mathrm{N}}}\right)+C_{\mathrm{Q}}\right]\left[1+\left.\frac{\mathrm{d}(Q/Q_{\mathrm{N}})}{\mathrm{d}(f/f_{\mathrm{N}})}\right|_{f_{\mathrm{N}}}\left(\frac{\Delta f}{f_{\mathrm{N}}}\right)\right]\end{aligned}\right\}\tag{2-13}$$

式中：P、Q 分别为与电压 U、频率 f 相对应的有功功率、无功功率；U_{N}、f_{N} 分别为额定电压、额定频率；P_{N}、Q_{N} 分别为与 U_{N}、f_{N} 相对应的额定有功功率、额定无功功率。

式（2-13）中，第一个方括号内的各项表现了负荷的电压特性，其中的第一项为等效恒定阻抗负荷，第二项为等效恒定电流负荷，第三项为等效恒定功率负荷；A_{P}、B_{P}、C_{P} 分别表示恒定阻抗负荷、恒定电流负荷、恒定功率负荷占总有功功率负荷的百分数；A_{Q}、B_{Q}、C_{Q} 分别表示恒定阻抗负荷、恒定电流负荷、恒定功率负荷占总无功功率负荷的百分数，统称为负荷静态模型系数。第二个方括号内反映的是负荷的频率特性。

若不计负荷的频率特性，则由式（2-13）可得负荷的有功和无功电压静态特性 P_{U} 和 Q_{U} 分别为

$$\left.\begin{aligned}P_{\mathrm{U}}&=P_{\mathrm{N}}\left[A_{\mathrm{P}}\left(\frac{U}{U_{\mathrm{N}}}\right)^{2}+B_{\mathrm{P}}\left(\frac{U}{U_{\mathrm{N}}}\right)+C_{\mathrm{P}}\right]\\Q_{\mathrm{U}}&=Q_{\mathrm{N}}\left[A_{\mathrm{Q}}\left(\frac{U}{U_{\mathrm{N}}}\right)^{2}+B_{\mathrm{Q}}\left(\frac{U}{U_{\mathrm{N}}}\right)+C_{\mathrm{Q}}\right]\end{aligned}\right\}\tag{2-14}$$

当式（2-14）中的 P_{U}、Q_{U}、U 均为额定值时，有 $A_{\mathrm{P}}+B_{\mathrm{P}}+C_{\mathrm{P}}=1$，$A_{\mathrm{Q}}+B_{\mathrm{Q}}+C_{\mathrm{Q}}=1$。只要依次取 A_{P}（A_{Q}）、B_{P}（B_{Q}）、C_{P}（C_{Q}）为 1，则由式（2-14）可分别得到相当于恒定阻抗负荷、恒定电流负荷、恒定功率负荷的负荷特性。

同理，若不计负荷的电压特性，则由式（2-13）可得负荷的有功和无功频率静态特性 P_{f} 和 Q_{f} 分别为

$$\left.\begin{aligned}P_{\mathrm{f}}&=P_{\mathrm{N}}\left[1+\left.\frac{\mathrm{d}(P/P_{\mathrm{N}})}{\mathrm{d}(f/f_{\mathrm{N}})}\right|_{f_{\mathrm{N}}}\left(\frac{\Delta f}{f_{\mathrm{N}}}\right)\right]\\Q_{\mathrm{f}}&=Q_{\mathrm{N}}\left[1+\left.\frac{\mathrm{d}(Q/Q_{\mathrm{N}})}{\mathrm{d}(f/f_{\mathrm{N}})}\right|_{f_{\mathrm{N}}}\left(\frac{\Delta f}{f_{\mathrm{N}}}\right)\right]\end{aligned}\right\}\tag{2-15}$$

(二) 幂函数式负荷静态特性

负荷静态特性也可用幂函数形式表示，即

$$\left.\begin{aligned}P&=P_{\mathrm{N}}\left(\frac{U}{U_{\mathrm{N}}}\right)^{P_{\mathrm{U}}}\left(\frac{f}{f_{\mathrm{N}}}\right)^{P_{\mathrm{f}}}\\Q&=Q_{\mathrm{N}}\left(\frac{U}{U_{\mathrm{N}}}\right)^{Q_{\mathrm{U}}}\left(\frac{f}{f_{\mathrm{N}}}\right)^{Q_{\mathrm{f}}}\end{aligned}\right\}\tag{2-16}$$

式中：P_{U}、Q_{U} 分别为负荷有功功率和无功功率的电压特性系数；P_{f}、Q_{f} 分别为负荷有功功率和无功功率的频率特性系数。

（1）电压特性系数的物理含义。负荷功率和频率均为额定值时，功率对电压的变化率，即

$$P_{\mathrm{U}}=\left.\frac{\mathrm{d}(P/P_{\mathrm{N}})}{\mathrm{d}(U/U_{\mathrm{N}})}\right|_{f=f_{\mathrm{N}}}$$

$$Q_U=\left.\frac{d(Q/Q_N)}{d(U/U_N)}\right|_{f=f_N} \tag{2-17}$$

(2) 频率特性系数的物理含义。负荷功率和电压均为额定值时，功率对频率的变化率，即

$$P_f=\left.\frac{d(P/P_N)}{d(f/f_N)}\right|_{U=U_N}$$

$$Q_f=\left.\frac{d(Q/Q_N)}{d(f/f_N)}\right|_{U=U_N} \tag{2-18}$$

由式（2-17）和式（2-18）可见，负荷幂函数式中的幂系数就是负荷的特性系数，较多项式中的各系数容易确定，因而负荷特性常用幂函数形式表示。常用的各种负荷的典型静态特性系数见表2-2。

表2-2　常用负荷的典型静态特性系数

用电设备 \ 静态特性系数	P_U	Q_U	P_f	Q_f
白炽灯	1.60	0.00	0.00	0.00
荧光灯	1.00	3.00	1.00	−2.80
家用电器	0.30	1.80	0.10	−1.60
冷冻器	0.80	2.50	0.60	−1.40
电视机	2.00	5.20	0.00	−4.60
电阻型加热器	2.00	0.00	0.00	0.00
感应电动机（满载）	0.10	0.60	2.80	1.80
铝厂	1.80	2.20	−0.30	0.60
冶炼炉	1.90	2.10	−0.50	0.00

（三）恒定阻抗式负荷静态特性

负荷特性的恒定阻抗形式为

$$\left.\begin{aligned}P&=\frac{U^2}{R^2+X^2}R=\frac{U^2}{R^2+(2\pi fL)^2}R\\Q&=\frac{U^2}{R^2+X^2}X=\frac{U^2}{R^2+(2\pi fL)^2}(2\pi fL)\end{aligned}\right\} \tag{2-19}$$

比较式（2-16）和式（2-19）可见，两式中的有功功率、无功功率电压特性系数相等，即 $P_U=Q_U=2$。对于感性阻抗，当系统频率偏差很小时，将式（2-19）对频率 f 求导数可得有功功率频率特性系数为

$$P_f=\left.\frac{d(P/P_N)}{d(f/f_N)}\right|_{U=U_N}=-2\frac{(2\pi fL)^2}{R^2+(2\pi fL)^2}=-2\sin^2\varphi=\cos2\varphi-1 \tag{2-20}$$

无功功率频率特性系数为

$$Q_f=\left.\frac{d(Q/Q_N)}{d(f/f_N)}\right|_{U=U_N}=\cos2\varphi \tag{2-21}$$

对于容性阻抗，同理可得有功、无功功率的电压、频率特性系数分别为

$$\left.\begin{aligned} P_{\mathrm{U}} &= 2 \\ P_{\mathrm{f}} &= 1-\cos 2\varphi \end{aligned}\right\} \tag{2-22}$$

$$\left.\begin{aligned} Q_{\mathrm{U}} &= 2 \\ Q_{\mathrm{f}} &= -\cos 2\varphi \end{aligned}\right\} \tag{2-23}$$

式（2-20）～式（2-23）中的 φ 为阻抗角。

恒定阻抗模型最简单，可大大提高分析计算的速度，但与实际情况误差较大，通常只在负荷容量小、端电压波动不大、精确度要求不高的情况下使用。

二、负荷动态特性的建立

负荷的动态特性一般用微分方程和代数方程组成的方程组表示。建立综合负荷的动态模型，无论是物理模型还是数学模型，都包含模型结构的制定和模型参数的确定两个问题。电力系统综合负荷的主要成分是异步电动机，异步电动机的负荷动态特性决定了系统综合负荷的负荷动态特性。

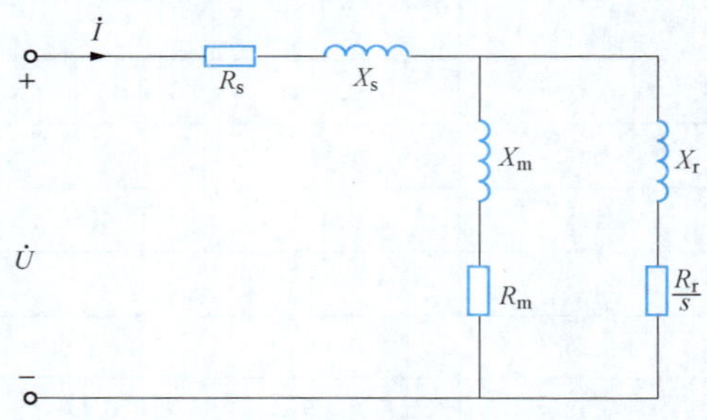

图 2-6 异步电动机的等值电路

异步电动机的动态特性较其静态特性复杂得多，通常要分为机械暂态过程、机电暂态过程和电磁暂态过程三种负荷动态特性讨论。下面仅对机械暂态过程的负荷动态特性进行简要介绍。

仅考虑机械暂态过程的异步电动机 T 形等效电路如图 2-6 所示。图 2-6 中，R_s、X_s 和 R_r、X_r 分别为异步电动机定子绕组和转子绕组的等效电阻与电抗；R_m、X_m 分别为异步电动机的励磁等效电阻和电抗；s 为转差率（或滑差率）。

由图 2-6 可知，异步电动机的电压方程为

$$\dot{U}=\dot{I}\{(R_s+\mathrm{j}X_s)+[(R_m+\mathrm{j}X_m)\ /\!/\ (R_r/s+\mathrm{j}X_r)]\}=\dot{I}Z_{\Sigma} \tag{2-24}$$

其中 $$Z_{\Sigma}=(R_s+\mathrm{j}X_s)+[(R_m+\mathrm{j}X_m)\ /\!/\ (R_r/s+\mathrm{j}X_r)]=R_{\Sigma}+\mathrm{j}X_{\Sigma}$$

式中：Z_{Σ} 为异步电动机定子、转子的总等效阻抗。

据此可计算出异步电动机从系统吸收的有功功率和无功功率分别为

$$P=I^2R_{\Sigma}=\frac{U^2}{Z_{\Sigma}^2}R_{\Sigma}=\frac{U^2}{R_{\Sigma}^2+X_{\Sigma}^2}R_{\Sigma}=U^2G_{\Sigma} \tag{2-25}$$

$$Q=I^2X_{\Sigma}=\frac{U^2}{Z_{\Sigma}^2}X_{\Sigma}=\frac{U^2}{R_{\Sigma}^2+X_{\Sigma}^2}X_{\Sigma}=U^2B_{\Sigma} \tag{2-26}$$

式（2-25）和式（2-26）中的 $G_{\Sigma}=\frac{R_{\Sigma}}{R_{\Sigma}^2+X_{\Sigma}^2}$ 和 $B_{\Sigma}=\frac{X_{\Sigma}}{R_{\Sigma}^2+X_{\Sigma}^2}$ 分别为异步电动机的等效电导和等效电纳，它们分别为转差率 s 的函数。

转差率 s 等于定子、转子旋转磁场角速度之差与定子旋转磁场角速度（同步角速度）之比，即

$$s=\frac{\omega_s-\omega_r}{\omega_s}=1-\frac{\omega_r}{\omega_s} \tag{2-27}$$

式中：ω_s 为定子旋转磁场角速度（同步角速度）；ω_r 为转子旋转磁场角速度。

ω_r 可由异步电动机的转子运动方程求得，即

$$T_J \frac{d\omega_r}{dt} = M_e - M_m \tag{2-28}$$

式中：T_J 为异步电动机的惯性时间常数，s；M_e 为电磁转矩；M_m 为机械转矩。

电磁转矩 M_e 的计算式可表示为

$$M_e = \frac{2M_{emax}}{\frac{s}{s_{cr}} + \frac{s_{cr}}{s}} \left(\frac{U}{U_N}\right)^2 \tag{2-29}$$

式中：M_{emax} 为异步电动机外加电压 U 等于额定电压 U_N 时的最大电磁转矩；s_{cr} 为与最大电磁转矩 M_{emax} 对应的临界转差率。

在不计静止力矩（即与转速无关的部分力矩）时，机械转矩 M_m 可表示为

$$M_m = K_0 \omega^{\beta} \tag{2-30}$$

式中：K_0 为异步电动机的负荷率，即实际负荷与额定负荷的比值；β 为与机械转矩特性有关的系数，一般在 1～2 范围内取值。

当转速偏差较小时，M_m 还可表示为

$$M_m = M_{m0} + \beta_0 (\omega_s - \omega_r) \tag{2-31}$$

式中：M_{m0} 为异步电动机的稳态机械转矩；β_0 为线性化机械转矩特性系数。

式（2-25）、式（2-26）和式（2-28）构成了以 P、Q 为代数变量，以 s 为状态变量的一阶动态负荷模型。

除了异步电动机负荷外，综合负荷中的另外一部分负荷可以用恒定阻抗负荷表示，其比例可取为总负荷的 25%～35%。两者相组合，就可构成近似的综合负荷动态模型。

第三节 电力系统中的谐波

电力系统中，交流电压和电流并不是理想的单一频率正弦波，电压和电流波形会因设备及负荷的非线性而产生畸变，偏离正弦波形。一个畸变的周期波形是由不同频率的正弦波形组成的，即由一个基本频率下的基波波形加上一系列频率为基本频率整数倍的谐波分量组成的。这些谐波分量会对电力系统及电力用户造成不同程度的影响甚至危害，因而谐波的含量是衡量电能质量的重要指标之一。

一、 主要谐波参数

（一）含有谐波的电压和电流

在工程实际中，随时间按周期 T 变化的电压 $u(t)$ 和电流 $i(t)$ 的大小，常分别用其有效值 U 和 I 来衡量，其定义为

$$U = \sqrt{\frac{1}{T} \int_0^T u^2(t) dt} \tag{2-32}$$

$$I = \sqrt{\frac{1}{T} \int_0^T i^2(t) dt} \tag{2-33}$$

对于单一频率的正弦波，有效值为其最大值的$\sqrt{2}/2$。对于畸变后的非正弦周期性电压

和电流，则可利用傅里叶级数将它们分解成一系列不同频率的简谐分量，即

$$u(t)=\sum_{n=1}^{\infty}\sqrt{2}U_n\sin(n\omega_1 t+\alpha_n) \tag{2-34}$$

$$i(t)=\sum_{n=1}^{\infty}\sqrt{2}I_n\sin(n\omega_1 t+\beta_n) \tag{2-35}$$

其中

$$\omega_1=\frac{2\pi}{T}=2\pi f_1$$

式中：ω_1 为基波角频率；$n\omega_1$ 为 n 次谐波的角频率；$\sqrt{2}U_1$、$\sqrt{2}I_1$ 分别为基波电压、电流的振幅；α_1、β_1 分别为基波电压、电流的初相角；$\sqrt{2}U_n$、$\sqrt{2}I_n$ 分别为n 次谐波电压、电流的振幅；α_n、β_n 分别为相应谐波电压、电流的初相角。

将式（2-35）代入式（2-33），可得含有谐波分量的电流有效值为

$$I=\sqrt{\frac{1}{T}\int_0^T[\sqrt{2}I_1\sin(\omega_1 t+\beta_1)+\sqrt{2}I_2\sin(2\omega_1 t+\beta_2)+\cdots+\sqrt{2}I_n\sin(n\omega_1 t+\beta_n)]^2\mathrm{d}t} \tag{2-36}$$

考虑到

$$\frac{1}{T}\int_0^T 2I_n^2\sin^2(n\omega_1 t+\beta_n)\mathrm{d}t=I_n^2 \tag{2-37}$$

$$\frac{1}{T}\int_0^T 4I_n^2\sin(n\omega_1 t+\beta_n)I_m\sin(m\omega_1 t+\beta_m)\mathrm{d}t=0\quad(m\neq n) \tag{2-38}$$

因此有

$$I=\sqrt{I_1^2+I_2^2+I_3^2+\cdots+I_n^2+\cdots}=\sqrt{\sum_{n=1}^{\infty}I_n^2} \tag{2-39}$$

由式（2-39）可见，畸变波形的周期电流有效值只与所含各次谐波的有效值有关，而与它们的相位无关。同理对畸变后的电压波形有

$$U=\sqrt{U_1^2+U_2^2+U_3^2+\cdots+U_n^2+\cdots}=\sqrt{\sum_{n=1}^{\infty}U_n^2} \tag{2-40}$$

显然非正弦周期量的最大值和有效值之间已不存在简单的$\sqrt{2}$倍关系。例如，图 2-7(a)、(b) 所示的两个不同畸变电流波形，其所含的基波和 3 次谐波的幅值是相等的，所以它们的有效值相同；但由于两个波形的基波和 3 次谐波之间的相位关系不同，它们的最大值却是不同的。

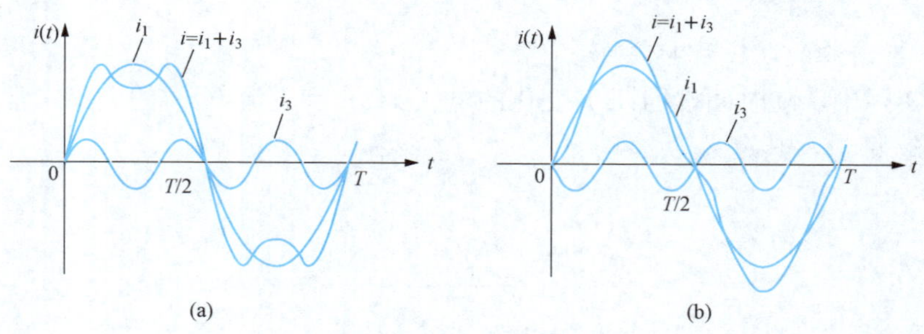

图 2-7　畸变电流波形

(a) 3 次谐波初相角与基波相同；(b) 3 次谐波初相角与基波相反

（二）谐波分析中常用的若干特征量

在进行谐波分析时，常用一些特征量来表示畸变波形偏离正弦波形的程度，最常用的特征量有谐波含量、电压总谐波畸变率、电流总谐波畸变率和 n 次谐波的含有率等。

(1) 谐波含量。所谓谐波含量是指各次谐波平方和的平方根，分为谐波电压含量和谐波电流含量。

谐波电压含量 U_{H} 可表示为

$$U_{\mathrm{H}} = \sqrt{\sum_{n=2}^{\infty} U_n^2} \tag{2-41}$$

谐波电流含量 I_{H} 可表示为

$$I_{\mathrm{H}} = \sqrt{\sum_{n=2}^{\infty} I_n^2} \tag{2-42}$$

式中：U_n、I_n 分别为第 n 次谐波的电压和电流有效值。

(2) 总谐波畸变率。谐波含量与基波分量比值的百分数称为总谐波畸变率，用 THD 表示。据此可得：

电压总谐波畸变率 THD_{U} 为

$$THD_{\mathrm{U}} = \frac{U_{\mathrm{H}}}{U_1} \times 100\% \tag{2-43}$$

电流总谐波畸变率 THD_{I} 为

$$THD_{\mathrm{I}} = \frac{I_{\mathrm{H}}}{I_1} \times 100\% \tag{2-44}$$

式中：U_1、I_1 分别为基波电压和基波电流的有效值。

(3) 谐波含有率。为了抑制或补偿某次谐波，在工程上往往要求给出畸变周期量中某次谐波的含有量，通常以某次谐波的有效值与基波有效值的比值来表示，称为谐波含有率，记为 HR。据此可得：

n 次谐波电压含有率 HRU_n 为

$$HRU_n = \frac{U_n}{U_1} \times 100\% \tag{2-45}$$

n 次谐波电流含有率 HRI_n 为

$$HRI_n = \frac{I_n}{I_1} \times 100\% \tag{2-46}$$

（三）含有谐波时的有功功率和功率因数

根据有功功率的定义，并考虑到三角函数的正交性质，可以得到含有谐波时电力系统的平均有功功率为

$$P = \frac{1}{T}\int_0^T u(t)i(t)\mathrm{d}t = \sum_n U_n I_n \cos\varphi_n = \sum_n P_n \tag{2-47}$$

式中：φ_n 为 n 次谐波电流落后于 n 次谐波电压的相位角，它的数值可以落在任意象限之内，当 φ_n 在第一、第四象限时，P_n 为正，表示负荷吸收有功功率；当 φ_n 在第二、第三象限时，P_n 为负，表示负荷发出有功功率，成为谐波源。

因此，根据式 (2-47) 计算出的有功功率可能会小于它的基波功率 P_1，即用户可以将所吸收的一部分基波功率转化为谐波功率，反馈到电网，并危及其他用户。

含有谐波时的视在功率，可表示为

$$S = \sqrt{\sum_{n=1}^{N} U_n^2 \sum_{n=1}^{M} I_n^2} \tag{2-48}$$

据式（2-47）和式（2-48）可将含有谐波时的功率因数表示为

$$\cos\varphi = \frac{P}{S} \tag{2-49}$$

显然，式（2-49）中的角度 φ 已经不再是任何一次谐波电压和电流之间的相位差。

在工程中，$\cos\varphi$ 可按有功电能表的读数 A_P（kW·h）和无功电能表的读数 A_Q（kvar·h）来计算，即

$$\cos\varphi = \frac{A_P}{\sqrt{A_P^2 + A_Q^2}} \tag{2-50}$$

式中：A_P 和 A_Q 可以取日平均值或月平均值。

二、谐波源

自从采用交流电作为电能输送的方式起，人们就已经了解电力系统中的谐波问题，例如，由于铁心饱和会使变压器励磁电流中出现以 3 次谐波为主的谐波分量。随着现代工业的发展和电力电子技术的广泛应用，电力系统中的非线性负荷及控制设备大量增加，使谐波问题更加突出。这些非线性负荷和设备可以在正弦供电电压下产生非正弦电流或者在正弦供电电流下产生非正弦电压，形成电力系统中的谐波源。

谐波源大致可分为以下两种。

（一）含电弧和铁磁非线性设备的谐波源

这类谐波源包括交流电弧炉、交流电焊机、日光灯以及发电机、变压器和铁磁谐振设备等，其中电弧炉形成的谐波在这类谐波中占有很大的比例。由于电弧炉在技术经济上的优越性，电弧炉炼钢发展很快，单台炼钢电弧炉的容量已由过去的几吨（t）发展到 700～800t，成为现代炼钢的重要设备。电弧的伏安特性具有高度的非线性，再加电弧的长度受电磁力、对流气流、电极移动以及炉料在熔化过程中的崩落和滑动等多种因素的影响，电弧电流的变化是很不规则的，因而会出现一系列的谐波，成为主要的谐波源。表 2-3 列出了典型电弧炉的谐波电流含有率（HRI）的统计值。

表 2-3　典型电弧炉的谐波电流含有率（*HRI*）的统计值

谐波次数 n	2	3	4	5	6	7	8	9
谐波电流含有率 HRI（%）	5.0	5.8	3.0	4.2	1.2	1.1	1.1	0.8

（二）整流和换流电子器件所形成的谐波源

随着电力电子技术的发展，晶闸管整流和变频装置在包括电力工业自身在内的现代工业企业和运输部门中得到了广泛的应用，成为产生谐波的主要设备。例如，高压直流输电的大容量整流和逆变装置，电力机车、光伏发电系统和冶金、化工、矿山部门中大量使用的晶闸管整流设备，以及风力发电系统和水泵、电梯等设备中大量使用的变频调速装置等。

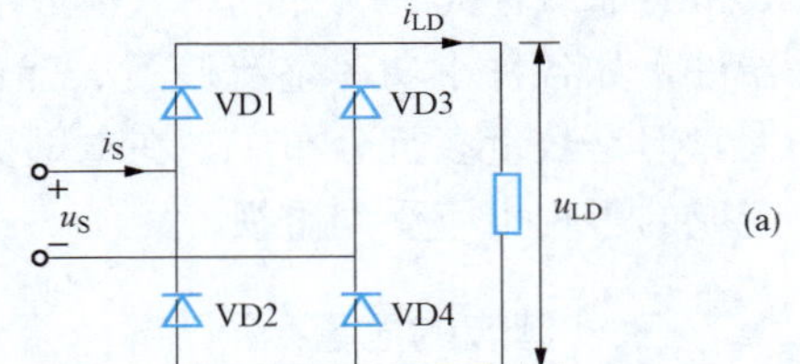

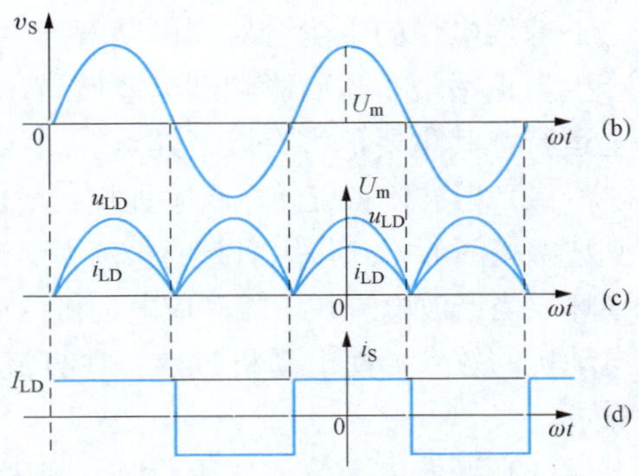

图 2-8 单相桥式不控整流

（a）电路；（b）电源电压；（c）电阻负载；（d）电感负载

图 2-8 所示为简单单相桥式不控整流电路及其输出电压和输入电流波形。利用傅里叶级数，负荷电压 u_{LD} 可分解为

$$u_{LD}=\frac{4}{\pi}U_m\left(\frac{1}{2}+\frac{1}{1\times3}\cos2\omega t-\frac{1}{3\times5}\cos4\omega t+\frac{1}{5\times7}\cos6\omega t-\frac{1}{7\times9}\cos8\omega t+\cdots\right)\quad(2-51)$$

式中：恒定分量 $\frac{2}{\pi}U_m$ 即为负载电压的平均值，最低谐波分量的幅值为 $\frac{4}{3\pi}U_m$，角频率为电源频率的两倍，其他谐波分量的角频率分别为 4ω、6ω 等偶次谐波。

如果负荷为纯电阻，则负荷电流 i_{LD} 和负荷电压 u_{LD} 具有相同的波形，交流输入电流保持为正弦。

如果负荷电感很大，负荷电流为恒定值 I_{LD}，则交流输入电流 $i_S(t)$ 将为 180°宽的交流方波，其傅里叶级数表达式为

$$i_S(t)=\frac{4}{\pi}I_{LD}\left(\cos\omega t-\frac{1}{3}\cos3\omega t+\frac{1}{5}\cos5\omega t-\frac{1}{7}\cos7\omega t+\frac{1}{9}\cos9\omega t-\frac{1}{11}\cos11\omega t+\frac{1}{13}\cos13\omega t\cdots\right)\quad(2-52)$$

由式（2-52）可见，在交流电流中将出现一系列奇次谐波分量。

其他诸如使用单相桥式可控整流、三相桥式不控和可控整流电路中出现的谐波，同样可依据相关波形，通过傅里叶级数分解后得出。我国现有的一些电力机车谐波的典型统计值见表 2-4。

表 2-4　电力机车谐波的典型统计值

机车型号	牵引功率（kW）	满载时谐波含有率（%）				
		3	5	7	9	11
SS1 SS1 SS1 SS1 8G	4200 4800 6400 4800 6400	23	12	7	4	3
8K 6K 6G53	6400 4800 4800	10	5	4	3	2

随着人民生活水平的提高，各种家用电器进入了家庭生活的各方面，其中有些用电器

具带有非线性元件，如利用气体放电管发光照明的荧光灯；有些用电器具采用晶闸管整流器件，如各种小功率整流装置、晶闸管整流和调压电源等。这些设备的单个容量虽然不大，但是数量多且分布广，在电网负荷中占有相当大的比重，它们产生的谐波对电力系统造成的影响也应受到重视。

三、谐波的危害

像发电厂的烟尘会对周围空气产生污染那样，电力系统中的谐波会对电网的运行环境产生严重污染，从而影响到电能质量，增加电能损耗，甚至危及电气设备和电力系统的安全运行。其主要危害有以下几点。

（1）谐波使得旋转电机附加损耗增加、有效输出功率降低、绝缘老化加速。谐波电流与基波磁场间的相互作用引起的振荡力矩严重时能使发电机产生机械共振，使汽轮机叶片疲劳损坏。当谐波电流在三相感应电动机内产生的附加旋转磁场与基波旋转磁场相反时，将降低电动机的效率，使电动机过热。在直流电机中，谐波除附加发热外，还会引起换相恶化和噪声。

（2）谐波电流流入变压器时，将因集肤效应和邻近效应，在变压器绕组中引起附加铜损耗。谐波电压可使变压器的磁滞及涡流损耗增加。3 次谐波及其倍数的谐波在变压器三角形接法的绕组中形成的环流会使变压器绕组过热。此外谐波还会使变压器的噪声增大，使绝缘材料中的电场强度增大，缩短变压器的使用寿命。

（3）谐波电压作用在对频率敏感（频率越高，电抗越降低）的电容元件上，如电容器和电缆等，会使之严重过电流，导致发热，介质老化，甚至损坏。

（4）高次谐波电流流过串联电抗器时，会在串联电抗器上形成过高的压降，使电抗器的匝间绝缘受损。

（5）谐波电流流过输电线（包括电缆）时，输电线的电阻会因集肤效应而增大，加大了线路的损耗。谐波电压的存在可能使导线的对地电压和相间电压增大，使线路的绝缘受到影响，或使线路的电晕问题变得严重起来。

（6）谐波电压和谐波电流会对电工仪表的测量准确性产生影响。过大的高次谐波电流流入电能表，可能烧坏电流线圈；频率过高（达到 1000Hz 以上）时，电能表可能停转。

（7）供电线路（尤其是电力机车 2.5kV 接触网）中存在的高次谐波所产生的静电感应和电磁感应会对与之平行的通信线路产生声频干扰，影响到通信质量。

（8）谐波侵入电网，有可能会引起电力系统中继电保护的误动作，影响到电力系统的安全运行，也可能对使用中的电子设备产生影响，出现诸如电视机的图像“翻滚”、计算机的运行出错、测量仪表失准等故障。

四、谐波标准

国际上公认的谐波含义为：“谐波是指一个周期电气量的正弦波分量，其频率为基波频率的整数倍”。把公用电网的谐波量控制在允许范围内，以保证电能质量，防止谐波对电网和用户的电气设备、各种用电器具造成危害，保持其安全经济运行，并获得良好的社会效益，是制定谐波标准的目的。

为规范谐波的分析治理，20 世纪 80 年代起，IEEE、IEC、CIGRE 等国际电气专业组织相继制定了电网谐波的相关标准。我国也制定了相应的国家标准 GB/T 14549—1993《电能质量　公用电网谐波》。制定谐波标准的基本原则是：把电网中的电压总谐波畸变率及各次谐波含有率控制在允许的范围内，以保证供电质量，使接入电网中用户的各种用电器具免受谐波的危害，保持正常工作；限制谐波注入电网的谐波电流及其在电网中产生的谐波电压，防止其对电网发供电设备的干扰，保证电网的安全经济运行；在总结现有经验的基础上，结合我国情况，提出有科学依据和向国际先进标准靠拢的规定，使其具有科学性、实用性和先进性。

GB/T 14549—1993《电能质量　公用电网谐波》中涉及不同谐波源的叠加计算、低压电网电压总谐波畸变率允许值以及用户注入电网的谐波电流允许值等几个基本问题，相关问题的基本内容如下：

（1）不同谐波源的叠加计算。电网谐波电压和电流往往由多个谐波源产生，因而不同谐波源的叠加计算是制定谐波标准的重要基础。当两个谐波源分别产生的不同谐波 A_n 及 B_n 之间的相位角 φ_n 确定时，其合成的同次谐波 C_n 按余弦定理计算，即

$$C_n = \sqrt{A_n^2 + B_n^2 - 2A_nB_n\cos\varphi_n} \tag{2-53}$$

（2）低压电网电压总谐波畸变率允许值。低压电网中的电压总谐波畸变率允许值是确定各级中、高压电网电压总谐波畸变率的基础。同时由于绝大多数电气设备都是从低压电网取得电源，所以确定低压电网的电压总谐波畸变率，保证这些电气设备免受谐波的干扰，具有很重要的意义。谐波国标中规定的电网电压总谐波畸变率允许值见表 2-5。

表 2-5　电网电压总谐波畸变率允许值

电网标称电压（kV）	电压总谐波畸变率（%）	各次谐波电压含有率（%）		电网标称电压（kV）	电压总谐波畸变率（%）	各次谐波电压含有率（%）	
		奇次	偶次			奇次	偶次
0.38	5.0	4.0	2.0	35	3.0	2.4	1.2
6	4.0	3.2	1.6	66			
10				100	2.0	1.6	0.8

（3）用户注入电网的谐波电流允许值。要控制电网中的谐波电压，就必须限制谐波源注入电网的谐波电流。谐波国标中确定允许每个用户注入电网谐波电流值的方法是：

1）先确定谐波源对本级电网引起的总谐波电压允许值；

2）求得本级谐波源允许引起的总谐波电压后，据此求出一个公共连接点注入电网的总谐波电流允许值。

谐波电流允许值 I_n 计算公式为

$$I_n = \frac{10S_k HRU_n}{\sqrt{3}U_N n} \tag{2-54}$$

式中：S_k 为基准短路容量，MV·A；HRU_n 为 n 次谐波电压含有率。

谐波国标中规定注入公共连接点的谐波电流允许值见表 2-6。

表 2-6　　注入公共连接点的谐波电流允许值

标准电压（kV）	基准短路容量（MV·A）	谐波次数及谐波电流允许值（A）																							
		2	3	4	5	6	7	8	9	10	11	12	13	14	15	16	17	18	19	20	21	22	23	24	25
0.38	10	78	62	39	62	26	44	19	21	16	28	13	24	11	12	9.7	18	8.6	16	7.8	8.9	7.1	14	6.5	12
6	100	43	34	21	34	14	24	11	11	8.3	16	7.1	13	6.1	6.8	5.3	10	4.7	9.0	4.3	4.9	3.9	7.4	3.6	6.8
10	100	26	20	13	20	8.5	15	6.4	6.8	5.1	9.3	4.3	7.9	3.7	4.1	3.2	6.0	2.8	5.4	2.5	2.9	2.3	4.5	2.1	4.1
35	250	15	12	7.7	12	5.1	8.8	3.8	4.1	3.1	5.6	2.6	4.7	2.2	2.5	1.9	3.6	1.7	3.2	1.5	1.8	1.4	2.7	1.3	2.5
66	500	16	13	8.1	13	3.4	9.5	4.1	4.3	3.3	5.9	2.7	3.0	2.3	2.6	2.0	3.8	1.8	3.4	1.6	1.9	1.3	2.8	1.4	2.6
110	750	12	9.6	6.0	9.6	4.0	6.8	3.0	3.2	2.4	4.3	2.0	3.7	1.7	1.9	1.0	2.8	1.3	2.5	1.2	1.4	1.1	2.1	1.0	1.9

注　220kV 基准短路容量取 2000MV·A。

五、电力系统谐波的抑制方法

减少或抑制电力系统谐波，尽可能地减少其危害，提高电压电流波形质量，已经成为电力工作者的一项重要任务。为此，必须采取措施对电网中的谐波加以有效的限制。作为示例，表 2-7 列出了中压及以上电网各次谐波电压含有率的规划值。

表 2-7　　MV、HV 和 EHV 电网各次谐波电压含有率（HRU_n）的规划值

非 3 倍次奇次谐波			3 倍次奇次谐波			偶次谐波		
次数 n	谐波电压（%）		次数 n	谐波电压（%）		次数 n	谐波电压（%）	
	MV	HV-EHV		MV	HV-EHV		MV	HV-EHV
5	5	2	3	4	2	2	1.6	1.5
7	4	2	9	1.2	1	4	1	1
11	3	1.5	15	0.3	0.3	6	0.5	0.5
13	2.5	1.5	21	0.2	0.2	8	0.4	0.4
17	1.6	1	>21	0.2	0.2	10	0.4	0.4
19	1.2	1				12	0.2	0.2
23	1.2	0.7				>12	0.2	0.2
25	1.2	0.7						
>25	$0.2+0.5\frac{25}{n}$	$0.2+0.5\frac{25}{n}$						

注　1. MV 是指额定电压 U_N 为 $1kV<U_N\leqslant35kV$；HV 是指额定电压 U_N 为 $35kV<U_N\leqslant330kV$；EHV 是指额定电压 U_N 为 $U_N>330kV$。

2. 总谐波畸变率（THD）：MV 电网 6.5%，HV 电网 3%。

抑制谐波的方法可分为预防性和补救性两类。

1. 预防性方法

预防性方法是指减少或避免谐波及其后果出现的方法，包括：变流器中的相位抵消或谐波控制；制定相关标准和规范，限制大谐波负荷接入系统；采取有效的方法来控制、减

少或消除电力系统主要设备即电容器、变压器和发电机的谐波。其具体措施有四种：

(1) 增加电力变流器的脉冲数来削弱谐波。电力变流器是电网中的主要谐波源之一，其特征频谱 $n=Kp\pm1$（K 取任意整数）。由此可知，当脉冲数 p 增加时，n 也相应增大，谐波电流 $I_n=I_1/n$ 将减少。因此，增加整流脉冲数 p，可以平滑波形，减少谐波。电力电子装置常将 6 脉冲的变流器设计成 12 或 24 脉冲变流器，以减少交流侧的谐波电流含量。理论上，脉冲越多，对谐波的抑制效果越好，但是脉冲数越多，电力变流器的结构越复杂，体积越大，使得变流器的控制和保护变得困难，成本增加。因而实际中通常是根据需要，由若干个低脉冲数变流器构成高脉冲数变流器来消除谐波，称此为相位抵消或相位多重化。

(2) 用变压器绕组的三角形连接来隔断由发电机和变压器产生的 $3n$ 次谐波进入电力系统。另外，通过降低变压器功率和加大中性线导体规格也是一种暂时的解决方案。

(3) 同步发电机中用短距线圈和分布绕组来减小谐波。选择线圈节距以使节距系数在某次谐波下为零可以完全消除此次谐波。此外，在同步发电机的极靴中采用阻尼绕组能够减弱脉动磁场的影响，绕组槽上采用铁磁性槽楔可以减少齿谐波。

(4) 制定谐波管理规制。按国家标准规定限定单个谐波和畸变系数的极限值，限制含谐波源负荷的接入，从而将谐波限制在一个较低的无危害水平。

2. 补救性方法

补救性方法是指为克服既存谐波问题所采用的方法，包括使用电力滤波器、电路解谐、采用馈电线重构或电容器组改变安装位置等。其具体措施有两种：

(1) 改变电容器组的安装位置或调整电容器组的无功输出功率。通过增加串联电抗器和电阻器，电容器组可进一步用来滤除某特定次谐波。

(2) 在谐波源附近安装电力滤波器。传统的无源滤波器主要是由调谐于某次或某些次谐波的电容器和电抗器组成。而新型的有源电力滤波器则是基于电力电子控制技术“产生”与电网谐波源负荷同频率反相位的抵消谐波，从而减少进入到电网的谐波。

本章小结

电力系统中各用电设备所消耗的电功率总和为综合负荷。感性负荷一般用 $\dot{S}=\dot{U}\overset{*}{I}=P+\mathrm{j}Q$ 的复数形式表示，容性负荷一般用 $\dot{S}=P-\mathrm{j}Q$ 的复数形式表示。

常用的负荷曲线有日负荷曲线、年最大负荷曲线和年持续负荷曲线。日负荷曲线是电力系统中安排日发电计划和确定运行方式的重要依据。年最大负荷曲线的主要作用是用来作发电设备检修计划，其次也可为发电厂的新建或扩建计划提供依据。年持续负荷曲线经常用于安排发电计划和进行可靠性估算。

反映负荷功率随频率和电压变化而变化的规律称为负荷特性，负荷特性分为静态负荷特性和动态负荷特性。用来模拟负荷特性的数学方程或等效电路称为负荷模型。

电力系统负荷中的整流和换流器件以及含电弧和铁磁非线性元件的设备会使电力系统中的电压、电流波形发生畸变。波形的畸变程度可用谐波含量、总谐波畸变率和谐波含有率等特征量来衡量。

谐波的存在会影响电能的质量，危及电气设备和电力系统的安全运行。随着现代工业和电力电子技术的广泛应用，谐波已成为电网的公害，应该熟悉国家谐波标准，采取相应技术措施进行谐波治理，提高电能质量。

思考题与习题

2-1 某电力系统的日负荷曲线如图 2-9 所示。试作如下计算：

（1）系统的日平均负荷 P_{av}；

（2）负荷率 k_m 和最小负荷系数 α；

（3）峰谷差。

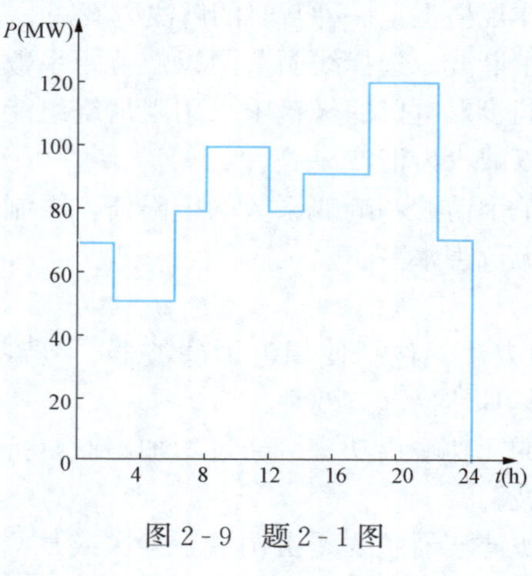

图 2-9 题 2-1 图

2-2 何谓负荷曲线？负荷曲线有哪些分类？

2-3 何谓负荷特性？负荷特性如何分类？

2-4 负荷静态特性与负荷动态特性分别适用于什么场合？

2-5 何谓谐波含量、总谐波畸变率和谐波含有率？

2-6 电力系统中有哪些主要谐波源？

2-7 电力系统中的谐波可能造成哪些危害？

2-8 谐波国标中含有哪几个基本问题？

2-9 电力系统中的谐波抑制方法分为几类？具体措施有哪些？

第三章　电力系统主设备

电力系统主设备包括同步发电机、变压器、输电线路以及各种高压电器。电力系统的运行效能在很大程度上取决于主设备的性能和质量。

有关同步发电机和变压器的知识已在前期课程“电机学”中学过，本章只介绍电力系统计算中所涉及的变压器的等效电路及参数计算。有关同步电机的参数计算将在第六章中结合同步电机的短路加以介绍。

第一节　电力变压器的等效电路及参数计算

电力变压器是电力系统中实现电能传输和分配的核心设备。在电源侧，发电机发出的电能要用升压变压器将发电机电压（一般为 13.8kV 或 20kV）升高到输电电压（220～1000kV），实现电能的传输。在用电侧要用降压变压器将输电电压逐级降低为配电电压（35～110kV，6～20kV，380/220V）。电力系统中使用的变压器大多数是三相的。当容量特大、运输不便时，也有采用三个单相变压器接成三相变压器组的。按每相绕组的结构分类时，电力变压器有双绕组、三绕组和自耦三种形式。通常 220kV 及以上的变压器均采用三绕组或三绕组自耦的结构。由于变压器的工作原理和结构已在电机学中作过系统介绍，所以本章只讨论电力系统分析中所用到的变压器三相对称运行时的等效电路及参数计算，有关变压器不对称运行时的等效电路及参数计算将在第七章中阐述。

一、双绕组变压器

在电网的计算中，双绕组变压器一般采用由短路电阻 R_T、短路电抗 X_T、励磁电导 G_T 和励磁电纳 B_T 四个等效参数组成的 Γ 形等效电路，如图 3-1（a）所示。图中，电导 G_T 和电纳 B_T 也可直接用变压器的空载损耗 ΔP_0 和无功损耗 ΔQ_0 代替，如图 3-1（b）所示。对于地方电网及发展规划中的电力系统，则通常可不计变压器的等效导纳，而将变压器的等效电路进一步简化为图 3-1（c）所示的由电阻 R_T、电抗 X_T 串联的等效电路。

任何一台变压器出厂时，制造厂家都会在变压器的铭牌上或出厂试验书上给出代表其电气特性的四个参数，即短路损耗（也称负载损耗）ΔP_k、短路电压（也称短路阻抗）百分数 $U_k\%$、空载损耗 ΔP_0、空载电流百分数 $I_0\%$。前两个参数由短路试验得出，后两个参数由空载试验得出。根据以上四个电气特性数据，即可计算出等效电路中的 R_T、X_T、G_T 和 B_T。

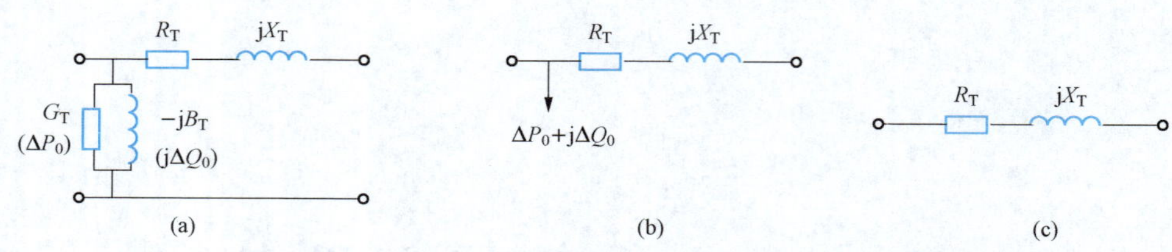

图 3 - 1　双绕组变压器的等效电路

(a) Γ型等效电路；(b) 用 ΔP_0、ΔQ_0 表示的等效电路；(c) 不计变压器等效导纳的等效电路

（一）电阻 R_T

变压器进行短路试验时，一侧绕组短接，另一侧绕组利用调压变压器加电压，当短路侧电流达到该侧绕组的额定值后，所测得的有功功率即为短路损耗。此时由于电压低，故铁损耗可忽略不计，认为短路损耗 ΔP_k（kW）与变压器满载后两侧绕组中的总有功功率损耗（即额定有功功率损耗）ΔP_N（kW）相等，即

$$\Delta P_k = \Delta P_N = 3I_N^2 R_T \times 10^{-3} = \frac{S_N^2}{U_N^2} R_T \times 10^{-3}(\text{kW}) \tag{3-1}$$

式中：I_N 为变压器的额定电流，A；U_N 为变压器的额定电压，kV；S_N 为变压器的额定容量，kV·A。

由此可得变压器的短路电阻 R_T 为

$$R_T = \frac{\Delta P_k U_N^2}{S_N^2} \times 10^3(\Omega) \tag{3-2}$$

（二）电抗 X_T

短路试验时，变压器通过的是额定电流，此时变压器阻抗上短路电压百分数为

$$U_k\% = \sqrt{(U_X\%)^2 + (U_R\%)^2} \tag{3-3}$$

式中：$U_R\%$为电阻 R_T 上电压降的百分数；$U_X\%$为电抗 X_T 上电压降的百分数。

对大、中型变压器，$X_T \gg R_T$，故可以忽略 R_T，近似地认为 $U_k\% \approx U_X\%$，即

$$U_X\% = \frac{\sqrt{3} I_N X_T \times 10^{-3}}{U_N} \times 100 = \frac{S_N X_T \times 10^{-3}}{U_N^2} \times 100 \tag{3-4}$$

由此可得变压器的短路电抗 X_T 为

$$X_T = \frac{U_k\% U_N^2}{S_N} \times 10(\Omega) \tag{3-5}$$

应该注意，此处电阻、电抗都是指归算到某一侧额定电压下两侧绕组的总电阻、总电抗。

（三）电导 G_T

变压器空载试验是一侧开路，在另一侧加额定电压，测量变压器的有功损耗（即空载损耗）ΔP_0（kW）以及空载电流百分数 $I_0\%$。由于空载电流相对于额定电流很小，因而空载时变压器绕组电阻的功率损耗也很小，故可近似认为其空载损耗 ΔP_0 就是铁心损耗，即

$$\Delta P_0 = U_N^2 G_T \times 10^3(\text{kW}) \tag{3-6}$$

由此可求出变压器励磁绕组的电导 G_T 为

$$G_T = \frac{\Delta P_0}{U_N^2} \times 10^{-3} (S) \tag{3-7}$$

（四）电纳 B_T

变压器的励磁绕组的电纳参数是用来表征变压器励磁特性的。变压器的空载电流 $\dot{I}_0$ 由电导中的有功电流分量 $\dot{I}_G$ 和电纳中的无功电流分量 $\dot{I}_B$ 两部分组成，相应的相量图如图 3-2 所示。有功电流分量 $\dot{I}_G$ 与空载损耗 ΔP_0 相对应，无功电流分量 $\dot{I}_B$ 与励磁功率 ΔQ_0（kV·A）相对应。由于 $\dot{I}_G$ 远小于 $\dot{I}_B$，可以认为 $\dot{I}_B \approx \dot{I}_0$，故有

$$\frac{\Delta Q_0}{S_N} \times 100 = \frac{\sqrt{3} U_N I_B}{\sqrt{3} U_N I_N} \times 100 \approx \frac{\sqrt{3} U_N I_0}{\sqrt{3} U_N I_N} \times 100$$

$$= \frac{I_0}{I_N} \times 100 = I_0 \%$$

即

$$\Delta Q_0 = I_0 \% S_N \times 10^{-2} \tag{3-8}$$

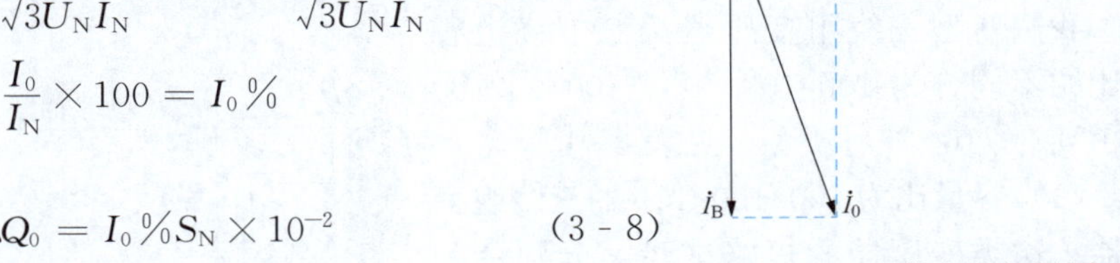

图 3-2 空载电流相量图

由此可得 B_T 为

$$B_T = \frac{\Delta Q_0}{U_N^2} \times 10^{-3} = \frac{I_0 \% S_N}{U_N^2} \times 10^{-5} (S) \tag{3-9}$$

在应用式（3-2）、式（3-5）、式（3-7）和式（3-9）计算变压器等效回路中的 R_T、X_T、G_T 和 B_T 时，应注意两点：①公式中的 U_N 既可取高压侧的电压，也可取低压侧的电压，视需要而定，当 U_N 取高压侧值时，参数归算到高压侧；当 U_N 取低压侧值时，参数归算到低压侧；②公式中各物理量的单位：短路损耗 ΔP_k、空载损耗 ΔP_0 为 kW，变压器的额定电压 U_N 为 kV，变压器的额定容量 S_N 为 kV·A。

【例 3-1】 一台 SFPL1-63000/110 型双绕组降压变压器，其铭牌数据为 $\Delta P_k = 298$kW，$U_k \% = 10.5$，$\Delta P_0 = 60$kW，$I_0 \% = 0.8$，试求变压器的等效参数并作出等效电路。

解 变压器电阻为

$$R_T = \frac{\Delta P_k U_N^2}{S_N^2} \times 10^3 = \frac{298 \times 110^2}{63000^2} \times 10^3 = 0.908 (\Omega)$$

变压器的短路电抗为

$$X_T = \frac{U_k \% U_N^2}{S_N} \times 10 = \frac{10.5 \times 110^2}{63000} \times 10 = 20.17 (\Omega)$$

变压器的励磁电导为

$$G_T = \frac{\Delta P_0}{U_N^2} \times 10^{-3} = \frac{60}{110^2} \times 10^{-3} = 4.96 \times 10^{-6} (S)$$

变压器的励磁电纳为

$$B_T = \frac{I_0 \% S_N}{U_N^2} \times 10^{-5} = \frac{0.8 \times 63000}{110^2} \times 10^{-5} = 4.17 \times 10^{-5} (S)$$

变压器励磁回路中的功率损耗为

$$\Delta P_0 + j\Delta Q_0 = \Delta P_0 + j\frac{I_0 \%}{100} S_N = 60 + j\frac{0.8}{100} \times 63000 = 60 + j504 (kV \cdot A)$$

计算所得的变压器 Γ 形等效电路如图 3-3 所示。

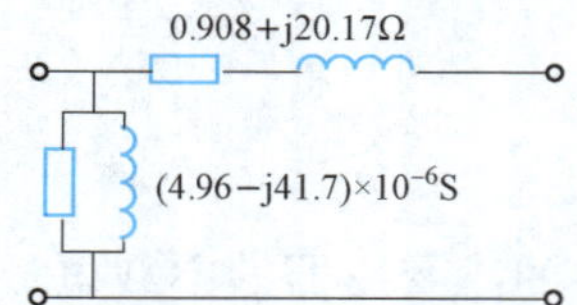

图 3-3 计算所得的变压器Γ形等效电路

二、三绕组变压器

三绕组变压器的等效电路如图 3-4 所示。其导纳支路参数 G_T、B_T 的计算公式与双绕组变压器完全相同。阻抗支路参数 R_T、X_T 的计算与双绕组变压器也无本质上的差别，但由于三绕组变压器各绕组的容量有不同的组合，因而其阻抗的计算方法也与双绕组变压器有所不同，现分别讨论如下。

（一）电阻 R_{T1}、R_{T2}、R_{T3}

我国新型三绕组变压器按三个绕组容量比的不同分为 100/100/100、100/100/50 和 100/50/100 三种类型，见表 3-1。

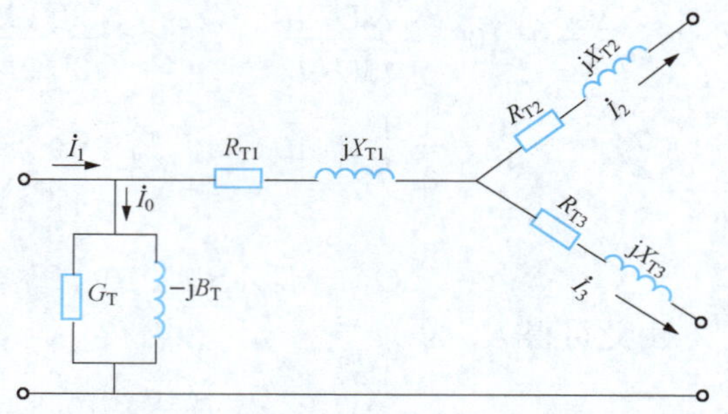

图 3-4 三绕组变压器的等效电路图

（1）容量比为 100/100/100 的三绕组变压器。这类变压器的短路试验是分别令一个绕组开路、一个绕组短路，而对余下的一个绕组施加电压，依次进行，其短路损耗分别为 ΔP_{k1-2}、ΔP_{k1-3}、ΔP_{k2-3}。

表 3-1 **三绕组变压器的容量分配**

类别	各绕组容量占变压器额定容量的百分比（%）			类别	各绕组容量占变压器额定容量的百分比（%）		
	高压侧	中压侧	低压侧		高压侧	中压侧	低压侧
1	100	100	100	3	100	50	100
2	100	100	50				

设各绕组的短路损耗分别为 ΔP_{k1}、ΔP_{k2}、ΔP_{k3}，则有

$$\left.\begin{aligned}\Delta P_{k1-2}&=\Delta P_{k1}+\Delta P_{k2}\\ \Delta P_{k1-3}&=\Delta P_{k1}+\Delta P_{k3}\\ \Delta P_{k2-3}&=\Delta P_{k2}+\Delta P_{k3}\end{aligned}\right\}\tag{3-10}$$

由此可得每个绕组的短路损耗为

$$\left.\begin{aligned}\Delta P_{k1}&=\frac{1}{2}(\Delta P_{k1-2}+\Delta P_{k1-3}-\Delta P_{k2-3})\\ \Delta P_{k2}&=\frac{1}{2}(\Delta P_{k1-2}+\Delta P_{k2-3}-\Delta P_{k1-3})\\ \Delta P_{k3}&=\frac{1}{2}(\Delta P_{k1-3}+\Delta P_{k2-3}-\Delta P_{k1-2})\end{aligned}\right\}\tag{3-11}$$

根据式（3-2），即可求得各个绕组的电阻为

$$\left.\begin{aligned}R_{T1}&=\frac{\Delta P_{k1}U_N^2}{S_N^2}\times10^3\\ R_{T2}&=\frac{\Delta P_{k2}U_N^2}{S_N^2}\times10^3\\ R_{T3}&=\frac{\Delta P_{k3}U_N^2}{S_N^2}\times10^3\end{aligned}\right\}\tag{3-12}$$

（2）容量比为100/100/50或100/50/100的三绕组变压器。这两种容量比不相等的变压器，由于受50%容量绕组的限制，在进行短路试验时有两组数据是按50%容量的绕组达到额定容量时测得的值。而式（3-12）中的S_N是指100%容量绕组的额定容量，因此对制造厂提供的或查资料所得到的短路损耗必须先按变压器的额定容量进行折算，然后再按容量比为100/100/100的三绕组变压器计算方法计算各个绕组的电阻。例如，对容量比为100/50/100的变压器，其折算公式为

$$\left.\begin{aligned}\Delta P_{k1-2}&=\Delta P'_{k1-2}\left(\frac{S_N}{S_{N2}}\right)^2=\Delta P'_{k1-2}\left(\frac{100}{50}\right)^2=4\Delta P'_{k1-2}\\\Delta P_{k2-3}&=\Delta P'_{k2-3}\left(\frac{S_N}{S_{N2}}\right)^2=\Delta P'_{k2-3}\left(\frac{100}{50}\right)^2=4\Delta P'_{k2-3}\\\Delta P_{k1-3}&=\Delta P'_{k1-3}\end{aligned}\right\}\tag{3-13}$$

式中：S_{N2}为绕组2的额定容量；$\Delta P'_{k1-2}$、$\Delta P'_{k2-3}$为未折算的绕组间的短路损耗（铭牌数据）；ΔP_{k1-2}、ΔP_{k2-3}为折算到100%绕组额定容量下绕组间的短路损耗；由于绕组1、3的容量均为变压器的额定容量，因此$\Delta P'_{k1-3}$不用折算。

（二）电抗X_{T1}、X_{T2}、X_{T3}

由于短路电压一般都已折算为与变压器的额定容量相对应的值，因而不管变压器各绕组的容量比如何，都可利用制造厂或有关手册提供的两个绕组之间的短路电压百分数$U_{k1-2}\%$、$U_{k1-3}\%$、$U_{k2-3}\%$，直接应用式（3-14）～式(3-16）计算各绕组的电抗。由于各绕组之间的短路电压百分数分别为

$$\left.\begin{aligned}U_{k1-2}\%&=U_{k1}\%+U_{k2}\%\\U_{k1-3}\%&=U_{k1}\%+U_{k3}\%\\U_{k2-3}\%&=U_{k2}\%+U_{k3}\%\end{aligned}\right\}\tag{3-14}$$

利用式（3-14）即可解得各个绕组的短路电压百分数为

$$\left.\begin{aligned}U_{k1}\%&=\frac{1}{2}(U_{k1-2}\%+U_{k1-3}\%-U_{k2-3}\%)\\U_{k2}\%&=\frac{1}{2}(U_{k1-2}\%+U_{k2-3}\%-U_{k1-3}\%)\\U_{k3}\%&=\frac{1}{2}(U_{k1-3}\%+U_{k2-3}\%-U_{k1-2}\%)\end{aligned}\right\}\tag{3-15}$$

再利用式（3-15），即可求得各个绕组的电抗为

$$\left.\begin{aligned}X_{T1}&=\frac{U_{k1}\%U_N^2}{S_N}\times10\\X_{T2}&=\frac{U_{k2}\%U_N^2}{S_N}\times10\\X_{T3}&=\frac{U_{k3}\%U_N^2}{S_N}\times10\end{aligned}\right\}\tag{3-16}$$

三绕组变压器的绕组有两种排列方式，如图3-5所示。对于第一种排列方式来说，其高压、中压绕组间的漏磁通道较长，阻抗电压较大，而高压、低压绕组间以及中压、低压绕组间的漏磁通道较短，阻抗电压较小。所以这种排列方式适用于需将功率自低压绕组经高压、中压绕组输入系统的升压变压器，以减小低压、高压间及低压、中压间的电压损耗；也适用于功率主要自高压侧传输向低压侧的降压变压器，以减小高压、低压间的电压

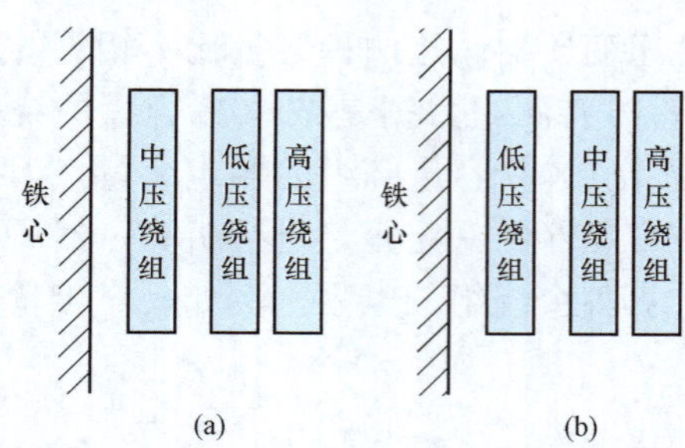

图 3-5　三绕组变压器绕组的两种排列方式
(a) 第一种排列方式；(b) 第二种排列方式

损耗。当低压侧各断路器的开断能力不足，需限制短路电流时，则应采用第二种排列方式，以满足安全运行的要求。

【例 3-2】 某变电站有一台型号为 SFSL1-20000/110，容量比为 100/50/100 的三绕组变压器。已知 $\Delta P'_{k1-2}=52kW$，$\Delta P'_{k1-3}=\Delta P_{k1-3}=148.2kW$，$\Delta P'_{k2-3}=47kW$，$U_{k1-2}\%=18$，$U_{k2-3}\%=6.5$，$U_{k1-3}\%=10.5$，$\Delta P_0=50.2kW$，$I_0\%=4.1$，试求变压器的参数并作出等效电路。

解 (1) 计算各绕组的电阻。

1) 对于容量较小绕组有关的短路损耗进行折算

$$\Delta P_{k1-2}=4\Delta P'_{k1-2}=4\times 52=208(kW)$$
$$\Delta P_{k2-3}=4\Delta P'_{k2-3}=4\times 47=188(kW)$$

2) 计算各绕组的短路损耗为

$$\Delta P_{k1}=\frac{1}{2}(\Delta P_{k1-2}+\Delta P_{k1-3}-\Delta P_{k2-3})=\frac{1}{2}\times(208+148.2-188)=84.1(kW)$$

$$\Delta P_{k2}=\frac{1}{2}(\Delta P_{k1-2}+\Delta P_{k2-3}-\Delta P_{k1-3})=\frac{1}{2}\times(208+188-148.2)=123.9(kW)$$

$$\Delta P_{k3}=\frac{1}{2}(\Delta P_{k1-3}+\Delta P_{k2-3}-\Delta P_{k1-2})=\frac{1}{2}\times(148.2+188-208)=64.1(kW)$$

3) 各绕组的电阻为

$$R_{T1}=\frac{\Delta P_{k1}U_N^2}{S_N^2}\times 10^3=\frac{84.1\times 110^2}{20000^2}\times 10^3=2.54(\Omega)$$

$$R_{T2}=\frac{\Delta P_{k2}U_N^2}{S_N^2}\times 10^3=\frac{123.9\times 110^2}{20000^2}\times 10^3=4.2(\Omega)$$

$$R_{T3}=\frac{\Delta P_{k3}U_N^2}{S_N^2}\times 10^3=\frac{64.1\times 110^2}{20000^2}\times 10^3=1.94(\Omega)$$

(2) 计算各绕组的电抗。

1) 计算各绕组的短路电压百分数为

$$U_{k1}\%=\frac{1}{2}(U_{k1-2}\%+U_{k1-3}\%-U_{k2-3}\%)=\frac{1}{2}\times(18+10.5-6.5)=11$$

$$U_{k2}\%=\frac{1}{2}(U_{k1-2}\%+U_{k2-3}\%-U_{k1-3}\%)=\frac{1}{2}\times(18+6.5-10.5)=7$$

$$U_{k3}\%=\frac{1}{2}(U_{k1-3}\%+U_{k2-3}\%-U_{k1-2}\%)=\frac{1}{2}\times(10.5+6.5-18)=-0.5$$

2) 各绕组的电抗为

$$X_{T1}=\frac{U_{k1}\%U_N^2}{S_N}\times 10=\frac{11\times 110^2}{20000}\times 10=66.55(\Omega)$$

$$X_{T2}=\frac{U_{k2}\%U_N^2}{S_N}\times 10=\frac{7\times 110^2}{20000}\times 10=42.35(\Omega)$$

$$X_{T3}=\frac{U_{k3}\%U_N^2}{S_N}\times 10=\frac{-0.5\times 110^2}{20000}\times 10=-3.03(\Omega)$$

（3）计算变压器励磁回路中的 G_T、B_T 及功率损耗为

$$G_T = \frac{\Delta P_0}{U_N^2} \times 10^{-3} = \frac{50.2}{110^2} \times 10^{-3} = 4.15 \times 10^{-6}(S)$$

$$B_T = \frac{I_0\% S_N}{U_N^2} \times 10^{-5} = \frac{4.1 \times 20000}{110^2} \times 10^{-5} = 67.8 \times 10^{-6}(S)$$

相应的功率损耗为

$$\Delta P_0 + j\Delta Q_0 = \Delta P_0 + j\frac{I_0\%}{100}S_N = 50 + j\frac{4.1}{100} \times 20000 = 50.2 + j820(kV \cdot A)$$

所得等效电路如图 3-6 所示。

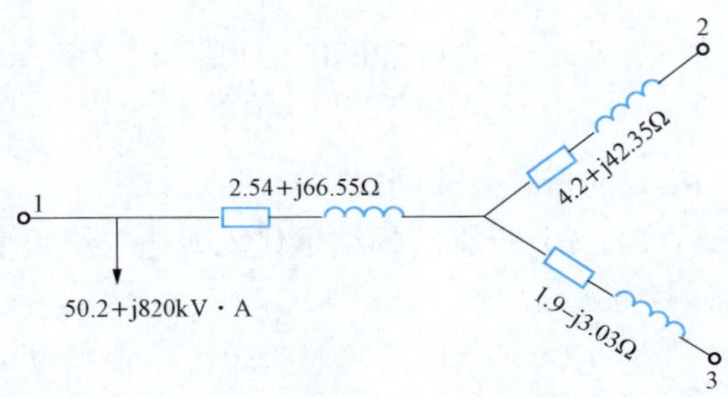

图 3-6 计算所得的三绕组变压器的等效电路

由［例 3-2］的计算结果可见，等效电抗 X_{T3} 为一个不大的负值。X_{T3} 之所以为负值，是因为处于两侧的绕组 1 和 2 的漏抗较大，且大于绕组 1、3 和绕组 2、3 漏抗之和所造成的。为负值的等效电抗大都出现在处于中间位置的那一绕组上，由于其值不大，实际计算中通常作零处理。

由于等效电路只是数学模型，而不是物理模型，参数 X_{T1}、X_{T2}、X_{T3} 只是用来求各绕组中的电压、电流的，并无物理意义，出现负值不意味着电抗是容性的。

三、自耦变压器

自耦变压器的两侧绕组间不仅有磁的耦合，而且还有电的直接联系。为了消除由于铁心饱和所引起的 3 次谐波，自耦变压器都设有采用三角形接线的第三绕组，如图 3-7 所示。自耦变压器的第三绕组为低压绕组，可用来连接调相机、所用电等，其容量小于变压器的额定容量。就端点条件而言，自耦变压器与三绕组变压器是等效的，因而自耦变压器的等效电路和参数计算与普通三绕组变压器相同。

值得注意的是，由于自耦变压器低压侧绕组的容量总小于其额定容量，而制造厂或相关资料所提供的短路试验数据，不仅是与低压侧绕组有关的短路损耗 $\Delta P'_{k1-3}$、$\Delta P'_{k2-3}$ 未经折算，甚至连短路电压百分数 $U'_{k1-3}\%$、$U'_{k2-3}\%$ 也是未经折算的数值，因此需要对它们分别进行折算，其折算式为

$$\left.\begin{aligned} U_{k1-3}\% &= U'_{k1-3}\% \frac{S_N}{S_{N3}} \\ U_{k2-3}\% &= U'_{k2-3}\% \frac{S_N}{S_{N3}} \end{aligned}\right\} \tag{3-17}$$

式中：$U'_{k1-3}\%$、$U'_{k2-3}\%$ 为未经折算的与第三绕组有关的短路电压百分数；$U_{k1-3}\%$、

$U_{k2-3}\%$为经折算的与第三绕组有关的短路电压百分数。

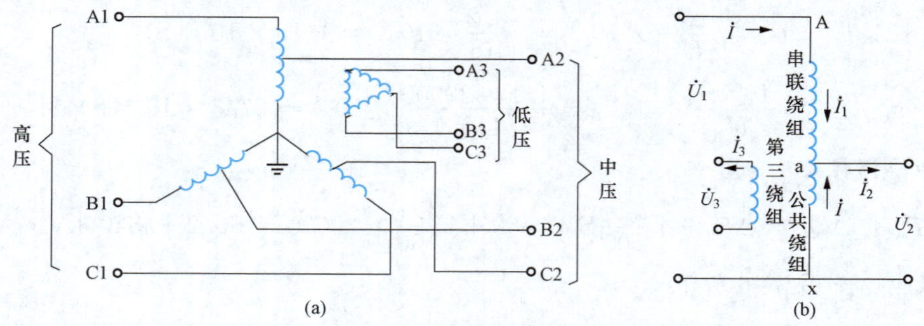

图 3-7　自耦变压器的原理接线图

（a）接线图；（b）原理图

短路损耗$\Delta P'_{k1-3}$、$\Delta P'_{k2-3}$的折算公式同式（3-13）。

将按式（3-13）和式（3-17）折算后的结果代入普通三绕组变压器的参数计算公式，即可得三绕组自耦变压器的参数。

【例 3-3】 已知一台型号为 OSFPSL-120000/220，容量比为 100/100/50 的三相三绕组自耦变压器，其 $\Delta P_0 = 73.25\text{kW}$，$\Delta P'_{k1-2} = 455\text{kW}$，$\Delta P'_{k1-3} = 366\text{kW}$，$\Delta P'_{k2-3} = 346\text{kW}$，$U'_{k1-2}\% = 9.35$，$U'_{k1-3}\% = 16.55$，$U'_{k2-3}\% = 10.8$，$I_0\% = 0.346$，试求折算到高压侧的自耦变压器参数并作出等效电路。

解　（1）将与第三绕组相关的短路损耗和短路电压按变压器的额定容量折算。

1）短路损耗的折算为

$$\Delta P_{k1-3} = \Delta P'_{k1-3}\left(\frac{S_N}{S_{N3}}\right)^2 = 366 \times \left(\frac{120000}{60000}\right)^2 = 1464(\text{kW})$$

$$\Delta P_{k2-3} = \Delta P'_{k2-3}\left(\frac{S_N}{S_{N3}}\right)^2 = 346 \times \left(\frac{120000}{60000}\right)^2 = 1384(\text{kW})$$

2）短路电压百分数的折算为

$$\Delta U_{k1-3}\% = \Delta U'_{k1-3}\%\left(\frac{S_N}{S_{N3}}\right) = 16.55 \times \left(\frac{120000}{60000}\right) = 33.1$$

$$\Delta U_{k2-3}\% = \Delta U'_{k2-3}\%\left(\frac{S_N}{S_{N3}}\right) = 10.8 \times \left(\frac{120000}{60000}\right) = 21.6$$

（2）计算各绕组的短路损耗及电阻。

1）各绕组短路损耗的计算为

$$\Delta P_{k1} = \frac{1}{2}(\Delta P_{k1-2} + \Delta P_{k1-3} - \Delta P_{k2-3}) = \frac{1}{2} \times (455 + 1464 - 1384) = 267.5(\text{kW})$$

$$\Delta P_{k2} = \frac{1}{2}(\Delta P_{k1-2} + \Delta P_{k2-3} - \Delta P_{k1-3}) = \frac{1}{2} \times (1384 + 455 - 1464) = 187.5(\text{kW})$$

$$\Delta P_{k3} = \frac{1}{2}(\Delta P_{k1-3} + \Delta P_{k2-3} - \Delta P_{k1-2}) = \frac{1}{2} \times (1464 + 1384 - 455) = 1196.5(\text{kW})$$

2）各绕组电阻的计算为

$$R_{T1} = \frac{\Delta P_{k1} U_N^2}{S_N^2} \times 10^3 = \frac{267.5 \times 220^2}{120000^2} \times 10^3 = 0.899(\Omega)$$

$$R_{T2}=\frac{\Delta P_{k2}U_N^2}{S_N^2}\times 10^3=\frac{187.5\times 220^2}{120000^2}\times 10^3=0.63(\Omega)$$

$$R_{T3}=\frac{\Delta P_{k3}U_N^2}{S_N^2}\times 10^3=\frac{1196.5\times 220^2}{120000^2}\times 10^3=4.02(\Omega)$$

(3) 计算各绕组的短路电压百分数及电抗。

1) 各绕组短路电压百分数的计算为

$$U_{k1}\%=\frac{1}{2}(U_{k1-2}\%+U_{k1-3}\%-U_{k2-3}\%)=\frac{1}{2}\times(9.35+33.1-21.6)=10.425$$

$$U_{k2}\%=\frac{1}{2}(U_{k1-2}\%+U_{k2-3}\%-U_{k1-3}\%)=\frac{1}{2}\times(21.6+9.35-33.1)=-1.075$$

$$U_{k3}\%=\frac{1}{2}(U_{k1-3}\%+U_{k2-3}\%-U_{k1-2}\%)=\frac{1}{2}\times(33.1+21.6-9.35)=22.675$$

2) 各绕组电抗的计算为

$$X_{T1}=\frac{U_{k1}\%U_N^2}{S_N}\times 10=\frac{10.425\times 220^2}{120000}\times 10=42.044(\Omega)$$

$$X_{T2}=\frac{U_{k2}\%U_N^2}{S_N}\times 10=\frac{-1.075\times 220^2}{120000}\times 10=-4.34(\Omega)$$

$$X_{T3}=\frac{U_{k3}\%U_N^2}{S_N}\times 10=\frac{22.675\times 220^2}{120000}\times 10=91.488(\Omega)$$

(4) 计算变压器励磁回路中的 G_T、B_T 及功率损耗为

$$G_T=\frac{\Delta P_0}{U_N^2}\times 10^{-3}=\frac{73.25}{220^2}\times 10^{-3}=1.51\times 10^{-6}(S)$$

$$B_T=\frac{I_0\%S_N}{U_N^2}\times 10^{-5}=\frac{0.346\times 120000}{220^2}\times 10^{-5}=8.58\times 10^{-6}(S)$$

相应的功率损耗为

$$\begin{aligned}\Delta P_0+j\Delta Q_0&=\Delta P_0+j\frac{I_0\%}{100}S_N=73.25+j\frac{0.346}{100}\times 120000\\&=73.25+j415.2(kV\cdot A)\end{aligned}$$

所得等效电路如图 3-8 所示。

四、 变压器的 π 形等效电路

通常在变压器等效电路中，变压器的阻抗是折算到高压侧的，因此计算得到的低压侧电压、电流也均为折算到高压侧的数值。为直接求出低压侧的实际电压与实际电流，可在变压器等效电路中，增加一个只反映变比的理想变压器。所谓理想变压器是一种无损耗、无漏磁，也不需要励磁电流的变压器。现以双绕组变压器为例介绍。

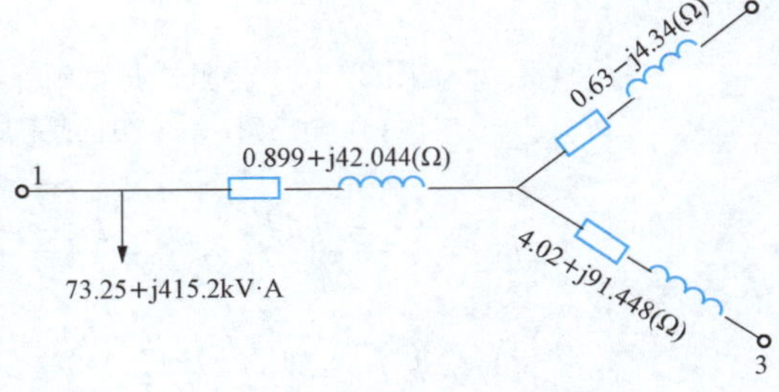

图 3-8 计算所得的自耦变压器等效电路

图 3-9 所示为带有理想变压器的变压器等效电路，图中 R_T、X_T 为根据额定变比折算到高压侧的值，k 为理想变压器的变比。若不计励磁支路或将励磁支路另外处理，则图 3-9

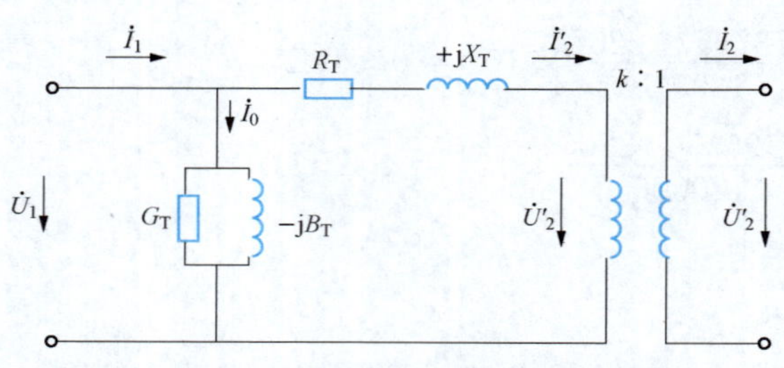

图 3-9 带有理想变压器的等效电路

可简化为图 3-10（a）。

由图 3-10（a）可得

$$\left.\begin{aligned}\dot{U}_1-\dot{I}_1Z_T=\dot{U}'_2=k\dot{U}_2\\ \dot{I}_1=\dot{I}'_2=\frac{\dot{I}_2}{k}\end{aligned}\right\}\tag{3-18}$$

由式（3-18）可解得

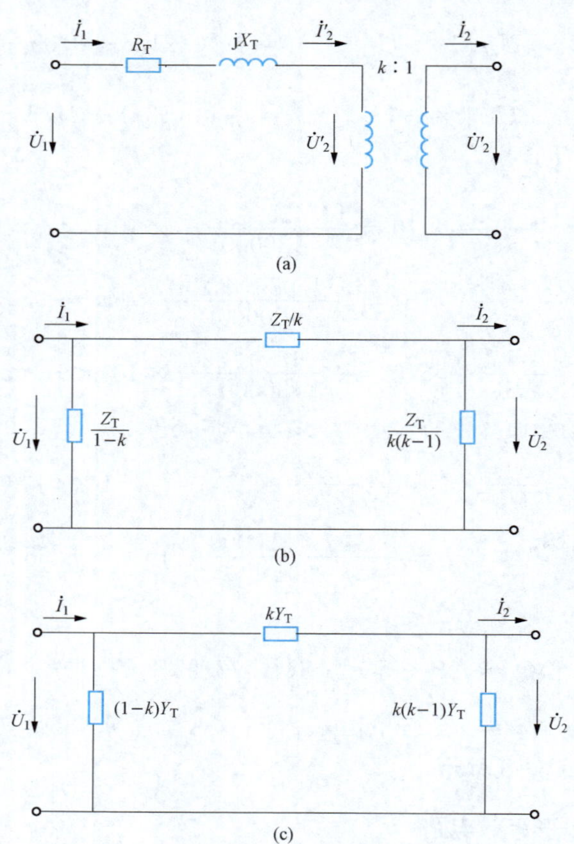

图 3-10 将阻抗归算到一次侧的变压器 π 形等效电路

（a）电路图；（b）阻抗型等效电路；（c）导纳型等效电路

$$\left.\begin{aligned}\dot{I}_1=\frac{\dot{U}_1-k\dot{U}_2}{Z_T}=\frac{1-k}{Z_T}\dot{U}_1+\frac{k}{Z_T}(\dot{U}_1-\dot{U}_2)\\ \dot{I}_2=k\dot{I}_1=\frac{k\dot{U}_1-k^2\dot{U}_2}{Z_T}=\frac{k}{Z_T}(\dot{U}_1-\dot{U}_2)-\frac{k(k-1)}{Z_T}\dot{U}_2\end{aligned}\right\}\tag{3-19}$$

若令 $Y_T=\frac{1}{Z_T}$，则式（3-19）可改写为

$$\left.\begin{aligned}\dot{I}_1=(1-k)Y_T\dot{U}_1+kY_T(\dot{U}_1-\dot{U}_2)\\ \dot{I}_2=kY_T(\dot{U}_1-\dot{U}_2)-k(k-1)Y_T\dot{U}_2\end{aligned}\right\}\tag{3-20}$$

根据式（3-19）和式（3-20）即可分别作出图3-10（b）和（c）所示的变压器的π形等效电路。可见，它已将图3-10（a）所示存在磁耦合的等效电路等效地变换成电气上直接连接的等效电路。变压器π形等效电路中的三个阻抗（或导纳）都与变比有关，两个并联支路的阻抗（或导纳）符号是相反的，三个阻抗之和恒为零，它们构成一个谐振三角形，三角形内将流过谐振环流。这个环流在串联支路阻抗上产生的电压降，实现了一、二次侧的电压变换，而环流本身又完成了一次、二次侧的电流变换，从而使等效电路起到了变压和变流的作用。

如果将阻抗 R_T、X_T 根据额定变比折算到低压侧，也可推导出相应的电压、电流关系，作出相应的等效电路，如图3-11（a）、（b）、（c）所示。

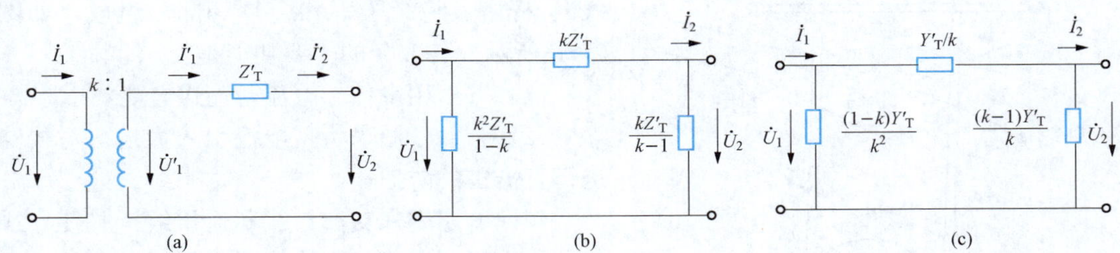

图3-11　将阻抗归算到二次侧的变压器π形等效电路

（a）电路图；（b）阻抗型等效电路；（c）导纳型等效电路

变压器采用π形等效电路后，与变压器相连接的各元件（如发电机、线路等）就可直接应用其参数的实际值而无需折算。在利用计算机进行电力系统计算时，采用这种等效电路较为方便。

【例3-4】　已知变压器的变比为10，试计算与［例3-1］的变压器相对应的π形等效电路。

解　根据［例3-1］已求出的 $Z_T=0.908+j20.17\Omega$ 和已知变压器的变比可得变压器π形等效电路中的阻抗为

$$\frac{Z_T}{k}=\frac{0.908+j20.17}{10}=0.0908+j2.017(\Omega)$$

$$\frac{Z_T}{1-k}=\frac{0.908+j20.17}{1-10}=-0.1-j2.24(\Omega)$$

$$\frac{Z_T}{k(k-1)}=\frac{0.908+j20.17}{10\times(10-1)}=0.01+j0.224(\Omega)$$

相应的等效电路如图3-12所示。

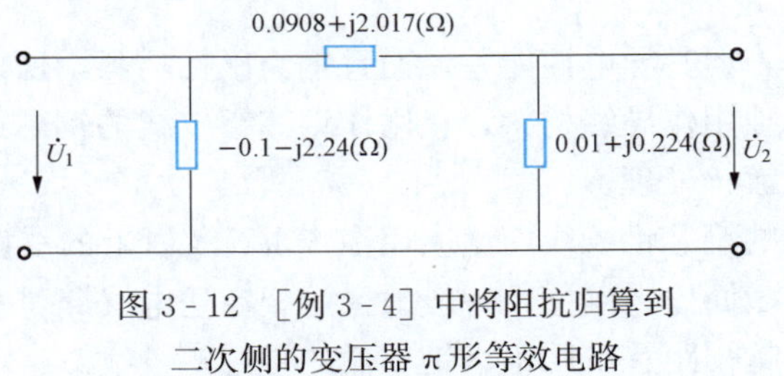

图3-12　［例3-4］中将阻抗归算到二次侧的变压器π形等效电路

第二节 输电线路

输电线路分为架空线路和电缆线路。和电缆线路相比，架空线路具有建造费用低、施工期短、维护方便等优点，所以架空线路比电缆线路得到了更广泛的应用。

一、架空线路

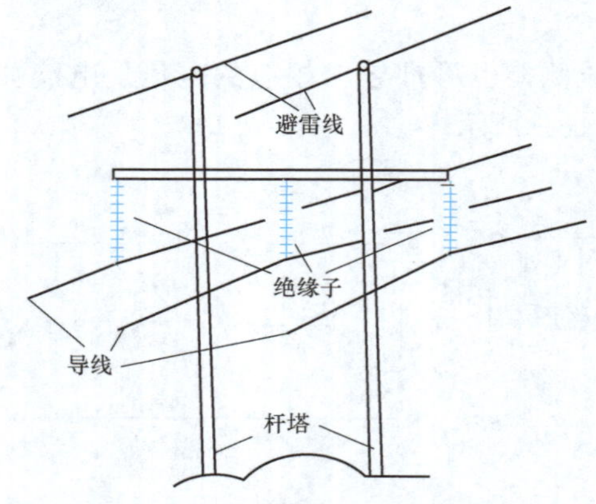

图 3-13 架空线路的主要组成部分

架空线路主要由导线、避雷线（又称架空地线）、杆塔、绝缘子串和金具等部分组成，如图 3-13所示。各部分的主要功能是：

（1）导线用来传导电流，输送电能；

（2）避雷线用来将雷电流引入大地，对线路进行直击雷的防护；

（3）杆塔用来支撑导线和避雷线，并使导线与导线之间、导线与接地体之间保持必要的安全距离；

（4）绝缘子用来使导线与导线、导线与杆塔之间保持绝缘状态；

（5）金具是指用来固定、悬挂、连接和保护架空线路各主要元件的金属器件的总称。

（一）导线与避雷线

架空线路一年四季暴露于大气之中，导线和避雷线除会受到风吹、覆冰和气温变化等气象因素的作用外，还要遭受空气中的各种有害气体的化学侵蚀。它们所需承受的张力（即拉力）很大，特别是那些架在大跨越档距杆塔上的导线所受张力就更大。因此，导线除应具有良好的导电性能外，还应柔软且有韧性，并具有足够的机械强度和抗腐蚀性能。

铜是较理想的导线材料。但铜的用途广、产量也有限，因此，除特殊需要外，架空线路一般不采用铜线。

铝的导电性能仅次于铜，且密度小、蕴藏量大、价格低。但铝的机械强度低，允许应力小，所以铝绞线一般只在档距较小的 10kV 及以下的线路上应用。此外，铝对酸、碱、盐的抗蚀性能差，因而在沿海地区和化工厂附近不宜采用。在铝中加少量的镁、硅等元素制成的铝合金绞线，其抗张强度几乎可比铝绞线高一倍，但由于其耐振性差，国内尚未广泛采用。

钢的机械强度虽高，但其导电性能差，而且钢为磁性材料，所以钢线的感抗大，集肤效应显著，一般不宜单独用作导线材料，只用作钢芯铝绞线的钢芯或避雷线。为了防止氧化和腐蚀，钢线应经过镀锌处理。

用铝线和钢线制作的钢芯铝绞线广泛应用在 35kV 及以上的线路中。按照使用地点的不同选用不同的铝、钢截面比。例如，一般地区的架空送电线路可采用铝、钢比高的钢芯铝绞线；重冰区及大跨越档距宜采用铝、钢比低的钢芯铝绞线。

架空线路导线的型号用汉语拼音字母表示，并后缀以用 mm^2（平方毫米）表示的载流截面积。例如，LJ-120 为铝绞线，铝线的标称截面积为 120mm^2；TJ-50 为铜绞线，铜线的标称截面积为 50mm^2；GJ-35 为钢绞线，钢线的标称截面积为 35mm^2；LGJ-400/50 为钢芯铝绞线，铝线部分的标称截面积为 400mm^2，钢线部分的标称截面积为 50mm^2。

普通架空线路通常都采用图 3-14 所示的裸导线。

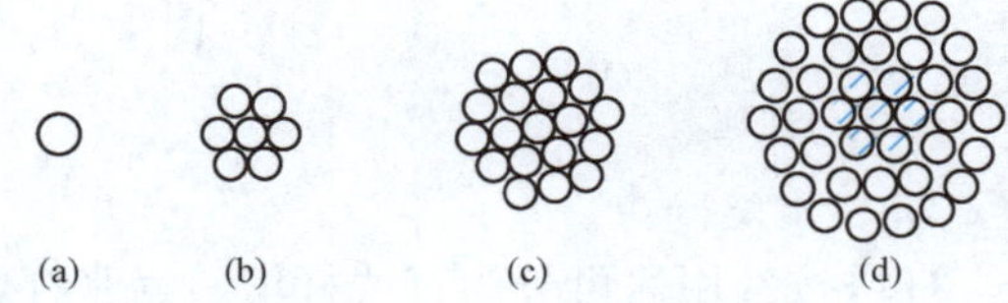

图 3-14 裸导线的构造

(a) 单股线；(b)、(c) 多股绞线；(d) 钢芯铝绞线

超高压架空线路中需采用扩径空心导线或分裂导线来防止电晕并减小线路感抗。图 3-15 (a) 所示为扩径空心导线，它和普通钢芯铝绞线的不同在于支撑层内没有导线，因而能在不增大导线载流部分截面积的基础上扩大导线的直径。扩径空心导线的缺点是不易制造，且安装困难，故在工程上多采用分裂导线。所谓分裂导线，是指将输电线的每相导线分裂成若干根子导线，用金属材料或绝缘材料制作的间隔棒支撑，按一定的规则分散排列所构成的导线。图 3-15 (b) 所示为三分裂导线。分裂导线能等效地增大导线半径，减小线路的等效电抗及增大线路的等效电容。顺便指出，由于分裂导线能够改变输电线路参数，因此人们可以通过对分裂导线的合理布置及适当排列三相导线位置，使输电线路的参数接近或达到阻抗匹配。如此可以大大提高线路的输送功率，这就是现代紧凑型输电线路的基本原理。

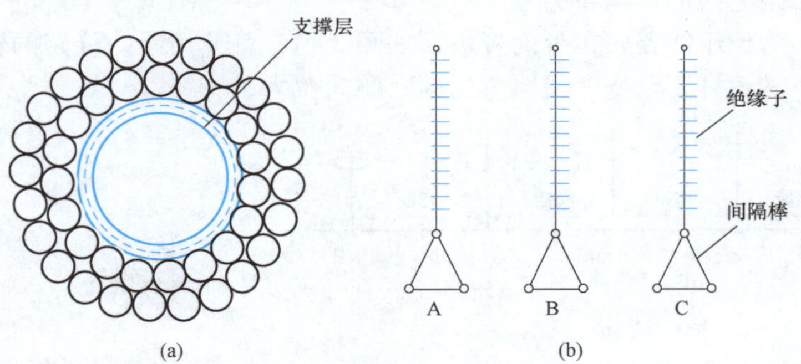

图 3-15 扩径空心导线和分裂导线

(a) 扩径空心导线；(b) 三分裂导线

架空线路中的避雷线过去均采用钢绞线。随着系统容量的不断增大，在超高压大接地电流系统的架空线路中，开始有采用良导体（指铜线）作避雷线的趋势。避雷线一般是接地的，但绝缘避雷线在正常运行时是对地绝缘的，即通过具有并联放电间隙的绝缘子与杆塔和大地之间保持绝缘，如图 3-16 所示。这样在正常运行时，绝缘避雷线既可用作载波通信的通道，也可用于架空线的融冰。此外，采用绝缘避雷线还可使输电线路发生接地短路故障时出现的潜供电流❶减少，有利于快速自动重合闸的采用。雷击时，雷电波可击穿放电间隙，引导雷电流流入大地。

❶ 有关潜供电流可参阅下册第十章。

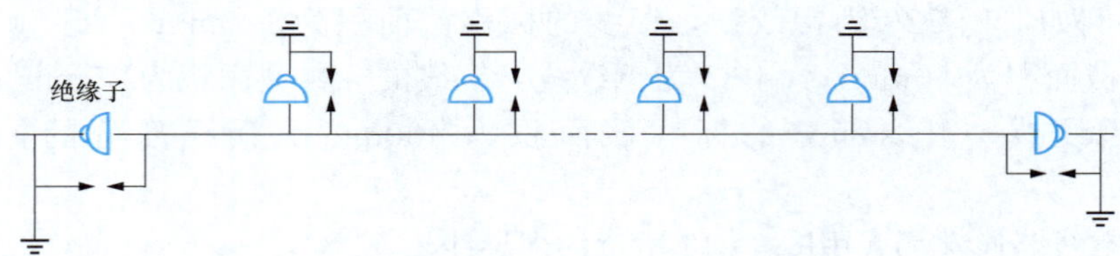

图 3-16　绝缘避雷线

（二）杆塔

1. 按用途分类

杆塔按其用途可分为直线杆塔、耐张杆塔、终端杆塔、转角杆塔、跨越杆塔和换位杆塔等。

直线杆塔，也称中间杆塔，用在线路的直线走向段内，其主要作用是悬挂导线，如图 3-17（a）所示。直线杆塔的数量约占杆塔总数的 80%。

耐张杆塔，也称承力杆，用于线路的首、末端以及线路的分段处，如图 3-17（a）所示。在线路较长时，一般每隔 3～5km 设置一个耐张杆塔，用来承受正常及故障（如断线）情况下导线和避雷线顺线路方向的水平张力，限制故障范围，且可起到便于施工和检修的作用。

终端杆塔，即用于线路终端（线路上最靠近变电站或发电厂）的耐张杆塔，用来承受最后一个耐张档距导线的单向拉力。

转角杆塔，为位于线路转角处的杆塔，如图 3-17（b）所示。线路的转角是指线路转向内角的补角。转角杆要承受（线路方向的）侧向拉力。

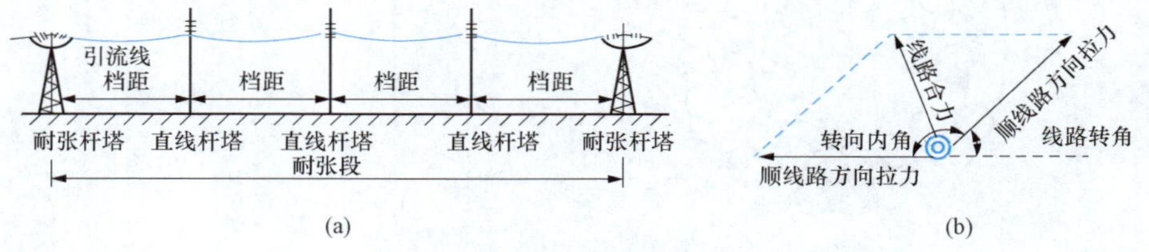

图 3-17　直线杆塔、耐张杆塔和转角杆塔示意图

（a）直线杆塔与耐张杆塔；（b）转角杆塔

跨越杆塔，位于线路跨越河流、山谷、铁路、公路、居民区等地方的杆塔，其高度较一般杆塔高。

换位杆塔，为保持线路三相对称运行，将三相导线在空间进行换位所使用的特种杆塔。架空线路的三相导线在杆塔上无论如何布置均不能保证其三相的线间距离和对地距离都相等。为避免由三相架空线路参数不等而引起的三相电流不对称，给发电机和线路附近的通信带来不良影响，规程规定凡线路长度超过 100km 时，导线必须换位。图 3-18（a）所示为一个单换位循环。当线路长度大于 200km 时，要用两个或多个换位循环，如图 3-18（b）所示。

2. 按材料分类

杆塔按其所用的材料可分为木杆、钢筋混凝土杆（简称水泥杆）和铁塔三类。

木杆质量轻，制造安装方便，以前多用于林区，但由于木杆要消耗大量木材，且易腐

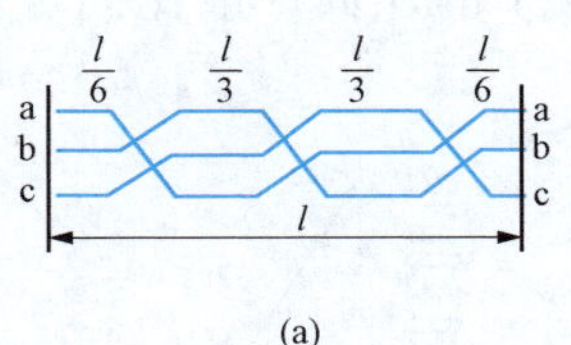

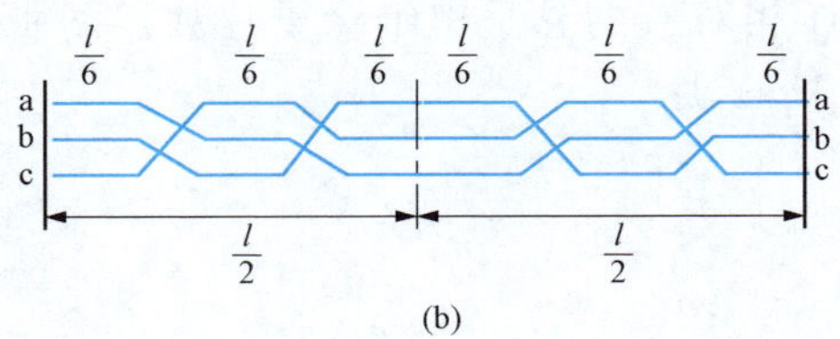

图 3-18　换位循环

(a) 单换位循环；(b) 两个换位循环

烂、易燃，现基本上已被钢筋混凝土杆所代替。

钢筋混凝土杆是目前应用最为广泛的电杆，分为普通水泥杆和预应力水泥杆两种。普通水泥杆受弯时，杆柱一侧受压另一侧受拉，受拉区的混凝土将与钢筋一起伸长，易产生裂缝，裂缝较宽时会使钢筋锈蚀，缩短其使用寿命。预应力水泥杆则不然，在制作这种杆柱时，先将钢筋预拉，待混凝土凝固后才松去钢筋拉力，于是钢筋回缩，使混凝土在承载前已受到钢筋的预压应力。这样当水泥杆承受风荷载或顺线张力而弯曲时，受拉区的混凝土所受的拉应力与承载前的预压应力部分地相抵，因而不致产生裂缝。预应力水泥杆维护工作量小，使用寿命长，现已广泛用于 220kV 及以下的架空线路中。

铁塔是由角钢等型钢经铆接或螺栓连接而成的。铁塔的机械强度高、使用寿命长，但由于其钢材耗量大、造价高、维护工作量大，故一般只用作架空线路的耐张、转角、换位、跨越等特殊杆塔以及 500kV 及以上的特高压输电线路的杆塔。

（三）绝缘子

架空线路的绝缘子分为针式绝缘子、悬式绝缘子、棒式绝缘子及瓷横担绝缘子等，分别如图 3-19～图 3-22 所示。

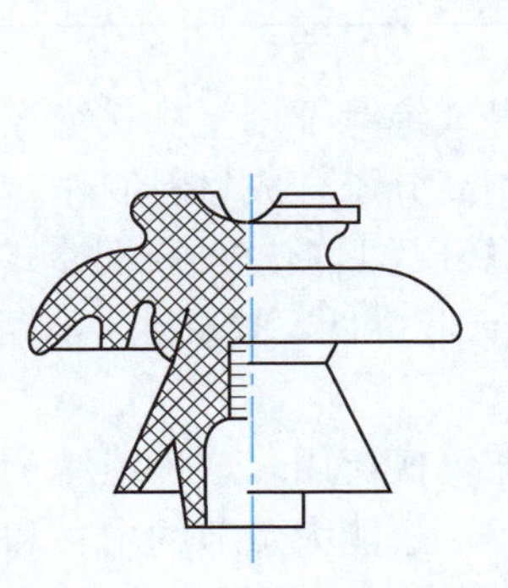

图 3-19　针式绝缘子

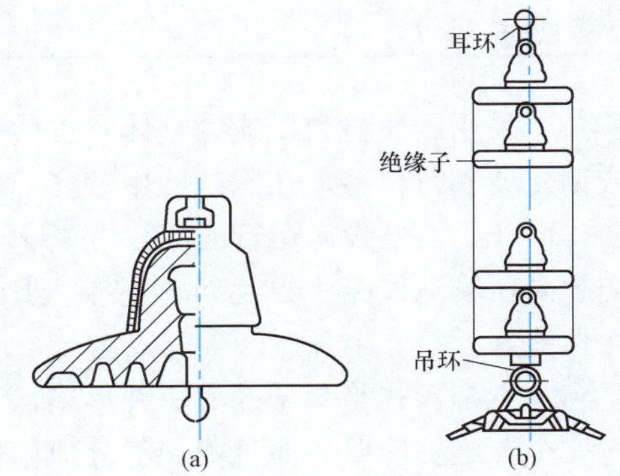

图 3-20　悬式绝缘子

(a) 单个悬式绝缘子；(b) 悬式绝缘子串

针式绝缘子主要用在电压不超过 35kV、导线拉力不大的直线杆塔和小转角杆塔上。

悬式绝缘子主要用在 35kV 及以上的线路上，在直线型杆塔上组合成悬垂绝缘子串（简称悬垂串），在耐张杆塔上组合成耐张绝缘子串（简称耐张串）。绝缘子串所用绝缘子片数应根据线路标称电压等级按绝缘配合要求确定。表 3-2 列出了与不同系统标称电压相对应的悬垂串绝缘子片数。耐张串中绝缘子的片数一般比同级电压线路悬垂串多1～2片。

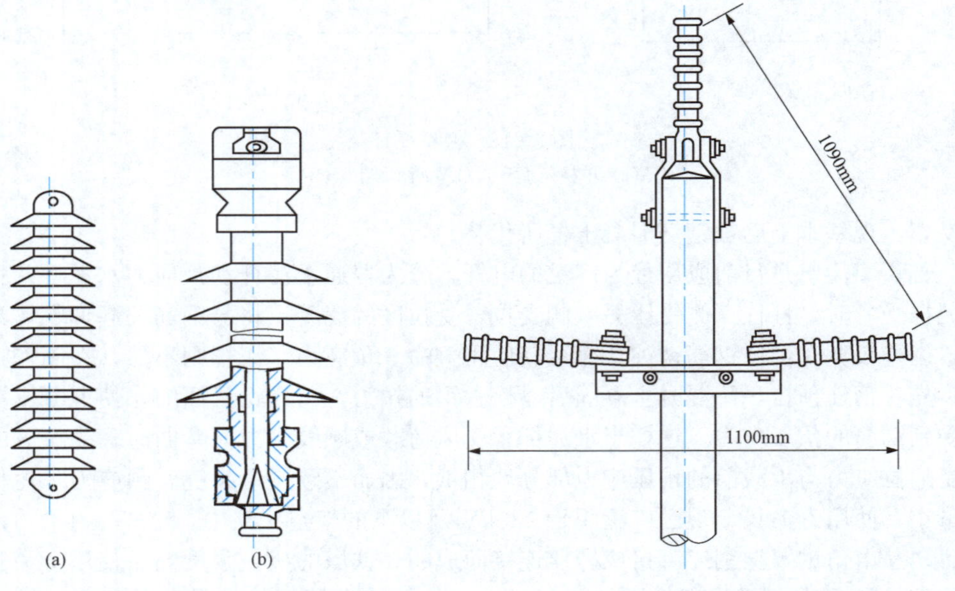

图 3-21 棒式绝缘子

(a) 棒式陶瓷绝缘子；(b) 棒式合成绝缘子

图 3-22 瓷横担绝缘子

表 3-2 直线杆塔上悬垂绝缘子串中绝缘子片数

系统标称电压（kV）	35	63	110	220	330	500
每串绝缘子片数	3	5	7	13	17～19	25～28

棒式绝缘子采用硬质材料做成的整体，可代替整串悬式绝缘子用。棒式绝缘子过去采用陶瓷（或钢化玻璃）材料，在国外使用较多，现在多用高分子合成材料制作，称合成绝缘子。图 3-21（b）是已投入运行的110kV棒式合成绝缘子。目前这种新型棒式合成绝缘子已在国内超高压输电线路上试运行，它不仅比瓷绝缘子造价低、损耗小，而且质量轻、耐振、防污性能好。

瓷横担绝缘子是棒式绝缘子的另一种形式，它可以兼作横担用。这种绝缘子的绝缘强度高，运行安全，维护简单，而且由于部分地替代了横担，故能大量节约木材和钢材，有效地降低杆塔的高度。我国目前已在110kV及以下的线路上广泛采用瓷横担绝缘子，在部分220kV线路上也开始采用。

（四）金具

架空线路使用的所有金属部件总称为金具。金具种类繁多，其中使用广泛的主要是线夹、连接金具、接续金具和防振金具。

（1）线夹是用来将导线、避雷线固定在绝缘子上的金具。图 3-23 所示为在直线型杆塔悬垂串上使用的悬垂线夹。在耐张型杆塔的耐张串上则要使用耐张线夹。

（2）连接金具主要用于将绝缘子组装成绝缘子串或用于绝缘子串、线夹、杆塔和横担等的相互连接。

(3) 接续金具主要用于连接导线或避雷线的两个终端，分为液压接续金具和钳压接续金具等类型。

铝线用铝质钳压接续管连接，连接后用管钳压成波状，如图 3-24 (a) 所示；钢线用钢质液压接续管和小型水压机压接，钢芯铝线的铝股和钢芯要分开压接，如图 3-24 (b) 所示。近年来，大型号导线多采用爆压接续技术进行连接，压接好的接头形状如图 3-24 (c) 所示。

(4) 防振金具包括护线条、阻尼线和防振锤等，如图 3-25 和图 3-26 所示。其中防振锤和阻尼线用来吸收或消耗架空线的振动能量，以防止导线振动时在悬挂点处发生反复拗折，造成导线断股甚至断线的事故。护线条是用来加强架空线的耐振强度，以降低架空线的使用应力。图 3-26给出了常用的预绞丝护线条在导线上的缠绕方法。

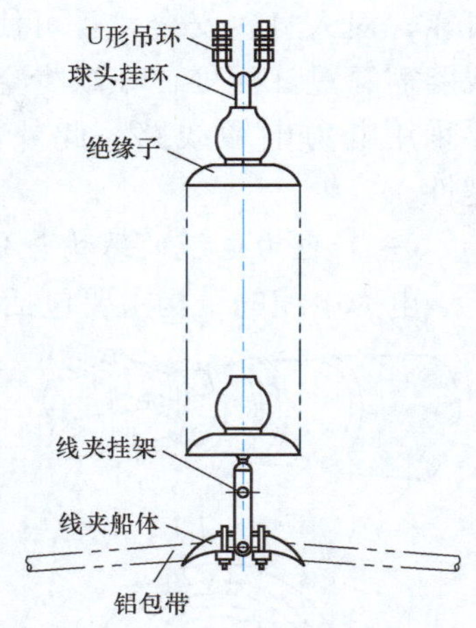

图 3-23 悬垂串与悬垂线夹

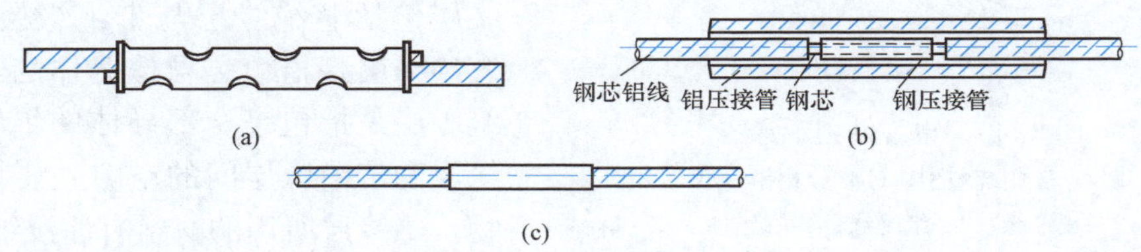

图 3-24 接续工具

(a) 用钳压接续管连接的接头；(b) 用液压接续管连接的接头；(c) 用爆压接续的导线接头

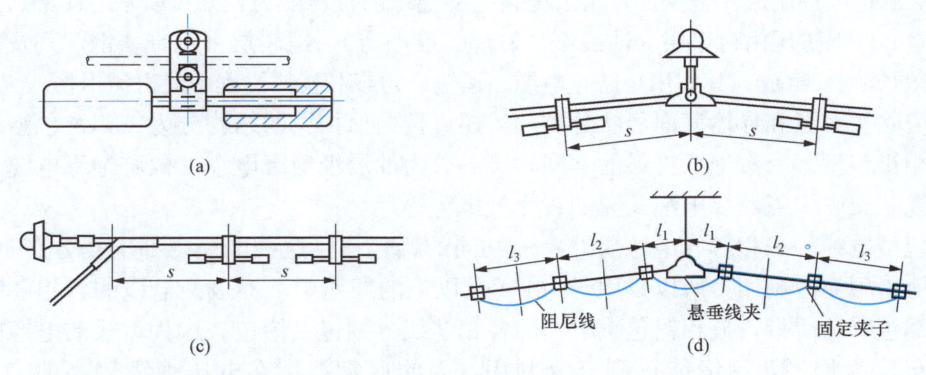

图 3-25 防振锤与阻尼线

(a) 防振锤；(b)、(c) 防振锤安装图；(d) 阻尼线安装图

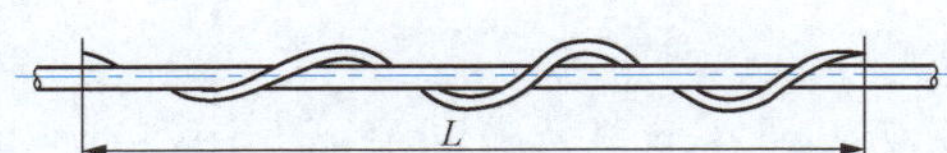

图 3-26 预绞丝护线条的在导线上缠绕方法

二、电缆线路

电缆是将导电芯线用绝缘层及防护层包裹后，敷设于地下、水中、沟槽等处的输电线路。由于其造价高，故障后检测故障点位置和修理较费事等缺点，因而使用范围远不如架空线路广泛。电缆线路的优点是占用土地面积少；受外力破坏的概率低，因而供电

可靠；对人身较安全，且可使城市环境美观。因此，在发电厂和变电站的进出线处，在线路需穿过江河处，在缺少空中走廊的大城市中，以及国防或特殊需要的地区，往往都要采用电力电缆线路。此外，采用直流输电的电缆线路完成跨海输电会更显示其优越性。

（一）电力电缆的结构与分类

电力电缆的结构主要包括导体、绝缘层和保护层三部分，如图 3-27 所示。

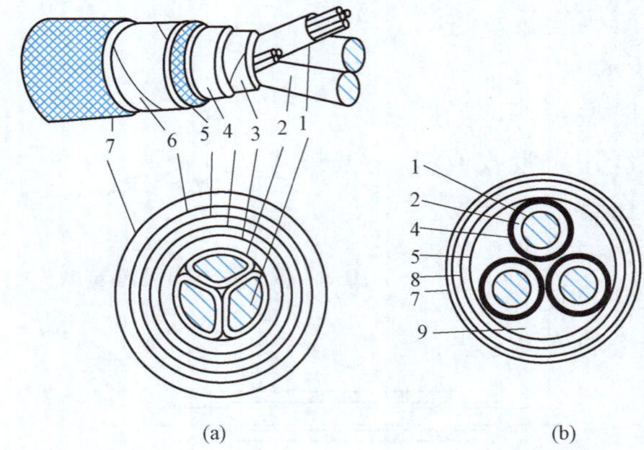

图 3-27　电缆结构示意图

(a) 三相统包型；(b) 分相铅包型

1—导体；2—相绝缘；3—纸绝缘；4—铅包皮；5—麻衬；6—钢带铠甲；7—麻皮；8—钢丝铠甲；9—填充物

导体通常由多股铜绞线或铝绞线构成，根据电缆中导体数目的多少，电缆可分为单芯、三芯和四芯等种类。单芯电缆的导体截面为圆形，三芯、四芯电缆的导体除了圆形外，还可以有扇形和腰圆形。

绝缘层用来使导体与导体间以及导体与包皮之间保持绝缘。通常电缆的绝缘层包括芯绝缘层与带绝缘层两部分。芯绝缘层是指包裹导体芯体的绝缘，带绝缘层是指包裹全部导体的绝缘。芯绝缘层和带绝缘层间的空隙处要填以充填物。绝缘层所用的材料有油浸纸、橡胶、聚乙烯、交联聚乙烯等。

保护层用来保护绝缘物及芯线使之不受外力的损坏，可分为内保护层和外保护层两种。内保护层用铅或铝制成，呈筒形，用来提高电缆绝缘的抗压能力，并可防水、防潮、防止绝缘油外渗。外保护层由衬垫层（油浸纸、麻绳、麻布等）、铠装层（钢带、钢丝）及外被层（浸沥青的黄麻）组成，其作用是防止电缆在运输、敷设和检修过程中受机械损伤。

电缆除按芯数和导体截面形状分类外，还可按内保护层的结构分为三相统包型、屏蔽型和分相铅包型等。按绝缘材料的不同，又可分为油浸纸绝缘电缆、橡胶绝缘电缆、聚氯乙烯电缆、交联聚氯乙烯电缆及充油、充气电缆等。

统包型电缆的三相芯线绝缘层外有一共同的铅包皮，这种电缆内部电场分布不均匀，绝缘不能得到充分利用，所以只用于 10kV 及以下的线路中。屏蔽型电缆的各相芯线绝缘层外部都包有金属带，分相铅包型电缆的各相芯线分别包以铅包。这种型式的电缆的内部电场分布较为均匀，绝缘能得到充分利用，因此通常都用在电压等级较高的 20kV 及 35kV 电缆中。

当额定电压超过 35kV，对绝缘要求更高时，可采用充油电缆、充气电缆及塑料绝缘电缆。

（二）电缆附件

电缆附件主要是指电缆的连接头（盒）和电缆的终端盒等。对充油电缆还应包括一整套供油系统。当两盘电缆相互连接时，以及电缆与电机、变压器或架空线连接时，必须剥去外皮和绝缘层，通过连接头或终端盒实现密封连接。连接头和终端盒应能防潮、防水、防酸碱，以保证电缆连接处的可靠绝缘。

电缆连接头可用金属、环氧树脂、塑料或橡胶制作，图3-28所示为环氧树脂连接头。终端盒可用白铁皮、尼龙、塑料和环氧树脂等制作，图3-29所示为环氧树脂户外终端头。户内的终端头也可以是干封的。连接头盒和终端盒都是电缆线路的绝缘薄弱环节，因此，其制作和修理的工艺要求很高，应予特别注意。

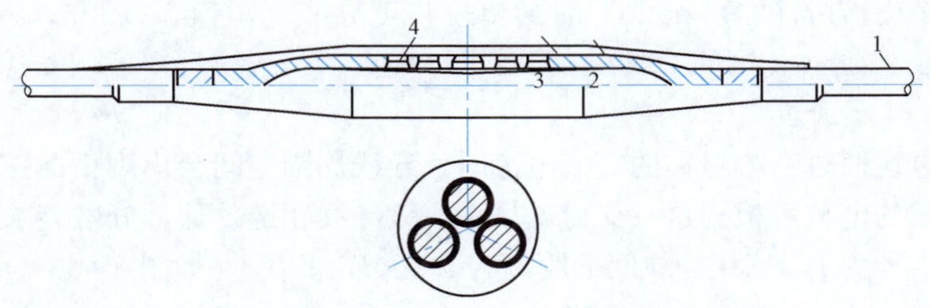

图3-28 环氧树脂连接头

1—铝（铅）包；2—线芯绝缘；3—环氧树脂；4—压接管

三、三相对称运行时架空输电线路的参数计算

电力系统三相对称运行时，架空输电线路的等效电路是以导线的电阻、电抗（电感）以及导线的对地电导、电纳（电容）为参数组成的单相电路。电阻反映线路通过电流时产生的有功功率损失；电抗（电感）反映载流线路周围产生的磁场效应；电导反映电晕现象产生的有功功率损失；电纳（电容）反映载流线路周围产生的电场效应。这些参数是沿线路均匀分布的。假定每单位长度线路的电阻为 r_1（Ω/km）、电抗为 x_1（Ω/km）、电导为 g_1（S/km）、电纳为 b_1（S/km），则长度为 l 的架空输电线路的参数 $R=r_1l(\Omega)$，$X=x_1l(\Omega)$，$G=g_1l(S)$，$B=b_1l(S)$。

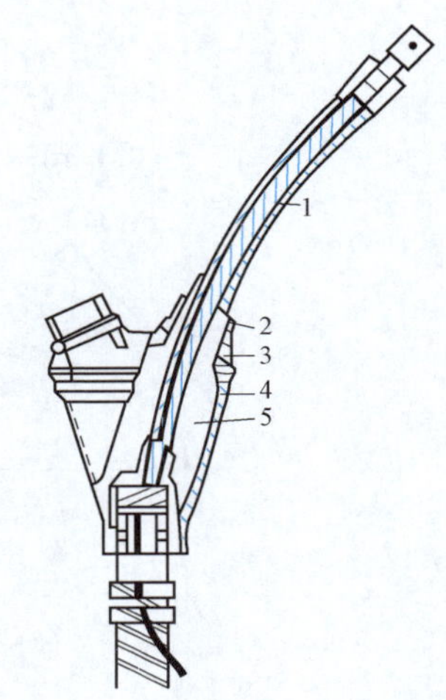

图3-29 环氧树脂户外终端头

1—缆芯；2—预制袖口套管；3—预置模盖；4—预置底壳；5—环氧树脂

下面讨论在三相对称运行时架空输电线路每相导线单位长度参数的计算。

（一）电阻 r_1 的计算

有色金属导线（含铝线、钢芯铝线和铜线）单位长度的直流电阻可计算为

$$r_1=\frac{\rho}{S}\quad(\Omega/\text{km})\tag{3-21}$$

式中：ρ 为导线材料的电阻率，$\Omega\cdot\text{mm}^2/\text{km}$；$S$ 为导线的截面积，mm^2。

由于架空输电线路中使用的导线大多为多股绞线，扭绞会使每股导线的实际长度比标称长度增长约2%～3%，而且交流电流流经导线时的集肤效应以及导线间的邻近效应，又会导致导线内电流分布不均匀，截面积得不到充分利用，所以导线的实际电阻要大于按式（3-21）计算出的电阻值。为简化计算，在电力系统实际计算中，这些因素可统一用增大电阻率的方法来等效计入，即在用式（3-21）计算电阻时将铝的电阻率增大为 $31.5\Omega\cdot\text{mm}^2/\text{km}$，铜的电阻率增大为 $18.8\Omega\cdot\text{mm}^2/\text{km}$。导线的实际电阻也可直接在相关手册上

查得。

应该注意，用式（3-21）计算的电阻或从相关手册中查取的电阻都是温度为20℃时的值，在计算精度要求较高时，t（℃）时的单位长度导线电阻值 r_t 应按下式修正

$$r_t = r_{20}[1+\alpha(t-20)] \tag{3-22}$$

式中：r_t 和 r_{20} 分别为 t（℃）和20℃时的单位长度导线电阻值，Ω/km；α 为电阻的温度系数，铝的 α 取0.0036，铜的 α 取0.00382，1/℃。

（二）电抗 x_1 的计算

当架空输电线通过三相对称的交流电流时，导线周围空间会出现由此三相电流决定的交变磁场。导线的电抗可根据这一交变磁场中与该导线相链的那部分磁链求出。

设导线的半径为 r，三相导线间的距离为 D_{ab}、D_{bc}、D_{ac}，如图3-30（a）所示，则可写出与a相单位长度导线相链的磁链 $\dot{\Psi}_a$ 为

$$\begin{aligned}\dot{\Psi}_a &= \int_r^{D\to\infty}\frac{\mu_0\dot{I}_a}{2\pi r}dr+\int_{D_{ab}}^{D\to\infty}\frac{\mu_0\dot{I}_b}{2\pi r}dr+\int_{D_{ac}}^{D\to\infty}\frac{\mu_0\dot{I}_c}{2\pi r}dr \\ &= \frac{\mu_0}{2\pi}\left[\dot{I}_a\ln\frac{D}{r}+\dot{I}_b\ln\frac{D}{D_{ab}}+\dot{I}_c\ln\frac{D}{D_{ac}}\right]_{D\to\infty}\end{aligned} \tag{3-23}$$

式中：$\mu_0=4\pi\times10^{-7}$（H/m），为空气的导磁系数。

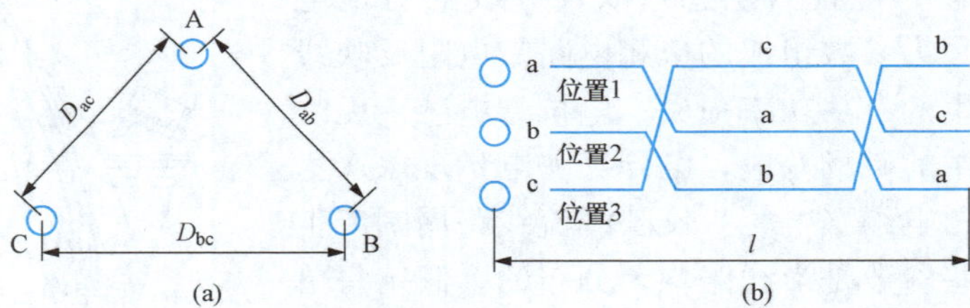

图3-30　三相导线布置

（a）三相导线不对称排列；（b）三相输电线换位

同理可得与b相单位长度导线相链的磁链 $\dot{\Psi}_b$ 以及与c相单位长度导线相链的磁链 $\dot{\Psi}_c$ 分别为

$$\dot{\Psi}_b = \frac{\mu_0}{2\pi}\left[\dot{I}_a\ln\frac{D}{D_{ab}}+\dot{I}_b\ln\frac{D}{r}+\dot{I}_c\ln\frac{D}{D_{bc}}\right]_{D\to\infty} \tag{3-24}$$

$$\dot{\Psi}_c = \frac{\mu_0}{2\pi}\left[\dot{I}_a\ln\frac{D}{D_{ac}}+\dot{I}_b\ln\frac{D}{D_{bc}}+\dot{I}_c\ln\frac{D}{r}\right]_{D\to\infty} \tag{3-25}$$

当线路完全换位时，导线在各个位置的长度为总长度的1/3，如图3-30（b）所示。此时与a相导线相链的磁链将由处于位置1时的磁链 $\dot{\Psi}_{a1}$，处于位置2时的磁链 $\dot{\Psi}_{a2}$ 以及处于位置3时的磁链 $\dot{\Psi}_{a3}$ 三部分组成。它们分别是

$$\left.\begin{aligned}\dot{\Psi}_{a1} &= \frac{1}{3}\frac{\mu_0}{2\pi}\left[\dot{I}_a\ln\frac{D}{r}+\dot{I}_b\ln\frac{D}{D_{ab}}+\dot{I}_c\ln\frac{D}{D_{ac}}\right]_{D\to\infty} \\ \dot{\Psi}_{a2} &= \frac{1}{3}\frac{\mu_0}{2\pi}\left[\dot{I}_c\ln\frac{D}{D_{ab}}+\dot{I}_a\ln\frac{D}{r}+\dot{I}_b\ln\frac{D}{D_{bc}}\right]_{D\to\infty} \\ \dot{\Psi}_{a3} &= \frac{1}{3}\frac{\mu_0}{2\pi}\left[\dot{I}_b\ln\frac{D}{D_{ac}}+\dot{I}_c\ln\frac{D}{D_{bc}}+\dot{I}_a\ln\frac{D}{r}\right]_{D\to\infty}\end{aligned}\right\} \tag{3-26}$$

而与 a 相导线相链的总磁通 $\dot{\Psi}_a$ 为

$$\dot{\Psi}_a = \frac{1}{3}\frac{\mu_0}{2\pi}\left[\dot{I}_a \ln\frac{D^3}{r^3} + \dot{I}_b \ln\frac{D^3}{D_{ab}D_{bc}D_{ac}} + \dot{I}_c \ln\frac{D^3}{D_{ac}D_{ab}D_{bc}}\right]_{D\to\infty}$$

$$= \frac{\mu_0}{2\pi}\left[\dot{I}_a \ln\frac{D}{r} + (\dot{I}_b + \dot{I}_c)\ln\frac{D}{D_{ge}}\right]_{D\to\infty} \tag{3-27}$$

$$D_{ge} = \sqrt[3]{D_{ab}D_{bc}D_{ca}}$$

式中：D_{ge}为三相导线间的几何均距。

由于 $\dot{I}_a + \dot{I}_b + \dot{I}_c = 0$，式（3-27）可改写为

$$\dot{\Psi}_a = \frac{\mu_0}{2\pi}\dot{I}_a \ln\frac{D_{ge}}{r} \tag{3-28}$$

据此可得经完全换位的三相线路，每相导线单位长度的电感为

$$L = \frac{\dot{\Psi}_a}{\dot{I}_a} = \frac{\mu_0}{2\pi}\ln\frac{D_{ge}}{r}(\mathrm{H/m}) \tag{3-29}$$

每相导线单位长度的电抗为

$$x_1 = \omega L = \omega\frac{\mu_0}{2\pi}\ln\frac{D_{ge}}{r}(\Omega/\mathrm{m}) \tag{3-30}$$

当三相导线为如图 3-31 所示水平排列时，则 $D_{ab}=D_{bc}=D$，$D_{ac}=2D$，代入式（3-30）中可得 $D_{ge}=\sqrt[3]{D\times D\times 2D}=1.26D$；当三相导线为如图 3-32 所示等边三角形排列，即 $D_{ab}=D_{bc}=D_{ac}=D$ 时，则有 $D_{ge}=D$。

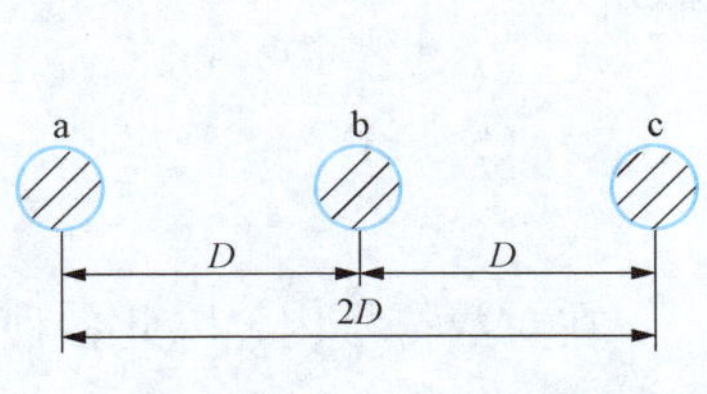

图 3-31 导线水平排列

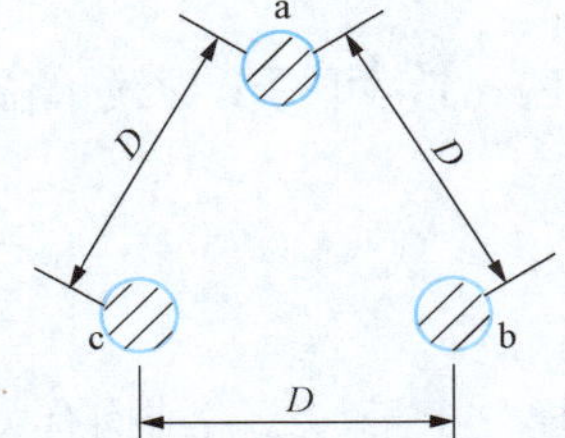

图 3-32 导线等边三角形排列

若进一步计入导线的内感，则有

$$x_1 = \omega\frac{\mu_0}{2\pi}\left(\ln\frac{D_{ge}}{r} + \frac{1}{4}\mu_r\right) \quad (\Omega/\mathrm{m}) \tag{3-31}$$

式中：μ_r 为导线材料的相对导磁系数，对于铜、铝等有色金属材料，可取 $\mu_r=1$。

如果将 $\mu_0=4\pi\times10^{-7}$ H/m，$\omega=2\pi f=314$，$\mu_r=1$ 代入式（3-31）中，并将以 e 为底的自然对数变换为以 10 为底的常用对数，即可得

$$x_1 = 2\pi f\left(4.6\lg\frac{D_{ge}}{r} + 0.5\right)\times10^{-4} = 0.1445\lg\frac{D_{ge}}{r} + 0.0157 \quad (\Omega/\mathrm{km}) \tag{3-32}$$

不难看出，当采用分裂导线时，每相线路单位长度的电抗仍可利用式（3-32）计算，但式中的导线半径 r 要用分裂导线的等效半径 r_{eq} 替代，其值为

$$r_{eq} = \sqrt[m]{r\prod_{k=2}^{m} d_{1k}} \tag{3-33}$$

式中：m 为每相导线的分裂根数；r 为分裂导线的每一根子导线的半径；d_{1k} 为分裂导线一相中第 1 根与第 k 根子导线之间的距离，$k=2, 3, \cdots, m$；Π 为连乘运算的符号。

由此可得，经过完全换位后的分裂导线线路的每相单位长度的电抗为

$$x_1 = 0.1445\lg\frac{D_{ge}}{r_{eq}} + \frac{0.0157}{m} \quad (\Omega/\text{km}) \tag{3-34}$$

由式（3-34）可知，导线分裂根数越多，电抗下降越多，但当导线分裂根数大于 4 时，电抗的减少就不再那么明显。分裂间距的增大也可使电抗减少，但间距过大又不利于防止导线产生电晕。因此，除特高压架空输电线路外，分裂导线的根数一般不超过 4 根，其子导线间的距离一般取 400～500mm。

导线的几何均距和导线的半径虽然也会影响 x_1 的大小，但由于 x_1 与几何均距 D_{ge} 以及导线半径 r 之间为对数关系，它们的变化对线路单位长度的电抗 x_1 没有明显影响。在工程实际范围内，单根导线 x_1 的值一般为 0.4Ω/km 左右；与 2 根、3 根和 4 根分裂导线相应的 x_1 则分别为 0.33、0.32Ω/km 和 0.28Ω/km。

（三）电纳 b_1 的计算

三相导线的相与相之间及相与地之间存在分布电容。当线路对称运行时，导线单相电感和单相对地电容间存在下列关系，即 $LC=\mu_0\varepsilon_0$。据此，利用式（3-29）即可求得导线的电容为

$$C = \frac{2\pi\varepsilon_0}{\ln\dfrac{D_{ge}}{r}} \quad (\text{F/m}) \tag{3-35}$$

取 $\varepsilon_0=\dfrac{10^{-9}}{36\pi}$（F/m），可写出导线单位长度的电纳 b_1 为

$$b_1 = \omega C = \frac{7.58}{\lg\dfrac{D_{ge}}{r}} \times 10^{-6} \quad (\text{S/km}) \tag{3-36}$$

与电抗一样，由于与线路结构有关的参数 D_{ge}/r 在对数符号内，因此各种电压等级线路的电纳值变化不大，即单根导线线路的 b_1 值一般在 2.801×10^{-6}S/km 左右。对于分裂导线的线路，仍可用式（3-36）计算，只要将式中的导线半径 r 用式（3-33）确定的等效半径 r_{eq} 代替即可。与每相分裂导线的根数 2 根、3 根和 4 根相应的单位长度电纳分别为 3.4×10^{-6}、3.8×10^{-6}S/km 和 4.1×10^{-6}S/km。可见，分裂导线的电纳要比同样截面积的单导线的电纳大。

（四）电导 g_1 的计算

架空线路的电导主要与线路电晕损耗以及绝缘子的泄漏电阻有关。由于线路的绝缘水平一般都很高，因此在电导计算中可忽略绝缘子泄漏电阻的作用。电晕现象是在强电场作用下导线周围空气中发生游离放电的现象。在游离放电时导线周围的空气会产生蓝紫色的荧光，发出"吱吱"的放电声以及由电化学作用产生的臭氧（O_3），这些都要消耗有功电能，构成电晕损耗。电晕产生的条件与导线上施加的电压大小、导线的结构以及导线周围的空气情况有关。当线路上施加的电压高到某一数值时，导线上就会产生电晕，这一电压称为电晕起始电压或电晕临界电压 U_{cr}。U_{cr} 的经验计算公式为

$$\left.\begin{aligned}U_{cr}&=84m_1m_2r\delta\left(1+\frac{0.301}{\sqrt{r\delta}}\right)\lg\frac{D_{ge}}{r}\quad(\text{kV})\\ \delta&=\frac{2.89\times10^{-3}p}{273+t}\end{aligned}\right\}\qquad(3-37)$$

式中：m_1 为导线表面光滑系数，对于表面光滑的单导线，$m_1=1$，对经久使用的单导线，$m_1=0.98\sim0.93$，对多绞线 $m_1=0.87\sim0.83$；m_2 为天气状况系数，对于干燥晴朗的天气，$m_2=1$，在最恶劣的情况下，$m_2=0.8$；δ 为空气相对密度，当温度 $t=20℃$，大气压 $p=1.014\times10^5\text{Pa}$（即 76cmHg）时，$\delta=1$。

在设计架空线路时，一般不允许导线在晴天时发生电晕，所以电晕临界电压是导线截面积选择的条件之一，导线不产生电晕的允许最小直径见表 3 - 3。对于 110kV 及以上架空线路来说，这是一个决定导线半径的重要条件。60kV 及以下架空线路可不必验算电晕临界电压。当线路电压在 330kV 及以上时，为防止产生电晕，单导线的直径要求很大，而从传输电流的大小来考虑又不需如此粗的导线时，此时就应采用分裂导线或扩径导线。

因为在架空线路设计时已注意到避免在正常天气下产生电晕，故一般在电力系统计算中可不计线路电导 G 的影响。当线路实际电压高于电晕临界电压时，可通过实测或经验公式近似计算每相线路单位长度的电导，即

$$g_1=\frac{\Delta P_g}{U^2}\times10^{-3}\quad(\text{S/km})\qquad(3-38)$$

式中：ΔP_g 为实测的三相电晕损耗总功率，kW/km；U 为线路的线电压，kV。

表 3 - 3　不需计算电晕的导线最小直径（海拔≤1000m）

额定电压（kV）	60 以下	110	154	220	330		500	750
导线直径（mm）	不限制	9.6	13.7	21.3	33.2	2×21.3		
相应导线型号		LGJ-50	LGJ-95	LGJ-240	LGJ-600	LGJ-240	LGJQ-400×2	LGJQ-500×4

四、 输电线路的等效电路

上述线路的各参数实际上是沿线均匀分布的，其等效电路如图 3 - 33 所示。由于三相线路是对称的，所以图中只画出了其中一相。用分布参数等效电路进行输电线的电气计算是比较复杂的。为了简化计算，工程实际中，在对 300km 及以下的输电线路进行计算时，可把图 3 - 33 所示的分布参数电路简化为下述两种类型的集中参数等效电路。

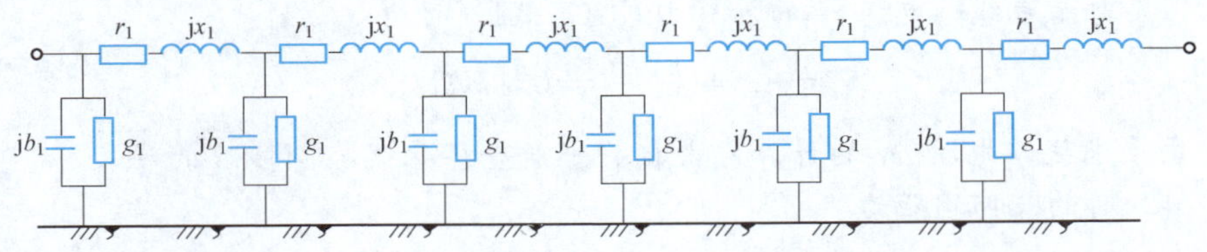

图 3 - 33　分布参数等效电路

（一）一字形等效电路

当输电线路为长度不超过 100km 的架空线路或不长的电缆线路，且工作电压不高时，可忽略线路电纳 b_1 的影响，即可令 $b_1=0$；又因线路在正常天气时不会产生电晕，且绝缘子的泄漏又很小，可令电导 $g_1=0$。因此，这种情况下的等效电路可用图 3-34 所示的一字形等效电路表示。

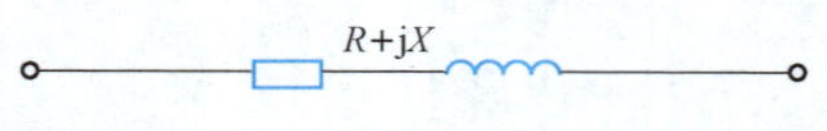

图 3-34　一字形等效电路

（二）π 形和 T 形等效电路

当输电线路为长度在 100～300km 之间的架空线路或长度不超过 100km 的电缆线路时，其电纳的影响已不允许忽略，此时需采用集中参数的 π 形和 T 形等效电路。

π 形等效电路是将线路总阻抗 $Z=R+jX$ 串接在电路的中间，而将线路总导纳 $Y=jB$ 的一半分别并接在电路的始、末端所得到的等效电路，如图 3-35（a）所示。

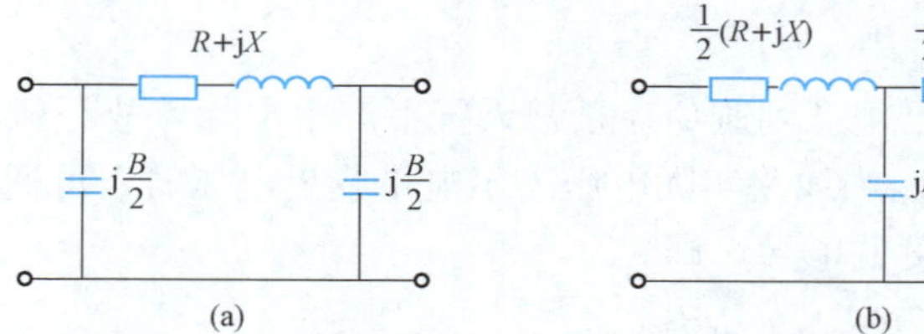

图 3-35　π 形和 T 形等效电路
（a）π 形等效电路；（b）T 形等效电路

T 形等效电路是将线路总导纳 $Y=jB$ 并接在电路的中间，而将线路总阻抗 $Z=R+jX$ 的一半分别串接在电路的两端所得到的等效电路，如图 3-35（b）所示。由于 T 形等效电路比 π 形等效电路多了一个中间节点，使电网计算工作量有所增加，故在上述中等长度输电线路的计算中常应用 π 形等效电路。

需要指出的是：π 形等效电路和 T 形等效电路都是输电线路的一种近似等效电路，它们两者之间不能用 Y-△等效互换。利用 π 形和 T 形等效电路对中等长度的输电线路进行电气计算，所带来的误差在工程上是允许的。但对于超高压及以上电压等级的远距离输电线路，就必须考虑其分布参数特性。有关超高压和特高压远距离输电的计算，将在下册第十章中介绍。

【例 3-5】 某 110kV 架空线路全长 80km，导线水平排列，相间距离为 4m，导线型号为 LGJ-185，试计算线路的电气参数，并作出其 π 型等效电路。

解　(1) 每千米线路电阻 r_1 的计算由式（3-21）可得

$$r_1=\frac{\rho}{S}=\frac{31.5}{185}=0.17(\Omega/\text{km})$$

(2) 每千米线路电抗 x_1 的计算。由相关手册查得导线 LGJ-185 的半径 $r=9.51$mm。导线水平排列时的几何均距为

$$D_{ge}=1.26D=1.26\times4000=5040(\text{mm})$$

故据式（3-32）可得

$$x_1=0.1445\lg\frac{D_{ge}}{r}+0.0157=0.1445\lg\frac{5040}{9.51}+0.0157=0.4094(\Omega/\text{km})$$

(3) 每千米线路电纳 b_1 的计算由式 (3-36) 可得

$$b_1 = \frac{7.58}{\lg\dfrac{D_{ge}}{r}} \times 10^{-6} = \frac{7.58}{\lg\dfrac{5040}{9.51}} \times 10^{-6} = 2.7824 \times 10^{-6}(\mathrm{S/km})$$

(4) 全线路的参数有

$$R = r_1 l = 0.17 \times 80 = 13.6(\Omega)$$
$$X = x_1 l = 0.4094 \times 80 = 32.75(\Omega)$$
$$B = b_1 l = 2.7824 \times 10^{-6} \times 80 = 2.23 \times 10^{-4}(\mathrm{S})$$

线路的 π 形等效电路如图 3-36 所示。

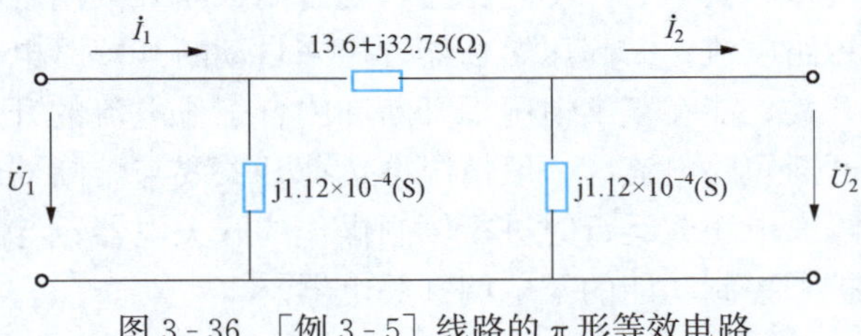

图 3-36 [例 3-5] 线路的 π 形等效电路

【例 3-6】 某 500kV 架空线路使用 4×LGJQ-300 型分裂导线，分裂间距为 450mm (按正四边形排列)；三相导线水平排列，相间距离为 12000mm，如图 3-37 所示。试求此线路单位长度的电气参数。

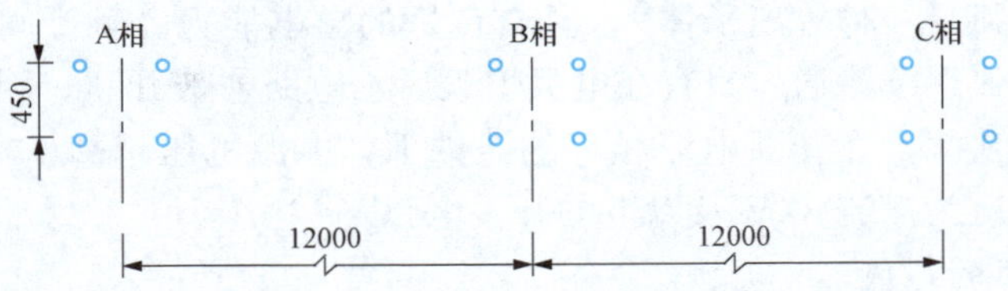

图 3-37 500kV 分裂导线的排列示意图

解 (1) 每千米线路电阻 r_1 的计算为

$$r_1 = \frac{\rho}{S} = \frac{31.5}{4 \times 300} = 0.0263(\Omega/\mathrm{km})$$

(2) 每千米线路电抗 x_1 的计算。由电气设备手册查得 LGJQ-300 型导线的半径 $r=11.85$mm，计算相间几何均距为

$$D_{ge} = 1.26D = 1.26 \times 12000 = 15120(\mathrm{mm})$$

4 分裂导线的等效半径为

$$r_{eq} = \sqrt[4]{r d_{12} d_{13} d_{14}} = \sqrt[4]{11.85 \times 450 \times 450\sqrt{2} \times 450} = 197.68(\mathrm{mm})$$

由式 (3-34) 可得

$$x_1 = 0.1445\lg\frac{D_{ge}}{r_{eq}} + \frac{0.0157}{m} = 0.1445\lg\frac{15120}{197.68} + \frac{0.0157}{4} = 0.276(\Omega/\mathrm{km})$$

(3) 每千米线路电纳 b_1 的计算为

$$b_1 = \frac{7.58}{\lg\dfrac{D_{ge}}{r_{eq}}} \times 10^{-6} = \frac{7.58}{\lg\dfrac{15120}{197.68}} \times 10^{-6} = 4.024 \times 10^{-6}(\mathrm{S/km})$$

第三节　高压开关电器

开关电器是发电厂、变电站等处各类配电装置中不可缺少的电气设备。开关电器的作用是：在正常工作情况下可靠地接通或断开电路；在系统改变运行方式时进行切换操作；当系统中发生故障时迅速切除故障部分，以保证非故障部分的正常运行；在设备检修时隔离带电部分，以保证工作人员的安全。

开关电器的种类很多，其中有：①断路器，既可用来断开或闭合正常工作电流，也用来断开过负荷电流或短路电流；②高压熔断器，用来自动断开短路电流或过负荷电流的开关电器；③高压负荷开关，能在正常情况下开断和闭合工作电流的开关电器，也可以开断过负荷电流，但不能开断短路电流，一般情况下负荷开关要与熔断器配合使用；④隔离开关，主要用于检修时隔离电压或运行时进行倒闸操作的开关电器；⑤自动重合器和自动分段器，它们是自具保护和控制功能的配电网开关电器。

一、开关电弧的产生和熄灭

开关电器的特点是存在有称为触头的可分合的电连接（或电接触）。当开关开断电路时，只要被开断的电源有几十伏，所开断的电流达到几百毫安，在形成开关断口的触头间就会出现电弧。电弧是一种等离子体[1]，具有良好的导电能力。触头间形成电弧后，电路中的电流将经过电弧继续流通。只有在电弧熄灭后，电路才被开断。因此，熄灭电弧是开关电器必须具备的功能。在开断电流相等的条件下，电源电压越高，电弧的熄灭越困难。本书所涉及的是电压为交流 3kV 及以上的开关电弧。

（一）开关电弧的形成

开关电器处于导通状态时，其触头通常是靠弹簧压紧的，此时触头间的接触电阻很小，通过电流时接触处的温度可保持在允许范围内。在电路开断过程中，随着触头弹簧压力的降低和接触电阻的增大，触头的温度会升高，当触头刚分开形成断口时，触头间的距离很小，加在断口上的电源电压将使断口间隙出现很高的电场强度。此时工作在阴极状态的那一个触头表面的电子就会被电场力拉出而成为自由电子（称为强电场发射）。如果触头温度足够高，金属中的电子也会因动能增加而从阴极表面逸出（称为热电子发射）。这些自由电子将在电场力的作用下向处于阳极的触头运动。在运动过程中，自由电子受电场力而加速并不断地与断口间气体介质中的中性质点（原子或分子）碰撞。如果自由电子在两次碰撞间积累起的动能超过中性质点（原子或分子）的游离能，则自由电子在与中性质点碰撞时，就会使束缚在原子核外层轨道上的电子释放出来，形成新的自由电子和正离子（称为电场游离），这些游离出来的自由电子将和原有的自由电子一起向阳极运动，产生新的电场游离，使断口间的自由电子和正离子数不断增加（见图 3-38）。自由电子和正离子的存在使断口间的气体介质具备了导电性能。如果流经已处于游离状态的气体介质的电流足够大，气体介质的温度将急剧上升，气体质点的热运动速度也将随之增大。高速运动的

[1] 由数量基本相等的带正、负电荷的粒子组成的粒子团。

中性质点相互碰撞时，也会使中性质点游离为自由电子和正离子（称为热游离）。当温度超过几千度，气体介质的导电性能主要靠热游离生成的等离子体来维持时，就形成了电弧放电。这种由热游离维持的等离子体称为电弧的弧柱（温度为 5000～13000℃）。电弧放电形成后，作为阴极的触头表面会出现一个向弧柱提供强大电子流的阴极斑点，它的亮度很大，面积很小，所以电流密度很大。同样在作为阳极的触头表面会出现一个接收从弧柱中过来的电子的阳极斑点，使电路保持导通。

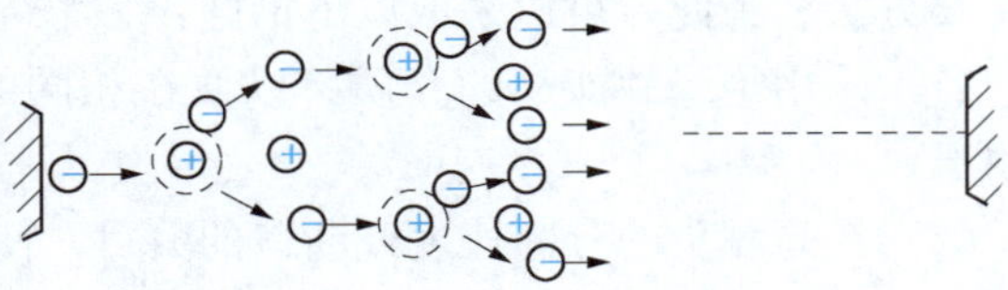

图 3-38　电场游离示意图

弧柱具有极好的导电性能，在大气中弧柱的压降只有 15～70V/cm。可见维持电弧放电所需的电场强度很低，即电弧一旦形成，就不再需要基于高电场强度的电场游离了。因此简单地用拉长触头间的距离来降低断口间的电场，达到熄弧目的的方法是不可取的。实践表明，在交流 100kV 电压下，在大气中开断 5A 电流时，电弧长度可超过 7m。使开关电弧熄灭的有效措施是创造条件使断口间处于游离状态的自由电子和正离子快速减少或消失。这种措施称为消游离。

实际上，气体介质在发生游离的同时，客观上就伴随有消游离。气体分子受到热运动的作用，会从浓度高的地方向浓度低的地方扩散，带电粒子也是如此。电弧通道中因热游离而生成的自由电子和正离子会不断扩散到周围介质中去，这种消游离的方式称为扩散方式。另外电弧通道中的正离子和自由电子或负离子（由自由电子附在中性质点上形成）在因热运动而互相接近时，会互相吸引，重新结合成中性质点，这种消游离的方式称为复合方式。在电弧稳定燃烧时，单位时间由热游离生成的带电粒子数与因复合和扩散而消失的带电粒子数是相等的。显然，要使电弧熄灭，必须采取措施使弧柱中的热游离过程减弱，消游离过程增强。

（二）开关电弧的熄灭

交流电弧的特点是电流每半个周期要经过零值一次。在电流经过零值时，电弧会自动熄灭。电弧熄灭后，虽然电源已不再向电弧间隙（简称弧隙）输入热能，但弧隙中仍存在游离粒子，不能立即恢复到完全绝缘的状态。此时，只要在断口上加上一个比较低的电压，电弧就会重新形成。但随着时间的增加，弧隙间的带电粒子在扩散和复合的作用下将逐渐减少，断口的耐受电压的能力就会逐渐上升，这一断口耐压能力随时间增长的过程称为断口介质强度的恢复，可用 $u_{\mathrm{d}}(t)$ 表示，如图 3-39 中的曲线 1 所示。应该注意到，当电流过零电弧熄灭后，作用在断口上的电压也将逐渐升高。这一断口电压随时

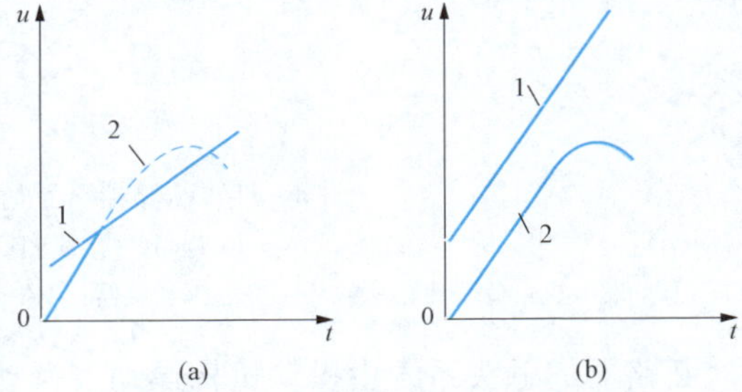

图 3-39　介质强度和恢复电压曲线

(a) 电弧重燃；(b) 电弧熄灭

1—$u_{\mathrm{d}}(t)$；2—$u_{\mathrm{tr}}(t)$

间变化的过程称为断口电压的恢复（简称恢复电压），可用 $u_{tr}(t)$ 表示，如图 3-39 中的曲线 2 所示。不难看出，当恢复电压的上升比介质强度的恢复快时，$u_d(t)$ 和 $u_{tr}(t)$ 两条曲线将相交，如图 3-39（a）所示，此时电弧会重新形成，电流将继续以电弧的形式通过断口，电路不能开断。当介质强度的恢复比断口电压恢复快时，$u_d(t)$和 $u_{tr}(t)$ 曲线将不会相交，如图 3-39（b）所示，此时电弧不再重燃，电路即被开断。

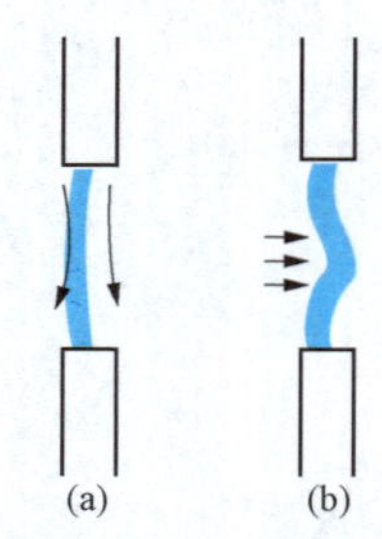

图 3-40　吹弧方式
（a）纵吹；（b）横吹

加速断口介质强度的恢复速度并提高其数值是提高开关熄弧能力的主要方法。为此，可以采取以下措施：

（1）采用绝缘性能高的介质，以便在相同的断口距离下提高断口的耐压。

（2）提高触头的分断速度或断口的数目，使电弧迅速拉长。

（3）采用各种结构的灭弧装置来加强电弧的冷却，以加快电流过零后弧隙的去游离过程。例如，用吹弧的方法使介质和电弧间发生相对运动。按照介质和电弧间相对运动的关系，吹弧方法有纵吹、横吹等方式，如图 3-40 所示。

二、高压断路器

高压断路器是电力系统中重要的开关设备。它除了要在正常情况下根据运行需要开断和关合负载电流外，还必须能在电力系统发生短路故障时开断高达数十千安的短路电流。此外，考虑到电力系统中的电气设备或输电线路在未投入运行前可能就已存在绝缘故障（称预伏故障），甚至处于短路状态，断路器还必须具有关合短路电流的能力。

为了使断路器能有选择地自动切除系统的故障，必须配以其他能反映系统工作状态的电器——电流互感器和电压互感器以及能进行逻辑判断的继电器。图 3-41 所示为断路器、互感器和继电器的联合应用。

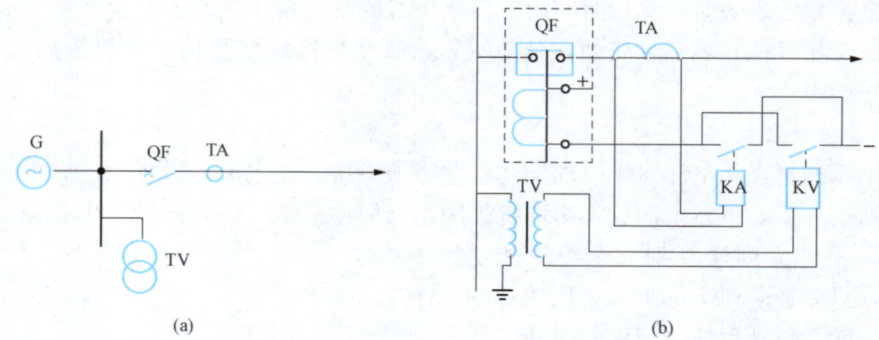

图 3-41　断路器、互感器和继电器的联合应用
（a）电气接线图；（b）工作原理图
G—发电机；QF—断路器；TV—电压互感器；TA—电流互感器；KV—电压继电器；KA—电流继电器

断路器的触头系统由操动机构操动（操动机构操动触头关合称为合闸操作，操动触头打开称为分闸操作）。操动机构则由继电器的触点控制。串联在线路中的电流互感器的作用是将处于高电位的大电流按比例地变换成处于低电位的小电流，提供给电流继电器进行逻辑判断。跨接在电源上的电压互感器的作用是将电源的高电压按比例地变换成低电压，

提供给电压继电器进行逻辑判断。在正常工作时，断路器的触头是闭合的，此时电流继电器和电压继电器的触点处于开断状态，操动机构不带电。当系统发生短路故障而使线路电流增大或电源电压降低时，继电器的触点将闭合，使操动机构带电，操动断路器自动分闸（跳闸）将故障切除。

考虑到架空线路的短路故障大多数是雷害、鸟害等暂时性故障，为提高电力系统工作的可靠性，架空线路保护可采用快速自动重合闸的操作方式。即在架空线路发生短路故障，断路器根据继电保护发出的信号开断短路故障后，经很短时间（例如 0.3s）再自动关合，如果短路故障未消除，断路器必须在关合短路电流后再次开断短路电流。某些情况下，在第二次开断短路故障后经过一定时间（例如 180s），运行人员会再次关合断路器进行强送电。“强送电”后，如短路故障仍未消除，断路器在第二次关合短路电流后还需第三次开断短路电流。因此，断路器还必须有在短时间内连续多次开断和关合短路电流的能力。

根据我国高压交流断路器国家标准 GB 1984—2014 以及高压开关设备和控制设备标准的共用技术要求国家标准 GB/T 11022—2020 的规定，高压交流断路器的额定电压分别为 3.6、7.2、12、40.5、72.5、126、252、363、550、800kV 和 1100kV，分别用于 3、6、10、35、60、110、220、330、500、750kV 和 1000kV 的电力系统中。

（一）高压断路器的种类和总体结构

为实现开断和关合，断路器必须具有三个组成部分：①开断部分，包括导电和触头系统以及灭弧室；②操动和传动部分，包括操动能源和将操动能源传动到触头系统的各种传动机构；③绝缘部分，包括将处于高电位的导电和触头系统与对地电位绝缘的绝缘元件，以及联系处于高电位的动触头系统与处于低电位的操动能源所用的绝缘连接件等。三部分以开断部分中的灭弧室为核心。

断路器的总体结构可根据其对地绝缘方式划分为两种类型：

（1）接地金属箱（或罐）型。这一类型断路器的结构特点是作为开断元件的触头和灭弧室装于接地的金属箱中，导电回路靠绝缘套管引入，如图 3-42（a）所示。它的主要优点是可以将电流互感器装设在进出线套管上，如图 3-43 所示，使之与断路器合为一体，节省了变电站的占地面积。

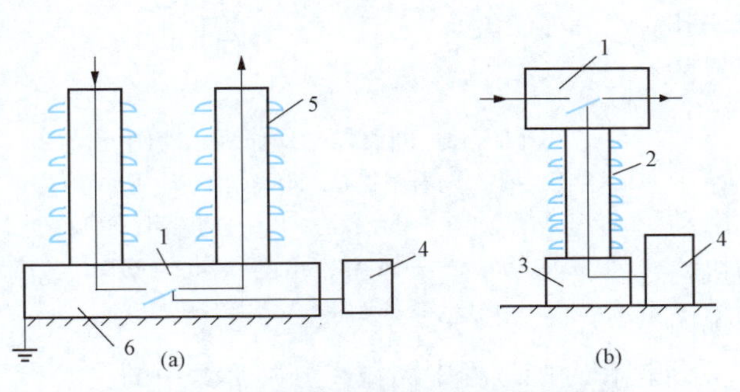

图 3-42 高压断路器的总体结构示意图

（a）接地金属箱型；（b）绝缘子支持型

1—开断元件；2—支持绝缘子；3—基座；4—操动机构；5—绝缘套管；6—接地外壳

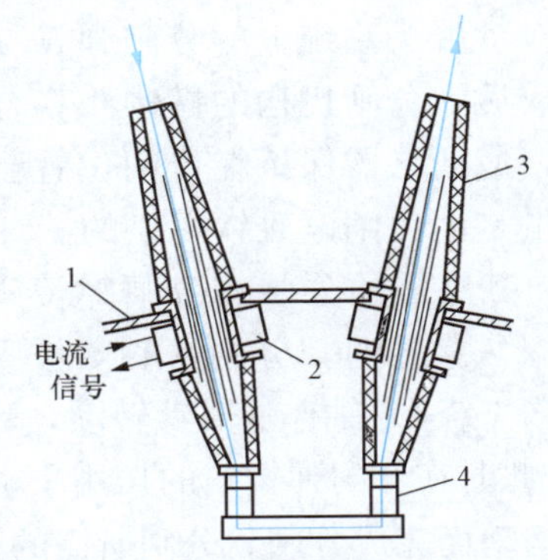

图 3-43 在套管上装设电流互感器

1—箱盖；2—电流互感器；3—电容套管；4—触头系统

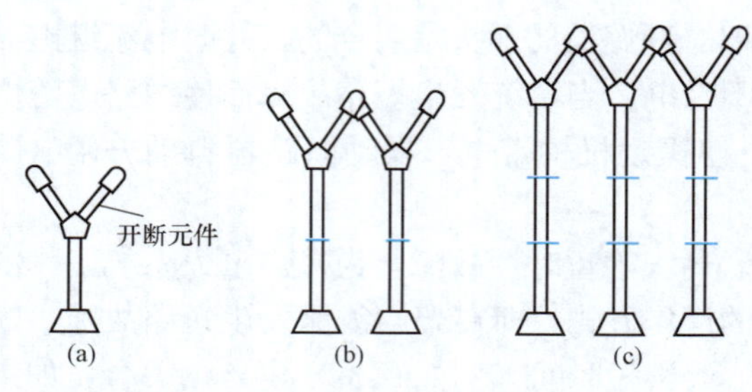

图 3-44　断路器的积木组合
(a) 单柱两断口；(b) 双柱四断口；(c) 三柱六断口

（2）绝缘子支持型。这一类型断路器的结构特点是安装开断元件的容器（可以是金属筒，也可以是绝缘筒）处于高电位，靠支持绝缘子对地绝缘，如图 3-42（b）所示。它的主要优点是可以用串联若干个开断元件和加高对地绝缘的方法组成更高电压等级的断路器，如图 3-44 所示。这种总体布置的方式可以给断路器向高电压等级的发展带来很多方便，也称积木组合方式。

断路器的分合闸操作靠操动机构实现。操动机构可按提供操动能源能量的性质分为下列类型。

（1）手动操动机构，是指用人力合闸的机构。

（2）直流电磁操动机构，是指靠直流螺管电磁铁合闸的机构。

（3）弹簧操动机构，是指用事先由人力或电动机储能的弹簧合闸的机构。

（4）液压操动机构，是指以高压油推动活塞实现合闸与分闸的机构。

（5）气动操动机构，是指以压缩空气推动活塞使断路器分、合闸的机构。

图 3-45 给出的是由直流电磁操动机构操作的断路器动作原理示意图。图中处于高电位的断路器的动触头系统 8 通过连杆 13 和固定在断路器转动轴 9 上的拐臂 10 相连。当合闸线圈 1 接通时，合闸铁心 2 被吸向上，推动处于低电位的合闸机构 3 绕 O_1 轴作逆时针旋转，同时通过绝缘连杆 12 和固定在断路器轴上的拐臂 11 带动断路器转动轴 9 转动，使动触头系统 8 向上运动，并把装在动触头系统上的分闸弹簧 5 压紧。合闸完成后，分闸机构的搭钩 4 将合闸机构 3 扣住，使断路器保持在合闸位置。合闸所需的能量是由合闸电磁铁提供的。

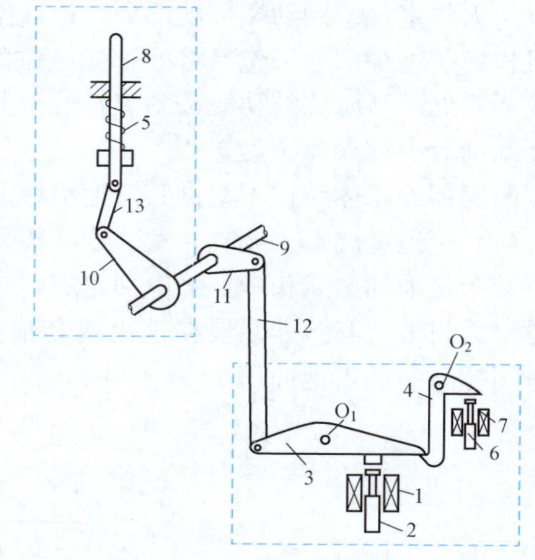

图 3-45　断路器动作原理示意图
1—合闸线圈；2—合闸铁心；3—合闸机构；4—搭钩；5—分闸弹簧；6—分闸铁心；7—分闸线圈；8—动触头系统；9—断路器转动轴；10、11—拐臂；12—绝缘连杆；13—连杆

断路器的分闸靠分闸弹簧实现，当分闸线圈 7 接通时，分闸铁心 6 被吸向上，推动搭钩 4 绕 O_2 轴作逆时针转动，释放合闸机构 3。此时在分闸弹簧 5 的作用下动触头系统向下运动而完成分闸。分闸所需的能量是操动机构在合闸过程中储藏在分闸弹簧中的。

按照灭弧介质的不同，断路器可划分为油断路器、压缩空气断路器、六氟化硫断路器、真空断路器和固体产气断路器五种。

（1）油断路器，是指触头在变压器油中开断、利用变压器油作灭弧介质的断路器。其中油只作灭弧介质用，用油量少的，称少油断路器；油兼作绝缘介质用，用油量多的，称多油断路器。

(2) 压缩空气断路器，是指利用高压力的空气来吹弧的断路器。吹弧所用的空气压力一般在 1013～4052kPa（10～40 大气压）的范围内。由于其结构复杂在我国已几乎被淘汰。

(3) 六氟化硫断路器，是指利用高压力的六氟化硫（SF_6）气体来吹弧的断路器。吹弧所利用的六氟化硫气体的压力一般在 1013～1520kPa（10～15 大气压）的范围内。

(4) 真空断路器，是指触头在真空中开断，利用真空作为绝缘介质和灭弧介质的断路器。真空断路器要求的真空度在 10^{-4}Pa 以上。

(5) 固体产气断路器（简称产气断路器），是指利用固体产气物质在电弧高温作用下分解出的气体来熄灭电弧的断路器。由于其灭弧能力低，一般只作负荷开关用。

本节要介绍的是曾在电力系统中广泛应用、目前尚在使用的油断路器以及目前电力系统中广泛采用的六氟化硫断路器和真空断路器。

(二) 油断路器

油断路器是最早出现的断路器，第一台油断路器出现在 1895 年。当时由于电力系统电压的增高，容量的增大，电路开断的矛盾越来越尖锐，例如在大气中开断电压为 6kV、电流为 300A 的电路时，电弧可长达 4m。为了解决这一矛盾，人们试着把断口放入油中，而且出乎意料地发现本来是极易燃烧的油却有比空气更强的熄灭电弧的能力。同样是 6kV、300A 的电路，在油中开断时电弧长度可缩短到 20cm。在 1930 年以前，用油作为介质几乎是提高断路器灭弧能力的唯一方法。

(1) 油中电弧的熄灭。当触头在油中分断电流形成电弧时，电弧周围的油在电弧的高温加热下会气化和分解，产生气体。所产生气体的体积与电弧的能量有关，折算到 1 个大气压下为 300～500cm^3/kJ。以某 10kV 断路器为例，可算出当开断电流为 20kA，电弧燃烧时间为 0.0145s，电弧长度达 2.52cm 时，所产生气体的体积可达 9360cm^3。受电弧周围油的惯性力以及油箱壁的阻碍，这一在短时间内生成的大量气体将被压缩在电弧周围，形成包围在电弧周围的气泡，气泡的压力可维持在 5～10 个大气压。气泡中油的蒸气约占 40%，其他气体占 60%；而在其他气体中氢气占 70%～80%，其余为乙炔、甲烷等。因此可以认为油中分断所形成的电弧是处于以氢气为主体的高压力气泡中的。气泡的高压和氢气的优良的导热性能可加快电流过零后弧隙介质强度的恢复，因此电弧在油中比在空气中容易熄灭。

如能进一步采用灭弧室，有效地利用电弧所产生气体的压力，控制气体的流向，使之与电弧间发生相对运动实现吹弧，可使断路器的灭弧能力得到进一步的提高。这种利用电弧自身的能量实现吹弧的灭弧室称为自能式灭弧室。图 3-46 所示为自能式纵吹灭弧的工作原理。静触头 1 放在由绝缘材料做成的灭弧室 2 内，动触头 3 从灭弧室的孔（即吹弧口）中穿过。灭弧室的工作大致可分为下列三个阶段：

1) 封闭泡阶段。它是指触头分开到吹弧口被打开的这一阶段。在这一阶段中，油在电弧作用下所分解出的气体只能将部分油从触头和灭弧室的缝隙中挤出，大量的气体只能占有较小的空间，因此灭弧室中的压力增长很快，通常可达几十个大气压。由于此时触头间的开距很小，而且气体和电弧间又不存在相对运动，不能形成气吹，所以尽管灭弧室压力很高，电弧一般不能在此阶段熄灭。

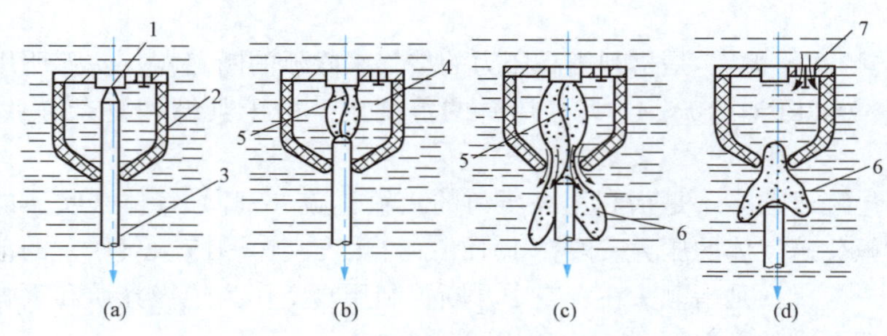

图 3-46　自能式纵吹灭弧工作原理

(a) 分断前；(b) 封闭泡阶段；(c) 气吹阶段；(d) 回油阶段

1—静触头；2—灭弧室；3—动触头；4—油；5—电弧；6—气泡；7—止逆阀

2）气吹阶段。当吹弧口被打开后，积储在灭弧室中的高压力将推动油和气体以每秒几百米的高速经吹弧口喷入油箱，形成气吹，为电弧的熄灭创造了极为有利的条件，再加上此时触头间的开距已足够大，因此电弧应在这一阶段熄灭。

3）回油阶段。当电弧熄灭，灭弧室压力降低后，灭弧室顶部的止逆阀 7 将自动打开，新鲜油开始回入灭弧室，灭弧室中的残留气体被排出。当油全部回入灭弧室后，灭弧室即恢复其灭弧能力，准备下一次动作。

图 3-47 所示为自能式横吹灭弧的工作原理。这种灭弧室的吹弧口位于触头的侧面，图中同样显示了灭弧室工作的四个阶段。

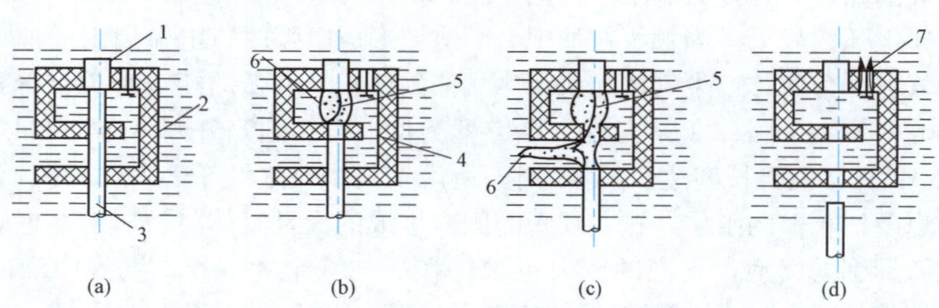

图 3-47　自能式横吹灭弧工作原理

(a) 分断前；(b) 封闭泡阶段；(c) 气吹阶段；(d) 回油阶段

1—静触头；2—灭弧室；3—动触头；4—油；5—电弧；6—气泡；7—横吹弧道

显然，自能式灭弧室吹弧能力的大小取决于电弧的能量，即与所开断电流的大小直接相关。开断电流越大，电弧能量越大，单位时间内产生的气体越多，灭弧室的压力就越高，吹弧能力也就越强。但在开断小电流时，由于灭弧室压力小，吹弧能力也就减弱，因此会出现在一定范围内开断小电流反而比开断大电流困难的现象。为了解决这一问题，在实际灭弧室中常采用先利用横吹、后利用纵吹的吹弧方式。在开断大电流时，由横吹来熄灭电弧；在开断小电流而横吹不足以使电弧熄灭时，电弧将被拉长而进入纵吹部位，靠纵吹来灭弧（参见图 3-50：SN10-12 型少油断路器的灭弧装置）。

除了利用自能吹弧的方式外，油断路器也可以采用外能吹弧的方式，即靠活塞压油来实现吹弧。图 3-48 所示为外能强迫油吹灭弧的工作原理。开断时动触杆 2 带动活塞 3 向下运动。使活塞下部的油受机械力压缩而形成吹向弧区的油流，起到强迫纵吹的作用。显然强迫油吹灭弧室的吹弧能力只取决于外界能量，与被开断电流的大小无关，因此它在开断小电流时的熄弧能力很强。但在开断大电流时，由于电弧分解的气体增多，活塞上部的压力会迅速提高，此时活塞上下两部分的压力差将减小而使吹弧的作用减弱，造成大电流开断的困难。

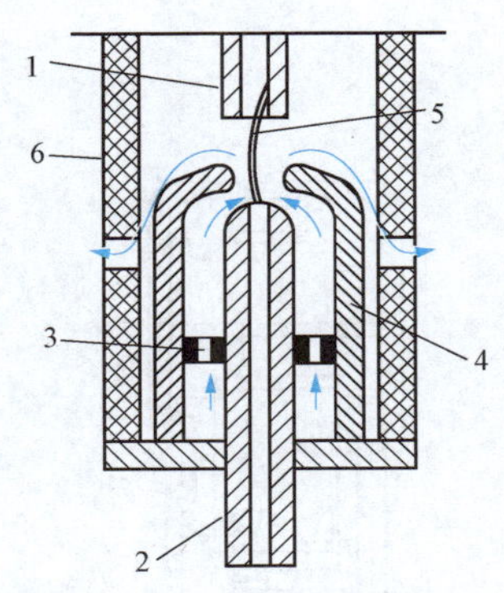

图 3-48 强迫油吹灭弧工作原理
1—静触头；2—动触杆；3—活塞；4—轴筒；5—电弧；6—绝缘筒

下面分别以用于 110kV 系统中的少油断路器（SW4-126 型）和用于 10kV 系统中的少油断路器（SN10-12 型）的灭弧装置为例来阐述上述各种灭弧原理在具体灭弧装置中的综合应用。

1）SW4-126 型少油断路器的灭弧装置。图 3-49 所示为 SW4-126 型少油断路器灭弧装置的示意图。灭弧室由三聚氰胺隔弧板 1 和衬环 2 在玻璃钢筒 3 内交替叠成。隔弧板间构成七个纵吹油囊 4。静触头 5 为梅花形，位于灭弧室的上部，动触杆 6 从下部进入灭弧室。静触头外面套有耐电弧烧损的铜钨合金的保护环 7，动触头端部镶有铜钨合金的端头 8。触头分开后，电弧在保护环和动触头端部间燃烧。这样既可以避免触头正常工作时接触面的烧损，还可以减少弧区的金属蒸气密度以利于电弧的熄灭。

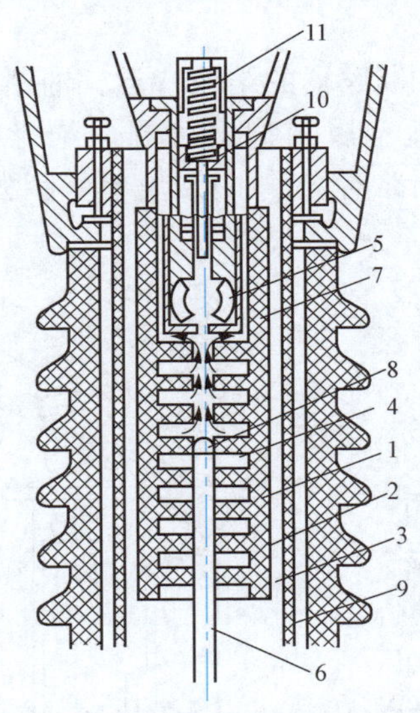

图 3-49 SW4-126 型少油断路器的灭弧装置
1—隔弧板；2—衬环；3—玻璃钢筒；4—油囊；5—静触头；6—动触杆；7—保护环；8—铜钨合金端头；9—承压筒；10—压油活塞；11—活塞弹簧

灭弧室采用多油囊纯纵吹方式，动触杆向下运动，触头分开后产生电弧，当电弧进入灭弧室后，油囊中的油将在电弧的作用下产生大量气体，形成高压，迫使气体顺着灭弧片中间的圆孔自下而上沿箭头方向对电弧进行纵吹。这种灭弧室在熄弧过程中不存在明显的封闭泡阶段。开断大电流时电弧在上面几个油囊的纵吹作用下即可熄灭，在开断小电流时下面的几个油囊也将参与工作。灭弧室在开断大电流时的压力可接近 10130kPa（100 个大气压）。当电弧熄灭，灭弧室压力开始下降时，新鲜油沿玻璃钢筒 3 和承压筒 9 间的空隙由灭弧室下部向灭弧室回油。

静触头上部还装有压油活塞 10。合闸时，动触头端部向上压缩活塞的弹簧 11 使其储能。分闸时，活塞弹簧伸张，推动压油活塞向静触头前部的弧区注入新鲜油液，提高电流过零时弧隙的介质强度。压油活塞的采用可避免断路器在切断数值较小的空载长线路的电容电流时发生重燃，是防止切断空载长线路所引起的过电压的有效措施（详见下册第十一章）。

2）SN10-12 型少油断路器的灭弧装置。图 3-50 所示为 SN10-12 型少油断路器灭弧装置的示意图。

灭弧室由六片三聚氰胺压制的不同形状的灭弧片 1 叠成，组装后构成三个互成 45°角的、

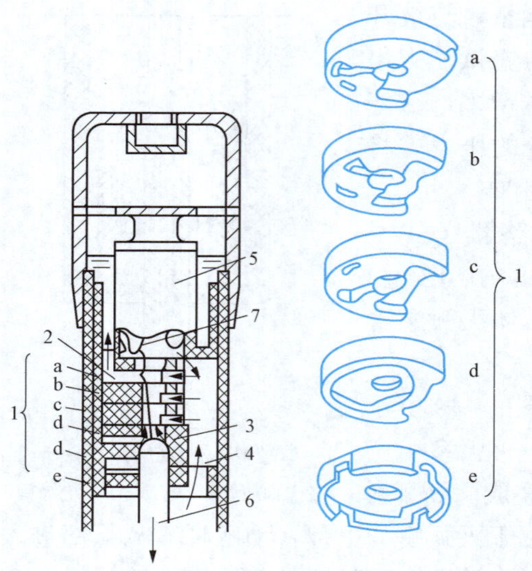

图 3-50　SN10-12 型少油断路器的灭弧装置
1—灭弧片；2—横向吹弧道；3—纵吹油囊；4—附加油流通道；5—静触头；6—动触杆；7—铜钨合金触片

排气通道互不相通的横向吹弧道 2（由于互成 45°角，所以图中只显示了一个通道），两个纵吹油囊 3 和一个附加油流通道 4。静触头 5 位于灭弧室上部，动触杆 6 由下部纵吹油囊处进入灭弧室。

分闸时，动触杆向下运动生成电弧。在第一个横吹弧道打开前为封闭泡阶段，在灭弧室内建立起吹弧所需的高压力。在开断大电流时，电弧在连续三个横吹弧道的吹弧作用下熄灭。开断小电流则需借助于纵吹油囊。此外，在动触头向下运动时，灭弧室下部的油会通过附加油流通道 4 横向射入电弧通道，形成附加强迫油吹，有助于小电流电弧的熄灭。

（2）油断路器的结构特点。油断路器既可制成接地金属箱型也可制成绝缘子支持型。多油断路器均采用接地金属箱型，而少油断路器均采用绝缘子支持型。

图 3-51 所示为多油断路器的结构原理图。导电杆 1 通过绝缘套管 2 进入油箱，导电杆上套有电流互感器 7。静触头和灭弧装置 3 固定在导电杆的端部。动触杆装在横担 4 上，由位于油箱盖下面的传动机构 5 通过绝缘提升杆 6 带动，形成两个断口。油除用来熄灭电弧外，又用作导电部分之间以及导电部分与接地油箱之间的绝缘介质，因此随着工作电压的增高，多油断路器的油箱尺寸和用油量将显著增大。由我国在 20 世纪 50 年代生产的应用在 220kV 电力系统中的多油断路器的三箱总重为 90t，其中变压器油即占 48t。油量的增多不仅增加了断路器的体积和质量，也增加了火灾的危险，因此我国在 110kV 及以上的电力系统中早已不使用多油断路器。但由于它结构简单，又能和电流互感器融为一体，所以在 35kV 及以下的配电网中仍在使用。

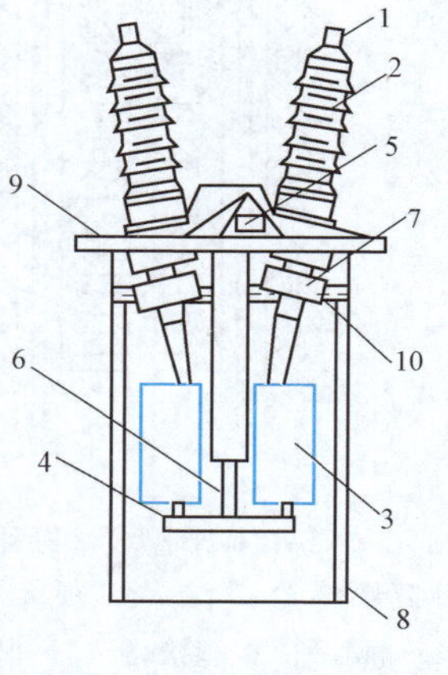

图 3-51　多油断路器的结构原理
1—导电杆；2—绝缘套管；3—灭弧装置；4—横担；5—传动机构；6—提升杆；7—电流互感器；8—油箱；9—箱盖；10—变压器油

少油断路器的结构形式随电压等级和使用地点的不同有较大差异，通常可分为户内式和户外式两种。户内式少油断路器主要用于 10～35kV 户内配电装置中，图 3-52 所示为其结构外形。断路器的三相灭弧室分别装在三个由环氧玻璃布卷成的绝缘筒 2 中，绝缘筒通过支持绝缘子 4 固定在支架 6 上。动触杆通过绝缘拉杆 5 与操动机构相连。

户外式少油断路器用于 35kV 及以上的电力系统中。在 110kV 及以上电力系统中使用的少油断路器几乎都采用串联灭弧室、积木式布置的结构形式。图 3-53 所示是用于

110kV系统的单柱双断口户外式少油断路器的结构外形。灭弧装置分别处于两个斜装在三角机构箱2上的瓷套1中。机构箱靠支持绝缘子3固定在底座4上。操动传动机构的绝缘操作杆穿过支持绝缘子与设置在机构箱内带动动触杆运动的传动机构相连。按照积木式组装方式，用于220kV和330kV系统的少油断路器可分别采用双柱四断口和三柱六断口的结构。

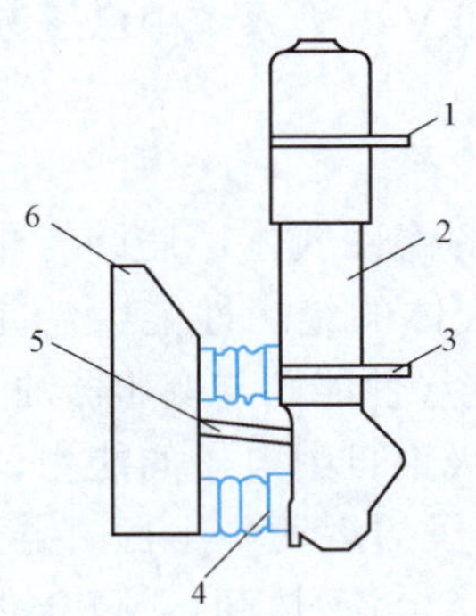

图3-52 户内式少油断路器的结构外形
1—上引出线；2—绝缘筒；3—下引出线；
4—支持绝缘子；5—绝缘拉杆；6—支架

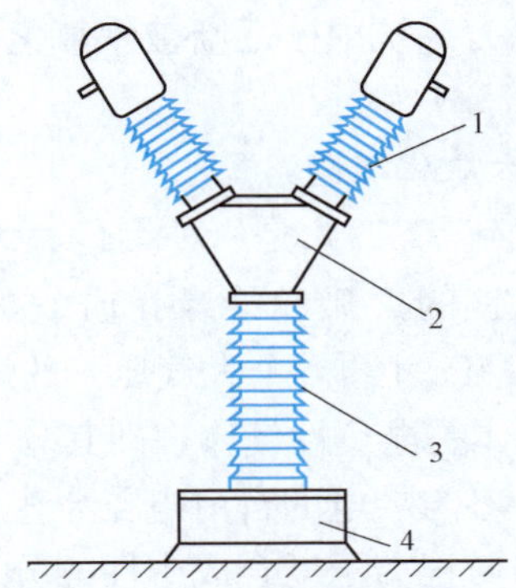

图3-53 户外式少油断路器的结构外形
1—灭弧室；2—机构箱；3—支持绝缘子；4—底座

能采用积木式组装成高电压等级的断路器是少油断路器的一大优点。但必须注意到由于断口各点的对地部分电容的影响，断口上的电压分布是不均匀的，以图3-54（a）所示的单柱双断口为例，图中，C_d为断路器断口的部分电容，C_0为机构箱对地的部分电容。设断路器切断单相接地故障时，加在断路器断口上的总恢复电压为U，断口间的电压分布可根据图3-54（b）所示的等效电路图，按式（3-39）进行计算，即

$$\left.\begin{aligned} U_1 &= \frac{C_d + C_0}{2C_d + C_0}U \\ U_2 &= \frac{C_d}{2C_d + C_0}U \end{aligned}\right\} \tag{3-39}$$

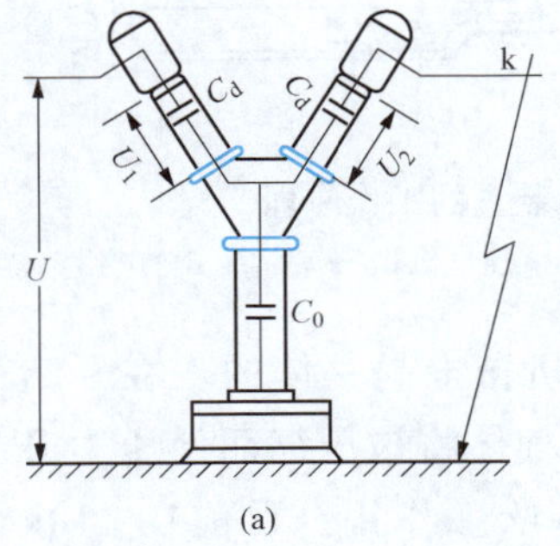

(a)

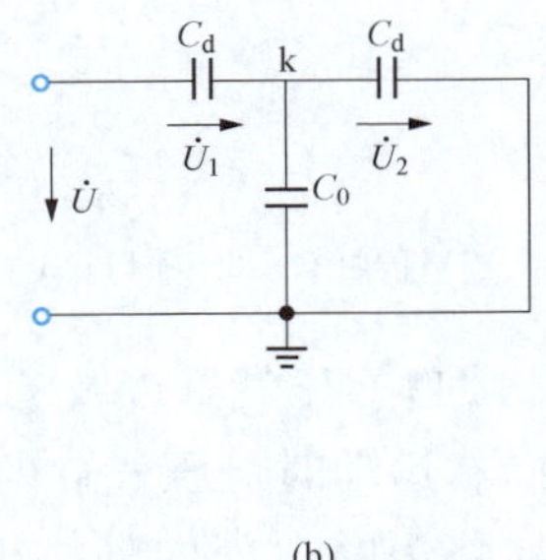

(b)

图3-54 单柱双断口的电压分布计算
（a）断路器各部分间的部分电容；（b）等效电路图

假定$C_d=C_0$，可得$U_1=67\%U$，$U_2=33\%U$，即断路器两个断口所承受的电压将有很大的差别。因此，第一个灭弧室的工作条件要比第二个灭弧室严重得多。断路器断口数越多，断口的电压分布将越不均匀。

为使断口的电压分布均匀，充分发挥每个灭弧室的作用，可在每个灭弧室外面人为地并联一个电容 C，使断口电容由 C_d 增加为 C_d+C，只要 $C_d+C \gg C_0$，则断口电压分布就不会再受 C_0 的影响而趋于均匀了。电容 C 称为均压电容，其值一般在 1000～2000pF 间。

油断路器的优点是结构简单，价格便宜。但油在灭弧过程中容易被炭化，所以检修周期短，维护工作量大，再加上油既会造成对环境的污染又容易引发火灾，所以在 110kV 及以上的电力系统中已逐渐被六氟化硫断路器取代，在 10kV 电力系统中已逐渐被真空断路器取代。

（三）六氟化硫断路器

六氟化硫（SF_6）是一种无色、无臭、无毒和不可燃的惰性气体，是目前在高压电器中使用最优良的灭弧和绝缘介质。在均匀电场下，SF_6 气体的绝缘性能大约是空气的 3 倍。在 0.4MPa（约 4 个大气压）的压力下，SF_6 气体的绝缘性能则与变压器油相当。

SF_6 气体是电负性气体，即其分子和原子具有很强的吸附自由电子的能力，可以大量吸附弧隙中参与导电的自由电子，生成负离子。由于负离子的运动要比自由电子慢得多，因此很容易与正离子复合成中性的分子和原子，大大加快了电流过零时弧隙介质强度的恢复。利用灭弧装置实现 SF_6 气体的吹弧，向弧隙提供大量新鲜的 SF_6 中性分子是 SF_6 断路器的特点。

SF_6 气体的吹弧可以靠外部能量来实现（外能式），也可以靠电弧自身的能量来实现（自能式）。

外能式灭弧装置可分为双压式灭弧装置和单压式灭弧装置。双压式灭弧装置要设置两种气压系统，用开启气吹阀门的方法使 SF_6 气体由高压侧流向低压侧，实现对电弧的气吹。由于结构复杂，这类灭弧装置已不再生产。单压式灭弧装置中只有一种压强的 SF_6 气体（一般为 304～608kPa）。开断过程中灭弧装置所需的吹弧压力由动触头系统带动的压气活塞产生，就像打气筒那样，所以又称压气式灭弧装置。图 3-55 所示为其工作原理图。

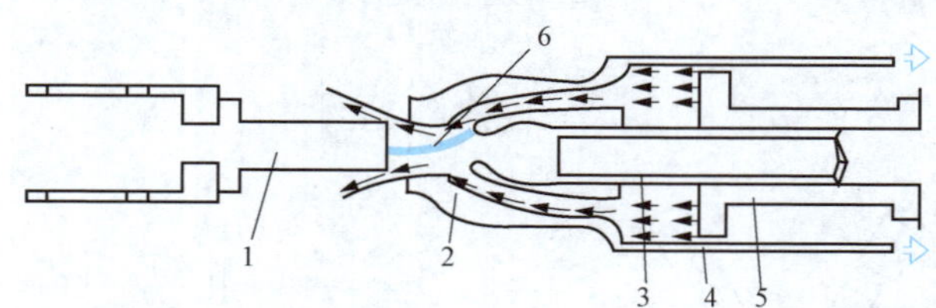

图 3-55　压气式灭弧装置的工作原理

1—静触头；2—喷口；3—动触头；4—压气缸；5—活塞；6—电弧

图 3-55 中，喷口、压气缸以及动触头在机械上是一体的，在开断过程中，当操动机构带动动触头向右运动时，压气缸内的 SF_6 气体将被压缩而使压力升高，当喷口打开时，高压力的气体将由喷口处向外排出，实现吹弧作用。目前在 110kV 及以上的电力系统中使用的 SF_6 断路器几乎全采用单压式灭弧装置，其开断电流可达 50～63kA。单压式灭弧装置的缺点是，为了满足压气的要求，断路器要配置具有强大操作功能的操动机构。

在自能式灭弧装置中，利用电弧能量加热气体来建立吹弧所需压力差的称为自能式气吹灭弧装置；利用磁场力使电弧在 SF_6 气体中旋转运动而实现吹弧的为旋弧式（磁吹旋转电弧式）灭弧装置。

图 3 - 56 是自能式气吹灭弧装置的工作原理图。喷口 1、动触头 2 和主气室 3 在机械上是一体的，动触头和主气室间存在气孔 4，当动触头分开产生电弧后，被电弧加热的气体可通过气孔进入主气室 3，使主气室 3 压力升高。主气室下部有向上开启的止逆阀。沿气缸 5 滑动的喷口、动触头和主气室系统与气缸间构成辅助气室 6。辅助气室的下部有向下开启的止逆阀。辅助气室下部止逆阀的开启压力远大于主气室下部止逆阀的开启压力。

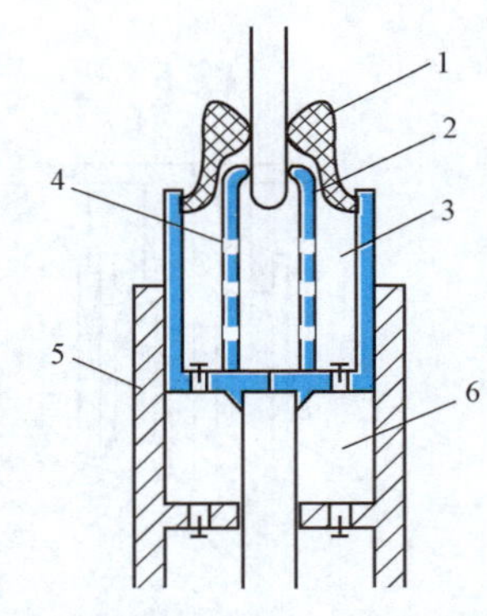

图 3 - 56 自能式气吹灭弧装置的工作原理

1—喷口；2—动触头；3—主气室；
4—气孔；5—气缸；6—辅助气室

当开断电流大、电弧能量大时，通过气孔进入主气室的热气体可使主气室的压力大幅度升高。由于主气室内存在高压力，当主气室系统向下运动时，主气室下部的止逆阀将保持在关闭状态，而辅助气室的止逆阀将开启。此时辅助气室不起作用，喷口打开时，吹弧作用仅由电弧能量在主气室内生成的高压力气体来实现。

当开断小电流、电弧能量小时，进入主气室的气体将不足以使主气室形成所需的吹弧压力。此时，主气室系统向下运动而在辅助气室中所生成的压力，将使主气室下部的止逆阀开启，而辅助气室下部的止逆阀将保持在关闭状态。这样辅助气室中的气体将通过上部开启的阀门进入主气室起到助吹的作用，从而增强了开断小电流时的吹弧能力。

自能式气吹灭弧装置是正在发展中的新一代的灭弧装置，目前应用在 110～220kV 电力系统中，具有开断 40kA 短路电流的能力，采用自能式气吹灭弧装置的 SF_6 断路器已投放市场。由于基本上取消了压气作用，采用自能式气吹灭弧装置的 SF_6 断路器可以配置操作功率较小的操动机构。

图 3 - 57 所示旋弧式灭弧装置的工作原理图。旋弧式灭弧装置中磁场由磁吹线圈 2 形成，线圈的一端和静触头 1 相连，另一端和圆筒电极 5 相连。圆筒电极内部设置一向静触头凸出的圆环。当导电杆 4 和静触头 1 分开产生电弧后，电弧会很快转移到动触头和圆筒电极间，把磁吹线圈 2 接入电路，使被开断的电流流经线圈。由于电弧电流是沿半径方向流动的，而线圈生成的磁场是轴线方向的，所以电弧会沿圆周旋转而与 SF_6 气体介质发生相对运动，实现吹弧。目前采用旋弧式灭弧装置的 SF_6 断路器已在 10～35kV 电力系统中得到广泛应用。

SF_6 断路器的外形结构可分为瓷绝缘支持式和落地罐式两大类，其中应用得最广泛的是瓷绝缘支持式。

图 3 - 58 所示为落地罐式 SF_6 断路器的外形图。瓷绝缘支持式高压 SF_6 断路器的外形与少油断路器相似，属积木式结构：灭弧室可布置成 T 形或 Y 形。由于 SF_6 气体优良的绝缘性能和灭弧性能，在 220kV 电力系统，甚至 500kV 电力系统中应用的 SF_6 断路器仍可采用单柱双断口的结构，再加 SF_6 断路器的检修周期长，无火灾的危险，是超高压断路器的发展方向。在 110kV 及以上的电力系统中正逐渐取代少油断路器。

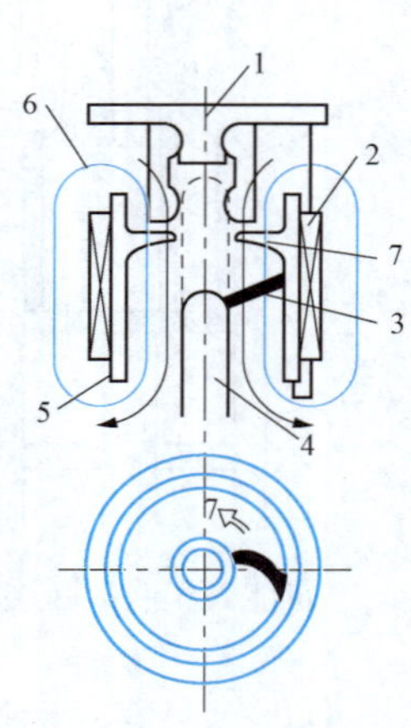

图 3-57　旋弧式灭弧装置的工作原理

1—静触头；2—磁吹线圈；3—电弧；4—导电杆；5—圆筒电极；6—磁场方向；7—电弧转动方向

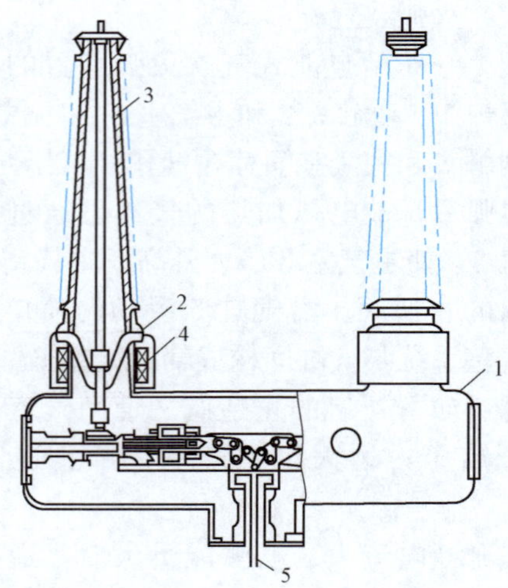

图 3-58　落地罐式 SF_6 断路器外形图

1—金属罐；2—盆式支持绝缘子；3—绝缘套管；4—电流互感器；5—绝缘操作杆

（四）真空断路器

真空一般是指气体分子数量非常少的空间。真空的程度（真空度）可用气体的绝对压力值来表示。压力越低，单位体积内气体的分子数就越少，真空度也就越高。例如，在常温下 1 个大气压（约为 10^3 Pa）的空气中，每 1cm³ 有 2.7×10^{19} 个气体分子，而在 1.33×10^{-2} Pa 的真空中，每 1cm³ 只有 3.4×10^{12} 个气体分子。真空断路器工作的真空度范围为 1.33×10^{-2}～1.33×10^{-5} Pa。在这样的高真空度下，气体分子发生碰撞的概率极低，不会因碰撞而造成真空间隙的游离。在真空中维持电弧放电的已不再是气体分子，而是触头在电弧作用下蒸发出的金属蒸气及其游离质点。所以真空电弧实为金属蒸气电弧，它的产生和熄灭原理和普通电弧有很大的差别。

研究表明，在电流较小（通常为数千安以下）时，维持真空中电弧放电的金属蒸气是由作为阴极的触头上的多个阴极斑点提供的。从阴极斑点蒸发出的金属蒸气及其游离质点，在向阳极运动的过程中会向周围的低气压区扩散，形成从阴极斑点向阳极逐渐扩散的、由金属等离子体组成的光亮的圆锥形弧柱，如图 3-59 所示。电流越大，阴极斑点数越多。此时真空电弧将由许多阴极斑点和等离子锥组成，相邻的锥体会有部分区域重叠，如图 3-60 所示。阴极斑点会在阴极表面不停地由电极中心向边缘运动。当阴极斑点到达电极边缘时，随着等离子锥体的弯曲，阴极斑点会突然消失，再在电极中心出现新的斑点。这种电弧称为扩散型真空电弧。扩散型真空电弧在电流过零后介质强度恢复十分迅速，极易开断。

随着电弧电流的增大和阴极斑点的增多，电弧间隙中的电子数将急剧增多。当真空电弧的电流增大到超过某一值（不同电极材料其值不同，对铜电极来说，其值为 10^4 A）时，大量电子在电场作用下朝着阳极运动并撞击阳极后，会使阳极表面温度升高而出现阳极斑点，使阳极蒸发出金属蒸气及其游离质点。阳极斑点的出现会使原来分散在阴极表面的阴极斑点集聚到正对阳极斑点处，成为集聚型电弧。此时阴极和阳极表面的局部区域将被强烈加热并严重熔化。

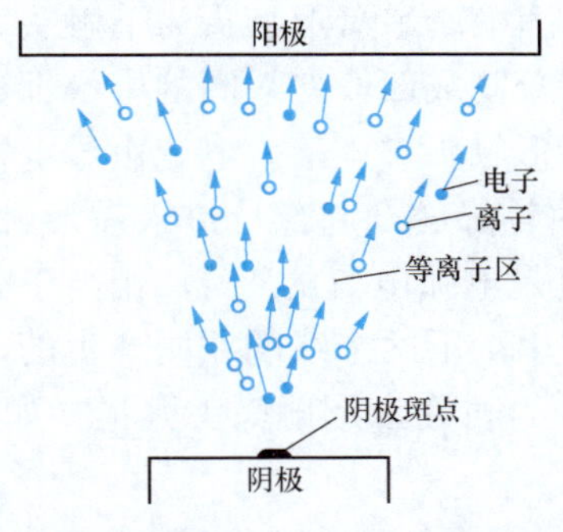

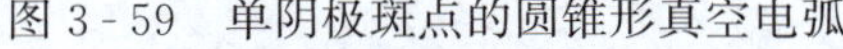

图 3-59 单阴极斑点的圆锥形真空电弧

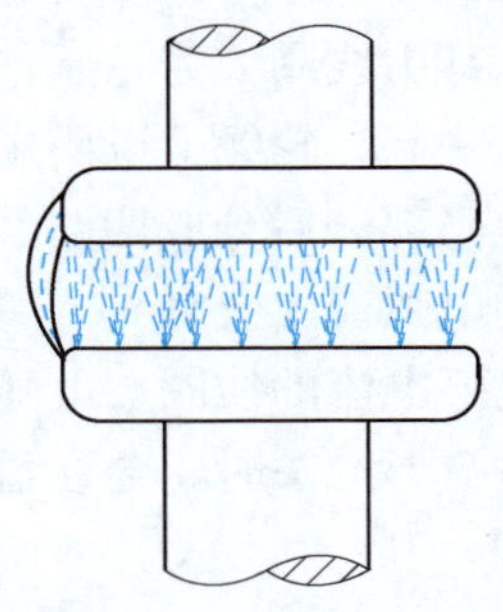

图 3-60 扩散型真空电弧外形示意图

实验证明，当出现集聚型电弧时，真空断路器就会失去开断能力。提高出现阳极斑点的电流值，使电弧在大电流范围内仍能保持扩散型电弧的形态，是提高真空断路器开断能力的有效措施。让磁场作用在真空电弧上可以明显提高出现阳极斑点的电流值。采用与弧柱轴线垂直的横向磁场作用在真空电弧上可以使真空断路器的开断电流提高到 40～60kA。采用与弧柱轴线平行的纵向磁场作用在真空电弧上可以使真空断路器的开断电流提高到 50～100kA，甚至达到 200kA。

提高开断能力所需的横向磁场和纵向磁场均可通过触头的特殊结构由所开断的电流自身产生。图 3-61 所示为能形成横向磁场的触头（中接式螺旋槽触头）。触头为圆盘形，中部有一凸起的圆环，圆盘上开有 3 条螺旋槽。当触头在闭合位置时，只有圆环部分接触。触头分离时，圆环间形成电弧，由于中心处凹坑的存在，电流将按图 3-61（a）中虚线 a 的途径流过断口，从而在弧柱部分形成与弧柱垂直的横向磁场。当电流足够大，真空电弧发生集聚时，磁场会使电弧离开接触圆环，向触头的外缘运动，将电弧推向开有螺旋槽的触头表面（称为跑弧面）。一旦电弧转移到跑弧面上，触头上的电流受到螺旋槽的限制，只能按图 3-61（b）中虚线的途径流通，在弧柱部分形成更强的横向磁场，如图 3-61（c）所示，使弧柱受到一个作用力 F。F 的切向分量 F' 会使电弧沿跑弧面作圆周运动，而其径向分量 F'' 将使电弧朝触头外缘运动。弧柱的运动使阴极斑点不断地移向冷的电极表面，不再停留在原来的熔区上。这样在工频电流的后半周，当电流下降到过零前的某

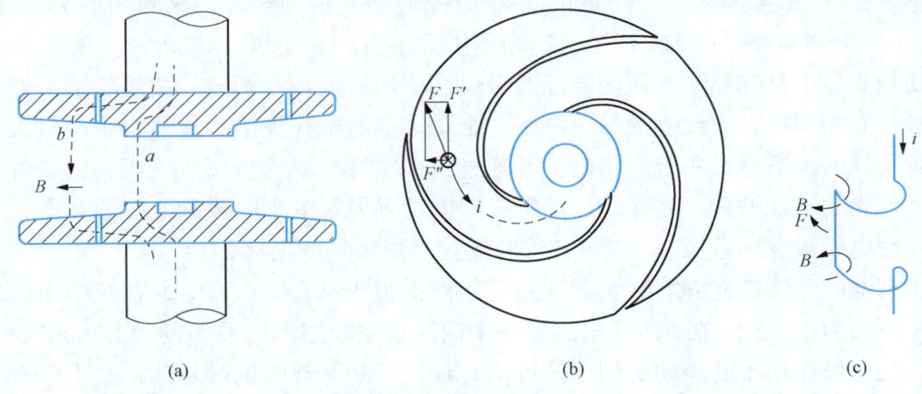

图 3-61 螺旋槽触头

（a）纵剖面图；（b）下触头顶视图；（c）电流线与磁场

一值后，电弧就会从集聚型重新变为扩散型而在电流过零时熄灭。

图 3-62 所示为能产生纵向磁场的触头示意图。图中所示盘形触头为下触头，上触头结构同此。其中线圈 2 为轮状，共有四个轮辐，轮缘分割成四段，线圈的中心部分与导电杆 3 固定在一起，轮缘上以阴影表示的凸起部分和盘形触头 1 连接。电流由导电杆 3 进入线圈 2 的中心部分后分成四路经轮辐流向轮缘，再由轮缘的凸起部分进入盘形触头 1 后，经触头间的电弧流入上触头。每个轮缘中流过的电流是电弧电流的 1/4，相当于配置一匝流过 1/4 电弧电流的线圈。电弧间隙中的纵向磁场是由上下两个线圈共同产生的。为了减少磁场通过盘形触头时，会在盘形触头上出现的涡流，可在盘形触头上开槽，如图 3-62（b）所示。

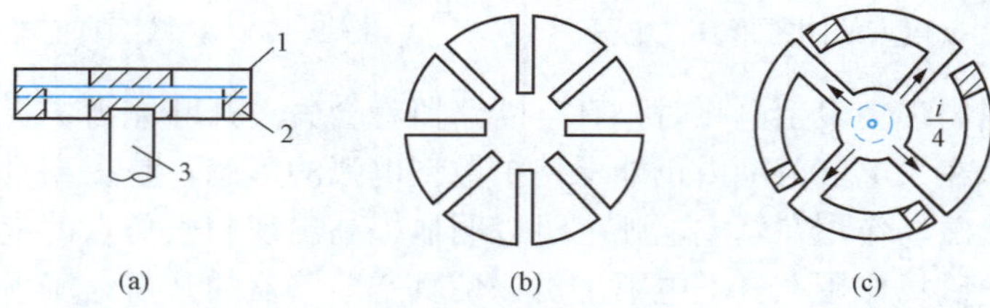

图 3-62　纵向磁场触头

（a）纵剖面图；（b）盘形触头；（c）线圈

1—盘形触头；2—线圈；3—导电杆

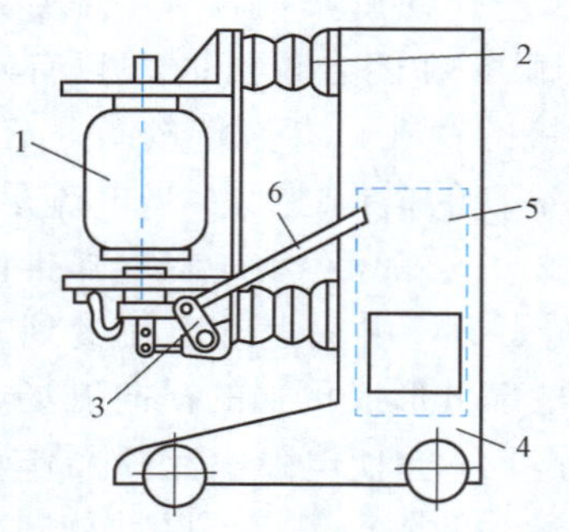

图 3-63　真空断路器结构外形图

1—真空灭弧室；2—支持绝缘子；3—传动机构；4—基座；5—操动机构；6—绝缘拉杆

图 3-63 所示为真空断路器的结构外形。真空灭弧室 1 由支持绝缘子 2 固定在基座 4 上。动触头由与操动机构 5 相连的绝缘拉杆 6 经传动机构 3 带动。除灭弧装置不同外，真空断路器在总体结构上与户内式少油断路器没有多大差别。

真空灭弧室是真空断路器中最重要的部件，图 3-64 是它的结构示意图。真空灭弧室的外壳 1 可由玻璃或陶瓷制成，两端配以密封的金属盖。装有静触头的导电杆 2 由灭弧室一端的金属盖穿入。装有动触头的导电杆由灭弧室的另一端穿入。为了使灭弧室的真空度不因动触头的运动而受到破坏，动触头导电杆和金属端盖间要经过可以伸缩的波纹管 5 相连。波纹管的一端和穿过它的动触杆 6 相焊接，波纹管的另一端则与金属端盖的中孔焊接。显然触头的最大开距将由波纹管允许的伸缩量来决定。为避免开断过程中电弧生成的金属蒸气污染绝缘外壳的内壁，降低外壳的绝缘性能，要在动、静触头周围设置屏蔽罩来吸收和冷凝金属蒸气。在波纹管的外面也要设置屏蔽罩 7，以免波纹管受到金属蒸气的损坏。

由于真空的绝缘性能好，触头的开距可以做得很小（在 10kV 电力系统中用的真空断路器的开距约为 10mm，在 35kV 电力系统中用的真空断路器的开距约为 25mm），真空断路器只需配置操作功小的操动机构，这也同时延长了断路器的机械寿命；又由于真空的灭弧能力强，开断时触头表面烧损轻微，因此真空断路器特别适用于频繁操作的场合；再加上真空断路器结构简单，维修工作量小（真空灭弧室只可更换，不需检修），无火灾危险和无环境污染等优点，目前在10kV电力系统中正逐渐取代少油断路器。

（五）直流断路器

随着风电、光伏等新能源并网规模增大，以及大功率电力电子器件及其应用技术快速发展，直流输电受到了广泛关注，直流输电技术突飞猛进、日渐成熟，实现了大量工程应用。相比于交流输电，直流输电故障电流不存在自然过零点，交流断路器中过零点开断线路的方法对于直流输电不再适用。现有的直流输电系统出现故障需要切除故障部分时，通常采用闭锁换流站，使整个系统退出正常运行模式甚至停运来清除故障，待故障切除后整个系统再重新启动。这种故障处理方法扩大了故障带来的停电损失，严重影响直流输电系统的连续可靠运行，同时也会对交流系统带来较大的冲击。高压直流断路器研制和工程化应用迫在眉睫，国内外也开展了大量的研究和工程实践。

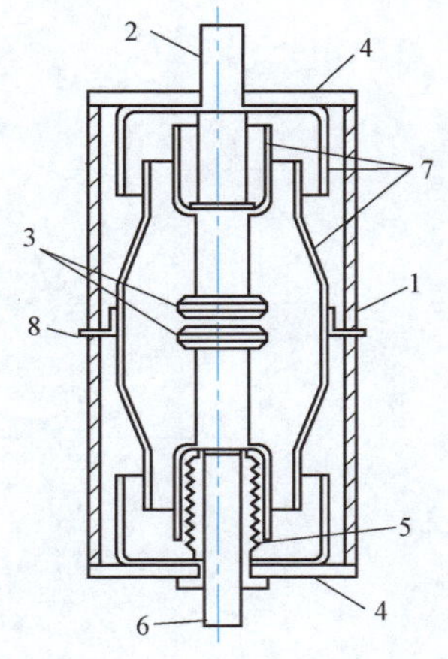

图3-64 真空灭弧室结构示意图
1—外壳；2—导电杆；3—触头；4—金属盖；5—波纹管；6—动触杆；7—屏蔽罩；8—法兰

随着直流开断技术的不断发展，国内外学者设计了多种拓扑原理的直流断路器。虽然直流断路器形式多种多样，但是根据其关键开断部分的不同可分为三类，分别为机械式直流断路器、全固态式直流断路器和混合式直流断路器，同一类直流断路器在实现形式和拓扑结构上又有一定差异。

1. 机械式直流断路器

机械式直流断路器是在传统交流机械开断单元的基础上，主要采用人工电流过零点来完成直流电流开断。机械式直流断路器的基本结构如图3-65所示，由机械开关、反向电流产生支路和吸能支路组成。导通状态下，直流电流流过机械开关。当进行开断时，首先控制机械开关开断，使触头分断并燃弧，当触头拉开一定距离后，由反向电流产生支路在机械开关两端产生高频反向电流，进而形成人工电流过零点，从而实现机械开关电弧熄灭；然后，吸能支路（通常采用避雷器）在机械开关两端恢复电压作用下导通，吸收直流系统能量进而完成直流开断。

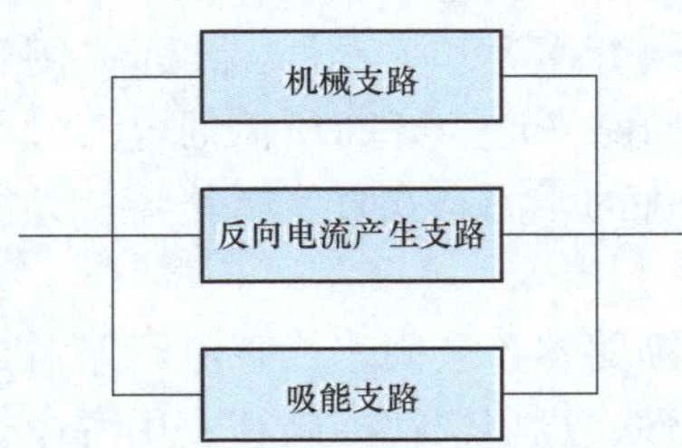

图3-65 采用人工电流过零点法机械式直流断路器基本结构

机械式直流断路器根据反向电流产生支路工作机制的不同可分为自激振荡法（无源型）和预充电振荡法（有源型），如图3-66所示。

自激振荡法是在主断口并联一条由电感、电容和电阻元件构成的自激振荡支路，通过电弧的负阻特性和非稳定性对支路电容进行充放电，产生增幅振荡电流与主断口电流叠加制造电流过零点，从而实现直流电弧的灭弧。其中，避雷器（MOV）主要是实现能量吸收。

预充电振荡法也称为有源型开断方法，其核心是通过换流支路制造人工电流过零点完成故障电流的开断。通过与主断口并联一条换流支路，开断前对电容进行预充电，开断故障电流时换流电路中预充电电容释放能量，并通过换流电感产生振荡电流，向主断口提供

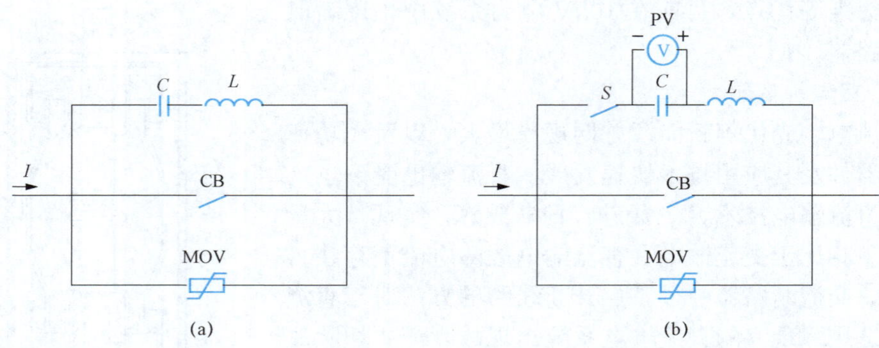

图 3-66 机械式直流断路器工作原理图

(a) 自激振荡法；(b) 预充电振荡法

反向电流制造人工电流过零点。

自激振荡法具有结构简单、造价低和便于控制的优点，但由于该类型断路器开断时间受回路参数影响较大，导致形成人工电流过零点的时间较长，一般为几十毫秒。预充电振荡法由于已对电容进行了预充电，当断路器开断时，仅需要闭合开关 S，LC 支路即可产生反向电流，进而形成电流过零点实现直流开断。相较于无源型自激振荡法，其开断速度更快。

2. 全固态式直流断路器

全固态式直流断路器主要由电力电子开关和吸能支路组成，其基本结构如图 3-67 所示。早期的全固态式直流断路器的电力电子固态开关以晶闸管作为开关元件，由于晶闸管属于半控型器件，无法直接关断，需要另外添加振荡换流回路来产生开断所需的电流过零点。后来发展出了 GTO、IGBT 等全控型器件作为开关元件的全固态式直流断路器，无需添加振荡换流回路，可直接实现开断，大大简化了设备结构。

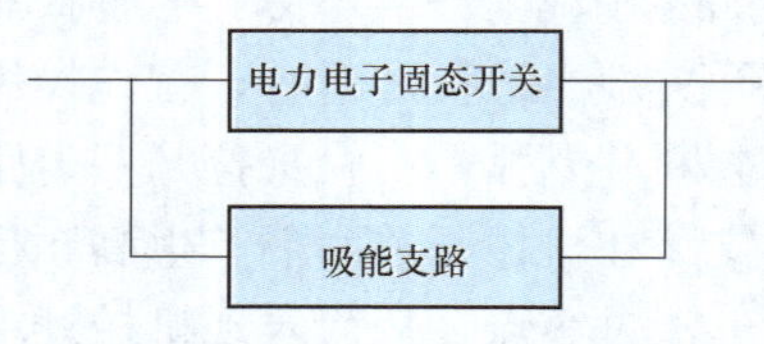

图 3-67 全固态式直流断路器基本结构

相对于机械式直流断路器，全固态式直流断路器具有无弧无触电、高可靠性、投切快速准确和使用寿命长等优点。但由于电力电子开关相对于机械开关导通电阻较大，因此其通态损耗较大，一般需要配置散热设备。

3. 混合式直流断路器

混合式直流断路器是由机械开关和电力电子开关相结合而成，其基本结构如图 3-68 所示，主要包括载流支路、转移支路和能量吸收支路，其中载流支路主要为机械开关，转移支路主要为电力电子开关，能量吸收支路主要为避雷器。

根据混合式直流断路器电流转移方式的不同，可将混合式直流断路器分为自然换流型和强迫换流型。自然换流型主要依靠电弧电压来完成电流转移，具有开关通流大、损耗小、动态开断快的优势，在中低压直流断路器领域优势明显，但存在电弧电流转移可靠性低的问题。强迫换流型混合直流断路器在自然换流型基础上添加了辅助转移电路。辅助转移电路的加入，使得混合式直流电流断路器摆脱了机械开关电弧电压对电流转移的限制，使其可以应用于更高电压等级的场合。

三、 高压负荷开关

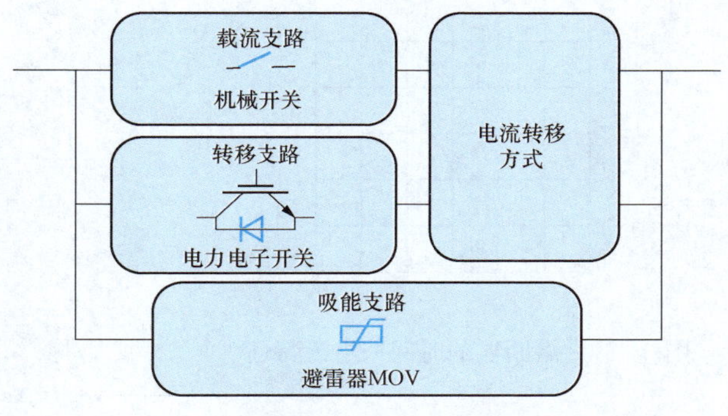

图 3-68 混合式直流断路器基本结构

负荷开关是一种用来开断和关合负载电流和一定过载电流的开关电器，不具备切断和关合短路电流的能力。负荷开关主要用于 10～35kV 的小容量配电系统中。为了能在电力系统发生短路故障时及时切除故障，负荷开关必须和熔断器联合应用，由熔断器来判断故障和切除故障。

负荷开关实质上可看作是一种开断能力较低的断路器。按其灭弧方式的不同可分为油浸式负荷开关、固体式负荷开关、压气式负荷开关等。近年来伴随着 SF_6 断路器与真空断路器的发展，SF_6 负荷开关和真空负荷开关也得到发展。

由于不需要开断短路电流，所以负荷开关的结构远较断路器简单。油浸式负荷开关是一个三相共箱、没有专门灭弧装置的油中简单分断开关。这种负荷开关使用时安装在户外电线柱子上，故又称柱上油开关。压气式负荷开关是用空气作介质，在开断过程中利用活塞将空气压缩直接喷向断口来熄灭电弧的开关。固体产气式负荷开关设有用固体产气材料❶制成的灭弧室，利用材料在电弧作用下分解出的气体喷向电弧，达到熄弧的目的。SF_6 负荷开关的灭弧装置一般都采用压气式而不采用旋弧式。这是因为 SF_6 负荷开关开断的是远小于短路电流的负荷电流，采用压气原理则只要有较低的压力电弧就能被吹熄，而用旋弧式灭弧装置会因电流小而难以开断。同样，由于不需开断短路电流，真空负荷开关不必像断路器那样采用能形成横向磁场或纵向磁场的结构复杂的触头，而只需采用平板对接式触头。

四、 高压熔断器

高压熔断器是一种能自动开断短路电流或过负荷电流的开关电器。熔断器的主要元件为熔件（俗称保险丝），熔件可以是丝状或片状的。熔件放置在由纤维管或瓷套构成的熔断器管内，使用时串联在电路中。正常情况下，通过熔件的电流不应使熔件熔断。当系统中出现过载或短路故障时，熔件会因过热而自行熔断，把故障切除。所以熔断器除了必须具备开断短路电流的能力外，还应有判断短路电流的大小、决定是否需要开断的能力。熔断器判断短路电流大小的能力取决于熔件的如下热特性：

（1）时间—电流特性。时间—电流特性是显示熔件熔化时间与通过电流关系的曲线，如图 3-69 所示。不同的熔件有不同的时间—电流特性。根据时间—电流特性进行熔件的选择就可以获得熔断器动作的合理配合。例如，在图 3-70（a）所示的接线中，为使熔断器 2 先于熔断器 1 动作，只要使熔断器 1 的时间—电流特性高于熔断器 2 的时间—电流特性即可，如图 3-70（b）所示。

---

❶ 聚酰胺（plexigum）、缩醛树酯（Acetalharge）、耐热有机玻璃（plexiglass）、含 6%硼酸酐的普勒克西胶、涤纶树脂（Delrin）、三聚氰胺（Melamin）、聚缩酸（Pom）等。

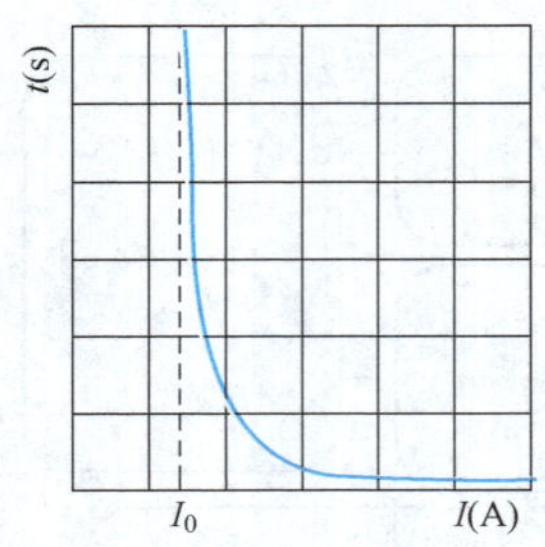

图 3-69　熔断器的时间—电流特性

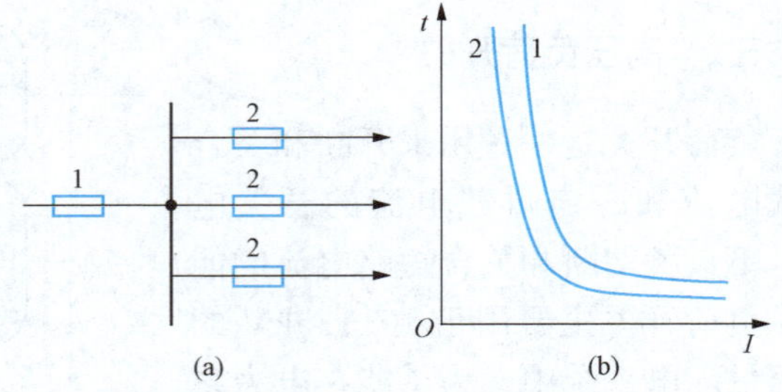

图 3-70　熔断器的应用

（a）接线图；（b）时间—电流特性配合

（2）最小熔化电流。最小熔化电流是能使熔件熔化的最小电流（见图 3-69 中的 I_0）。熔件通过最小熔化电流时的熔化时间接近于无穷大。熔件最小熔化电流和熔件额定电流的比值称为熔断系数，其值要大于 1，一般可取 1.2～2.5。不同用途的熔断器可以规定不同的熔断系数：过高的熔断系数会使熔断器失去应有的灵敏度（即该动作时不动作）；过低的熔断系数则会造成熔断器在工作电流下的误动（即不该动作时动作）。

高压熔断器一般都采用丝状熔件。为减小熔丝截面，避免熔丝熔断后产生过多的金属和金属蒸气，便于电弧的熄灭，熔丝都用低电阻系数的铜或银制成。然而铜和银是高熔点材料，铜的熔点为 1083℃，银的熔点为 961℃。如果要使熔丝的温度在最小熔断电流下达到材料的熔点，那么在比最小熔断电流小得不多的额定电流下熔丝的温度必然也是相当可观的。要解决这一矛盾可以用在铜熔丝上焊上锡球或搪上一层锡的方法。因为锡的熔点是 232℃，熔化的锡可使铜熔解。因此在铜丝上焊上锡球后，只要锡球一熔解，锡液附近的铜也就会随之熔解而将电路开断。这一效应称为锡的冶金效应，在高压熔断器中广泛采用。

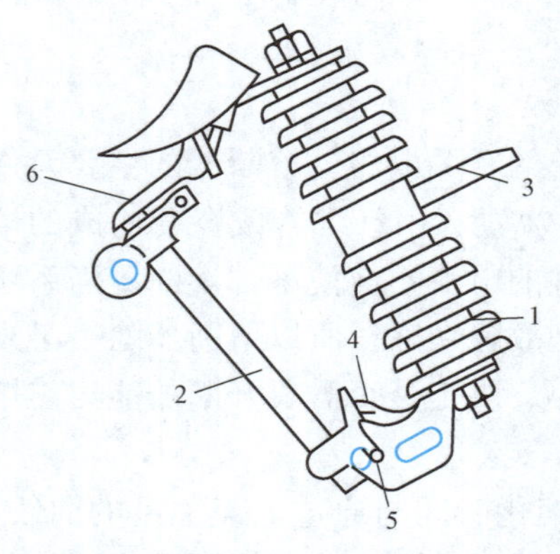

图 3-71　跌落式熔断器结构

1—绝缘支座；2—熔断器管；3—安装固定板；4—下触头；5—旋转轴；6—上触头

高压熔断器按性能可分为非限流型和限流型两种。跌落式熔断器是常见的非限流型熔断器，图 3-71 所示为其结构示意图。跌落式熔断器的熔断器管由固体产气材料制成，下端开口，上端用一个金属薄膜封闭。当置于熔断器管内的熔丝熔断形成电弧后，熔断器管的内壁在电弧的作用下将分解出大量气体，使管内产生很大的压力。在开断小电流时气体在高压力的作用下由熔断器管下端的开口处高速喷出，形成强烈的纵向吹弧作用使电弧熄灭。在开断大电流管内压力过高时，上端口的金属薄膜破裂形成两端吹弧排气，以避免熔断器管因压力过高而爆裂。放置熔断器管的绝缘支座设上下两个触头。熔断器管下端和下触头 4 的连接为可转动连接，穿过熔断器管的熔丝的一端固定在管的下端。熔断器管的上端则借穿过它的熔丝的张力拉紧在设有活动关节的上触头 6 上，将电路导通。安装时使熔断器管的轴线与垂直线成一倾斜角。当熔丝熔断后，活动关节将被释放，使熔断器管的上端自上触头处滑脱，靠自身重力绕下触头处的轴旋转而跌落。

由于跌落式熔断器在灭弧时会喷出大量气体并发出很大的响声，所以一般只在户外使用。这种熔断器的结构简单，但开断能力较小。

石英砂熔断器是常见的限流型熔断器，图 3 - 72 所示为其结构示意图。石英砂限流型熔断器采用瓷管作为熔断器管，瓷管内充满石英砂，熔丝则置于石英砂中，额定电流大时可用数根并联。当流经熔丝的短路电流很大时，在电流上升到最大值前，熔丝的温度就可以达到其熔点，此时被石英砂包围的熔丝将立即在全长范围内熔化和蒸发，在熔丝原来占有的狭小空间中形成很高的压力，迫使金属蒸气向四周喷溅并深入到石英砂中去。这样短路电流就会在上升到最大值前被截断从而起到了限流的作用。

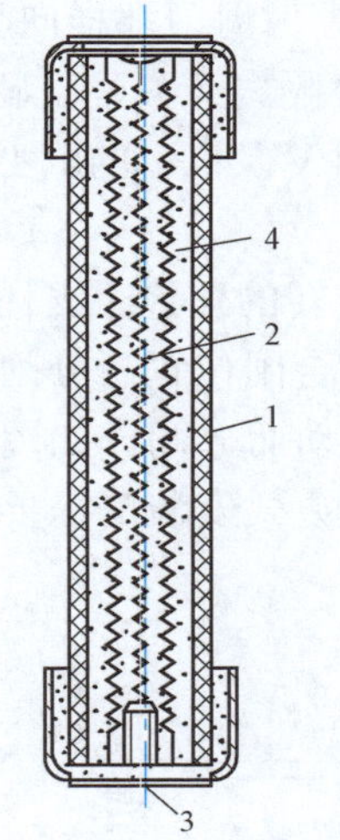

图 3 - 72　限流型熔断器结构

1—熔断器管；2—熔丝；3—动作指示器；4—石英砂

图 3 - 73 所示为用限流型熔断器切断短路电流时的电流波形图。图中虚线所示为未经限流的短路电流，实线所示为限流后的短路电流。

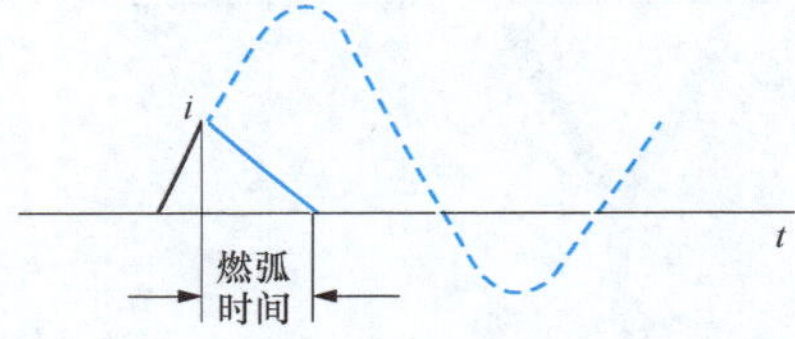

图 3 - 73　限流型熔断器切断短路电流时的电流波形

石英砂限流型熔断器的全部动作过程都发生在密闭的管子中，熄弧时无巨大的气流冲出管外，所以适合在户内使用。为了使运行人员能判定熔断器是否动作，需要在熔断器管内设置动作指示器。动作指示器在正常工作时由熔丝拉住，在熔丝熔断后可在弹簧的作用下弹出，指示动作。

五、 高压隔离开关

高压隔离开关是高压开关电器中使用得最多的开关设备。它的主要作用是使电力系统中运行的各种高压电器设备与电源间形成可靠的绝缘间隔，以便对已退出运行的设备进行试验或检修。隔离开关一般装在断路器和电流互感器组的两侧，它只能在断路器切断负荷电流或短路电流后进行操作，使断路器和电流互感器组彻底与电源断开。也就是说隔离开关只需用来开断和关合有电压、无负荷的线路，所以不需配备专门的灭弧装置，其结构远较断路器简单。

按照安装地点的不同，隔离开关可划分为户内型和户外型两种。图 3 - 74 所示为一般配电用户内隔离开关的原理图。隔离开关的三相共一个底座 1，静触头 4 装在支柱绝缘子 2 上，动触片（闸刀）5 绕装在支柱绝缘子 3 上的转轴转动。动触片的中部通过操作绝缘子 6 和转轴 7 连接。操动机构通过连杆操动转轴 7 完成分合闸操作。由于隔离开关的触头直接暴露于

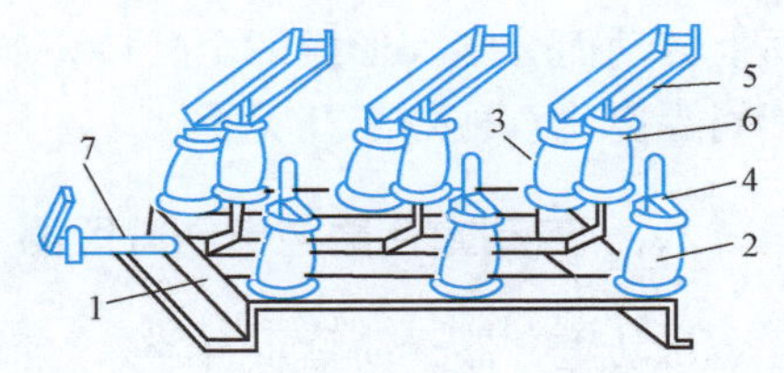

图 3 - 74　配电用户内隔离开关原理图

1—底座；2、3—支柱绝缘子；4—静触头；5—动触片（闸刀）；6—操作绝缘子；7—转轴

大气中，所以户外型隔离开关需要考虑户外恶劣气候下的工作条件，例如要求在覆有一定厚度的冰层的情况下仍能顺利地分闸与合闸。为适应不同尺寸安装位置的需要，户外型隔离开关按照其支柱绝缘子数量的多少可划分为单柱、双柱和三柱等结构形式。

图3-75所示为单柱隔离开关的原理图。这类隔离开关的静触头被独立地安装在架空母线上。可动触头安装在瓷柱顶部，由操动机构通过传动机构带动，像剪刀那样向上运动，用夹住或者释放装在母线上的静触头的方法来合闸和分闸。使用单柱隔离开关可以显著地节省变电站的占地面积，但单柱隔离开关结构比较复杂，一般只在220kV及以上的电力系统中使用。

图3-76所示为双柱隔离开关的原理图。它具有两个可作90°旋转的瓷绝缘支柱，端部装有触头的导电臂分别水平布置在瓷柱的顶部。图中正视图所示为合闸位置。分闸时由传动机构带动两侧瓷柱转动90°，使带有触头的导电臂在水平面上转动而分闸，如图中俯视图所示，这种开关不占上部空间，但相间距离要求大。为满足特殊方式安装的需要，也可将两个绝缘支柱按V形布置，称为V形隔离开关。

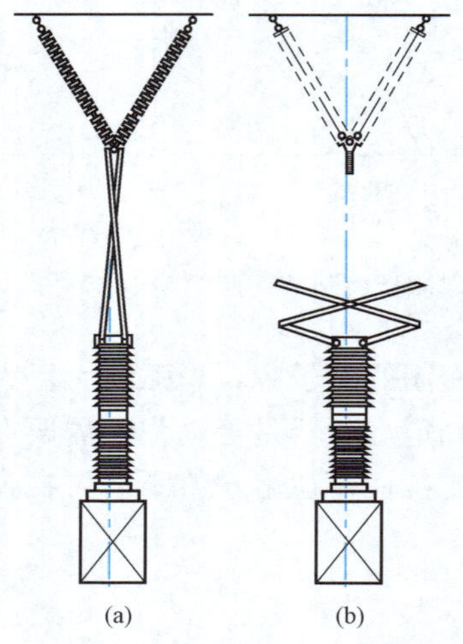

图3-75　单柱隔离开关原理图

(a) 合闸状态；(b) 分闸状态

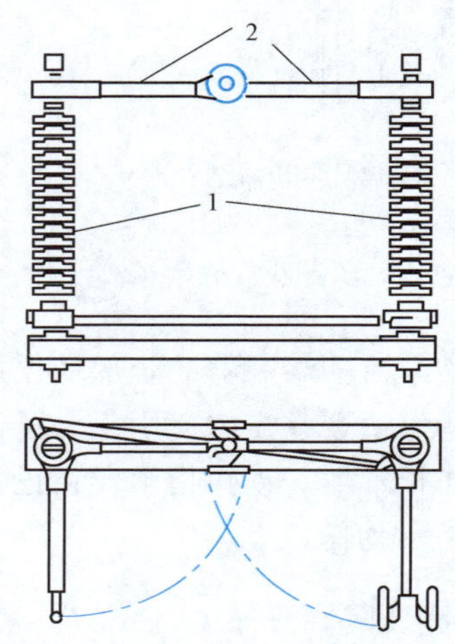

图3-76　双柱隔离开关原理图

1—可转动的支柱；2—导电臂

图3-77所示为三柱隔离开关的原理图，它具有三个瓷绝缘支柱。两边的瓷绝缘支柱固定在支架上，上部装有静触头。中间的瓷柱可转动，并装有两端均带有动触头的导电臂。图中正视图为合闸位置。分闸时由传动机构带动中间瓷柱转动60°，使导电臂在水平面上转动而分闸，形成两个断口，如图3-76中俯视图所示。显然三柱隔离开关所要求的相间距离比双柱隔离开关小。

六、自动重合器与自动分段器

自动重合器（简称重合器）、自动分段器（简称分段器）都属配电网用高压开关电器。在配电网中使用重合器和分段器可以省去变电站保护屏、节省变电站综合投资，还能够缩小故障停电范围，提高供电可靠性。随着配电网自动化的逐步实现，这些开关电器已被广泛用于配电网中。

（一）自动重合器

重合器是一种集断路器、继电保护、操作控制为一体的自动化开关设备。重合器在开断故障电流的功能上与断路器相似，但其控制和保护功能比断路器的自动化程度高。

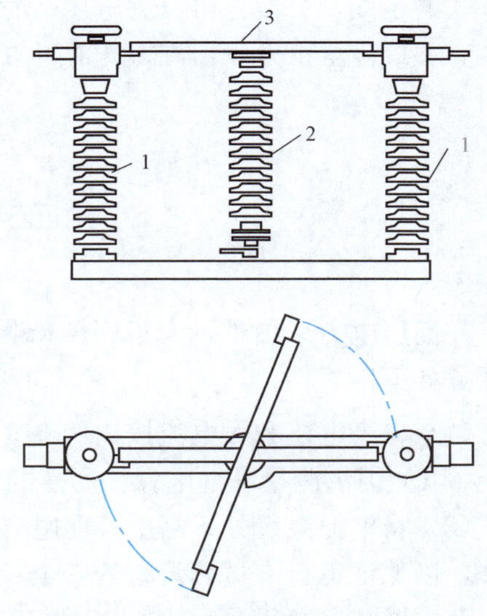

图 3-77　三柱隔离开关原理图

1—绝缘支柱；2—可转动的绝缘支柱；3—导电臂

重合器可用于 60kV 及以下的电网中，在 10kV 配电网中用得最多。重合器按相数可分为单相、三相两类；按安装方式可分为柱上、地面和地下三类，其中以柱上型为多；按灭弧介质可分为油、六氟化硫气体、真空等；按控制方式可分为重锤式、液压式、电子式及液压电子混合式。

图 3-78 所示为重合器工作原理框图。当重合器的负荷侧线路发生故障时，故障电流由装在开关本体内主回路上的电流互感器感知而送入电子控制器，控制器对此电流信号进行处理和识别，若断定此电流大于预先整定的最小启动电流时，控制电路便自动启动，并按预先整定的动作程序（包括动作顺序、瞬时动作或延时动作、重合间隔、时间—电流特性等）自动地向操动机构发出指令进行分、合闸操作。在程序运行的过程中，每次完成重合闸动作后，控制器都要检测故障信号是否依然存在，若故障已经消除（即瞬时性故障），控制器将不再发分闸命令，使开关本体保持在合闸状态，线路恢复供电，而控制器在经一段时延后恢复预先整定的动作程序，为下一次故障做好准备。若故障持续存在（即永久性故障），那么控制器将继续按程序进行动作，再次切除故障，直至完成设定的动作次数后闭锁（不能合闸），使开关本体最终保持在分闸状态，实现对故障区段的切除。在故障排除后，要手动解除合闸闭锁后，重合器才能合闸，恢复正常状态。也就是说，为实现配电网故障切除的自动化，满足故障切除选择性的要求，重合器应具备按设定的动作顺序多次开断和重合故障（一般为 4 次分断，3 次重合）的能力。所以重合器在开断和重合短路电流的次数和机械寿命方面的要求都要比断路器高。

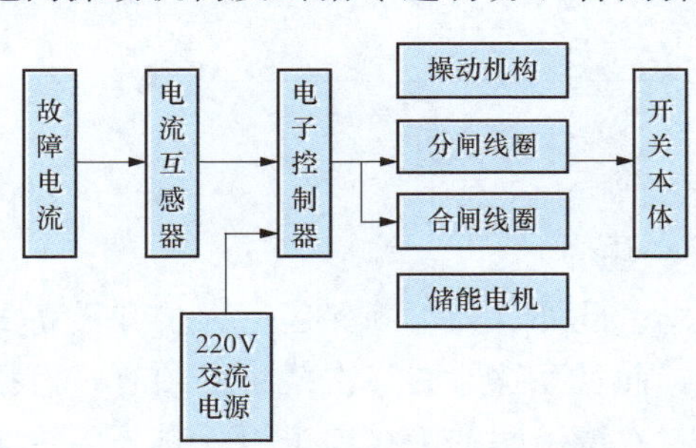

图 3-78　重合器工作原理框图

（二）自动分段器

自动分段器是一种智能型隔离开关，它能按所整定的故障出现次数，在失电压或无电流的情况下自动分闸并闭锁的开关设备。分段器不能开断短路电流，所以必须与其他具有开断短路电流能力的开关电器，如重合器、断路器或熔断器配合使用。故障期间，它能监视记录电流被重合器（或断路器、熔断器）开断的次数，当开断次数达到所整定的次数后，在失电压或无电流的情况下动作，隔离故障线路区段。

分段器的分类和控制方式与重合器类同，其关键部件是故障检测继电器。根据判断故障方式的不同，分段器可分为电压—时间型和过电流—脉冲计数型两类。

有关重合器和分段器在配电网中的具体应用将在下册第十五章配电网自动化章节中介绍。

第四节 高压互感器

在高压电力系统中，为了测量和继电保护的需要，必须使用高压互感器。高压互感器的任务如下：

（1）将高电压和大电流按比例地变换成低电压（100V 或 $100/\sqrt{3}$V）和小电流（5A 或 1A），以便提供测量和继电保护所需的信号，并使测量仪表和继电保护装置标准化。

（2）将电力系统处于高电位的电气设备部分与处于低电位的测量仪表和继电保护部分分开，以保证运行人员和设备的安全。

互感器可分为电压互感器和电流互感器两大类。目前大部分互感器是应用电磁感应原理来变换信号的，其工作原理和等效电路如图 3-79 所示，与变压器完全一致。但在工作特点、性能要求和结构上则与一般电力变压器有较大的差别，尤其是电流互感器差别更大。

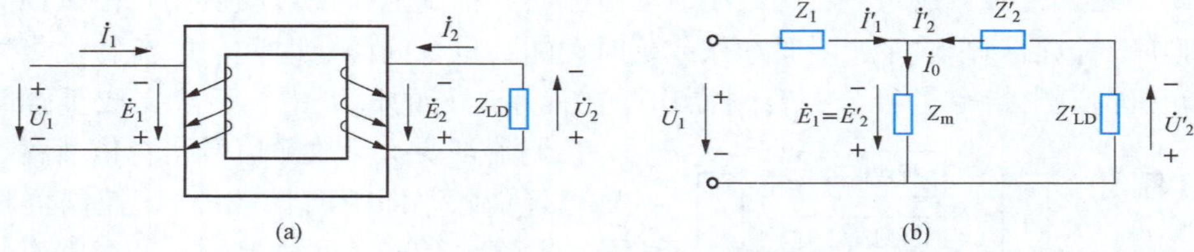

图 3-79 互感器示意图

（a）工作原理图；（b）等效电路图

测量的准确度是表征互感器性能的一个重要标志。此外，为了确保运行人员和设备的安全，互感器的一次和二次绕组间应有足够的绝缘，而且互感器的二次绕组必须有一点接地。电力系统的额定电压越高，对互感器的一次和二次绕组间的绝缘要求也就越高。绝缘方式是决定高压互感器结构形式的主要因素。

一、电磁式高压电压互感器

电磁式电压互感器工作时其一次绕组跨接在所需测量的电压上，电压互感器的负载是并接在二次绕组上的仪表和继电器的电压线圈。由于这些电压线圈的阻抗很大，电压互感器在工作时二次侧接近开路，所以电压互感器实质上为一容量极小（额定容量在 1000V·A 以下）的降压变压器，其一次绕组的匝数 W_1 远大于二次绕组的匝数 W_2。

电压互感器一次侧额定电压 U_{N1} 和二次侧额定电压 U_{N2} 之比称为电压互感器的变比，即$k_N=\dfrac{U_{N1}}{U_{N2}}$。为了提高电压互感器的测量精确度，电压互感器的变比 k_N 通常要略大于其匝比$k_W=\dfrac{W_1}{W_2}$。

（一）电压互感器的误差

根据图 3 - 79 可写出电压互感器一次电压和二次归算电压间的关系，即

$$\dot{U}_1 = -\dot{U}'_2 + \dot{I}_0 Z_1 - \dot{I}'_2(Z_1 + Z'_2) \tag{3 - 40}$$

图 3 - 80 是与之相应的相量图。如果取 $k_N = k_W$，则根据电压互感器二次侧电压 $\dot{U}_2$ 按额定电压比换算出的一次电压 $k_N\dot{U}_2$，即为相量图中的二次归算电压$\dot{U}'_2$。$\dot{U}'_2$ 和一次电压$\dot{U}_1$ 在数值上和相位上的差别就是电压互感器误差的来源。

根据电压互感器二次侧表计的电压，按额定电压比换算出的一次电压和实际一次电压在数值上的差别，称为电压互感器的电压误差 $\Delta U\%$，可表示为

$$\Delta U\% = \frac{U_2 k_N - U_1}{U_1} \times 100(\%) \tag{3 - 41}$$

按额定电压比换算所得的一次电压和实际一次电压在相角上的差别，称为电压互感器的相角差 δ，定义为将二次电压相量旋转 180°后和一次电压相量之间的夹角，用分表示。当旋转 180°后的二次电压相量超前于一次电压相量时，角误差为正，反之为负。表 3 - 4 是我国标准所规定的电压互感器的准确度等级和误差限值。

由式（3 - 40）和图 3 - 80 及图 3 - 81 所示的相量关系可知，电压互感器的误差来源于励磁电流 $\dot{I}_0$ 在一次绕组上的电压$\dot{I}_0 Z_1$，以及负载电流$\dot{I}'_2$ 在一次绕组和二次绕组上的电压$\dot{I}'_2(Z_1 + Z'_2)$。$\dot{I}_0 Z_1$ 在相量图中用直角三角形 ODC 表示，它代表了电压互感器的空载误差，是一个恒定不变的量。减小这部分误差可从减少 $\dot{I}_0$ 着手。这就要求降低磁路的磁阻。具体的措施是缩短磁路长度，增加磁路截面，减少磁路气隙以及采用导磁系数高的优质硅钢片。$\dot{I}'_2(Z_1 + Z'_2)$ 构成相量图中的负载三角形 CBA，负载三角形的大小和位置将随负载电流的大小及相位变动。当负载电流 $\dot{I}_2$ 的数值固定而相位角变化时，负载三角形将围绕 C 点旋转。参看图 3 - 81，当相位角为 0°时，负载三角形的位置为 CB′A′，当相位角为 60°时就变到 CB″A″的位置。如果负载电流 $\dot{I}'_2$ 的数值变小，则负载三角形的各边将按同一比例缩小。此时 A 点将在另一半径较小的圆周上移动。图中半径 R 为 1.0、0.75、0.5mm 和 0.25mm 的半圆即表示在不同负载电流下 A 点随相位角改变而移动的轨迹。

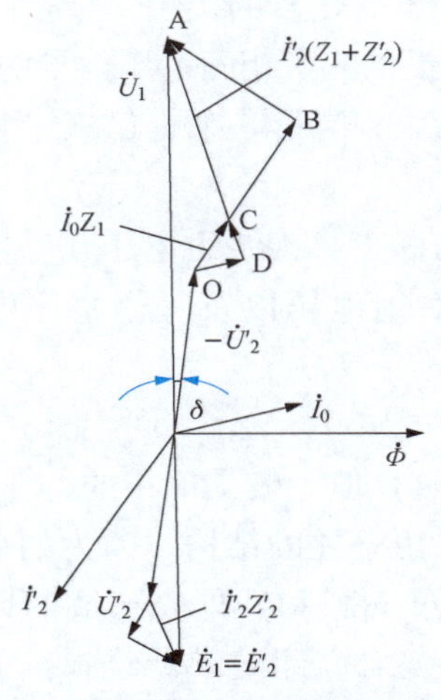

图 3 - 80　电压互感器的相量图

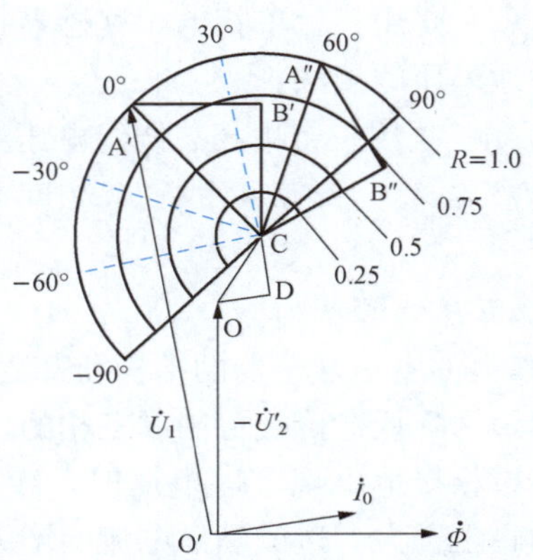

图 3 - 81　电压互感器在各种不同负载下的相量

表 3-4　　电压互感器的准确度等级和误差限值

准确度等级	误差限值		一次电压变化范围	二次绕组负荷变化范围
	电压误差（±%）	相角差（±′）		
0.5	0.5	20	$(0.85\sim1.15)U_{N1}$	$(0.25\sim1)S_{N2}$ $\cos\varphi=0.8$（滞后）
1	1.0	40		
3	3.0	不规定		

注　S_{N2}为二次绕组的额定负荷，通常以视在功率（V·A）表示。

要降低电压互感器在负载情况下的误差，必须设法减少负载电流在一次绕组和二次绕组中的压降。具体的措施是采用粗的导线来降低一次绕组和二次绕组的电阻 R_1 和 R_2，加强一次绕组和二次绕组的耦合来降低一次绕组和二次绕组的电抗 X_1 和 X_2，在使用时还要对负载的大小及其功率因数作一定的规定。例如某 10kV 电压互感器的铭牌上有如下规定：容量 80V·A，0.5 级；容量 160V·A，1 级；容量 320V·A，3 级；最大容量 640V·A。就是指当所要求的准确度为 0.5 级时，规定负载电流不得超过 0.8A（即所接表计阻抗不得低于 125Ω）；准确度为 1 级时，不得超过 1.5A；准确度为 3 级时，不得超过 3.2A。如果作一般变压器用（对准确度不作要求），负载电流可达 6.4A。负载的功率因数规定为 0.8。

由以上分析可知，电压互感器和变压器的主要差别是设计和使用都要以能达到一定的精确度为前提。即在磁路方面，电压互感器应采用优质的冷轧硅钢片，设计时磁通密度要取得低些；在使用方面，电压互感器所接负载应根据所需测量精确度来决定，不能用到发热允许的最大容量。当有检测单相接地故障的需要时，电压互感器还需设第三绕组来获取零序电压。

（二）电压互感器的接线方式

根据所用电压互感器的数量和所需电压信号的不同，电压互感器可以有如图 3-82 所示的四种接法。

图 3-82（a）是用一台单相电压互感器来提供某一相间电压信号的接法。

图 3-82（b）是用两台单相电压互感器接成 Vv 形，来提供三个相间电压信号的接法。

图 3-82（c）是用三台单相电压互感器接成 YNyn0（Y_0/Y_0）形，来提供三个相间电压和三个相对地电压的接法。

图 3-82（d）是用三台单相二绕组电压互感器或一台三相五柱三绕组电压互感器接成 YNyn0d11（$Y_0/Y_0/\triangle$）形来提供三个相间电压、三个相对地电压以及一个零序电压的接法。

（三）电压互感器的结构

35kV 及以上的电压互感器的结构和普通变压器基本一致，但一般是单相的。在 10kV 及以下电压时，为降低造价也可制成三相的，但其铁心应采用五柱的结构。因为如采用三柱的形式，在单相接地出现零序电压时，零序磁通只能通过气隙和铁外壳形成的回路闭合，回路中的磁阻很大，造成励磁电流的增大，会使电压互感器绕组过热或烧损。而五柱的结构可为零序磁通提供经铁心闭合的回路，避免因磁阻增大带来的不利。

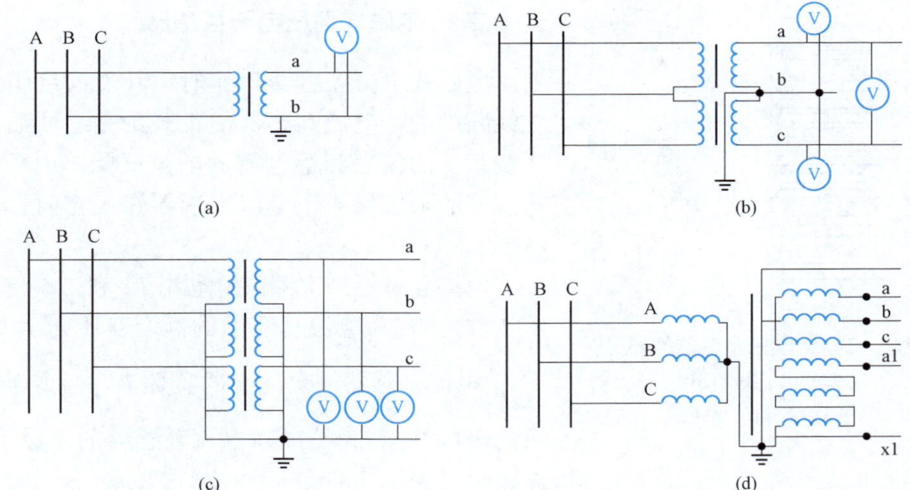

图 3-82　电压互感器的接线方式

(a) 一台单相电压互感器；(b) 两台单相电压互感器接成 VV 形；(c) 三台单相电压互感器接成 YNyn0 形；(d) 三台单相二绕组互感器或一台三相五柱三绕组电压互感器接成 YNyn0d11 形

根据绝缘方式的不同，35kV 及以下的电压互感器可分为干式、塑料浇注式和油箱油浸式三种。

干式电压互感器只用于 3kV 的户内配电装置。它的体积较大，但无着火和爆炸危险。

塑料浇注式电压互感器的电压等级为 3～35kV，通常以环氧树脂为绝缘，所以结构紧凑，尺寸小，无爆炸危险，使用和维护都很方便。图 3-83 所示为其结构外形。

油箱油浸式电压互感器是 3～35kV 电力系统中应用最广泛的一种。这种电压互感器的铁心和绕组放在充有变压器油的接地金属油箱内，高压绕组的两个出线头分别由固定在油箱盖上的两个绝缘套管引出。由于电压互感器的容量较小（只有几十到几百伏安），所以可以不要散热器等冷却装置。

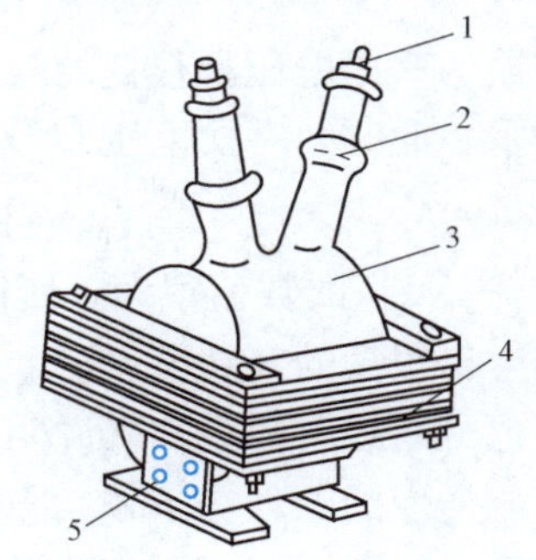

图 3-83　单相 10kV 塑料浇注式电压互感器结构外形

1—一次接线端子；2—高压绝缘套管；3—一、二次绕组，环氧树脂浇注；4—铁心（壳式）；5—二次接线端子

由于电压互感器的容量一般不随电压的升高而增加，因此随着电压的增加，绝缘将上升为决定电压互感器尺寸和成本的主要因素。为了缩小体积，110kV 及以上的电压互感器改用瓷套来代替金属油箱。由于在 110kV 及以上的电力系统中，电压互感器的接线方式都是 YNyn0。因此只需把高压绕组的一端（高压端）由瓷套顶部引出，另一端（接地端）可直接由瓷套底部引出，这样就可省去价格昂贵的高压套管。图 3-84 所示为 110kV 电压互感器的外形图。

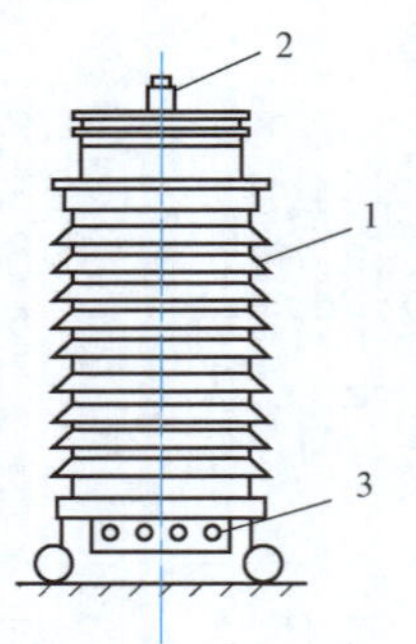

图 3-84　110kV 电压互感器的外形图
1—瓷套；2—高压引出线；
3—二次绕组引出线

二、电磁式高压电流互感器

电磁式电流互感器工作时，其二次绕组是串接在线路中的，电流互感器的负载则是串联后接到二次绕组上的仪表和继电器的电流线圈。由于这些电流线圈的阻抗很小，电流互感器在工作时接近短路状态。

电流互感器一次侧额定电流 I_{N1} 和二次侧额定电流 I_{N2} 之比称为电流互感器的额定变比 k_N，即 $k_N=\frac{I_{N1}}{I_{N2}}$。电流互感器一次绕组的匝数 W_1 远少于二次绕组的匝数 W_2。为了提高电流互感器的测量准确度，电流互感器的变比 k_N 通常要略大于其匝比 $k_W=\frac{W_2}{W_1}$。

（一）电流互感器的工作特点

电流互感器的一次绕组串在线路内，因此流过电流互感器一次绕组的电流只取决于电力系统的运行状况（供电的多少），与互感器的使用情况（所接表计的多少）无关。也就是说，加在电流互感器一次绕组上的电源是个电流源。

在正常情况下，电流互感器的一次绕组接有低阻抗的电流表或电流继电器。由图 3-79 (b) 所示的等效电路图可知，当负载阻抗 Z'_{LD} 很小，使 $\sqrt{(R'_2+R'_{LD})^2+(X'_2+X'_{LD})^2}\ll Z_m$ 时，互感器的一次电压 U_1 将为

$$U_1=I_1\sqrt{(R_1+R'_2+R'_{LD})^2+(X_1+X'_2+X'_{LD})^2} \tag{3-42}$$

因此电流互感器的一次电压是很低的（一般不到 1V）。但是当电流互感器的二次绕组开路时情况就不同了。此时，一次电压 U_1 将上升为

$$U_1=I_1\sqrt{(R_1+R_m)^2+(X_1+X_m)^2} \tag{3-43}$$

由于 $Z_m=(R_m+jX_m)$ 的数值很大，所以电流互感器的一次电压将达很大的数值。同时在二次侧也将感应出很高的开路电压。

这一现象也可用磁路的观点来说明：由于在正常情况下，电流互感器的二次侧有电流流过，二次电流产生的磁动势 I_2W_2 能基本上抵消一次电流的磁动势 I_1W_1，因此电流互感器的总励磁安匝和磁通很小，在绕组上感应的电动势也很小。当电流互感器的二次绕组开路时，由于 $I_2W_2=0$，电流互感器的励磁安匝将上升到 I_1W_1，因此绕组上的感应电动势也将相应增大。设电流互感器的励磁电流为额定电流的 1%，则当一次电流为额定值而二次开路时，励磁安匝将上升到正常励磁安匝的 100 倍。虽然由于磁路的饱和，磁通 ϕ 的最大值不会和励磁安匝按同一比例增长，然而决定绕组感应电动势的 $\frac{d\phi}{dt}$ 在磁通过零时达最大值，不受磁路饱和的影响（参考图 3-85）。因此在例中，二次开路时，感

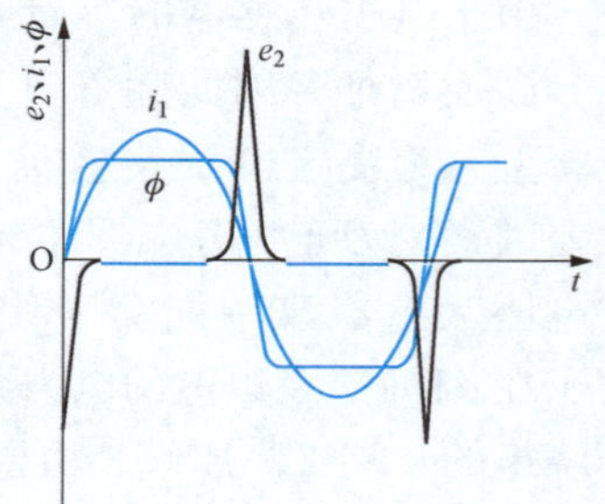

图 3-85　电流互感器二次绕组开路时 i_1、ϕ、e_2 的变化曲线

应电动势的最大值可增长为正常工作时的 100 倍。如果一次电流为系统的短路电流而二次开路，则感应电动势的最大值将更高。通常可达数千伏甚至上万伏。

考虑到电流互感器二次侧电压的升高将危及工作人员和设备的安全，而且铁心的饱和将使铁心过热并在铁心中形成剩磁，影响到测量的准确度，所以运行中的电流互感器的二次绕组必须通过仪表接成闭合回路或自行短路。这是电流互感器工作的一个重要特点。

电流互感器工作的另一个特点是：随着系统用电情况的变化，电流互感器所需变换的电流，可在零和额定电流间的很大范围内变动。在短路情况下，电流互感器还需变换比额定电流大数倍甚至数十倍的短路电流。电流互感器应能在电流的这一很大的变化范围内保持所需的准确度。

（二）电流互感器的误差

根据图 3-79（b）所示的等效电路图可写出电流互感器的一次电流和二次归算电流间的关系为

$$\dot{I}'_1+\dot{I}'_2=\dot{I}_0 \tag{3-44}$$

图 3-86 所示为与之相应的相量图。如取额定电流比 k_N 等于匝比 k_W，则按额定电流比换算出的一次电流 $k_N\dot{I}_2$，即为相量图中的 $\dot{I}'_2$，$\dot{I}'_2$ 和 $\dot{I}_1$ 间的差别就形成了电流互感器的误差，电流互感器的电流误差 $\Delta I_0\%$ 定义为根据二次侧表计按额定电流比算出的电流和实际一次电流间差值的百分数，即

$$\Delta I\%=\frac{I_2k_N-I_1}{I_1}\times100(\%) \tag{3-45}$$

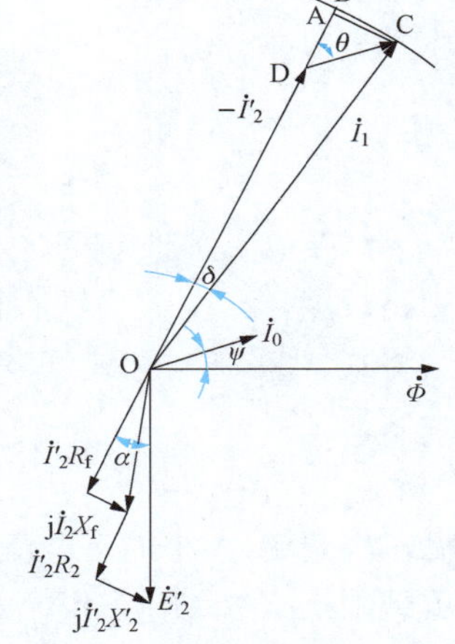

图 3-86 电流互感器的相量图

电流互感器的相角差 δ 定义为将二次电流的相量旋转 180°后和一次电流相量间的夹角，以分表示。当旋转 180°后的二次电流相量超前于一次电流相量时，相角差为正，反之为负。

表 3-5 是我国标准中规定的电流互感器的准确度等级和误差限值。

表 3-5 电流互感器的准确度等级和误差限值

准确度等级	一次电流为额定电流的百分数（%）	误差限值		二次负荷变化范围
		电流误差（±%）	相角差（±′）	
0.2	10	0.5	20	(0.25～1)S_{N2} cosφ=0.8（滞后）
	20	0.35	15	
	100～120	0.2	10	
0.5	10	1	60	
	20	0.75	45	
	100～120	0.5	30	
1.0	10	2	120	
	20	1.5	90	
	100～120	1	60	
3	50～120	3		(0.5～1)S_{N2}

注 S_{N2}为二次绕组的额定负荷，通常以视在功率（V·A）表示。

由式（3-45）及图3-86所示的相量关系可写出电流互感器的电流误差为

$$\Delta I\% = \frac{DB}{OC}\times 100 = \frac{DA}{OC}\times 100 = -\frac{I_0\cos\theta}{I_1}\times 100(\%) \tag{3-46}$$

相角差为

$$\delta = \frac{\overset{\frown}{BC}}{OC} \approx \frac{AC}{OC} = 3438\,\frac{I_0\sin\theta}{I_1}(') \tag{3-47}$$

式中：$\theta = 90° - (\psi + \alpha)$。

可见电流互感器的误差直接来源于励磁电流 I_0。从变压器的工作原理可知，励磁电流的大小是由铁心中的磁通量决定的，磁通的大小则由所需要的感应电动势决定。对于电流互感器而言，这一感应电动势又取决于二次电流 I_2 和二次所接的负载。它们彼此间的关系为

$$E_2 = I_2\sqrt{(R_2 + R_{LD})^2 + (X_2 + X_{LD})^2} \tag{3-48}$$

$$B_m = \frac{E_2}{4.44fW_2S}\times 10^7 = 45000\,\frac{E_2}{W_2S} \tag{3-49}$$

$$I_0 = \frac{B}{\mu}\times\frac{l}{W_1} \tag{3-50}$$

式中：B 及 B_m 分别为铁心中磁通密度的有效值和幅值，T；S 为铁心的截面积，cm^2；l 为磁路长度，cm；μ 为铁心材料的导磁系数。

将式（3-48）和式（3-49）代入式（3-50）得

$$I_0 = 45000\,\frac{I_2\sqrt{(R_2 + R_{LD})^2 + (X_2 + X_{LD})^2}}{\sqrt{2}W_1W_2}\times\frac{l}{\mu S} \tag{3-51}$$

可见，决定 I_0 大小的有电流互感器的结构参数 l、S、μ、W_1、W_2、R_2、X_2，电流互感器的负载阻抗 $Z_{LD} = R_{LD} + jX_{LD}$ 以及电流互感器的工作电流 $I_2(I_1/k_N)$ 等。

（1）电流互感器的结构参数对误差的影响。由式（3-51）可知：①I_0 和磁阻 $R_C = \frac{l}{\mu S}$ 成正比，选用优质硅钢片，增大磁路截面积，减少磁路长度，并尽可能缩小磁路中的气隙（例如采用带状硅钢片卷成的环形铁心）可使 R_C 减少，I_0 降低；②增加一次绕组和二次绕组的匝数 W_1、W_2 均能使 I_0 下降，因此对具有相同电流比的电流互感器来说，匝数越多的电流互感器准确度越高，对一次匝数固定（例如单匝）的电流互感器来说，变比越大的电流互感器准确度越高；③降低二次绕组的电阻 R_2 和电抗 X_2 可以起到降低 I_0 的作用，因此二次绕组应选用较粗的导线，为降低漏抗则可采用环状铁心和沿环状铁心均匀绕制的二次绕组。

（2）负载阻抗对误差的影响。式（3-51）说明，励磁电流 I_0 将随负载阻抗 Z_{LD} 的增大而增加。式（3-46）和式（3-47）则说明电流互感器的误差还与负载的功率因数有关。因此在规定电流互感器的准确度时必须同时给定其负载阻抗及功率因数。例如，某10kV电流互感器铭牌上的规定：容量15V·A，0.5级；容量30V·A，1级；容量75V·A，3级。其含义是指负载阻抗为0.6Ω时，准确度为0.5级；负载阻抗为1.2Ω时，准确度为1级；负载阻抗为3Ω时，准确度降低到3级。负载的功率因数也规定为0.8。

（3）工作电流对误差的影响。根据式（3-49）和式（3-50）可得互感器的励磁阻抗 Z_m 为

$$Z_m = \frac{E_2'}{I_0} \approx \frac{\sqrt{2}W_1^2 \mu S}{45000l} \tag{3-52}$$

由式（3-46）和式（3-47）可知，电流互流感器的误差取决于 I_0 和 I_1 的比值。参见图 3-79（b），如果励磁阻抗 Z_m 为常数，则在负载阻抗 Z'_{LD} 不变的情况下，当 I_1 改变时，I_0 将按同一比例变化，此时误差将保持为常数，不随工作电流而变。然而由式（3-52）可知，Z_m 与 μ 值有关，而 μ 值取决于铁心的工作点。如果电流互感器工作在某一特定的电流时，铁心工作于磁化曲线上的 μ 值最大处（图 3-87 中的 a 点），则当工作电流增大而磁通增大时，互感器的工作点将上移到 b 点。由于 b 点的 μ 值比 a 点小，Z_m 将比在 a 点工作时小。因此 I_0 在 I_1 中所占的比例增大，误差也就随之加大。反之，当工作电流减小使铁心的工作点下移到 c 点时，由于 μ 值也减小，误差也将增大。电流互感器的误差随工作电流变化的曲线称为电流互感器的误差特性曲线。图 3-88 给出的是一组典型的电流互感器的误差特性曲线。

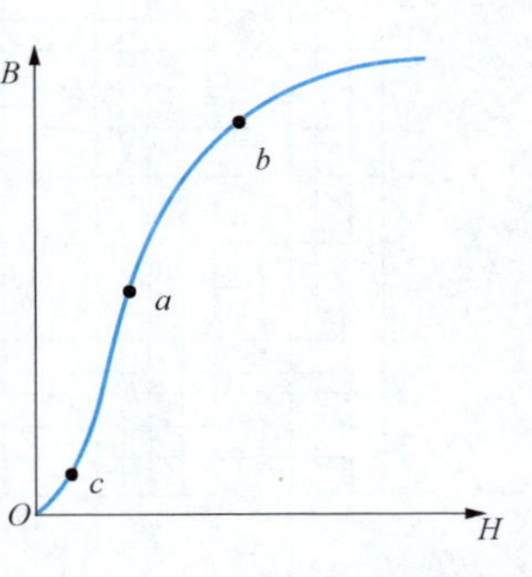

图 3-87　铁心的磁化曲线

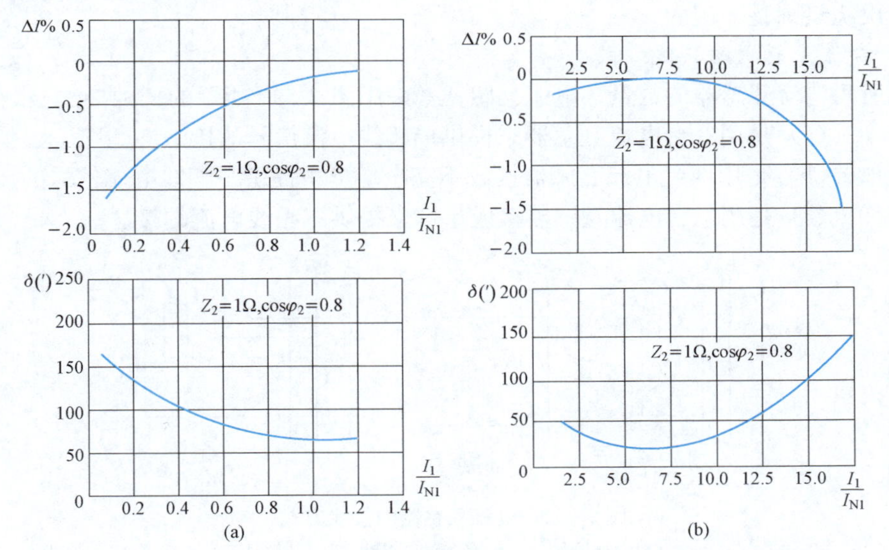

图 3-88　电流互感器的误差特性曲线

（a）正常工作条件下的误差特性；（b）短路工作条件下的误差特性

（4）最大二次电流倍数。不难看出，由于铁心的饱和与 Z_m 的下降，随着一次电流 I_1 的增加，电流互感器的二次电流的增加将逐渐减慢。当铁心趋于完全饱和时，二次电流将达其最大值，不再随一次电流的增加而增加。在额定负载阻抗下，电流互感器二次侧可能出现的最大电流和二次额定电流的比值，称为最大二次电流倍数。显然电流互感器的最大二次电流倍数将随铁心截面积的增加而增加。当电流互感器的二次侧接有测量仪表时，为保护测量仪表的安全，往往需要对二次侧可能出现的最大电流加以限制。减小铁心的截面积，降低电流互感器的最大二次电流倍数是限制二次侧可能出现的最大电流的常用办法。

（5）10%误差倍数。与测量仪表相反，继电保护要求电流互感器能在系统短路的情况

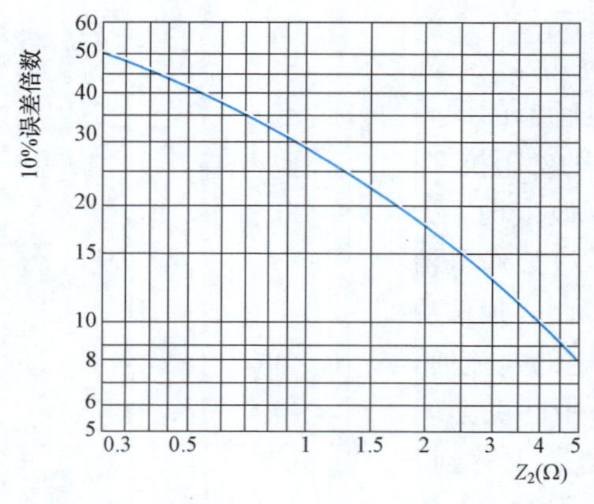

图 3-89　电流互感器的 10%误差特性曲线

下正确反映一次电流的大小。由于继电保护准确动作所允许的最大电流误差是 10%，所以用 10%误差倍数来表示电流互感器在短路情况下的工作能力。它定义为电流误差达到 -10%时的一次电流和一次额定电流的比。显然，10%误差倍数将随铁心截面积的增大而增大。此外，二次负载阻抗的大小也会影响到 10%误差倍数。10%误差倍数和负载阻抗 Z_2 的关系曲线称为 10%误差特性曲线，如图 3-89 所示。由图可见，10%误差倍数是随负载阻抗 Z_2 的增大而减小的。

由于继电保护要求电流互感器具有较高的 10%误差倍数，测量仪表要求电流互感器具有较低的最大二次电流倍数，它们对电流互感器的铁心所提的要求截然不同，二者很难统一。因此电力系统用的电流互感器通常都具有两个铁心和两个二次绕组。一个铁心专为接测量仪表用，另一个铁心专供继电保护使用，它们的一次绕组则是公用的。

（三）电流互感器的接线方式

根据所用电流互感器的数量，电流互感器常采用图 3-90 所示的三种接法。

图 3-90（a）是用一台电流互感器来提供单相线电流信号的接法。

图 3-90（b）是用两台电流互感器接成不完全星形来提供三相线电流信号的接法。

图 3-90（c）是用三台电流互感器接成星形来提供三相线电流的接法。

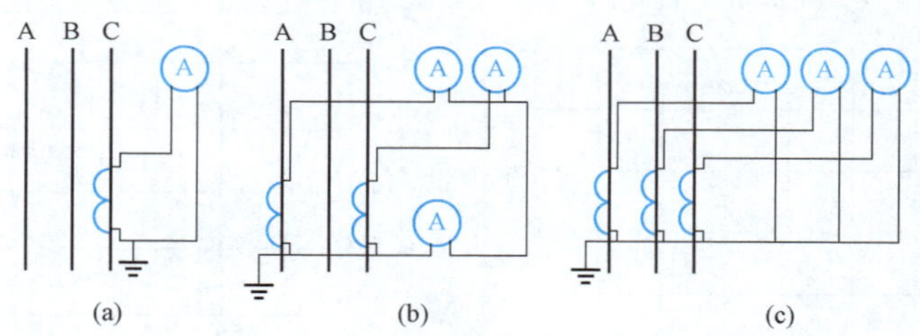

图 3-90　电流互感器的接线方式

（a）单台接法；（b）不完全星形接法；（c）星形接法

（四）电流互感器的结构

电流互感器按一次绕组的结构可分为单匝式和多匝式两大类。

单匝式电流互感器的一次绕组为单根导体。铁心制成环形直接套在导体上，二次绕组均匀绕在铁心上以减小二次侧漏磁。二次绕组和铁心处于低电位，用绝缘和处于高电位的一次导体隔开，如图 3-91 所示。在某些情况下，单匝式电流互感器可不必配制专门的一次绕组，例如可以利用母线作为一次绕组，用树脂作为主绝缘将二次绕组和铁心浇注成一体后套在母线上，如图 3-92 所示。也可把绕有二次绕组的铁心直接套在断路器等设备的绝缘套管上，一般每个套管上可装两个，广泛应用于 35kV 及以上的接地金属箱型断路器中。

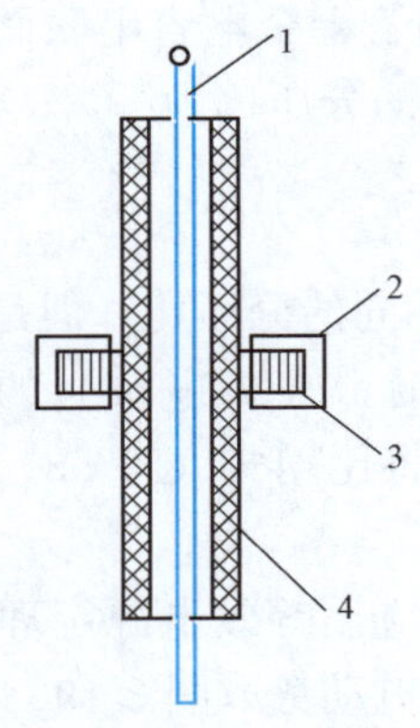

图 3-91 单匝式电流互感器的原理图

1—一次绕组；2—二次绕组；

3—铁心；4—绝缘

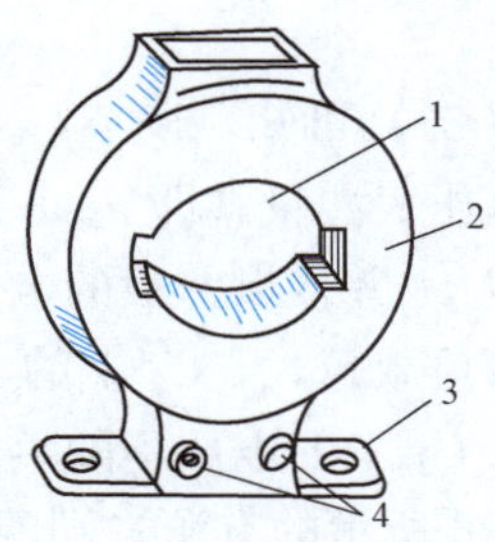

图 3-92 母线型电流互感器

1—一次母线穿孔；2—铁心，外绕二次绕组用

树脂浇注；3—安装板；4—二次接线端子

图 3-93 所示为用于户外的 220kV 单匝式电流互感器，它设有专门的制成 U 形的一次绕组，主绝缘由包在一次绕组导体外面的电容衬层承担。整个元件置于注油的瓷套中，一次绕组的两个出线端用扎带扎紧后，一起由瓷套顶部引出。

10kV 及以下的普通多匝式电流互感器多用环氧树脂浇注式，图 3-94 所示为其外形。它的一次绕组和部分二次绕组用环氧树脂浇注成一整体，铁心套在外面，互感器具有两个铁心和两组二次绕组，其中一组用于测量，另一组用于保护。

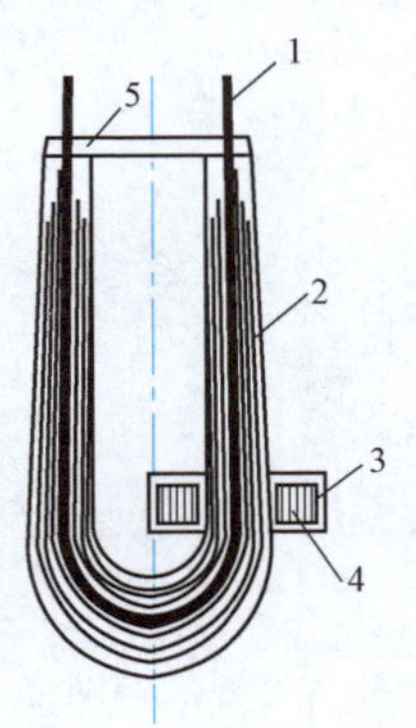

图3-93 220kV 单匝式电流互感器外形图

1—一次绕组；2—电容衬层；3—二次绕组；

4—铁心；5—扎带

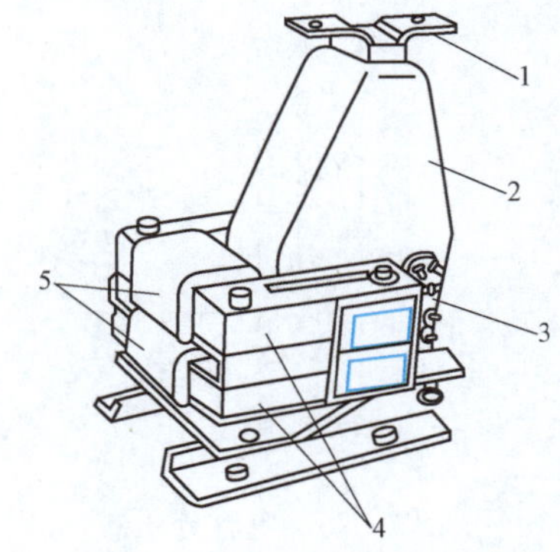

图 3-94 10kV 多匝式电流互感器外形图

1—一次接线端子；2—一次绕组和部分二次绕组（树脂浇注）；

3—二次接线端子；4—铁心；5—二次绕组

35kV 及以上的多匝式电流互感器都是户外型的。电流互感器本体置于充油的瓷套中，其一次绕组的两个出线头一起由瓷套顶部引出。为了适应一次电流的变化和减少产品规格，常将一次绕组分成两组，通过装于瓷套顶部的串并联换接片实现绕组的并联或串联，以获得两种电流比。

三、 电容式高压电压互感器

在 110kV 及以上的电力系统中，除了用电磁式电压互感器外，也用电容式电压互感器。电容式电压互感器的本体是一个电容分压器，它是用若干个电容串联而成的，其一端接高压导线，另一端接地，如图 3-95 所示。电容分压器的分压比为

$$k_N=\frac{U_1}{U_2}=\frac{C_1+C_2}{C_1} \tag{3-53}$$

由式（3-53）可知，调节 C_1 和 C_2 的比值即可得到不同的分压比。但是必须注意，只有在用静电电压表测量（即 a、b 两点间流过电流极小）时，式（3-53）的关系才是正确的。如果在 C_2 上并接以一般的电压表，则所测得的电压将比用式（3-53）计算所得的结果为小。所接负载越大，C_2 上的电压越低。

为了寻求 C_2 上的电压不随负载电流改变的方法，可应用等效电源定理将分压电容器简化成图 3-96 所示的有源二端网络来研究，网络的电源电动势取图 3-95 中 a、b 两点的开路电压 $U_2\left(U_2=\frac{C_1}{C_1+C_2}U_1\right)$，其内阻 Z_i 则为图 3-95 中电源短路后 a、b 两点间测得的阻抗，即 $Z_i=\frac{1}{j\omega(C_1+C_2)}$。分析这一等效电路可见，只有当电源的内阻 Z_i 为零时，a、b 两点间的电压 U_{ab} 才能不随负载电流而变。考虑到内阻 Z_i 是容性的，因此串入适当的电感即可把内阻调整到零。这一串入的电感称为补偿电感（如图 3-97中的 L）。理论上，只要取 $\omega L=\frac{1}{\omega(C_1+C_2)}$，电容分压器的输出电压 U_{ab} 即可恒等于 $U_2\left(U_2=\frac{C_1}{C_1+C_2}U_1\right)$，而与负载电流无关。但事实上由于电容 C_1、C_2 和 L 中有损耗存在，电源的等效内阻不可能真正为零，所以其输出功率仍然要受测量精确度的限制。

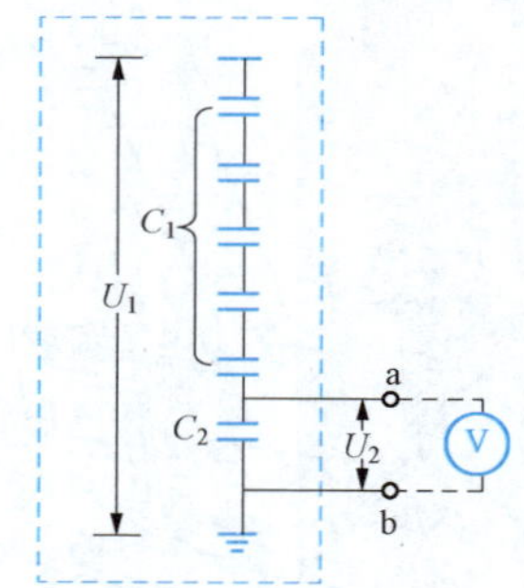

图 3-95　电容分压器

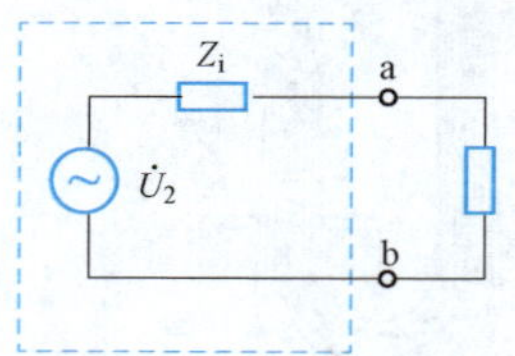

图 3-96　有源二端网络

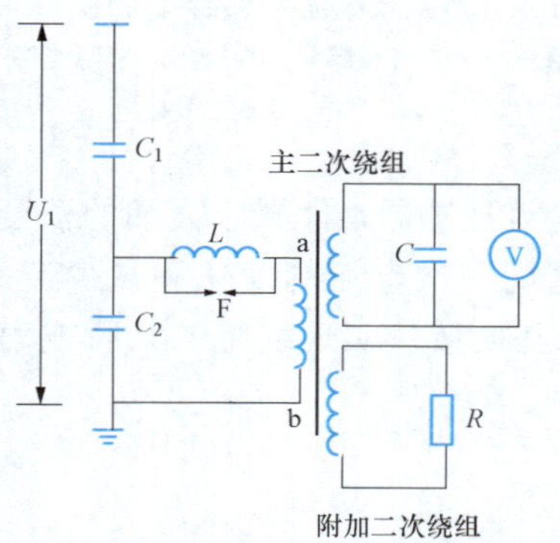

图 3-97　电容式电压互感器的原理

降低补偿电感的电阻可以减小电容分压器的测量误差，然而要做到这一点是不容易的，尤其是当补偿电感值大时，即使电感的品质因数很高，电阻的绝对值还会很大。为了提高电容分压器的精确度，必须设法降低流过补偿电感的负载电流。因此电容分压器的输出端一般都经电压互感器降压后再接表计。这样二次侧较大的负载电流经电压互感器的变换就可以得到相应的缩小。图 3-97 所示为其原理图，图中并联在二次绕组上的电容 C 可用来补偿电压互感器的励磁电流和负载中的电

感分量以减少测量误差。电压互感器中还设有附加二次绕组，所接电阻 R 是用来防止铁磁谐振过电压的。有关铁磁谐振过电压将在下册第十一章中介绍。

本章小结

发电机、变压器、输电线路和高压电器是组成电力系统的主要设备，其参数是进行电力系统分析与计算的基础。

电力变压器是电力系统中实现电能传输和分配的核心设备。按其每相绕组的结构可分为双绕组、三绕组和自耦三种形式。不同形式的变压器其等效电路和参数计算会有所不同，最基本的是双绕组变压器的参数计算与等效电路。根据制造厂提供或实验得到的短路损耗、短路电压百分数、空载损耗、空载电流百分数等技术数据，可计算出变压器的电阻、电抗、电导和电纳等参数，并可画出相应的 Γ 形等效电路。对于三绕组变压器和自耦变压器则采用Γ－Y形等效电路，计算其参数时，既要注意到与双绕组变压器的相同之处，也要考虑到它们各自的特点，特别是三个绕组之间容量比的不同所造成的影响。

输电线路分为架空线路和电缆线路。架空线路具有造价低、施工期短、维护方便等优点，所以得到广泛应用。电缆线路的优点是占地面积少、不影响景观、受外界因素破坏的概率小、供电可靠性高、安全性好和隐蔽性好，因此它广泛用于发电厂和变电站的进出线、穿越江河的输电线、城市供电及军事基地的供电。电阻、电抗、电导及电纳等是输电线路的重要参数，其数值大小会受到各种因素的影响。要掌握根据导线型号、它们在杆塔上的布置和线路长度计算或查表求取线路参数，并能够画出线路的 π 形或 T 形等效电路。

高压开关电器是电力系统中开断和关合电路的重要设备。其中隔离开关只起隔离电压的作用，不需开断电流；负荷开关则用来开断和关合负载电流；高压断路器既能开断负载电流又能开断短路电流，是电力系统中重要的控制和保护设备。

按照灭弧介质的不同，断路器可分为油断路器、六氟化硫断路器、真空断路器、压缩空气断路器、产气断路器和直流断路器。前三种断路器目前在电力系统中使用最为广泛。

灭弧室、操动机构和绝缘结构是高压断路器的基本组成部分。必须了解各种灭弧室的灭弧原理和基本结构，以及各种操动机构的原理和特点。

直流断路器是确保高压直流输电系统安全的重要元件，由于直流输电故障电流不存在自然过零点，交流断路器中过零点开断线路的方法对于直流输电不再适用。国内外开展了大量的研究和工程实践。根据关键开断部分不同，直流断路器可分为机械式直流断路器、全固态直流断路器和混合式直流断路器。

自动重合器与分段器是实现配电网柱上馈电线保护和自动化的开关设备，它们能够检测馈电线故障、按照规定的开断和重合顺序对馈线自动进行开断和重合操作，并在其后自动复位和闭锁。

高压互感器分为电压互感器和电流互感器两大类，其基本原理与变压器相同；互感器可以提供测量和继电保护所需信号，同时将电力系统中处于高电位的部分与处于低电位的测量仪表和继电保护部分隔离开来。

电压互感器存在电压误差 $\Delta U\%$ 和相角差 δ。缩短磁路长度，增加磁路截面，减小磁路气隙和采用优质磁性材料可以减小电压互感器的误差。为了改善电压互感器的误差特性，电压互感器的变比 k_N 通常要略大于其匝比 k_W。电压互感器工作时，其二次侧不允许短路。除了电磁式电压互感器外，在 220kV 及以上电力系统中也广泛采用构造简单、价格低廉的电容式电压互感器。

电流互感器存在电流误差 $\Delta I\%$和相角差 δ。电流互感器的误差除与结构参数、负载阻抗有关外，还与工作电流的大小有关。为了改善电流互感器的误差特性，其变比 k_N 通常要略大于匝比 k_W。电流互感器工作时，其二次侧不允许开路。

思考题与习题

3-1 双绕组变压器的 Γ 形等效电路由哪些等效参数组成？分别写出它们的计算公式，并说明各参数的物理意义。

3-2 什么是变压器的空载试验和短路试验？试验的目的是什么？

3-3 变电站装有两台并列运行的 OSFPSL-90000/220 型自耦变压器，容量比为 100/100/50，试计算变压器的等效参数，并画出其等效电路。

3-4 架空线路主要由哪几部分组成？各部分的作用是什么？

3-5 分裂导线的作用是什么？

3-6 一条长 800km 的 500kV 输电线路，采用 3×LGJQ-400 型三分裂导线，直径为 27.36mm，分裂间距为 400mm，水平排列方式，线间距离为 12m。试计算输电线路不计分布特性的等效参数，并画出其 Π 形等效电路。

3-7 交流电弧的特点是什么？采用哪些措施可以提高开关的熄弧能力？

3-8 简述旋弧式灭弧装置的工作原理。

3-9 真空灭弧室的真空度对其工作性能有何影响？

3-10 简述扩散型电弧和集聚型电弧的特点。

3-11 高压断路器的作用是什么？对它有哪些基本要求？

3-12 什么是自动重合器与自动分段器？它们各有哪些特点？

3-13 电压互感器与电力变压器有什么差别？电流互感器与电压互感器又有什么差别？

3-14 为什么可以采取变比和匝比不等的措施（也称匝补偿）来改善电压及电流互感器的误差特性？

3-15 为什么电压互感器工作时其二次侧不允许短路？电流互感器工作时其二次侧不允许开路？互感器二次侧为什么必须接地？

3-16 什么是电流互感器的 10%误差曲线？

第四章　电力系统的接线方式

电力系统的接线包括两方面：一是发电厂、变电站的电气主接线；二是发电厂之间、变电站之间以及发电厂和变电站之间的连接，即电网的接线。电力系统的接线方式与保证电力系统安全可靠、优质经济地向用户供电密切相关。

第一节　电网的接线

电网按其功能和结构特点可分为输电网和配电网两种，这两种电网对其接线方式的要求是不一样的。输电网一般由电力系统中电压等级最高的一级或两级输电线路组成，其主要任务是将各种大型发电厂的电能安全、可靠、经济地输送到分布在不同地区的多个负荷中心。因而在对输电网进行设计时应考虑以下要求：供电的可靠性要高；符合电力系统运行稳定性的要求；便于系统实现经济调度；具有灵活的运行方式且适应系统发展的需要；还需考虑电网投资及管理运行费用，并比较不同接线方案下的网损，等等。

配电网的覆盖范围一般只在某一地区（城市、工矿区），其主要功能是将输电网送来的电能及本地区小发电厂所发电能经变电站转换成合适的电压等级配送到地区的各类用户。因而对配电网的主要要求是接线简单明了，结构合理，便于运行及维护检修，减少占用城市空间；供电可靠性和安全性要高，尽可能做到中心变电站有来自不同地点的两个电源，至少满足“$N-1$”法则；符合配电网自动化发展的要求；等等。所谓 $N-1$ 法则，是电力系统可靠性评估或设计的一条准则，是指系统中失去任一元件后，对系统的影响能控制在规定的范围以内。

电网接线初看十分复杂，但经仔细分析，可将它分解为若干个基本方式的组合。这些基本方式大致可分为无备用和有备用两大类。

一、无备用接线方式电网

用户只能从单方向获得电源的电网称为无备用接线方式的电网，也称为开式电网（或开式网）。无备用接线方式电网的基本形式有三种，即单回路辐射式、干线式和链式，如图 4-1 所示。干线式和链式接线的可靠性低于辐射式。

无备用接线方式电网的优点是简单明了、运行方便、投资费用少，缺点是供电的可靠性较低，任何一段线路故障或检修都会影响对用户的供电。这种接线方式不适用于向重要用户供电，只适用于向普通负荷供电。当无备用接线配合采用自动重合器后，可明显提高供电可靠性。

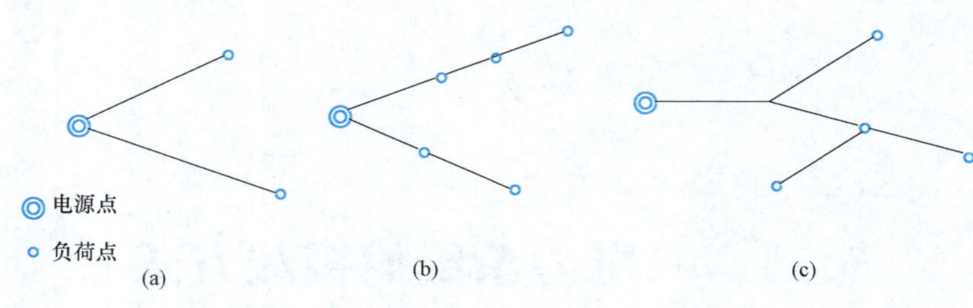

图 4-1　无备用接线方式的电网
（a）辐射式；（b）干线式；（c）链式

二、有备用接线方式电网

有备用的接线方式电网如图 4-2 所示，其最简单的形式是在上述无备用接线方式电网的每一段线路上都采用双回路［见图 4-2（a)］。这类接线同样具有简单和运行方便的特点，而且供电可靠性和电压质量都有明显的提高，缺点是设备费用增加很多、经济指标差。

用户能从两个或者两个以上方向获得电源的有备用接线方式电网称为闭式电网（或闭式网）。由一个或几个电源点和一个或几个负荷点通过线路连接而成的环形网络，是一类最常见的闭式网。环形网络接线又分为单电源单环网［又称普通环网，见图 4-2（c)］和双电源双环网［又称拉手环网，见图 4-2（c)］。单电源单环网是在同一个电源点的供电范围内，将不同的两回干线的末端连接起来构成环网；双电源双环网是每个电源点的一回主干线和另一电源点的一回主干线相接，形成一个两端都有电源的环网，任何一端都可以供给全线负荷，因此其可靠性高于单电源单环网。环网接线的优点是具有较高的供电可靠性和良好的经济性，缺点是当环网的节点较多时运行调度较复杂，且由于故障开环运行时，正常线路可能过负荷，导致负荷节点电压明显降低，电压质量差。

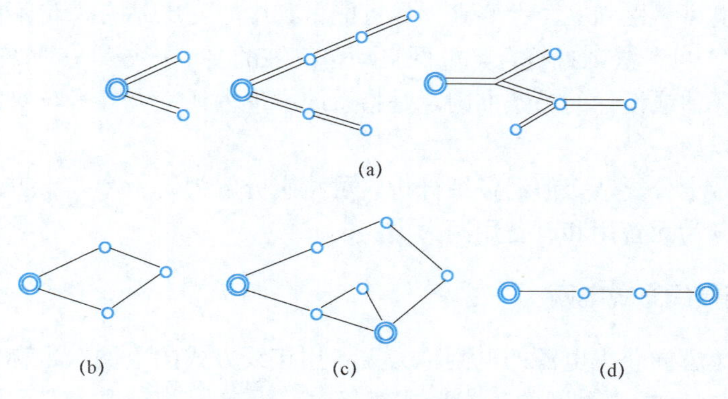

图 4-2　有备用接线方式
（a）双回线路；（b）单电源单环网；（c）双电源双环网；（d）两端电源供电

两端电源供电网在也是一种常见的有备用接线方式，其供电可靠性相当于有两个电源的环形网络。采用这种接线的先决条件是必须有两个或两个以上独立电源，而且采用这种接线的合理性要由各独立电源与负荷点的相对位置决定。

当环网中串接有变压器时，就构成了具有多个电压等级的环网，通常称为电磁环网，图4-3所示即为具有三个电压等级的电磁环网。

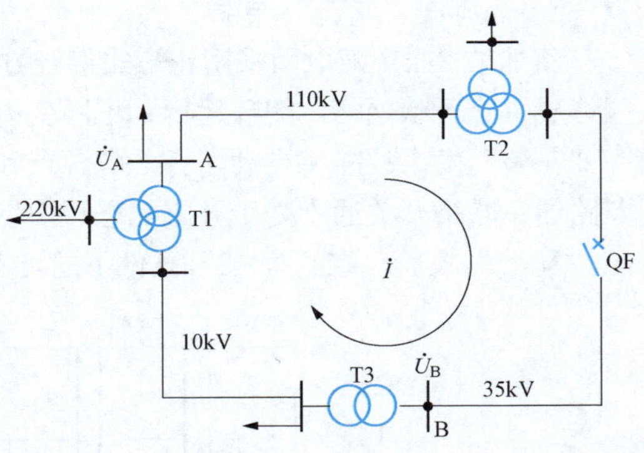

图4-3　具有三个电压等级的电磁环网

三、典型配电网接线方式

图4-4所示为几种常用的配电网接线方式。实际中如何选用接线方式，需要根据负荷的重要程度，从供电可靠性、运行检修的灵活性以及经济性等多方面进行综合比较后确定。下面介绍几种典型城市配电网的接线方式。

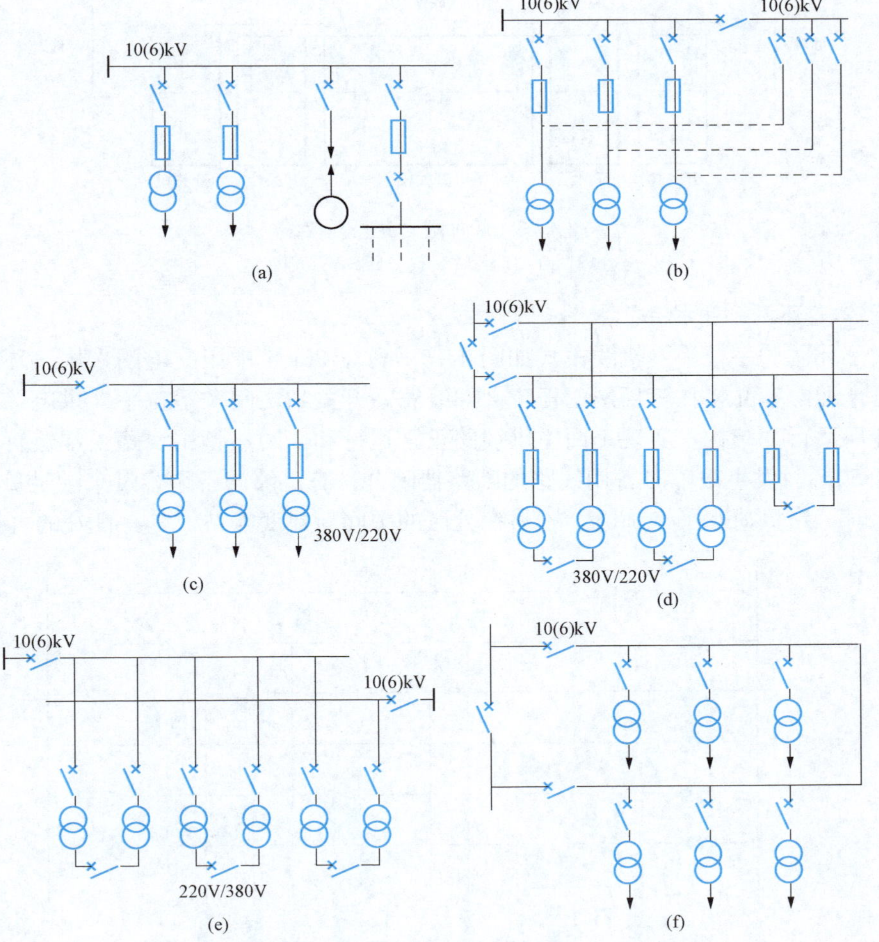

图4-4　常用配电网接线方式

(a) 单回路放射式网络；(b) 具有公共备用干线的放射式网络；(c) 单回路树干式网络；(d) 单侧供电双回路树干式网络；(e) 双侧供电双回路树干式网络；(f) 环网供电网络

1. 新加坡“花瓣”接线

新加坡 22kV 配电网采用花瓣式接线方式，如图 4-5 所示。每 2 条来自同一变电站的馈线形成一个环状网络，闭环运行；不同变电站的花瓣间设置联络开关，正常运行时打开，任一“花瓣”发生故障将自动闭合。电源点和线路负载率均控制在 50%以内，采用纵差保护和断路器；联络开关通常处于开路状态，发生故障时可恢复满负荷供电，主变压器和线路均满足“$N-1$”校验，在“$N-2$”条件下的可实现部分负荷转移，具有良好的可扩展性。

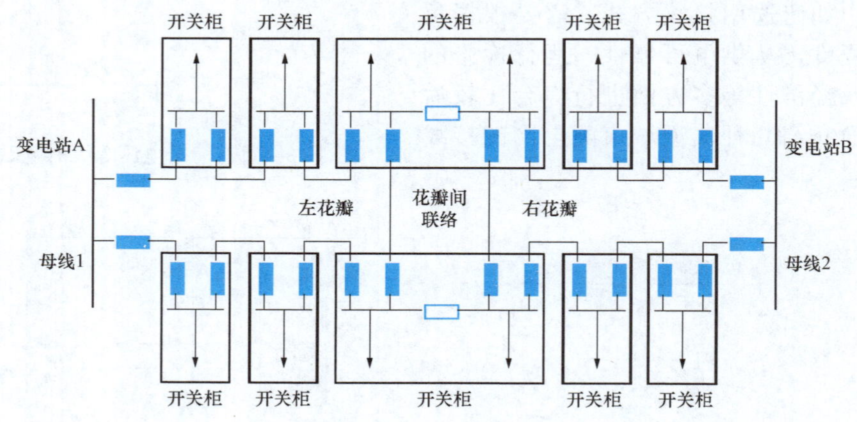

图 4-5 新加坡“花瓣”接线

断路器闭合状态； 断路器打开状态

2. 巴黎三环网“手拉手”接线

巴黎三环网“手拉手”接线模式如图 4-6 所示。20kV 中压配电网采用三环网纺锤形架构，每个配电室Ⅱ接在三环网的任意 2 回线路，开关站之间“手拉手”供电，即“闭环设计，开环运行”结构，实现 1 回主供线路正常运行和 1 回热备用线路正常运行，则最大负载率为 50%。发生故障时备用线路的断路器闭合，有足够的备用容量来满足负荷转移的需要。同时，当负荷水平增加时，容易在分区的中间新建变电站，具有良好的可扩展性。

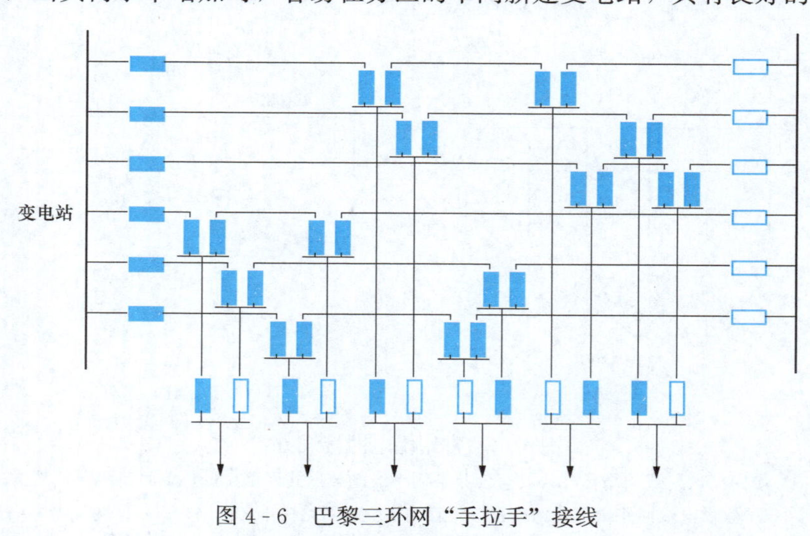

图 4-6 巴黎三环网“手拉手”接线

断路器闭合状态； 断路器打开状态

3. 东京"T 型"接线

东京"T 型"接线模式如图 4-7 所示，20kV 配电网的每个用户均具有 3 回"T 接"主干网的供电线路，且 3 条线路并列运行供电，正常运行时负载率不超过 67%。单一线路故障时，通过网络重构，转由并列 2 回线路供电，增加线路间负荷转移的容量，用户基本不存在瞬时停电。

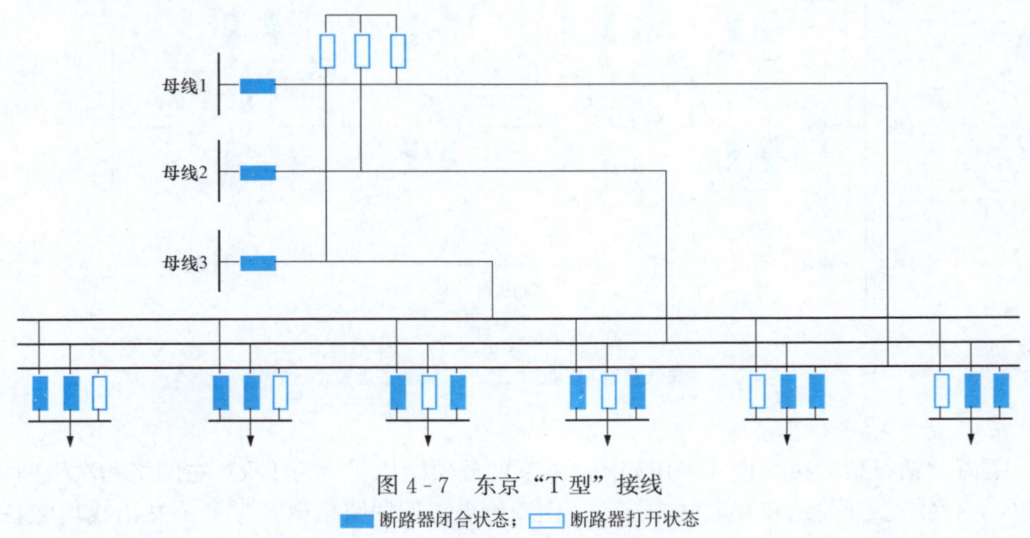

图 4-7 东京"T 型"接线

断路器闭合状态；断路器打开状态

4. 纽约"4×6"接线

纽约"4×6"接线方式如图 4-8 所示，系统中每 2 个电源点都通过联络开关连接。正常运行时分段开关闭合，联络开关打开，负荷率最高为 75%；任何单电源点故障时，对应支路的联络开关闭合，初始的 25%载荷转移到其他 3 个无故障电源上。

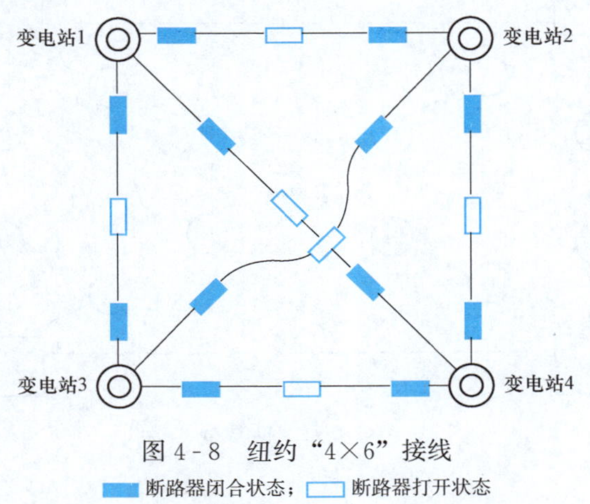

图 4-8 纽约"4×6"接线

断路器闭合状态；断路器打开状态

5. 深圳"3 供 1 备"接线

深圳"3 供 1 备"接线模式如图 4-9 所示，3 回线路构成电缆环网，1 回线路作为公共备用。1 回线路故障时末端断路器闭合，可以切换备用线路投入使用，正常运行状态下负载率不超过 75%。与单环网和双环比较，该种接线模式具有更高的设备利用率。

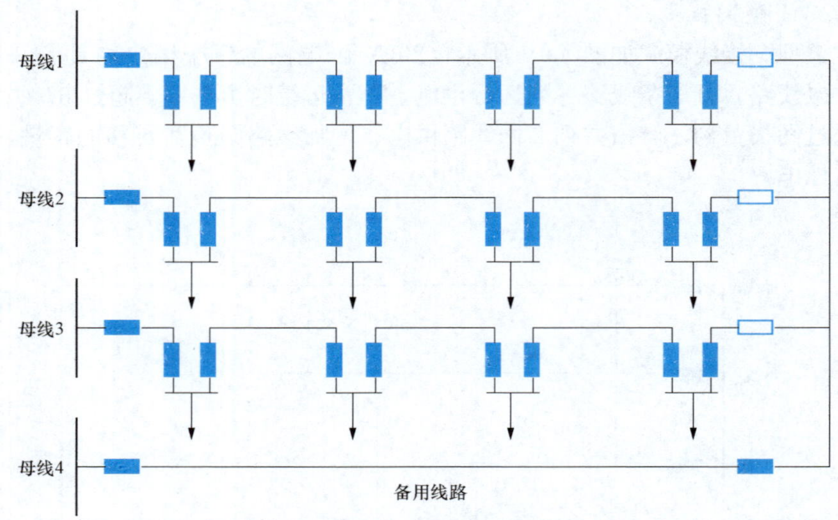

图 4-9　深圳“3 供 1 备”接线

断路器闭合状态；断路器打开状态

6. 上海“钻石型”接线

上海“钻石型”接线模式采用如图 4-10 的分层结构，分为 10kV 主网络和次级网络。其中，主网络以开关站和变电站为核心，由双侧电源四回路供电，且开关站出线均配备断路器，站间配备联络开关，形成“闭环设计、开环运行”的自愈环网结构；次级网络以环网站为核心节点，进出线皆配备环网开关，并依托上级电源形成单环网结构，站间负荷转移能力和平衡能力强。

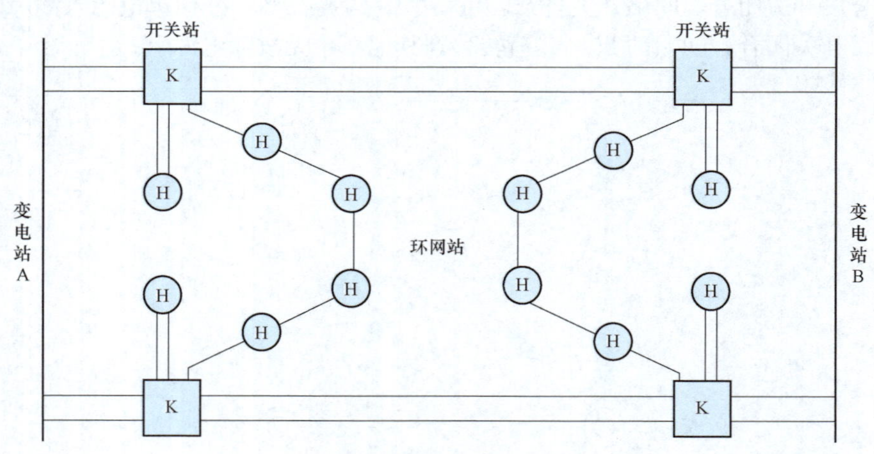

图 4-10　上海“钻石型“接线

第二节　发电厂变电站的主接线

发电厂变电站的电气主接线是由发电厂变电站的所有高压电气设备（包括发电机、变压器、高压开关电器、高压互感器、电抗器、避雷器及线路等）通过连接线组成的、用来接受和分配电能的强电流、高电压电路，又称电气一次接线；因为它反映了发电厂变电站电气部分的主体结构，所以也称电气主系统。电气主接线是电力系统网络结构的重要组成部分，对发电厂和变电站的安全、可靠、经济运行起着重要作用。电气主接线将直接影响到供电可靠性、电能质量、运行灵活性、配电装置布置、电气二次接线和继电保护以及自动装置的配置问题。在运行中，它表明了发电厂或变电站与高压电网、馈电线的连接方式以及相关一次设备的运行方式，成为调度控制和设备实际操作的依据。

电气主接线图是根据电气设备的作用和对它们的工作要求，用规定的图形符号和文字符号、按一定顺序排列，详细地表示出电气设备基本组成和连接关系的接线图，也称电气一次接线图或主系统图。主接线图中常用电气设备的图形符号和文字符号见表 4-1。由于电力系统的三相对称性以及三相设备的一致性，为了清晰和方便，电气主接线图通常都采用单线图表示，根据需要只在局部地方绘成三相图。电气主接线图能直观地表示出全厂或全站所有电气设备的相互连接关系及运行情况，对运行的可靠性、灵活性、操作检修的安全方便性以及运行经济性都有着重大影响。

一、对电气主接线的基本要求

电气主接线的设计首先必须要符合国家有关技术经济政策以及有关法规、规定和标准，同时还应根据机组容量、厂（站）建设规模、负荷性质和类别、设备制造水平以及该厂（站）在电力系统中的地位等，从供电的可靠性、运行的灵活性和方便性、经济性以及发展和扩建的可能性等方面，经综合论证比较后确定，力求达到技术先进、安全可靠、经济合理。

表 4-1　常用电气设备的图形符号和文字符号

序号	图　　形	名　　称	文字符号
1	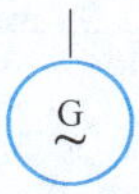 G ~	三相同步发电机	G
2	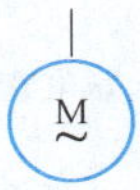 M ~	三相感应电动机	M
3	 或 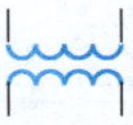	双绕组变压器	TM 或 T
4	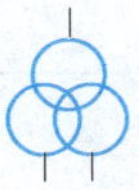 或 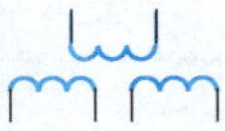	三绕组变压器或电压互感器	TM 或 T

续表

序号	图形	名称	文字符号
5		自耦变压器	T
6	 或 	电抗器	L
7	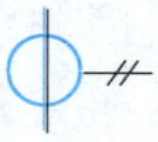 或	电流互感器	TA
8	 或 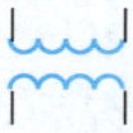	电压互感器	TV
9		熔断器	FU
10		避雷器	F
11		隔离开关	QS
12		刀开关	QK
13		负荷开关	QL
14		跌落式熔断器	FU
15		断路器	QF
16		低压断路器或自动空气开关	QA

发电厂和变电站的电气主接线应满足以下基本要求。

1. 可靠性

供电的可靠性是电能生产和分配的首要任务，主接线的拟定应首先满足这一基本要求。电气主接线作为电力系统的一部分，其故障不仅会造成对用户停电，还可能引发全系统事故，严重时会造成对系统稳定性的破坏，导致发电厂或变电站全部停电，甚至造成系统崩溃和长时间大面积停电。这不仅会给电力系统造成重大损失，同时也会给整个国民经济带来严重损失，更甚者会造成人身伤亡、设备损坏、产品报废、城市生活混乱等无可估量的社会影响。因此，拟定主接线时首先必须满足供电可靠性这一基本要求。

电气主接线的可靠性不是绝对的，因为同样形式的主接线对某些发电厂、变电站来说是可靠的，而对另一些发电厂、变电站则不一定能满足可靠性的要求。电气主接线的可靠性还应以发展眼光看待，因为设备制造水平的提高、新型技术装备的出现，都有利于提高主接线的可靠性。

衡量主接线可靠性的指标是：断路器检修时，能否不影响供电；发电厂、变电站全部停运可能性的大小；线路、母线等电气设备故障或检修时，停电时间的长短、停电范围以及能否保证对重要用户连续供电等。

大容量、超高压电力系统中的发电厂和变电站的主接线还应满足大机组、超高压系统对主接线的以下特殊要求：

(1) 任何一台断路器检修，均不影响另一台机组对系统的连续供电。

(2) 任何一台断路器故障或拒动，均不应切除两台及以上机组和相应的线路。

(3) 断路器在事故和检修故障相重合的情况下，停电线路不多于两回。

主接线的可靠性应与系统及负荷对供电可靠性的要求相适应，根据负荷重要程度、停电对负荷造成的损失大小，对不允许短时停电的Ⅰ、Ⅱ类负荷采用高可靠性的主接线方式，对供电连续性要求不太高的负荷可以考虑降低主接线可靠性标准以提高其经济性。

在设计主接线时，除要求对可靠性作定性评价外，对重要的大型发电厂和超高压等级枢纽变电站，还应进行可靠性的定量分析和计算。目前，国内评估电气主接线可靠性的主要指标有停电频率、每次停电持续时间、用户在停电时间的生产损失及电网公司在电力市场环境下通过辅助服务市场获得备用容量所付出的代价等。

2. 灵活性

所谓灵活性是指主接线应能在调度、检修及发展扩建等各种运行方式下，满足操作方便及运行灵活的要求，即能根据运行情况方便地退出和投入电气设备。灵活性通常包括以下几方面：

(1) 满足调度时的灵活要求。即在正常运行情况下，能根据调度的要求方便灵活地调整运行方式达到调度目的，同时，在故障时也能迅速方便转移负荷和恢复供电。

(2) 满足检修时的灵活要求。即检修时能方便灵活地退出、隔离相关设备，保证检修的安全，且不致过多影响电网的运行和对用户供电。

(3) 保证扩建的灵活要求，对将来有发展扩建可能的火力发电厂和变电站，设计主接线时应使其具有扩建的方便性。对于在设计主接线时通常不考虑扩建的大型水电厂，应考虑能方便地从初期接线过渡到最终接线的可能和分阶段施工的可行方案，应能在尽量不影响供电或能在停电时间最短的情况下，顺利完成过渡方案的实施，并使改造工作量最少。

3. 经济性

主接线的经济性是指要在满足可靠性和灵活性的前提下，使主接线尽可能满足经济合理的基本要求。要做到投资省、占地面积少、电能损耗小。为此，主接线应简单清晰，尽量节省开关设备数量，必要时要采用限流措施，以便选用轻型设备而降低投资。相应的电气二次控制及保护也不应过于复杂，以便节约电气二次设备及控制电缆投资。主接线设计还应考虑配电装置的布置条件以节约占地和节省框架及导线的安装费用。为减少电能损耗应经济合理地选择主变压器型式、容量和台数，避免两次变压增加电能损耗。对于大容量的发电厂和变电站可采取一次设计分期投资、投建，尽快产生经济效益。

对主接线的基本要求可归结为技术和经济两大方面，应用时应综合处理各方面的因素，通过深入的经济、技术比较，本着全局的、总体的指导原则，在满足技术要求的前提下，力争做到经济合理，过分地追求技术性或经济性都会带来不良后果。

二、电气主接线的基本形式

一座发电厂或变电站的电气主接线是由几种基本接线形式组合而成的。通常，可将电气主接线划分为有汇流母线的接线和无汇流母线的接线两大类型。有汇流母线的主接线，采用汇流母线（简称母线）作为中间环节，起到汇总和分配电能的作用。在出线回路数和电源数较多时能使接线简单清晰，运行方便，也便于安装和扩建。这类主接线形式包括单母线接线、双母线接线、带有旁路母线的单母线和双母线接线、3/2 接线、4/3 接线以及双断路器接线等。与有汇流母线的主接线相比，无汇流母线的主接线具有使用开关设备较少、占地面积较小等优点，但只适用于进出线回路少、不再扩建和发展的发电厂和变电站。单元接线、桥形接线和多角形接线就属于典型的无汇流母线接线。

（一）单母线接线

1. 单母线接线图

单母线接线是有汇流母线的主接线中结构最简单的一类。图 4-11 所示为单母线接线图，它仅有一组汇流母线 W，所有电源和出线回路都与汇流母线相连。为便于回路的投入或切除，每条出线上都装有一台断路器 QF，断路器两侧装有隔离开关 QSB 和 QSL，QSB 靠近母线侧，称为母线隔离开关，QSL 靠近出线侧，称为出线隔离开关。由于各出线回路输送的功率不一定相等，在设置电源和出线回路时，应尽可能使负荷均匀地分配在汇流母线上以减少功率在汇流母线上的传输。

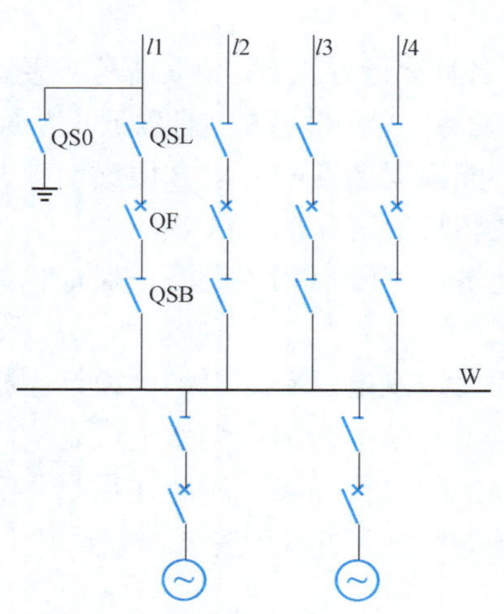

图 4-11　单母线接线

断路器具有完善的灭弧能力，是用来在正常运行和故障情况下接通和开断电路的。隔离开关只起到在检修设备时，使需检修的设备与带电部分隔离，保证检修人员安全以及避免对正常运行设备产生影响的作用。所以主接线中的断路器和隔离开关正确配置的原则是：每回路要配置一台断路器以及相应的隔离开关。但在某些特殊回路中，如发电机回路中，发电机与断路器之间可以不装隔离开关，如图 4-11 所示，因为当断路器断开时，发电机必须随即停机、灭磁，从而断开电源。图 4-11 中的 QS0 为接地开关，在检修线路时合上它可以代替安全接地线，以避免雷电波过电压的侵袭和误操作给检修人员带来的危险。

2. 倒闸操作

发电厂和变电站电气设备的工作状态可分为运行、检修和备用三种状态。所谓倒闸操作是指将电气设备或电力系统由一种工作状态变换为另一种工作状态的一系列有序操作。进行倒闸操作必须严格按操作规程的要求进行，应准确无误地填写操作票，认真执行操作监护制度。

在倒闸操作过程中，隔离开关与断路器配合操作时，隔离开关不能用于操作断开带负荷的电路，即隔离开关应严格遵守“先通后断”或在等电位状态下进行操作的原则。例如，在图 4-11 中，对出线 $l1$ 进行送电操作的顺序应该是：先关合母线隔离开关 QSB，再关合出线隔离开关 QSL，最后关合断路器 QF；而对出线 $l1$ 进行停电操作时，应先断开断路器 QF，然后断开线路隔离开关 QSL，最后断开母线隔离开关 QSB。断开 QF 两侧的母线隔离开关 QSB 和出线隔离开关 QSL 须按一定顺序的原因是：如果按操作程序已对 QF 进行了跳闸操作，但 QF 实际并未断开或者开断后绝缘距离不够，则操作隔离开关就会出现用隔离开关带负荷拉闸的误操作，由于隔离开关没有灭弧能力可能会引发弧光短路的故障；此时若先断开 QSL，故障点处在线路侧，继电保护动作可以切断故障点，而且由于故障点远离汇流母线，对其他回路运行影响较小，比先断开 QSB 造成带负荷拉闸的后果影响也稍轻些。同样道理，进行合闸操作时，当在误认为 QF 已断开且线路有预伏性故障的情况下，若先关合 QSL，后关合 QSB 进行送电操作，则会发生用 QSB 接通负荷的误操作，也可能会发生故障。而只有在按上述正确操作步骤进行操作时，由于 QSB 先关合上，故障点仍在线路侧，对其他设备运行影响才会较小。

3. 单母线接线的优缺点

单母线接线具有接线简单、清晰，使用设备少、投资小、运行操作方便，且便于扩建等优点。单母线接线的主要缺点是可靠性和灵活性较差。最严重的情况是当汇流母线或母线隔离开关故障或检修时，将使全厂（站）停电，直到故障排除或检修完毕才能恢复供电。此外，当出线断路器检修或故障时，会使该回路停止工作，使调度不灵活。因此，这种接线仅适用于出线回路数少，并且没有重要用户的中小型发电厂或变电站的配电装置。

为了充分利用单母线接线的优点，克服其缺点，通常可采取对母线分段或加装旁路母线的方法。

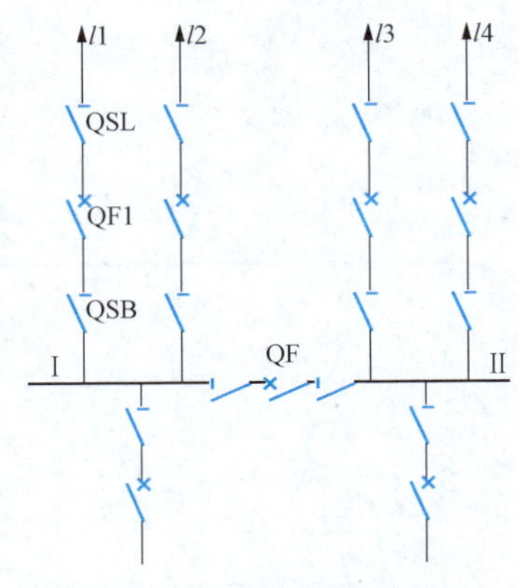

图 4-12　母线分段接线

（1）母线分段接线如图 4-12 所示，用分段断路器 QF 将汇流母线分为Ⅰ、Ⅱ两段，当 QF 闭合时，两段汇流母线并联运行，提高了运行可靠性；当 QF 断开时，两段汇流母线分裂运行，可减小短路电流。这时若某一段汇流母线的电源故障，可通过“备用电源自投装置”合上分段断路器 QF，使两段汇流母线同时运行，不影响出线的正常运行。由于两段汇流母线同时故障的几率很小，平时运行时不需考虑两段汇流母线同时故障，若一段汇流母线故障，仍可保留一半的电源和负荷继续运行，缩小了事故范围。因为有了分段，可以轮流检修任一段汇流母线，使停电范围减小，因此采用单母分段接线时重要用户可同时从不同分段引接电源实现双路供电。显然单母线分段接线既保留了单母线接线的一些优点，又在一定程度上克服了其缺点，从而提高了供电可靠性和灵活性，同时又缩小了电气设备故障的影响，扩大了它的适用范围。

但是单母线分段接线在某一回路断路器检修时，仍然会使该回路停电。而且在一段母线或母线隔离开关故障或检修时，该段母线上的所有回路在检修期间将全部停电。

（2）加装旁路母线的接线如图 4-13 所示，在单母线 W1 的接线基础上安装旁路母线 W2，以及连接 W1 和 W2 的旁路断路器 QF 和两侧的隔离开关 QS1、QS2，同时还须在每回出线处增加旁路隔离开关 QS3 等旁路设施。正常运行时，旁路母线 W2 不带电，旁路断路器及所有旁路隔离开关均断开，以单母线方式运行。要检修出线 $l1$ 的断路器 QF1 时，可进行下列原则性操作（假设 QS1、QS2 为合闸状态，旁路母线不带电，QF 继电保护整定时间为零）：首先合 QF 向旁路母线充电以判断旁路母线是否存在故障，如果旁路母线有故障，QF 会立即跳闸，而不影响其他部分的正常运行；若旁路母线正常，等充电 3～5min 再断开 QF，在旁母无电压的情况下合 QS3，再合上 QF，这时出线 $l1$ 既可从工作母线 W1 通过出线断路器 QF1 获得电源，也可以由旁路断路器 QF 通过旁路母线 W2 送电；然后再断开 QF1 及两侧隔离开关 QS4、QS5 实现对断路器 QF1 的检修。显然在整个操作过程中用户不会感到停电。可见，增加了旁路设施即可做到检修与旁路母线相连的任一回路断路器时，该回路可以不停电，使供电可靠性得到提高。图 4-13 中，虚线所示为电源侧回路也加装与旁路母线相连的隔离开关参加旁路的情况，即也可不停电检修电源侧回路断路器。通常变电站主变压器的 110～220kV 侧的断路器宜接入旁路母线，而发电厂主变压器 110～220kV 侧的断路器，可随发电机停机检修，一般不接入旁路母线。

在单母分段接线中，当出线回路数较少时，为节约投资，有时可采用分段断路器兼作旁路断路器的接线方式。如图 4-14 所示，此时 QF 既作分段断路器又兼作旁路断路器，两段汇流母线均可带旁路母线。这种接线方式在出线回路数不多的情况下，具有足够高的可靠性和灵活性，较多应用于容量不大的中小型发电厂和电压为 35～110kV 的变电站。

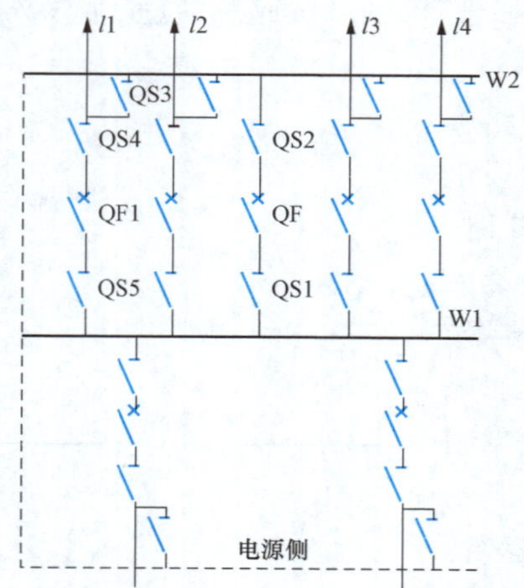

图 4-13　带旁路母线的单母线接线

W1—工作母线；W2—旁路母线

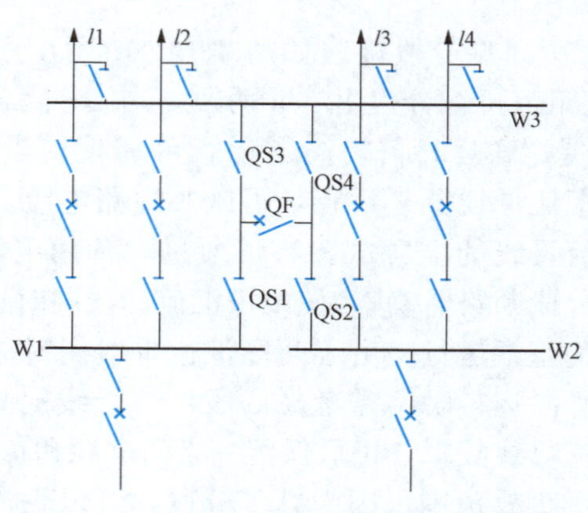

图 4-14　单母分段断路器兼旁路断路器接线

W1、W2—分段工作母线；W3—旁路母线

（二）双母线接线

1. 双母线接线图

如图 4-15 所示，双母线接线具有 W1、W2 两组汇流母线，每回路通过一台断路器和两组隔离开关分别与两组汇流母线相连，两组汇流母线之间通过母线联络断路器 QF（简称母联）相连。

2. 双母线接线运行方式

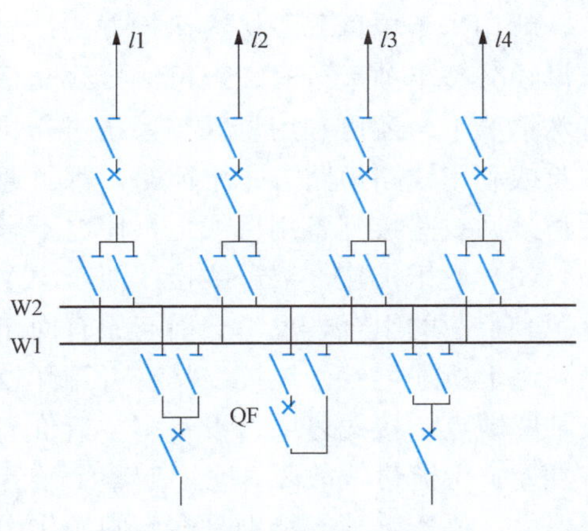

图 4-15　双母线接线

双母线接线由于有了两组汇流母线，可以有多种运行方式，使运行的可靠性和灵活性大为提高。发电厂或变电站可制定出主接线的标准运行方式和非标准运行方式。所谓标准运行方式就是指正常情况下经常采用的运行方式。只有在事故处理、设备故障或检修需要时，才允许通过倒闸操作将标准运行方式更改为非标准运行方式。一般双母线接线的标准运行方式采用固定连接方式，两组汇流母线通过母联断路器并联运行，两组汇流母线等电位，电源与负荷平均分配于两组汇流母线上，且电源回路和负荷回路只能固定地连接在某一组特定汇流母线上。固定连接可使两组汇流母线负荷平衡，且二次继电保护整定简单。

在故障或检修需要时，可将接线转换为非标准运行方式，例如转换为母联断路器断开、一组汇流母线运行、另一组汇流母线备用的运行方式，这相当于单母线运行；又如转换为母联断路器闭合的负荷非固定连接的两组汇流母线同时运行方式，这相当于单母线分段运行；再如转换为母联断路器断开的两组汇流母线同时运行方式以及用母联断路器代替出线断路器等多种运行方式。

3. 双母线接线的优缺点

双母线接线有下列优点。

（1）可靠性高。因为有了两组汇流母线，可以轮流检修一组汇流母线而不会中断对用户的供电。若有一组汇流母线故障，经倒闸操作可以将所有回路倒换至另一组汇流母线，使用户在经历短暂倒闸时间后迅速恢复供电；若要检修任一回路的母线隔离开关，只需停止该回路供电，将其他回路倒换至另一组汇流母线而不影响供电。例如，如果原来 W1 运行、W2 备用，母联断路器处于断开状态，现若要检修 W1 或与 W1 相连的任一回路的母线隔离开关，需将所有回路倒换到 W2 上继续运行时，其操作的原则步骤是：

1）母联断路器 QF 继电保护整定时间为零；

2）关合母联断路器 QF 向 W2 充电（若 W2 有故障会在继电保护作用下快速自动跳闸）；

3）确定 W2 完好，充电成功后，此时两组母线处于等电位状态，可依次关合与 W2 相连的母线隔离开关；

4）依次断开与 W1 相连的母线隔离开关；

5）断开母联及两侧的隔离开关。

此时 W1 退出运行，挂接地线，做好安全措施后即可检修 W2，系统仍可正常运行。

显然上述倒闸操作比较复杂，必须正确无误地进行。

(2) 调度灵活。因为有两组汇流母线，就可以通过倒闸操作将各个电源和负荷任意分配到某一组汇流母线上，实现多种运行方式，满足调度和潮流变化需要。例如当母联断路器闭合，实施固定连接的双母线同时运行方式，并将电源和负荷平均分配在两组汇流母线上，就相当于单母分段接线运行方式；当两组汇流母线一组工作一组备用时，或者两组汇流母线分裂单独运行时，双母线接线又具有单母线接线的特点。根据系统调度的需要，在特殊情况下，还可利用母联与系统进行同期和解列操作。当个别回路需要进行独立工作、试验或利用线路短路方式融冰时，都可通过倒闸操作空出一组汇流母线作为备用母线，然后将该回线路接到备用母线上，使之不影响其他回路正常运行。

(3) 便于扩建。双母线接线便于向左、右方向任意扩展，而不会影响两组汇流母线上电源和负荷的组合，也不会引起原有回路的停电。

综上所述，双母线接线具有可靠性较高、调度灵活、扩建方便的主要优点。但它仍存在某些缺点：接线复杂、设备多、造价高；配电装置复杂，占地面积和投资费用较大，经济性差；汇流母线故障，会引起整个装置短时停电；检修出线断路器时，仍会使该回路短时停电；操作繁琐，特别是在倒闸操作中，隔离开关作为操作设备，容易引起误操作，也不便于实现自动化。因此这种接线适用于出线回路数较多或母线上电源数目多、输送和穿越功率较大，且母线故障后要求迅速恢复供电、汇流母线或设备检修时不允许影响对用户供电、系统调度对接线灵活性有一定要求的场合。

为了克服双母线接线的缺点通常可采用下列措施。

(1) 将其中一组汇流母线分段，使得任一段母线故障或任一回路断路器故障时停电范围仅限于一段母线，缩小了停电范围。如图 4－16 所示，在热电厂或中小型火电厂，机端负荷较重时，可用断路器 QF 将一组汇流母线分为Ⅰ、Ⅱ两段，同时增加 QF1、QF2 两台母联断路器，构成双母分段接线。这种接线同时具有单母分段接线和双母线接线的特点，可有多种运行方式，具有较高的可靠性和灵活性。分段数目可根据汇流母线上所带负荷大小及出线回路数多少确定，因为分段数目多势必会增加母联断路器和分段断路器数目而增加投资，同时给运行和操作带来不便。通常在发电厂中，当 6～10kV 机端电压母线负荷超过 24MW，且短路电流较大时，应将母线分段，为简化接线以分两段为宜。

(2) 加装旁路母线。其作用是避免在检修出线断路器时造成该回路短时停电。如图 4－17所示，在双母线接线的基础上增加旁路母线 W3、旁路断路器 QF2 及相应的旁路隔离开关。这种接线提高了供电的可靠性，运行时操作方便，不会影响双母线正常运行。但这种接线增加了断路器和隔离开关，从而增加了投资和配电装置的占地面积，同时旁路断路器的继电保护要适应各回路整定要求，会使继电保护整定计算复杂。

对于带旁路的双母线接线而言，当出线回路数较少时，为节省投资，通常可将母联断路器兼作旁路断路器使用。图 4－18 所示为几种母联断路器兼旁路断路器的接线，其中图 4－18 (a) 表示正常运行时 QF、QS1、QS2 闭合，QS 断开，QF 起母联断路器作用；若检修出线断路器，可将所有回路切换到母线 W1 上，再将 QS2 断开，QS1、QS、QF 闭合，将 W1 与旁母连接，QF 代替旁路断路器作用。

电力系统中电压等级较高、连接多个电源的大容量枢纽变电站常采用双母分段带旁路的接线方式，以提高供电可靠性。

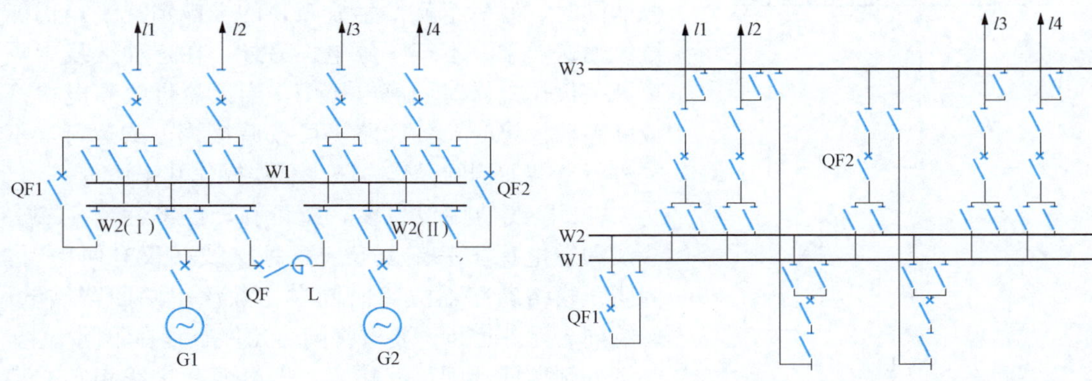

图 4 - 16　双母线分段接线　　　图 4 - 17　带旁路母线的双母线接线

应该指出，是否加旁路母线，主要应根据电压等级、出线回路数多少、对可靠性要求及断路器检修是否允许停电等因素考虑。加旁路母线，要增加相应的旁路断路器及隔离开关，从而增加了投资。所以这种接线只有在出线回路数较多或供电可靠性有特殊需要时才采用。在我国 6～10kV 配电装置通常不设置旁路母线，这主要是考虑对于重要用户可采用双回路供电，检修出线断路器时可将负荷转移保证供电。随着高压配电装置采用性能良好的 SF_6 等断路器以及断路器制造水平的提高，再加电网结构的日趋合理、管理水平和检修水平的不断提高，备用容量的增大，为简化接线、方便操作，电力系统中将有逐渐取消旁路设施的趋势。

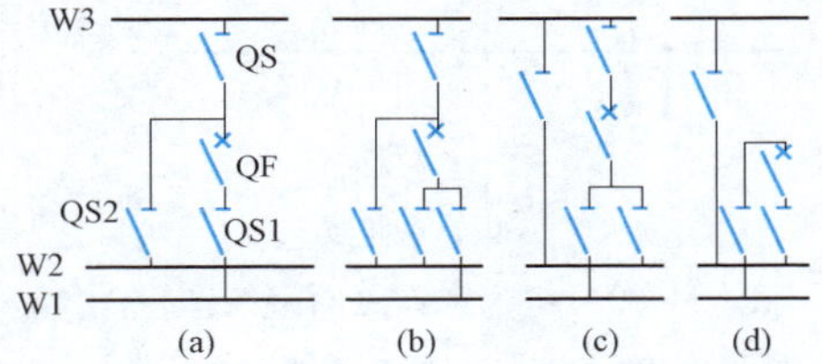

图 4 - 18　母联兼旁路断路器接线

(a) 一组母线能带旁路；(b) 两组母线均能带旁路；(c)、(d) 设有旁路跨条

(3) 严格规章制度，选用“五防开关”。双母线接线在倒闸操作中，由于隔离开关作为操作设备，容易发生带负荷拉合闸，造成误操作，为此要求隔离开关与对应断路器间装设闭锁装置。而且电力系统的运行操作必须严格按照规程规定进行，即工作时执行“工作票”，操作时执行“操作票”。此外，还可采用“五防”开关。所谓“五防”是指防止带负荷拉合隔离开关，防止误分合断路器，防止带地线合隔离开关和带电合接地开关，防止带地线合断路器，防止误入带电间隔。

（三）一个半断路器接线（3/2 接线）

随着发电机组单机容量的增大和超高压电压等级的出现，为了提高供电的可靠性和灵活性，研制出一个半断路器接线方式。如图 4 - 19 所示，此种接线有两组汇流母线 W1 和 W2，两组汇流母线间装有三个断路器 QF1、QF2、QF3，构成一串。每一回路（线路或电源）经一台断路器接到一组汇流母线，每串的中间一台断路器称联络断路器，连接两条回路。这就是一个半断路器接线。由于是三台断路器控制着两条回路，所以也称为 3/2 接线。正常运行时，两组汇流母线和所有断路器都投入工作，从而形成多环路供电方式，这时的每一串称为完整串。这种接线有较高的供电可靠性和灵活性。除联络断路器故障时与

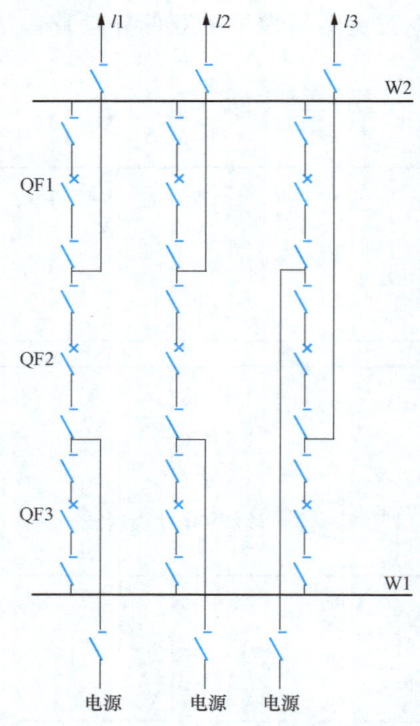

图 4-19　一个半断路器接线图

其相连的两条回路会短时停电外，任一组汇流母线故障或检修，甚至在两组汇流母线同时故障（或一组检修的同时，另一组又发生故障）的极端情况下，仍能继续输送功率，不至于停电。另外，在这种接线中隔离开关仅作检修时隔离电压用，当汇流母线停电检修或断路器检修时，各回路仍可按原接线方式运行，不需进行复杂的倒闸操作，减少了误操作几率。

3/2 接线使用设备多，造价高，经济性差，二次接线和继电保护整定复杂。这种接线在仅有两串时，为防止联络断路器故障时同时切除该串两回路供电，影响同名元件运行，要求将同名元件布置在不同串上，并且分别靠近不同母线接入，即电源和出线相互交叉配置，可避免母线故障影响范围，显然这种配置会增加配电装置布置上的难度。但当回路多于三串时，可不用采取交叉布置，以简化配电装置的布置。

由于 3/2 接线具有较高的可靠性和灵活性，在大型发电厂和变电站的 330～500kV 超高压配电装置中，当出线回路数超过 6 回以上且配电装置在系统中处于重要地位时，宜采用 3/2 接线。

（四）4/3 接线

4/3 断路器接线是由 3/2 断路器接线演变来的接线方式，即在 3/2 断路器接线的串内再串入 1 台断路器，形成 4 台断路器接 3 个回路的接线方式。在回路数相同的情况下，4/3 断路器接线比 3/2 断路器接线用的断路器要少，对超高压变电站有更好的经济性。这种接线的运行特点与 3/2 断路器接线相近，但可靠性方面较 3/2 断路器接线差。在双重故障下，停电范围大于 3/2 断路器接线。此外，4/3 断路器接线的中间回路的引出也较困难。

（五）双断路器接线

双断路器接线如图 4-20 所示，具有 W1、W2 两组母线，每一回路经 2 台断路器分别接在两组母线上。当回路较多时可以考虑母线分段。

双断路器接线的优点是：具有较高的可靠性，断路器检修和母线故障时，回路不需要停运；运行灵活，每一回路经 2 台断路器分别接在两条母线上，可根据需要灵活地改变接线；分期扩建方便；利于运行维护。其缺点是设备投资高。

（六）单元接线

单元接线如图 4-21 所示，其中图 4-21（a）、（b）和（c）是发电机出口直接经主变压器接入高电压系统的接线，称发电机—变压器组的单元接线。在这种接线形式中，发电机与主变压器容量相匹配，必须同时运行，发电机发出的电能直接经主变压器送往高压电网。发电机出口处除接有厂用分支外，不设发电机机压母线而且发电机出口处可以不安装断路器，只装设一组隔离开关，以便对发电机进行检修和试验。若发电机出口采用分相封闭母线，不宜安装隔离开关时应有可拆的连接片。

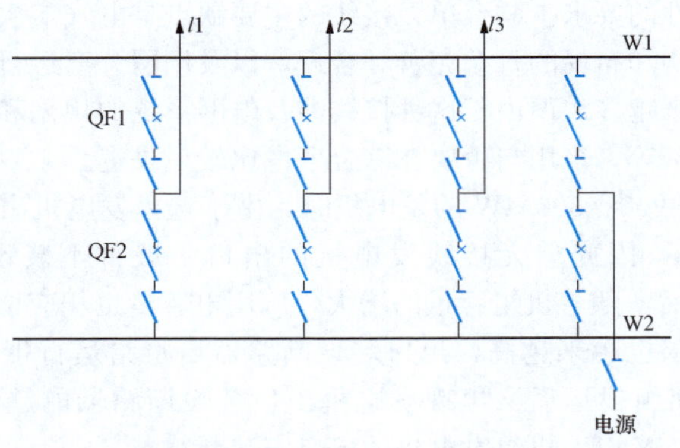

图 4-20 双断路器接线图

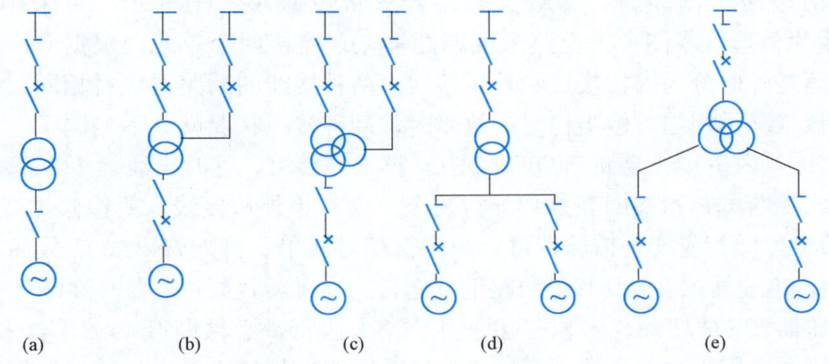

图 4-21 单元接线图

(a) 发电机—双绕组变压器单元接线；(b) 发电机—自耦变压器单元接线；
(c) 发电机—三绕组变压器单元接线；(d) 发电机—双绕组变压器扩大单元接线；
(e) 发电机—分裂绕组变压器扩大单元接线

单元接线的优点是：接线简明清晰、占地面积小、经济性好、故障范围小、运行可靠灵活、操作方便；由于不设机压母线，不但简化了配电装置，减少了发电机电压侧发生短路故障的几率，而且当发电机和变压器低压侧短路时，短路电流可以得到限制，有利于电气设备的运行。单元接线的主要缺点是：当单元中任一元件故障或检修，可引起整个单元停止工作；高压断路器操作频率高，影响断路器使用寿命。

在实用中还可以根据需要将单元接线扩展为图 4-21（d）和（e）所示的扩大单元接线。当发电机单机容量不大、系统备用容量允许时，采用两台发电机与一台变压器组成扩大单元接线，以减少变压器、高压断路器的台数，并且节省配电装置占地面积。但这种接线方式运行灵活性较差，当主变压器停运时会影响两台发电机组的运行，当仅一台机组运行，主变压器轻载时又会造成很大的空载损耗。

当发电机—变压器—线路组成联合单元时，发电机发出的电能通过主变压器和线路直接送入附近的枢纽变电站或开关站，发电厂内可不设高压配电装置。联合单元接线的优点是单元性强，集中控制不设网络控制室，使运行管理更加灵活方便；电厂不设高压配电装置，使电气布置更加紧凑，节省占地面积；主变压器高压侧可装也可不装断路器，主要取决于线路长度和可靠性的要求。联合单元接线的主要缺点是电气二次接线和短线路保护复杂。随着我国电网结构和布局的日益完善和合理，以及厂网分离运行模式的发展，联合单元接线形式的应用越来越多。但由于这种接线涉及电网系统的规划和布置，也影响到发电厂的接线、布置和投资等，采用与否要在综合考虑比较后决定。

我国在出现100、200、300MW的发电机时，由于选择发电机出口断路器遇到制造条件和价格过高的困难，因此单元接线发电机的出口一般都不装设断路器。但在600、1000MW发电机出现后，随着机组容量的增大，厂用电容量也相应增加，对厂用电供电的可靠性和连续性的要求也越来越高，出口装设断路器后将给运行带来很多有利因素。因此，我国在600MW机组投运后又出现发电机出口装设断路器的趋势。国际电工委员会（IEC）也推荐在600MW以上机组发电机的出口安装断路器。

（七）桥形接线

当只有两进两出回路时，为减少断路器数量及减小占地面积，可采用桥形接线。图4-22所示为桥形接线图。桥电路上的断路器QF连接两个单元，根据QF位于线路断路器的内侧还是外侧分为内桥接线和外桥接线。两种接线的断路器数目相同，正常情况下两种接线运行状况也相同，但当检修或故障时，两种接线状况就大不相同了。例如若要检修主变压器T1，内桥接线要断开QF、QF1，再拉开QS1，这时出线 $l1$ 只得停电。要恢复 $l1$ 供电，需再关合QF和QF1，操作显得复杂。而对于外桥接线，要检修主变压器T1仅停QF1和QS1，做相应安全措施即可，操作就相对简单。再如若出线 $l1$ 故障，内桥接线仅QF1跳闸，主变压器T1及其他回路继续运行；在外桥接线中，QF和QF1会同时自动跳闸，主变压器T1被切除。要恢复主变压器T1运行，必须断开QS2，合QF1和QF。因此，内桥接线适用于主变压器不需经常切除、线路较长且要求尽量减少电网脱环运行的情况；而外桥接线适用于主变压器需经常切除、线路较短且有穿越功率的情况。当有三台主变压器和三回出线时，为提高供电的可靠性和灵活性，可采用如图4-22（c）所示的双桥形接线形式。

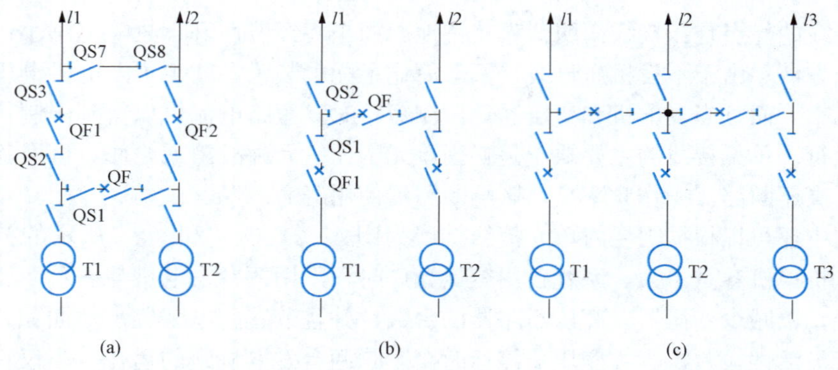

图4-22　桥形接线

（a）内桥接线；（b）外桥接线；（c）双桥接线

由于当桥电路上的断路器检修或故障时会影响出线供电，可增加跨条并安装两组隔离开关QS7、QS8联络两臂，以便在轮流检修任一组隔离开关时用，如图4-22（a）所示。

桥形接线简单清晰、使用电器少、造价低，比较容易发展成单母线接线或双母线接线。它的缺点是，在内桥接线中主变压器投切会影响到线路停运；在外桥接线中，当线路故障时会使相应的主变压器退出工作；而且在操作过程中，需用隔离开关作为操作电器。因此，桥形接线只适用于具有两台变压器和两回出线的较小容量的发电厂和变电站，或者作为初期工程的一种过渡接线方式。近年来随着电力科学技术的发展和新型设备（如全封闭 SF_6 组合开关）的采用，城网配电变电站广泛采用内桥接线。

（八）多角形接线

按照回路数等于断路器数的原则，将断路器接成环形电路，每回路都接在两台断路器之间，这就是多角形接线。它相当于把单母线用断路器按电源和引出线数目分段形成闭环的接线。图 4-23 所示为三角形和四角形接线。角形接线每个回路都由两台断路器控制，检修任一台断路器，进出线可以不中断供电，只需断开该断路器和两侧隔离开关即可。在角形接线中，隔离开关不作为操作设备，设备的投入、切除操作方便，占地面积小，因此角形接线具有较高的供电可靠性、运行灵活性及经济性。角形接线的主要缺点是当检修某一台断路器时，接线变成开环运行，如果此时恰有另一台断路器故障就可能造成停电。同时角形接线运行方式变化较大，在闭环和开环两种情况下，流过电气设备的电流差别很大，将使继电保护整定计算复杂、设备容量选择困难，还有不易发展和扩建等缺点。角形越多，这些缺点会越突出，因此角形接线通常用于不考虑发展的水电厂，且多采用三角形和四角形接线。

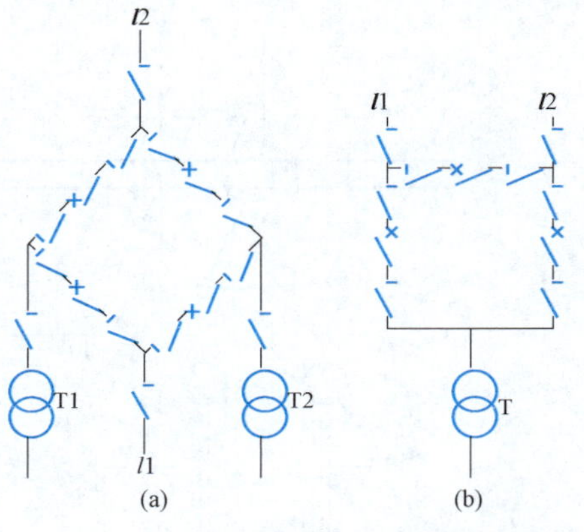

图 4-23 多角形接线

（a）四角形接线；（b）三角形接线

三、典型的发电厂主接线

一座发电厂的主接线一般是由几种基本接线形式组合而成的。随着发电厂的类型、规模、电压、出线回路数以及在系统中的作用和地位的不同，所采用的主接线的形式也有所不同。下面仅对几种不同类型发电厂的典型接线形式及其特点作一简述。

（一）大型火电厂主接线

大型发电厂一般是指总容量在 1000MW 及以上，安装的单机容量为 300MW 及以上大型机组的发电厂。大型发电厂一般距负荷中心较远，全部电能用 220kV 及以上的高压或超高压线路输送至远方，故又称为区域性电厂。大型发电厂在系统中占有重要地位，担负着系统的基本负荷，其工作情况对系统影响较大，所以要求电气主接线有较高的可靠性。

图 4-24 所示为一区域性 2×300MW+2×1000MW 大机组的凝汽式发电厂的电气主接线。发电机与变压器采用容量配套的单元接线形式，可省去发电机至变压器的高压配电装置，减少占地面积。通常发电机、主变压器中间不设断路器、隔离开关等元件，接线简单，发电机（G1、G2、G3、G4）、主变压器（T1、T2、T3、T4）、厂用变压器（T11、

T12、T13、T14、T15、T16）相互间采用分相封闭母线连接，几乎杜绝了发生相间短路故障的可能，并大大降低了发生接地短路故障的几率，在一定程度上缓解了大机组、大容量系统的短路电流过大、发电机出口断路器较难选择的问题。

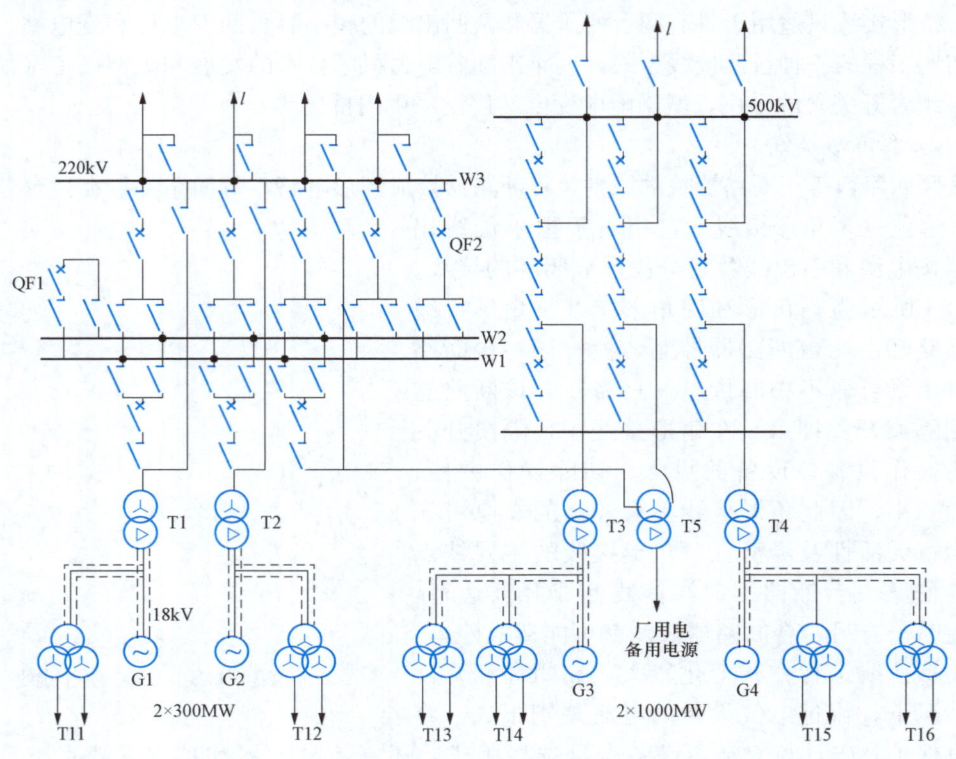

图 4 - 24　大机组凝汽式发电厂电气主接线图

该接线主回路及厂用分支回路均未装隔离开关和断路器。厂用高压变压器采用低压分裂绕组变压器。该发电厂升高电压级有 220kV 和 500kV 两种电压级。500kV 采用一个半断路器接线，可简化操作，使运行调度灵活，可靠性提高；220kV 采用双母线带旁路母线的接线，并且变压器进线回路也接入旁路母线。两种升高电压之间设有联络变压器 T5，T5 采用自耦变压器，其低压侧作为厂用备用电源和启动电源。

该接线方式的缺点是发电机和变压器组成了一个工作单元，单元内任一元件故障、检修都会导致整个单元内元件全部停止工作。因此，对单元内各元件及其连接线可靠性的要求较高，当然随着电气设备制造技术的日趋成熟，大型电气设备的运行可靠性会越来越高，再加分相封闭母线的采用等都会为单元接线的发展提供可靠运行的保障。该接线方式的另一缺点是 220kV 双母线带旁路接线复杂，会给操作运行带来不便。

（二）热电厂主接线

通常热电厂位于负荷中心，热电厂主要供给地方用户电能兼供热能，以提高热电厂的热效率，剩余的电能以升高电压送往系统，而在地区负荷较高时，从系统输入电能。当发电机电压侧负荷比例较大，出线较多时，发电机电压侧一般采用有母线的接线方式。在满足地方负荷的前提下，可将一些较大容量机组采用单元或扩大单元接线直接升高电压。在升高电压侧可根据容量大小、重要程度和出线数的多少，采用双母线、双母线带旁路、单母线、单母线分段、单母线带旁路、多角形接线或桥形接线等接线方式。

图 4-25 所示为一热电厂的电气主接线图。该厂装有两台 50MW 的机组及两台 100MW 的机组。根据负荷情况，G1、G2 发电机电压侧出线较多，采用双母线分段接线供附近用户用电，其他多余能量通过两台三绕组变压器分别送入 110kV 和 220kV 电网。G3、G4 发电机容量较大，不带地方负荷，采用单元接线将电能直接送入 220kV 系统。为便于检修和调试，在发电机和变压器之间装设隔离开关。

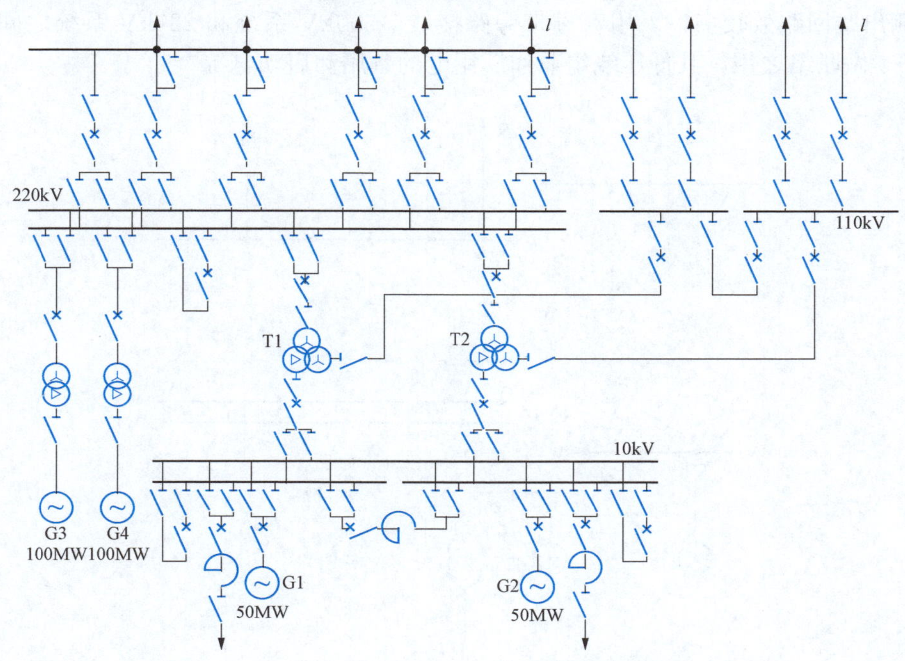

图 4-25 热电厂电气主接线图

220kV 侧电压等级较高，出线回路数比较多，采用双母线带旁路接线，并设有专门的旁路断路器，各出线回路参与旁路，因此检修这些出线断路器就可以不停电。而从发电机进入 220kV 母线的进线回路，考虑故障几率较少，而且一般情况下，变压器高压侧断路器可在发电机检修时或与变压器同时进行检修，所以就没有加旁路。

110kV 侧采用单母线分段接线，平时两段分开运行，以减少故障时的短路电流，如有重要用户可用接在不同分段上的双回路进行供电。

10kV 出线安装有出线电抗器，10kV 汇流母线分段处安装有母线电抗器，电抗器是用来限制短路电流的。在大中型电厂中，短路电流可能达到很大数值，因此在设计主接线时要采取限流措施，以便选用价格便宜的轻型设备和截面积较小的母线及电缆。在发电厂中通常采用的限流措施有：选择适当的主接线形式和运行方式，如采用单元接线和主变压器低压侧分裂运行以增大回路阻抗；安装出线电抗器和母线分段电抗器；采用分裂绕组变压器等。

（三）水电厂主接线

水电厂生产过程比较简单、停启方便，在电力系统中承担调频调峰任务，因此要求水电厂主接线的接线尽量简单、运行灵活、操作方便，还应便于实现自动化和远动化的需要。图 4-26 所示为大型水电厂电气主接线图。水电厂通常建在江河湖泊附近、远离负荷中心，或建在山区峡谷、地形复杂，因而水电厂发电机电压侧负荷很小，主要担负向外输送电能的任务。水电站水源水量已确定，不考虑发展扩建，仅考虑后期过渡。因此，发电机 G1、G2 和发电机 G3、G4 分别以扩大单元的形式接入 500kV 系统，500kV 侧采用一个半断路器接线，由于串数大于 2 串，不采用交叉布置的配电装置，以减少配电装置占地面积，同时也方便电气设备的布置；发电机 G5、G6 以单元接线的形式接入 220kV 系统，220kV 侧出线回路数较多，采用双母带旁路接线。500kV 系统和 220kV 系统之间设自耦变压器 T5 做联络之用，其低压绕组兼作厂用电的备用和启动电源。

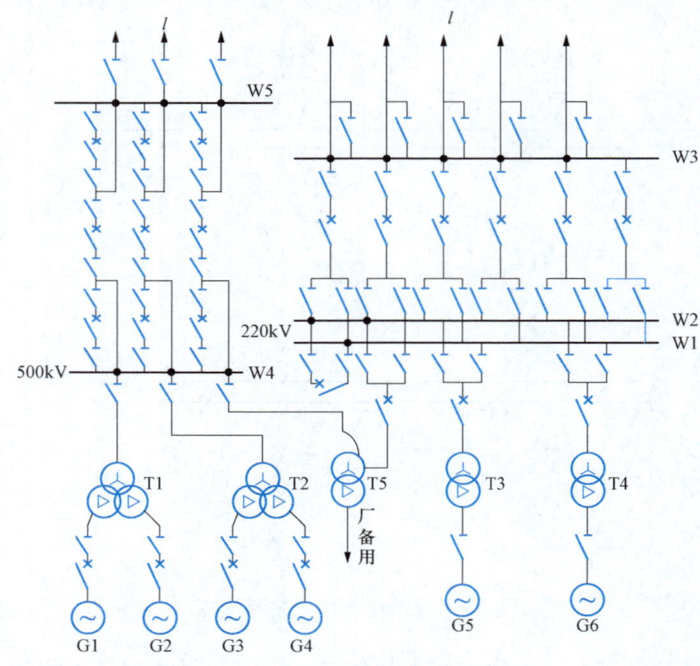

图 4-26 大型水电厂电气主接线图

四、特高压变电站的电气主接线

特高压变电站电压等级高、容量大，在电力系统中的地位特别重要。特高压变电站的停电会对电力系统和负荷用户造成重大损失，所以对其可靠性要求特别高。我国交流 1000kV 特高压输电工程研究设计中，曾对 1000kV 变电站（远景规划为 4 变 8 线方案）采用 3/2 接线、4/3 接线、双断路器接线、双母线双分段接线、双母线双分段带旁路接线等五种典型接线方案的可靠性进行过对比分析，发现其中 3/2 接线、4/3 接线、双断路器接线的各项指标比较接近，而且优于双母线双分段接线及双母线双分段带旁路接线。

图 4-27 给出了我国某典型 1000kV 特高压交流变电站的主接线图，其主接线采用的是双断路器接线与 3/2 接线相结合的混合接线方式。

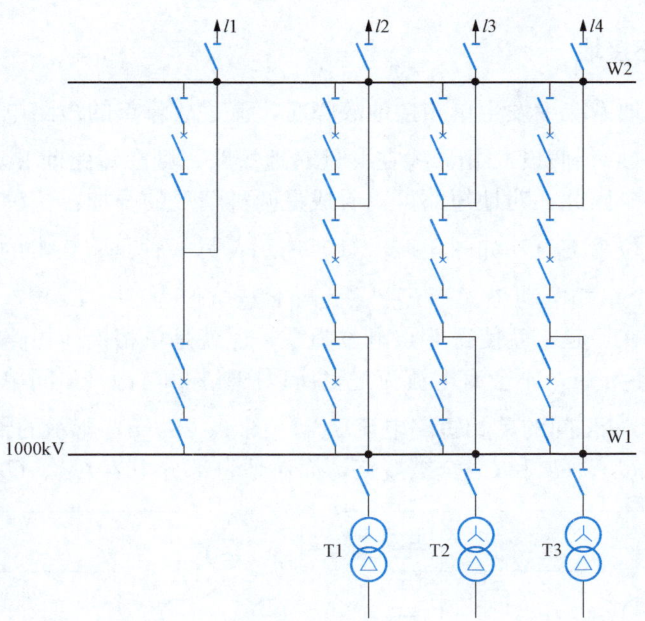

图 4-27 1000kV 特高压交流变电站主接线图

第三节 中性点接地方式

电力系统的中性点是指星形连接的三相变压器绕组或发电机绕组的公共点。中性点的接地方式涉及绝缘水平、通信干扰、电压等级、系统接线等方面。我国电力系统中性点的接地方式主要分为两大类：一类是大电流接地系统（或直接接地系统），包括中性点直接接地或经小阻抗接地；另一类是小电流接地系统（或非直接接地系统），包括中性点不接地、经消弧线圈接地或经高阻接地。

运行经验说明，电力系统中发生单相接地故障的比重很大，约占总故障的 65%以上。在大电流接地系统中发生单相接地故障时，接地相与接地的中性点构成短路回路，形成很大的单相接地短路电流。为防止损坏设备，此时断路器会迅速动作切除故障，从而造成停电事故。而在小电流接地系统中发生单相接地故障时，不会构成短路回路，接地相电流不大，电网线电压的大小和相位关系维持不变，接在线电压上的负荷仍能继续运行，因此系统可以带接地故障继续运行（一般允许运行 1～2h），等做好停电准备工作后再停电排除故障。可见采用小电流接地的运行方式可以大大提高系统供电的可靠性。但这种运行方式的缺点是，发生单相接地时非接地相的对地电压将上升为线电压，因此线路及各种电气设备的绝缘均要按长期承受线电压的要求设计，这将使线路和设备的绝缘投资增大。电压等级越高，绝缘投资在电气设备造价中所占的比重也越大，因此在 110kV 及以上的电力系统中都采用中性点直接接地的运行方式，而以其他措施提高供电可靠性。只有在 60kV 及以下的电力系统中才采用中性点不接地或经消弧线圈接地的运行方式。下面分别进行介绍。

一、 中性点不接地

在中性点不接地系统中发生单相接地故障时，流过故障点的短路电流可按以下方法计算。参考图 4-28（a），假设 C 相导线在 k 处对地短路，则在短路前 k 点电位为 $\dot{E}_C$，在短路后 k 点电位为零。因此，对地短路可以看成是两种情况的叠加：一种是原来正常的三相系统（此时 k 点电位为 $\dot{E}_C$），如图 4-28（b）所示；另一种是将正常的三相电源电动势短路而在 kk′间加一个单相电动势（$-\dot{E}_C$）[此时 k 点电位为（$-\dot{E}_C$）]，如图 4-28（c）所示。这两种情况加在一起，就使得 k 点电位为零，也就是单相接地短路的情况。由于正常三相运行时 kk′间不导通，不会有电流流过，所以图 4-28（c）kk′间单相电源所流过的电流就是图 4-28（a）kk′间的单相短路电流 $\dot{I}_k^{(1)}$。图 4-28（c）所示的情况是十分简单的。其线间部分互电容 C_{12}、C_{23} 和 C_{13} 全被短路，而对地自部分电容 C_{11}、C_{22} 和 C_{33} 并联接在单

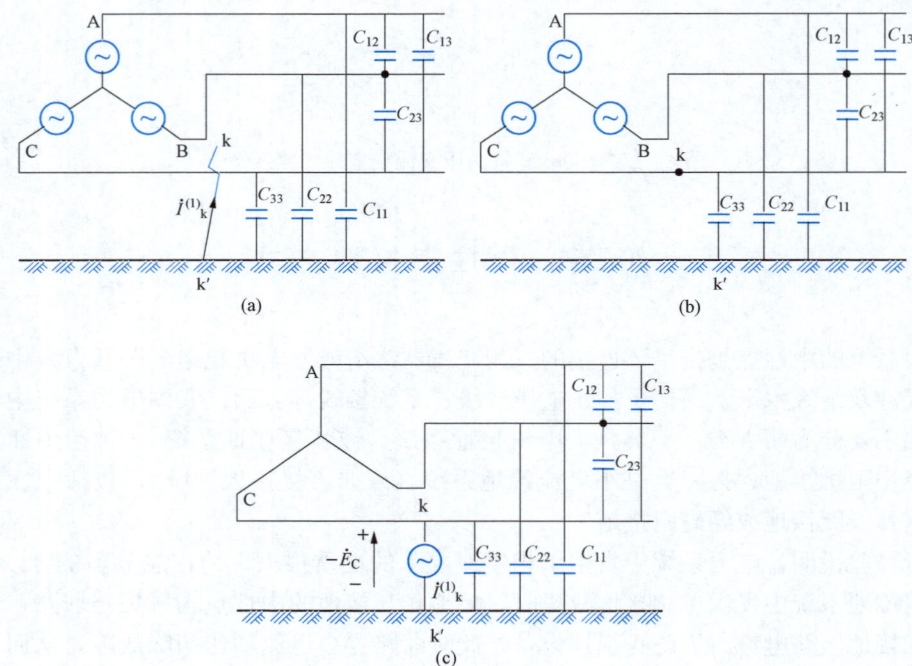

图 4-28 中性点不接地系统的单相接地故障

（a）单相接地；（b）正常运行的三相系统；

（c）kk′间加单相电动势

相电源（$-\dot{E}_C$）上。因此可求出单相接地短路电流 $\dot{I}_k^{(1)}$ 为

$$\dot{I}_k^{(1)} = j\omega(C_{11} + C_{22} + C_{33})(-\dot{E}_C) \tag{4-1}$$

如果线路三相完全对称，则有 $C_{11}=C_{22}=C_{33}$，此时单相接地电流的数值即为

$$I_k^{(1)} = 3\omega C_{11} E_C \tag{4-2}$$

$I_k^{(1)}$ 是对地电容电流，当线路不长时其值通常是不大的，由其形成的接地电弧很不稳定，一般会自动熄灭。但当电网线路很长或有很多电缆，以及当电网额定电压很高时，$I_k^{(1)}$

的值就会很大，有可能使接地点电弧不能自行熄灭并引发电弧接地过电压❶，甚至烧穿相间绝缘，发展为多相短路。对于发电机而言，如果单相接地电流大于5A，则当机内发生单相接地故障时继续带故障运行，就可能将定子铁心烧坏，很难修复。因此应对 $I_k^{(1)}$ 作如下限制：3～10kV 电网的单相接地电流不得大于 30A；35～66kV 电网的单相接地电流不得大于 10A；发电机的单相接地电流不得大于 5A。当 $I_k^{(1)}$ 超过以上规定值时，需在中性点安装消弧线圈，对电容电流进行补偿。

二、中性点经消弧线圈接地

消弧线圈实质上是一个铁心有气隙的电感线圈 L，其伏安特性是接近线性的。消弧线圈的接入可以使单相接地电流大为减小。为计算图 4-29 所示中性点经消弧线圈接地时 kk′处的单相接地电流 $\dot{I}_k^{(1)}$，可仿照图 4-28（c）的方法将单相电源

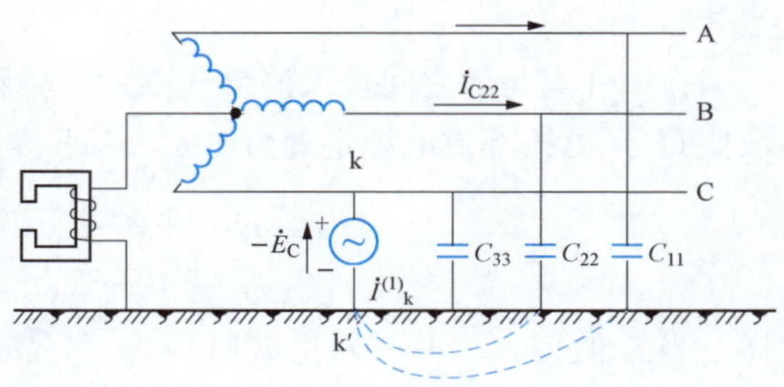

图 4-29　中性点经消弧线圈接地

$(-\dot{E}_C)$ 接在 kk′间而将正常的三相电源电动势短路。此时 C_{11}、C_{22} 和 C_{33} 以及消弧线圈 L 均并联在电源 $(-\dot{E}_C)$ 上，据此即可求出

$$\dot{I}_k^{(1)} = -\dot{E}_C\left[j\omega(C_{11}+C_{22}+C_{33}) - j\frac{1}{\omega L}\right] \tag{4-3}$$

由式（4-3）可知，如果选取电感 L 的数值满足：

$$\omega L = \frac{1}{\omega(C_{11}+C_{22}+C_{33})} \tag{4-4}$$

则 $\dot{I}_k^{(1)}$ 将减小到零。其物理意义是：此时接地的电容电流已全部被消弧线圈的电感电流所补偿，这称为完全调谐。显然此时接地电弧就会自动熄灭。

但应注意，按完全调谐的要求来选取 L 值虽然对接地电弧的熄灭最为有利，可是在正常运行时电网中性点可能会因谐振❷而出现很高的电位。电网正常运行时，由于三相对地自部分电容的不对称，系统在运行时并不是严格对称的，中性点对地存在位移电压 $\dot{U}_0$（即电网的零序电压）。参考图 4-28（b），根据基尔霍夫第一定理可得

$$\dot{I}_{C11} + \dot{I}_{C22} + \dot{I}_{C33} = 0 \tag{4-5}$$

已知

$$\dot{I}_{C11} = j\omega C_{11}\dot{U}_A = j\omega C_{11}(\dot{E}_A + \dot{U}_0)$$
$$\dot{I}_{C22} = j\omega C_{22}\dot{U}_B = j\omega C_{22}(\dot{E}_B + \dot{U}_0)$$
$$\dot{I}_{C33} = j\omega C_{33}\dot{U}_C = j\omega C_{33}(\dot{E}_C + \dot{U}_0)$$

则式（4-5）可改写为

$$j\omega(C_{11}\dot{E}_A + C_{22}\dot{E}_B + C_{33}\dot{E}_C) + \dot{U}_0(j\omega C_{11} + j\omega C_{22} + j\omega C_{33}) = 0$$

于是可得

❶ 关于电弧接地过电压问题可参阅下册第十一章。

❷ 关于谐振的问题可参阅下册第十一章。

$$\dot{U}_0 = \frac{-j\omega(C_{11}\dot{E}_A + C_{22}\dot{E}_B + C_{33}\dot{E}_C)}{j\omega(C_{11}+C_{22}+C_{33})} = -\frac{\dot{E}_A(C_{11}+a^2C_{22}+aC_{33})}{C_{11}+C_{22}+C_{33}} \tag{4-6}$$

若令 $(C_{11}+C_{22}+C_{33}) = 3C_0$，$K_{C0} = \dfrac{C_{11}+a^2C_{22}+aC_{33}}{3C_0}$，则式（4-6）可改写为

$$\dot{U}_0 = -K_{C0}\dot{E}_A \tag{4-7}$$

式中：K_{C0} 为导线对地电容的不对称系数，架空线的 K_{C0} 一般为 0.5%～1.5%，个别可达 2.5%。

当在中性点与地之间接入消弧线圈后，中性点的电位的数值 U_0（即消弧线圈上电压的数值 U_L）可按等效电源定理由图 4-30 求得，即

$$U_0 = K_{C0}E_A\frac{\omega L}{\omega L - \dfrac{1}{3\omega C_0}} = K_{C0}E_A\frac{3\omega C_0}{3\omega C_0 - \dfrac{1}{\omega L}} \tag{4-8}$$

这样，当 L 值按式（4-4）选取时，式（4-8）的分母将等于零，于是就有中性点电位 $U_0 \to \infty$。也就是说，当电网三相对地自部分电容不对称时，如果消弧线圈完全调谐，则中性点电位将非常高，危及电网的绝缘，这当然是不能允许的。因此，实际上总是将 L 值选择得与完全调谐的式（4-4）有差别。

如将 L 值偏离调谐的程度用脱谐度 v 来表示，并定义为

$$v = \frac{\omega(C_{11}+C_{22}+C_{33}) - \dfrac{1}{\omega L}}{\omega(C_{11}+C_{22}+C_{33})} \tag{4-9}$$

则有

$$U_0 = \frac{K_{C0}E_A}{v} \tag{4-10}$$

即为了防止电感和电容谐振，消弧线圈应工作在 $v\neq 0$ 的条件。当然 v 也不能过大，否则就起不到限制接地电流、促使电弧自熄的作用。

要 L 值错开调谐有两种方法：一种是使 L 值小一些，即使电感电流大于电容电流，此时 v 值为负，这称为过补偿；另一种是使 L 值大一些，即使电感电流小于电容电流，此时 v 值为正，这称为欠补偿。在欠补偿的情况下，如果电网有一条线路突然断开（此时电网对地自部分电容减小），或当线路非全相运行（此时电网一相或两相对地自部分电容减小）或 U_0 偶然升高使消弧线圈饱和而致 L 值自动变小时，式（4-8）中的分母都可能趋近于零，从而产生串联电路谐振和严重的中性点位移。因此，消弧线圈一般应采取过补偿的运行方式。

应该指出，实际上图 4-30 的电容和电感中都存在电阻损耗，所以即使 $v=0$，中性点上的过电压也不会到达无穷大。图 4-31 是考虑电阻损耗时的等效电路，图中 G_0 为导线对地泄漏电导，G_L 为消弧线圈的等效损耗电导。由此可以求得考虑损耗时，中性点的电位的数值为

$$U_0 = \frac{K_{C0}E_A}{\sqrt{v^2+d^2}} \tag{4-11}$$

其中
$$d = \frac{3G_0+G_L}{3\omega C_0}$$

式中：d 为回路的阻尼率。

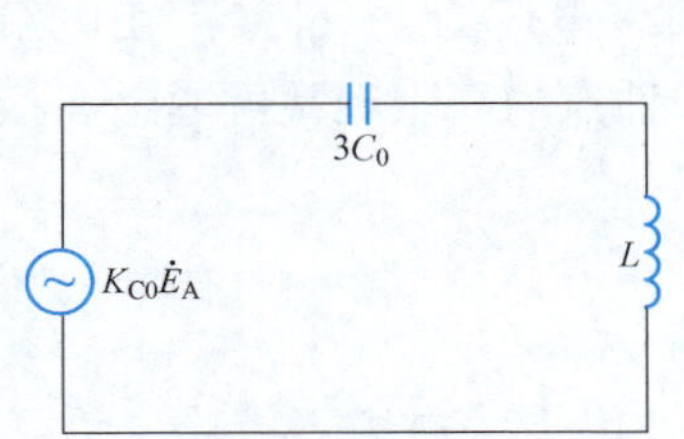

图 4-30 计算中性点电位的等效电路

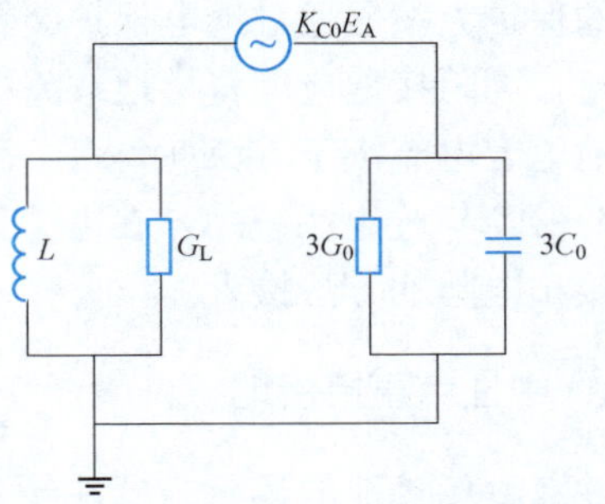

图 4-31 考虑损耗时计算中性点电位的等效电路

通常电力系统运行时其中性点的位移一般不允许超过相电压的 15%，即 $U_0 \leqslant 0.15E_A$。因此，由式（4-11）可求得此时脱谐度应满足式（4-12）的条件，即

$$v \geqslant \sqrt{\left(\frac{K_{C0}}{0.15}\right)^2 - d^2} \tag{4-12}$$

取正常运行的 $K_{C0}=15\%$，$d=5\%$，可求得 $v \geqslant 0.087$。然而当断路器非全相动作、线路发生单相或两相断线时，三相系统的对称性将被严重破坏，此时不对称系数和中性点位移将显著增大，相对地的电压可能升到较高的数值。

三、 中性点经高阻接地

当接地电容电流超过允许值时，也可采用中性点经高阻接地方式。

中性点经高阻接地与经消弧线圈接地相比，改变了接地电流的相位，使通过接地点的电流不再是容性电流（欠补偿时）或感性电流（过补偿时），而成为阻容性电流。由图 4-32（b）所示的相量图可知，当发生单相接地时，接地点的电流 $\dot{I}'_C$ 是电容电流 $\dot{I}_C$ 与电阻性电流 $\dot{I}_R$ 的相量和，其值比中性点不接地时的接地电流 $\dot{I}_C$ 要大，但由于 $\dot{I}'_C$ 与 $\dot{U}_C$ 间相位角减小，可使接地点处的电弧容易自行熄灭，从而降低电弧接地过电压，同时可提供足够的电流和零序电压，使接地保护可靠动作。

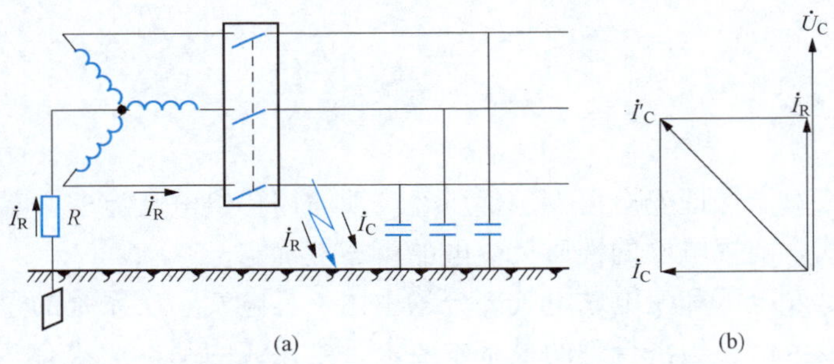

图 4-32 中性点经电阻接地系统的单相接地故障

（a）中性点经电阻接地系统；（b）相量图

中性点经高阻接地时，在线路发生单相接地故障后，不要求立即切除故障。与高阻接地配合的保护方案是通过继电保护装置发出报警信号。为使单相接地故障后，系统还可带故障运行，高阻接地应能将接地故障电流限制到10～15A。因此中性点经高阻接地只能在单相接地电容电流小于10A时采用，通常多用于大型发电厂的3～6kV厂用电系统或规模较小的6～10kV配电系统中。在电力工程设计中，中性点的高阻经常可通过在接地变压器二次侧接小电阻的方法接入。

四、中性点直接接地

中性点直接接地的运行方式主要应用在110kV及以上的电力系统中。为了减少单相接地时线路跳闸造成的供电中断，可辅以单相或三相自动重合闸的措施，即断路器在切断线路的单相接地故障后，经很短的时间间隔（如0.3s）再自动关合。如果故障是暂时性的（例如树枝搭线、鸟害或雷击引起的单相接地故障），则断路器跳闸后接地点的电弧一般会自动熄灭。此时断路器自动重合后，线路就可恢复正常运行。但在超高压线路中，由于潜供电流的存在会给接地电弧的熄灭带来困难，此时需设法对潜供电流[1]进行补偿。

中性点直接接地系统的另一缺点是，数值很大的单相短路电流是以导线及大地为回路流通的。这个回路所包含的面积很大，其磁力线对外界的干扰很强，会在附近的通信线路上感应出极为危险的电压。为此在设计线路时应使其远离通信线路，或在通信线路上加装保护装置，把线路单相接地对通信线路的干扰限制在允许的范围内。

在我国10～66kV电网均采用中性点不接地或经消弧线圈接地的运行方式，以保证在单相接地故障时，能带故障运行2h。但对35kV以下的电力系统，如果出线很多，单相接地时的电容电流过大，要求配置的消弧线圈容量过大，显得不经济又不方便运行时，只要电网有足够的备用容量，单相接地跳闸不会对安全供电带来很大影响时，也可以考虑采用中性点直接接地或经小阻抗接地的运行方式，所选阻抗值以能保证在单相接地时继电保护动作使断路器跳闸为原则。

发电机一般均采用中性点不接地或经消弧线圈接地的运行方式，这也是为了保证在电机发生单相接地故障时，能坚持2h带故障运行；为了防止故障电流烧坏定子铁芯，应将单相接地电流限制在5A以下。但对没有直配线的大容量机组而言，为降低作用在电机绝缘上的电压，也可考虑采用中性点直接接地或经小阻抗接地的运行方式。

本章小结

电网接线方式对于保证安全可靠、优质经济地向用户供电具有非常重要的作用。电网选择何种接线方式，要视电网的性质及供电的可靠性确定。

电气主接线是发电厂和变电站电气部分的主体，是电气一次系统的重要环节，它应满足供电可靠、调度灵活、经济合理的最基本要求。主接线的基本形式有多种，一座发电厂或变电站的主接线是由几种基本接线形式综合而成，通常一座发电厂或变电站的主接线要

[1] 关于潜供电流的详细内容可参阅下册第十章。

按不同电压等级分别加以描述。为了提高供电可靠性和灵活性，常在基本接线的基础上，再附加一些设备或接线作为辅助改进措施，如分段、加旁路、加电抗器等。主接线形式选择也随发电厂和变电站装机容量、发电机台数、主变压器台数及容量、负荷性质、在系统中的地位、采用设备先进程度和维护要求等因素而定，主接线的选择必须根据具体工程实际情况深入分析确定。

中性点接地方式对供电的可靠性以及线路和设备的绝缘费用有很大的影响。我国在110kV 及以上的电力系统中均采用中性点直接接地的运行方式。20～60kV 的电力系统中通常采用经消弧线圈接地的运行方式。中性点经高电阻接地方式适用于大型发电厂的3～10kV 厂用电系统或 6～10kV 配电网中，10kV 以下电力系统适合采用中性点不接地运行方式。

思考题与习题

4-1　何谓无备用接线方式的电网？何谓有备用接线方式的电网？各有何优缺点？

4-2　如何确定输电网的电压等级？

4-3　我国常用的配电网电压等级有几种？

4-4　对电气主接线的基本要求有哪些？在设计和评价主接线时，应从哪几方面分析和评述？

4-5　隔离开关与断路器的主要区别是什么？它们配合操作时应遵守什么原则？举例说明对出线停电、送电的操作顺序。

4-6　画图说明什么是单母线分段接线？从运行角度看它与两组汇流母线同时运行的双母线接线技术上有什么区别？

4-7　在带旁路的双母线接线中，汇流母线和旁路母线的作用各是什么？简述检修与旁母相连的出线断路器的原则操作步骤。

4-8　什么是单元接线？发电机与双绕组主变压器构成的单元接线中，试述发电机出口安装断路器的利弊？

4-9　什么是桥形接线？内桥和外桥接线在事故和检修时有何不同？它们的适用范围有何不同？

4-10　一座 220kV 重要变电站共有 220、110、10kV 三个电压等级，安装两台120MV·A自耦变压器，其 220kV 侧有 4 回出线，采用双母带旁路接线；110kV 侧有 6 回出线，采用双母带旁路接线；10kV 侧有 12 回出线，采用单母分段接线。试绘出该变电站的主接线图。

4-11　电力系统中性点有哪几种运行方式？概述它们的优缺点。

4-12　简述消弧线圈的作用，在什么情况下需加装消弧线圈？

4-13　什么是消弧线圈的脱谐度，为什么消弧线圈一般应当运行在过补偿状态？

第五章　电力系统稳态分析

电力系统稳态分析主要讨论电力系统潮流计算，电力系统有功功率平衡及频率调整，电力系统无功功率平衡及电压调整，电力系统经济运行等内容。

第一节　电力系统潮流计算

电力系统潮流计算是针对具体的电网结构，根据给定的负荷功率和电源分布情况，对网络中各节点电压幅值、相位以及各支路中功率、功率损耗的计算。潮流计算是电力系统计算中的最基本计算，潮流计算结果在电力系统设计和运行中得到了广泛的应用。例如电网规划设计时，要根据潮流计算的结果选择导线截面和电气设备，确定电网主接线方案，计算网络的电能损耗和运行费用，进行方案的经济比较；电力系统运行时，要根据潮流计算的结果制定检修计划，校验电能质量，采取调频和调压措施，确定最佳运行方式，整定继电保护和自动装置。因此潮流计算是电力系统基本计算中很重要的一部分。

本书中只介绍潮流的经典算法，因为它具有物理概念清晰的特点，是掌握潮流计算原理的基础。潮流的计算机算法在后续专业方向课中学习。

一、电网的功率损耗

电网等效电路由线路和变压器的等效电路组成。电网等效电路中通过同一个电流的阻抗支路（或单元），称为一个电网环节。任何复杂的电网都可由一系列电网环节集合而成。当电流（或功率）通过电网环节时，环节的阻抗上就会有电压降，并产生功率损耗，使电网环节首、末端的电压不相等，功率也不相同。

（一）线路功率损耗的计算

图 5 - 1（a）所示的高压输电线路进行潮流计算时，一般采用图 5 - 1（b）所示的 π 形等效电路表示。图 5 - 1（b）中点 1 和点 2 之间的阻抗支路就是电网的一个环节。

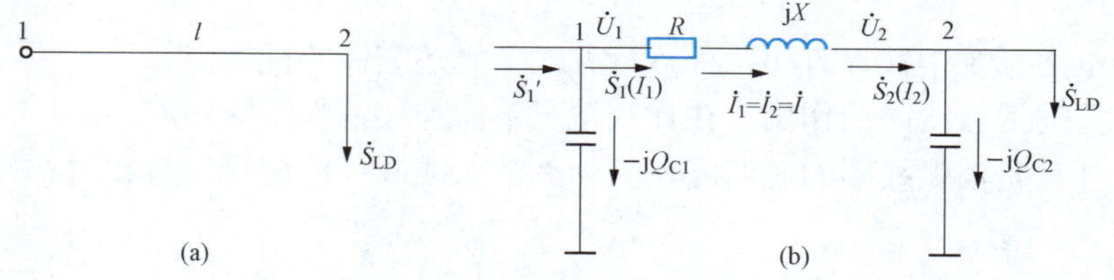

图 5 - 1　线路原理图及等效电路

（a）线路原理图；（b）线路 π 形等效电路

图 5-1（b）中 $\dot{S}_{LD}$ 为负荷功率，也称为线路末端功率，$\dot{S}_2$ 为线路环节或电网环节末端功率，$\dot{S}_1$ 为线路环节首端功率，$\dot{S}_1'$ 为线路首端功率。线路阻抗中的功率损耗包含有功功率损耗和无功功率损耗，它们的大小随负荷电流（或功率）的变化而变化，称为变动损耗。如果已知通过线路的线电流为 $\dot{I}$，则阻抗中的功率损耗为

$$\Delta P_l = 3I^2R \times 10^{-3} \tag{5-1}$$

$$\Delta Q_l = 3I^2X \times 10^{-3} \tag{5-2}$$

式中：ΔP_l 为线路电阻中的三相有功功率损耗，kW；ΔQ_l 为线路电抗中的三相无功功率损耗，kvar；R 为线路一相的电阻，Ω；X 为线路一相的电抗，Ω。

若已知与线路电流 $\dot{I}$ 对应的三相视在功率为 S，线路运行电压为 U，则可知 $I=\dfrac{S}{\sqrt{3}U}$，将其代入式（5-1）和式（5-2）可得

$$\Delta P_l = \frac{S^2}{U^2}R \times 10^{-3} = \frac{P^2+Q^2}{U^2}R \times 10^{-3} \tag{5-3}$$

$$\Delta Q_l = \frac{S^2}{U^2}X \times 10^{-3} = \frac{P^2+Q^2}{U^2}X \times 10^{-3} \tag{5-4}$$

式中：U 的单位为 kV；P 和 ΔP_l 的单位为 kW；Q 和 ΔQ_l 的单位为 kvar；S 的单位为 kV·A。

应该指出，式（5-3）和式（5-4）中的功率和电压应为线路环节中同一点的值。也就是说，如果功率是环节末端的视在功率 S_2，则电压就应是环节末端电压 U_2；若功率是环节首端视在功率 S_1，则电压就应是环节首端电压 U_1。当 U_2（或 U_1）未知时，一般可用线路额定电压 U_N 代替 U_2（或 U_1）作近似计算。

电力线路上除了阻抗支路中的变动功率损耗外，导纳支路中还会消耗与负荷无关的固定电容功率或发出感性无功功率（也称充电功率）。如果已知线路首、末端的运行电压分别为 U_1 和 U_2，则有

$$\left.\begin{aligned} Q_{C1} &= \frac{1}{2}BU_1^2 \\ Q_{C2} &= \frac{1}{2}BU_2^2 \end{aligned}\right\} \tag{5-5}$$

式中：Q_{C1} 为靠近线路首端的一半线路所消耗的容性无功功率，Mvar；Q_{C2} 为靠近线路末端的一半线路所消耗的容性无功功率，Mvar；B 为线路的总电纳，1/Ω 或 S；U_1 为线路首端线电压，kV；U_2 为线路末端线电压，kV。

电压 U_1、U_2 与线路额定电压 U_N 的差值一般不大，因而在工程计算中通常可按 U_N 近似计算线路的电容功率，即

$$Q_{C1} = Q_{C2} \approx \frac{1}{2}BU_N^2 = \frac{1}{2}Q_C \tag{5-6}$$

式中：Q_C 为全线路的充电功率（电容功率），Mvar。

（二）变压器功率损耗的计算

变压器的功率损耗由阻抗支路中的变动损耗和导纳中的固定损耗两部分组成。在变压器的等效电路中，其阻抗支路中的功率损耗 $\Delta P_T'$ 和 $\Delta Q_T'$ 的计算与线路类似，即

$$\Delta P'_{\mathrm{T}}=\frac{S^2}{U^2}R_{\mathrm{T}}=\frac{P^2+Q^2}{U^2}R_{\mathrm{T}}$$

$$\Delta Q'_{\mathrm{T}}=\frac{S^2}{U^2}X_{\mathrm{T}}=\frac{P^2+Q^2}{U^2}X_{\mathrm{T}}$$

导纳支路中的功率损耗为

$$\Delta\dot{S}_0=(G_{\mathrm{T}}+\mathrm{j}B_{\mathrm{T}})U^2=\Delta P_0+\mathrm{j}\Delta Q_0 \tag{5-7}$$

由此可得双绕组变压器的功率损耗为

$$\Delta P_{\mathrm{T}}=\frac{S^2}{U^2}R_{\mathrm{T}}+\Delta P_0=\frac{P^2+Q^2}{U^2}R_{\mathrm{T}}+\Delta P_0 \tag{5-8}$$

$$\Delta Q_{\mathrm{T}}=\frac{S^2}{U^2}X_{\mathrm{T}}+\Delta Q_0=\frac{P^2+Q^2}{U^2}X_{\mathrm{T}}+\Delta Q_0 \tag{5-9}$$

式中：ΔP_{T} 为变压器总的有功功率损耗，MW；ΔQ_{T} 为变压器总的无功功率损耗，Mvar；P 为通过变压器阻抗支路的有功功率，MW；Q 为通过变压器阻抗支路的无功功率，Mvar；S 为通过变压器的视在功率，MV·A；U 为与 P、Q 对应的变压器运行电压，kV；R_{T} 为变压器一相绕组电阻，Ω；X_{T} 为变压器一相绕组电抗，Ω；ΔP_0 为变压器的空载功率损耗，MW；ΔQ_0 为变压器的励磁功率损耗，Mvar。

如果取式（5-8）和式（5-9）中的 $R_{\mathrm{T}}=\frac{\Delta P_{\mathrm{k}}U_{\mathrm{N}}^2}{S_{\mathrm{N}}^2}$、$X_{\mathrm{T}}=\frac{U_{\mathrm{k}}\%U_{\mathrm{N}}^2}{100S_{\mathrm{N}}}$、$\Delta Q_0=\frac{I_0\%S_{\mathrm{N}}}{100}$，并用变压器的额定电压替代其中的运行电压 U，则可得用变压器铭牌数据计算其功率损耗的公式为

$$\Delta P_{\mathrm{T}}=\Delta P_{\mathrm{k}}\left(\frac{S}{S_{\mathrm{N}}}\right)^2+\Delta P_0 \tag{5-10}$$

$$\Delta Q_{\mathrm{T}}=\frac{U_{\mathrm{k}}\%S^2}{100S_{\mathrm{N}}}+\frac{I_0\%S_{\mathrm{N}}}{100} \tag{5-11}$$

式中：ΔP_{k} 为变压器的短路损耗，MW；S_{N} 为变压器的额定容量，MV·A；$U_{\mathrm{k}}\%$为变压器的短路电压或阻抗电压百分数；$I_0\%$为变压器的空载电流百分数。

根据三绕组变压器的 Γ-Y 形等效电路（见图 3-4），同理可得其功率损耗计算式为

$$\Delta P_{\mathrm{T}}=\frac{S_1^2}{U_1^2}R_{\mathrm{T1}}+\frac{S_2^2}{U_2^2}R_{\mathrm{T2}}+\frac{S_3^2}{U_3^2}R_{\mathrm{T3}}+\Delta P_0 \tag{5-12}$$

$$\Delta Q_{\mathrm{T}}=\frac{S_1^2}{U_1^2}X_{\mathrm{T1}}+\frac{S_2^2}{U_2^2}X_{\mathrm{T2}}+\frac{S_3^2}{U_3^2}X_{\mathrm{T3}}+\Delta Q_0 \tag{5-13}$$

式中：S_1、S_2、S_3 分别为通过变压器高、中、低压阻抗支路的视在功率，MV·A；U_1、U_2、U_3 分别为归算到同一电压级，与 S_1、S_2、S_3 相对应的变压器的运行电压，kV；R_{T1}、R_{T2}、R_{T3}分别为归算到同一电压级的变压器高、中、低压侧的电阻，Ω；X_{T1}、X_{T2}、X_{T3}分别为归算到同一电压级的变压器高、中、低压侧的电抗，Ω。

同双绕组变压器类似，三绕组变压器的功率损耗也可用其铭牌数据计算，即

$$\Delta P_{\mathrm{T}}=\Delta P_{\mathrm{k1}}\left(\frac{S_1}{S_{\mathrm{N}}}\right)^2+\Delta P_{\mathrm{k2}}\left(\frac{S_2}{S_{\mathrm{N}}}\right)^2+\Delta P_{\mathrm{k3}}\left(\frac{S_3}{S_{\mathrm{N}}}\right)^2+\Delta P_0 \tag{5-14}$$

$$\Delta Q_{\mathrm{T}}=\Delta Q_{\mathrm{k1}}\left(\frac{S_1}{S_{\mathrm{N}}}\right)^2+\Delta Q_{\mathrm{k2}}\left(\frac{S_2}{S_{\mathrm{N}}}\right)^2+\Delta Q_{\mathrm{k3}}\left(\frac{S_3}{S_{\mathrm{N}}}\right)^2+\Delta Q_0 \tag{5-15}$$

式中：ΔP_{k1}、ΔP_{k2}、ΔP_{k3}分别为变压器高、中、低压绕组归算至额定容量后的等效短路损耗，MW；ΔQ_{k1}、ΔQ_{k2}、ΔQ_{k3}分别为变压器高、中、低压绕组归算至额定容量后的等效漏磁损耗，Mvar。

同线路功率损耗计算相同，当变压器的实际运行电压U未知时，可用变压器额定电压U_{TN}或网络额定电压U_N替代运行电压，作近似计算。

二、电网环节的功率平衡和电压平衡

（一）电压降落、电压损耗及电压偏移

1. 电压降落

电网中任意两点电压的相量差称为电压降落，记为$\Delta\dot{U}$。在图5-1（b）中，当阻抗支路中有电流（或功率）传输时，首端电压$\dot{U}_1$和末端电压$\dot{U}_2$就不相等，它们之间的电压降落可表示为

$$\Delta\dot{U}=\dot{U}_1-\dot{U}_2=\sqrt{3}\dot{I}_2(R+\mathrm{j}X)\mathrm{e}^{\mathrm{j}\frac{\pi}{6}}=\dot{I}_2(\overline{R}+\mathrm{j}\overline{X})$$

$$\overline{R}=\frac{3}{2}R-\frac{\sqrt{3}}{2}X$$

$$\overline{X}=\frac{\sqrt{3}}{2}R+\frac{3}{2}X$$

上式中乘以$\mathrm{e}^{\mathrm{j}\frac{\pi}{6}}$是考虑在星型接线中线电压与相电压的相位相差$\frac{\pi}{6}$。$\overline{R}$和$\overline{X}$为等效的电阻和电抗。若已知环节末端电流$\dot{I}_2$或三相功率$\dot{S}_2$和末端线电压$\dot{U}_2=U_2\angle0°$，则可画出如图5-2（a）所示线路电压相量图。图5-2（a）中的$\overline{AE}$即为电压降落$\Delta\dot{U}$。

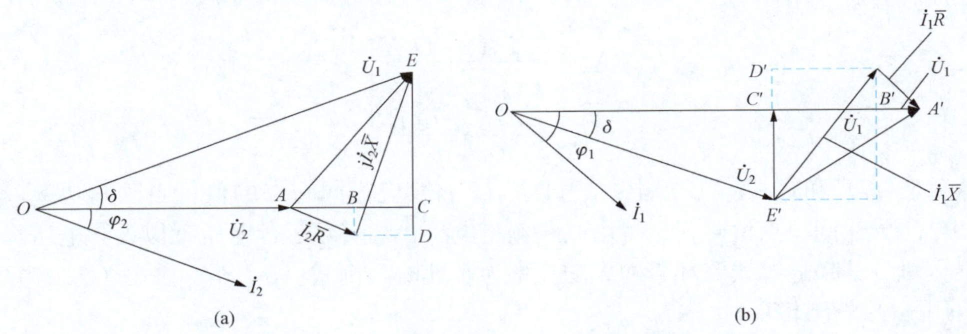

图5-2 线路电压相量图

（a）由$\dot{U}_2$、$\dot{I}_2$求$\dot{U}_1$；（b）由$\dot{U}_1$、$\dot{I}_1$求$\dot{U}_2$

将$\Delta\dot{U}$分解为沿$\dot{U}_2$方向的电压降落纵分量ΔU_2（图中$\overline{AC}$段）和垂直于$\dot{U}_2$的电压降落横分量δU_2（图中的$\overline{EC}$段），可写出

$$\left.\begin{aligned}\Delta U_2&=\overline{AB}+\overline{BC}=I_2\overline{R}\cos\varphi_2+I_2\overline{X}\sin\varphi_2\\ \delta U_2&=\overline{ED}-\overline{CD}=I_2\overline{X}\cos\varphi_2-I_2\overline{R}\sin\varphi_2\end{aligned}\right\}\tag{5-16}$$

注意到$\dot{S}_2=P_2+\mathrm{j}Q_2=\sqrt{3}U_2I_2\cos\left(\varphi_2-\frac{\pi}{6}\right)+\mathrm{j}\sqrt{3}U_2I_2\sin\left(\varphi_2-\frac{\pi}{6}\right)$，则式（5-16）可改写为

$$\left.\begin{aligned}\Delta U_2 &= \frac{P_2R+Q_2X}{U_2}\\ \delta U_2 &= \frac{P_2X-Q_2R}{U_2}\end{aligned}\right\} \tag{5-17}$$

据此可得线路首端电压 $\dot{U}_1$ 为

$$\dot{U}_1=\dot{U}_2+\Delta\dot{U}_2=\dot{U}_2+\Delta U_2+\mathrm{j}\delta U_2=U_1\angle\delta \tag{5-18}$$

或

$$U_1=\sqrt{(U_2+\Delta U_2)^2+(\delta U_2)^2} \tag{5-19}$$

首、末端电压的相位差则为

$$\delta=\arctan\frac{\delta U_2}{U_2+\Delta U_2} \tag{5-20}$$

同理，若已知环节首端电流 $\dot{I}_1$ 或三相功率 $\dot{S}_1$ 和环节首端线电压 $\dot{U}_1=U_1\angle 0°$，则可得如图 5-2（b）所示电压相量图。由图 5-2（b）可知

$$\dot{U}_2=\dot{U}_1-\Delta U_1-\mathrm{j}\delta U_1 \tag{5-21}$$

或

$$U_2=\sqrt{(U_1-\Delta U_1)^2+(\delta U_1)^2} \tag{5-22}$$

$$\delta=\arctan\frac{\delta U_1}{U_1-\Delta U_1} \tag{5-23}$$

其中

$$\left.\begin{aligned}\Delta U_1 &= \overline{A'B'}+\overline{B'C'}=I_1\overline{R}\cos\varphi_1+I_1\overline{X}\sin\varphi_1\\ \delta U_1 &= \overline{D'E'}-\overline{D'C'}=I_1\overline{X}\cos\varphi_1-I_1\overline{R}\sin\varphi_1\end{aligned}\right\} \tag{5-24}$$

或

$$\left.\begin{aligned}\Delta U_1 &= \frac{P_1R+Q_1X}{U_1}\\ \delta U_1 &= \frac{P_1X-Q_1R}{U_1}\end{aligned}\right\} \tag{5-25}$$

式（5-17）和式（5-25）中的 P、Q、U 一般应为同一点的值。当已知功率（或电流）和电压为非同一点值时，也可用线路额定电压代替实际运行电压近似计算电压降落的纵、横分量。如果通过线路环节的无功功率为容性时，则式（5-17）和式（5-25）中的 Q 需改用 $-Q$ 进行计算。

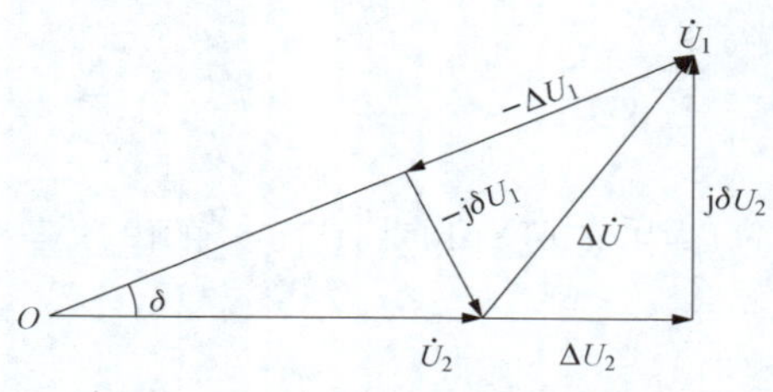

图 5-3　电压降落相量的两种分解法

综上所述可知，对于同一线路环节，虽然用首端或是末端负荷功率与电压计算的电压降落值相等，即 $\Delta\dot{U}_1=\Delta\dot{U}_2=\Delta\dot{U}$，但是电压降落的纵分量和横分量并不相等，即 $\Delta U_1\neq\Delta U_2$，$\delta U_1\neq\delta U_2$，如图 5-3 所示。

2. 电压损耗

电网中任意两点电压的代数差，称为电压损耗。对于图 5-1（b）所示的线路等效电路，其电压损耗为 $|\dot{U}_1|-|\dot{U}_2|$。由图 5-2

（a）可得

$$U_1=\sqrt{(U_2+\Delta U_2)^2+(\delta U_2)^2} \tag{5-26}$$

将式（5-26）按泰勒级数[1]展开，取前两项可得

$$U_1=U_2+\Delta U_2+\frac{(\delta U_2)^2}{2(U_2+\Delta U_2)} \tag{5-27}$$

由于 $\Delta U_2 \ll U_2$，故式（5-27）可简化为

$$U_1=U_2+\Delta U_2+\frac{(\delta U_2)^2}{2U_2} \tag{5-28}$$

据式（5-28）可得

$$U_1-U_2=\Delta U_2+\frac{(\delta U_2)^2}{2U_2} \tag{5-29}$$

式（5-29）可用于110kV以上电网电压损耗的计算，其精确度能满足工程要求。

对于110kV及以下电压等级的电网，可进一步忽略电压降落横分量 δU_2 而将电压损耗的计算简化为

$$U_1-U_2\approx\Delta U_2 \tag{5-30}$$

此种情况下的电压损耗即为电压降落的纵分量。

同理，由图5-2（b）可得

$$U_1-U_2=\Delta U_1-\frac{(\delta U_1)^2}{2(U_1-\Delta U_1)}\approx\Delta U_1-\frac{(\delta U_1)^2}{2U_1} \tag{5-31}$$

或

$$U_1-U_2\approx\Delta U_1 \tag{5-32}$$

工程实际中，线路电压损耗常用线路额定电压 U_N 的百分数 $\Delta U\%$ 表示，即

$$\Delta U\%=\frac{\Delta U}{U_N}\times100=\frac{U_1-U_2}{U_N}\times100 \tag{5-33}$$

电压损耗百分数的大小反映了线路首端和末端电压偏差的大小。电力规程规定，电网正常运行时的最大电压损耗一般不应超过线路额定电压的10%。

3. 电压偏移

电网中任意点的实际电压 U 同该处网络额定电压 U_N 的数值差称为电压偏移。工程实际中，电压偏移常用线路额定电压的百分数 $m\%$ 表示，即

$$m\%=\frac{U-U_N}{U_N}\times100 \tag{5-34}$$

电压偏移的大小，直接反映了供电电压的质量。当电压偏移为负值时，表明 $U<U_N$；反之，表明 $U>U_N$。一般来说，网络中的电压损耗越大，各点的电压偏移也就越大。

（二）电网环节首、末端功率和首、末端电压的平衡关系

下面仍以图5-1（b）所示线路π形等效电路为例，分三种情况进行讨论。

（1）已知线路末端的负荷功率 $\dot{S}_{LD}$ 和线路末端电压 $\dot{U}_2$。

1）功率平衡关系。根据已知线路末端的负荷功率 $\dot{S}_{LD}$ 和线路末端电压 $\dot{U}_2$，可列写出图5-1（b）所示线路π形等效电路的功率平衡关系。

---

[1] $(a+b)^n=c_n^0a^n+c_n^1a^{n-1}b+c_n^2a^{n-2}b^2+\cdots+c_n^nb^n$。

线路环节末端功率为

$$\dot{S}_2 = \dot{S}_{LD} + (-jQ_{C2}) = (P_{LD} + jQ_{LD}) + (-jQ_{C2})$$
$$= P_{LD} + j(Q_{LD} - Q_{C2}) = P_2 + jQ_2$$

线路环节中的功率损耗为

$$\Delta\dot{S} = \frac{P_2^2 + Q_2^2}{U_2^2}(R + jX) = \Delta P + j\Delta Q$$

线路环节首端功率为

$$\dot{S}_1 = \dot{S}_2 + \Delta\dot{S} = (P_2 + jQ_2) + (\Delta P + j\Delta Q)$$
$$= (P_2 + \Delta P) + j(Q_2 + \Delta Q) = P_1 + jQ_1$$

线路的首端功率为

$$\dot{S}'_1 = \dot{S}_1 + (-jQ_{C1}) = (P_1 + jQ_1) + (-jQ_{C1})$$
$$= P_1 + j(Q_1 - Q_{C1}) = P'_1 + jQ'_1$$
$$\varphi'_1 = \arctan\frac{Q'_1}{P'_1}$$

2）电压平衡关系。以已知电压$\dot{U}_2 = U_2\angle 0°$为参考相量，应用式（5-17）和式（5-18）可得图5-1（b）所示线路环节的电压平衡关系为

$$\dot{U}_1 = \dot{U}_2 + \Delta U_2 + j\delta U_2 = U_2 + \frac{P_2R + Q_2X}{U_2} + j\,\frac{P_2X - Q_2R}{U_2}$$

（2）已知线路首端功率$\dot{S}'_1$和线路首端电压$\dot{U}_1$。

这种条件下的功率平衡与电压平衡关系可按（1）中的方法，从首端至末端进行类似分析。

（3）已知线路末端负荷功率$\dot{S}_{LD}$和线路首端电压$\dot{U}_1$。

工程实际中的大多数情况都属此类计算，其功率平衡和电压平衡计算一般分两步进行。

第一步，根据$\dot{S}_{LD}$并用线路额定电压代替各点的实际运行电压，从线路末端到首端逐段进行功率平衡计算，直至求出供电点线路首端送出的功率$\dot{S}'_1$为止。

第二步，根据给定的电压$\dot{U}_1$和第一步功率平衡计算中所求出的功率，从首端到末端逐段进行电压平衡计算，直至求出用户端电压$\dot{U}_2$。

对于图5-1（b）所示的线路环节，其功率平衡和电压平衡计算的具体步骤如下：

1）功率平衡

$$\dot{S}_2 = \dot{S}_{LD} + (-jQ_{C2}) = (P_{LD} + jQ_{LD}) + (-jQ_{C2})$$
$$= P_{LD} + j(Q_{LD} - Q_{C2}) = P_2 + jQ_2$$
$$\Delta\dot{S} = \frac{P_2^2 + Q_2^2}{U_N^2}(R + jX) = \Delta P + j\Delta Q$$
$$\dot{S}_1 = \dot{S}_2 + \Delta\dot{S} = (P_2 + jQ_2) + (\Delta P + j\Delta Q)$$
$$= (P_2 + \Delta P) + j(Q_2 + \Delta Q) = P_1 + jQ_1$$
$$\dot{S}'_1 = \dot{S}_1 + (-jQ_{C1}) = (P_1 + jQ_1) + (-jQ_{C1})$$

$$= P_1 + \mathrm{j}(Q_1 - Q_{C1}) = P'_1 + \mathrm{j}Q'_1$$

2）电压平衡。以 $\dot{U}_1 = U_1\angle 0°$ 为参考相量，则有

$$\dot{U}_2 = \dot{U}_1 - \Delta U_1 - \mathrm{j}\delta U_1 = \dot{U}_1 - \frac{P_1R + Q_1X}{U_1} - \mathrm{j}\,\frac{P_1X - Q_1R}{U_1}$$

上述计算是一种近似潮流计算，其精确度一般能满足工程上的要求。

如果要进行精确计算，则应采用迭代法。迭代法的基本步骤是：①应用假设的末端电压和已知的末端功率逐段向首端推算，求出首端功率；②用给定的首端电压和求得的首端功率逐段向末端推算，求出末端电压；③再用已知的末端功率和计算得出的末端电压向首端推算；④如此类推，逐步逼近，直至求出的首端电压和末端功率同已知值相等或接近（满足所要求的精确度）时为止。利用计算机进行迭代计算很方便，手算时经过一两次往返迭代一般也可获得较为精确的结果。

掌握了线路环节的潮流计算方法，复杂电网的潮流计算就可以按环节逐个进行，只不过繁琐一些而已。

（三）电网运行特性分析

(1) 电网环节中的功率传输方向。

在高压输电网中，一般 $X \gg R$，作为极端情况，若令 $R=0$，便有

$$\dot{U}_1 = \dot{U}_2 + \frac{Q_2X}{U_2} + \mathrm{j}\,\frac{P_2X}{U_2} \tag{5-35}$$

式（5-35）表明，在纯电抗元件中，电压降落的纵分量 $\Delta U_2 = \dfrac{Q_2X}{U_2}$ 是因传输无功功率而产生的，电压降落的横分量 $\delta U_2 = \dfrac{P_2X}{U_2}$ 则是因传输有功功率而产生的。

由图 5-3 可知，电压降落横分量 δU_2 和电网环节首端电压 U_1 间的关系为 $\dfrac{\delta U_2}{U_1} = \sin\delta$，将式（5-35）中的 $\delta U_2 = \dfrac{P_2X}{U_2}$ 代入可得

$$P_2 = \frac{U_1U_2}{X}\sin\delta \tag{5-36}$$

式（5-36）表明，高压电网环节的首、末端电压间存在的相位差 δ 是传输有功功率的条件，或者说相位差 δ 主要由通过电网环节的有功功率决定，而与无功功率几乎无关。当 $\dot{U}_1$ 超前 $\dot{U}_2$ 时，$\sin\delta > 0$，P_2 为正值，这表明有功功率是从电压超前端向电压滞后端输送。

由图 5-3 还可知，当不计 δU_2 分量时，有

$$U_1 \approx U_2 + \frac{Q_2X}{U_2}$$

或

$$Q_2 \approx \frac{U_1U_2 - U_2^2}{X} = \frac{(U_1 - U_2)U_2}{X} \tag{5-37}$$

式（5-37）表明，高压电网环节首末端电压间存在的数值差是传输无功功率的条件，或者说电压的数值差主要由通过电网环节的无功功率决定，而与有功功率几乎无关。当 $U_1 > U_2$ 时，Q_2 为正值，这表明感性无功功率是从电压高的一端向电压低的一端输送。同理可知，容性无功功率是从电压低的一端向电压高的一端输送。

实际的网络元件都存在电阻，即 $R\neq0$，所以电流（或功率）的有功分量通过电阻时将会使电压降落的纵分量增加；电流（或功率）的感性无功分量通过电阻时则使电压降落的横分量有所减少。

（2）线路的空载运行。

当高压输电线路空载运行时，负荷的有功功率和无功功率均为零，只有末端电容功率 Q_{C2} 通过线路阻抗支路。如果用下标“0”表示空载，则以末端电压 $\dot{U}_{20}=U_{20}\angle0°$ 为参考相量的电压平衡方程式为

$$
\begin{aligned}
\dot{U}_{10}&=\dot{U}_{20}+\Delta U_{20}+\mathrm{j}\delta U_{20}\\
&=\dot{U}_{20}-\frac{Q_{C2}X}{U_{20}}+\mathrm{j}\frac{Q_{C2}R}{U_{20}}
\end{aligned}
\tag{5-38}
$$

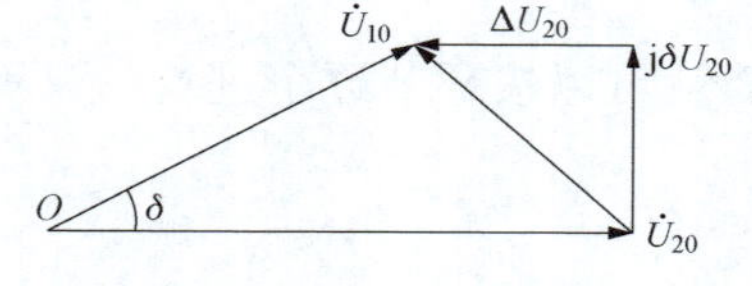

图 5-4　线路空载运行时的电压相量图

与式（5-38）相对应的相量图如图 5-4 所示。

由图 5-4 可见：线路空载运行时，其末端电压将高于首端电压。这种由线路电容功率使其末端产生工频电压升高的现象称为电容效应。在远距离交流输电线路中，这种现象尤为明显。因此，高压输电线路不宜空载或轻载运行。

三、开式电网的潮流计算

用户只能从单方向获取电能的网络称为开式电网，其潮流计算过程实际上是电网环节功率与电压平衡关系的反复应用。即应用功率、电压平衡关系式逐个环节进行计算，最终求出整个电网的潮流分布的过程。下面通过算例介绍开式电网的潮流计算过程。

（一）区域电网的潮流计算

【例 5-1】 有一额定电压为 110kV 的开式输电网，如图 5-5（a）所示。其电源点 A 的电压及 B、C 点的负荷功率标注于图中，导线间的几何均距 $D_{ge}=5$m，试作潮流计算。

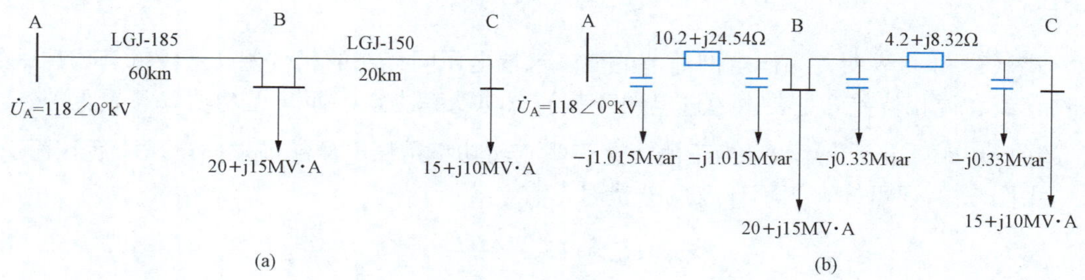

图 5-5　开式电网的潮流计算
（a）原理图；（b）等效电路图

解　（1）计算网络元件参数并作等效电路。

根据给定的已知条件计算出网络参数，见表 5-1，其等效电路如图 5-5（b）所示。

表 5-1 线路参数

导线型号	单位长度参数	线路全长的参数
LGJ-185	$r_1=0.17\Omega/km$ $x_1=0.409\Omega/km$ $b_1=2.79\times10^{-6}S/km$	$R_{AB}=0.17\times60=10.2$ (Ω) $X_{AB}=0.409\times60=24.54$ (Ω) $Q_{C\cdot AB}=2.79\times10^{-6}\times60\times110^2=2.03$ (Mvar)
LGJ-150	$r_1=0.21\Omega/km$ $x_1=0.416\Omega/km$ $b_1=2.74\times10^{-6}S/km$	$R_{BC}=0.21\times20=4.2$ (Ω) $X_{BC}=0.416\times20=8.32$ (Ω) $Q_{C\cdot BC}=2.74\times10^{-6}\times20\times110^2=0.66$ (Mvar)

(2) 用线路额定电压代替各点实际运行电压，由末端向首端逐段计算功率分布。功率分布计算结果见表 5-2。

(3) 根据给定的电源点 A 的电压和计算所得的功率分布计算各点电压。电压平衡计算结果见表 5-3。

表 5-2 功率分布的计算

计 算 内 容	有功功率（MW）	无功功率（Mvar）
C 点负荷功率	15	10
BC 线路末端电容功率		−0.33
BC 线路环节末端功率	15	10−0.33=9.67
BC 线路阻抗中的功率损耗	0.11	0.22
BC 线路环节首端功率	15+0.11=15.11	9.67+0.22=9.89
BC 线路首端电容功率		−0.33
B 点负荷功率	20	15
AB 线路末端电容功率		−1.015
AB 线路环节末端功率	15.11+20=35.11	9.89 − 0.33 + 15 − 1.015 =23.55
AB 线路阻抗中功率损耗	1.51	3.62
AB 线路环节首端功率	35.11+1.51=36.62	23.55+3.62=27.17
AB 线路首端电容功率		−1.015
电源点 A 送出的功率	36.62	26.16

表 5-3 电压平衡计算 单位：kV

计 算 内 容	计 算 结 果
电源点 A 的电压	$\dot{U}_A=118\angle0°$
AB 线路阻抗中的电压降落	$\Delta U_{AB}=\dfrac{36.62\times10.2+27.17\times24.54}{118}=8.82$ $\delta U_{AB}=\dfrac{36.62\times24.54-27.17\times10.2}{118}=5.27$

续表

计算内容	计算结果
B点电压	
①计及 δU_{AB} 的影响	$\dot{U}_B = 118 - 8.82 - j5.27 = 109.31\angle -2.76°$
②不计 δU_{AB} 的影响	$U_B = 118 - 8.82 = 109.18$
BC线路阻抗中的电压降落	$\Delta U_{BC} = \dfrac{15.11\times 4.2 + 9.89\times 8.32}{109.31} = 1.33$
	$\delta U_{BC} = \dfrac{15.11\times 8.32 - 9.89\times 4.2}{109.31} = 0.77$
C点电压	
①计及 δU_{BC} 的影响	$\dot{U}_C = 109.18 - j5.27 - 1.33 - j0.77 = 108.02\angle -3.21°$
②不计 δU_{BC} 的影响	$U_C = 109.18 - 1.33 = 107.85$

由表5-3的计算结果可见，110kV电网中忽略电压降落横分量，对网络中各点电压计算结果影响很小，但却可使计算大为简化。

实际电力系统中，负荷点往往是降压变电站或是有固定输出功率的发电厂。为了简化计算，常将变电站处理为一个等效负荷，称为变电站的运算负荷。将固定输出功率的发电厂处理为一等效功率，称为发电厂的运算功率或负的运算负荷。变电站的运算负荷等于它的低压母线负荷加上变压器的总功率损耗，再加上高压母线上的负荷和与高压母线相连的所有线路电容功率的一半。发电厂的运算功率等于它发出的总功率减去厂用电及地方负荷，再减去升压变压器中的总功率损耗和与其高压母线相连的所有线路电容功率的一半。

（二）地方电网的潮流计算

110kV以下电压等级的地方电网，同区域电网相比有如下特点：线路较短，最远的距离一般不超过50km；电压等级较低；输送容量较小，最大传输功率一般不超过10MW。因此，地方电网的功率分布与电压计算较区域电网可作如下简化：

（1）忽略电网等效电路中的导纳支路。

（2）忽略阻抗中的功率损耗。

（3）忽略电压降落的横分量。

（4）用线路额定电压代替各点实际电压计算电压损耗。

由于可作上述四点简化，故地方电网的功率分布与电压计算较区域电网大为简单。

开式地方电网一般只需计算功率分布和最大电压损耗以及电压最低点的电压。一般情况下，功率分布由末端向首端逐个环节推算。最大电压损耗由首端向末端逐点推算。由于地方电网的调压设备一般较少，因而线路最大电压损耗是比较重要的运行参数。

【例5-2】 有一额定电压为10kV的地方电网，线路参数及负荷资料均标注于图5-6(a)中，试进行功率与电压分布的计算。

解 (1) 计算线路参数并作等效电路。等效电路如图5-6(b)所示，线路参数计算结果标注在图5-6(b)中。

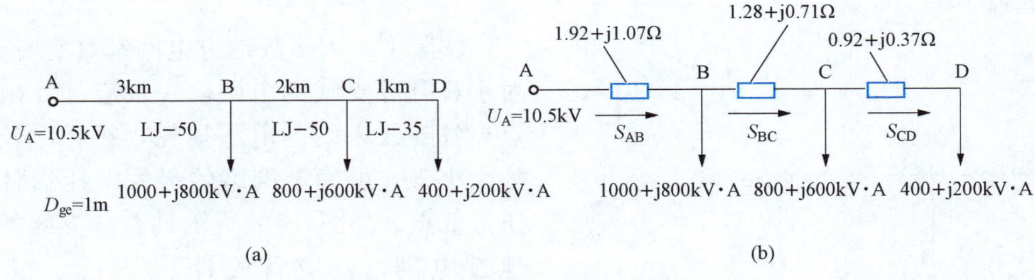

图 5-6 地方电网的潮流计算

(a) 原理图；(b) 等效电路图

(2) 计算功率分布

$$\dot{S}_{CD} = 400 + j200(kV \cdot A)$$

$$\dot{S}_{BC} = (400 + j200) + (800 + j600) = 1200 + j800(kV \cdot A)$$

$$\dot{S}_{AB} = (1200 + j800) + (1000 + j800) = 2200 + j1600(kV \cdot A)$$

(3) 计算最大电压损耗。为了求出最大电压损耗，首先需要确定电压最低点。显而易见，本题的电压最低点为D点。

1) 计算线路各段的电压损耗，则有

$$\Delta U_{AB} = \frac{1}{10}(2200 \times 1.92 + 1600 \times 1.07) = 593.6(V) \approx 0.594(kV)$$

$$\Delta U_{BC} = \frac{1}{10}(1200 \times 1.28 + 800 \times 0.71) = 176.8(V) \approx 0.177(kV)$$

$$\Delta U_{CD} = \frac{1}{10}(400 \times 0.92 + 200 \times 0.37) = 44.2(V) \approx 0.044(kV)$$

2) 计算线路最大电压损耗，则有

$$\Delta U_{max} = \Delta U_{AD} = 0.594 + 0.177 + 0.044 = 0.815(kV)$$

$$\Delta U_{max}\% = \frac{0.815}{10} \times 100 = 8.15$$

3) 计算线路电压最低点的电压及电压偏移，则有

$$U_D = 10.5 - 0.815 = 9.685(kV)$$

$$m_D\% = \frac{9.685 - 10}{10} \times 100 = -3.15$$

一般情况下，对于有 n 个集中负荷的无分支地方电网，其电源点（假设为A点）的输出功率 $\dot{S}_A$ 为

$$\dot{S}_A = \sum_{i=1}^{n} \dot{S}_i \tag{5-39}$$

式中：$\dot{S}_i$ 为第 i 个负荷点的负荷功率。

网络总的电压损耗 ΔU 为

$$\Delta U = \frac{1}{U_N} \sum_{k=1}^{n} (P_k R_k + Q_k X_k) \tag{5-40}$$

式中：P_k、Q_k 分别为通过第 k 段线路的有功功率和无功功率；R_k、X_k 分别为第 k 段线路

的电阻和电抗。

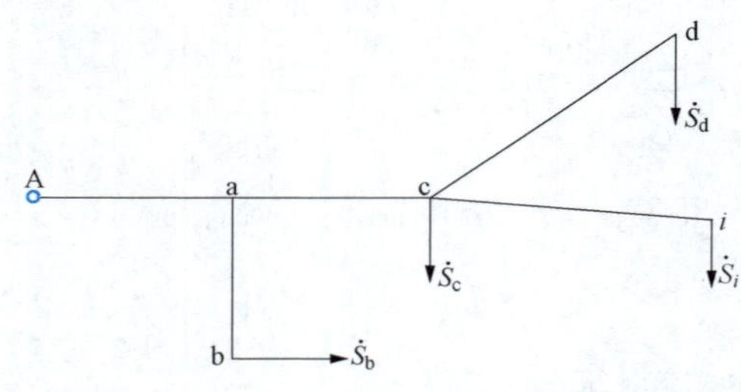

图 5-7　具有分支线的开式地方电网

实际上，大多数地方电网都具有分支线。对于具有分支线的电网，一般应计算出电源点至各支线末端的电压损耗，然后比较它们的大小，方可确定网络的最大电压损耗和电压最低点。如图 5-7 所示具有分支线的开式地方电网，就应首先计算 ΔU_{Ab}、ΔU_{Ad} 和 ΔU_{Ai}，比较它们的大小，然后根据它们的数值确定网络的最大电压损耗和电压最低点。

四、两端电源供电网的潮流计算

用户能从两个或两个以上方向获取电能的电网称为闭式电网，如两端电源供电网、环网、复杂网等。与开式电网相比，闭式电网的功率分布既与负荷功率有关，又与网络参数和电源电压等因素有关，因而其功率分布的计算要比开式电网复杂得多。由于闭式电网的潮流计算较为复杂，工程实际中一般都采用计算机算法。本书只介绍闭式电网潮流的经典算法，计算机算法将在后续课程电力系统分析中介绍或参阅其他资料。

（一）两端电源电压相等供电网的功率分布

简单环形网是最典型的电源电压大小相等、相位相同的两端供电网，在进行功率分布计算时，只需在环形网的电源点将网络拆开即可。由于电网多为线性网络，故可应用叠加原理对两端供电网进行分析计算。

图 5-8 所示为一两端供电电压相等，即 $\dot{U}_A=\dot{U}_B$ 的供电网，若网络中只有一个负荷 $\dot{S}_a$，则在电压为某一常数（如线路额定电压 U_N）时，$\dot{S}_a$ 将由 A、B 两电源分担，各电源分担的多少将与 $\dot{S}_a$ 距两电源的电气距离（阻抗）成反比。考虑到复数功率 $\dot{S}=\sqrt{3}\dot{U}\overset{*}{I}$，则 A、B 两电源输出的功率分别为

$$\dot{S}_{Aa}=\frac{\overset{*}{Z}_a}{\overset{*}{Z}_a+\overset{*}{Z}'_a}\dot{S}_a=\frac{\overset{*}{Z}_a}{\overset{*}{Z}_{AB}}\dot{S}_a$$

$$\dot{S}_{Ba}=\frac{\overset{*}{Z}'_a}{\overset{*}{Z}_a+\overset{*}{Z}'_a}\dot{S}_a=\frac{\overset{*}{Z}'_a}{\overset{*}{Z}_{AB}}\dot{S}_a$$

注：式中“＊”为其共轭值。

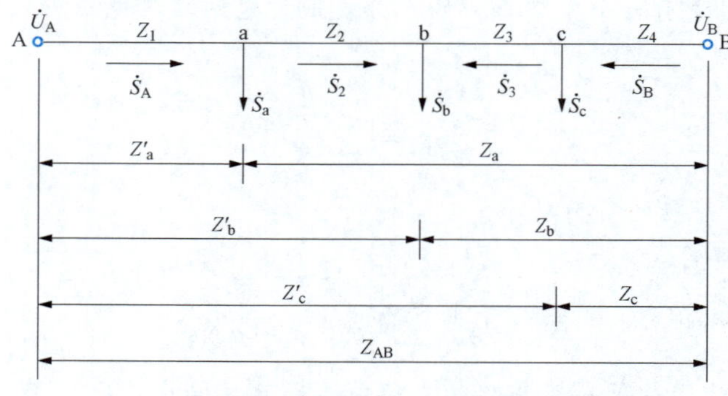

图 5-8　$\dot{U}_A=\dot{U}_B$ 的两端供电网

同理，若网络中只有一个负荷 $\dot{S}_b$ 或 $\dot{S}_c$ 时，则分别有

$$\dot{S}_{Ab}=\frac{\overset{*}{Z}_b}{\overset{*}{Z}_{AB}}\dot{S}_b,\quad \dot{S}_{Bb}=\frac{\overset{*}{Z}'_b}{\overset{*}{Z}_{AB}}\dot{S}_b$$

$$\dot{S}_{Ac}=\frac{\overset{*}{Z}_c}{\overset{*}{Z}_{AB}}\dot{S}_c,\quad \dot{S}_{Bc}=\frac{\overset{*}{Z}'_c}{\overset{*}{Z}_{AB}}\dot{S}_c$$

当网络中三个负荷 $\dot{S}_a$、$\dot{S}_b$、$\dot{S}_c$ 同时存在时，应用叠加原理可得 A、B 两电源点的输出功率为

$$\dot{S}_A=\dot{S}_{Aa}+\dot{S}_{Ab}+\dot{S}_{Ac}=\frac{\overset{*}{Z}_a\dot{S}_a+\overset{*}{Z}_b\dot{S}_b+\overset{*}{Z}_c\dot{S}_c}{\overset{*}{Z}_{AB}}$$

$$\dot{S}_B=\dot{S}_{Ba}+\dot{S}_{Bb}+\dot{S}_{Bc}=\frac{\overset{*}{Z}'_a\dot{S}_a+\overset{*}{Z}'_b\dot{S}_b+\overset{*}{Z}'_c\dot{S}_c}{\overset{*}{Z}_{AB}}$$

当网络中有 n 个负荷时，同理可得 A、B 两电源的输出功率为

$$\left.\begin{aligned}\dot{S}_A&=\frac{\sum\limits_{i=1}^{n}\overset{*}{Z}_i\dot{S}_i}{\overset{*}{Z}_{AB}}\\ \dot{S}_B&=\frac{\sum\limits_{i=1}^{n}\overset{*}{Z}'_i\dot{S}_i}{\overset{*}{Z}_{AB}}\end{aligned}\right\}\tag{5-41}$$

式中：$\overset{*}{Z}_i$ 为第 i 个负荷点至 B 电源点的阻抗共轭值；$\overset{*}{Z}'_i$ 为第 i 个负荷点至 A 电源点的阻抗共轭值；$\overset{*}{Z}_{AB}$ 为 A、B 两电源之间的阻抗共轭值。

$\dot{S}_A$、$\dot{S}_B$ 也可通过直接对网络应用基尔霍夫电压定律和电流定律列方程求解而得。

求出 A、B 两电源的输出功率后，即可应用基尔霍夫电流定律求出网络中另外各段的功率分布，如图 5-8 中的 $\dot{S}_2$ 和 $\dot{S}_3$ 就分别为

$$\dot{S}_2=\dot{S}_A-\dot{S}_a$$

$$\dot{S}_3=\dot{S}_B-\dot{S}_c=\dot{S}_b-\dot{S}_2$$

如果两者之差为负值，就表明实际功率方向同参考方向相反。图 5-8 中的箭头方向表示有功功率的参考正方向，无功功率的实际方向若与箭头方向一致，功率就以 $P+\mathrm{j}Q$ 的形式表示；反之，则以 $P-\mathrm{j}Q$ 的形式表示。

式（5-41）所示的电源输出功率称为供载功率，其计算相当繁琐。

若电网络为一线路型号、截面积和几何均距都相同的均一电网，则其各段单位长度阻抗（以 z_0 表示）相等，故供载功率的计算可简化为

$$\left.\begin{aligned}\dot{S}_A&=\frac{\sum\limits_{i=1}^{n}\overset{*}{Z}_i\dot{S}_i}{\overset{*}{Z}_{AB}}=\frac{\overset{*}{z}_0\sum\limits_{i=1}^{n}\dot{S}_il_i}{\overset{*}{z}_0l_{AB}}=\frac{\sum\limits_{i=1}^{n}P_il_i}{l_{AB}}+\mathrm{j}\frac{\sum\limits_{i=1}^{n}Q_il_i}{l_{AB}}\\ \dot{S}_B&=\frac{\sum\limits_{i=1}^{n}\overset{*}{Z}'_i\dot{S}_i}{\overset{*}{Z}_{AB}}=\frac{\overset{*}{z}_0\sum\limits_{i=1}^{n}\dot{S}_il'_i}{\overset{*}{z}_0l_{AB}}=\frac{\sum\limits_{i=1}^{n}P_il'_i}{l_{AB}}+\mathrm{j}\frac{\sum\limits_{i=1}^{n}Q_il'_i}{l_{AB}}\end{aligned}\right\}\tag{5-42}$$

式中：l_i 为第 i 个负荷点至B电源点的线路长度，km；l'_i 为第 i 个负荷点至A电源点的线路长度，km；l_{AB} 为A、B两电源点之间的线路长度，km。

式（5-42）表明：均一电网中的供载功率可用长度代替阻抗进行计算，此时有功功率和无功功率的计算将互不相关，可分开进行。

实际电力系统中的均一电网是很少的，但在110kV及以上的高压电网中，由于各段导线材料相同，导线型号不超过2、3种，线间几何均距也基本相等，可视为接近均一电网。实际经验表明，对于接近均一电网，在计算供载功率时通常可将两端供电网拆开为两个互不相关的电网，一个网络中含有负荷有功功率和线路电抗，另一个网络中含有负荷无功功率和线路电阻，由此可得

$$\left.\begin{aligned}P_A=\frac{\sum\limits_{i=1}^{n}P_iX_i}{X_{AB}},Q_A=\frac{\sum\limits_{i=1}^{n}Q_iR_i}{R_{AB}}\\P_B=\frac{\sum\limits_{i=1}^{n}P_iX'_i}{X_{AB}},Q_B=\frac{\sum\limits_{i=1}^{n}Q_iR'_i}{R_{AB}}\end{aligned}\right\}\tag{5-43}$$

这种方法称为网络拆开法。采用这种方法可使原网络功率分布的复数运算简化为两个实数运算，使运算工作量大为减少。

（二）两端电源电压不相等的供电网的功率分布

在图5-8所示供电网中，当 $\dot{U}_A\neq\dot{U}_B$ 时，供电网中除了与负荷有关的供载功率外，还有由于两个电源电压不相等所产生的循环电流 $\dot{I}_{ci}$ 或循环功率 $\dot{S}_{ci}$。由于供载功率和循环功率互相独立，因而也可应用叠加原理加以讨论。

首先计算 $\dot{U}_A=\dot{U}_B$ 时的供载功率，然后再计算 $\dot{U}_A\neq\dot{U}_B$（假设 $\dot{U}_A>\dot{U}_B$），网络各负荷点功率为零时的循环功率，最后将循环功率同各段的供载功率叠加，即可得到电源电压 $\dot{U}_A\neq\dot{U}_B$，带负荷运行时的初步功率分布（不计电网功率损耗的功率分布）。值得指出，叠加时要注意供载功率与循环功率的方向。当循环功率方向与供载功率方向一致时，循环功率为正值；反之，循环功率为负值。

供载功率用式（5-41）或式（5-42）、式（5-43）计算。循环功率用式（5-44）计算，即

$$\dot{S}_{ci}=\frac{(\overset{*}{U}_A-\overset{*}{U}_B)U_N}{\overset{*}{Z}_{AB}}\tag{5-44}$$

式中：U_N 为两端供电网的额定电压。

当 $\dot{U}_A>\dot{U}_B$ 时，图5-8所示两端供电网的功率分布为

$$\begin{aligned}\dot{S}'_A&=\dot{S}_A+\dot{S}_{ci}\\\dot{S}'_B&=\dot{S}_B-\dot{S}_{ci}\\\dot{S}'_2&=\dot{S}_2+\dot{S}_{ci}\\\dot{S}'_3&=\dot{S}_3-\dot{S}_{ci}\end{aligned}$$

式中：$\dot{S}'_A$、$\dot{S}'_B$、$\dot{S}'_2$、$\dot{S}'_3$ 分别为计及循环功率后通过各线路段的功率。

根据初步功率分布可以找出功率分点，即能从两个或两个以上方向获取功率的负荷节点。功率分点分为有功功率分点和无功功率分点，有功功率分点以“▼”标注，无功功率分点则以“▽”标注，如图 5 - 9 所示。

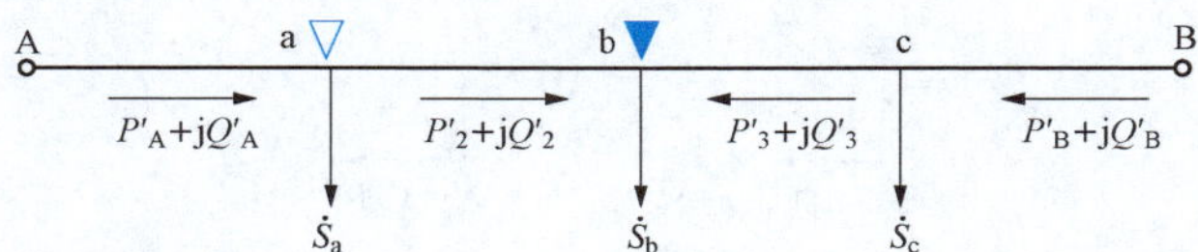

图 5 - 9 功率分点标注图

此外，还可由 $\dot{S}'_{\mathrm{A}}+\dot{S}'_{\mathrm{B}}=\sum_{i=1}^{n}\dot{S}_i$ 校验 $\dot{S}'_{\mathrm{A}}$ 和 $\dot{S}'_{\mathrm{B}}$ 的计算正确与否。

多数情况下，有功功率分点与无功功率分点是重叠的。当网络中只有一个功率分点，并且没有分支线路时，功率分点就是网络中的电压最低点。当有功功率分点与无功功率分点分开时，则要通过计算才能确定网络中的电压最低点。多数情况下，无功功率分点就是电压最低点。确定了功率分点后，就可在功率分点处将闭式电网拆开为开式电网，然后应用开式电网的方法计算闭式电网的最终功率分布（计及电网功率损耗的功率分布）和电压分布。

由于地方电网可以忽略功率损耗，所以闭式地方电网的初步功率分布即为最终功率分布。

【例 5 - 3】 某额定电压为 10kV 的两端供电网如图 5 - 10（a）所示，负荷功率、导线型号及其他有关数据均标注于图中，其中导线间的几何均距 $D_{\mathrm{ge}}=1\mathrm{m}$。试计算网络的功率分布、最大电压损耗和电压最低点的电压。

解 （1）计算网络的功率分布。由题意可知，此网络为均一电网，因而可按式（5 - 42）计算供载功率分布。

1）供载功率的计算

$$P_{\mathrm{Aa}}=\frac{(24+20)\times(5+4)+(50+40)\times 4}{6+5+4}=50.40(\mathrm{kW})$$

$$Q_{\mathrm{Aa}}=\frac{(20+18)\times(5+4)+(30+10)\times 4}{6+5+4}=33.47(\mathrm{kvar})$$

$$\dot{S}_{\mathrm{Aa}}=50.40+\mathrm{j}33.47(\mathrm{kV\cdot A})$$

$$P_{\mathrm{Bb}}=\frac{(50+40)\times(5+6)+(24+20)\times 6}{6+5+4}=83.60(\mathrm{kW})$$

$$Q_{\mathrm{Bb}}=\frac{(30+10)\times(5+6)+(20+18)\times 6}{6+5+4}=44.53(\mathrm{kvar})$$

$$\dot{S}_{\mathrm{Bb}}=83.60+\mathrm{j}44.53(\mathrm{kV\cdot A})$$

验证

$$\dot{S}_{\mathrm{Aa}}+\dot{S}_{\mathrm{Bb}}=(50.40+\mathrm{j}33.47)+(83.60+\mathrm{j}44.53)=134+\mathrm{j}78(\mathrm{kV\cdot A})$$

$$\dot{S}_{\mathrm{a}}+\dot{S}_{\mathrm{b}}=(24+\mathrm{j}20)+(20+\mathrm{j}18)+(50+\mathrm{j}30)+(40+\mathrm{j}10)=134+\mathrm{j}78(\mathrm{kV\cdot A})$$

验证可见计算结果正确，这样可进一步求得

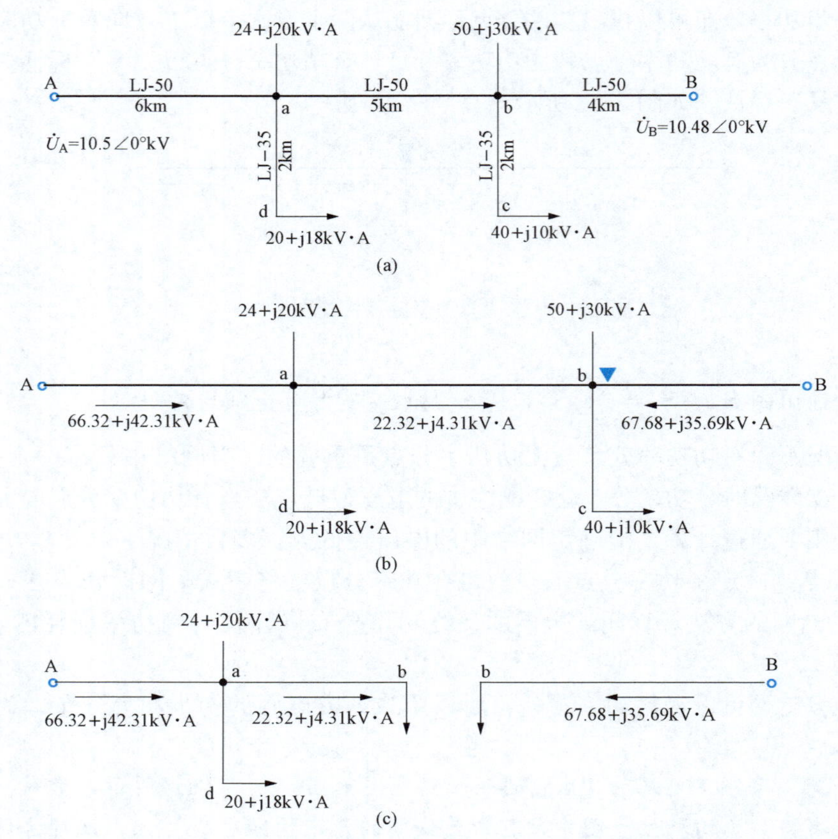

图 5-10　[例 5-3] 图

(a) 两端供电网；(b) 网络的功率分布；(c) 从 b 点拆开后的开式电网

$$\dot{S}_{ab}=\dot{S}_{Aa}-\dot{S}_{a}=(50.40+j33.47)-(44+j38)=6.40-j4.53(\text{kV}\cdot\text{A})$$

2）循环功率的计算。根据给定的导线型号和几何均距，可确定线路单位长度阻抗，从而算出 A、B 电源之间的阻抗为

$$Z_{AB}=(0.64+j0.355)\times(6+5+4)=9.60+j5.33=10.98\angle 29.04^{\circ}(\Omega)$$

因此有

$$\dot{S}_{ci}=\frac{(10.5-10.48)\times 10}{10.98\angle-29.04^{\circ}}\times 10^{3}=18.20\angle 29.04^{\circ}=15.92+j8.84(\text{kV}\cdot\text{A})$$

3）网络中实际功率分布的计算。

$$\begin{aligned}\dot{S}'_{Aa}&=\dot{S}_{Aa}+\dot{S}_{ci}=(50.40+j33.47)+(15.92+j8.84)\\&=66.32+j42.31(\text{kV}\cdot\text{A})\\\dot{S}'_{ab}&=\dot{S}_{ab}+\dot{S}_{ci}=(6.4-j4.53)+(15.92+j8.84)\\&=22.32+j4.31(\text{kV}\cdot\text{A})\\\dot{S}'_{Bb}&=\dot{S}_{Bb}-\dot{S}_{ci}=(83.6+j44.53)-(15.92+j8.84)\\&=67.68+j35.69(\text{kV}\cdot\text{A})\end{aligned}$$

实际功率分布如图 5-10（b）所示。由图 5-10（b）可见，负荷点 b 既是有功功率分

点，也是无功功率分点。

(2) 网络最大电压损耗及最低点电压的确定。从 b 点将闭式电网拆开为开式电网，如图 5 - 10 (c) 所示。

1）计算各段线路的参数

$$Z_{Aa}=(0.64+j0.355)\times 6=3.84+j2.13(\Omega)$$
$$Z_{ab}=(0.64+j0.355)\times 5=3.20+j1.78(\Omega)$$
$$Z_{Bb}=(0.64+j0.355)\times 4=2.56+j1.42(\Omega)$$
$$Z_{bc}=Z_{ad}=(0.92+j0.366)\times 2=1.84+j0.73(\Omega)$$

2）计算各段线路的电压损耗

$$\Delta U_{Aa}=\frac{66.32\times 3.84+42.31\times 2.13}{10}=34.48(V)$$
$$\Delta U_{ab}=\frac{22.32\times 3.20+4.31\times 1.78}{10}=7.91(V)$$
$$\Delta U_{Bb}=\frac{67.68\times 2.56+35.69\times 1.42}{10}=22.39(V)$$
$$\Delta U_{ad}=\frac{20\times 1.84+18\times 0.73}{10}=5.00(V)$$
$$\Delta U_{bc}=\frac{40\times 1.84+10\times 0.73}{10}=8.10(V)$$

3）计算网络的最大电压损耗。因为 $\Delta U_{bc}>\Delta U_{ad}$，且 $\Delta U_{Ab}>\Delta U_{Aa}>\Delta U_{Bb}$，所以网络的最大电压损耗为

$$\begin{aligned}\Delta U_{max}&=\Delta U_{Ac}=\Delta U_{Aa}+\Delta U_{ab}+\Delta U_{bc}\\&=34.48+7.91+8.10=50.49(V)\\&=0.05(kV)\end{aligned}$$

4）计算电压最低点的电压

$$U_c=U_A-\Delta U_{max}=10.5-0.05=10.45(kV)$$

对于闭式区域电网，同样可在功率分点处将闭式电网拆开为开式电网，运用开式区域电网的方法计算其最终功率分布和各点电压，详见［例 5 - 4］。

【例 5 - 4】 某额定电压为 110kV 的电网如图 5 - 11 (a) 所示。导线的线间几何均距 $D_{ge}=5m$，其他有关参数均标注在图中。试计算电网的功率分布及电压。

解 (1) 计算网络中线路、变压器的参数，并作等效电路。

1）计算线路参数。线路参数计算结果见表 5 - 4。

表 5 - 4　　线路参数

导线型号	线路长度 (km)				
	1	40	50	60	90
LGJ-150	$r_1=0.21\Omega$	$R=8.4\Omega$		$R=12.6\Omega$	$R=18.9\Omega$
	$x_1=0.416\Omega$	$X=16.64\Omega$		$X=24.96\Omega$	$X=37.44\Omega$
	$b_1=2.74\times 10^{-6}S$				
	$Q_{C1}=b_1U_N^2=0.033Mvar$	$Q_C=1.32Mvar$		$Q_C=1.98Mvar$	$Q_C=2.97Mvar$

续表

导线型号	线路长度（km）				
	1	40	50	60	90
LGJ-70	$r_1=0.45\Omega$		$R=22.5\Omega$		
	$x_1=0.44\Omega$		$X=22.0\Omega$		
	$b_1=2.58\times10^{-6}$S				
	$Q_{C1}=b_1U_N^2=0.031$Mvar		$Q_C=1.55$Mvar		

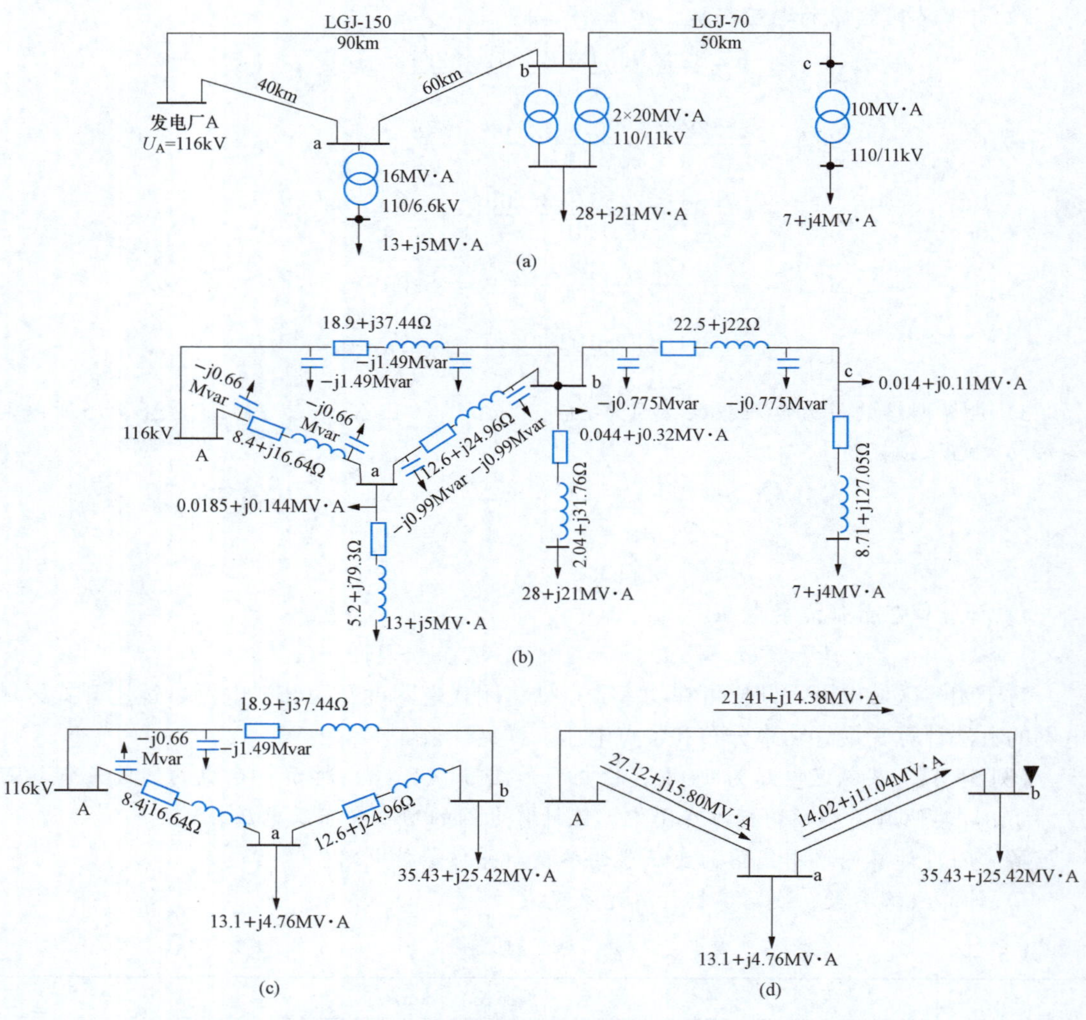

图 5-11　电网的功率分布及电压计算（一）

（a）电网原理图；（b）电网等效电路图；（c）简化后的等效电路；（d）网络的初步功率分布

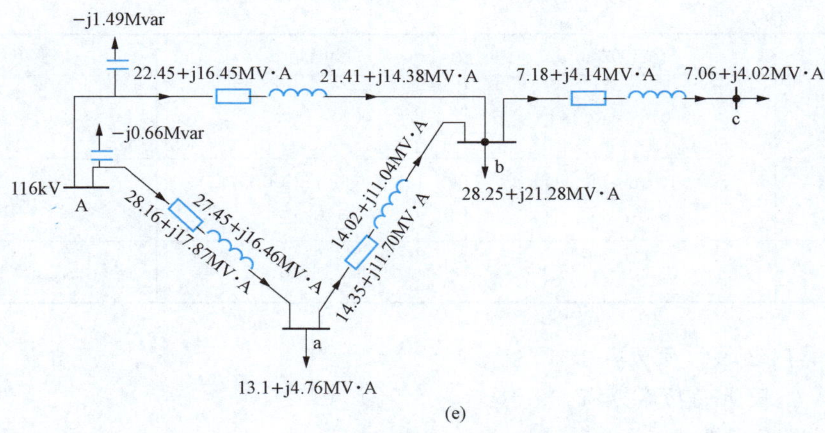

图 5-11 电网的功率分布及电压计算（二）

（e）网络的最终功率分布

2）计算变压器参数。变压器参数计算结果见表 5-5。

表 5-5　　变压器参数

变电站	变电站 a	变电站 b	变电站 c
铭牌数据	$\Delta P_S=110\text{kW}$ $\Delta P_0=18.5\text{kW}$ $U_k\%=10.5$ $I_0\%=0.9$	$\Delta P_S=135\text{kW}$ $\Delta P_0=22\text{kW}$ $U_k\%=10.5$ $I_0\%=0.8$	$\Delta P_S=72\text{kW}$ $\Delta P_0=14\text{kW}$ $U_k\%=10.5$ $I_0\%=1.1$
参数计算	$R_T=\dfrac{110\times110^2}{16000^2}\times10^3=5.2\ (\Omega)$ $X_T=\dfrac{10.5\times110^2}{16000}\times10=79.3\ (\Omega)$ $\Delta\dot{S}_0=0.0185+j0.144\text{MV}\cdot\text{A}$	$R_T=\dfrac{135\times110^2}{2\times20000^2}\times10^3=2.04\ (\Omega)$ $X_T=\dfrac{10.5\times110^2}{2\times20000}\times10=31.76\ (\Omega)$ $\Delta\dot{S}_0=0.044+j0.32\text{MV}\cdot\text{A}$	$R_T=\dfrac{72\times110^2}{10000^2}\times10^3=8.71\ (\Omega)$ $X_T=\dfrac{10.5\times110^2}{10000}\times10=127.05\ (\Omega)$ $\Delta\dot{S}_0=0.014+j0.11\text{MV}\cdot\text{A}$

3）作出网络的等效电路，如图 5-11（b）所示。

（2）计算各变电站的运算负荷。

各变电站的运算负荷计算结果见表 5-6。

表 5-6　　各变电站的运算负荷　　单位：MV·A

计算内容	变电站 a	变电站 b	变电站 c
低压侧负荷	13+j5	28+j21	7+j4
变压器阻抗中的功率损耗	$\dfrac{13^2+5^2}{110^2}\times(5.2+j79.41)$ $=0.083+j1.27$	$\dfrac{28^2+21^2}{110^2}\times(2.04+j31.76)$ $=0.21+j3.22$	$\dfrac{7^2+4^2}{110^2}\times(8.71+j127.05)$ $=0.047+j0.68$
变压器环节首端功率	13.083+j6.27	28.21+j24.22	7.047+j4.68

续表

计算内容	变电站 a	变电站 b	变电站 c
变压器导纳中的功率损耗	0.0185+j0.144	0.044+j0.32	0.014+j0.11
相邻线路电容功率的一半	−j(0.66+0.99)=−j1.65	−j(0.99+1.49+0.775)=−j3.26	−j0.775
运算负荷	13.10+j4.76	28.25+j21.28	7.06+j4.02

（3）计算网络的初步功率分布。

1）计算 *bc* 段上的功率分布。

c 点的运算负荷为

$$\dot{S}_c = 7.06 + j4.02(\text{MV}\cdot\text{A})$$

bc 段阻抗中的功率损耗为

$$\Delta\dot{S}_{bc} = \frac{7.06^2 + 4.02^2}{110^2}\times(22.5 + j22) = 0.12 + j0.12(\text{MV}\cdot\text{A})$$

bc 段环节首端功率为

$$\dot{S}_{bc} = (7.06 + j4.02) + (0.12 + j0.12) = 7.18 + j4.14(\text{MV}\cdot\text{A})$$

b 点从环网取用的功率为

$$\dot{S}'_{bc} = (28.25 + j21.28) + (7.18 + j4.14) = 35.43 + j25.42(\text{MV}\cdot\text{A})$$

2）简化等效电路。应用运算负荷简化后的等效电路如图 5-11（c）所示。

3）计算环网初步功率分布。在发电厂 A 的高压母线上将环网拆开为两端电源电压相等的供电网，用式（5-43）计算初步功率分布为

$$P_{Aa} = \frac{13.10\times(60 + 90) + 35.43\times 90}{40 + 60 + 90} = 27.12(\text{MW})$$

$$Q_{Aa} = \frac{4.76\times(60 + 90) + 25.42\times 90}{40 + 60 + 90} = 15.80(\text{Mvar})$$

$$\dot{S}_{Aa} = 27.12 + j15.80(\text{MV}\cdot\text{A})$$

$$P_{Ab} = \frac{35.43\times(60 + 40) + 13.10\times 40}{40 + 60 + 90} = 21.41(\text{MW})$$

$$Q_{Ab} = \frac{25.42\times(60 + 40) + 4.76\times 40}{40 + 60 + 90} = 14.38(\text{Mvar})$$

$$\dot{S}_{Ab} = 21.41 + j14.38(\text{MV}\cdot\text{A})$$

验证

$$\begin{aligned}\dot{S}_{Aa} + \dot{S}_{Ab} &= (27.12 + j15.80) + (21.41 + j14.38)\\ &= 48.53 + j30.18(\text{MV}\cdot\text{A})\end{aligned}$$

$$\begin{aligned}\dot{S}_a + \dot{S}'_b &= (13.10 + j4.76) + (35.43 + j25.42)\\ &= 48.53 + j30.18(\text{MV}\cdot\text{A})\end{aligned}$$

由验证可知计算结果正确无误。

最后可得

$$\dot{S}_{ab}=(27.12+j15.80)-(13.10+j4.76)$$
$$=14.02+j11.04(MV\cdot A)$$

网络的初步功率分布如图 5-11（d）所示。显而易见，b 点是功率分点。

（4）计算环网的最终功率分布。

从功率分点 b 将环网拆开为开式电网，分别从两侧向供电点 A 依次计算功率损耗和功率分布。由于 b 点是功率分点，所以 $\dot{S}_{Ab}$ 和 $\dot{S}_{ab}$ 分别为 Ab 段和 ab 段的末端功率。各线段的功率分布见表 5-7。网络最终功率分布如图 5-11（e）所示。

表 5-7　　各线路段的功率　　单位：MV·A

计算内容	Ab 段	ab 段	Aa 段
线路末端功率	21.41+j14.38	14.02+j11.04	(13.10+j4.76)+(14.35+j11.70)=27.45+j16.46
线路阻抗中的功率损耗	$\frac{21.41^2+14.38^2}{110^2}\times(18.9+j37.44)=1.04+j2.06$	$\frac{14.02^2+11.04^2}{110^2}\times(12.6+j24.96)=0.33+j0.66$	$\frac{27.45^2+16.46^2}{110^2}\times(8.4+j16.64)=0.77+j1.41$
线路首端功率	22.45+j16.45	14.35+j11.70	28.16+j17.87

发电厂 A 高压母线的输出功率 $\dot{S}_A$ 和功率因数 $\cos\varphi$ 分别为

$$\dot{S}_A=(22.45+j16.45)+(28.16+j17.87)+(-j1.49-j0.66)$$
$$=50.61+j32.17(MV\cdot A)$$

$$\cos\varphi=\cos\left(\arctan\frac{32.17}{50.61}\right)=0.844$$

（5）计算网络各点电压及电压偏移。

网络各点电压及电压偏移见表 5-8。

表 5-8　　网络各点电压及电压偏移

内容	高压母线电压（kV）	低压母线运行电压（kV）	电压偏移 m
变电站 a	$116-\frac{28.16\times8.4+17.87\times16.64}{116}=111.40$	$\left(111.40-\frac{13.08\times5.2+6.27\times79.3}{111.40}\right)\times\frac{6.6}{110}=6.38$	$\frac{6.38-6}{6}\times100\%=6.3\%$
变电站 b	$111.40-\frac{14.35\times12.6+11.70\times24.96}{111.40}=107.16$	$107.16-\frac{28.21\times2.04+24.22\times31.76}{107.16}\times\frac{11}{110}=9.94$	$\frac{9.94-10}{10}\times100\%=-0.6\%$
变电站 c	$107.16-\frac{7.18\times22.5+4.14\times22}{107.16}=104.80$	$104.80-\frac{7.047\times8.71+4.68\times127.05}{111.40}\times\frac{11}{110}=9.85$	$\frac{9.85-10}{10}\times100\%=-1.5\%$

五、电磁环网的功率分布与电压计算

变压器串联接入的多电压等级环网，称为电磁环网。当电磁环网中各变压器的变比不匹配时，在环网中就会存在环路电动势，形成循环电流或循环功率。

两台升压变压器并联运行如图 5-12（a）所示，它们的变比分别为 k_1 和 k_2，且不匹配，即$\frac{k_1}{k_2}\neq1$。若不计变压器导纳支路，且其阻抗归算到高压侧后的等效电路如图 5-12（b）所示，下面计算该电磁环网的功率分布。

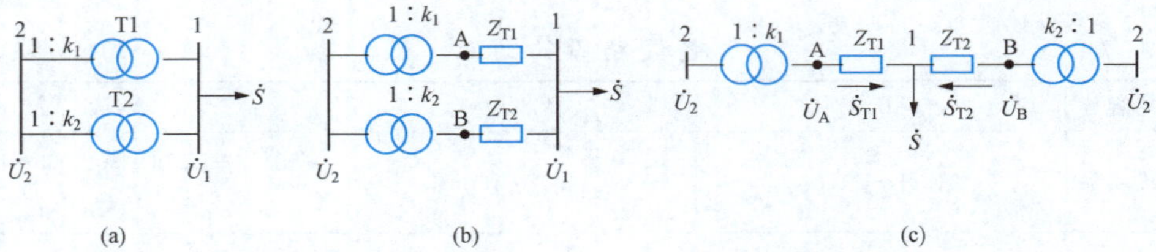

图 5-12　两台变压器并联运行

（a）两台并联运行的升压变压器原理接线图；（b）阻抗归算到高压侧后的等效电路；（c）从点 2 拆开后的两端供电电压不相等的供电网

假定已知变压器低压侧的电压为 $\dot{U}_2$，则由图 5-12（b）可知 $\dot{U}_A=k_1\dot{U}_2$，$\dot{U}_B=k_2\dot{U}_2$。将等效电路从点 2 拆开，便得到了一个两端供电电压不相等的供电网，如图 5-12（c）所示。应用式（5-41）和式（5-44）可得

$$\left.\begin{aligned}\dot{S}_{T1}&=\frac{\overset{*}{Z}_{T2}}{\overset{*}{Z}_{T1}+\overset{*}{Z}_{T2}}\dot{S}+\frac{(\overset{*}{U}_A-\overset{*}{U}_B)U_{NH}}{\overset{*}{Z}_{T1}+\overset{*}{Z}_{T2}}\\\dot{S}_{T2}&=\frac{\overset{*}{Z}_{T1}}{\overset{*}{Z}_{T1}+\overset{*}{Z}_{T2}}\dot{S}-\frac{(\overset{*}{U}_A-\overset{*}{U}_B)U_{NH}}{\overset{*}{Z}_{T1}+\overset{*}{Z}_{T2}}\end{aligned}\right\}\tag{5-45}$$

式中：$\overset{*}{Z}_{T1}$ 为变压器 T1 阻抗的共轭复数；$\overset{*}{Z}_{T2}$ 为变压器 T2 阻抗的共轭复数；U_{NH} 为变压器高压侧电网的额定电压。

式（5-45）中的第一项是变压器的供载功率，第二项是由于变比不等而产生的循环功率。循环功率的计算是电磁环网潮流计算的重要部分，记为

$$\dot{S}_{ci}=\frac{(\overset{*}{U}_A-\overset{*}{U}_B)U_{NH}}{\overset{*}{Z}_{T1}+\overset{*}{Z}_{T2}}=\frac{\Delta\overset{*}{E}U_{NH}}{\overset{*}{Z}_{T1}+\overset{*}{Z}_{T2}}\tag{5-46}$$

式中：$\Delta\overset{*}{E}$ 为环路电动势的共轭复数。

环路电动势为

$$\Delta\dot{E}=\dot{U}_A-\dot{U}_B=\dot{U}_2k_1\left(1-\frac{k_2}{k_1}\right)=\dot{U}_A\left(1-\frac{k_2}{k_1}\right)=\dot{U}_2k_2\left(\frac{k_1}{k_2}-1\right)=\dot{U}_B\left(\frac{k_1}{k_2}-1\right)\tag{5-47}$$

由式（5-47）可知，环路电动势与变压器的变比密切相关。当变比 $k_1/k_2=1$ 时，环路电动势 $\Delta\dot{E}=0$，循环功率 $\dot{S}_{ci}=0$；$k_1/k_2\neq1$ 时，$\Delta\dot{E}\neq0$，$\dot{S}_{ci}\neq0$。循环功率的方向与环路电动势的方向是一致的。

电磁环网中的环路电动势，可根据等效电路空载状态下任意处的开环电压来确定。应

该注意的是，计算哪一电压等级侧的功率时，电磁环网中的参数就应归算到哪一侧，开环点就应选在哪一电压等级。

图 5 - 13（a）所示为参数归算到高压侧的空载环形网络。当已知低压侧电压 $\dot{U}_2$，且假定循环功率为顺时针方向时，则环路电动势就等于 i 点处的开口电压 $\Delta\dot{U}_i$，即

$$\Delta\dot{E}_H = \Delta\dot{U}_i = \dot{U}_i - \dot{U}'_i = \dot{U}_2 k_1 - \dot{U}_2 k_2 = \dot{U}_2 k_1\left(1-\frac{k_2}{k_1}\right) = \dot{U}_2 k_2\left(\frac{k_1}{k_2}-1\right) \quad (5-48)$$

式中：$\Delta\dot{E}_H$ 为参数归算到高压侧时的环路电动势。

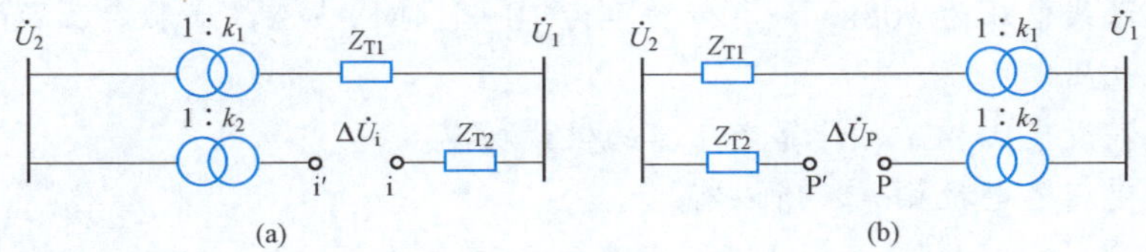

图 5 - 13　环路电动势的确定

（a）参数归算到高压侧时的环路电动势；（b）参数归算到低压侧时的环路电动势

图 5 - 13（b）所示为参数归算到低压侧，且高压侧电压 $\dot{U}_1$ 已知时的空载环形网络。假如循环功率仍为顺时针方向，则环路电动势就等于 P 点处的开口电压 $\Delta\dot{U}_P$，即

$$\Delta\dot{E}_L = \Delta\dot{U}_P = \dot{U}_P - \dot{U}'_P = \frac{\dot{U}_1}{k_2} - \frac{\dot{U}_1}{k_1} = \frac{\dot{U}_1}{k_2}\left(1-\frac{k_2}{k_1}\right) = \frac{\dot{U}_1}{k_1}\left(\frac{k_1}{k_2}-1\right) \quad (5-49)$$

式中：$\Delta\dot{E}_L$ 为参数归算到低压侧时的环路电动势。

当 $\dot{U}_1$ 或 $\dot{U}_2$ 未知时，环路电动势 $\Delta\dot{E}_H$ 和 $\Delta\dot{E}_L$ 可由式（5 - 50）近似计算，即

$$\left.\begin{aligned}\Delta E_H &= U_{NH}\left(1-\frac{k_2}{k_1}\right) = U_{NH}\left(\frac{k_1}{k_2}-1\right)\\ \Delta E_L &= U_{NL}\left(1-\frac{k_2}{k_1}\right) = U_{NL}\left(\frac{k_1}{k_2}-1\right)\end{aligned}\right\} \quad (5-50)$$

式中：U_{NH}、U_{NL} 分别为变压器高、低压侧电网的额定电压。

由式（5 - 50）可见，电磁环网中的环路电动势与环路中的等值变比 $k_\Sigma = k_1/k_2\left(\text{或}\frac{1}{k_\Sigma}=\frac{k_2}{k_1}\right)$ 有关。对于多级电压环网，其等值变比 k_Σ 可以按下述方法确定：在环网中任选一起点和环绕方向，沿环网环行一周，遇到顺环绕方向起升压作用的变压器时，乘以其变比；遇到顺环绕方向起降压作用的变压器时，除以其变比，即可求得 k_Σ。

如果 $k_\Sigma = 1$，则循环电流（或功率）为零；若 $k_\Sigma > 1$，则有循环电流（或功率），其方向与所选环绕方向相同；若 $k_\Sigma < 1$，也有循环电流（或功率），但方向与所选环绕方向相反。

确定了环路电动势，就解决了循环功率的计算，从而变压器的实际功率分布就可由变比相等时的供载功率和变比不等时的循环功率叠加而得。

电力系统运行中，往往可通过改变变比或采用附加装置在环网中产生一附加环路电动势而产生某一指定方向的循环功率来改善电磁环网的功率分布，以达到技术上或经济上的合理性。常用的附加装置主要有调压变压器、基于灵活交流输电系统（Flexible AC Transimission System，FACTS）技术的统一潮流控制器（Unified Power Flow Controller，

UPFC）、静止同步串联补偿器（Static Synchronous Series Compensator，SSSC）、晶闸管控制串联电容器（Thyristor Controlled Series Capacitor，TCSC）和晶闸管控制移相器（Thyristor Controlled Phase Shifting Transformer，TCPST）等，限于篇幅限制，在此不再赘述。

【例 5-5】 如图 5-13（a）所示电磁环网，变压器的变比分别为 $k_1=\frac{117.975}{10.5}$，$k_2=\frac{114.95}{10.5}$，$U_{NH}=110\text{kV}$，归算到高压侧的阻抗 $Z_{T1}=Z_{T2}=\text{j}125\Omega$，其电阻与电纳忽略不计。已知高压母线电压为 108kV，负荷功率为 18+j14MV·A，试求变压器的功率分布及低压母线运行电压。

解 （1）假设变比相等，计算变压器的供载功率。

由于两台变压器电抗相等，所以有

$$\dot{S}_{T1,LD}=\dot{S}_{T2,LD}=\frac{1}{2}\dot{S}=\frac{1}{2}\times(18+\text{j}14)=9+\text{j}7(\text{MV}\cdot\text{A})$$

（2）不计负荷，求变压器环路内的循环功率。

因为低压侧运行电压未知，所以应用式（5-50）可近似计算环路电动势为

$$\Delta E_H=U_{NH}\left(1-\frac{k_2}{k_1}\right)=110\times\left(1-\frac{114.95}{117.975}\right)=2.82(\text{kV})$$

由此可得循环功率

$$\dot{S}_{ci}=\frac{\Delta\overset{*}{E}_H U_{NH}}{\overset{*}{Z}_{T1}+\overset{*}{Z}_{T2}}=\frac{2.82\times110}{2\times(-\text{j}125)}=\text{j}1.24(\text{MV}\cdot\text{A})$$

（3）求各变压器分配的实际功率。

$$\dot{S}_{T1}=\dot{S}_{T1,LD}+\dot{S}_{ci}=(9+\text{j}7)+\text{j}1.24=9+\text{j}8.24(\text{MV}\cdot\text{A})$$

$$\dot{S}_{T2}=\dot{S}_{T2,LD}-\dot{S}_{ci}=(9+\text{j}7)-\text{j}1.24=9+\text{j}5.76(\text{MV}\cdot\text{A})$$

（4）求变压器低压母线输出的总功率。

设经变压器 T1、T2 低压母线输出的功率分别为 $\dot{S}'_{T1}$ 和 $\dot{S}'_{T2}$，低压母线输出的总功率为 $\dot{S}_2$，则有

$$\dot{S}'_{T1}=(9+\text{j}8.24)+\frac{9^2+8.24^2}{108^2}\times\text{j}125=9+\text{j}9.84(\text{MV}\cdot\text{A})$$

$$\dot{S}'_{T2}=(9+\text{j}5.76)+\frac{9^2+5.76^2}{108^2}\times\text{j}125=9+\text{j}6.98(\text{MV}\cdot\text{A})$$

$$\dot{S}_2=\dot{S}'_{T1}+\dot{S}'_{T2}=(9+\text{j}9.84)+(9+\text{j}6.98)=18+\text{j}16.82(\text{MV}\cdot\text{A})$$

（5）计算变压器低压母线运行电压。

$$U_2=\left(108+\frac{8.24\times125}{108}\right)\times\frac{10.5}{117.975}=10.46(\text{kV})$$

或

$$U_2=\left(108+\frac{5.76\times125}{108}\right)\times\frac{10.5}{114.95}=10.47(\text{kV})$$

环路电动势也可应用 $\Delta E_H=U_{NH}\left(\frac{k_1}{k_2}-1\right)$ 近似计算。

第二节 电力系统的频率与有功功率

衡量电能质量的指标有频率、电压和波形，分别以频率偏移、电压偏移和波形畸变率表示。本节主要介绍电力系统的频率特性、频率调整的原理及方法，电压质量内容在第三节介绍。

一、频率调整的必要性

电力系统中许多用电设备的运行状况都与频率有密切的关系，按与频率关系的不同，电力系统中的负荷大致可划分为下面三种。

(1) 不受频率影响的负荷，是指白炽灯泡、电阻器、电热器等电阻性负荷。这类负荷在电力系统中所占的比重不大，它们从系统中吸收的三相有功功率是不受频率变化影响的，其表达式为

$$P = 3I^2R \times 10^{-3} \tag{5-51}$$

式中：R 为用电器的电阻，Ω；I 为通过用电器电阻的负荷电流，A；P 为用电器电阻消耗的三相有功功率，kW。

(2) 与频率变化成正比的负荷，是指拖动金属切削机床或磨粉机等机械工作的异步电动机。这类负荷从系统中吸收的有功功率与频率之间的关系为

$$P = M\frac{2\pi f}{p} \tag{5-52}$$

式中：M 为异步电动机的力矩，N·m；p 为异步电动机的极对数；f 为交流电的频率，Hz。

在外界工作条件不变的情况下，这类异步电动机的力矩 M 为常数，故电动机消耗的有功功率 P（即电动机的功率）与频率 f 的一次方成正比。

(3) 与频率高次方成正比的负荷，属于这类负荷的有拖动鼓风机、离心水泵等机械工作的异步电动机。它们从系统吸收的有功功率表达式同式（5-52），但其力矩 M 随着频率的变化而变化，是频率 f 的高次方函数。因此，这类异步电动机消耗的有功功率 P（即电动机的输出功率）正比于频率 f 的高次方。

频率变化所引起的异步电动机转速的变化，会严重影响用户产品的质量和产量。例如，在纺织厂中，频率变化会使纱线运动速度变化而出现次品和废品；频率变化会影响现代工业、国防和科学研究部门广泛应用的各种电子技术设备的精确性；频率变化还会使计算机发生误计算和误打印。

频率的变化不仅影响用户的正常运行，对电力系统运行也是十分有害的。频率下降会使发电厂的许多重要设备如给水泵、循环水泵、风机等的输出功率下降，造成水压、风力不足，使整个发电厂的有功输出功率减少，导致频率进一步下降，如果不采取必要措施，就会产生所谓“频率崩溃”的恶性循环；频率的变化可能会使汽轮机的叶片产生共振，降低叶片寿命，严重时会产生裂纹甚至断片，造成重大事故。另外，频率的下降，会使异步电动机和变压器的励磁电流增大，无功损耗增加，给电力系统的无功平衡和电压调整增加

困难。

为此，我国规定电网额定频率为50Hz，允许频率偏差为±(0.2～0.5)Hz，用百分数表示为±0.4%～±1%。

负荷变化是造成频率偏移的直接因素。电力系统日负荷一般由三种变化规律的变动负荷所组成，如图5-14所示。

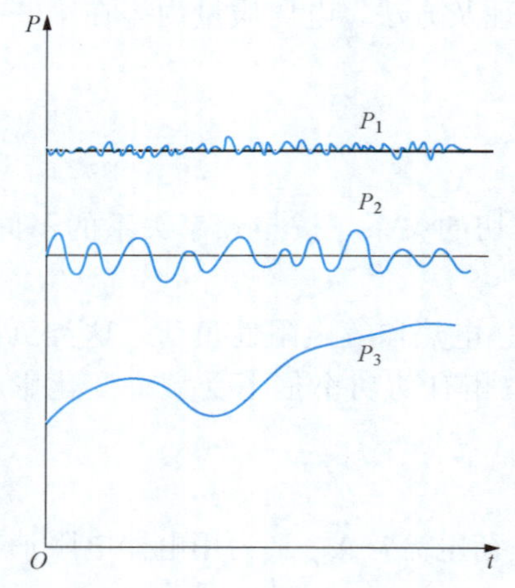

图5-14　日负荷曲线的三种典型成分

第一种是变化幅度小、变化周期较短（一般为10s以内）的负荷分量（见图5-14中的P_1）；

第二种是变化幅度较大、变化周期较长（一般为10s～3min）的负荷分量（见图5-14中的P_2），属于这类负荷的主要有电炉、液压机械、电气机车等；

第三种是变化缓慢的持续变动负荷（见图5-14中的P_3），引起负荷变化的原因主要是工厂的作息制度、人们的生活习惯及气象条件的变化等。

第一种变动负荷引起的频率偏移可由发电机组的调速器自动进行调整，通常称为频率的一次调整，简称一次调频。

第二种变动负荷引起的频率变动仅靠调速器的作用往往不能将频率偏移限制在允许的范围之内，通常需用手动调频器（也称同步器）参与频率调整，称为频率的二次调整，简称二次调频。

电力系统调度部门预先编制的日负荷曲线，大体反映了第三种变动负荷的变化规律，这一部分负荷将在有功功率平衡的基础上，按照最优化的原则在各发电厂间进行分配。

二、电力系统的频率特性

（一）电力系统综合负荷的有功功率—频率静态特性

描述电力系统负荷的有功功率随频率变化的关系曲线，称为电力系统负荷的有功功率—频率静态特性，简称为负荷频率特性。

电力系统综合负荷和频率之间的关系主要取决于异步电动机，在额定频率f_N附近时，电力系统综合负荷的有功功率与频率变化之间的关系近似于一直线，如图5-15所示。

由图5-15中的负荷频率特性P_2可知，当频率由f_N升高到f_1时，负荷有功功率就自动由P_{LDN}增加到P_{LD1}；反之，负荷有功功率就自动减少。负荷有功功率随频率变化的大小，可由图5-15中直线的斜率确定。图中直线的斜率为

$$k_{LD}=\tan\theta=\frac{\Delta P}{\Delta f} \tag{5-53}$$

式中：ΔP为有功负荷变化量，MW；Δf为频率变化量，Hz；k_{LD}为有功负荷频率调节效应系数，MW/Hz。

若将式（5-53）中的ΔP和Δf分别以额定有功负荷P_{LDN}和额定频率f_N为基准值的标幺值表示，则频率静态特性斜率的标幺值为

$$k_{LD*}=\frac{\Delta P/P_{LDN}}{\Delta f/f_N}=\frac{\Delta P_*}{\Delta f_*} \tag{5-54}$$

式中：k_{LD*} 为有功负荷频率调节效应系数的标幺值。

k_{LD*} 不能人为整定，它的大小取决于系统中各类负荷的比重和性质。不同系统或同一系统的不同时刻，k_{LD*} 值都可能不同。电力系统中一般取 $k_{LD*}=1\sim3$，它表明频率变化 1%时，有功负荷功率就相应变化 1%～3%。k_{LD*} 的具体数值通常由试验或计算求得，是电力系统调度部门运行人员必须掌握的一个重要数据。

当电力系统的综合负荷增大时，负荷的频率特性曲线由 P_2 平行上移到 P_1；负荷减小时，负荷的频率特性曲线由 P_2 平行下移到 P_3，如图 5-15 所示。

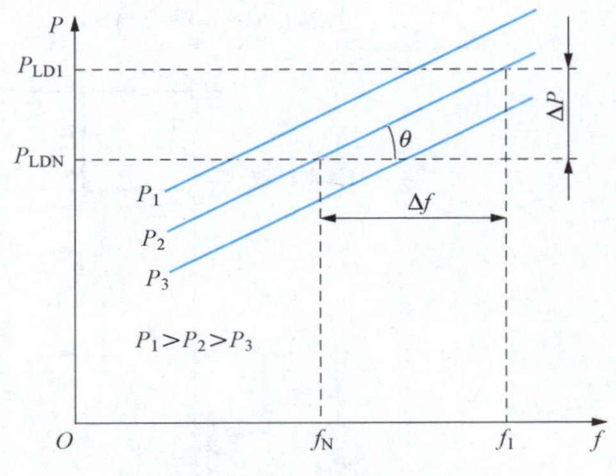

图 5-15 负荷的频率静态特性

（二）发电机组的有功功率—频率静态特性

电力系统的负荷功率是靠发电机组供给的，当有功负荷发生变化时，发电机组输出的有功功率应随之发生变化，以保证频率偏移不超出允许范围。发电机组输出的有功功率与频率之间的关系称为发电机组有功功率—频率静态特性，简称发电机组的功频静态特性。

(1) 发电机组调速器的工作原理。发电机组的有功功率输出是靠原动机（如汽轮机、水轮机等）的调速系统自动控制进汽（水）量来实现的。

调速系统分为机械液压和电气液压调速两大类。调速系统主要由测速、放大传动、反馈和调节对象（进汽门或进水阀）等部分组成。

测速部分的任务是测量发电机转子相对额定转速的改变量，它可分为离心测速、液压测速和电压测速等。

放大部分的任务有两个方面：一方面是将测得的转速改变量放大后传递给调节对象，另一方面作用于反馈组件，使此过程中止。

调节对象的任务是在放大传动组件的作用下，开大或关小进汽门（或进水阀），使进入原动机（汽轮机或水轮机）的进汽量或进水量增加或减小，以调节其转子的转速，适应负荷变化。

图 5-16 所示为汽轮机离心飞锤式机械液压调速装置，其结构最简单。图中的测速部分由飞锤、弹簧和套筒组成，与原动机转轴相连接；放大传动部分由错油门和油动机组成；反馈部分由 ACB 杠杆组成；调节对象为进汽门。

正常运行时，发电机的输出功率与原动机的输出功率平衡，发电机转速恒定，离心飞锤克服弹簧的作用力和其自重而处于某一位置。此时，杠杆 ACB 相应地处于水平位置，错油门活塞使 a、b 孔堵塞，油动机将进汽门固定在一定的开度，对应的频率为 f_A（假定 $f_A=f_N$），在频率偏移的允许范围内保持恒定。

当负荷功率增加时，由于原动机输入功率未变，致使原动机转轴上出现不平衡功率（或转矩），原动机转速降低。此时飞锤在弹簧力的作用下相互靠拢，套筒便由 A 点下降到 A′点。这时，由于油动机的活塞上、下油压相等，B 点不动，杠杆 ACB 就以 B 点为支点逆时针旋转到 A′C′B 的位置。另外，由于同步器（也称调频器）没有动作，D 点固定不

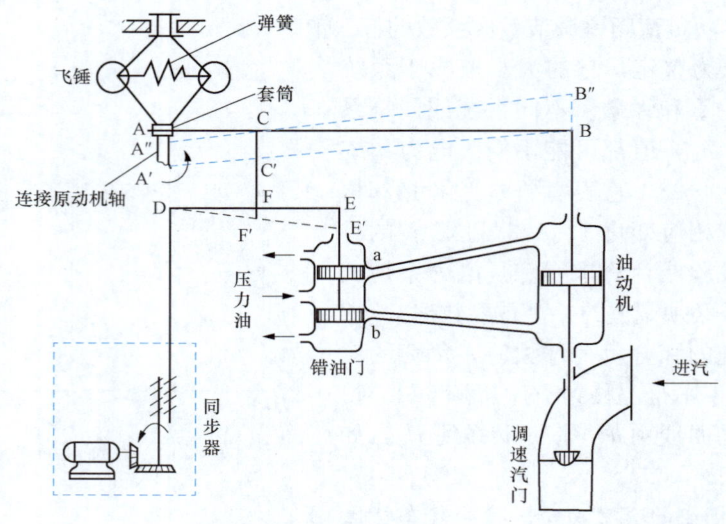

图 5-16　汽轮机离心飞锤式机械液压调速装置

动，于是杠杆 DFE 就以 D 点为支点顺时针旋转到 DF′E′的位置，错油门活塞被迫下移，使 a、b 孔开启。压力油经 b 孔进入油动机下部，推动其活塞上移，使汽轮机调速汽门开度增大，进汽量（对于水电厂就是进水量）增加，原动机的转速开始回升。随着转速的回升，套筒从 A′点上移，同时，油动机活塞的上移使 B 点也随之上升。这样杠杆 ACB 就平行上移，并带动杠杆 DFE 以 D 点为支点逆时针旋转。当 C 点及杠杆 DFE 回复到原来位置时，错油门活塞就重新堵住 a、b 油孔，油动机活塞上移停止，调节过程结束。由于进汽门开大，B 点上移到 B″点，转速上升，套筒由 A′点上移到 A″点，但不能回复到 A 点。ACB 杠杆处于 A″CB″的位置。

负荷减小时的调节过程可类似进行分析。

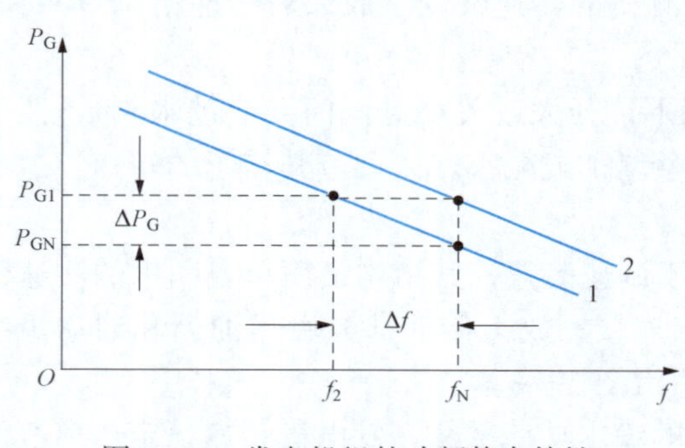

图 5-17　发电机组的功频静态特性

以上分析表明，当负荷功率增加时，通过调速器调整原动机的输出功率，使其输出功率增加，可使频率回升，但仍低于初始值；当负荷功率减少时，通过调速器调整原动机的输出功率，使其输出功率减少，频率就会下降，但仍高于初始值。发电机组的功频静态特性如图 5-17 所示。其输出有功功率大小随频率变化的关系可由图 5-17 中直线的斜率来确定，即

$$k_G = -\frac{\Delta P_G}{\Delta f} \tag{5-55}$$

式中：k_G 为发电机组的单位调节功率，MW/Hz 或 kW/Hz；ΔP_G 为发电机输出有功功率的变化量，MW 或 kW；Δf 为频率变化量，Hz；“－”号表示 ΔP_G 的变化与 Δf 的变化相反。

k_G 也可以用 f_N 和 P_{GN}（发电机输出的额定有功功率）为基准值的标幺值表示，即

$$k_{G*} = -\frac{\Delta P_G / P_{GN}}{\Delta f / f_N} = -\frac{\Delta P_{G*}}{\Delta f_*} \tag{5-56}$$

或

$$k_G = k_{G*} \frac{P_{GN}}{f_N} \tag{5-57}$$

式中：k_{G*}为发电机组单位调节功率的标幺值，亦称发电机组的功频静态特性系数。

与k_{LD}不同的是，k_G可以人为调节整定，但其大小受机组调速机构的限制。不同类型的机组，k_G的取值范围不同。一般汽轮发电机组，$k_{G*}=25\sim16.7$；水轮发电机组，$k_{G*}=50\sim25$。

这种依靠发电机组调速器自动调节发电机组有功功率输出的过程称为一次频率调整。一次调频只能实现有差调频；负荷变动时，除了已经满载运行的机组外，系统中的每台机组都将参与一次调频。

(2) 发电机组的同步器。一次调频后，若不能保证频率偏移在允许范围内，通常就需由发电机组的同步器进行二次调频。

参看图5-16，同步器由伺服电动机、蜗轮、蜗杆等装置组成。在人工操作或自动装置控制下，伺服电动机既可正转也可反转，通过蜗轮、蜗杆将D点抬高或降低。在一次调频结束后，如果频率仍然偏低，就应手动或电动同步器使D点上移，此时F点固定不动，E点下移，迫使错油门活塞下移，使a、b油孔重新开启。压力油进入油动机，推动活塞上移，开大进汽门（或进水阀），增加进汽量（或进水量），使原动机功率输出增加，机组转速随之上升，适当控制D点的移动，总可以使转速恢复到频率偏移的允许范围或初始值。

二次调频的效果就是平行移动发电机组的功频静态特性，如将图5-17中的功频静态特性由曲线1平行移到曲线2，就可使发电机在负荷增加ΔP_G后仍能在额定频率下运行。所以，通过二次调频，可以实现频率的无差调节。二次调频是在一次调频的基础上，由一个或数个发电厂来承担的。

三、电力系统的频率调整

电力系统的负荷是不可能准确预测的，随时都在发生变化，导致频率也相应地变化。欲使频率变化不超出允许范围，就必须进行频率调整或频率控制。电力系统的频率调整一般分为一次调频与二次调频两个过程。

(一) 一次频率调整

进行一次调频时，仅发电机组的调速器动作。其调频效应及功率平衡关系可由图5-18来说明。正常运行时，发电机组的功频特性P_G和负荷的频率特性P_{LD}相交于点1，对应的频率为f_N，功率为P_1，即在频率为f_N时，发电机输出功率和负荷功率达到了平衡。

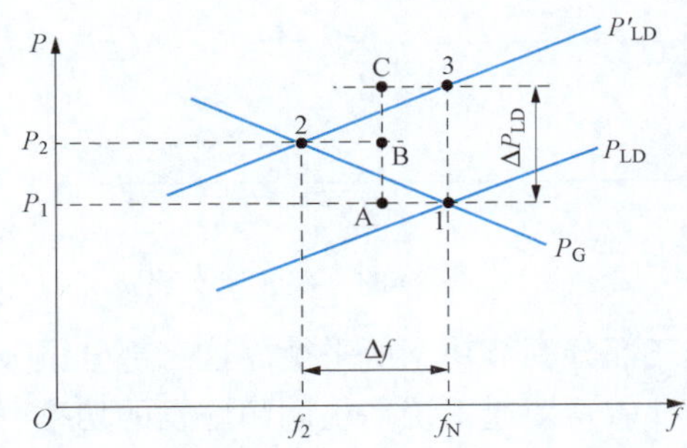

图5-18　电力系统的功频静态特性

若负荷增加ΔP_{LD}，即将P_{LD}曲线平行移到P'_{LD}曲线，而发电机组仍维持为原来的功

频特性曲线 P_G，则电力系统就会在点 2 达到新的功率平衡。点 2 对应的频率为 f_2，功率为 P_2。此时由于频差 $\Delta f=f_2-f_N<0$，所以发电机组会增发功率 $\Delta P_G=-k_G\Delta f$，即图 5-18 中的$\overline{AB}$段；负荷会减少功率 $\Delta P=-k_{LD}\Delta f$，即图 5-18 中的$\overline{BC}$段，两者共同作用，平衡频率为 f_N 时的负荷功率增量 ΔP_{LD}，即

$$\Delta P_{LD}=\Delta P_G+\Delta P=-(k_G+k_{LD})\Delta f=-k_S\Delta f$$

或

$$k_S=k_G+k_{LD}=-\frac{\Delta P_{LD}}{\Delta f} \tag{5-58}$$

式中：k_S 为电力系统的单位调节功率，MW/Hz 或 kW/Hz。

根据 k_S 值的大小，可以确定频率偏移允许范围内系统所能承受的负荷变化量。由于式（5-58）中的 k_{LD}值不能人为改变，所以频率调整主要取决于 k_G 的大小。

当系统中有 n 台机组运行时，系统所有发电机组的等值单位调节功率为 $k_{G\Sigma}$。这种情况下的电力系统单位调节功率 k_S 的计算式为

$$\left.\begin{aligned}k_{G\Sigma}&=\sum_{i=1}^{m}k_{Gi}\\k_S&=k_{G\Sigma}+k_{LD}\end{aligned}\right\} \tag{5-59}$$

式中：k_{Gi}为第 i 台机组的单位调节功率。

很显然，在负荷功率增量 ΔP_{LD}相同的情况下，参加一次调频的机组越多，系统频率的变化幅度就会越小。

（二）二次频率调整

综上分析可知，一次调频只能改善系统的频率，不一定能将频率调整到允许的偏移范围内。为此，就需要在一次调频的基础上进行二次调频。

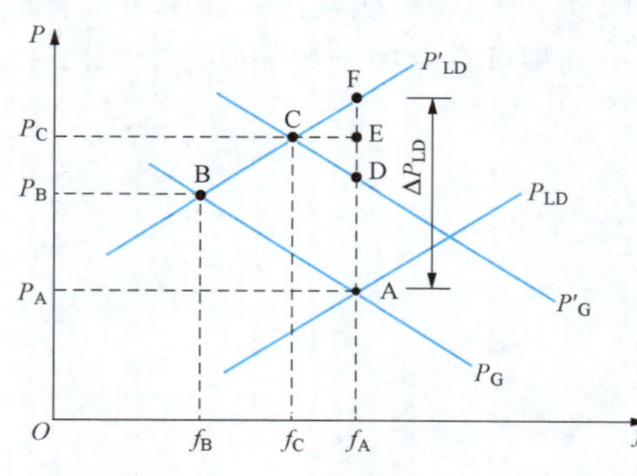

图 5-19　频率的一次、二次调整

二次调频的过程及功率平衡关系可用图 5-19 来说明。设系统原始运行点为 A，它是负荷频率特性 P_{LD}与发电机组功频特性 P_G 的交点。负荷增加时，负荷频率特性由 P_{LD}平行移到 P'_{LD}，它与 P_G 的交点为 B。此时，频率由 f_A 下降到 f_B，发电机组的输出功率由 P_A 增加到 P_B，此为一次调频。二次调频的作用是将发电机组的功频特性由 P_G 平行上移到 P'_G，它与 P'_{LD}的交点为 C。此时，频率将由 f_B 上升为 f_C（f_C 仍小于 f_A），机组的输出功率将由 P_B 增加到 P_C。此时负荷增量 ΔP_{LD}由三部分调节功率所平衡。这三部分调节功率分别为：

（1）调速系统一次调频增发的功率$-k_G\Delta f$，即图中的$\overline{DE}$段；

（2）由于负荷调节效应的作用而自动少取用的功率 $k_{LD}\Delta f$，即图中的$\overline{EF}$段；

（3）同步器二次调频增发的功率 ΔP_{G0}，即图中的$\overline{AD}$段。

调节功率的数学表达式为

$$\Delta P_{LD}=\Delta P_{G0}-k_G\Delta f-k_{LD}\Delta f \tag{5-60}$$

或

$$\Delta f = -\frac{\Delta P_{LD} - \Delta P_{G0}}{k_G + k_{LD}} = -\frac{\Delta P_{LD} - \Delta P_{G0}}{k_S} \tag{5-61}$$

式（5-61）表明，由于二次调频增加了发电机组的输出功率，所以在相同负荷变化量的情况下，系统频率偏移减小了。当二次调频增发的功率 ΔP_{G0} 与负荷增量 ΔP_{LD} 相等时，频差 Δf 就会等于零，也就是说实现了无差调频。当有若干个发电厂参加二次调频时，式（5-60）和式（5-61）中的 ΔP_{G0} 应为各电厂增发功率之和。

（三）*互联系统的频率调整*

如果把整个电力系统看作是由若干个分系统通过联络线联接而成的互联系统，那么在调整频率时，还必须注意联络线交换功率的控制问题。

图 5-20 表示系统 A 和 B 通过联络线组成互联系统。假定系统 A 和 B 的负荷变化量分别为 ΔP_{LDA} 和 ΔP_{LDB}；由二次调频得到的发电功率增量分别为 ΔP_{GA} 和 ΔP_{GB}；系统 A 和系统 B 的单位调节功率分别为 k_{SA} 和 k_{SB}。联络线交换功率增量为 ΔP_{AB}，功率传输方向假定由 A 至 B 为正方向。这样，ΔP_{AB} 对系统 A 相当于负荷增量；对于系统 B 相当于发电功率增量。

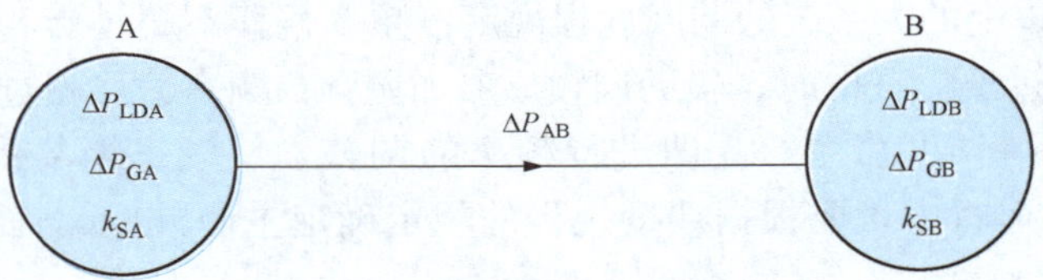

图 5-20 互联系统的功率交换

因此，对于系统 A 有

$$\Delta P_{LDA} + \Delta P_{LAB} - \Delta P_{GA} = -k_{SA}\Delta f_A \tag{5-62}$$

对于系统 B 有

$$\Delta P_{LDB} - \Delta P_{LAB} - \Delta P_{GB} = -k_{SB}\Delta f_B \tag{5-63}$$

互联系统应有相同的频率，故 $\Delta f_A = \Delta f_B = \Delta f$。于是，由式（5-62）和式（5-63）可以求解出：

$$\Delta f = -\frac{(\Delta P_{LDA} + \Delta P_{LDB}) - (\Delta P_{GA} + \Delta P_{GB})}{k_{SA} + k_{SB}} = -\frac{\Delta P_{LD} - \Delta P_G}{K} \tag{5-64}$$

$$\Delta P_{AB} = \frac{k_{SA}(\Delta P_{LDB} - \Delta P_{GB}) - k_{SB}(\Delta P_{LDA} - \Delta P_{GA})}{k_{SA} + k_{SB}} \tag{5-65}$$

式（5-64）说明，若互联系统发电功率的二次调整增量 ΔP_G 能同全系统负荷增量 ΔP_{LD} 相平衡，则可实现无差调节；否则，将出现频率偏移。

接下来讨论联络线交换功率增量的变化情况。当 A、B 两系统都进行二次调整，而且两系统的功率缺额又恰同其单位调节功率成比例，即满足下列条件：

$$\frac{\Delta P_{LDA} - \Delta P_{GA}}{k_{SA}} = \frac{\Delta P_{LDB} - \Delta P_{GB}}{k_{SB}} \tag{5-66}$$

此时，联络线上的交换功率增量 $\Delta P_{AB} = 0$。

如果对其中一个系统（例如系统 B）不进行二次调频，则 $\Delta P_{GB} = 0$，其负荷变化量 ΔP_{LDB} 将由系统 A 的二次调频功率增量来承担，这时联络线的功率增量为

$$\Delta P_{AB}=\frac{k_{SA}\Delta P_{LDB}-k_{SB}(\Delta P_{LDA}-\Delta P_{GA})}{k_{SA}+k_{SB}}=\Delta P_{LDB}-\frac{k_{SB}(\Delta P_{D}-\Delta P_{GA})}{k_{SA}+k_{SB}} \quad (5-67)$$

当互联系统的功率能够平衡时，即 $\Delta P_{GA}-\Delta P_{LD}=0$，于是有

$$\Delta P_{AB}=\Delta P_{LDB}$$

这表明系统 B 的负荷增量全部由联络线的功率增量来平衡，这时联络线的传输功率增量最大。在其他情况下联络线的功率变化量介于上述两种情况之间。

（四）主调频厂的选择

为了避免在频率调整过程中发生过调或频率长时间不能稳定的现象，频率的调整工作通常在各发电厂间进行分工，实行分级调整，即将所有发电厂分为主调频厂、辅助调频厂和非调频厂三类。

主调频厂负责全系统的频率调整工作，一般由一个发电厂承担。若主调频厂不足以承担系统的负荷变化，则辅助调频厂参与频率的调整，辅助调频厂由 1～2 个发电厂承担。非调频厂一般不参与调频，只按调度部门分配的负荷发电，因而又称为基载厂（或固定功率发电厂）。

我国 300MW 以上的大系统的调度规程规定：频率偏移不超过±0.2Hz 时由主调频厂调频；频率偏移超过±0.2Hz 时，辅助调频厂参加调频；频率偏移超过±0.5Hz 时，系统内所有发电厂应不待调度命令，立即进行频率的调整，使频率恢复到 50Hz±0.2Hz 的允许范围内。实际运行中，要根据调度规程的规定确定主调频厂、辅助调频厂的调整范围和顺序。

在仅由一台机组进行二次调频时，调整速度往往不够快。这时就要有几台机组同时参与二次调频。为防止调整过程中的混乱，手动操作同步器时，通常不允许同时调整几台机组。为此，现代大型电力系统几乎都采用了 AGC（自动发电控制）调频方式。AGC 是能量管理系统（EMS）的重要组成部分，它按电力系统调度中心的控制目标将指令发送给有关发电厂或机组，通过发电厂或机组的自动控制调节装置，实现对发电机输出功率的自动控制。AGC 将负荷的变动分散地由若干台机组承担，避免了手动调整时少数机组频繁而大幅度地变动输出功率的情况，使发电机组输出功率紧跟系统负荷变化，维持系统的频率水平，保持联络线的交换功率为规定值。AGC 可同时控制若干台机组的同步器实现二次调频的自动化，既能解决调频的速度问题，又有较好的经济性。

电力系统频率主要靠主调频厂负责调整，主调频厂选择的好坏直接关系到频率的质量。主调频厂一般按下列条件选择：

（1）具有足够的调节容量和范围；

（2）具有较快的调节速度；

（3）具有安全性与经济性。

除以上条件外，还应考虑电源联络线上的交换功率是否会因调频引起过负荷跳闸或失去稳定运行，调频引起的电压波动是否在电压允许偏移范围之内等。

按照主调频厂的选择条件，在火电厂和水电厂并存的电力系统中，枯水季节一般选择水电厂为主调频厂，因为水电厂调频不仅速度快、操作方便，而且调整范围大，其调整范围只受发电机容量的限制。抽水蓄能水电厂每天可有 4～8h 甚至 10h 放水发电，放水发电时，这种水电厂与普通水电厂无异，因此，根据地理位置和布局特点，也可考虑其在这一

段时间内参与调频。在丰水季节则选择装有中温中压机组的火电厂作为主调频厂，而让水电厂充分利用水力资源发电。水电厂无论是带基本负荷还是调频，都必须考虑防洪、航运、灌溉、渔业、工业、人民生活用水等综合利用的要求。火电厂调频除受锅炉、汽轮机输出功率增减速度的限制外，还受锅炉最小输出功率的限制。汽轮机增减负荷的速度，主要受汽轮机各部分热膨胀的限制，特别是高温高压机组在这方面要求更严。锅炉输出功率增减速度通常较汽轮机要快一些，但与燃料质量关系很大。供热机组更不适宜调频，因为其输出功率要受抽汽量的限制。

（五）事故调频的措施与步骤

当正常运行的电力系统突然发生电源事故（含发电厂内部和电源线路）或系统解列事故时，电源和负荷的功率平衡将受到严重的破坏，电力系统的频率就会大幅度下降。电力系统在低频率状态下运行是很危险的，原因是电源与负荷在低频率下建立的功率平衡是不牢靠的，即稳定性很差，极有可能再度失去平衡，使频率进一步下降，严重情况下会产生“频率崩溃”，使系统瓦解，造成大面积停电。

频率的下降还会引起电压的降低，这是因为发电机发出的无功功率会随其转速的下降而减少，当频率过低（如小于45Hz）时，容易引起“电压崩溃”。

综上所述可见，当事故使频率大幅度下降时，应采取果断措施迅速使频率恢复正常。通常应在各级调度的统一指挥下，采用下列措施有步骤地进行事故调频：

（1）投入旋转备用容量（或旋转备用机组），迅速启动备用发电机组。

（2）切除部分负荷。

（3）选取合适地点，将系统解列运行。

（4）分离厂用电，以确保发电厂能迅速恢复正常，与系统并列运行。

四、 电力系统综合负荷在各类发电厂间的合理分配及有功功率平衡

（一）各类发电厂的特点及其在负荷曲线中的位置

电力系统中的发电厂主要有火力发电厂、水力发电厂和核电厂三类。

各类发电厂由于设备容量、机组型号、动力资源等方面的不同有着不同的技术、经济特性。为了提高系统运行的技术、经济特性，必须要注重各类发电厂的特点，合理地组织它们的运行方式，安排它们在电力系统日负荷曲线或年负荷曲线中的位置。

（1）火力发电厂的主要特点。

1）运行需支付燃料费用，占用国家的运输能力，但运行不受自然条件的影响。

2）发电设备的效率受蒸汽参数的影响。高温高压设备的效率高，中温中压设备的效率次之，低温低压设备的效率低。

3）发电厂有功输出功率受锅炉和汽轮机的最小技术负荷的限制，调整范围较小。机组的投入和退出运行需要时间长。

4）热电厂除发电外还采用抽汽供热，其总效率高于一般的凝汽式火电厂，但与热负荷相应的发电功率是不可调节的强迫功率。

（2）水力发电厂的主要特点。

1）不需要支付燃料费用，而且水能是可再生资源，但运行不同程度地受自然条件的影响。

2）功率调整范围较宽，负荷增减速度快，机组的投入和退出费时少。

3）水力枢纽往往兼有发电、航运、防洪等多方面的效益，因而发电用水量通常要按水库的综合效益考虑，不一定能同电力负荷的需要相一致。因此，它只有与火力发电厂相配合，才能充分发挥其经济效益。

(3) 核电厂的主要特点。

1）一次性投资大，运行费用小。

2）运行中不宜承担急剧变动的负荷。

3）反应堆和汽轮机组退出运行和再度投入花费时间长，且增加能量损耗。

根据各类发电厂的技术经济特点，结合夏季丰水期和冬季枯水期的具体情况，各类发电厂在日负荷曲线上的负荷分配如图 5-21 所示。

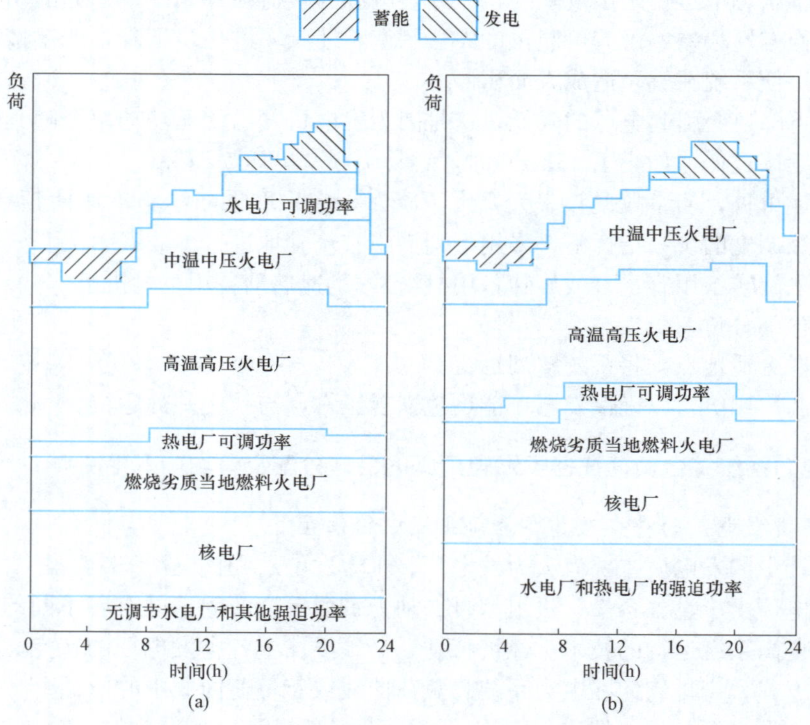

图 5-21 各类发电厂在日负荷曲线上的负荷分配示例

(a) 枯水期；(b) 丰水期

(二) 有功功率平衡方程式及备用容量

为了保证频率在额定值所允许的偏移范围内，电力系统运行中发电机组发出的有功功率必须和负荷消耗的有功功率平衡。通常有功功率平衡表示为

$$\sum P_{\mathrm{G}} = \sum P_{\mathrm{LD}} + \sum \Delta P + \sum P_{\mathrm{p}} \tag{5-68}$$

式中：$\sum P_{\mathrm{G}}$ 为所有发电机组有功功率之和；$\sum P_{\mathrm{LD}}$ 为所有负荷有功功率之和；$\sum \Delta P$ 为网络有功功率损耗之和；$\sum P_{\mathrm{p}}$ 为所有发电厂厂用电有功功率之和。

为了保证供电的可靠性和良好的电能质量，电力系统的有功功率平衡必须在额定参数下确定，而且还应留有一定的备用容量。备用容量通常按用途或备用形式进行分类。

（1）按用途分类。

1）负荷备用，是指为了适应实际负荷的经常波动或一天内计划外的负荷增加而设置的备用容量。电网规划设计时，负荷备用容量一般按系统最大有功负荷的2%～5%估算，大系统取下限，小系统取上限。

2）检修备用，是指为了保证电力系统中的机组按计划周期性地进行检修，又不影响此期间对用户正常供电而设置的备用容量。机组周期性的检修一般安排在系统最小负荷期间进行，只有当最小负荷期间的空余容量不能保证全部机组周期性检修的需要时，才另设检修备用。检修备用容量的大小要视系统具体情况而定，一般为系统最大有功负荷的8%～15%。

3）事故备用，是指为了使电力系统在部分机组因系统或自身发生事故退出运行时，仍能维持系统正常供电所设置的备用容量。事故备用容量的大小要根据系统中的机组台数、容量、故障率及可靠性等标准确定，一般按系统最大有功负荷的10%考虑，且不小于系统内最大单机容量。

4）国民经济备用，是指计及负荷的超计划增长而设置的备用容量。其大小一般为系统最大有功负荷的3%～5%。

（2）按备用形式分类。

1）热备用（或称旋转备用）。热备用容量储存于运行机组之中，能及时抵偿系统的功率缺额。负荷备用容量和部分事故备用容量通常采用热备用形式，并分布在各发电厂或各运行机组之中。

2）冷备用（或称停机备用）。冷备用容量储存于停运机组之中，检修备用和部分事故备用多采用冷备用形式。动用冷备用时，需要一定的启动、暖机和带负荷时间。火电机组需要的时间长，一般25～50MW的机组需1～2h，100MW的机组需4h，300MW机组需10h以上。水电机组需要的时间短，从启动到满负荷运行，一般不超过30min，快的只需要几分钟。

第三节　电力系统的电压与无功功率

电压偏移是衡量电能质量的另一个重要指标。保证用户处的电压为额定电压或在我国目前规定的电压偏移允许范围内，是电力系统运行调整的重要任务之一。

正常稳态运行时，全系统频率相同，频率调整集中在发电厂，调频手段只有调整原动机功率一种。但由于网络结构复杂，负荷分布不均匀，使得全系统各点的电压不可能都一样，再加之负荷的变动，也会使各节点电压波动。因此，电力系统的调压比调频更为复杂。电压调整可分散进行，调压手段也多种多样。本节主要介绍电力系统的无功负荷电压特性、电压调整的基本原理及方法。

一、电压调整的必要性

用电设备通常是按照在电网的额定电压下运行设计、制造的，如果用电设备的运行电压偏离额定电压过大时，其运行性能就会受到影响。

电压降低会使白炽灯、日光灯等照明设备的光通量减少，发光效率降低，使电炉等电热设备的功率减少，热效率降低，其技术指标不能满足要求，直接影响到人们的生活和生产。电压升高则会使这些用电设备的寿命缩短，其经济指标不能满足要求。电压变化对照明灯性能的影响如图 5-22 所示。

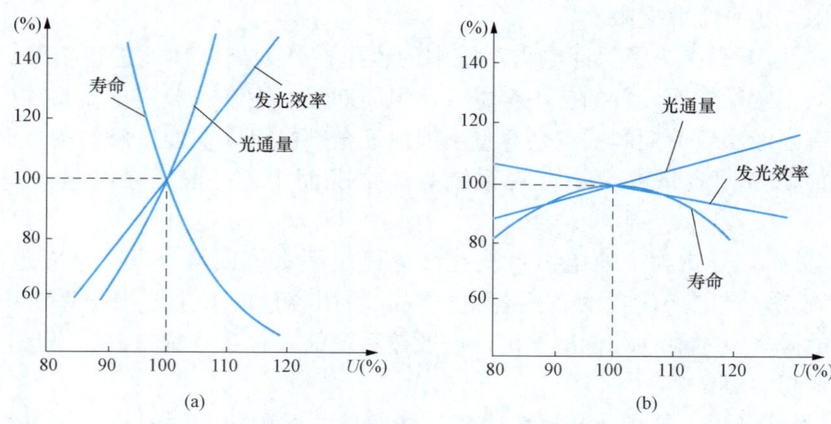

图 5-22 照明灯的电压特性

(a) 白炽灯；(b) 日光灯

异步电动机负荷约占系统总负荷的 80%，其最大转矩（功率）与系统电压的平方成正比。当系统电压变化时，异步电动机的转矩、电流和效率都会发生变化。若额定电压时的电动机转矩为 100%，则当电压下降 10%时，转矩将降低 19%，会严重地影响产品的产量和质量。当电压降低太多时，甚至可以使运行的电动机停止运转，重载电动机不能启动。另外，电压的降低还会使电动机绕组电流显著增大，温度增高，绝缘老化加速，严重时可能烧毁电动机。当然，异步电动机的外加电压若超出额定电压过多时，也会危及电动机的绝缘。

现代设施中广泛使用的数码设备或电子设备，对电压的变化更为敏感。例如，当电压降低时，电视、计算机的屏幕显示就不稳定，计算机自动监控、测量、通信、计算等装置的工作也会不稳定，甚至无法工作。当电压高于额定电压时，数码设备或电子设备的寿命会大大缩短。

对于电力系统而言，低电压运行会降低系统并列运行的稳定性，使发电机、变压器和线路过负荷运行，严重时会引起跳闸，导致供电中断或使并联运行的系统解列。电压过高时，电气设备的绝缘将受到损害。

综上所述，要保证电力系统中各种用电设备的运行能具有良好的技术指标和经济指标，最好能保持各用户端的电压均为额定值或在电压偏移所允许的范围内。

我国目前规定的电压偏移百分数范围如下：

35kV 及以上电压供电的负荷	±5%
10kV 及以下电压供电的负荷	±7%
低压照明负荷	−10%～+5%
农村电网正常运行情况	−10%～+7.5%
农村电网事故运行情况	−15%～+10%

由潮流计算已知，引起电压偏移的直接原因是线路和变压器中的电压损耗，而电压损

耗近似等于电压降落的纵分量，即 $\Delta U=\frac{PR+QX}{U}$。ΔU 可以分解成电阻电压损耗分量$\frac{PR}{U}$和电抗电压损耗分量$\frac{QX}{U}$。当网络参数 R、X 和运行电压 U 给定时，影响电压损耗大小的主要因素就是通过网络的有功功率 P 和无功功率 Q。众所周知，建立电网的目的就是为了最大限度地输送有功功率 P，显然为了减小电压损耗而减少有功功率 P 的输送是不合理的。因此，电压调整主要是从调整无功功率着手。

二、 电力系统的电压特性

（一）电力系统综合负荷的无功功率—电压静态特性

电力系统综合负荷中包括各种不同的用电设备，如电热器、白炽灯、异步电动机等。所谓电力系统综合负荷的电压静态特性，是指各种用电设备所消耗的有功功率和无功功率随电压变化的关系，简称负荷电压特性。

由于异步电动机在电力系统负荷中占的比重很大，其消耗的有功功率几乎与电压无关，而消耗的无功功率对电压却十分敏感，因此，通常所说的综合负荷的电压静态特性主要是指综合无功负荷电压静态特性，且主要取决于异步电动机的无功功率—电压静态特性。

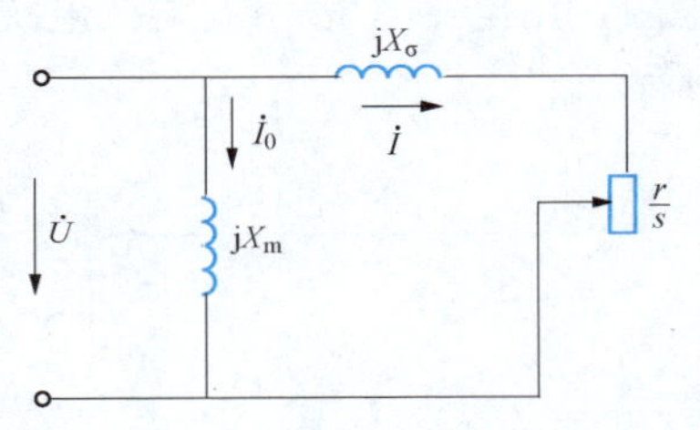

图 5-23　异步电动机的简化等效电路

异步电动机的简化等效电路如图 5-23 所示，消耗的无功功率可用式（5-69）表示，即

$$Q_{M}=Q_{m}+Q_{\sigma}=\frac{U^{2}}{X_{m}}+3I^{2}X_{\sigma} \qquad (5-69)$$

式中：Q_M 为异步电动机消耗的无功功率；Q_m 为励磁电抗 X_m 中的励磁功率；Q_σ 为漏磁电抗 X_σ 中的无功功率损耗。

图 5-24 所示为异步电机磁化曲线，当外加电压接近异步电动机的额定电压时，电动机铁心磁路的工作点刚好达到饱和状态位置，如图曲线中的 A 点所示。

当外加电压高于电动机额定电压时，铁心磁路的饱和会使励磁电抗 X_m 数值下降，从而使励磁无功功率 Q_m 按电压的高次方成比例地增加。

当外加电压低于电动机额定电压时，励磁电抗 X_m 的增大，会使 Q_m 按电压的平方成比例地减少。但当电压低于额定电压很多时，由于电动机转差率 s 的显著增大，使得流经漏磁电抗中的电流（即定子电流）随之增大，从而会使漏磁电抗中的无功功率损耗 Q_σ 显著增加。

综合 Q_m 和 Q_σ 的变化特点，可得异步电动机无功功率—电压静态特性 Q_M-U，亦即综合无功负荷—电压静态特性 Q_{LD}-U 如图 5-25 所示。

由图 5-25 可见，在额定电压 U_N 附近，电动机消耗的无功功率 Q_M 主要由 Q_m 决定，因此 Q_M 会随电压的升高而增加，随电压的降低而减少；当电压低于某一临界值 U_{cr} 时，漏磁电抗中的无功功率损耗 Q_σ 将在 Q_M 中起主导作用，此时随着电压的下降，Q_M 不但不减小，反而会增大。因此，电力系统在正常运行时，其负荷特性应工作在 $U>U_{cr}$ 的区域，这一点对电力系统运行的电压稳定性具有非常重要的意义。

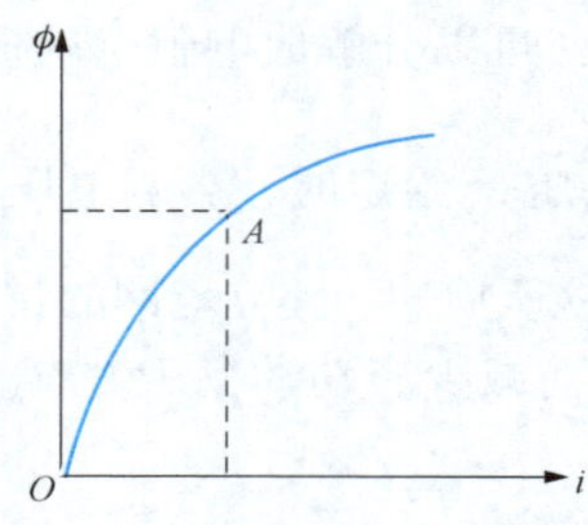

图 5-24　异步电动机磁化曲线

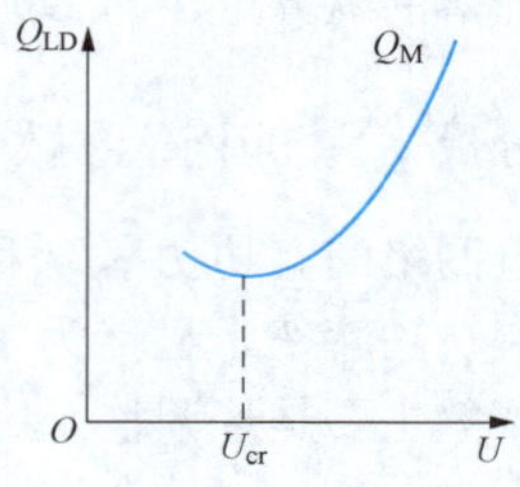

图 5-25　异步电机 Q-U 静态特性

（二）发电机的无功功率—电压静态特性

所谓发电机的无功功率—电压静态特性，是指发电机向系统输出的无功功率与电压变化关系的曲线，简称电压静态特性。

某简单电力系统如图 5-26 所示。若图 5-26（a）中的发电机为隐极机，略去各元件电阻，用电抗 X 表示发电机电抗 X_d 与线路电抗 X_l 之和，则可得等效电路如图 5-26（b）所示。

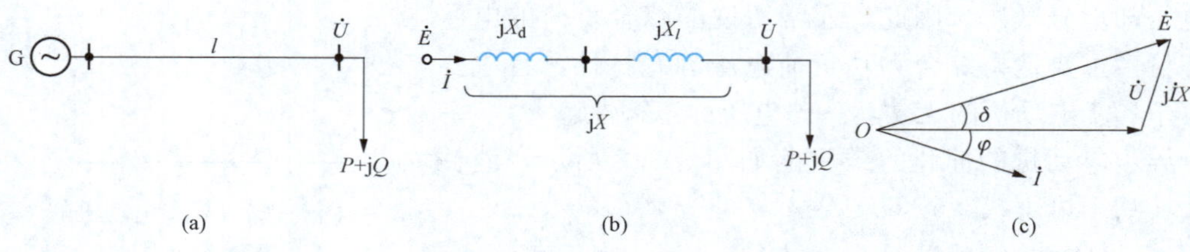

图 5-26　简单电力系统

（a）原理图；（b）等效电路；（c）相量图

如果线路中的传输电流为 $\dot{I}$，负荷端电压 $\dot{U}$ 和 $\dot{I}$ 间的相角为 φ，则发电机电动势 $\dot{E}$ 和 $\dot{U}$ 间的关系为

$$\dot{E}=\dot{U}+\mathrm{j}X\dot{I}$$

其相量图如图 5-26（c）所示。

由图 5-26（c）可确定发电机输送到负荷节点的有功功率 P_G 和无功功率 Q_G 分别为

$$\left.\begin{aligned}P_G&=UI\cos\varphi\\Q_G&=UI\sin\varphi\end{aligned}\right\}\tag{5-70}$$

另由图 5-26（c）可得

$$\left.\begin{aligned}E\sin\delta&=IX\cos\varphi\\E\cos\delta-U&=IX\sin\varphi\end{aligned}\right\}\tag{5-71}$$

式中：δ 为 $\dot{E}$ 和 $\dot{U}$ 间的夹角，也称功率角，简称功角。

将式（5-70）代入式（5-71）中可得

$$\left.\begin{aligned}P_G&=\frac{EU}{X}\sin\delta\\Q_G&=\frac{EU}{X}\cos\delta-\frac{U^2}{X}\end{aligned}\right\}\tag{5-72}$$

当发电机输送至负荷点的有功功率 P_G 不变时，则其输送至负荷点的无功功率 Q_G 为

$$Q_G=\sqrt{\left(\frac{EU}{X}\right)^2-P_G^2}-\frac{U^2}{X} \tag{5-73}$$

若励磁电流不变，则发电机电动势 E 为常数，其输送至负荷点的无功功率就是电压 U 的二次函数，其特性曲线如图 5-27 所示。图 5-27 中的 U_{cr} 为临界运行电压。

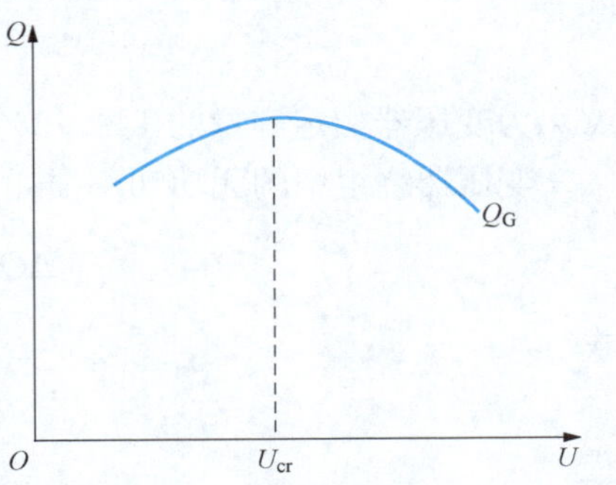

图 5-27 发电机电压静态特性

当 $U>U_{cr}$ 时，发电机输送至负荷点的无功功率 Q_G 将随着电压的降低而增加；当 $U<U_{cr}$ 时，电压的降低非但不能增加发电机输送至负荷点的无功功率 Q_G，反而会使 Q_G 减少。因此，在正常运行时，发电机的无功特性工作在 $U>U_{cr}$ 的区域。

（三）无功功率平衡对电力系统电压的影响

电力系统的电压运行水平取决于发电机和其他无功电源输送的无功功率 Q_G 和综合负荷无功功率 Q_{LD}（含网络无功功率损耗）的平衡，如图 5-28 所示。

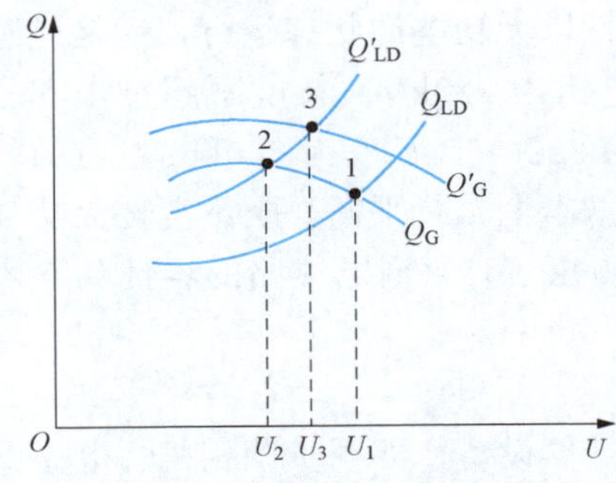

图 5-28 电力系统电压静态特性

当综合无功负荷曲线为 Q_{LD}，发电机输送无功功率曲线为 Q_G 时，两特性曲线在点 1 相交，对应的电压为 U_1，即电力系统在电压 U_1 下运行时能达到无功功率的平衡。若无功负荷由 Q_{LD} 增加到 Q'_{LD}，而 Q_G 不变，则 Q'_{LD} 与 Q_G 两特性曲线将在点 2 相交，对应的电压为 U_2，即电力系统的运行电压将下降到 U_2。这说明无功负荷增加后，在电压为 U_1 时，发电机和其他无功电源输送的无功功率已不能满足综合无功负荷的需要，只能用降低运行电压的方法来取得无功功率的平衡。此时如能将发电机和其他无功电源输送的无功功率增加到 Q'_G，则系统可在点 3 处达到无功功率的平衡，运行电压即可上升为 U_3。

综上所述，造成电力系统运行电压下降的主要原因是系统的无功电源不足。为了提高运行电压质量，减小电压偏移，必须使电力系统无功功率在额定电压或其允许电压偏移范围内保持平衡。

三、电力系统的无功功率

（一）无功负荷和无功损耗功率

电力系统的无功负荷功率由负荷的功率因数决定，提高负荷的功率因数可以降低无功负荷功率。一般综合负荷的功率因数为 0.6～0.9。为了降低网损和便于调压，我国《电力系统电压和无功电力管理条例》规定：①高压供电的工业企业及装有带负荷调整电压设备的用户，其功率因数应不低于 0.95；②其他电力用户的功率因数不低于 0.9；③趸售和农业用户功率因数为 0.8 以上。

电力系统中的无功功率损耗主要包括变压器的无功功率损耗和线路的无功功率损耗。

变压器的无功功率损耗由励磁损耗（ΔQ_0）和绕组中的无功功率损耗（ΔQ）两部分组成。

由于励磁损耗占变压器额定容量（S_{TN}）的百分值 $\Delta Q_0\%$和空载电流的百分值 $I_0\%$近似相等，故有

$$\Delta Q_0=\frac{I_0\%S_{TN}}{100}$$

ΔQ_0 为变压器额定容量的 1%～2%。

变压器绕组中的无功功率损耗 ΔQ 为

$$\Delta Q=\frac{P^2+Q^2}{U^2}X_T=\frac{S^2}{U^2}X_T$$

或

$$\Delta Q=\frac{U_k\%}{100}S_{TN}\left(\frac{S}{S_{TN}}\right)^2$$

当变压器满负荷运行时，ΔQ 基本上为短路电压 U_k 的百分值，约为 10%。虽然每台变压器的无功功率损耗只占其容量的百分之十几，但从发电厂到用户，中间一般都要经过多级升、降压，故变压器无功功率损耗之和就相当可观，有时可高达用户无功负荷的 75%左右。

输电线路中的无功功率损耗也是由两部分组成，即线路电抗中的无功功率损耗和线路的电容功率。这两部分功率互为补偿，线路究竟是呈容性以无功电源状态运行，还是呈感性以无功负荷运行，应视具体情况而定。经验表明，电压为 220kV，长度不超过 100km 的较短输电线路，线路呈感性，消耗无功功率；电压为 220kV，长度为 300km 左右的较长输电线路，其单位长度上的无功功率损耗与电容功率基本上自行平衡，既不消耗无功功率，也不发出无功功率，呈电阻性；当线路长度大于 300km 时，输电线路的容性功率大于感性功率，呈容性。

（二）无功电源

电力系统的主要无功电源，除发电机外，还有无功补偿设备，即同步调相机、电力电容器和静止无功补偿器（简称静止补偿器）以及进相运行的同步电动机、高压输电线路等。

1. 发电机

同步发电机既是唯一的有功功率电源，也是重要的无功功率电源。在不影响有功功率平衡的前提下，改变发电机的功率因数，可以调节其无功功率的输出，从而调整系统的运行电压。

在额定参数下运行时，发电机发出的无功功率为

$$Q_{GN}=S_{GN}\sin\varphi_N=P_{GN}\tan\varphi_N \tag{5-74}$$

式中：S_{GN}为发电机的额定视在功率；P_{GN}为发电机的额定有功功率；Q_{GN}为发电机的额定无功功率；φ_N 为发电机的额定功率因数角。

汽轮发电机的额定功率因数一般为 0.8～0.85；水轮发电机的一般为 0.8～0.9。

实际电力系统中，发电机的稳态运行通常要受下列三个条件的限制：

(1) 发电机组原动机输出功率的限制。原动机的额定机械功率 P_T 一般要稍大于或等于发电机输出的额定有功功率 P_{GN}。

(2) 发电机额定视在功率的限制。为保证发电机定子绕组发热不超出其容许范围，发

电机的实际输出视在功率 S_G 应小于或等于其额定视在功率 S_{GN}。

(3) 发电机励磁电流的限制。为保证发电机转子励磁绕组的发热不超出其容许范围，发电机的实际励磁电流 i_e 应小于或等于其额定励磁电流 i_{eN}。

根据三个限制条件可得到发电机运行极限图，如图 5-29 所示。图 5-29 中 $\overline{OA}$ 表示发电机额定电压 $\dot{U}_{GN}$，$\dot{I}_{GN}$ 为额定电流，φ_N 为额定功率因数角。$\overline{AB}$ 表示 $\dot{I}_{GN}$ 在电抗 X_d 上的电压降，其长度正比于发电机的额定视在功率 S_{GN}，它在纵轴上的投影正比于发电机的额定有功功率 P_{GN}，在横轴上的投影正比于发电机的额定无功功率 Q_{GN}。$\overline{OB}$ 表示发电机的空载电动势 $\dot{E}$，其长度正比于发电机转子的额定励磁电流 i_{eN}。

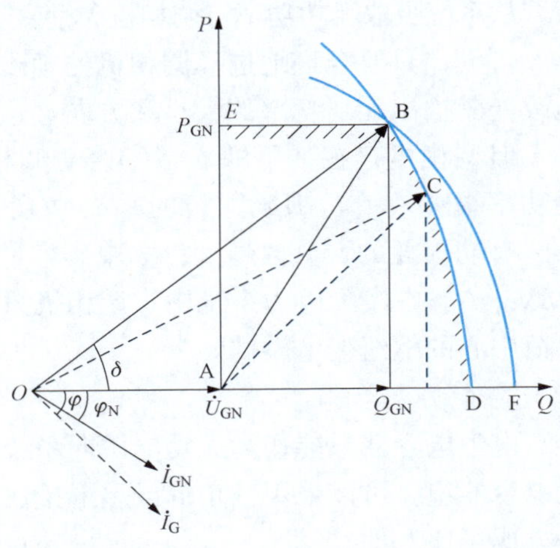

图 5-29 发电机运行极限图

按发电机的实际输出视在功率 S_G 应小于或等于其额定视在功率 S_{GN} 的限制条件，发电机实发视在功率应由图 5-29 中以 A 点为圆心的 *BF* 圆弧线确定；按发电机转子励磁绕组的实际励磁电流 i_e 应小于或等于其额定励磁电流 i_{eN} 的限制条件，发电机实际输出的无功功率调节只能沿以 O 点为圆心的 BD 圆弧线进行；按原动机的额定机械功率 P_T 一般要稍大于或等于发电机输出的额定有功功率 P_{GN} 的限制条件，发电机实际输出的有功功率应不超出 BE 直线限定的范围。显而易见，同时满足三个限制条件的只有图 5-29 中的 B 点，称为发电机的额定工作点。在 B 点运行，发电机原动机功率，定子、转子绕组容量都能得到最充分的利用。

由式 (5-72) 可知，改变发电机的功率因数可以调节其发出的无功功率，但发电机无功功率的输出要受其 *P-Q* 运行极限（图 5-29 中阴影线）的限制。

降低发电机功率因数运行时，其实际输出的无功功率调节只能沿图 5-29 中以 O 点为圆心的 *BD* 圆弧线进行，发电机定子绕组容量未能得到充分的利用；提高功率因数运行时，发电机输出无功功率的调节只能沿图 5-29 中水平线 $\overline{EB}$ 进行，发电机定子绕组容量和转子励磁绕组容量均未得到充分利用。

当系统无功功率不足，而有功备用又较充裕时，应该基于无功就近平衡的原则，利用靠近负荷中心的发电机降低功率因数运行（如调节到图 5-29 中的 C 点），多发无功功率以提高电网的运行电压水平。但对远离负荷中心的发电厂来说，若传输大量的无功功率，势必会引起网络较大的有功和无功功率损耗，并增加网络的电压损耗，这在技术和经济上都是不合理的，因而这类发电厂不宜降低功率因数运行。

2. 同步调相机

同步调相机是只输出无功功率的发电机，或者说是空载运行的同步电动机。同步调相机输出的无功功率 Q_{CS} 与电压 U 之间的关系和同步发电机类似。在式 (5-73) 中令有功功率 P_G 为零，即可得

$$Q_{CS}=Q_G=\frac{EU}{X}-\frac{U^2}{X} \tag{5-75}$$

由式（5-75）可知，当$E=U$时，调相机输出的无功功率为零。若调节励磁电流使调相机在过励磁状态下运行，可以增大电动势E，使调相机作为无功电源向系统输出无功功率。若调节励磁电流使调相机在欠励磁状态下运行，则可降低电动势E，使调相机作无功负载运行，从系统吸取无功功率。调相机欠励磁运行的容量设计为过励磁运行容量的50%～65%。

可见，只要合理地选择调相机的励磁状态，调节其励磁电流的大小，就可以平滑无级地改变其输出无功功率的大小和方向，达到调整系统运行电压的目的。

但调相机存在如下缺点：①由于调相机是旋转机械，因而运行维护比较复杂；②有功功率损耗较大，满载运行时，有功功率损耗约为额定容量的1.5%～5%，且容量越小，有功损耗的百分数越大；③单位容量的投资费用较大。因而调相机容量一般不宜小于5MV·A，在实际电力系统中，调相机只宜在大型变电站集中使用，并应尽量安装在靠近负荷中心的枢纽变电站内。

3. 电力电容器

电力电容器只能作为无功电源向系统输送无功功率，每相电容由若干个电力电容器组成电容器组，可以采用三角形或星形接法。电力电容器提供的无功功率与其安装处的电压平方成正比，即

$$Q_C=\frac{U^2}{X_C}=U^2\omega C \tag{5-76}$$

式中：X_C为电力电容器的总容抗；C为电力电容器的电容量；U为电容安装处的电压。

电力电容器是电力系统中广为使用的一种无功补偿装置，既可集中使用，也可分散装设。它的优点是运行维护方便，有功功率损耗小（只占其额定容量的0.3%～0.5%），单位容量投资小且与总容量的大小几乎无关。

但与同步调相机相比，也存在如下不足：①无功功率调节性能差，由式（5-76）可见，当电压下降时，电力电容器不但不能增加无功功率输出以提高运行电压，而是按电压的平方减少无功功率输出；②无功功率的改变靠投入或切除电力电容器组来实现，一般最大负荷运行方式时，电力电容器组全部投入，最小负荷运行方式时，电力电容器组部分或全部切除，所以这种调压方式不是平滑无级的，而是阶跃式的。

4. 静止无功补偿器

静止无功补偿器（Static Var Compensator，SVC）于20世纪60年代问世，至70年代发展为晶闸管控制的静止补偿器，是无功功率快速调节的新技术。这种无功补偿装置在调节的快速性、功能的多样性、工作的可靠性、投资和运行费用的经济性等方面具有显著的优点。

静止补偿器由电力电容器和特殊电抗器组成，有的是两者之一为可控的，有的是两者都是可控的，是一种并联连接的无功功率发生器和吸收器。静止补偿器既具有电力电容器的结构优点，又具有同步调相机良好的调节特性。由于其主要元件是不旋转的，故冠以“静止”两字。

静止补偿器可以迅速地按负荷的变化改变无功功率输出的大小和方向，调节或稳定系统的运行电压，尤其适合作冲击性负荷的无功补偿装置。

目前，电力系统中应用的静止补偿器有自饱和电抗器型（Saturated Reactors，SR）和晶闸管控制电抗器型（Thyristor Controlled Reactors，TCR）两种。其中，晶闸管控制

电抗器型静止补偿器又分为两种类型：①固定连接电容器（Fixed Capacitor）加晶闸管控制电抗器（Thyristor Controlled Reactor）型，简称为FC-TCR；②晶闸管开关操作的电容器（Thyristor Switched Capacitor）加晶闸管控制的电抗器型，简称为TSC-TCR。

这几种静止补偿器的简单工作原理分别介绍如下：

（1）FC-TCR型静止补偿器。其原理接线如图5-30所示，图中C为固定连接电容器FC。TCR由线性电抗器Lh和两个反极性并联的晶闸管构成。调节晶闸管的导通角即可改变流过电抗器的电流及其吸收的无功功率。图中与C串联的电抗器L为高次谐波调谐电感线圈，它与C组成滤波电路，可按需要滤去晶闸管动作所形成的5、7、11、13次谐波等高次谐波。

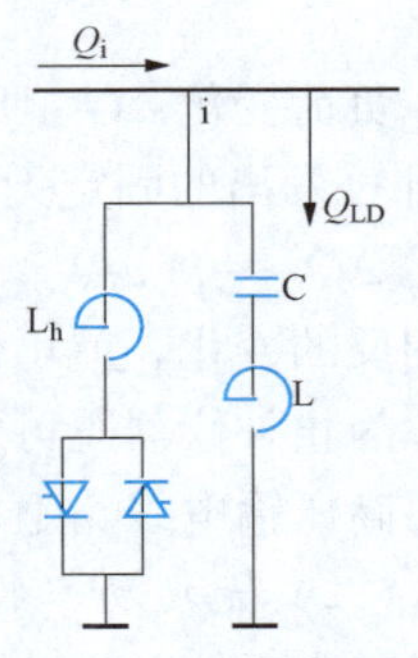

图5-30 FC-TCR型静止补偿的原理图

（2）TSC-TCR型静止补偿器。其原理接线如图5-31所示，图中与固定电容器C并联的既有由晶闸管控制的电抗器（TCR），又有由晶闸管开关操作的电容器（TSC）。其中TSC输出的无功是阶梯式可调的，在无功调节中起粗调的作用；TCR则用作对TSC粗调的补充，起细调的作用。TSC的采用可以减小TCR的容量，从而减小由TCR带来的高次谐波分量和电抗器的损耗。TSC-TCR型静止补偿器一般由1～2个TCR和n个TSC组成。TSC和TCR的组合运行可以得到平滑可调的无功功率输出，弥补TSC阶梯式调压的缺陷。

（3）自饱和电抗器型静止补偿器。自饱和电抗器型静止补偿器的原理接线如图5-32所示。自饱和电抗器实质上是一种大容量的磁饱和稳压器，不需要外加控制调节设备。自饱和电抗器具有如下特性。

1）电压低于额定电压时，铁心不饱和，呈现很大的感抗值，基本上不消耗无功功率，整个装置由并联的固定电容器组C发出无功功率，使母线电压回升。

2）当电压达到或略超过额定电压时，铁心急剧饱和，回路感抗急剧降低，从外界大量吸收无功功率，使母线电压降低。

3）在额定电压附近，电抗器吸收的无功功率，随电压敏捷地变化，从而达到稳定电压的目的。

自饱和电抗器通常与有载调压变压器联合运行。前者在一定范围内能对电压的快变化进行调节；后者可对电压的慢变化进行调节，并使自饱和电抗器运行在合适的工作点。

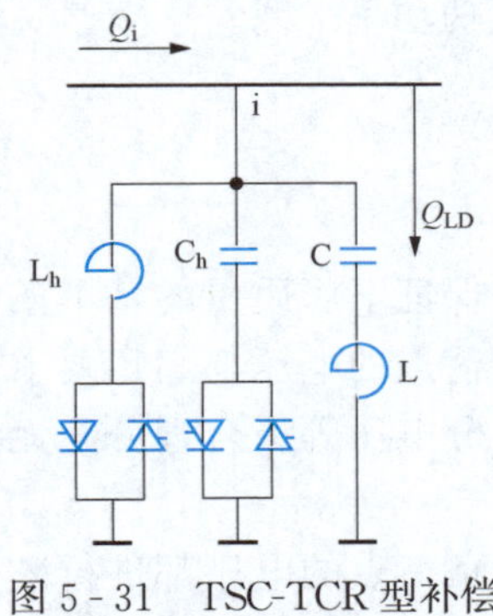

图5-31 TSC-TCR型补偿器的原理接线图

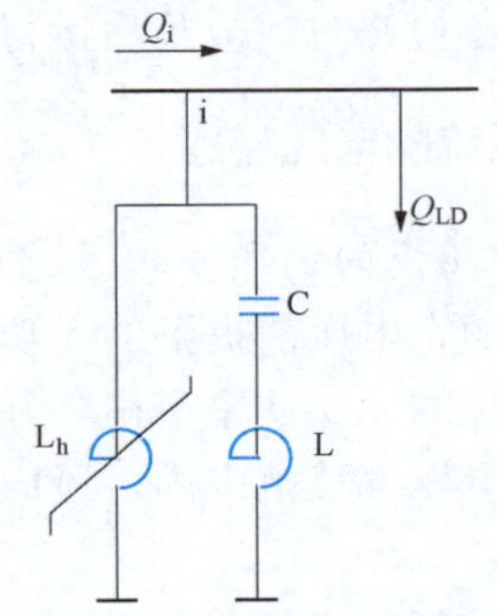

图5-32 自饱和电抗器型静止补偿器的原理接线

上述三种静止补偿器的工作原理基本相同，电抗器 L_h 可根据负荷功率的变化来调节其吸收的无功功率。假定电容器组 C 发出的固定无功功率为 Q_C，负荷所需无功功率为 Q_{LD}，可调电抗器吸收的无功功率为 Q_L，则系统节点 i 的无功功率 Q_i 应满足式（5－77）要求，即

$$Q_i = Q_{LD} + Q_L - Q_C \tag{5-77}$$

负荷变化 ΔQ_{LD}所引起的节点 i 的无功功率变化为 $\Delta Q_i = \Delta Q_{LD} + \Delta Q_L - \Delta Q_C$。由于电容器组 C 发出的固定无功功率为 Q_C，故 $\Delta Q_C = 0$。如要保持 Q_i 为常数，即 $\Delta Q_i = 0$，则必须满足 $\Delta Q_{LD} = -\Delta Q_L$。也就是说，只要调节电抗器吸收的无功功率 Q_L，使之随负荷的变化作相反的变化，就可使 Q_i 恒定，从而使 U_i 保持常数或在允许的电压偏移范围之内。

静止补偿器既可安装在变电站低压侧，也可通过升压变压器直接安装在变电站高压侧或超高压输电线路上，但多数情况是安装在变电站低压侧。

（三）无功功率的平衡方程

电力系统无功功率平衡是保证电压水平的必要条件，对其基本要求是：系统中的无功电源功率要大于或等于负荷所需的无功功率与网络中的无功功率损耗之和。为了保证系统运行的可靠性和适应无功负荷的增长需要，还应留有一定的无功备用容量。无功备用容量一般为无功负荷的 7％～8％。系统无功功率平衡方程式为

$$\sum Q_G = \sum Q_{LD} + \sum Q_p + \sum \Delta Q + \sum Q_{re} \tag{5-78}$$

式中：$\sum Q_G$ 为电力系统所有无功电源容量之和；$\sum Q_{LD}$为电力系统无功负荷之和；$\sum Q_p$ 为所有发电厂厂用无功负荷之和；$\sum \Delta Q$ 为电力系统无功功率损耗之和；$\sum Q_{re}$为无功备用容量之和。

要使得系统电压运行在允许的电压偏移范围内，应在额定电压或在额定电压所允许的电压偏移范围的前提下建立电力系统的无功功率平衡方程式，一般按最大负荷运行方式进行计算。

系统无功电源的总输出功率包括发电机的无功功率和各种无功补偿设备的无功功率。发电机一般均在接近于额定功率因数下运行，故发电机的无功功率可按其额定功率因数计算。如果这样计算系统的无功功率能够保持平衡，则发电机就保持有一定的无功备用，这是因为发电机的有功功率是留有备用的。各种无功补偿设备的无功输出功率可按其额定容量计算。系统总无功负荷$\sum Q_{LD}$则按负荷的有功功率和功率因数计算。

电力系统的无功功率平衡应按正常最大和最小负荷的运行方式分别进行计算。必要时还应校验某些设备检修时或故障后运行方式下的无功功率平衡。

四、 电力系统的电压管理

（一）电压中枢点的调压方式

实现系统在额定电压前提下的无功功率平衡是保证电压质量的基本条件，但不是充分条件。仅有全系统的无功功率平衡，并不能使各负荷点的电压都满足要求。要保证各负荷点电压都在允许电压偏移范围内，还应该分地区、分电压等级合理分配无功负荷，进行电压调整。

电力系统结构复杂，负荷点很多，如果对每个负荷点的电压都进行监视和调整，不仅不经济而且也不可能。因此，对电力系统电压的监视、控制和调整一般只在某些选定的母

线上实行，这些母线称为电压中枢点。一般选择下列母线为电压中枢点：①区域性发电厂和枢纽变电站的高压母线；②枢纽变电站的二次母线；③有一定地方负荷的发电机电压母线；④城市直降变电站的二次母线。这种通过对中枢点电压的控制来调整电压的方式称为中枢点调压。

以图 5-33 所示的中枢点电压的控制为例，当 35kV 电网的功率分布和电网的参数已定时，可以算出为保证 35kV 电网各用户的电压偏移都不超过允许范围时，降压变压器 35kV 侧母线电压的允许变化范围。这样在运行时只需把降压变压器 35kV 侧母线电压维持在此范围内，就可以满足用户对电压的要求。因此 35kV 母线（图 5-33 中的 D 点）就是电压中枢点。同理，控制 B 点的电压可以控制整个 110kV 系统的电压，控制 A 点的电压可以控制整个发电机出线用户的电压。

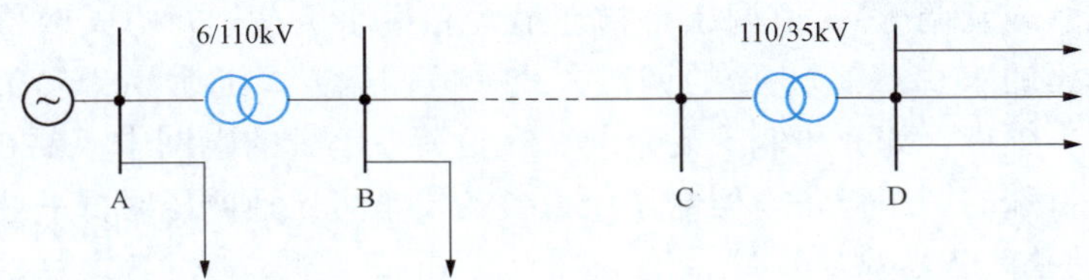

图 5-33　中枢点电压的控制

应该指出，对于地方电网（如图 5-33 中的 35kV 电网），由于其负荷点多且分散，又紧接用电设备，各路出线的电压损耗可以相差很大，使中枢点的电压很难同时满足各路出线的要求。因为电压损耗大的用户要求中枢点有较高的电压，而电压损耗小的用户，要求降低中枢点的电压。为了能合理选择中枢点的电压，需要根据电网（如图 5-33 中的 110kV 电网）设计和运行的经验，对地方电网的最大允许电压损耗作出严格规定（见表 5-9）；对区域电网的允许电压损耗，则无严格规定，一般只要求在正常情况下为额定电压的 10%左右，在事故情况下允许升高到 15%～20%。

表 5-9　　地方电网最大允许电压损耗

电网类型及工作情况	允许电压损耗（%）	电网类型及工作情况	允许电压损耗（%）
正常运行时高压配电网	4～6	事故运行时高压供电线路	10～12
事故运行时高压配电网	8～12	正常运行时户外、户内低压配电网	6
正常运行时高压供电线路	6～8	—	—

在进行电网规划设计时，由于电网结构尚未形成，负荷数据未知，故只能对中枢点的调压方式提出原则性的要求。根据电网和负荷的性质，中枢点电压的调整原则上有顺调压、逆调压和恒调压三种调压方式。

（1）顺调压。电力系统运行时，网络电压损耗的大小与负荷大小有着密切的关系。负荷大，电压损耗也就大，电网各点的电压就偏低；负荷小，电压损耗也就小，电网各点的电压就偏高。所谓顺调压，就是大负荷时允许中枢点电压低一些，但在最大负荷运行方式时，中枢点的电压不应低于线路额定电压的 102.5%；小负荷时允许中枢点电压高一些，但在最小负荷运行方式时，中枢点的电压不应高于线路额定电压的 107.5%。顺调压是调压要求最低的方式，一般不需装设特殊的调压设备就可满足调压要求，但只适用于供电距离较短、负荷波动不大的电压中枢点。

（2）逆调压。对线路较长、损耗大、负荷变动也大的电网中枢点来说，采用顺调压往往不能满足负荷对电压偏移的要求。因为在这种电网中，在最大负荷时，电压损耗很大，如果中枢点的电压随之降低，则远端负荷的电压就将过低；在最小负荷时，电压损耗不大，如果中枢点的电压还要抬高，则近端负荷的电压就将过高。为此必须采取措施在大负荷时升高中枢点的电压，小负荷时降低中枢点的电压。这种中枢点电压随负荷增减而增减的调压方式称为逆调压，具体要求是：最大负荷运行方式时，中枢点的电压要高于线路额定电压5%；最小负荷运行方式时，中枢点的电压要等于线路额定电压。逆调压方式是一种要求较高的调压方式。要实现中枢点的逆调压，一般要求中枢点具有较为充足的无功电源，否则需在中枢点装设调相机、有载调压变压器或静止补偿器等特殊的调压设备。

（3）恒调压（或常调压）。恒调压是指在最大和最小负荷运行方式时保持中枢点电压等于线路额定电压的1.02～1.05倍的调压方式。恒调压方式通常用于向负荷波动甚小的用户供电的电压中枢点，如三班制工矿企业。在负荷变动大的电网中，要在中枢点实现恒调压，也必须有特殊的调压设备，但对调压设备的要求可比逆调压时低一些。

（二）电压调整的基本原理

电压调整的基本原理可通过图5-34所示简单电力系统进行说明。在图5-34中，若已知发电机G的运行电压为U_G，变压器T1和T2的变比分别为k_1和k_2，高压线路的额定电压为U_N，归算到高压侧的网络参数为$R+jX$，负荷功率为$P+jQ$，当忽略线路充电功率、变压器的励磁功率和网络功率损耗时，则负荷端的电压U应按式（5-79）计算，即

$$U=\left(U_Gk_1-\frac{PR+QX}{U_N}\right)/k_2 \tag{5-79}$$

分析式（5-79）可知，采用以下措施可达到调整负荷端电压U的目的。

（1）改变发电机的端电压U_G。

（2）改变升、降压变压器的变比k_1、k_2。

（3）改变网络无功功率Q的分布。

（4）改变网络的参数R、X。

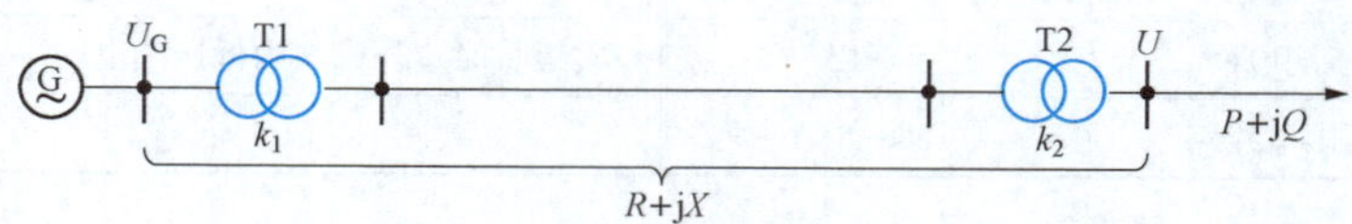

图5-34 电压调整的基本原理

五、调整电压的技术措施

（一）改变发电机的端电压

改变发电机的励磁电流就可以调整发电机的端电压，从而进行电压调整，是一种最经济、最直接的调压手段。在考虑调压措施时，应予优先考虑该手段。现代同步发电机允许的电压波动为其额定电压的±5%，因为在这个范围内发电机可以保证以额定功率运行，同时还可以保证满足厂用电或地方负荷用电设备的允许电压偏移要求。

在不同的供电网络中，发电机调压所起的作用是不同的。在直接用发电机母线电压供电的小型电力系统中，由于供电线路短，线路上的电压损耗较小，用改变发电机励磁电流的方法可实现逆调压。即在最大负荷时增加励磁电流使发电机端电压升高（不超出5%），最小负荷时减小励磁电流使发电机端电压下降（不低于额定值），就能满足负荷对电压质量的要求。

在多级电压供电的大中型电力系统中，因为供电线路较长，供电范围较大，从发电厂到最远负荷点之间的电压损耗数值和波动幅度较大，一般都远超过发电机端电压±5%的调压范围。这种情况下，依靠改变发电机励磁电流来调压已无法满足各负荷点调压要求。如图5-35所示多级电压供电的电力系统，最大负荷时，从发电机至网络末端的电压损耗高达30%，最小负荷时为12%，末端电压的变化范围达18%，此时欲使末端电压满足要求，必须再配合其他调压措施。

此外，调整多级电压多电源系统中发电机励磁时，还会引起系统中无功功率的重新分配。因此，在多级电压供电的电力系统中，发电机调压只能作为一种辅助调压措施。

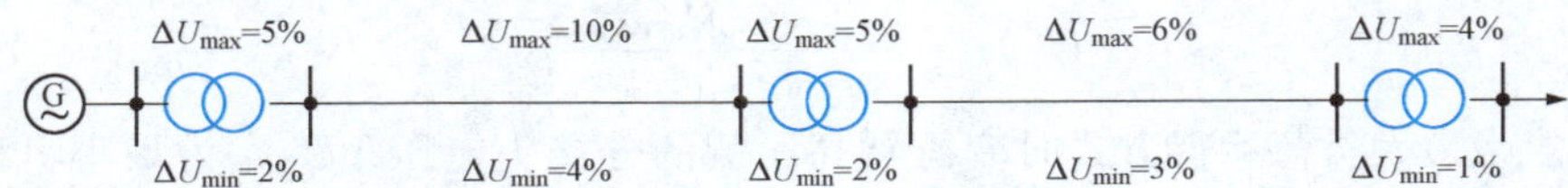

图5-35　多级电压供电的电力系统的电压损耗

（二）改变变压器的变比

为了利用变压器变比调压，双绕组变压器在高压侧、三绕组变压器在高压侧和中压侧都设置有分接头。容量在6300kV·A及以下的双绕组变压器，高压侧一般设有3个分接头，即$1.05U_N$、U_N、$0.95U_N$（其中U_N为变压器高压侧的额定电压），调压范围为±5%；容量在8000kV·A及以上的双绕组变压器，高压侧一般设有5个分接头，即$1.05U_N$、$1.025U_N$、U_N、$0.975U_N$、$0.95U_N$，调压范围为±2×2.5%。对应于U_N的分接头称为主分接头（或称主抽头），其余为附加分接头。

图5-36所示为SF3-15000/220型升、降压变压器分接头的设置。当变压器选用不同的分接头时，一、二次绕组的匝数比不同，改变变压器的分接头调压，实质上就是如何根据调压要求合理地选择变压器的变比。

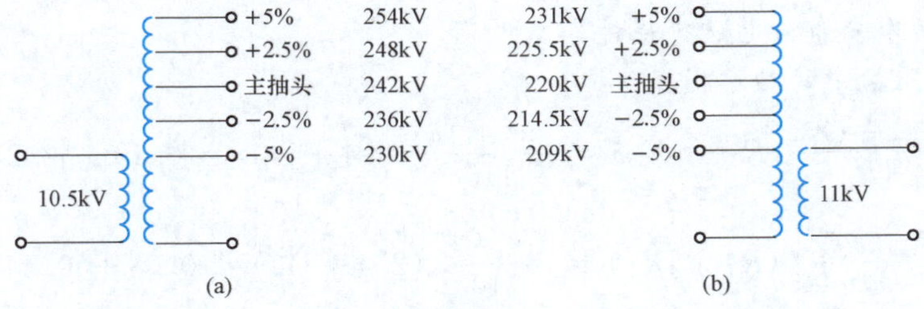

图5-36　SF3-15000/220±2×2.5%型变压器的分接头

(a) 升压变压器分接头；(b) 降压变压器分接头

1. 普通双绕组变压器分接头的选择

（1）降压变压器分接头的选择。

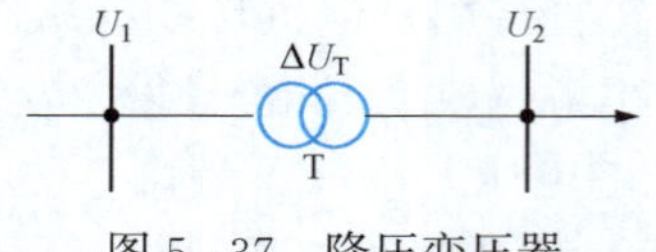

图 5-37　降压变压器

如图 5-37 所示的降压变压器，高压侧运行电压为 U_1，低压侧额定电压为 U_{2N}，归算到高压侧后的电压损耗为 ΔU_T，低压侧按调压要求的实际运行电压为 U_2，变比为 k，变压器高压侧分接头的电压为 U_{1t}，则有

$$\left.\begin{aligned} U_2 &= \frac{U_1 - \Delta U_T}{k} \\ k &= \frac{U_{1t}}{U_{2N}} \end{aligned}\right\} \tag{5-80}$$

或

$$U_{1t} = \frac{U_1 - \Delta U_T}{U_2} U_{2N} \tag{5-81}$$

当变压器通过不同负荷时，分接头电压会有不同的计算值，即

$$U_{1tmax} = \frac{U_{1max} - \Delta U_{Tmax}}{U_{2max}} U_{2N} \tag{5-82}$$

$$U_{1tmin} = \frac{U_{1min} - \Delta U_{Tmin}}{U_{2min}} U_{2N} \tag{5-83}$$

式中：U_{1tmax} 为最大负荷运行方式时变压器高压侧的分接头电压；U_{1tmin} 为最小负荷运行方式时变压器高压侧的分接头电压；U_{2max} 为最大负荷运行方式时变压器低压母线要求的运行电压；U_{2min} 为最小负荷运行方式时变压器低压母线要求的运行电压。

由于普通变压器的分接头调整不能带负荷进行，所以只能取最大负荷和最小负荷所要求分接头电压的平均值 U_{1tav} 为共用分接头电压计算值，即

$$U_{1tav} = \frac{1}{2}(U_{1tmax} + U_{1tmin}) \tag{5-84}$$

选择最接近 U_{1tav} 的变压器标准分接头电压 U_{1t0} 作为共用分接头电压，再利用标准分接头电压 U_{1t0} 校验最大、最小负荷时变压器低压侧的实际运行电压是否满足调压要求。

【例 5-6】 某降压变压器归算至高压侧的参数及负荷功率均标注于图 5-38 中。最大负荷时，$U_{1max}=112\text{kV}$；最小负荷时，$U_{1min}=113\text{kV}$。要求在变压器低压母线采用顺调压方式，试选择变压器分接头电压。

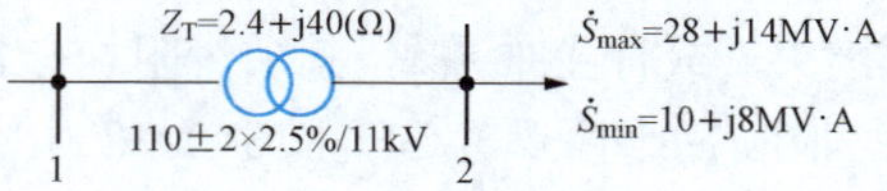

图 5-38　降压变压器分接头选择

解　(1) 功率分布与电压损耗计算。

1) 变压器阻抗中的功率损耗

$$\Delta\dot{S}_{Tmax} = \frac{P_{max}^2 + Q_{max}^2}{U_N^2}(R_T + jX_T) = \frac{28^2 + 14^2}{110^2}(2.4 + j40) = 0.19 + j3.24(\text{MV}\cdot\text{A})$$

$$\Delta\dot{S}_{Tmin} = \frac{P_{min}^2 + Q_{min}^2}{U_N^2}(R_T + jX_T) = \frac{10^2 + 8^2}{110^2}(2.4 + j40) = 0.03 + j0.54(\text{MV}\cdot\text{A})$$

2) 变压器环节首端的功率

$$\dot{S}_{1max} = \dot{S}_{max} + \Delta\dot{S}_{Tmax} = (28 + j14) + (0.19 + j3.24) = 28.19 + j17.24(\text{MV}\cdot\text{A})$$

$$\dot{S}_{1min} = \dot{S}_{min} + \Delta\dot{S}_{Tmin} = (10 + j8) + (0.03 + j0.54) = 10.03 + j8.54(\text{MV}\cdot\text{A})$$

3）变压器阻抗上的电压损耗

$$\Delta U_{\mathrm{Tmax}}=\frac{P_{1\max}R_{\mathrm{T}}+Q_{1\max}X_{\mathrm{T}}}{U_{1\max}}=\frac{28.19\times2.4+17.24\times40}{112}=6.76(\mathrm{kV})$$

$$\Delta U_{\mathrm{Tmin}}=\frac{P_{1\min}R_{\mathrm{T}}+Q_{1\min}X_{\mathrm{T}}}{U_{1\min}}=\frac{10.03\times2.4+8.54\times40}{113}=3.24(\mathrm{kV})$$

（2）计算分接头电压

$$U_{1\mathrm{tmax}}=\frac{U_{1\max}-\Delta U_{\mathrm{Tmax}}}{U_{2\max}}U_{2\mathrm{N}}=\frac{112-6.76}{10\times1.025}\times11=112.94(\mathrm{kV})$$

$$U_{1\mathrm{tmin}}=\frac{U_{1\min}-\Delta U_{\mathrm{Tmin}}}{U_{2\min}}U_{2\mathrm{N}}=\frac{113-3.24}{10\times1.075}\times11=112.31(\mathrm{kV})$$

$$U_{1\mathrm{tav}}=\frac{1}{2}(U_{1\mathrm{tmax}}+U_{1\mathrm{tmin}})=\frac{1}{2}(112.94+112.31)=112.63(\mathrm{kV})$$

选最接近的标准分接头电压 $U_{1\mathrm{t0}}$ 为

$$U_{1\mathrm{t0}}=110\times(1+0.025)=112.75(\mathrm{kV})$$

（3）校验。

1）变压器低压母线的实际运行电压

$$U_{2\max}=\frac{U_{1\max}-\Delta U_{\mathrm{Tmax}}}{U_{1\mathrm{t0}}}U_{2\mathrm{N}}=\frac{112-6.76}{112.75}\times11=10.27(\mathrm{kV})$$

$$U_{2\min}=\frac{U_{1\min}-\Delta U_{\mathrm{Tmin}}}{U_{1\mathrm{t0}}}U_{2\mathrm{N}}=\frac{113-3.24}{112.75}\times11=10.71(\mathrm{kV})$$

2）变压器低压母线的电压偏移

$$m_{2\max}=\frac{10.27-10}{10}\times100\%=2.7\%>2.5\%$$

$$m_{2\min}=\frac{10.71-10}{10}\times100\%=7.1\%<7.5\%$$

可见，变压器低压母线的运行电压能满足顺调压的要求，选择标准分接头电压 $U_{1\mathrm{t0}}=112.75\mathrm{kV}$ 是合适的。

（4）升压变压器分接头的选择。

升压变压器分接头的选择与降压变压器类似。如图 5 - 38 所示升压变压器，其分接头电压计算公式为

$$U_{1\mathrm{tmax}}=\frac{U_{1\max}+\Delta U_{\mathrm{Tmax}}}{U_{2\max}}U_{2\mathrm{N}} \tag{5-85}$$

$$U_{1\mathrm{tmin}}=\frac{U_{1\min}+\Delta U_{\mathrm{Tmin}}}{U_{2\min}}U_{2\mathrm{N}} \tag{5-86}$$

$$U_{1\mathrm{tav}}=\frac{1}{2}(U_{1\mathrm{tmax}}+U_{1\mathrm{tmin}}) \tag{5-87}$$

需要指出的是，式（5 - 85）和式（5 - 86）中的 $U_{2\mathrm{N}}$ 与式（5 - 84）～式（5 - 86）中的 $U_{2\mathrm{N}}$ 的取值是不一样的，通常为发电机的额定电压。

【例 5 - 7】 已知图 5 - 39 所示升压变压器的额定容量为 63MV·A，额定电压为 121±2×2.5%/10.5kV，归算到高压侧的变压器阻抗 $Z_{\mathrm{T}}=1.1+\mathrm{j}24.4\Omega$。最大负荷和最

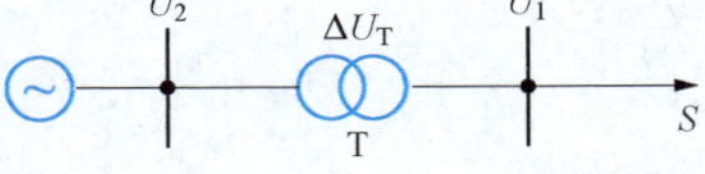

图 5 - 39　升压变压器

小负荷功率分别为 $\dot{S}_{max}=50+j34MV\cdot A$，$\dot{S}_{min}=28+j22MV\cdot A$；最大负荷和最小负荷功率时变压器高压侧的电压分别为 $U_{1max}=116kV$，$U_{1min}=114kV$。若要求发电机电压在10～10.5kV范围内变化，试选择变压器的分接头电压。

解 (1) 计算最大、最小负荷时变压器的电压损耗。据题意可得

$$\Delta U_{Tmax}=\frac{50\times1.1+34\times24.4}{116}=7.63(kV)$$

$$\Delta U_{Tmia}=\frac{28\times1.1+22\times24.4}{114}=4.98(kV)$$

(2) 计算变压器分接头电压。

$$U_{1tmax}=\frac{116+7.63}{10\sim10.5}\times10.5=129.81\sim123.63(kV)$$

$$U_{1tmin}=\frac{114+4.98}{10\sim10.5}\times10.5=124.93\sim118.98(kV)$$

$$U_{1tav}=\frac{1}{2}(123.63+124.93)=124.28(kV)$$

(3) 选最接近 U_{1tav} 的标准分接头为124.025kV。

(4) 校验。

$$U_{2max}=\frac{116+7.63}{124.025}\times10.5=10.47(kV)$$

$$U_{2min}=\frac{114+4.98}{124.025}\times10.5=10.07(kV)$$

由计算结果可见，选择标准分接头电压为124.025kV满足调压要求。

2. 普通三绕组变压器分接头的选择

双绕组变压器分接头的计算公式也适用于三绕组变压器分接头的选择，但需根据变压器的运行方式分别选择高压侧和中压侧的分接头。

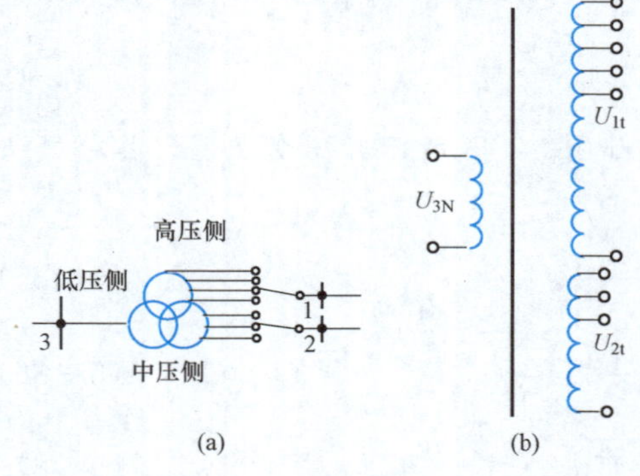

图5-40　三绕组变压器的分接头
(a) 简化接线；(b) 原理接线

高压侧有电源的三绕组降压变压器的分接头如图5-40所示。在选择其分接头时，可先按低压母线对调压的要求，选择高压侧的分接头电压；然后再按中压侧所要求的电压和选定的高压侧分接头电压来确定中压绕组的分接头电压。设高压侧分接头电压为 U_{1t}，中压侧分接头电压为 U_{2t}，低压母线按调压要求的电压为 U_3，中压母线按调压要求的电压为 U_2，变压器低压侧的额定电压为 U_{3N}，变压器参数归算到高压侧后的高中、高低压绕组间的电压损耗分别为 ΔU_{T12} 和 ΔU_{T13}，则高、中压侧分接头选择的基本公式为

$$\left.\begin{aligned}U_{1t}&=\frac{U_1-\Delta U_{T13}}{U_3}U_{3N}\\U_{2t}&=\frac{U_{1t}}{U_1-\Delta U_{T12}}U_2\end{aligned}\right\}\qquad(5-88)$$

对低压侧有电源的三绕组升压变压器，其高、中压侧分接头电压可根据其所要求的电压和电源侧电压的情况分别进行选择，而不必考虑它们之间的影响，即可视为两台双绕组升压变压器进行分接头的选择。

3. 有载调压变压器分接头的选择

由于普通变压器的分接头只能在变压器不带电的情况下进行切换，所以分接头位置的切换会影响供电的连续性。当按最大负荷和最小负荷所要求的分接头电压相差过大时，利用普通变压器调压将无法满足调压的要求，这时可利用有载调压变压器调压。有载调压变压器与普通变压器相比，除了能带负荷调压外还有调压范围较宽的优点。

我国 110kV 电压等级的有载调压变压器一般有 U_N、$U_N \pm 3\times2.5\%$，共 7 个分接头；220kV 电压等级的有 U_N、$U_N \pm 4\times2.5\%$，共 9 个分接头。如果有特殊要求，变压器制造厂家还可提供具有 15、27 和 48 级等多分接头的有载调压变压器。

有载调压变压器有两种类型：一种是本身具有调压绕组，另一种是带有附加变压器的加压调压器。它们的原理接线如图 5-41 所示。调压绕组（或加压调压器的二次绕组）和主变压器的高压绕组串联。

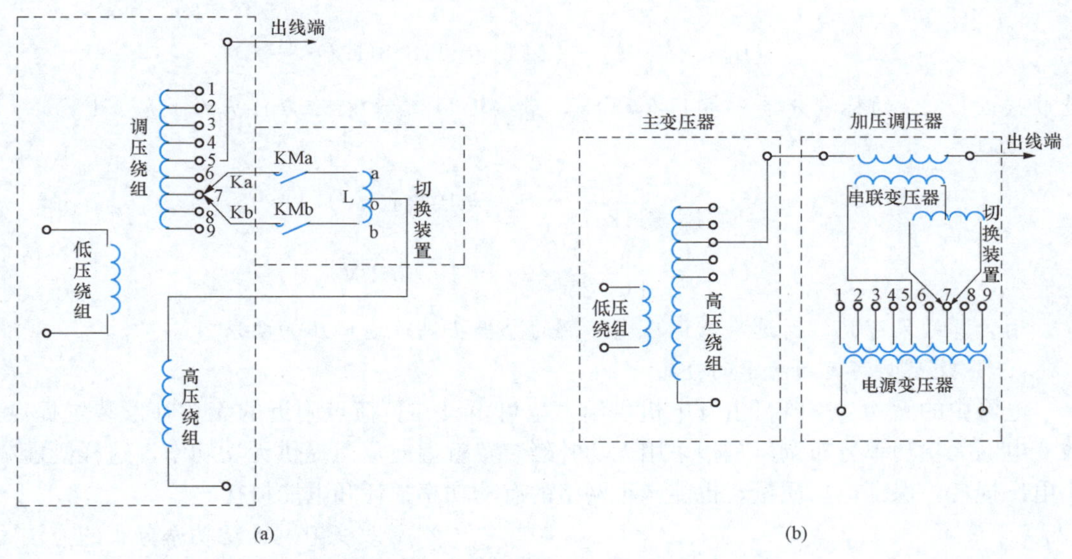

图 5-41 有载调压变压器原理图

(a) 具有调压绕组；(b) 具有加压调压器

有载调压变压器分接头的带负荷切换靠特殊的切换装置来实现。切换装置有两个可动触头 Ka 和 Kb，改换分接头时，先将一个可动触头移到选定的分接头上，然后再将另一个可动触头移到该分接头上。为了防止可动触头在移动过程中产生电弧，使变压器油的绝缘劣化，可动触头 Ka 和 Kb 分别接有接触器 KMa 和 KMb。当变压器要从一个分接头（例如分接头 7），切换到另一个分接头（例如分接头 6）时，应先断开 KMa，将 Ka 移动到分接头 6 上，然后将 KMa 接通。再切断 KMb，移动 Kb 到 Ka 所在的分接头上，再接通 KMb。为了限制两个可动触头处于不同分接头时（例如一个接 6，另一个接 7）产生的短路电流，切换装置中还装有电抗器 L。

采用有载调压变压器时，可以根据最大负荷运行方式算出的U_{1tmax}和最小负荷运行方式算出的U_{1tmin}分别选择各自合适的标准分接头电压，然后按照调压要求校验所选分接头电压是否满足要求。

应该指出，在无功有裕度或无功平衡的电力系统中，改变变压器变比调压有良好的效果，应优先采用。但在无功不足的电力系统中，不宜采用改变变压器变比调压。原因是当改变变比提高用户端的电压后，用户用电设备从系统吸取的无功功率就相应增大，使得电力系统的无功缺额进一步增加，导致系统运行电压进一步下降。如此恶性循环下去，就会发生“电压崩溃”，造成系统大面积停电的严重事故。因此，在无功不足的电力系统中，首先应采用无功功率补偿装置补偿系统无功的缺额。

【例 5-8】 某降压变电站变压器的电压为110±3×2.5%/11kV，最大、最小负荷时，变压器低压侧归算到高压侧的电压分别为107kV和108kV。若在变压器低压侧采用逆调压方式，试选择有载调压变压器的分接头。

解 由题意可知

$$U_{1tmax}=\frac{107}{10\times1.05}\times11=112.095(\text{kV})$$

$$U_{1tmin}=\frac{108}{10\times1.0}\times11=118.8(\text{kV})$$

选最接近U_{1tmax}的标准分接头为112.75kV，最接近U_{1tmin}的标准分接头为118.25kV。

校验

$$U_{2max}=\frac{107}{112.75}\times11=10.44(\text{kV})$$

$$U_{2min}=\frac{108}{118.25}\times11=10.05(\text{kV})$$

由计算结果可见，所选有载调压变压器的分接头满足逆调压的要求。

（三）改变电网无功功率的分布

电网中的无功功率既可由发电机供给，也可由设在负荷点附近的无功补偿装置提供。改变电网无功功率分布调压是指采用无功补偿装置就近向负荷提供无功功率，这样既能减小电压损耗，保证电压质量，也能减小网络的有功功率损耗和电能损耗。

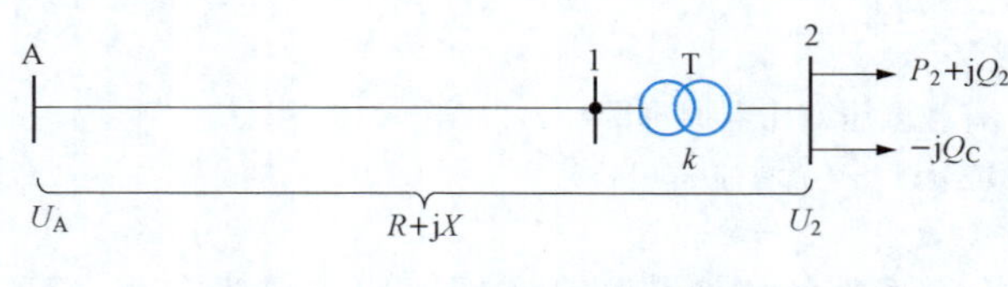

图 5-42 无功补偿容量分析图

改变电网无功功率分布的方法一般是在负荷端装设无功补偿装置。如图5-42所示系统，已知变压器输出的功率为P_2+jQ_2，折算到高压侧的电网的阻抗为$R+jX$，补偿前变压器低压侧折算到高压侧的电压为U'_2。如忽略电力线路上的电容功率及变压器的空载损耗，不计电压降落的横分量，则补偿前电源点A的电压U_A为

$$U_A=U'_2+\frac{P_2R+Q_2X}{U'_2} \tag{5-89}$$

当在负荷端投入无功补偿容量Q_C后，假定电源点A的电压U_A保持不变，变压器低压侧折算到高压侧的电压可由补偿前的U'_2提高到补偿后的U'_{2C}，则有

$$U_A = U'_{2C} + \frac{P_2R + (Q_2 - Q_C)X}{U'_{2C}} \tag{5-90}$$

由式（5-89）和式（5-90）可得

$$U'_2 + \frac{P_2R + Q_2X}{U'_2} = U'_{2C} + \frac{P_2R + (Q_2 - Q_C)X}{U'_{2C}}$$

由此可求出将电压由 U'_2 提高到 U'_{2C} 所需的补偿容量 Q_C 为

$$Q_C = \frac{U'_{2C}}{X}\left[(U'_{2C} - U'_2) + \left(\frac{P_2R + Q_2X}{U'_{2C}} - \frac{P_2R + Q_2X}{U'_2}\right)\right] \tag{5-91}$$

当 U'_{2C} 与 U'_2 的差别不是太大时，式（5-91）等号右端方括号中的第二项数值很小，一般可忽略不计，这样可得

$$Q_C = \frac{U'_{2C}}{X}(U'_{2C} - U'_2) \tag{5-92}$$

如果降压变压器的变比 $k = \frac{U_{1t}}{U_{2N}}$，补偿前后其低压侧的运行电压分别为 U_2 和 U_{2C}，则有

$$Q_C = \frac{U_{2C}}{X}\left(U_{2C} - \frac{U'_2}{k}\right)k^2 \tag{5-93}$$

由式（5-90）可见，补偿容量 Q_C 的大小，既与调压要求 $\left(U_{2C} - \frac{U'_2}{k}\right)$ 有关，也与变压器的变比 k 有关。因此，在选择无功补偿设备时，应充分利用变压器变比调压的作用，使无功补偿设备的容量减到最小。

1. 电力电容器容量的选择

电力电容器只能发出感性无功功率提高节点电压，而不能吸收无功功率来降低电压，故在最小负荷运行方式时应按无补偿的情况考虑。选用电力电容器的基本方法如下：

（1）最小负荷运行方式时按无补偿情况选择变压器的分接头。设最小负荷时低压侧归算至高压侧的电压为 U'_{2min}，低压侧按调压要求的电压为 U_{2min}，则高压侧的分接头电压应为

$$U_{1tmin} = \frac{U'_{2min}}{U_{2min}}U_{2N}$$

选最接近 U_{1tmin} 的标准分接头电压为 U_{1t0}，则实际变比为 $k_0 = U_{1t0}/U_{2N}$。

（2）按最大负荷计算无补偿时低压侧归算至高压侧的电压 U'_{2max}。若最大负荷时低压侧要求在补偿后应保持的电压为 U_{2Cmax}，则应装设的无功补偿容量为

$$Q_C = \frac{U_{2Cmax}}{X}\left(U_{2Cmax} - \frac{U'_{2max}}{k_0}\right)k_0^2 \tag{5-94}$$

这样计算出的电力电容器容量就是考虑了变压器调压效果后的数值，因而可以使补偿容量减到最小。

2. 同步调相机容量的选择

同步调相机在最大负荷运行方式时可以过励磁运行，作为无功电源发出额定容量的无功功率；在最小负荷运行方式时可以欠励磁运行，作为无功负载从系统吸取 50%～65%额定容量的无功功率。因此，同步调相机容量应按下列步骤选择：

（1）最大负荷过励磁运行时的调相机容量为

$$Q_C=\frac{U_{2Cmax}}{X}\left(U_{2Cmax}-\frac{U'_{2max}}{k}\right)k^2 \tag{5-95}$$

（2）最小负荷欠励磁运行时的调相机容量为

$$-(0.5\sim0.65)Q_C=\frac{U_{2Cmin}}{X}\left(U_{2Cmin}-\frac{U'_{2min}}{k}\right)k^2 \tag{5-96}$$

（3）联立求解式（5-96）和式（5-97），确定变压器的计算变比为

$$k=\frac{(0.5\sim0.65)U_{2Cmax}U'_{2max}+U_{2Cmin}U'_{2min}}{U_{2Cmin}^2+(0.5\sim0.65)U_{2Cmax}^2} \tag{5-97}$$

（4）按计算变比 k 确定变压器分接头电压 U_{1t}，即

$$U_{1t}=kU_{2N}$$

选最接近 U_{1t} 的标准分接头为 U_{1t0}，得实际变比 $k_0=U_{1t0}/U_{2N}$。

（5）计算同步调相机容量。将 k_0 代入式（5-91）可得

$$Q_C=\frac{U_{2Cmax}}{X}\left(U_{2Cmax}-\frac{U'_{2max}}{k_0}\right)k_0^2$$

根据产品目录选出与上式计算所得 Q_C 最接近的同步调相机，最后进行电压校验，直至满足要求为止。

【例 5-9】 系统接线如图 5-43 所示，A 点的电压恒定为 112kV，归算至高压侧的输电线路和变压器的总阻抗为 6＋j89Ω，负荷功率 P_{max} 和 P_{min} 如图所示且功率因数恒定为 0.9，变电器低压母线 B 点接有电力电容器。B 点母线要求实现逆调压，试计算所选变压器分接头电压和电容器容量（容量取整数值，电压降落计算考虑横分量）。

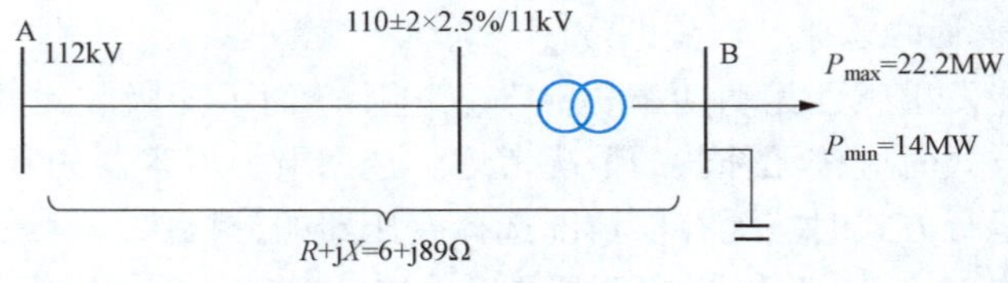

图 5-43 ［例 5-9］图

解 （1）

根据功率因数计算负荷功率：
$$S_{max}=22.2+j10.7520(MV\cdot A)$$
$$S_{min}=14+j6.7806(MV\cdot A)$$

最小负荷时，电力电容器退出运行，网络中的功率损耗为

$$\Delta S_{min}=\frac{S_{min}^2}{U_N^2}(R+jX)=\frac{(14/0.9)^2}{110^2}(6+j89)=0.1200+j1.7798(MVA)$$

A 点的输出功率为

$$S_{Amin}=S_{min}+\Delta S_{min}=14.1200+j8.5604(MV\cdot A)$$

电压降落纵分量为

$$\Delta U_{min}=\frac{P_{Amin}R+Q_{Amin}X}{U_A}=\frac{14.1200\times6+8.5604\times89}{112}=7.5589(kV)$$

电压降落横分量为

$$\delta U_{min}=\frac{P_{Amin}X-Q_{Amin}R}{U_A}=\frac{14.1200\times89-8.5604\times6}{112}=10.7618(kV)$$

最小负荷时B点折算到高压侧的电压为

$$U'_{\mathrm{Bmin}}=\sqrt{(U_{\mathrm{A}}-\Delta U_{\min})^2+\delta U_{\min}^2}=\sqrt{(112-7.5589)^2+10.7618^2}=104.9941(\mathrm{kV})$$

B点要求实现逆调压，则最小负荷时B点的电压为

$$U_{\mathrm{Bmin}}=10(\mathrm{kV})$$

则变压器的分接头电压为

$$U_{\mathrm{At}}=\frac{U'_{\mathrm{Bmin}}}{U_{\mathrm{Bmin}}}U_{\mathrm{BN}}=\frac{104.9941}{10}\times 11=115.4935(\mathrm{kV})$$

选用标准分接头电压为115.5kV。变压器变比$k=115.5/11=10.5$。

(2) 按最大负荷计算电容器补偿容量。最大负荷时网络中的功率损耗为

$$\Delta S_{\max}=\frac{P_{\max}^2+Q_{\max}^2}{U_{\mathrm{N}}^2}(R+\mathrm{j}X)=\frac{(22.2/0.9)^2}{110^2}(6+\mathrm{j}89)=0.3017+\mathrm{j}4.4753(\mathrm{MV\cdot A})$$

A点的输出功率为

$$S_{\mathrm{Amax}}=S_{\max}+\Delta S_{\max}=22.5017+\mathrm{j}15.2273(\mathrm{MV\cdot A})$$

电压降落纵分量为

$$\Delta U_{\max}=\frac{P_{\mathrm{Amax}}R+Q_{\mathrm{Amax}}X}{U_{\mathrm{A}}}=\frac{22.5017\times 6+15.2273\times 89}{112}=13.3057(\mathrm{kV})$$

电压降落横分量为

$$\delta U_{\max}=\frac{P_{\mathrm{Amax}}X-Q_{\mathrm{Amax}}R}{U_{\mathrm{A}}}=\frac{22.5017\times 89-15.2273\times 6}{112}=17.0650(\mathrm{kV})$$

最大负荷时B点折算到高压侧的电压为

$$U'_{\mathrm{Bmax}}=\sqrt{(U_{\mathrm{A}}-\Delta U_{\max})^2+\delta U_{\max}^2}=\sqrt{(112-13.3057)^2+17.0650^2}=100.1588(\mathrm{kV})$$

根据逆调压要求，取最大负荷时补偿电容器后B点电压为

$$U_{\mathrm{Bmax}}=10.5(\mathrm{kV})$$

根据式（5-94）计算电容量补偿容量

$$Q_{\mathrm{C}}=\frac{U_{\mathrm{Bmax}}}{X}\left(U_{\mathrm{Bmax}}-\frac{U'_{\mathrm{Bmax}}}{k}\right)k^2=\frac{10.5}{89}\left(10.5-\frac{100.1588}{115.5}\times 11\right)\left(\frac{115.5}{11}\right)^2$$
$$=12.5006(\mathrm{Mvar})$$

(3) 取补偿容量$Q_{\mathrm{C}}=13\mathrm{Mvar}$，验算最大负荷时变压器低压侧的实际电压

$$\Delta S_{\max}=\frac{22.2^2+(10.7520-13)^2}{110^2}\times(6+\mathrm{j}89)=(0.2469+\mathrm{j}3.6622)(\mathrm{MV\cdot A})$$

$$S_{\mathrm{Amax}}=22.2+\mathrm{j}(10.7520-13)+0.2469+\mathrm{j}3.6622=(22.4469+\mathrm{j}1.4142)(\mathrm{MV\cdot A})$$

$$U'_{\mathrm{Bmax}}=\sqrt{\left(U_{\mathrm{A}}-\frac{P_{\mathrm{Amax}}R+Q_{\mathrm{Amax}}X}{U_{\mathrm{A}}}\right)^2+\left(\frac{P_{\mathrm{Amax}}X-Q_{\mathrm{Amax}}R}{U_{\mathrm{A}}}\right)^2}$$
$$=\sqrt{\left(112-\frac{22.4469\times 6+1.4142\times 89}{112}\right)^2+\left(\frac{22.4469\times 89-1.4142\times 6}{112}\right)^2}$$
$$=111.1026(\mathrm{kV})$$

$$U_{\mathrm{Bmax}}=\frac{U'_{\mathrm{Bmax}}}{k}=\frac{111.1026}{115.5/11}=10.5812(\mathrm{kV})$$

$$U_{\mathrm{Bmin}}=\frac{U'_{\mathrm{Bmin}}}{k}=\frac{104.99}{115.5/11}=9.9990(\mathrm{kV})$$

需要说明的是，最小负荷时负荷侧电压非常接近 10kV。由于电容器此时处于切出状态，如果负荷开始增加，负荷侧电压将下降而低于 10kV。当负荷增大至最大值时，此时负荷侧电压将达到最低值，投入电容器后负荷侧电压将跃迁至 10.5812kV，非常接近 10.5kV。从分析过程可以看出：即使最大和最小负荷时负荷侧电压基本满足 10.5kV 和 10kV 的边界要求，但是在负荷连续变化过程中电压无法保证在 10～10.5kV 区间内，因此利用电力电容器无法严格地实现逆调压。

【例 5-10】 系统接线如图 5-42 所示。已知 $X=80\Omega$，最大、最小负荷时变电站低压侧归算到高压侧的电压分别为 $U'_{2max}=102kV$，$U'_{2min}=112kV$，电源点 A 的电压 U_A 为常数，变压器的额定电压为 110/11kV。若在变电站低压母线采用逆调压方式，试求补偿无功功率最小的调相机容量。

解 （1）确定变压器分接头电压。由式（5-95）可得变压器的计算变比 k 为

$$k=\frac{(0.5\sim0.65)\times10.5\times102+10\times112}{10^2+(0.5\sim0.65)\times10.5^2}=10.58\sim10.67$$

相应的变压器的分接头电压 U_{1t} 为

$$U_{1t}=(10.58\sim10.67)\times11=116.38\sim117.37(\text{kV})$$

选最接近 U_{1t} 的标准分接头电压 U_{1t0} 为 115.5kV，则对应的实际变比 k_0 为

$$k_0=115.5/11=10.5$$

（2）选择同步调相机容量。由式（5-88）可得

$$Q_C=\frac{10.5}{80}\times\left(10.5-\frac{102}{115.5}\times11\right)\times10.5^2=11.37(\text{Mvar})$$

故应选额定容量为 12Mvar 的同步调相机或选择与厂家产品目录最相近的同步调相机。

将选择的同步调相机容量 12Mvar 代入式（5-88）有

$$12=\frac{U_{2Cmax}}{80}\left(U_{2Cmax}-\frac{102}{10.5}\right)\times10.5^2$$

由此解得

$$U_{2Cmax}=10.55\text{kV}$$

可见选择额定容量为 12Mvar 的同步调相机可满足调压需求。

3. 无功补偿装置与电网的连接

同步调相机、静止补偿器和电力电容器这三种无功补偿装置都可直接连接或通过变压器连接于需要进行无功补偿的变电站或直流输电换流站的母线上。

电网的无功负荷主要是由用电设备和输变电设备引起的。除了在负荷密集的供电中心集中安装大、中型无功补偿设备，便于中心电网的电压控制及稳定电网的电压质量之外，在配电网中，往往是根据无功功率就地平衡的原则，在距无功负荷较近的地点，安装中、小型电力电容器组进行就地补偿。此时电力电容器一般安装在低压侧或变压器的二次侧。

安装电力电容器进行无功功率补偿时，可采取个别补偿、分散补偿或集中补偿三种形式。

（1）个别补偿是指对单台用电设备所需无功就近补偿。这种电力电容器靠近用电设备。实行无功功率就地平衡的方法，可避免无负荷时的过补偿，确保电压质量，补偿效果最好。其缺点是在用电设备非连续运转时，电力电容器利用率低，不能充分发挥其补偿效益。个别补偿一般适用于容量较大的高、低压电动机等用电设备。

(2) 分散补偿是将电力电容器组安装在车间配电室或变电站各分路的出线上，它可与工厂部分负荷的变动同时投入或切除，补偿效果较好。在 6～10kV 线路上利用电力电容器分散补偿，可以达到降低能耗和改善电网电压质量的效果。

(3) 集中补偿是把电力电容器组集中安装在变电站的一次或二次侧的母线上。这种补偿方法安装简单、运行可靠、利用率较高；但当用电设备不连续运转或轻载且无自动控制装置时，易造成过补偿，使运行电压升高，影响电压质量。

(四) 改变网络的参数

改变电网络参数的常用方法有：按允许电压损耗选择合适的地方网导线截面；在不降低供电可靠性的前提下改变电力系统的运行方式，如切除、投入双回线路或并联运行的变压器；在 X 远大于 R 的高压电网中串联电力电容器补偿等。

串联电力电容器是改变网络参数的最常用方法。下面以图 5-44 所示线路来讨论串联电力电容器补偿问题。已知线路阻抗为 $R+jX_L$，线路末端的负荷功率为 P_2+jQ_2。设串联电容前线路末端电压为 U_2，串联电容器（假定串联电力电容器的容抗为 X_C）后线路末端电压为 U_{2C}，线路首端电压 U_1 不变，则由图 5-44（a）可知，串联电容前线路上的电压损耗为

$$\Delta U=\frac{P_2R+Q_2X_L}{U_2}$$

由图 5-44（b）可知，串联电容后线路上的电压损耗为

$$\Delta U_C=\frac{P_2R+Q_2(X_L-X_C)}{U_{2C}}$$

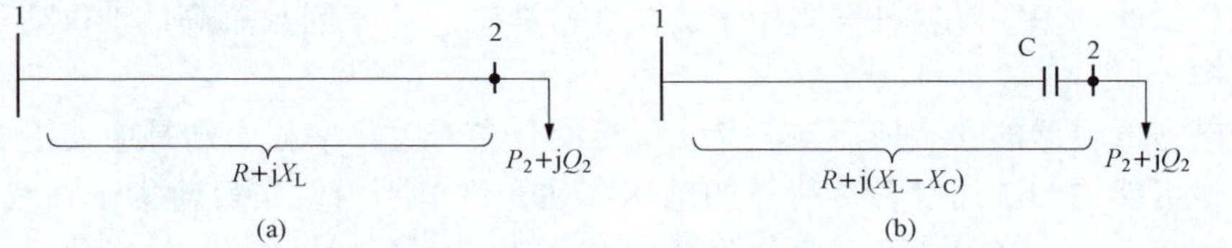

图 5-44 串联电容补偿原理

(a) 串联电容前；(b) 串联电容后

比较串联电容前后的电压损耗，即可知串联电容后线路上电压损耗的减少量或者说线路末端电压的提高量为

$$\Delta U-\Delta U_C=\frac{P_2R+Q_2X_L}{U_2}-\frac{P_2R+Q_2(X_L-X_C)}{U_{2C}} \tag{5-98}$$

考虑到 $U_2\approx U_{2C}$，式（5-98）可简化为

$$\Delta U-\Delta U_C=\frac{Q_2X_C}{U_{2C}}$$

由此可得串联电力电容器的容抗 X_C 为

$$X_C=\frac{U_{2C}(\Delta U-\Delta U_C)}{Q_2} \tag{5-99}$$

串联电容的补偿容量 Q_C 为

$$Q_C=3I^2X_C=\frac{P_2^2+Q_2^2}{U_{2C}^2}X_C \tag{5-100}$$

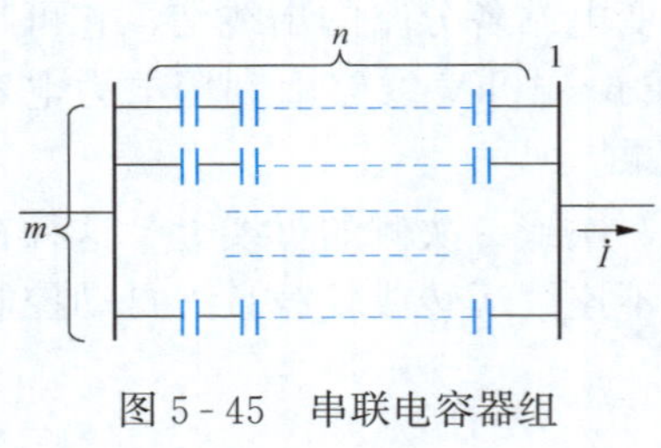

图 5-45　串联电容器组

实际系统中的串联电力电容器容抗 X_C 是由若干个标准电力电容器串、并联组成的。设每相电力电容器的串联个数为 n，并联个数为 m，如图 5-45 所示。如果所选用的每个标准电力电容器的额定容量为 Q_{NC}，额定电压为 U_{NC}，额定电流为 I_{NC}，额定容抗为 X_{NC}，则每个电力电容器的额定电压 U_{NC} 和额定电流 I_{NC} 应满足

$$\left.\begin{aligned} mI_{NC} &\geqslant I_{max} \\ nU_{NC} &\geqslant I_{max}X_C \end{aligned}\right\} \tag{5-101}$$

式中：I_{max} 为通过电力电容器组的最大工作电流。

由式（5-101）可得

$$\left.\begin{aligned} m &\geqslant \frac{I_{max}}{I_{NC}} \\ n &\geqslant \frac{I_{max}}{U_{NC}}X_C = \frac{I_{max}}{I_{NC}X_{NC}}X_C = m\frac{X_C}{X_{NC}} \end{aligned}\right\} \tag{5-102}$$

式中：m、n 应取稍大于计算值的正整数。

求得 m、n 后，即可算出三相电力电容器组的实际容量 Q_{CS} 为

$$Q_{CS} = 3mnQ_{NC} = 3mnU_{NC}I_{NC}$$

分析式（5-96）可知，当线路上传输的无功功率 Q_2 越大时，$\Delta U-\Delta U_C$ 就越大；反之，$\Delta U-\Delta U_C$ 就越小。这就是说，串联电容补偿能自动跟踪负荷调压。由于在功率因数不高的网络中，串联电容补偿的调压效果较显著；而在功率因数较高的网络中，其调压效果则不佳。因此，串联电容补偿多用于负荷经常波动、功率因数不高的 35kV 及以下电压的配电网中。

串联电力电容器的安装地点与负荷、电源的分布有关，一般原则是应使沿电力线路的电压分布尽可能均匀，而且各负荷点的电压都在允许范围内。当负荷集中在线路末端时，电容应串接在末端；当沿线有多个负荷时，可将电容串接在补偿前产生二分之一线路电压损耗处，如图 5-46 所示。

串联电容补偿所需的容抗值 X_C 与被补偿电力线路的感抗值 X_L 之比，称为串联电容补偿度，记为 k_C，即

$$k_C = \frac{X_C}{X_L} \tag{5-103}$$

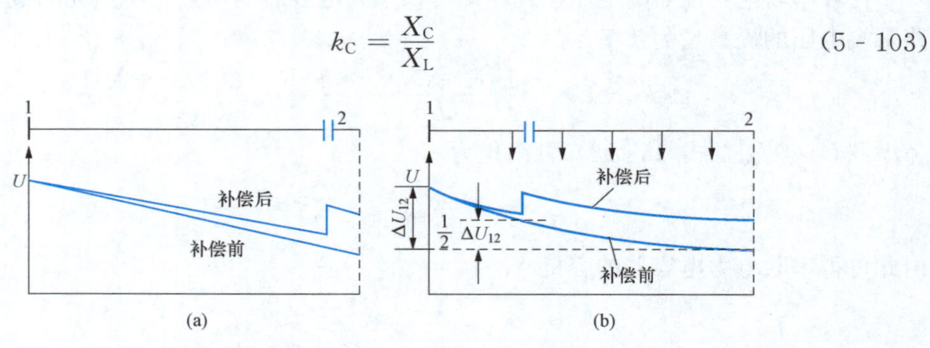

图 5-46　串联电容补偿前后的沿线电压分布

（a）负荷集中在线路末端；（b）沿线路有若干个负荷

通常可用 k_C 来衡量串联电容的补偿性能。当 $X_C<X_L$ 时，$k_C<1$，称为欠补偿；$X_C>X_L$ 时，$k_C>1$，称为过补偿；$X_C=X_L$ 时，$k_C=1$，称为全补偿。

在配电网中以调压为目的的串联电容补偿，其补偿度 k_C 接近 1 或大于 1，一般在 1～4 之间。

在输电网中以提高电力系统静态稳定性为目的的串联电容补偿，其补偿度 k_C 通常在 0.2～0.5 之间。

【例 5-11】 已知图 5-47 所示简单系统的负荷功率 $P_2+jQ_2=20+j15$MV·A，低压母线运行电压 $U_2=10$kV，变压器的变比 $k=110/11$。欲将低压母线运行电压由 10kV 提高到 10.5kV，试求串联补偿电力电容器的容量 Q_C。

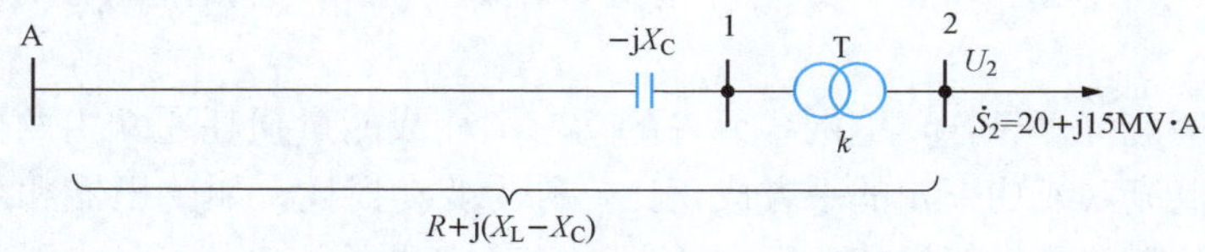

图 5-47　串联补偿电容的计算

解　由题意可知，串联电容前低压母线折算至高压侧的电压为

$$U'_2=10\times\frac{110}{11}=100(\text{kV})$$

串联电容后低压母线折算至高压侧的电压为

$$U'_2=10.5\times\frac{110}{11}=105(\text{kV})$$

串联电容后网络中减少的电压损耗为

$$\Delta U-\Delta U_C=U'_{2C}-U'_2=105-100=5(\text{kV})$$

串联电力电容器的容抗为

$$X_C=\frac{105\times(105-100)}{15}=35(\Omega)$$

串联电力电容器的补偿容量为

$$Q_C=\frac{20^2+15^2}{105^2}\times 35=1.98(\text{Mvar})$$

综上所述，电力系统的调压措施很多，为了满足某一调压要求，可以将各种调压措施综合考虑、合理配合，通过技术经济比较确定最佳的调压方案。

第四节　电力系统经济运行

电力系统经济运行的基本任务是在保证整个系统安全可靠和电能质量符合标准的前提下，尽可能提高电能生产和输送的效率，降低供电的能量消耗或供电成本。

本节将简要介绍电网中的能量损耗和计算方法、降低网损的技术措施、发电厂间有功负荷的经济分配等问题。

一、电网的能量损耗

（一）电网的能量损耗率

在给定的时间（日、月、季或年）内，系统中所有发电厂的总发电量同厂用电量之差，称为供电量；所有送电、变电和配电环节所损耗的电量，称为电网的损耗电量（或能量损耗）。在同一时间内，电网损耗电量占供电量的百分比，称为电网的损耗率，简称网损率或线损率，即

$$电网损耗率=\frac{电网损耗电量}{供电量}\times 100\% \tag{5-104}$$

网损率是电力系统的一项重要经济指标，也是衡量供电企业管理水平的一项主要标志。

由电力系统潮流计算已知，电网各元件的功率损耗或能量损耗通常由两部分组成：一部分与通过元件的电流（或功率）的平方成正比，称为变动损耗，如变压器和线路阻抗支路中的损耗；另一部分则与元件两端的电压有关，与负荷大小无关，若不计电压变化的影响，这部分损耗就为固定损耗，如变压器的铁心损耗、电缆和电力电容器绝缘的介质损耗等。

固定损耗的计算比较简单，而变动损耗的计算则较为困难，下面着重讨论变动损耗的计算方法。

（二）能量损耗的计算方法

本节主要介绍计算能量损耗的最大负荷损耗时间法和等效功率法。

1. 最大负荷损耗时间法

如图 5 - 48 所示，某线路向一个集中负荷供电，则时间 T 内线路电能损耗 ΔA 的计算式为

$$\Delta A=\int_0^T \Delta P\mathrm{d}t=\int_0^T \frac{S^2}{U^2}R\times 10^{-3}\mathrm{d}t \quad (\mathrm{kW\cdot h}) \tag{5-105}$$

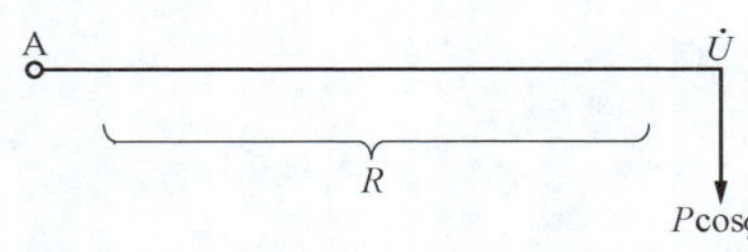

图 5 - 48　向一个集中负荷供电的线路

如果知道负荷曲线和功率因数，就可以作出电流（或视在功率）的变化曲线，并利用式（5 - 105）计算时间 T 内的电能损耗。

由于实际负荷曲线是预计的，又不能确切知道每一时刻的功率因数，特别是在电网的规划设计阶段，所能得到的数据就更为粗略，因此工程中计算电能损耗时常采用一种简化的方法，即最大负荷损耗时间（记为 τ）法来计算能量损耗。

假定线路中输送的功率一直保持为最大负荷功率 S_{max}，在 τ 小时内的能量损耗恰好等于线路全年的实际电能损耗 ΔA，则称 τ 为最大负荷损耗时间。其数学表达式为

$$\Delta A=\int_0^{8760} \frac{S^2}{U^2}R\times 10^{-3}\mathrm{d}t=\frac{S_{max}^2}{U^2}R\tau\times 10^{-3} \quad (\mathrm{kW\cdot h}) \tag{5-106}$$

若电压 U 恒定，则有

$$\tau=\frac{\int_0^{8760} S^2\mathrm{d}t}{S_{max}^2} \tag{5-107}$$

由式（5 - 104）可见，最大负荷损耗时间 τ 与用视在功率表示的负荷曲线有关。在功

率因数一定时，视在功率与有功功率成正比，而有功功率负荷曲线的形状，在某种程度上可由最大负荷利用小时数 T_{max} 决定。由此可知，对于给定的功率因数，τ 同 T_{max} 之间将存在一定关系。通过对一些典型负荷曲线的分析，可得 τ 和 T_{max} 的关系见表 5-10。

在负荷曲线未知的情况下，可根据最大负荷利用小时数 T_{max} 和功率因数 $\cos\varphi$，由表 5-10 查出 τ 值，用以计算全年的电能损耗。

表 5-10　τ 和 T_{max} 的关系表

T_{max}(h)	τ(h)				
	$\cos\varphi=0.80$	$\cos\varphi=0.85$	$\cos\varphi=0.90$	$\cos\varphi=0.95$	$\cos\varphi=1.00$
2000	1500	1200	1000	800	700
2500	1700	1500	1250	1100	950
3000	2000	1800	1600	1400	1250
3500	2350	2150	2000	1800	1600
4000	2750	2600	2400	2200	2000
4500	3150	3000	2900	2700	2500
5000	3600	3500	3400	3200	3000
5500	4100	4000	3950	3750	3600
6000	4650	4600	4500	4350	4200
6500	5250	5200	5100	5000	4850
7000	5950	5900	5800	5700	5600
7500	6650	6600	6550	6500	6400
8000	7400	—	7350	—	7250

如图 5-49 所示，如果一条线路上有几个负荷点，则线路的总电能损耗就等于各段线路电能损耗之和，即

$$\Delta A=\left(\frac{S_1}{U_a}\right)^2 R_1\tau_1+\left(\frac{S_2}{U_b}\right)^2 R_2\tau_2+\left(\frac{S_3}{U_c}\right)^2 R_3\tau_3$$

式中：S_1、S_2、S_3 分别为各段的最大负荷功率；τ_1、τ_2、τ_3 分别为各段的最大负荷损耗时间。

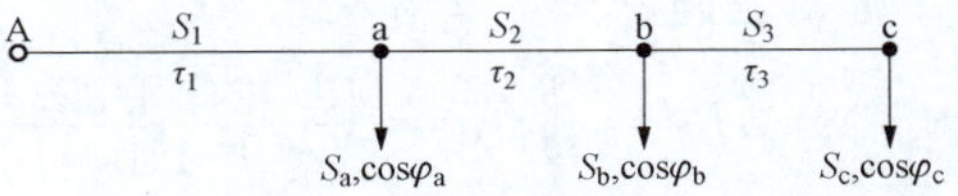

图 5-49　接有三个负荷的线路

为了求得各线段的 τ 值，需先计算出各线段的 $\cos\varphi$ 和 T_{max}。

如果已知图 5-49 中各负荷点的最大负荷利用小时数分别为 T_{maxa}、T_{maxb} 和 T_{maxc}，各点最大负荷功率同时出现，且分别为 S_a、S_b 和 S_c，则可得各线段的加权平均功率因数和最大负荷利用小时数分别为

$$\cos\varphi_1=\frac{S_a\cos\varphi_a+S_b\cos\varphi_b+S_c\cos\varphi_c}{S_a+S_b+S_c}$$

$$\cos\varphi_2=\frac{S_b\cos\varphi_b+S_c\cos\varphi_c}{S_b+S_c}$$

$$\cos\varphi_3=\cos\varphi_c$$

$$T_{\max1}=\frac{P_aT_{\max a}+P_bT_{\max b}+P_cT_{\max c}}{P_a+P_b+P_c}$$

$$T_{\max2}=\frac{P_bT_{\max b}+P_cT_{\max c}}{P_b+P_c}$$

$$T_{\max3}=T_{\max c}$$

依据计算所得到的 $\cos\varphi$ 和 $T_{\max}$，就可从表 5-10 中查到相对应的 τ 值。

【例 5-12】 某变电站有两台相同的变压器并列运行，由双回线路供电。已知变电站低压母线上的最大负荷 $P=40\text{MW}$，$\cos\varphi=0.8$，$T_{\max}=4500\text{h}$。线路和变压器的参数如下：

线路（每回）$r_1=0.17\Omega/\text{km}$，$x_1=0.409\Omega/\text{km}$，$b_1=2.82\times10^{-6}\text{S/km}$，$l=100\text{km}$；

变压器（每台）$\Delta P_0=86\text{kW}$，$\Delta P_k=200\text{kW}$，$I_0\%=2.7$，$U_k\%=10.5$，$S_N=31500\text{kV}\cdot\text{A}$，$k_N=110/11$。

试求线路及变压器全年的电能损耗。

解 最大负荷时变压器的绕组功率损耗为

$$\Delta\dot{S}_T=\Delta P_T+jQ_T=2\left(\Delta P_k+j\frac{U_k\%}{100}S_N\right)\times\left(\frac{S}{2S_N}\right)^2=2\times\left(200+j\frac{10.5}{100}\times31500\right)\times\left(\frac{40/0.8}{2\times31.5}\right)^2$$
$$=252+j4166(\text{kV}\cdot\text{A})$$

变压器的铁心功率损耗为

$$\Delta\dot{S}_0=2\left(\Delta P_0+j\frac{I_0\%}{100}S_N\right)=2\times\left(86+j\frac{2.7}{100}\times31500\right)=172+j1701(\text{kV}\cdot\text{A})$$

线路末端充电功率为

$$Q_{C2}=-2\frac{b_1l}{2}U_N^2=-2.82\times10^{-6}\times100\times110^2=-3.142(\text{Mvar})$$

等效电路中用以计算线路损失的功率为

$$\begin{aligned}\dot{S}_l&=\dot{S}+\Delta\dot{S}_T+\Delta\dot{S}_0+jQ_{C2}\\&=40+j30+0.252+j4.166+0.172+j1.701-j3.412\\&=40.424+j32.455(\text{MV}\cdot\text{A})\end{aligned}$$

线路上的有功功率损耗为

$$\Delta P_L=\frac{S_l^2}{U_N^2}R_l=\frac{40.424^2+32.455^2}{110^2}\times\frac{1}{2}\times0.17\times100=1.8879(\text{MW})$$

已知 $T_{\max}=4500\text{h}$ 和 $\cos\varphi=0.8$，由表 5-10 可查得 $\tau=3150\text{h}$。据此可得：

(1) 线路中全年能量损耗为

$$\Delta A_L=\Delta P_L\times3150=1887.9\times3150=5946885(\text{kW}\cdot\text{h})$$

(2) 变压器全年投入运行的能量损耗为

$$\Delta A_T=2\Delta P_0\times8760+\Delta P_T\times3150=172\times8760+252\times3150=2300520(\text{kW}\cdot\text{h})$$

(3) 输电系统全年的总电能损耗为

$$\Delta A=\Delta A_L+\Delta A_T=5946885+2300520=8247405(\text{kW}\cdot\text{h})$$

由于用最大负荷损耗时间法计算电能损耗准确度不高，$\Delta P_{\max}$ 的计算，尤其是 τ 值的确定都是近似的，而且还不可能对由此而引起的误差作出有根据的分析，因此，这种方法只适用于电网规划设计中电能损耗的计算，不能用于运行电网的电能损耗计算。

2. 等值功率法

对于运行电网的能量损耗计算，宜采用等值功率法。此时图 5 - 49 所示简单网络在给定时间 T 内的能量损耗的计算式为

$$\Delta A = 3\int_0^T I^2 R\times 10^{-3}\mathrm{d}t = 3I_{eq}^2 RT\times 10^{-3}$$

$$= \frac{P_{eq}^2 + Q_{eq}^2}{U^2}RT\times 10^{-3}(\mathrm{kW\cdot h}) \tag{5 - 108}$$

式中：I_{eq}、P_{eq}和Q_{eq}分别表示电流、有功功率和无功功率的等效值。

$$I_{eq} = \sqrt{\frac{1}{T}\int_0^T I^2\mathrm{d}t} \tag{5 - 109}$$

当电网电压恒定不变时，P_{eq}和Q_{eq}也有与式（5 - 109）相似的表达式，即

$$P_{eq} = \sqrt{\frac{1}{T}\int_0^T P^2\mathrm{d}t}$$

$$Q_{eq} = \sqrt{\frac{1}{T}\int_0^T Q^2\mathrm{d}t}$$

由此可见，电流、有功功率和无功功率的等效值实际上均为一种均方根值。

电流、有功功率和无功功率的等效值也可以通过各自的平均值 I_{av}、P_{av}和Q_{av}表示为

$$\left.\begin{aligned} I_{eq} &= GI_{av}\\ P_{eq} &= KP_{av}\\ Q_{eq} &= LQ_{av}\end{aligned}\right\} \tag{5 - 110}$$

式中：G、K 和 L 分别称为负荷曲线 $I(t)$、$P(t)$、$Q(t)$ 的形状系数。

引入平均负荷后，可将式（5 - 108）改写为

$$\Delta A = 3G^2 I_{av}^2 RT\times 10^{-3} = \frac{RT}{U^2}(K^2P_{av}^2 + L^2Q_{av}^2)\times 10^{-3}\quad (\mathrm{kW\cdot h}) \tag{5 - 111}$$

利用式（5 - 111）计算电能损耗时，平均功率可分别由给定运行时间 T 内的有功电量 A_P 和无功电量 A_Q 求得，即

$$P_{av} = \frac{A_P}{T}$$

$$Q_{av} = \frac{A_Q}{T}$$

对各种典型持续负荷曲线的分析表明，形状系数 K 的取值范围是

$$1\leqslant K\leqslant \frac{1+\alpha}{2\sqrt{\alpha}} \tag{5 - 112}$$

式中：α 为最小负荷系数。

取形状系数上、下限值平方的平均值为形状系数平均值 K_{av}的平方，即

$$K_{av}^2 = \frac{1}{2} + \frac{(1+\alpha)^2}{8\alpha} \tag{5 - 113}$$

用 K_{av}代替 K 进行电能损耗计算，当 $\alpha>0.4$ 时，其最大可能的相对误差不会超过 10%。当 $\alpha<0.4$ 时，可将曲线分段，只要每一段的最小负荷系数都大于 0.4，就能保证总的最大误差在 10%以内。

对于无功负荷曲线的形状系数 L 也可以作类似的分析。当负荷的功率因数不变时，L

与K相等。

利用等值功率法进行电能损耗计算时，运行周期T可以是日、月、季或年。

【例 5-13】 某元件的电阻为10Ω，在720h内通过的电量为$A_P=80200\text{kW}\cdot\text{h}$和$A_Q=40\ 100\text{kvar}\cdot\text{h}$，最小负荷系数$\alpha=0.4$，平均运行电压为10.3kV，功率因数接近不变。试求该元件的电能损耗。

解 据题意计算平均功率为

$$P_{av}=\frac{A_P}{T}=\frac{80200}{720}=111.4(\text{kW})$$

$$Q_{av}=\frac{A_Q}{T}=\frac{40100}{720}=55.7(\text{kvar})$$

当$\alpha=0.4$时，$K_{av}=L_{av}=1.055$。利用式（5-109），并以K_{av}和L_{av}分别代替K和L可得

$$\begin{aligned}\Delta A&=\frac{RT}{U^2}(K_{av}^2P_{av}^2+L_{av}^2Q_{av}^2)\times10^{-3}\\&=\frac{10\times720}{10.3^2}\times1.055^2\times(111.4^2+55.7^2)\times10^{-3}=1171.77(\text{kW}\cdot\text{h})\end{aligned}$$

用等值功率法计算电能损耗，原理易懂，方法简单，所要求的原始数据也不多。对于已运行的电网，可以直接利用从电能表取得的有功、无功电量数据进行网损理论分析，即使不知道具体的负荷曲线形状，也能对计算结果的最大可能误差作出估计。这种方法能够推广应用于任意复杂网络的电能损耗计算。

（三）降低网损的常用技术措施

电网的电能损耗不仅耗费一定的动力资源，而且占用一部分发电设备容量。因此，降低网损是电力部门增产节约的一项重要任务。下面仅从电网运行方面介绍几种降低网损的技术措施。

1. 减少电网中无功功率的传送

实现无功功率就地平衡，不仅可改善电压质量，而且对提高电网运行的经济性也有重大作用。对于简单电网络，其线路的有功功率损耗可计算为

$$\Delta P_L=\frac{P^2}{U^2\cos^2\varphi}R$$

在其他条件不变的情况下，如果能将功率因数由原来的$\cos\varphi_1$提高到$\cos\varphi_2$，则线路中的功率损耗可降低的百分数为

$$\Delta P_L(\%)=\left[1-\left(\frac{\cos\varphi_1}{\cos\varphi_2}\right)^2\right]\times100 \tag{5-114}$$

当功率因数由0.7提高到0.9时，应用式（5-107）计算的线路功率损耗可减少39.5%。可见，如果负荷所需的无功功率都能实现就地平衡，网损就可以大大降低。

采用以下措施可提高功率因数：

（1）合理选择异步电动机的容量。工业企业大量使用的异步电动机所需要的无功功率计算式为

$$Q=Q_0+(Q_N-Q_0)\left(\frac{P}{P_N}\right)^2=Q_0+(Q_N-Q_0)\beta^2 \tag{5-115}$$

式中：Q_0为异步电动机空载运行时所需的无功功率；P_N和Q_N分别为其额定负载运行时

的有功功率和无功功率；P 为电动机的实际机械负荷；β 为受载系数。

式（5-115）中的第一项是电动机的励磁功率，它与负荷无关，其数值约占 Q_N 的60%～70%。第二项是绕组漏抗中的损耗，与 β 的平方成正比。β 降低时，电动机所需的无功功率只有一小部分按 β 的平方而减小，而大部分则维持不变。因此 β 越小，功率因数就越低。额定功率因数为 0.85 的电动机，如果 $Q_0=0.65Q_N$，当 β 为 0.5 时，功率因数将下降到 0.74。所以，电动机运行时的 β 不能太小，也就是说电动机容量只能选择比它所带动的机械负荷略大一些，才能保证电动机在额定功率因数附近运行。

（2）采用并联无功补偿装置。为了提高用户的功率因数，可在用户处或靠近用户处的变电站内装设无功补偿装置，如电力电容器、同步调相机、静止补偿器等。这样可实现无功功率的就地平衡，减少无功功率在电网中的传送。电网运行中，在保证电压质量，满足安全约束的条件下，可按网损最小的原则在各无功电源之间实现无功负荷的优化分配。

2. 合理组织或调整电网的运行方式

（1）合理确定电网的运行电压水平。变压器的变动损耗（即铜损耗）与电压的平方成反比，固定损耗（即铁损耗）与电压的平方成正比。一般来说，对于电压在 35kV 及以上的输电网，由于变压器的铁损耗在网络总损耗中所占比重小于 50%，铜损耗所占比重则较大，故适当提高运行电压可以降低网损。但是，对于变压器铁损耗所占比重大于 50%的 6～10kV 配电网，情况则正好相反。大量统计资料表明，在 6～10kV 的农村配电网中，由于小容量变压器的空载电流较大，农村电力用户的负荷率又较低，变压器有很多时间处于轻载状态，因而变压器的铁损耗在总损耗中所占比重可达 60%～80%，甚至更高。对于这类电网，为了降低功率损耗和能量损耗，非但不能升高电压，还应适当降低运行电压。

无论对于哪一类电网，为了经济的目的提高或降低运行电压水平时，都应先保证电压质量和电网的安全运行。

（2）组织变压器的经济运行。变电站变压器的经济运行，主要是根据负荷的变化适当改变投入运行的变压器台数。这样，一方面可以提高变电站的功率因数，另一方面可以减少变电站的空载有功功率损耗。

若在一个变电站内装有 n（$n\geqslant 2$）台容量和型号都相同的变压器，则当其总负荷功率为 S 时，n 台变压器并联运行的总功率损耗为

$$\Delta P_{T(n)}=n\Delta P_0+n\Delta P_k\left(\frac{S}{nS_N}\right)^2 \tag{5-116}$$

式中：ΔP_0 和 ΔP_k 分别为一台变压器的空载损耗和短路损耗；S_N 为一台变压器的额定容量。

$n-1$ 台变压器并联运行时的总功率损耗为

$$\Delta P_{T(n-1)}=(n-1)\Delta P_0+(n-1)\Delta P_k\left(\frac{S}{(n-1)S_N}\right)^2 \tag{5-117}$$

使得 $\Delta P_{T(n)}=\Delta P_{T(n-1)}$ 的负荷功率称为该变电站的临界负荷功率，记为 S_{cr}。令式（5-116）和式（5-117）相等，可得变电站的临界负荷功率为

$$S_{cr}=S_N\sqrt{n(n-1)\frac{\Delta P_0}{\Delta P_k}} \tag{5-118}$$

由式（5-118）可知，当负荷功率 $S>S_{cr}$ 时，宜投入 n 台变压器并联运行；当 $S<S_{cr}$ 时，宜投入 $n-1$ 台变压器并联运行。

应该指出，对于季节性变化的负荷，使变压器投入的台数符合损耗最小的原则是有经济意义的，也是切实可行的。但对一昼夜内多次大幅度变化的负荷，为了避免断路器因频繁操作而增加检修次数，变压器则不宜完全按照上述方式运行。此外，当变电站只有两台变压器并联运行时，其经济运行应服从供电的可靠性。

3. 在闭式网中实行功率的经济分布

简单环网如图 5-50 所示。根据式（5-41）可算出其功率分布为

$$\dot{S}_1=\frac{\dot{S}_c\overset{*}{Z}_2+\dot{S}_b(\overset{*}{Z}_2+\overset{*}{Z}_3)}{\overset{*}{Z}_1+\overset{*}{Z}_2+\overset{*}{Z}_3}$$

$$\dot{S}_2=\frac{\dot{S}_b\overset{*}{Z}_1+\dot{S}_c(\overset{*}{Z}_1+\overset{*}{Z}_3)}{\overset{*}{Z}_1+\overset{*}{Z}_2+\overset{*}{Z}_3}$$

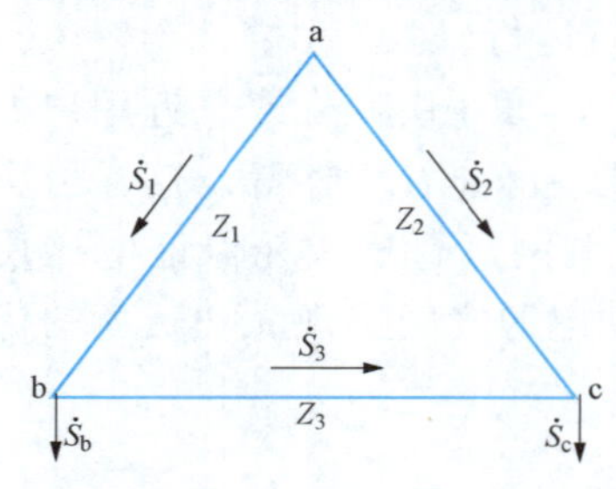

图 5-50　简单闭式网的功率分布

这种按阻抗成反比分布的功率称为网络的自然功率分布。显然，这种功率分布不一定会使网络的功率损耗 ΔP_{Line} 为最小。图 5-50 所示网络的功率损耗 ΔP_{Line} 为

$$\begin{aligned}\Delta P_{Line}&=\left(\frac{S_1}{U}\right)^2R_1+\left(\frac{S_2}{U}\right)^2R_2+\left(\frac{S_3}{U}\right)^2R_3=\frac{P_1^2+Q_1^2}{U^2}R_1+\frac{P_2^2+Q_2^2}{U^2}R_2+\frac{P_3^2+Q_3^2}{U^2}R_3\\&=\frac{P_1^2+Q_1^2}{U^2}R_1+\frac{(P_b+P_c-P_1)^2+(Q_b+Q_c-Q_1)^2}{U^2}R_2+\frac{(P_1-P_b)^2+(Q_1-Q_b)^2}{U^2}R_3\end{aligned}$$

欲使 ΔP_{Line} 有最小值，就需用 ΔP_{Line} 对上式中 P_1 和 Q_1 分别取偏导数，并令其等于零求解，即

$$\frac{\partial\,\Delta P_{Line}}{\partial\,P_1}=\frac{2P_1}{U^2}R_1-\frac{2(P_b+P_c-P_1)}{U^2}R_2+\frac{2(P_1-P_b)}{U^2}R_3=0$$

$$\frac{\partial\,\Delta P_{Line}}{\partial\,Q_1}=\frac{2Q_1}{U^2}R_1-\frac{2(Q_b+Q_c-Q_1)}{U^2}R_2+\frac{2(Q_1-Q_b)}{U^2}R_3=0$$

据此可求得使 ΔP_{Line} 有最小值的功率分布为

$$\left.\begin{aligned}P_1=P_{1ec}=\frac{P_b(R_2+R_3)+P_cR_2}{R_1+R_2+R_3}\\Q_1=Q_{1ec}=\frac{Q_b(R_2+R_3)+Q_cR_2}{R_1+R_2+R_3}\end{aligned}\right\}\tag{5-119}$$

式（5-119）表明，闭式网中的有功功率 P_1 和无功功率 Q_1 按电阻成反比分布时，其功率损耗为最小，称这种功率分布为经济分布，记为 P_{1ec} 和 Q_{1ec}。

应该指出，在每段线路的 R/X 值都相等的均一网络中，功率的自然分布恰好与经济分布相等。一般情况下，这两者是有差别的。各段线路的不均一程度越大，功率损耗的差别就越大。为了降低网络功率损耗，可以采取以下措施使非均一网络的功率分布接近于经济分布：

（1）对环网中比值 R/X 特别小的线段进行串联电容补偿。这种方法既经济效果又好，并能提高电力系统稳定运行的能力。

（2）在环网中装设混合型加压调压变压器，由它产生环路电动势及相应的循环功率，

以改善功率分布。

不管采用哪一种措施，都必须对其经济效果以及运行中可能产生的问题作全面的考虑。

除了上述措施之外，调整用户的负荷曲线，减小高峰负荷和低谷负荷的差值，提高最小负荷系数，使形状系数接近于1，也可降低能量损耗。

二、火电厂间有功功率负荷的经济分配

（一）耗量特性

耗量特性是反映发电设备（或其组合）单位时间内能量输入（F）和输出（P_G）关系的曲线。火电厂的耗量特性如图5-51所示，其输出为功率（单位：MW），输入为燃料（标准煤，单位：t/h）。水电厂耗量特性形状也大致如此，但其输入是水量（单位：m^3/h）。

耗量特性曲线上某点的纵坐标和横坐标之比，即输入与输出之比称为比耗量 $\mu=F/P_G$，其倒数 $\eta=P_G/F$ 为发电厂的效率。耗量特性曲线上某点切线的斜率称为该点的耗量微增率$\lambda=\mathrm{d}F/\mathrm{d}P_G$，它表示在该点运行时输入增量对输出增量之比。以输出功率为横坐标的效率曲线和耗量微增率曲线如图5-52所示。

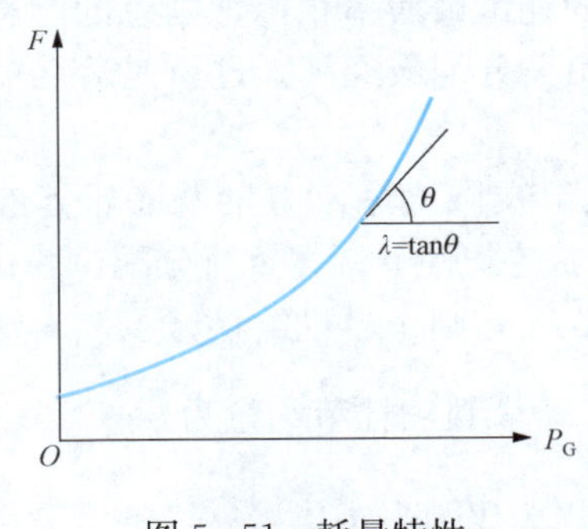

图5-51　耗量特性

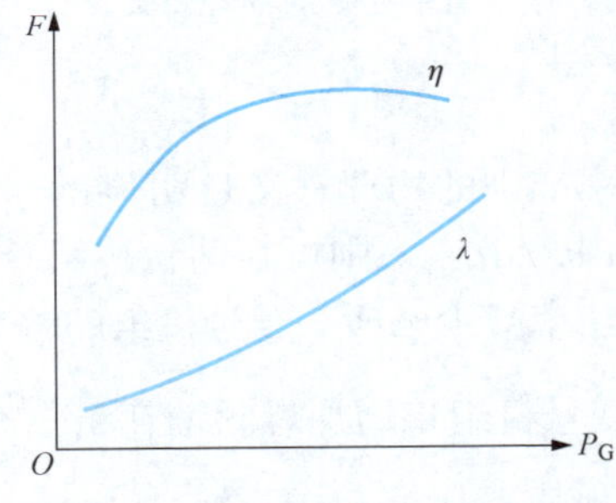

图5-52　效率曲线和耗量微增率曲线

（二）等微增率准则

电力系统中的各发电机组按相等的耗量微增率运行，从而使得总的能源损耗最小，运行最经济的原则称为等微增率准则。

等微增率准则的意义可利用图5-53所示两台并联运行机组间的负荷分配为例予以说明。假设两台机组的耗量特性分别为 $F_1(P_{G1})$ 和 $F_2(P_{G2})$，总负荷功率为 P_{LD}，且各机组的燃料消耗量和输出功率都不受限制。要求在总燃料消耗为最小的条件下，确定两台机组间的负荷功率分配。这就是说，要在满足 $P_{G1}+P_{G2}-P_{LD}=0$ 的有功功率平衡约束条件下，使目标函数 $F=F_1(P_{G1})+F_2(P_{G2})$ 为最小。

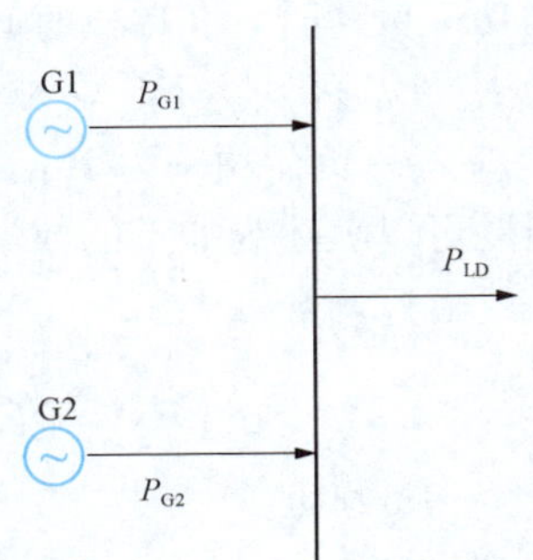

图5-53　两台机组并联运行

这一问题可以用作图法求解。设图5-54中的线段OO′的长度等于负荷功率 P_{LD}。在线段的上、下两方分别以O和O′为原点作出机组1、2的耗量特性曲线1、2，前者的横坐标 P_{G1} 自左向右，后者的横坐标 P_{G2} 自右向左计算，显然，在横坐标上任取

一点 A′，都有 OA′+A′O′=OO′，即 $P_{G1}+P_{G2}=P_{LD}$，表示一种可能的功率分配方案。如过 A′点作垂线分别交于两机组耗量特性曲线的 B_1'、B_2'点，则 $B_1'B_2'=B_1'A'+A'B_2'=F_1(P_{G_1})+F_2(P_{G2})=F$ 就代表了总的燃料消耗量。

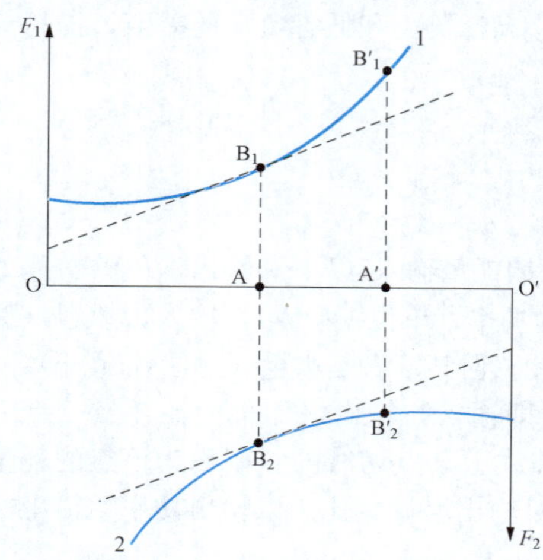

图 5-54　等微增率准则的物理意义

只要在 OO′线段上找到一点，通过该点所作垂线与两耗量特性曲线的交点间距离为最短，则该点所对应的负荷分配方案就为最优方案。图中的 A 点就是这样的点，通过 A 点所作垂线与两特性曲线的交点为 B_1 和 B_2。在耗量特性曲线具有凸性的情况下，曲线 1 在 B_1 点的切线与曲线 2 在 B_2 点的切线相互平行。

相应的数学表达式为

$$\frac{dF_1}{dP_{G1}}=\lambda_1;\ \frac{dF_2}{dP_{G2}}=\lambda_2;\ \lambda_1=\lambda_2=\lambda \qquad (5-120)$$

式中：λ_1 和 λ_2 分别为机组 G_1 和 G_2 的耗量微增率。

式（5-120）表明，负荷在两台机组间分配时，如它们的耗量微增率相等，则总的燃料消耗量将最小，负荷分配最经济。这就是著名的等微增率准则。

等微增率准则的物理意义是明显的。假定两台机组在微增率不等的状态下运行，且 $dF_1/dP_{G1}>dF_2/dP_{G2}$，则可在两台机组总输出功率不变的条件下调整负荷分配：若让 1 号机组的输出功率减少 ΔP_G，2 号机组的输出功率增加 ΔP_G，则 1 号机组将减少燃料消耗量 $\frac{dF_1}{dP_{G1}}\Delta P_G$，2 号机组将增加燃料消耗量 $\frac{dF_2}{dP_{G2}}\Delta P_G$，而总的燃料消耗节约量为

$$\Delta F=\frac{dF_1}{dP_{G1}}\Delta P_G-\frac{dF_2}{dP_{G2}}\Delta P_G=\left(\frac{dF_1}{dP_{G1}}-\frac{dF_2}{dP_{G2}}\right)\Delta P_G>0$$

这样的负荷调整可以一直进行到两台机组的微增率相等为止。

（三）多台火电机组间有功功率负荷的经济分配

实现多台火电机组间有功功率负荷的经济分配，其目的是使全系统供应同样大小的有功功率负荷时，在单位时间内的燃料消耗量最少。假定有 n 台火电机组，其耗量特性分别为 $F_1(P_{G1})$，$F_2(P_{G2})$，…，$F_n(P_{Gn})$，第 i 台机组的有功功率上下限分别为 $P_{Gi\max}$ 和 $P_{Gi\min}$，总负荷功率为 P_{LD}，若忽略网络损耗，则系统负荷在 n 台火电机组之间的经济分配问题可以表述为如下的数学形式：

目标函数

$$\min F_{\Sigma}=F_1(P_{G1})+F_2(P_{G2})+\cdots+F_n(P_{Gn})=\sum_{i=1}^{n}F_i(P_{Gi}) \qquad (5-121)$$

约束条件

$$\sum_{i=1}^{n}P_{Gi}=P_{G1}+P_{G2}+\cdots+P_{Gn}=P_{LD} \qquad (5-122a)$$

$$P_{Gi\min}\leqslant P_{Gi}\leqslant P_{Gi\max}\quad (i=1,2,\cdots,n) \qquad (5-122b)$$

其中，式（5-122a）为有功功率平衡的约束条件，式（5-122b）为火电机组功率范围的

约束条件。

求解式（5-121）和式（5-122a）、式（5-122b）组成的数学问题为一个典型的含等式约束和不等式约束的多元函数极值问题，有很多数学方法可以求解，这里介绍一种工程上常用的处理方法。

首先，不考虑式（5-122b）所示的不等式约束，对于由式（5-121）和式（5-122a）组成的仅含等式约束的多元函数极值问题，可以采用拉格朗日乘子法来求解。为此，先构造拉格朗日函数

$$L = F_{\sum} - \lambda\left(\sum_{i=1}^{n} P_{Gi} - P_{LD}\right) \tag{5-123}$$

式中：λ 为拉格朗日乘子。

拉格朗日函数 $\boldsymbol{L}$ 取得极小值的必要条件是

$$\frac{\partial L}{\partial P_{Gi}} = \frac{\partial F_{\sum}}{\partial P_{Gi}} - \lambda = 0 \quad (i = 1,2,\cdots,n) \tag{5-124}$$

或者

$$\frac{\partial F_{\sum}}{\partial P_{Gi}} = \lambda \quad (i = 1,2,\cdots,n) \tag{5-125}$$

由于每台火电机组的燃料消耗量只与自身的有功功率及耗量特性有关，而与其他机组的有功功率及耗量特性无关，因此式（5-125）又可以写成

$$\frac{\mathrm{d}F_i(P_{Gi})}{\mathrm{d}P_{Gi}} = \lambda \quad (i = 1,2,\cdots,n) \tag{5-126}$$

这就是多个火电厂间有功功率经济分配的等微增率准则。按这个条件决定的负荷分配是最经济的分配。很容易看出，式（5-120）所示的两台并联运行机组间的负荷经济分配条件是式（5-126）的特例。

需要注意到，按照式（5-126）分配的结果，没有考虑火电机组有功功率上下限的约束，可能导致部分机组分配的有功功率超出其功率范围。因此，对于按照式（5-126）计算得到的各火电机组的有功功率结果，还要代入式（5-122b）中进行校核。对于有功功率值越限的火电机组，可按照其限值（上限或下限）分配负荷。然后，再对其余的火电机组，继续按照等微增率准则分配剩余的负荷功率。

【例 5-14】 三台火电机组并联运行，各火电机组的耗量特性及功率范围约束条件如下

$$F_1(P_{G1}) = 10.25 + 1.01P_{G1} + 0.0007P_{G1}^2 \text{(t/h)}, \quad 30\text{MW} \leqslant P_{G1} \leqslant 80\text{MW}$$

$$F_2(P_{G2}) = 9.09 + 0.96P_{G2} + 0.00089P_{G2}^2 \text{(t/h)}, \quad 50\text{MW} \leqslant P_{G2} \leqslant 150\text{MW}$$

$$F_3(P_{G3}) = 9.46 + 0.91P_{G3} + 0.00053P_{G3}^2 \text{(t/h)}, \quad 200\text{MW} \leqslant P_{G3} \leqslant 300\text{MW}$$

当总负荷为 400MW 时，试确定各火电机组间有功功率的经济分配（不计网损的影响）。

解 （1）不计不等式约束，计算各火电机组的有功功率经济分配。

各火电机组的耗量微增率为

$$\lambda_1 = \frac{\mathrm{d}F_1(P_{G1})}{\mathrm{d}P_{G1}} = 1.01 + 0.0014P_{G1}$$

$$\lambda_2 = \frac{\mathrm{d}F_2(P_{G2})}{\mathrm{d}P_{G2}} = 0.96 + 0.00178P_{G2}$$

$$\lambda_3 = \frac{\mathrm{d}F_3(P_{G3})}{\mathrm{d}P_{G3}} = 0.91 + 0.00106P_{G3}$$

令 $\lambda=\lambda_1=\lambda_2=\lambda_3$，可得

$$P_{G1} = (\lambda - 1.01)/0.0014$$
$$P_{G2} = (\lambda - 0.96)/0.00178$$
$$P_{G3} = (\lambda - 0.91)/0.00106$$

根据题意有 $P_{G1}+P_{G2}+P_{G3}=400\text{MW}$，联立求解可得 $\lambda=1.1351$。由此可求解得 $P_{G1}=89.3\text{MW}$，$P_{G2}=98.4\text{MW}$，$P_{G3}=212.3\text{MW}$。

（2）计及不等式约束，校核火电机组有功功率分配结果。

各火电机组的功率范围约束条件为

$$30\text{MW} \leqslant P_{G1} \leqslant 80\text{MW}$$
$$50\text{MW} \leqslant P_{G2} \leqslant 150\text{MW}$$
$$200\text{MW} \leqslant P_{G3} \leqslant 300\text{MW}$$

由于 $P_{G1}=89.3\text{MW}$，已超越火电机组 G1 的有功功率上限，故应取 $P_{G1}=80\text{MW}$，剩余的负荷功率 320MW 再由 G2 和 G3 进行经济分配，即

$$P_{G2} + P_{G3} = 320$$
$$P_{G2} = (\lambda - 0.96)/0.00178$$
$$P_{G3} = (\lambda - 0.91)/0.00106$$

联立求解得 $\lambda=1.1413$，代入上面的式中，可得

$$P_{G2} = 101.8\text{MW}, P_{G3} = 218.2\text{MW}$$

都在限值以内。

应该指出，上述计算过程中没有计及网络损耗，计及网损时的有功负荷的经济分配，无功功率电源的最优分布以及无功功率补偿的经济配置将在后续方向课程中详细介绍。

本章小结

潮流计算是电力系统最基本的计算，是根据网络的结构、电源的分布和负荷状况对网络各点电压、各支路功率以及功率损耗的一种计算。电力系统负荷是非常重要的运行参数，一般感性负荷功率用 $P+\mathrm{j}Q$，容性负荷功率用 $P-\mathrm{j}Q$ 的复数功率形式表示。

通过同一电流的阻抗单元称为电网的环节，任何复杂电网都可分解成多个电网环节。所以，电网环节的功率平衡与电压平衡关系是复杂电网潮流计算的基础。

进行电网环节功率平衡和电压平衡时，经常要用到电压降落、电压损耗、电压偏移和功率损耗等概念。电压降落、电压损耗和功率损耗计算公式的应用条件是：①计算公式中的功率和电压一般应为同一点的值；②当电压未知时，可用线路的额定电压代替公式中的实际电压进行近似计算，其精确度满足工程上的需要。

开式网的潮流计算条件一般分为两类，即已知同一点的功率和电压或已知非同一点的功率和电压，后者的计算较前者稍微复杂。在高压输电网中，有功功率一般从电压相位超前端流向相位滞后端，感性无功功率从电压高的一端流向电压低的一端。

闭式网的潮流计算比开式网复杂，要首先计算其初步功率分布，据初步功率分布找到功率分点，在功率分点拆闭式网为开式网，然后用开式网的计算方法计算闭式网的最终功率分布。如果网络中既有有功功率的分点，又有无功功率分点，一般在无功功率分点拆闭式网为开式网。两端供电电压不相等的闭式网功率一般由供载功率和循环功率两部分组成。

电磁环网循环功率的大小和方向取决于等值变比 k_{Σ} 的大小。适当调节电磁环网中等值变比的大小可以改变其功率分布。

要保证频率质量，电力系统必须在额定频率的条件下实现有功功率平衡，并留有一定的备用。有功功率平衡关系由有功负荷和有功电源的频率静态特性决定。备用容量一般分为负荷备用、事故备用和检修备用。备用的形式有热备用、冷备用两种。负荷功频特性的负荷调节效应系数决定了负荷随频率自动变化的规律；发电机组单位调节功率或调节系数决定了发电机功率随频率变化的规律。两者的主要差别在于：前者与负荷的性质有关，在1%～3%之内取值；后者则随机组类型而异，可人为调节其大小。

频率调整一般分为两个过程，即频率的一次调整和二次调整。一次调频任务由系统中有调节容量的发电机组分担，由发电机组的调速器自动完成，但只能实现有差调频；二次调频任务由调频厂或主调频厂、辅助调频厂的调频机组承担，依靠人为地手动或电动发电机组的同步器来完成，可以实现无差调频。主调频厂应具有足够的调频容量，适应负荷变化的调频速度和符合安全经济性的原则。

各类发电厂的技术经济特点是不同的，在进行负荷分配时，要力求做到发挥各类电厂的优势，合理地利用国家的动力资源，尽量降低发电能耗和发电成本。

要保证电压质量满足要求，电力系统必须在额定电压条件下实现无功功率平衡，并留有一定的无功备用。无功功率平衡关系由无功负荷和无功电源的电压静态特性决定。电力系统的主要无功电源有同步发电机、同步调相机、电力电容器和静止补偿器。同步发电机提供的无功功率由其 P-Q 曲线确定；电力电容器只能作无功电源；同步调相机既可以作无功电源，又可以作无功负载，作无功电源时提供的无功功率为其额定容量，作为无功负载运行时，从系统吸取的无功功率只能为其额定容量的50%～65%；静止补偿器兼有电力电容器和同步调相机的优点，尤其适用于冲击性负荷。

用来监视、控制和调整电压的母线为电压中枢点。中枢点的调压方式有逆调压、顺调压、恒调压三种。常用的调压措施有改变发电机励磁电流的调压、改变变压器变比的调压、改变网络无功功率分布的调压和改变网络参数的调压等。实际中，这些调压措施可根据需要综合利用。

网损率是电力系统经济运行中的一个非常重要的概念，是衡量电力企业管理水平的一个重要的经济指标。电网中存在网损是客观的，但要采取措施尽量降低网损。等耗量微增率原则是发电厂和发电机组间有功负荷经济分配的重要原则。

思考题与习题

5-1 什么是电压降落、电压损耗和电压偏移？

5-2　何谓潮流计算？潮流计算有哪些作用？

5-3　何谓功率分点？如何确定功率分点？功率分点有何作用？

5-4　有一额定电压为110kV的双回线路，如图5-55所示。已知每回线路单位长度参数为$r_1=0.17\Omega/km$，$x_1=0.409\Omega/km$，$b_1=2.82\times10^{-6}S/km$。如果要维持线路末端电压$\dot{U}_2=118\angle0°kV$，试求：

（1）线路首端电压$\dot{U}_1$及线路上的电压降落、电压损耗和首、末端的电压偏移；

（2）如果负荷的有功功率增加5MW，线路首端电压如何变化？

（3）如果负荷的无功功率增加5Mvar，线路首端电压又将如何变化？

5-5　如图5-56所示的简单电网中，已知变压器的参数为$S_N=31.5MV\cdot A$，$\Delta P_0=31kW$，$\Delta P_k=190kW$，$U_k\%=10.5$，$I_0\%=0.7$；线路单位长度的参数为$r_1=0.21\Omega/km$，$x_1=0.416\Omega/km$，$b_1=2.74\times10^{-6}S/km$。当线路首端电压$U_1=120kV$时，试求：

（1）线路和变压器的电压损耗；

（2）变压器运行在额定变比时的低压侧电压及电压偏移。

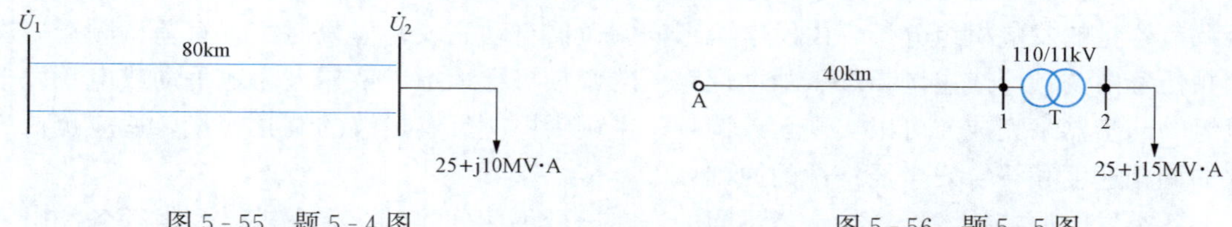

图5-55　题5-4图　　图5-56　题5-5图

5-6　如图5-57所示两端供电网，网络额定电压为$U_N=10kV$，干线单位长度的阻抗$z_1=0.63+j0.4\Omega/km$，支线单位长度的阻抗$z_1=0.9+j0.4\Omega/km$，各级线路长度、负荷有功功率及功率因数均标注在图中。若$\dot{U}_A=10.5\angle0°kV$，$\dot{U}_B=10.47\angle5°kV$，试求网络的功率分布及最大电压损耗。

5-7　图5-58是一额定电压为220kV的环网，已知$Z_{AB}=12+j20\Omega$，$Z_{AC}=10+j15\Omega$，$Z_{BC}=10+j12\Omega$。试求：

（1）环网的最终功率分布；

（2）若$U_C=218kV$，U_A、U_B将是多少？

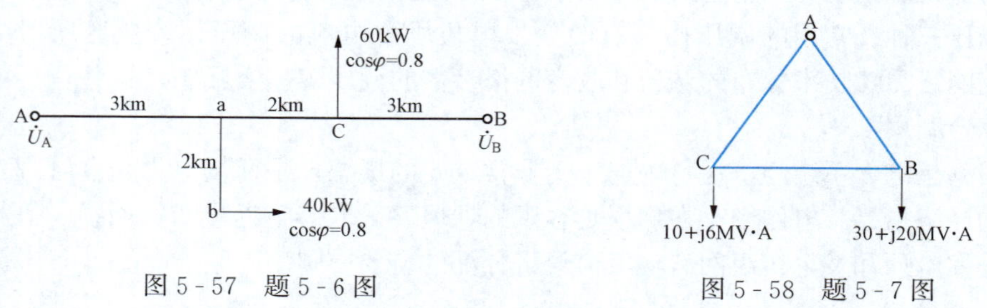

图5-57　题5-6图　　图5-58　题5-7图

5-8　如图5-59所示的两台变压器并联运行，变压器的额定容量及归算到110kV侧的阻抗分别为$S_{NT1}=31.5MV\cdot A$，$Z_{T1}=2.3+j40\Omega$，$S_{NT2}=20MV\cdot A$，$Z_{T2}=4+j64\Omega$。试求：

（1）两台变压器变比均为110/11时，各变压器通过的负荷功率；

(2) 要使变压器 T2 满载运行，应如何调整变压器的变比？

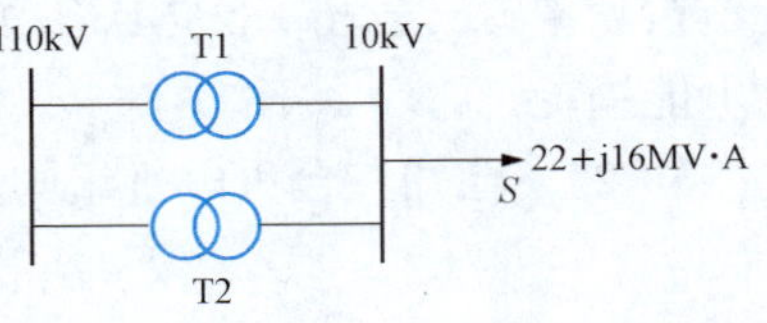

图 5-59 题 5-8 和题 5-23 图

5-9 我国规定频率的额定值是多少？允许偏移值是多少？系统低频运行对用户和系统有什么危害？

5-10 电力系统为何要设置有功备用？有功备用如何分类？

5-11 什么是一次调频？什么是二次调频？各有何特点？

5-12 如何选择主调频厂？

5-13 k_{LD}和 k_G 有何物理意义？二者有何区别？

5-14 何谓发电机原动机调速器的有差特性？为什么要采用有差特性的调速器？

5-15 什么叫电压中枢点？通常选什么母线作为电压中枢点？电压中枢点的调压方式有哪几种？

5-16 电力系统的调压措施有哪几种？

5-17 在无功不足的系统中，为什么不宜采用改变变压器分接头来调压？

5-18 某降压变压器的电压为 35±2×2.5%/11kV，最大及最小负荷时低压侧折算到高压侧的电压分别为 34kV 和 35kV。若变压器低压侧母线要求顺调压，试选择变压器的分接头电压。

5-19 某升压变压器的额定容量为 63MV·A，电压为 121±2×2.5%/10.5kV，折算到高压侧的变压器阻抗为 $Z_T=1+j24\Omega$。已知最大运行方式下的负荷为 50+j30MV·A，高压母线的电压为 118kV；最小运行方式下的负荷为 28+j20MV·A，高压母线的电压为 116kV。如果要求发电机的电压在 10～10.5kV 范围内变化，试选择变压器的分接头电压。

5-20 某降压变电站变压器额定变比为 110/11。已知最大、最小负荷运行方式时，变压器低压侧折算到高压侧的电压分别为 109kV 和 112kV，试作如下计算：

(1) 选择在变电站低压母线进行顺调压时的普通变压器分接头电压；

(2) 选择在变电站低压母线进行逆调压时的有载调压变压器分接头电压。

5-21 如图 5-60 所示 35kV 供电系统，变压器的阻抗为折算到高压侧的数值。线路首端电压 $U_A=37$kV，10kV 母线电压要求保持在 10.3kV，若变压器工作在额定分接头 35/11，试确定采用串联及并联补偿时所需的电力电容器容量，并比较计算结果。

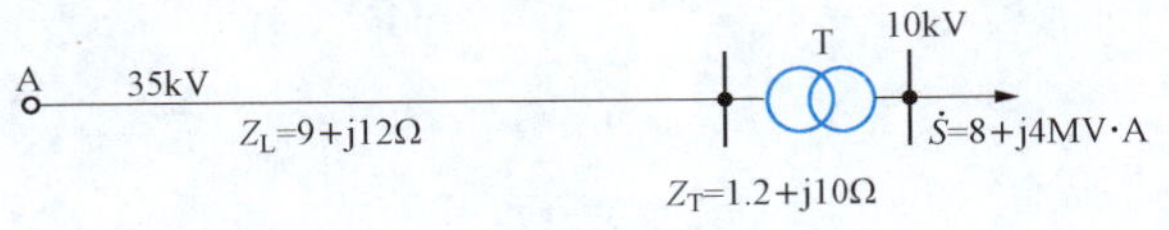

图 5-60 题 5-21 图

5-22 某 110kV 线路长 100km，其单位长度参数为 $r_1=0.17\Omega/\text{km}$，$x_1=0.4\Omega/\text{km}$，$b_1=2.8\times10^{-6}\text{S/km}$。线路末端最大负荷为 30+j20MV·A，最大负荷利用小时数为 $T_{max}=$ 5000h，试计算线路全年的电能损耗。

5-23 某变电站有两台型号为 SFL1-31500/110 的变压器并联运行，如图 5-59 所示。已知每台变压器的铭牌参数为 $\Delta P_0=31$kW，$I_0\%=0.7$，$\Delta P_k=190$kW，$U_k\%=10.5$。最

大负荷功率 $S_{max}=40+j25MV\cdot A$，最大负荷利用小时数 $T_{max}=4500h$，试计算变电站全年的电能损耗。

5-24 已知三台火电机组的耗量特性为

$$F_1=3+0.1P_{G1}+0.0012P_{G1}^2\quad(t/h)$$

$$F_2=2.5+0.13P_{G2}+0.0012P_{G2}^2\quad(t/h)$$

$$F_3=1.2+0.16P_{G3}+0.0018P_{G3}^2\quad(t/h)$$

各火电机组的有功功率上、下限分别为200MW和60MW。如果总负荷为300MW，不计网损的影响时，试求各火电机组之间的经济负荷分配。若三台火电机组平均分担负荷，一年内会浪费多少吨煤？

第六章　电力系统的对称故障分析

电力系统运行中，可能发生各种各样的故障，从电气角度出发，故障分为短路型故障和断路型故障。

第一节　短路的一般概念

在电力系统故障中，最严重的故障是短路。所谓短路，是指相与相或相与地（对于中性点接地的系统）之间发生不正常通路的情况。

电力系统中可能发生的短路故障有两类：一类是对称短路，包括三相短路；另一类是不对称短路，包括单相接地短路、两相短路和两相接地短路。各种类型短路发生的相对几率分布大致为单相短路约65%，两相接地短路约20%，两相短路约10%，三相短路约5%。三相短路虽然很少发生，但它更会危害到电力系统安全运行，是最严重的短路故障，应予以足够的重视。此外，一切不对称短路的计算，往往可归结为某种假定的三相短路来处理。因此，对三相短路的研究具有非常重要的意义。

各种短路的图例及其代表符号见表6-1。

表6-1　　各种短路的图例和代表符号

短路种类	示意图	短路代表符号
三相短路	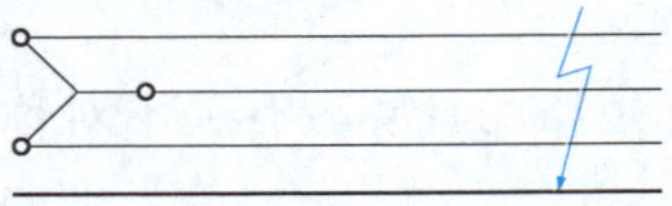	$k^{(3)}$
两相接地短路	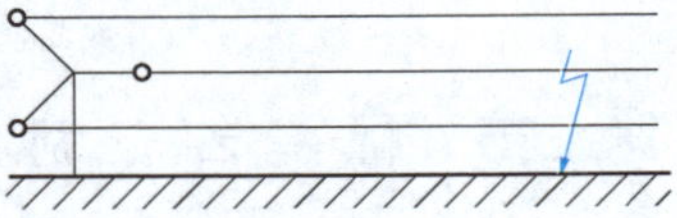	$k^{(1,1)}$
两相短路	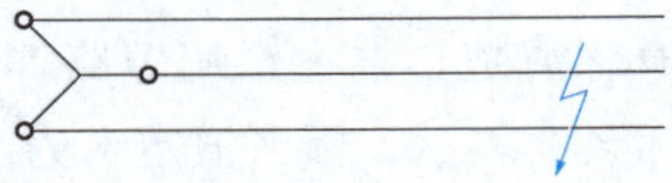	$k^{(2)}$
单相短路	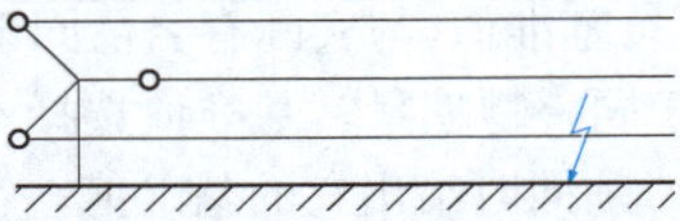	$k^{(1)}$

发生短路的主要原因是电气设备绝缘的损坏。常见原因有：雷击过电压或操作过电压所引起的绝缘子、绝缘套管表面闪络放电；绝缘材料的自然老化；设计、安装及维护不良所带来的设备缺陷；由于大风或导线覆冰引起的线路电杆倒塌；运行人员的误操作，如带负荷拉隔离开关、线路或设备检修后未拆除接地线就送电；鸟类等动物或施工机械跨接裸露导体等。

短路后果随着短路类型、发生地点和持续时间的不同而变化，有的短路可能只破坏局部地区的正常供电，有的可能威胁整个系统的安全运行。短路会产生以下危险后果。

（1）短路故障会使电流大幅度增加。超过电气设备额定电流几倍甚至几十倍的短路电流会使设备的发热增加，当持续时间较长时，电气设备可能过热以致损坏。同时，短路电流的电动力效应会使导体间产生很大的机械应力，有可能引起导体变形以致损坏，使事故进一步扩大。

（2）短路故障会使系统电压大幅度下降。由于电动机的电磁转矩与电压的平方成正比，电压的下降，会使其转速快速下降。当电压大幅度降低时，运转中的电动机可能停转，待启动的电动机可能无法启动，从而造成产品报废、设备损坏等后果。

（3）短路故障会破坏系统的稳定运行。当短路发生地点离电源不远而持续时间又较长时，可能会使并列运行的发电厂（发电机）失去同步，引发系统解列，造成大面积停电。这是短路故障最严重的后果。

（4）不对称短路会对高压电力线路附近的通信线路或铁道信号系统产生严重的干扰。因为发生不对称短路时，其不平衡电流产生的磁通会在邻近平行架设的通信线路上感应出很强的电动势。

为了限制短路电流的破坏作用，一方面可在电力系统的运行和设计中采取措施来限制短路电流的数值及其作用时间，如采用合理的主接线方式和运行方式来限制短路电流，必要时还可加装限流电抗器，采用合理的继电保护，使之能正确而迅速地切断故障。另一方面在选择电气一次设备（诸如断路器、互感器、母线、电缆、绝缘子、电抗器等）时应校验它们的热稳定和电动稳定性，使之在短路电流通过时不受损坏。为此，必须对电力系统的短路电流进行计算。

本章主要介绍电力系统对称短路的计算，有关不对称短路的计算将在第七、八章阐述。

第二节 标　幺　制

为了使运算公式简单，物理概念清楚，电力系统短路等故障计算中的电动势、电压、阻抗、功率等物理量，通常都用标幺值表示。标幺值定义为

$$\text{标幺值} = \frac{\text{实际有名值(任意单位)}}{\text{基准值(与实际有名值同单位)}} \tag{6-1}$$

由式（6-1）可以看出，对于同一物理量，基准值选择不同，其标幺值也不相同。因此，当给出某个量的标幺值时，必须同时给出它的基准值，否则，这个量的标幺值是无意义的，这就是标幺值的相对性。例如，某台同步发电机的额定电压为10.5kV，额定电流

为 1.25kA，运行电压为 10.4kV，电流为 1.10kA，若选其额定电压和额定电流作为基准值，则该运行状态下的电压、电流标幺值（为了区别于有名值，在字母右下角加星号）分别为

$$U_{G*}=\frac{10.4\text{kV}}{10.5\text{kV}}=0.99,\quad I_{G*}=\frac{1.10\text{kA}}{1.25\text{kA}}=0.88$$

若选电压基准值为 10.4kV，电流基准值为 1.1kA，则运行电压、电流的标幺值分别为

$$U_{G*}=1.0,\quad I_{G*}=1.0$$

这就是说，只要适当地选择基准值，总可以使某物理量的标幺值等于 1.0，这就是标幺值名称的由来。

电力系统故障计算中使用标幺值有以下优点。

(1) 计算结果清晰，便于判断电气设备的特性、参数和运行状态是否正常。电力系统中各电气设备的特性和参数，用实际有名值表示时差别很大，不易进行比较。但用标幺值表示时则都在一定的范围内，便于进行对比分析。例如，一台额定电压为 220kV，容量为 120MV·A变压器的短路电压 $U_{k1}=31.24\text{kV}$，另一台额定电压为 35kV，容量为 400kV·A 变压器的短路电压 $U_{k2}=4.85\text{kV}$。如果直接用有名值比较两台变压器的短路电压大小，很难发现其实质性差别。若将两台变压器的短路电压，改用以其额定电压为基准值的标幺值表示分别可得

$$U_{k1*}=\frac{31.24}{220}=0.142$$

$$U_{k2*}=\frac{4.85}{35}=0.139$$

比较两台变压器的标幺值可见，虽然它们的短路电压有名值相差甚远，但标幺值均在 0.14 左右。

(2) 使计算公式和计算过程得到简化。在标幺值计算时，只要选取合适的基准值，三相电路的计算公式将和单相电路的计算公式相同，线电压的标幺值将和相电压的标幺值相等，三相功率的标幺值将和单相功率的标幺值相等。

由于标幺制是一种相对单位制，其缺点是没有量纲，因而物理概念不如有名值明确。因此，在运算过程结束后，标幺值通常还需还原为有名值。

一、基准值的选择

短路电流计算中经常遇到的物理量是电流 I、电压 U、电抗 X 和容量（功率）S 四个量。选定电流的基准值为 I_B，电压的基准值为 U_B，阻抗的基准值为 Z_B 和容量的基准值为 S_B，则不难写出各物理量的标幺值分别为

$$I_*=\frac{I}{I_B} \tag{6-2}$$

$$U_*=\frac{U}{U_B} \tag{6-3}$$

$$Z_*=\frac{Z}{Z_B} \tag{6-4}$$

$$S_*=\frac{S}{S_B} \tag{6-5}$$

可见，标幺制计算工作的第一步就是要正确选取各物理量的基准值。

在单相电路中，I_P、U_P、S_P、Z_P（这里下标 P 表示单相）四个物理量有名值之间的基本关系为

$$S_P = U_P I_P \tag{6-6}$$

$$Z_P = \frac{U_P}{I_P} = \frac{U_P^2}{S_P} \tag{6-7}$$

换算成标幺值后则为

$$\frac{S_P}{S_B} = \frac{U_P I_P}{U_B I_B} \text{ 或 } S_{P*} = U_{P*} I_{P*} \tag{6-8}$$

$$\frac{Z_P}{Z_B} = \frac{U_P/I_P}{U_B/I_B} = \frac{\left(\dfrac{U_P}{U_B}\right)}{\dfrac{I_P}{I_B}} = \frac{\left(\dfrac{U_P}{U_B}\right)^2}{\dfrac{S_P}{S_B}} \text{ 或 } Z_{P*} = \frac{U_{P*}}{I_{P*}} = \frac{U_{P*}^2}{S_{P*}} \tag{6-9}$$

显然，在换算过程中等式两边各量仍应保持相等的关系，而要满足这个条件，四个基准值间的关系应为

$$S_B = U_B I_B \tag{6-10}$$

$$Z_B = \frac{U_B}{I_B} = \frac{U_B^2}{S_B} \tag{6-11}$$

在对称三相系统中，I、U、Z、S 四个物理量之间的基本关系为

$$S = \sqrt{3}UI \tag{6-12}$$

$$Z = \frac{U}{\sqrt{3}I} = \frac{U^2}{S} \tag{6-13}$$

式中：S 为三相视在功率，MV·A；U 为线电压，kV；I 为线电流，kA；Z 为每相阻抗，Ω。

如果将四个基准值间的关系按式（6-12）和式（6-13）来表示，即取

$$S_B = \sqrt{3}U_B I_B \tag{6-14}$$

$$Z_B = \frac{U_B}{\sqrt{3}I_B} = \frac{U_B^2}{S_B} \tag{6-15}$$

则用标幺制表示的四个量间的关系为

$$\frac{S}{S_B} = \frac{\sqrt{3}UI}{\sqrt{3}U_B I_B} \quad \text{即} \quad S_* = U_* I_* \tag{6-16}$$

$$\frac{Z}{Z_B} = \frac{\dfrac{U}{\sqrt{3}I}}{\dfrac{U_B}{\sqrt{3}I_B}} \quad \text{即} \quad Z_* = \frac{U_*}{I_*} \tag{6-17}$$

显然，对称三相系统的式（6-16）、式（6-17）和单相电路的式（6-8）、式（6-9）有相同的形式。

可见，在对称的三相系统中，如果按式（6-14）和式（6-15）选取基准值，用标幺值运算时可省去常数$\sqrt{3}$，给运算带来很大的方便。

式（6-14）和式（6-15）中的 S_B、U_B、I_B、Z_B 四个基准值之间是有联系的，在选择

基准值时，只要选定其中的两个，另外的两个则可由它们之间的相互关系确定。实际中通常首选的是基准功率 S_B 和基准电压 U_B，而基准电流 I_B 和基准阻抗 Z_B 则可按式（6-14）和式（6-15）求出。实际运算中，S_B 多选择为 100、1000MV·A，或系统总容量或某个发电厂各机组容量之和；U_B 选为额定电压 U_N 或平均额定电压 U_{av}。据此三相电路中各物理量的标幺值计算式分别为

$$\left.\begin{aligned} S_* &= \frac{S}{S_B} \\ U_* &= \frac{U}{U_B} \\ I_* &= \frac{I}{I_B} = I\frac{\sqrt{3}U_B}{S_B} \\ Z_* &= \frac{Z}{Z_B} = Z\frac{\sqrt{3}I_B}{U_B} = Z\frac{S_B}{U_B^2} = (R+\mathrm{j}X)\frac{S_B}{U_B^2} = R_* + \mathrm{j}X_* \end{aligned}\right\} \tag{6-18}$$

按照上述原则选择基准值，三相短路标幺制计算中的公式关系不但简单，而且与有名制中单相电路的公式相似，既易于记忆，又便于运用。

根据式（6-18），也可将各电气量的标幺值还原为有名值，即

$$\left.\begin{aligned} U &= U_* U_B \\ S &= S_* S_B \\ I &= I_* I_B = I_* \frac{S_B}{\sqrt{3}U_B} \\ Z &= Z_* Z_B = Z_* \frac{U_B^2}{S_B} \end{aligned}\right\} \tag{6-19}$$

应该指出，在单相电路中应用式（6-19）时，式中的 S_B 应为单相功率，U_B 应为相电压。

二、 不同基准值标幺值间的换算

由于电力系统中各种电气设备，如发电机、变压器、电抗器的铭牌参数，均是以其额定值为基准值的标幺值或百分值给出的，而各设备的额定值通常又不相同，且基准值不相同的标幺值又不能直接进行四则混合运算。因此，在进行电力系统故障计算时，必须将这些不同基准值的标幺值换算成统一基准值下的标幺值。换算步骤及公式如下。

（1）将以额定阻抗 Z_N 为基准值的电抗标幺值（$X_{*(N)}$）还原为有名值。

利用式（6-19）可得

$$X = X_{*(N)} Z_N = X_{*(N)} \frac{U_N^2}{S_N} \tag{6-20}$$

式中：S_N、U_N 分别为设备的额定容量和额定电压。

（2）将式（6-20）的电抗有名值 X 换算成统一基准值 S_B、U_B 下的标幺值 $X_{*(B)}$。

利用式（6-18）可得

$$X_{*(B)} = \frac{X}{Z_B} = X_{*(N)} \frac{Z_N}{Z_B} = X_{*(N)} \frac{S_B}{S_N}\left(\frac{U_N}{U_B}\right)^2 \tag{6-21}$$

式（6-21）适用于计算发电机和变压器的电抗标幺值。

用于发电机时，式中的 S_N、U_N 分别为发电机的额定容量 S_{GN} 和额定电压 U_{GN}，$X_{*(N)}$ 为其额定电抗标幺值 $X_{G*(N)}$，如 X_d、X'_d 等。

用于变压器时，式中的 S_N、U_N 分别为变压器的额定容量 S_{TN} 和额定电压 U_{TN}，$X_{*(N)}$ 为其额定电抗标幺值 $X_{T*(N)}$，其值等于短路电压百分数 $U_k\%$ 除以 100，即 $X_{T*(N)}=\frac{U_k\%}{100}$。

对于电抗器，由于其额定阻抗标幺值的基准值为 $Z_{L(N)}=\frac{U_{LN}}{\sqrt{3}I_{LN}}$，故由式（6-18）可得

$$X_{L*(B)}=\frac{X_L}{Z_B}=X_{L*(N)}\frac{Z_{LN}}{Z_B}=X_{L*(N)}\frac{U_{LN}}{\sqrt{3}I_{LN}}\frac{S_B}{U_B^2} \tag{6-22}$$

其中

$$X_{L*(N)}=\frac{X_L\%}{100}$$

式中：U_{LN} 为电抗器的额定电压；I_{LN} 为电抗器的额定电流。

对于线路，可以直接按其有名值换算出统一选定的基准值 S_B、U_B 下的标幺值，即

$$X_{L*(B)}=x_l l\frac{S_B}{U_B^2} \tag{6-23}$$

式中：x_l 为线路单位长度电抗值，Ω/km；l 为线路实际长度，km。

实际计算中，通常采用近似算法计算电力系统各元件的参数标幺值。近似的含义是指除电抗器之外[❶]，假定同一电压等级中各元件的额定电压等于网络的平均额定电压，变压器的实际变比等于其两侧的平均额定电压之比，基准电压取为网络的平均额定电压。据此由式（6-21）和式（6-23）可得电力系统中发电机、变压器和输电线路的电抗标幺值 $X_{G*(B)}$、$X_{T*(B)}$ 和 $X_{Line*(B)}$ 的计算公式分别为

$$\left.\begin{aligned}X_{G*(B)}&=X_{G*(N)}\frac{S_B}{S_{GN}}\\X_{T*(B)}&=\frac{U_k\%}{100}\frac{S_B}{S_{TN}}\\X_{L*(B)}&=x_l l\frac{S_B}{U_{av}^2}\end{aligned}\right\} \tag{6-24}$$

式中：U_{av} 为各元件所在处的平均额定电压，与各级额定电压相应的平均电压分别为 3.15、6.3、10.5、37、115、230、345、525、787、1050kV。

【例 6-1】 某输电系统如图 6-1（a）所示。试用近似算法计算图中各元件参数的标幺值。

解 取基准容量 $S_B=100\text{MV}\cdot\text{A}$，基准电压为 $U_B=U_{av}$，则各元件的电抗标幺值分别为

发电机 G $\qquad X_{1*}=0.26\times\frac{100}{30}=0.867$

变压器 T1 $\qquad X_{2*}=0.105\times\frac{100}{31.5}=0.333$

输电线路 L1 $\qquad X_{3*}=0.4\times80\times\frac{100}{115^2}=0.242$

---

❶ 因为电抗器是用来限流的，它的电抗通常要比其他元件的电抗大得多，而且高电压等级的电抗器有时还可能用在较低电压的装置中（例如 10kV 电抗器可用在 6kV 的装置中）。

变压器 T2　　$X_{4*}=0.105\times\frac{100}{15}=0.700$

电抗器 L　　$X_{5*}=0.05\times\frac{6}{\sqrt{3}\times0.3}\times\frac{100}{6.3^2}=1.455$

电缆线路 L2　　$X_{6*}=0.08\times2.5\times\frac{100}{6.3^2}=0.504$

等效电路如图 6-1（b）所示。

在绘制标幺值参数表示的等效电路时，一般将每个元件参数用两个数值表示。横线上面的数值表示元件的编号，横线下面的数值表示元件的参数标幺值。

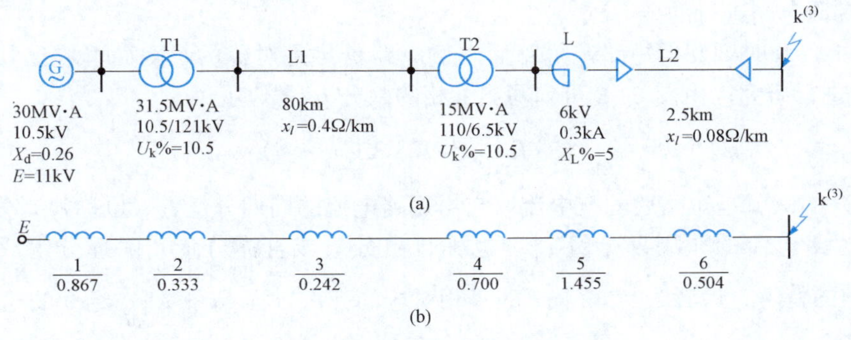

图 6-1　标幺值的计算

（a）输电系统原理接线图；（b）标幺值等效电路

第三节　恒定电动势源电力系统的三相短路

所谓恒定电动势源是指不论电力系统中发生什么扰动，电源的电压幅值和频率均保持恒定的电源。换言之，恒定电动势源就是电源的容量为无限大，内阻抗为零，因而外电路发生短路引起的功率改变相对于电源很微小，同时由于没有内部电压降，所以电源的端电压和频率都保持不变。实际电力系统中是不存在恒定电动势源的，它只是一个理想的概念。

一、短路电流的暂态变化过程

恒定电动势源电力系统的三相短路如图 6-2 所示。

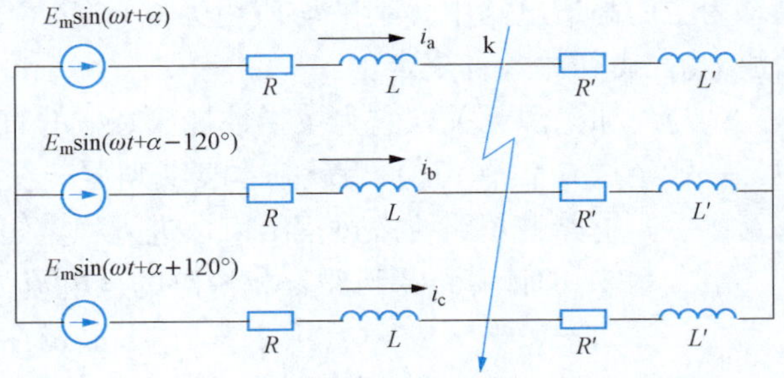

图 6-2　恒定电动势源电力系统的三相短路

假设短路前电路稳态运行，每相的电阻和电感分别为 $R+R'$ 和 $L+L'$。由于三相电路是对称的，故可按电路课程中所学习过的知识写出一相（如 a 相）的电动势和电流表达式分别为

$$\left.\begin{aligned} e &= E_{\mathrm{m}}\sin(\omega t+\alpha) \\ i &= I_{\mathrm{m}}\sin(\omega t+\alpha-\varphi') \end{aligned}\right\} \tag{6-25}$$

式中：I_{m} 为稳态运行电流的幅值，$I_{\mathrm{m}}=\dfrac{E_{\mathrm{m}}}{\sqrt{(R+R')^2+\omega^2(L+L')^2}}$；$\varphi'$ 为稳态运行时的功率因数角，$\varphi'=\arctan\dfrac{\omega(L+L')}{R+R'}$；$E_{\mathrm{m}}$ 为电源电动势的幅值；α 为电源电动势的初始相位角，即 $t=0$ 时的相位角，也称合闸角。

当 k 点发生三相短路时，稳态运行电路即被分成两个独立的电路：一个是左边的仍与电源相连接的有源电路，另一个是右边的无源电路。短路暂态过程分析及短路电流计算主要是针对有源电路进行的。

假定在 $t=0$ 时刻发生短路，短路后左侧电路仍然是对称的，因而可取出其中的一相（如 a 相）进行研究。由图 6 - 2 可列写出 a 相的微分方程式为

$$Ri+L\frac{\mathrm{d}i}{\mathrm{d}t}=E_{\mathrm{m}}\sin(\omega t+\alpha) \tag{6-26}$$

式（6 - 26）的解就是短路后的全电流，它由短路电流的周期分量 i_{p}（也称强制分量或稳态分量）和短路电流的非周期分量 i_{ap}（也称自由分量或直流分量）两部分组成。前者为式（6 - 26）的特解，后者为与式（6 - 26）相对应的齐次方程 $Ri+L\dfrac{\mathrm{d}i}{\mathrm{d}t}=0$ 的通解。

短路电流周期分量的计算同稳态运行情况类似，可表示为

$$i_{\mathrm{p}}=I_{\mathrm{pm}}\sin(\omega t+\alpha-\varphi) \tag{6-27}$$

其中

$$I_{\mathrm{pm}}=\frac{E_{\mathrm{m}}}{\sqrt{R^2+(\omega L)^2}},\quad \varphi=\arctan\left(\frac{\omega L}{R}\right)$$

式中：I_{pm} 为短路电流周期分量的幅值；φ 为短路后电路的阻抗角。

短路电流的非周期电流分量可表示为

$$i_{\mathrm{ap}}=C\mathrm{e}^{pt}=C\mathrm{e}^{-t/T_{\mathrm{a}}} \tag{6-28}$$

其中

$$p=-R/L,\quad T_{\mathrm{a}}=-1/p=L/R$$

式中：p 为对应于齐次方程的特征方程 $R+pL=0$ 的根；T_{a} 为有源电路的时间常数，在以电感为主的高压电路中，其平均值约为 0.05s；C 为待定积分常数，也即非周期电流的起始值 i_{ap0}，由初始条件决定。

i_{ap} 与外加电源无关，它为按指数规律衰减的直流电流分量，在以电感为主的高压电路中，一般经过 0.2s（$4T_{\mathrm{a}}$）后就基本衰减到零；在电阻较大的电路中衰减得就更快。i_{ap} 衰减到零后，电路的短路暂态过程结束，进入稳定短路状态。

由 i_{p} 和 i_{ap} 的计算结果可得 a 相短路的全电流为

$$i_{\mathrm{a}}=i_{\mathrm{p}}+i_{\mathrm{ap}}=I_{\mathrm{pm}}\sin(\omega t+\alpha-\varphi)+C\mathrm{e}^{-t/T_{\mathrm{a}}} \tag{6-29}$$

电路的换路定则表明：电感中的电流不能突变，即短路前瞬间的电流和短路发生后瞬间的电流应相等。将 $t=0$ 分别代入短路前和短路后的电流算式，即式（6 - 25）和式（6 - 29），并令两者相等，可得

$$I_{\mathrm{m}}\sin(\alpha-\varphi')=I_{\mathrm{pm}}\sin(\alpha-\varphi)+C$$

据此有

$$C=I_{\mathrm{m}}\sin(\alpha-\varphi')-I_{\mathrm{pm}}\sin(\alpha-\varphi)$$

将 C 值代入式（6-29）可得 a 相短路的全电流为

$$i_a = I_{pm}\sin(\omega t+\alpha-\varphi)+[I_m\sin(\alpha-\varphi')-I_{pm}\sin(\alpha-\varphi)]e^{-t/T_a} \tag{6-30}$$

由式（6-30）可见，短路电流的周期分量是一个幅值不变的正弦波，非周期分量则按指数规律单调衰减，其初值的大小同短路发生时电源电动势的相位角 α、短路前的负荷电流 I_m 以及电路的阻抗角有关。

考虑到 a、b、c 三相电流相位差为 120°的关系，只要用 $\alpha-120°$ 或 $\alpha+120°$ 分别替代式（6-30）中的 α，即可得到 b 相或 c 相短路电流的算式，即

$$\begin{aligned} i_b = {} & I_{pm}\sin(\omega t+\alpha-\varphi-120°)+[I_m\sin(\alpha-\varphi'-120°) \\ & -I_{pm}\sin(\alpha-\varphi-120°)]e^{-t/T_a} \end{aligned} \tag{6-31}$$

$$\begin{aligned} i_c = {} & I_{pm}\sin(\omega t+\alpha-\varphi+120°)+[I_m\sin(\alpha-\varphi'+120°) \\ & -I_{pm}\sin(\alpha-\varphi+120°)]e^{-t/T_a} \end{aligned} \tag{6-32}$$

由此可见，三相短路时，短路电流的周期分量是三相对称的，而非周期分量有最大初始值或零值的情况只可能在一相出现。

短路电流的非周期分量是由电路的换路定则决定的。短路前后的电流变化越大时，非周期分量的初值就越大，反之，就越小。因此，电路在空载状态下发生三相短路时的非周期分量初始值通常要比短路前有负载电流时的大。短路电流实用计算中，通常取短路前的电流 $\dot{I}_m=0$。考虑到在高压电网中，发电机、变压器、线路、电抗器等元件的电抗均比电阻大很多，而且即使在 $R=\frac{1}{3}X$ 时，略去电阻后算得的短路电流仅增大 5%，所以一般又可取 $R=0$（但在计算非周期分量的衰减时 R 不能忽略），$\varphi=90°$。这样式（6-30）可简化为

$$i=-I_{pm}\cos(\omega t+\alpha)+(I_{pm}\cos\alpha)e^{-t/T_a} \tag{6-33}$$

当 $\alpha=0$，即短路恰好发生在电源电动势过零，短路电流的周期性分量达到幅值 $-I_{pm}$ 时，非周期分量的初始值达最大值 I_{pm}，故式（6-33）可改写为

$$i=-I_{pm}\cos\omega t+I_{pm}e^{-t/T_a} \tag{6-34}$$

图 6-3 所示为与式（6-34）相应的短路电流波形。

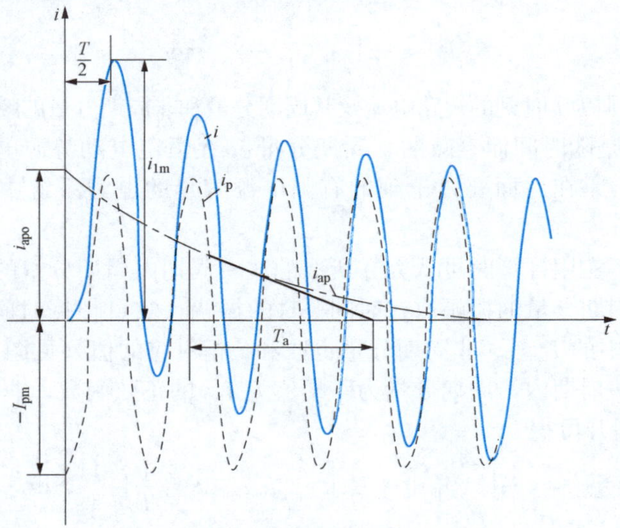

图 6-3　短路电流波形图

二、 暂态短路电流特性参数

观察图6-3短路电流波形图可知，在短路发生后，短路电流要经过一段时间后才能到达稳定值。在这一段时间内短路电流的幅值和有效值都是在不断变化的。在选择电气设备时通常感兴趣的是短路电流的最大幅值和最大有效值。前者决定了电气设备所受的机械应力，后者决定了某些电气设备所应具有的开断电流的能力。

（一）短路冲击电流

短路电流最大可能的瞬时值称为短路冲击电流，记为 i_{im}。观察图6-3所示波形，不难发现短路电流的最大值约在短路后的 $T/2$ 时刻出现。以 $t=\dfrac{T}{2}=\dfrac{1}{2f}=\dfrac{\pi}{\omega}$ 和 $t=\dfrac{1}{2f}=0.01\text{s}$ 代入式（6-34）即可写出短路冲击电流的计算式为

$$i_{im}=I_{pm}+I_{pm}e^{-0.01/T_a}=(1+e^{-0.01/T_a})I_{pm}=k_{im}I_{pm} \tag{6-35}$$

式中：k_{im}称为短路冲击系数，表示短路冲击电流为短路电流周期分量幅值的多少倍，$k_{im}=1+e^{-0.01/T_a}$。

当时间常数 T_a 的数值由零变到无限大时，短路冲击系数的变化范围为 $1\leqslant k_{im}\leqslant 2$。电力系统实用计算中，一般按下列情况确定 k_{im}的数值。

（1）发电机端部发生短路时，k_{im}取为1.9。

（2）发电厂高压侧母线上发生短路时，k_{im}取为1.85。

（3）其他地点短路时，k_{im}取为1.8。

接在短路电流通过的回路内的电气设备和载流导体必须能承受这一电流所形成的电动力而不损坏。

（二）短路电流的有效值

短路电流的有效值 I_t 是指以任一时刻 t 为中心的一个周期内瞬时电流的均方根值，即

$$I_t=\sqrt{\frac{1}{T}\int_{t-\frac{T}{2}}^{t+\frac{T}{2}}i_t^2\,dt}=\sqrt{\frac{1}{T}\int_{t-\frac{T}{2}}^{t+\frac{T}{2}}(i_{pt}+i_{apt})^2\,dt} \tag{6-36}$$

或写成

$$I_t^2=\frac{1}{T}\int_{t-\frac{T}{2}}^{t+\frac{T}{2}}(i_{pt}+i_{apt})^2\,dt \tag{6-37}$$

式中：i_t、i_{pt}和i_{apt}分别为 t 时刻的短路电流及其周期分量和非周期分量的瞬时值（见图6-4）。

非周期分量 i_{apt}是随时间而衰减的，周期分量 i_{pt}在恒定电动势源电力系统中虽然是振幅不变的正弦波，但是在后面要讨论到的有限电源容量的电力系统中却是振幅变化的正弦波。

为了简化计算，实用计算时可认为在所取的这一周期内周期分量的振幅和非周期分量的大小是不变的。周期分量的振幅取在时间 t 时的振幅，它可根据时间 t 在振幅的包络线上求得（见图6-4中的 I_{pmt}）。非周期分量也取和 t 相对应的值（见图6-4中的 I_{apt}）。也就是说在所取的这一周期内，周期分量为一幅值为 I_{pmt}的正弦函数，非周期分量为一常数。据此将式（6-37）展开可得

$$I_t^2=\frac{1}{T}\int_{t-\frac{T}{2}}^{t+\frac{T}{2}}i_{pt}^2\,dt+\frac{1}{T}\int_{t-\frac{T}{2}}^{t+\frac{T}{2}}2i_{pt}i_{apt}\,dt+\frac{1}{T}\int_{t-\frac{T}{2}}^{t+\frac{T}{2}}i_{apt}^2\,dt \tag{6-38}$$

由于 i_{pt}为一振幅为 I_{pmt}的正弦波，故式（6-38）中右边第一项即为该正弦波有效值的

平方，即 $I_{pt}^2=\left(\frac{I_{pmt}}{\sqrt{2}}\right)^2$；另由于 i_{apt} 为常数，式（6-38）中右边第三项即为常数 I_{apt}^2；而第二项是正弦函数在一个周期内的积分，必然为零。因此可得

$$I_t^2=I_{pt}^2+I_{apt}^2$$

或

$$I_t=\sqrt{I_{pt}^2+I_{apt}^2} \tag{6-39}$$

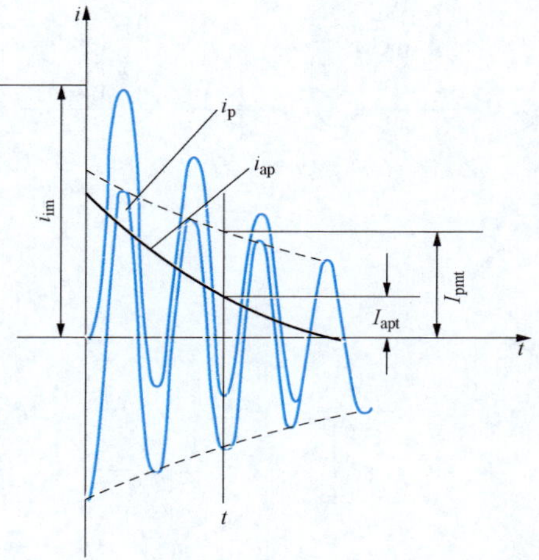

图 6-4　决定短路电流的有效值

式（6-39）表明，任意时刻 t 的短路电流有效值 I_t 可由与该时刻对应的周期性分量的有效值和非周期分量的瞬时值求得。

由图 6-3 可见，短路电流的最大有效值出现在短路后的第一个周期，而第一个周期的中心为 $t=0.01$s。这时的非周期分量有效值为

$$I_{ap}=I_{pm}e^{-0.01/T_a}=(k_{im}-1)I_{pm}$$

将此关系式代入式（6-39），即可得到短路电流最大有效值 I_{im} 的计算式为

$$I_{im}=\sqrt{I_p^2+[(k_{im}-1)\sqrt{2}I_p]^2}=I_p\sqrt{1+2(k_{im}-1)^2} \tag{6-40}$$

当短路冲击系数 $k_{im}=1.9$ 时，$I_{im}=1.62I_p$；$k_{im}=1.8$ 时，$I_{im}=1.51I_p$。

短路电流的有效值主要用于校验某些电器的断流能力，在选择断路器时必须使断路器的额定开断电流大于断路器开断瞬间的短路电流有效值。

三、 母线残压计算

三相金属性短路时，故障点的电压为零，但电源侧距故障点电抗为 X 的任意母线上仍有电压，称此电压为母线残压。母线残压在数值上等于三相短路电流通过电抗 X 时的电压降，即

$$U=\sqrt{3}I_k^{(3)}X \tag{6-41}$$

或

$$U_*=I_{k*}^{(3)}X_* \tag{6-42}$$

式中：U、U_* 分别为母线残压的有名值和标幺值；$I_k^{(3)}$、$I_{k*}^{(3)}$ 分别为三相短路电流的有名值和标幺值。

母线残压的概念及计算多用于继电保护或自动装置的整定计算中。

综上所述，短路冲击电流、短路电流非周期分量以及短路电流有效值的计算，都与短路电流的周期分量有关，因而短路电流周期分量的计算至关重要，应注意掌握。实际上，在电源电动势恒定时，短路电流周期分量的计算只是一个求解稳态正弦交流电路的问题，并不复杂。

【例 6-2】 如图 6-5 所示恒定电动势源电力系统，其三个电压等级（10、110、6kV）在图上分别用Ⅰ、Ⅱ、Ⅲ段表示。当线路末端发生三相短路时，试计算故障点的稳态短路电流有效值 I_p、短路冲击电流 i_{im} 和最大有效值电流 I_{im} 以及 6kV 母线上残压 U_A 的有名值。

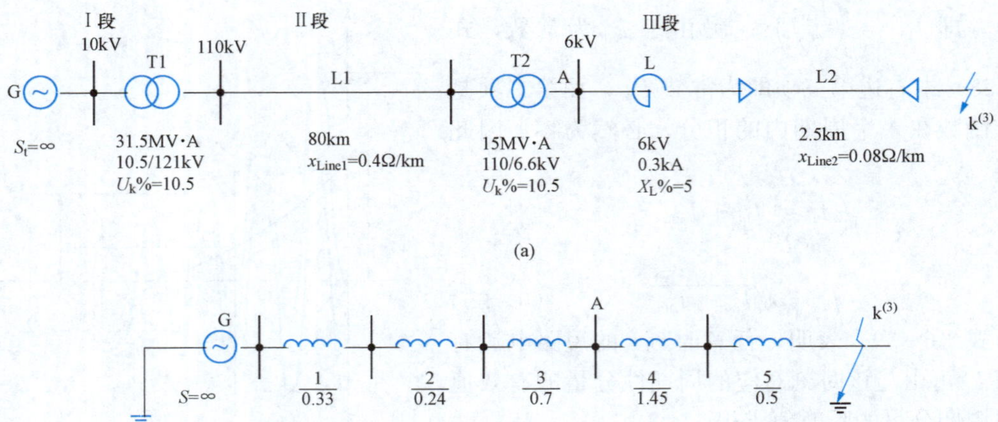

图 6-5　恒定电动势源电力系统算例

(a) 系统图；(b) 等效电路图

解　选取基准功率为 $S_B=100\text{MV}\cdot\text{A}$，基准电压为 $U_B=U_{av}$。

(1) 计算各元件的电抗标幺值。

变压器 T1　$$X_{1*}=0.105\times\frac{100}{31.5}=0.33$$

线路 L1　$$X_{2*}=0.4\times80\times\frac{100}{115^2}=0.24$$

变压器 T2　$$X_{3*}=0.105\times\frac{100}{15}=0.7$$

电抗器 L　$$X_{4*}=0.05\frac{6}{\sqrt{3}\times0.3}\times\frac{100}{6.3^2}=1.45$$

电缆线路 L2　$$X_{5*}=0.08\times2.5\times\frac{100}{6.3^2}=0.5$$

图 6-5 (b) 所示为计算所用等效电路图。

(2) 计算稳态短路电流有效值 I_p。

短路回路的总电抗　$$X_{\Sigma*}=0.33+0.24+0.70+1.45+0.50=3.22$$

稳态短路电流有效值的标幺值　$$I_{p*}=\frac{1}{X_{\Sigma*}}=\frac{1}{3.22}=0.311$$

有名值　$$I_p=0.311\times\frac{100}{\sqrt{3}\times6.3}=2.85(\text{kA})$$

(3) 计算短路冲击电流 i_{im}。

根据短路冲击系数的选取原则，可取 $k_{im}=1.8$，由式 (6-35) 可得

$$i_{im}=1.8\times\sqrt{2}\times2.85=7.25(\text{kA})$$

(4) 计算最大有效值电流 I_{im}。

由式 (6-40) 可得

$$I_{im}=1.51\times2.85=4.30(\text{kA})$$

(5) 计算 A 点残压 U_A。

由式（6-42）可得A点残压的标幺值为

$$U_{A*} = 0.311 \times (1.45 + 0.5) = 0.61$$

所以，A点残压的有名值为

$$U_{A} = 0.61 \times 6.3 = 3.84(\text{kV})$$

第四节 有限容量电源的三相短路

恒定电动势源是一个理想的概念，在实际电力系统中是不存在的。大多数情况下，系统容量总是有限的，例如由若干个发电厂（或几台发电机）供电的系统或短路发生在距电源的不远处。有限容量电源供电系统发生短路故障时，电源的端电压就不可能维持恒定，因而除了短路电流非周期分量随时间的变化衰减外，短路电流周期分量的幅值也会随时间的变化而变化。

一、 同步发电机突然三相短路的电磁暂态过程

同步发电机突然短路暂态过程物理分析的理论基础是超导体闭合回路磁链守恒原则。所谓超导体就是电阻为零的导体。实际中，虽然所有电机的绕组并非超导体，但根据楞次定律，任何闭合线圈在突然变化的瞬间，都将维持与之交链的总磁链不变。而绕组中的电阻，只是引起与磁链对应的电流在暂态过程中的衰减。

同步发电机发生突然短路后，发电机定子绕组中突然变化的周期分量电流会对转子产生强烈的电枢反应作用。根据超导体磁链守恒原则，为了抵消定子电枢反应产生的交链发电机励磁绕组的磁链，以维持励磁绕组在短路发生瞬间的总磁链不变，励磁绕组内将产生一附加的直流电流分量，它的方向与原有的励磁电流方向相同。这项附加的直流分量产生的磁通又交链发电机的定子绕组，在定子绕组中感生附加电动势，使定子绕组的周期分量电流增大。因此，在有限容量系统发生突然短路时，短路电流的初值将大大超过稳态短路电流。

由于实际电机的绕组中都存在电阻，故励磁绕组中维持磁链不变而出现的附加直流分量为一自由分量，最终将随时间的增大而衰减至零，由直流分量产生的交链发电机定子绕组的磁通也将随之衰减至零，使定子绕组电流最终趋于稳态短路电流。

可见，在有限容量电源发生三相短路时，由于励磁绕组中附加电流的作用，定子绕组中的短路电流周期分量的幅值将不再维持不变，而会从某一最大的初始值$\sqrt{2}I'$逐渐减小到稳态值$\sqrt{2}I_{\infty}$。因此，不具有自动电压调节器的有限容量电源三相短路时的短路电流波形如图6-6所示。

二、 同步发电机三相短路时短路电流稳态值的计算

隐极或等值隐极同步发电机对称短路时的稳态短路电流可直接按图6-7计算。图中$\dot{E}$为发电机的励磁电动势（或空载电动势），$\dot{U}_G$为发电机的端电压，X为短路点至发电机端的线路电抗，X_d为发电机的同步电抗。

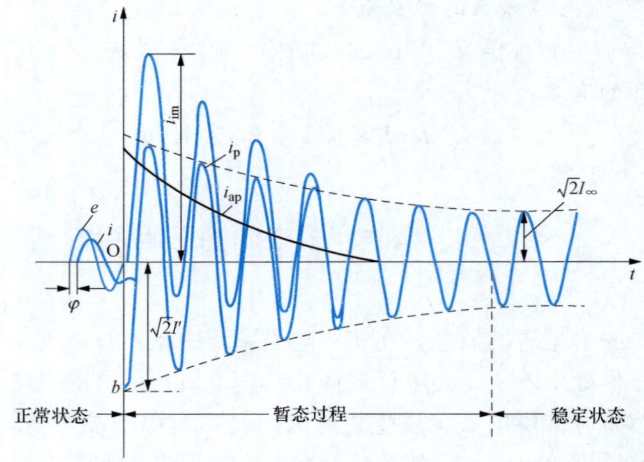

图 6-6　有限容量电源三相短路时的短路电流

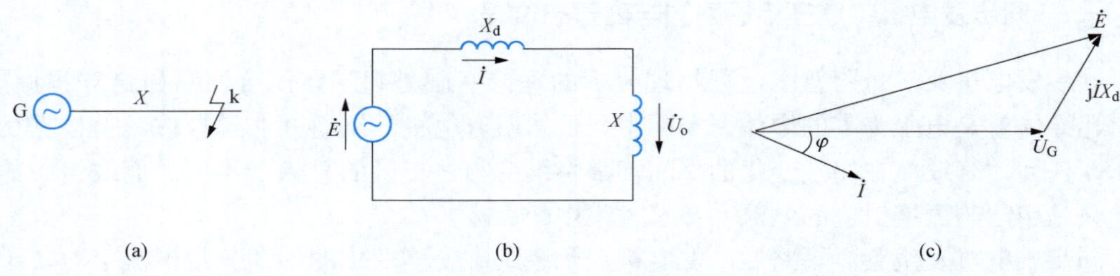

图 6-7　同步机稳态短路的计算

(a) 原理接线图；(b) 等效电路图；(c) 相量图

由图 6-7（b）可写出稳态电流 I 为

$$\dot{I}=\frac{\dot{E}}{j(X_d+X)} \tag{6-43}$$

发电机的端电压 $\dot{U}_G$ 为

$$\dot{U}_G=j\dot{I}X_d \tag{6-44}$$

同步电抗 X_d 是与电枢反应磁通相对应的电抗，由于电枢反应磁通是以铁心为回路的，所以与之相应的电抗值是比较大的，通常汽轮发电机的 X_d 可达 1.4～3.2（与其额定值相对应的标幺值）。

由于同步电抗 X_d 比较大，所以发电机的稳态短路电流一般来说是不大的。例如某汽轮发电机的同步电抗标幺值为 1.72，则根据式（6-43）不难求出发电机端部短路时的短路电流标幺值为

$$I_*=\frac{E_*}{X_{d*}} \tag{6-45}$$

如果短路前发电机在额定电压下空载运行，即 $E_*=1.0$，则有

$$I_{k*}=\frac{E_*}{X_{d*}}=\frac{1}{X_{d*}}=\frac{1}{1.72}=0.58$$

可见，即使在发电机端部发生短路，短路电流也只是额定电流的 58%。

如果短路前发电机在额定状态下运行，即 $U_{GN*}=1.0$，$I_{GN*}=1.0$，$\cos\varphi_{GN}=0.8$，则短路电流会增大，因为此时 E_* 不再是 1。根据图 6 - 7（c）可得 E_* 为

$$E_* = \sqrt{(U_{GN*}+I_{GN*}X_{d*}\sin\varphi_{GN})^2+(I_{GN*}X_{d*}\cos\varphi_{GN})^2} \tag{6-46}$$

其标幺值计算结果为

$$E_* = \sqrt{(1+1\times1.72\times0.6)^2+(1\times1.72\times0.8)^2} = 2.52$$

此时有

$$I_{k*} = \frac{E_*}{X_{d*}} = \frac{2.52}{1.72} = 1.47$$

短路电流也只是额定电流的 1.47 倍。

三、同步发电机突然三相短路时暂态电流的计算

同步发电机在突然短路时，由定子电枢反应引发的转子励磁绕组中的自由电流将使发电机的励磁电动势（或空载电动势）E 在暂态过程中不能保持恒定不变，因此不能再用图 6 - 7（b）所示的等效电路和式（6 - 43）来计算暂态电流。为了便于描述同步发电机在突然短路时的暂态过程，从等效电路的角度，往往需要确定一个在短路瞬间不发生突变的电动势，并应用它来求取短路瞬间的定子电流周期分量。

（一）暂态过程

在无阻尼绕组的同步发电机中，转子侧仅有励磁绕组。按照磁链守恒原则，短路瞬间，与该绕组交链的总磁链不能突变。因此短路瞬间，与励磁绕组总磁链成正比的电动势是不变的，可定义它为 $\dot{E}'$，称为暂态电动势，此时相应的同步发电机电抗为X'_d，称为暂态电抗。

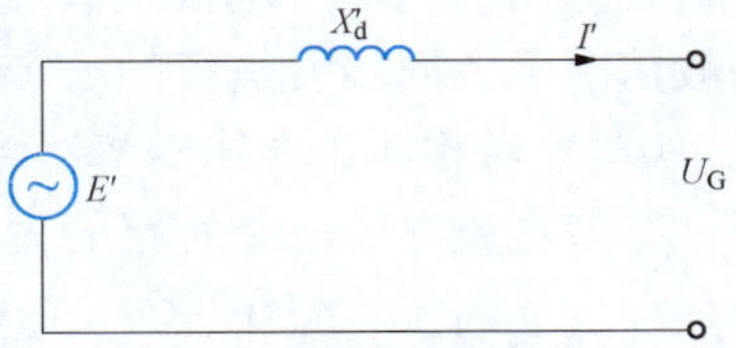

据此可画出同步发电机短路瞬间的等效电路图，如图 6 - 8 所示。如果短路前发电机在额定电压 U_{GN}、额定电流 I_{GN}和额定功率因数 $\cos\varphi_{GN}$下运行，则不难求得发电机暂态电动势的数值为

图 6 - 8　同步发电机短路瞬间的等效电路图

$$E' = \sqrt{(U_{GN}+I_{GN}X'_d\sin\varphi_{GN})^2+(I_{GN}X'_d\cos\varphi_{GN})^2} \tag{6-47}$$

发电机机端短路时的起始暂态电流 I'的数值为

$$I' = \frac{E'}{X'_d} \tag{6-48}$$

（二）次暂态过程

在有阻尼绕组的同步发电机中，转子侧除了励磁绕组外，还有阻尼绕组。大多数凸极式水轮发电机的转子上都设有阻尼绕组，这样在短路瞬间，阻尼绕组中也会感应出自由电流，形成附加的磁通来抵消定子电枢反应磁通的作用。对隐极的汽轮发电机来说，虽无阻尼绕组，但其转子本身就是一个刚体，可以起到阻尼绕组的作用。因此，有阻尼绕组同步发电机的短路暂态过程研究和短路电流计算具有通用性。突然短路时，为了保持磁链不变，有阻尼绕组同步发电机的励磁绕组和阻尼绕组都要感应产生自由电流，以抵消电枢反应磁通的增加。按与无阻尼绕组同步发电机过渡过程类似的处理方法，定义一个与转子励

磁绕组和阻尼绕组的总磁链成正比的电动势 $\dot{E}''$，称为次暂态电动势，此时相应的同步发电机的电抗为X''_d，称为次暂态电抗。称有阻尼绕组同步发电机突然短路过渡过程为次暂态过程。

参考图 6-8，式（6-47）和式（6-48）可求得有阻尼绕组同步发电机机端短路时发电机的次暂态电动势 $\dot{E}''$和次暂态电流 I''的数值分别为

$$E'' = \sqrt{(U_{GN} + I_{GN}X''_d\sin\varphi_{GN})^2 + (I_{GN}X''_d\cos\varphi_{GN})^2} \tag{6-49}$$

$$I'' = \frac{E''}{X''_d} \tag{6-50}$$

同步发电机的同步电抗 X''_d一般由厂家供给，如无厂家提供的资料时，通常可按下面条件近似确定：对于无阻尼绕组的水轮发电机，$X''_d=0.27$；对于具有阻尼绕组的水轮发电机，$X''_d=0.20$；对于汽轮发电机，$X''_d=0.125$。以上数据都是与发电机的额定参数为基准的标幺值（为书写方便以后均略去下角星号）。由于 X''_d远小于 X_d，所以同步发电机的次暂态电流远大于稳态短路电流。

如果同步发电机短路前在额定运行状态下运行，即 $U_{GN}=1.0$，$I_{GN}=1.0$，$\cos\varphi_{GN}=0.8$，$X''_d=0.125$，则由式（6-49）和式（6-50）可得

$$E'' \approx \sqrt{(1.0+1.0\times0.125\times0.6)^2+(1.0\times0.125\times0.8)^2}=1.08$$

$$I''=\frac{1.08}{0.125}=8.64$$

可见次暂态电流将达额定电流的 8.64 倍。

若短路前同步发电机空载或不计负载影响，即 $I_G=0$，则由式（6-49）可得 $E''=1.0$。一般情况下，同步发电机的 $E''=1.05\sim1.15$。

（三）短路冲击电流和短路电流最大有效值

有限容量电源三相短路的短路冲击电流和短路电流最大有效值的计算与恒定电动势源时的计算类似，只需将式（6-35）和式（6-40）中的 I_{pm}用$\sqrt{2}I''$取代，I_p 用 I''取代，即可求得有限容量电源三相短路时的短路冲击电流 i_{im}和短路电流最大有效值 I_{im}分别为

$$i_{im} = k_{im}\sqrt{2}I'' \tag{6-51}$$

$$I_{im} = I''\sqrt{1+2(k_{im}-1)^2} \tag{6-52}$$

综上所述，有限容量电源供电系统三相短路时，周期分量起始值的计算并不困难。在计算中只要把发电机的电抗用其次暂态电抗 X''_d代替，再根据式（6-49）求出短路瞬间发电机的次暂态电动势 E''，用系统各元件的次暂态电抗之和 X_Σ 取代式（6-50）中的 X''_d，即可求得三相短路时的 I''。

应该指出，X_Σ 中除旋转元件应取次暂态电抗的值外，所有静止元件（如变压器，线路等）的阻抗在暂态和稳态过程中是不存在差别的。

【例 6-3】 有限容量电源供电系统如图6-9 所示，水轮发电机 G、升压变压器 T 和输电线路 L 的相关参数均标注图中。已知短路前发电机在额定参数下运行，试求三相短路时的 I''、i_{im}及 I_{im}。

解 取 $S_B=15\text{MV}\cdot\text{A}$，$U_B=U_{av}$，可计算得水轮发电机 G、升压变压器 T 和输电线路 Line 的参数标幺值分别为 $X''_d=0.27$，$X_T=0.08$，$X_{Line}=0.4\times15\times\frac{15}{(37)^2}=0.0657$。相

应的等效电路如图 6-9（b）所示。其中 E'' 可根据式（6-49）计算，即

$$E''=\sqrt{(1+0.27\times0.6)^2+(0.27\times0.8)^2}=1.18$$

$$X_\Sigma=0.27+0.08+0.0657=0.4157$$

据此可得次暂态电流的标幺值为

$$I''_*=\frac{E''}{X_\Sigma}=\frac{1.18}{0.4157}=2.84$$

三相短路时各电流的有名值为

$$I''=2.84\times\frac{15}{\sqrt{3}\times37}=0.664(\text{kA})$$

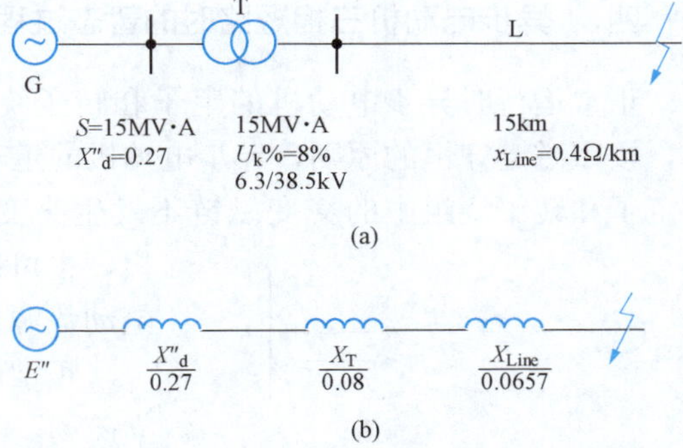

图 6-9 有限容量电源供电系统三相短路计算

（a）接线图；（b）等效电路

$$i_{\text{im}}=1.8\sqrt{2}\times0.664=1.69(\text{kA})$$

$$I_{\text{im}}=\sqrt{1+2\times0.8^2}\times0.664=1.00(\text{kA})$$

应该注意到发电厂中的发电机一般都装有自动电压调节器，这种调节器可通过调节励磁电流使发电机的端电压维持在规定的数值。因此，在短路发生使得发电机端电压下降时，自动电压调节器会调整励磁电流使发电机的端电压上升，这时短路电流也会跟着上升。然而由于自动电压调节器具有某一固有的动作时间，同时励磁电路又具有较大的电感，自动电压调节器动作后励磁电流并不能立即增大，所以实际上自动电压调节器要在短路后的一定时间才能起作用，它的存在对短路瞬间和短路后几个周期内的电流变化是没有影响的。也就是说，当具有自动电压调节器的同步发电机发生短路时，它的次暂态电流初值、非周期性分量初值和它的衰减过程以及短路冲击电流和短路电流的最大有效值都与没有自动电压调节器时相同。自动电压调节器的最终作用会影响短路电流的稳态值，具有自动电压调节器时短路电流的变动曲线如图 6-10 所示。与没有自动电压调节器时的短路电流变动曲线（见图 6-6）比较可知，具有自动电压调节器的同步发电机的稳态电流将会变大。由于自动电压调节器的作用，在某些情况下稳态电流还可能等于甚至大于次暂态电流的初始值。

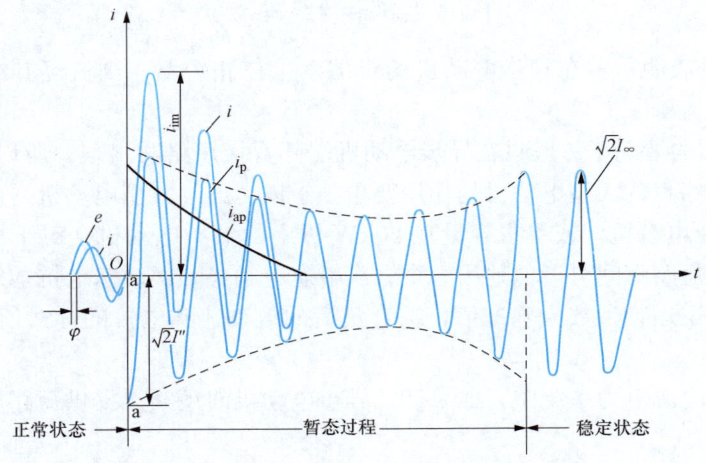

图 6-10 有自动电压调节器的三相短路暂态过程

四、异步电动机三相短路时的暂态过程

正常运行时异步电动机的定子和转子绕组中都存在着交变的磁链。当发生三相短路时，按照磁链守恒的原则，异步电动机的定子和转子绕组中都会产生相应的电流分量以保证定子和转子绕组中的交变磁链不发生突变。因此，短路瞬间的异步电动机类似于发电机，也可以用次暂态电动势 E''_M 与次暂态电抗 X''_M 串联的电动势源模型来表示。

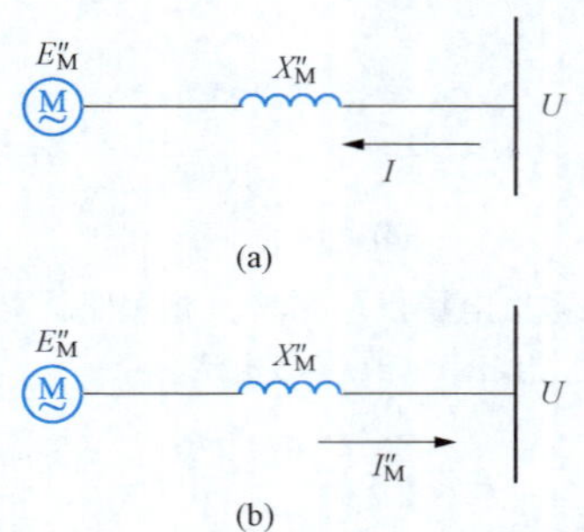

图 6-11　异步电动机的等效电路图
(a) $U > E''_M$；(b) $U < E''_M$

正常运行时，异步电动机从系统吸取无功功率以建立磁场，电流方向由系统流向电动机，电动机的电动势 E''_M 低于其端电压 U，等效电路如图 6-11（a）所示。

电网发生短路时，电网中各点的电压将降低。当电动机的端电压低于电动机的电动势，即 $U < E''_M$ 时，电动机将向系统提供短路电流，其等效电路如图 6-11（b）所示。

如果短路前异步电动机的端电压、电流以及电压和电流间的相角差分别为 U_0、I_0 和 φ_0，则由图 6-11（a）可得其次暂态电动势 E''_{M0} 为

$$E''_{M0} = \sqrt{(U_0 - I_0 X''_M \sin\varphi_0)^2 + (I_0 X''_M \cos\varphi_0)^2} \tag{6-53}$$

实用计算中，也可取次暂态电动势 E''_M 的标幺值为 0.9。

异步电动机的次暂态电抗 X''_M 近似计算式为

$$X''_M = \frac{1}{I_{st}} \tag{6-54}$$

式中：I_{st} 为异步电动机的启动电流标幺值。

I_{st} 一般取为 5，故 $X''_M = 0.2$。

如果取异步电动机的次暂态电动势 E''_M 标幺值为 0.9，X''_M 为 0.2，则其起始次暂态电流标幺值为

$$I''_M = \frac{E''_M}{X''_M} \approx \frac{0.9}{0.2} = 4.5 \tag{6-55}$$

式（6-55）表明，若在异步电动机的机端发生三相短路，则流经其绕组的次暂态电流约为其额定电流的 4.5 倍。

由于 $U < E''_M$ 的情况，一般只在异步电动机端部直接短路时出现，所以在短路计算中，那些直接接在短路点的大型电动机的作用要单独予以考虑。大型电动机一般是指总容量大于 800kW 的高压电动机，或单机容量在 20kW 以上的低压电动机。对于那些远离短路点的电动机，则在短路瞬间可近似地用一个含次暂态电动势和次暂态电抗的综合负荷等效支路来表示。以额定运行参数为基准值，综合负荷的电动势和电抗的标幺值分别约为 $E''_M = 0.8$ 和 $X''_M = 0.35$。

在有限容量电源电力系统中，如果计及异步电动机向短路点提供短路电流，则短路点的冲击电流为

$$i_{im} = i_{imG} + i_{imM} = k_{imG}\sqrt{2}I''_G + k_{imM}\sqrt{2}I''_M \tag{6-56}$$

式中：k_{imG}为发电机的短路冲击系数，其取值同式（6-35）；k_{imM}为电动机的短路冲击系数。

k_{imG}取值分别为，对于小容量的电动机和综合负荷，$k_{imM}=1$；容量为200～500kW的异步电动机，$k_{imM}=1.3\sim1.5$；容量约500～1000kW的异步电动机，$k_{imM}=1.5\sim1.7$；容量为1000kW以上的异步电动机，$k_{imM}=1.7\sim1.8$。同步电动机和调相机冲击系数之值和相同容量的同步发电机的大致相等。

由于电动机没有原动机带动，电动机向系统提供短路电流时本身将迅速受到制动，所以电动机所提供的短路电流是迅速衰减的（一般2～3个周波衰减到零），它一般只影响短路后的次暂态电流I''和短路冲击电流i_{im}，在计算其他时间的短路电流时可忽略不计。

【例6-4】 图6-12所示为一台发电机向一台异步电动机供电的简单电力系统。发电机的额定容量为62.5MV·A，次暂态电抗为0.13，电动机的额定容量为30MV·A，运行时的功率为22MW，功率因数为0.8（滞后），机端电压为10.2kV；线路长10km，电抗为0.4Ω/km。试计算在异步电动机机端发生三相短路时，流经发电机、异步电动机支路的起始次暂态电流以及短路点的冲击电流。

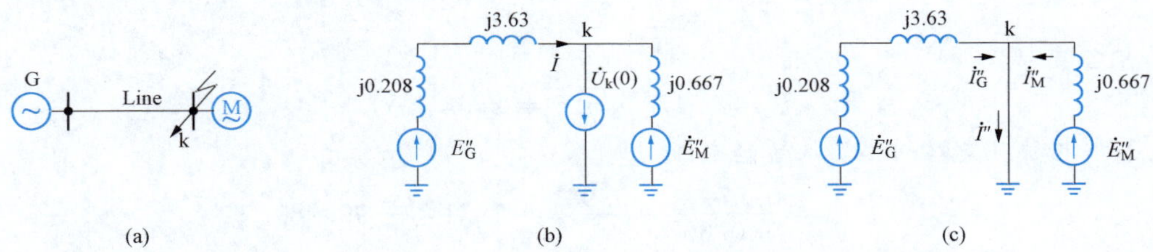

图6-12　一台发电机向一台异步电动机供电

（a）系统图；（b）正常情况下的等效电路；（c）短路后的等效电路

解　（1）取基准功率$S_B=100$MV·A，基准电压$U_B=U_{av}$，计算各元件参数的标幺值并作等效电路。

由基准功率和基准电压可得电流的基准值为

$$I_B=\frac{100}{\sqrt{3}\times10.5}=5.5(\text{kA})$$

各元件的标幺值参数为：

发电机　　$$X''_{G*}=0.13\times\frac{100}{62.5}=0.208$$

线路　　$$X_{L*}=0.4\times10\times\frac{100}{10.5^2}=3.63$$

异步电动机　　$$X''_{M*}=0.2\times\frac{100}{30}=0.667$$

正常情况下及短路后的等效电路分别如图6-12（b）、（c）所示。图6-12中的$\dot{U}_k^{(0)}$为异步电动机正常运行时的对地电压。

（2）根据系统正常运行条件分别计算发电机和异步电动机的次暂态电动势$\dot{E}''_G$、$\dot{E}''_M$。

由题意可知，正常运行时流经网络的电流为

$$\dot{I}=\frac{22}{\sqrt{3}\times10.2\times0.8}\angle-36.87^\circ=1.557\angle-36.87^\circ(\text{kA})$$

相应的标幺值为

$$\dot{I}_{*} = \frac{1.557}{5.5}\angle -36.87^{\circ} = 0.283\angle -36.87^{\circ}$$

若以异步电动机机端电压为参考相量，则异步电动机机端电压的标幺值为

$$\dot{U}_{M*} = \frac{10.2}{10.5}\angle 0^{\circ} = 0.971\angle 0^{\circ}$$

发电机的次暂态电动势标幺值为

$$\begin{aligned}\dot{E}''_{G*} &= \dot{U}_{M*} + j\dot{I}_{*}(X''_{G*} + X_{L*}) = 0.971\angle 0^{\circ} + j0.283\angle -36.87^{\circ} \times (0.208 + 3.63)\\ &= 1.623 + j0.869 = 1.84\angle 28.17^{\circ}\end{aligned}$$

异步电动机的次暂态电动势为

$$\begin{aligned}\dot{E}''_{M*} &= \dot{U}_{M*} - j\dot{I}_{*}X''_{M*} = 0.971\angle 0^{\circ} - j0.283\angle -36.87^{\circ} \times 0.667\\ &= 0.858 - j0.151 = 0.871\angle -9.98^{\circ}\end{aligned}$$

(3) 计算发电机、异步电动机支路的起始次暂态电流。

发电机支路的起始次暂态电流为

$$\dot{I}''_{G*} = \frac{1.84\angle 28.17^{\circ}}{3.838\angle 90^{\circ}} = 0.479\angle -61.83^{\circ}$$

有名值为

$$I''_{G} = 0.479 \times 5.5 = 2.63(\text{kA})$$

异步电动机支路的起始次暂态电流为

$$\dot{I}''_{M*} = \frac{0.871\angle -9.98^{\circ}}{0.667\angle 90^{\circ}} = 1.31\angle -99.98^{\circ}$$

有名值为

$$I''_{M} = 1.31 \times 5.5 = 7.21(\text{kA})$$

由计算结果可见，短路点附近的大型异步电动机会向短路点提供较大的电流。

(4) 计算短路点的短路冲击电流。

按照短路冲击系数的取用原则，本例中的发电机、异步电动机可取相同的短路冲击系数，即 $k_{imG}=k_{imM}=1.8$。这样可得短路点的短路冲击电流为

$$i_{im} = i_{imG} + i_{imM} = 1.8 \times \sqrt{2} \times (2.63 + 7.21) = 25.05(\text{kA})$$

第五节　电力系统三相短路电流的实用计算

电力系统工程实际中，除了需要知道短路电流周期分量的起始值 I''外，在进行电气设备和继电保护设计时，往往还需知道短路后某一特定时间的短路电流数值。

短路电流随时间的变化规律非常复杂，它牵涉发电机的各种电抗、励磁绕组和阻尼绕组中自由电流的衰减规律、自动电压调节器的性能以及励磁机的特性等很多因素，因而要进行精确计算是比较困难的。本节主要介绍三相短路电流的实用计算。

实际计算表明，短路电流的大小主要决定于电源至短路点之间的总电抗 X_{Σ}。对于复杂电力系统必须要通过网络的化简才能得出 X_{Σ}。在允许把所有的电源合并为一个电源的前提下，复杂的网络一般都可简化为图 6-13 所示的最简单的形式。图 6-13 中的 $\dot{E}_{\Sigma}$ 为化

简后的等效电动势，X_{Σ}为等效总电抗，即短路点的输入电抗。

但在某些情况下，往往不容许把所有的电源都合并成一个等效电源，而是需要保留若干个等效电源，如图 6-14（a）中的 $\dot{E}_1$、$\dot{E}_2$ 及 $\dot{E}_3$。

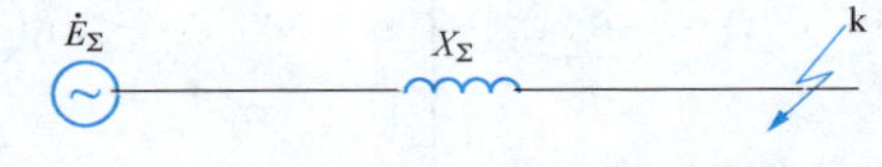

图 6-13　合并为一个电源后电力系统的等效电路

要计算出 $\dot{E}_1$、$\dot{E}_2$ 及 $\dot{E}_3$ 向短路点提供的短路电流，首先要求出每个电源与短路点之间直接相连的电抗，即转移电抗，如图 6-14（b）中的 X_{1k}、X_{2k}和 X_{3k}，其次才能计算出各电源支路向短路点提供的短路电流，最后利用叠加原理将各电源支路所提供的短路电流相加即可得到短路点总的短路电流。

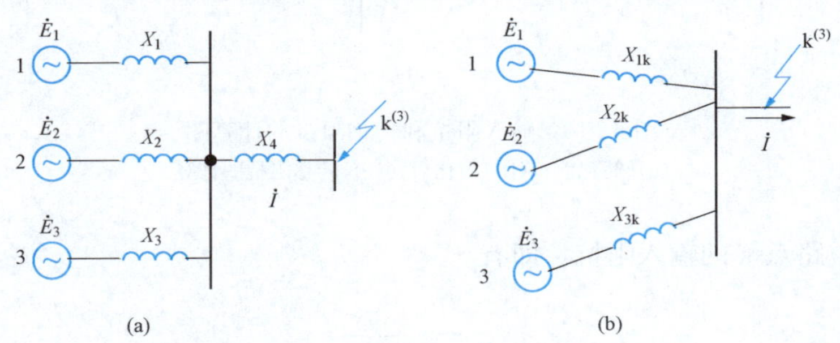

图 6-14　具有若干个电源的电力系统等效电路

（a）简化前；（b）简化后

一、 输入电抗和转移电抗

输入电抗和转移电抗是网络化简过程中经常要用到的两个重要概念。如图 6-15（a）所示，假设该网络有 n 个电源，电动势分别为 $\dot{E}_1$，$\dot{E}_2$，…，$\dot{E}_i$，…，$\dot{E}_n$，在 k 点发生短路。通过网络简化消去中间节点并保留 n 个电源点，则有如图 6-15（b）所示的等效网络。在图 6-15（b）中应用叠加定理可得

$$\dot{I}_k=\frac{\dot{E}_1}{jX_{1k}}+\frac{\dot{E}_2}{jX_{2k}}+\cdots+\frac{\dot{E}_i}{jX_{ik}}+\cdots+\frac{\dot{E}_n}{jX_{nk}} \tag{6-57}$$

式中：X_{ik}为节点 i 和短路点 k 之间的转移电抗。

令 $\dot{I}_{ki}=\frac{\dot{E}_i}{jX_{ik}}$，电流 $\dot{I}_{ki}$即为 $\dot{E}_i$ 向 k 节点注入的电流。由式（6-57）可见，如果仅保留电动势 $\dot{E}_i$，其他电源电动势均为零时，则 $\dot{E}_i$ 与在 k 支路中所产生的电流$\dot{I}_k$的比值就是电动势 $\dot{E}_i$ 与短路点 k 之间的转移电抗。

若令图 6-15（b）中的所有电源电动势 $\dot{E}_1=\dot{E}_2=\cdots=\dot{E}_n=\dot{E}$，则由式（6-57）可得

$$\dot{I}_k=\frac{\dot{E}}{jX_{1k}}+\frac{\dot{E}}{jX_{2k}}+\cdots+\frac{\dot{E}}{jX_{ik}}+\cdots+\frac{\dot{E}}{jX_{nk}}=\dot{E}\cdot\sum_{i=1}^{n}\frac{1}{jX_{ik}} \tag{6-58}$$

式（6-58）相当于将 n 个电源合并成一个等效电源 $\dot{E}$，该等效电源与短路点 k 之间的转移电抗等于 n 个电源与短路点 k 之间所有转移阻抗的并联值 $1/\sum_{i=1}^{n}\frac{1}{jX_{ik}}$。由图 6-13 可知，

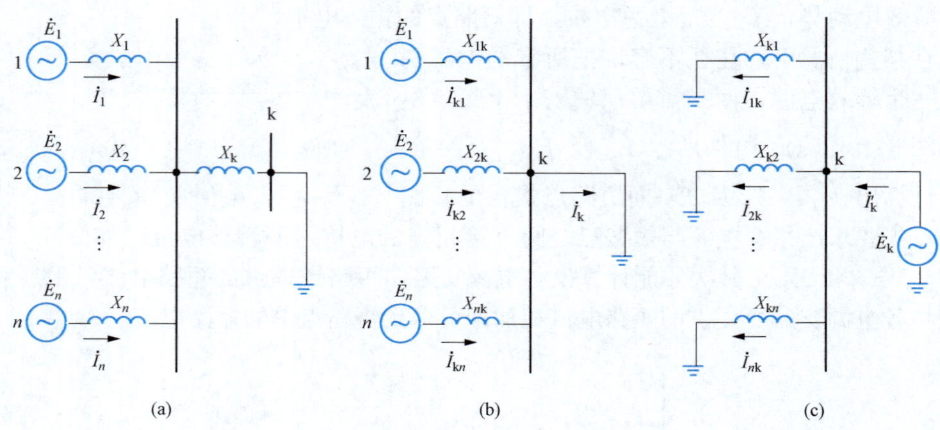

图 6-15　输入阻抗和转移阻抗的计算图

（a）简化前；（b）简化后；（c）转移阻抗的计算

$1/\sum\limits_{i=1}^{n}\frac{1}{jX_{ik}}$就是短路点 k 的输入阻抗，即有

$$jX_{kk}=\frac{1}{\sum\limits_{i=1}^{n}\frac{1}{jX_{ik}}} \tag{6-59}$$

式中：X_{kk}表示短路点 k 的输入电抗。

由（6-59）可见，短路点的输入电抗等于短路点 k 对其余所有电源节点的转移电抗的并联值。

若令图 6-15（b）中的所有电源电动势 $\dot{E}_1=\dot{E}_2=\cdots=\dot{E}_n=0$，并在短路点 k 反向接入电动势 $\dot{E}_k$，如图 6-15（c）所示，则 $\dot{E}_k$ 向 k 节点注入的电流为

$$\dot{I}_k=\frac{\dot{E}_k}{jX_{kk}}=\frac{\dot{E}_k}{jX_{k1}}+\frac{\dot{E}_k}{jX_{k2}}+\cdots+\frac{\dot{E}_k}{jX_{ki}}+\cdots+\frac{\dot{E}_k}{jX_{kn}} \tag{6-60}$$

式（6-60）中，令 $\dot{I}_{ik}=\frac{\dot{E}_k}{jX_{ki}}$，电流 $\dot{I}_{ik}$ 即为 $\dot{E}_k$ 向 i 节点注入的电流。由以上分析可知，如果将所有电源短接，在短路点 k 施加电动势 $\dot{E}_k$，则任一电源点 i 和短路点 k 之间的转移电抗就等于节点 k 的电动势 $\dot{E}_k$ 除以节点 i 的注入电流，即

$$jX_{ki}=\frac{\dot{E}_k}{\dot{I}_{ik}} \tag{6-61}$$

根据互易定理可知，

$$jX_{ik}=jX_{ki} \tag{6-62}$$

工程实际中通常采用单位电流法和电流分布系数法求取转移电抗。

（一）用单位电流法求转移电抗

应用式（6-61）计算转移电抗有两种方法：一种方法是设 E_k 为已知值，计算各电源支路中的电流，求转移电抗；另一种方法是设某一支路的电流为 1（单位电流），据此推算其他支路的电流以及短路支路应施加的电动势 E_k 值，并进而求得转移电抗。后者即为求

转移电抗的单位电流法。在没有闭合回路的网络中，单位电流法是求转移电抗的较为简便的方法。

下面通过［例 6-5］说明利用单位电流法确定各电源转移电抗的方法。为简明起见，以下书写中标幺值不标 *。

【例 6-5】 某系统简化后的标幺值等效电路如图 6-16（a）所示，试用单位电流法确定各电源的转移电抗。

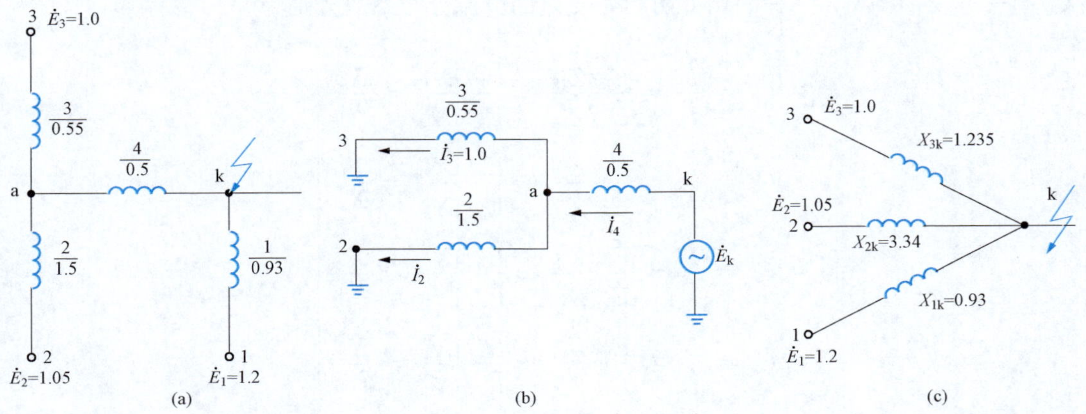

图 6-16 用单位电流法求转移电抗

（a）某系统简化后的等效电路；（b）电源 2 和 3 的转移电抗计算图；（c）电源 1、2、3 的转移电抗

解 由题意可知电源1的转移电抗 X_{1k} 即是 0.93，下面只需确定电源 2 和 3 的转移电抗。应用单位电流法，在图 6-16（b）中令 $\dot{I}_3=1.0$，则有

$$\dot{U}_a=j\dot{I}_3X_3=j1.0\times0.55=j0.55$$

$$\dot{I}_2=\frac{\dot{U}_a}{jX_2}=\frac{j0.55}{j1.5}=0.37$$

$$\dot{I}_4=\dot{I}_2+\dot{I}_3=0.37+1.0=1.37$$

$$\dot{E}_k=\dot{U}_a+j\dot{I}_4X_4=j0.55+j1.37\times0.5=j1.235$$

由此可求得电源 2 和 3 的转移电抗为

$$jX_{2k}=\frac{\dot{E}_k}{\dot{I}_2}=\frac{j1.235}{0.37}=j3.34$$

$$jX_{3k}=\frac{\dot{E}_k}{\dot{I}_3}=\frac{j1.235}{1.0}=j1.235$$

图 6-16（c）所示为电源 1、2、3 的转移电抗。

（二）电流分布系数

短路点的电流算出后，如果需要知道短路电流在网络各支路中的分布时，就要用到电流分布系数的概念。定义网络中的某一支路的电流 $\dot{I}_i$ 和短路电流 $\dot{I}_k$ 的比值为电流分布系数，记为 C_i，即 $C_1=\frac{\dot{I}_1}{\dot{I}_k}$，$C_2=\frac{\dot{I}_2}{\dot{I}_k}$，$C_3=\frac{\dot{I}_3}{\dot{I}_k}$，$C_4=\frac{\dot{I}_4}{\dot{I}_k}$，…。电流分布系数表示所有电源

的电动势都相等时，各电源所提供的短路电流占总短路电流的比例数。

由输入电抗和转移电抗的定义可知，图 6-17（a）中 k 点的输入阻抗 $Z_{kk}\approx jX_{kk}=\dfrac{\dot{E}_k}{\dot{I}_k}$，图 6-17（b）中各支路对 k 点的转移阻抗分别为 $Z_{1k}\approx jX_{1k}=\dfrac{\dot{E}_k}{\dot{I}_1}$，$Z_{2k}\approx jX_{2k}=\dfrac{\dot{E}_k}{\dot{I}_2}$，$Z_{3k}\approx jX_{3k}=\dfrac{\dot{E}_k}{\dot{I}_3}$，$Z_{4k}\approx jX_{4k}=\dfrac{\dot{E}_k}{\dot{I}_4}$。由此可得各支路的电流分布系数分别为

$$\left.\begin{aligned}C_1&=\frac{\dot{I}_1}{\dot{I}_k}=\frac{\dot{E}_k/Z_{1k}}{\dot{E}_k/Z_{kk}}\approx\frac{\dot{E}_k/jX_{1k}}{\dot{E}_k/jX_{kk}}=\frac{X_{kk}}{X_{1k}}\\C_2&=\frac{\dot{I}_2}{\dot{I}_k}=\frac{\dot{E}_k/Z_{2k}}{\dot{E}_k/Z_{kk}}\approx\frac{\dot{E}_k/jX_{2k}}{\dot{E}_k/jX_{kk}}=\frac{X_{kk}}{X_{2k}}\\C_3&=\frac{\dot{I}_3}{\dot{I}_k}=\frac{\dot{E}_k/Z_{3k}}{\dot{E}_k/Z_{kk}}\approx\frac{\dot{E}_k/jX_{3k}}{\dot{E}_k/jX_{kk}}=\frac{X_{kk}}{X_{3k}}\\C_4&=\frac{\dot{I}_4}{\dot{I}_k}=\frac{\dot{E}_k/Z_{4k}}{\dot{E}_k/Z_{kk}}\approx\frac{\dot{E}_k/jX_{4k}}{\dot{E}_k/jX_{kk}}=\frac{X_{kk}}{X_{4k}}\end{aligned}\right\}\tag{6-63}$$

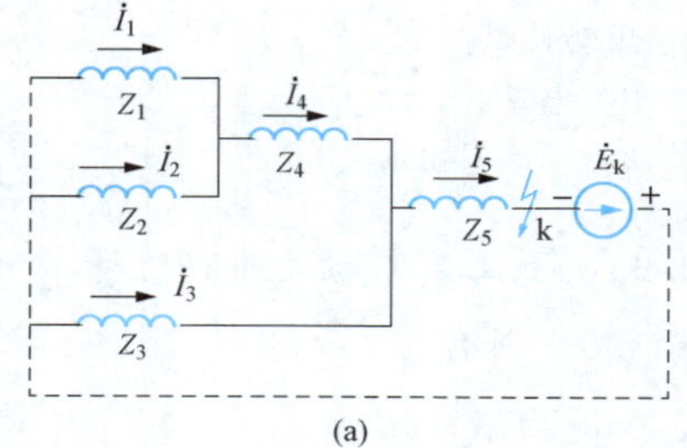

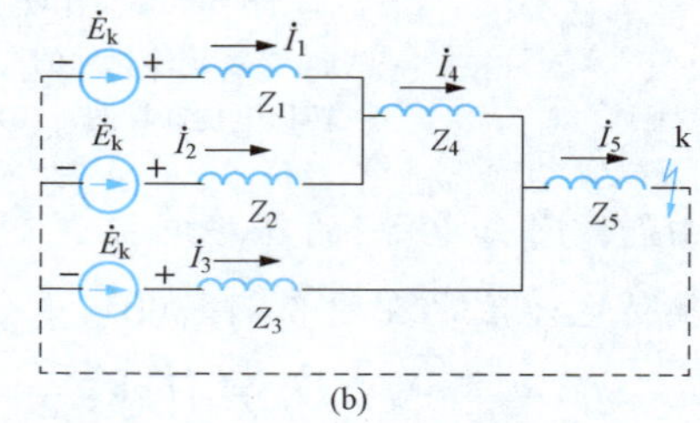

图 6-17　电流分布系数的意义

（a）计算 k 点的输入阻抗图；（b）计算各电源点与 k 点之间的转移阻抗图

由此可写出具有 n 个电源时第 i 个电源的电流分布系数为

$$C_i=\frac{\dot{I}_i}{\dot{I}_k}=\frac{\dot{E}_k/Z_{ik}}{\dot{E}_k/Z_{kk}}\approx\frac{\dot{E}_k/jX_{ik}}{\dot{E}_k/jX_{kk}}=\frac{X_{kk}}{X_{ik}}\quad(i=1,2,\cdots,n)\tag{6-64}$$

式（6-64）表明，第 i 个电源的电流分布系数等于短路点的输入电抗同该电源对短路点的转移电抗之比。显然所有电源点的电流分布系数之和应等于 1，即

$$\sum_{\substack{i=1\\i\neq k}}^{n}C_i=\sum_{\substack{i=1\\i\neq k}}^{n}\frac{\dot{I}_i}{\dot{I}_k}=\sum_{\substack{i=1\\i\neq k}}^{n}\frac{X_{kk}}{X_{ik}}=1\tag{6-65}$$

利用式（6-65）可校验分布系数的计算是否正确。

此外，由式（6-65）可知，若 k 支路的短路电流 $\dot{I}_k=1$，则 $C_i=\dot{I}_i$，可见电流分布系数实际上可以代表电流，所以它也有方向、大小，并且符合节点电流定律。

【例 6-6】 在图 6-18 所示网络中，已知 $X_1=0.3$，$X_2=0.4$，$X_3=0.6$，$X_4=0.5$，$X_5=0.2$。试用单位电流法求各电源对短路点的转移电抗及各电源和各支路的电流分布

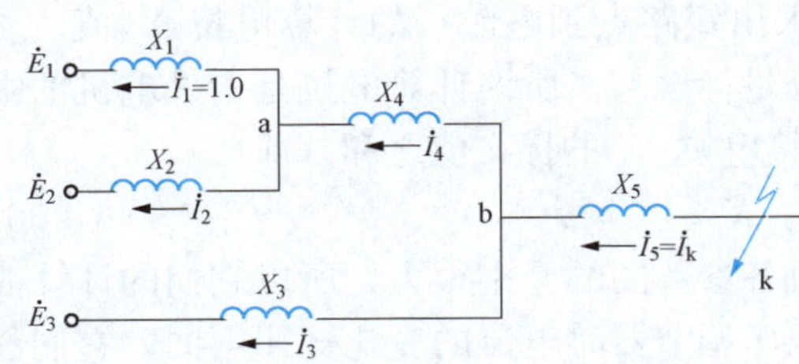

图 6-18　电流分布系数计算图

系数。

解　假设支路 1 的电流为 $\dot{I}_1=1.0$，则 a 点的电压为

$$\dot{U}_a = j\dot{I}_1X_1 = j1.0\times0.3 = j0.3$$

$$\dot{I}_2 = \frac{\dot{U}_a}{jX_2} = \frac{j0.3}{j0.4} = 0.75$$

$$\dot{I}_4 = \dot{I}_1 + \dot{I}_2 = 1.0 + 0.75 = 1.75$$

$$\dot{U}_b = \dot{U}_a + j\dot{I}_4X_4 = j0.3 + j1.75\times0.5 = j1.175$$

$$\dot{I}_3 = \frac{\dot{U}_b}{jX_3} = \frac{j1.175}{j0.6} = 1.96$$

$$\dot{I}_5 = \dot{I}_k = \dot{I}_3 + \dot{I}_4 = 1.96 + 1.75 = 3.71$$

$$\dot{E}_k = \dot{U}_b + j\dot{I}_5X_5 = j1.175 + j3.71\times0.2 = j1.917$$

由此可求得各电源支路的转移电抗为

$$jX_{1k} = \frac{\dot{E}_k}{\dot{I}_1} = \frac{j1.917}{1.0} = j1.917$$

$$jX_{2k} = \frac{\dot{E}_k}{\dot{I}_2} = \frac{j1.917}{0.75} = j2.556$$

$$jX_{3k} = \frac{\dot{E}_k}{\dot{I}_3} = \frac{j1.917}{1.96} = j0.978$$

$$jX_{4k} = \frac{\dot{E}_k}{\dot{I}_4} = \frac{j1.917}{1.75} = j1.095$$

$$jX_{5k} = \frac{\dot{E}_k}{\dot{I}_5} = \frac{j1.917}{3.71} = j0.517$$

各支路的电流分布系数为

$$C_1 = \frac{\dot{I}_1}{\dot{I}_k} = \frac{1.0}{3.71} = 0.270$$

$$C_2 = \frac{\dot{I}_2}{\dot{I}_k} = \frac{0.75}{3.71} = 0.202$$

$$C_3 = \frac{\dot{I}_3}{\dot{I}_k} = \frac{1.96}{3.71} = 0.528$$

$$C_4 = \frac{\dot{I}_4}{\dot{I}_k} = \frac{1.75}{3.71} = 0.472$$

$$C_5 = \frac{\dot{I}_k}{\dot{I}_5} = \frac{3.71}{3.71} = 1.0$$

二、 计算曲线法

在实际计算中，短路电流周期分量的计算可根据预先制定好的曲线（称计算曲线）或

表格（计算曲线数字表）来求取。计算时只要求出短路点到电源点的计算电抗 X_{js} 值，便可按照曲线求得任意指定时刻的短路电流周期分量标幺值。所谓计算电抗是指发电机的纵轴次暂态电抗 X''_d 和归算到发电机额定容量的外接电抗 X_e 的标幺值之和，即

$$X_{js}=X''_d+X_e \tag{6-66}$$

应该注意到，由于汽轮发电机和水轮发电机各参数间的差别很大，所以它们的计算曲线是不同的；具有自动电压调节器和没有自动电压调节器时电流的变化规律不同，它们的计算曲线也是不同的。此外，还需计及发电机是否有阻尼绕组等因素。计算短路电流周期分量时可根据 X_{js} 和指定的时刻 t，查相应类型机组的计算曲线或计算曲线数字表。当 $X_{js}>3.45$ 时，短路电流周期性分量随时间的变化已很小，可以认为在全部短路过程中保持不变，与它的初值 I'' 相等，此时短路电流可按恒定电动势源电力系统计算，即

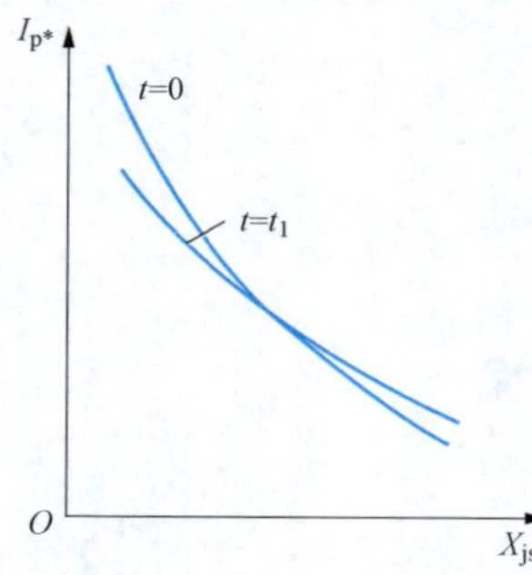

图 6-19　计算曲线示意图

$$I''=I_t=I_\infty=\frac{1}{X_{js}} \tag{6-67}$$

计算曲线示意图如图 6-19 所示。

实用计算所用的汽轮机和水轮机计算曲线数字表见附表Ⅳ-1～附表Ⅳ-4。它是按图6-20所示的典型接线计算所得出的。

图 6-20 所示是典型接线中的发电厂额定满载运行，50%的负荷接于发电厂的高压母线，其余的负荷功率经输电线送到短路点以外。

显然，当系统为单电源时，X_{js} 的计算可通过网络中各元件电抗的简单串、并联求得，如［例 6-1］和［例 6-2］所示。但电力系统通常都是由多个电源组成的复杂网络，如果要求得 X_{js}，就需要通过各种等效变换对多个电源组成的复杂网络进行化简。

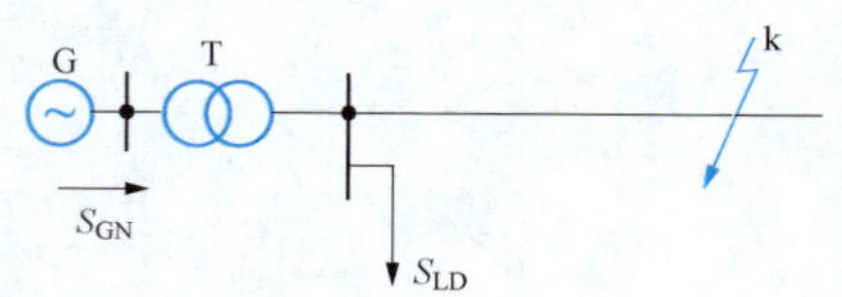

图 6-20　求取计算曲线的典型接线示意图

（一）将多个电源合并为一个等效电源

将多个电源合并为一个电源的前提是认为网络中所有发电机，不管它们的型式如何，距短路点的远近如何，在短路暂态过程中都具有完全相同的变化规律。简化时可认为发电机支路始端的电位都相同，通过已学过的无源网络的星网变换以及以戴维南定理为基础的有源网络的等效变换等方法，将其简化成图 6-13 所示的由等效电动势 $\dot{E}_\Sigma$ 和等效总电抗 X_Σ 组成的简单电路。图 6-13 中等效电源的容量取供给短路电流的所有电源的额定容量之和。将等效总电抗 X_Σ 归算为以等效电源容量和平均额定电压为基准值的计算电抗 X_{js} 后，即可从相应的计算曲线或计算曲线数字表上查得短路电流的标幺值。

【例 6-7】　在图 6-21（a）所示的网络中，k 点发生三相短路。图中所有发电机都是有阻尼绕组的水轮发电机，并都装有自动电压调节器。发电机的 $X''_d=0.20$。试求 I'' 和短路后 1.5s 时的电流 $I_{1.5}$。

解　取基准功率 $S_B=100\text{MV}\cdot\text{A}$，基准电压为平均额定电压 $U_B=U_{avN}$，先计算网络中各元件电抗的标幺值。

由于 G1、G2 两个发电机是相同的，T1、T2 两个变压器也是相同的，故在等效电路

中可以视作一个两倍容量的发电机和变压器，且各用一个电抗来表示。即发电机 G1、G2 的电抗 X_1 为

$$X_1 = 0.2 \times \frac{100}{2 \times 40} = 0.25$$

变压器 T1、T2 的电抗 X_2 为

$$X_2 = 0.105 \times \frac{100}{2 \times 40.5} = 0.13$$

同样地，发电机 G3 和 G4 也可以用一个 2×33=66MV·A 的发电机来代替，其电抗为

$$X_3 = 0.20 \times \frac{100}{66} = 0.3$$

变压器 T3 的三个绕组的电抗分别为

$$X_4 = 0.11 \times \frac{100}{31.5} = 0.35$$

$$X_5 = 0.06 \times \frac{100}{31.5} = 0.19$$

$$X_6 = 0$$

其等效电路如图 6-21（b）所示。将 X_1、X_2、X_4 相加得

$$X_7 = 0.25 + 0.13 + 0.35 = 0.73$$

此时网络可进一步简化为图 6-21（c）。

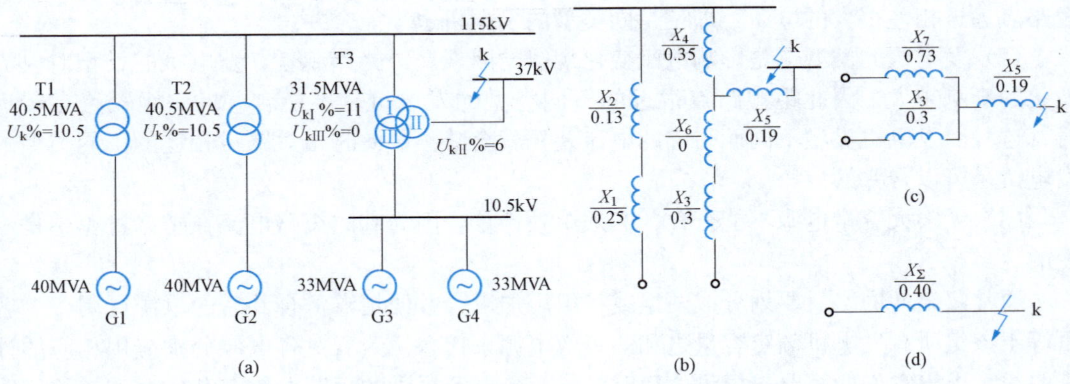

图 6-21　将多个电源合并为一个电源的计算实例

（a）网络原理图；（b）等效电路图；（c）网络简化图；（d）最终简化图

将 X_7 与 X_3 并联后与 X_5 串联即可得回路的总电抗为

$$X_\Sigma = \frac{X_3 X_7}{X_3 + X_7} + X_5 = \frac{0.3 \times 0.73}{0.3 + 0.73} + 0.19 = 0.40$$

由于所有发电机额定容量之和为

$$S_\Sigma = 2 \times 40 + 2 \times 33 = 146(\text{MV} \cdot \text{A})$$

故短路电流的计算电抗为

$$X_{js} = 0.4 \times \frac{146}{100} + 0.07 = 0.59 + 0.07 = 0.66$$

式中，考虑发电机具有阻尼绕组而增大的电抗值为 0.07。

据 $X_{js}=0.66$ 查水轮机计算曲线数字表（附表Ⅳ-3）并应用插值法可得

$$I''_{*}=1.6332$$

$$I_{*1.5}=1.832$$

由于归算到 37kV 侧发电机额定电流之和为

$$I_{\Sigma}=\frac{146}{\sqrt{3}\times 37}=2.28(\text{kA})$$

故待求的短路电流为

$$I''=1.6332\times 2.28=3.72(\text{kA})$$

$$I_{1.5}=1.832\times 2.28=4.18(\text{kA})$$

由［例 6-7］可知，此法的应用非常简便，但是由于它忽略了网络中发电机型式不同和发电机距短路点远近不同所产生的差别，在某些情况下会引起很大的误差，特别是当网络中存在有无限大容量电源时，这种方法所引起的误差更是不能容许的。因此，在精确度要求较高的短路计算中，要根据具体情况将电流变化规律大致相同的电源分别合并，简化成为数不多的若干个等效电源再进行计算。

（二）将多个电源合并为若干个不同的等效电源

在将多个电源合并为若干个不同的等效电源时，应遵循下列基本原则：

（1）短路点的远近（以电源到短路点间的阻抗来区分）是影响电流变化规律的关键因素。短路点近时，电流初值大，变化也大；短路点远时，电流初值小，变化也小。因此距短路点远近相差很大的电源，即使是同类型的发电机也不能合并。

（2）发电机的类型也是影响电流变化规律的因素。短路点越近，发电机的类型对电流变化的影响越大，因此距短路点很近的不同类型的发电机是不能合并的。距短路点较远时，这种因发电机类型不同而引起的电流差异就会减小，此时距短路点较远的不同类型的发电机是可以合并的。

（3）无限大容量电源不能合并，必须单独计算，因为它的短路电流在暂态过程中是不变的。

通常复杂的网络只要划分成两组或三组后加以合并便足够。合并后的电源可用一个容量等于该组所有发电机额定容量之和的等效电源来代替。然后对各电源分别应用相应的计算曲线，求出它们向短路点提供的短路电流。各电源提供的短路电流有名值之和就是短路点总的短路电流。

【例 6-8】 试计算图 6-22（a）所示网络在 k1 或 k2 处发生三相短路时的 $I_{0.2}$ 及 I_2。其中母联断路器 QF 是断开的，所有发电机都是装有自动电压调节器的汽轮发电机。

解 图6-22（b）为与图 6-22（a）对应的等效网络，其中各元件电抗均为标幺值，其所对应的基准功率均为 300MV·A，基准电压为各段的平均额定电压。

（1）当短路发生在 k1 处时。由图 6-22（a）可知，发电机 G2 离短路点较近，必须单独处理；发电机 G1 可与发电机 G3 合并处理。这样，图 6-22（b）所示的等效网络就可简化为图 6-22（c）所示的形式。

第一组电源为发电机 G1 和发电机 G3 等效的电源，等效电源的容量为

$$S_{1\Sigma}=300+30=330(\text{MV}\cdot\text{A})$$

短路点的组合电抗为

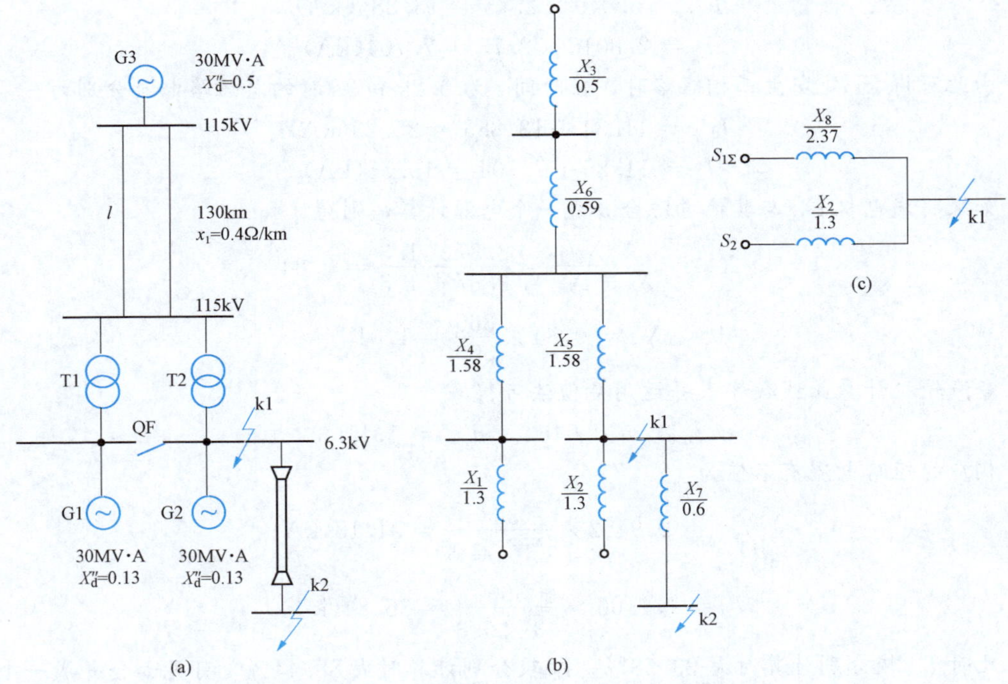

图 6-22 将多个电源合并为几个不同等效电源的计算实例

(a) 网络原理图；(b) 等效电路图；(c) 网络简化图

$$X_8 = \frac{(X_1 + X_4)(X_3 + X_6)}{(X_1 + X_4) + (X_3 + X_6)} + X_5 = 2.37$$

相应的计算电抗为

$$X_{js} = 2.37 \times \frac{330}{300} = 2.607$$

根据 $X_{js}=2.607$ 查汽轮机计算曲线数字表（附表Ⅳ-2），并应用插值法可得

$$I_{*0.2} = 0.375, \quad I_{*2} = 0.392$$

由于短路点处的电流基准值 $I_B=\dfrac{330}{\sqrt{3}\times 6.3}=30.24$（kA），据此可求得发电机 G1 和发电机 G3 向短路点提供的短路电流为

$$I_{0.2} = 0.375 \times 30.24 = 11.34(\text{kA})$$
$$I_2 = 0.392 \times 30.24 = 11.85(\text{kA})$$

第二组电源即为发电机 G2，故有 $S_{2\Sigma}=30\text{MV}\cdot\text{A}$，其计算电抗即为 $X_{js2}=1.3\times\dfrac{30}{300}=0.13$，同前，查汽轮机的计算曲线数字表并应用插值法可得

$$I_{*0.2} = 5.049, \quad I_{*2} = 2.8015$$

由于其电流基准值为

$$I_B = \frac{30}{\sqrt{3} \times 6.3} = 2.75(\text{kA})$$

故发电机 G2 向短路点提供的短路电流为

$$I_{0.2}=5.049\times2.75=13.885(\text{kA})$$

$$I_2=2.8015\times2.75=7.704(\text{kA})$$

由此可得 k1 处发生三相短路时，在时间 t 为 0.2s 和 2s 时的总短路电流分别为

$$I_{0.2}=11.34+13.885=25.23(\text{kA})$$

$$I_2=11.85+7.704=19.55(\text{kA})$$

如果将发电机 G2 与其他电源合并成一个电源计算，则得

$$X_\Sigma=\frac{X_8X_2}{X_8+X_2}=\frac{2.37\times1.3}{2.37+1.3}=0.84$$

$$X_{js}=0.84\times\frac{360}{300}=1.01$$

查汽轮机计算曲线数字表并运用插值法可得

$$I_{0.2*}=0.9452,\quad I_{2*}=1.1166$$

相应的短路电流有名值为

$$I_{0.2}=0.9452\times\frac{360}{\sqrt{3}\times6.3}=31.18(\text{kA})$$

$$I_2=1.1166\times\frac{360}{\sqrt{3}\times6.3}=36.84(\text{kA})$$

此时 $I_{0.2}$ 较分别计算时大 23.58%，I_2 较分别计算时大 88.44%，可见如合并成一个电源计算会带来很大的计算误差。

（2）当短路发生在 k2 处时。考虑到 k2 与发电机 G2 间的距离仍较近，所以 G2 仍以个别处理较为恰当。图 6-23（a）所示为计算所用等效网络。由于此时电源支路不是与短路点直接相连，还不能采用计算曲线数字表，必须进一步求出 S_1 和 S_2 与短路点间的转移电抗，将图6-23（a）所示的等效网络简化为图 6-23（b）所示的形式。

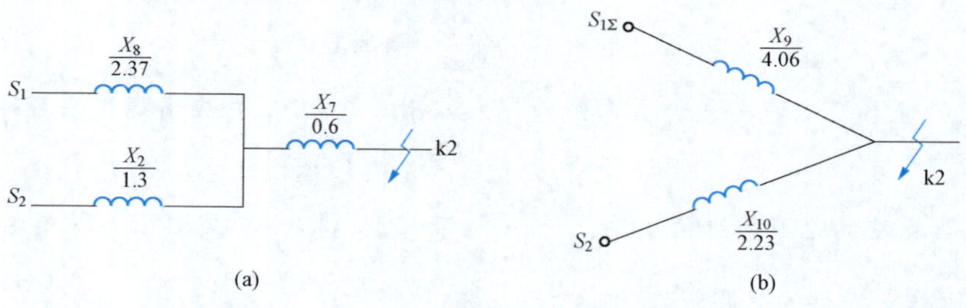

图 6-23　短路点在 k2 处时的等效电路

（a）计算所用等效网络；（b）简化后的等效网络

用单位电流法求出当单位电流流经 X_8 时的压降为 2.37，流过阻抗 X_2 的电流为 $\frac{2.37}{1.3}=1.82$，即可知流经 X_7 的电流为 2.82，k2 点的电压为 $2.37+2.82\times0.6=4.06$。由此即可求出 S_1 和 k2 点间的转移电抗 $X_9=\frac{4.06}{1.0}=4.06$，$S_2$ 和 k2 点之间的转移电抗 $X_{10}=\frac{4.06}{1.82}=2.23$。

显然在图 6-23（a）所示两个电源的情况下，转移电抗（X_9 和 X_{10}）也可直接由 Y—△

变换求出，所得结果如下

$$X_9=X_8+X_7+\frac{X_8X_7}{X_2}=2.37+0.6+\frac{2.37\times0.6}{1.3}=4.06$$

$$X_{10}=X_2+X_7+\frac{X_2X_7}{X_8}=1.3+0.6+\frac{1.3\times0.6}{2.37}=2.23$$

可见两种方法计算的结果完全相同。

通过 X_9 和短路点直接相连的等效电源 $S_{1\Sigma}$ 的容量为 330MV·A，其计算电抗为

$$X_{js}=4.06\times\frac{330}{300}=4.466$$

由于此计算电抗大于 3.45，故其电流标幺值可直接按无限大电源求得，即

$$I_{*0.2}=I_{*2}=\frac{1}{4.466}=0.2239$$

通过 X_{10} 和短路点直接相连的等效电源 $S_{2\Sigma}$ 的容量为 30MV·A，它的计算电抗为

$$X_{js}=2.23\times\frac{30}{300}=0.223$$

查汽轮机的计算曲线数字表并运用插值法可得

$$I_{*0.2}=3.46,\quad I_{*2}=2.55$$

将所得各电流标幺值乘以相应的电流基准值后再行相加，即可得 k2 点的短路电流为

$$\begin{aligned}I_{0.2}&=3.46\times2.75+0.2239\times30.24\\&=16.29(\text{kA})\\I_2&=2.55\times2.75+0.2239\times30.24\\&=13.78(\text{kA})\end{aligned}$$

如果将 G2 与其他电源合并计算，则有

$$\begin{aligned}X_{js}&=\left(\frac{1.3\times2.37}{1.3+2.37}+0.6\right)\times\frac{360}{300}\\&=1.44\times\frac{360}{300}\\&=1.73\end{aligned}$$

据此查汽轮机计算曲线数字表，同理可得相应的有名值为

$$I_{0.2}=0.5604\times(30.24+2.75)=18.49(\text{kA})$$

$$I_2=0.6096\times(30.24+2.75)=20.11(\text{kA})$$

$I_{0.2}$ 较分别计算时大 13.51%，I_2 较分别计算时大 45%，显然用合并为一个电源的方法计算时，误差仍太大。

两个以上电源通过公共阻抗和短路点相连时的网络变换可仿此进行，在此不赘述。

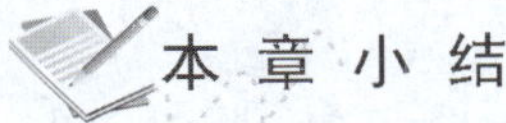

本章小结

短路是电力系统最严重的故障，通常分为对称短路和不对称短路两大类，恒定电动势源对称短路的分析和计算是所有短路计算的基础。

电力系统故障分析中大都使用标幺制，它是一种相对单位制。任一物理量标幺值的计

算在于基准值的选择，基准值的选择在理论上是可以任意的。实际中，基准值的选择一般不是任意的，它的选择应有利于计算公式的简化，有利于对计算结果的分析评价。在组成电力系统等效电路时，一般选定全网的某一功率和平均额定电压为基准值，对各元件的标幺值参数进行计算。

恒定电动势源电力系统突然三相短路时，短路电流的周期分量是不衰减的，非周期电流分量是按指数规律衰减的。其有最大值或零值的情况只可能在一相出现。短路冲击电流、短路电流最大有效值以及母线残压的计算对电气设备的校验和继电保护的整定、配置等有非常重要的作用。

电源为有限容量时，由于短路时发电机的电动势或端电压要发生变化，因而此情况下除了短路电流的非周期分量要随时间衰减外，周期分量也是随时间衰减的，这是不同于恒定电动势源的。当短路点距负荷端较近时，异步电动机对短路暂态过程造成的影响也是不容忽视的。

输入电抗和转移电抗是短路计算中经常用到的重要概念，要明确其物理含义，尤其是转移电抗与电路课程中互电抗的联系和区别。电流分布系数不仅可用来确定电流分布，对于转移电抗的计算也很有用，它的大小同短路点的位置、网络的结构和参数有关，具有电流的特征。

计算曲线是反映短路电流周期分量同计算电抗和时间的函数关系的一组曲线，用它可以确定短路后任意时刻的短路电流。应用计算曲线时，首先要将网络简化成计算曲线制作时的典型接线，然后将各电源对短路点的转移电抗换算成计算电抗。

思考题与习题

6-1　何谓短路冲击电流？什么情况下短路产生的冲击电流有最大值？

6-2　何谓短路电流有效值？有何作用？

6-3　何谓短路冲击系数？工程计算中一般如何取值？

6-4　何谓输入电抗？何谓转移电抗？

6-5　何谓电流分布系数？它有何特点？

6-6　已知恒定电动势源电力系统如图 6-24 所示。当变电站低压母线发生三相短路时，试计算：

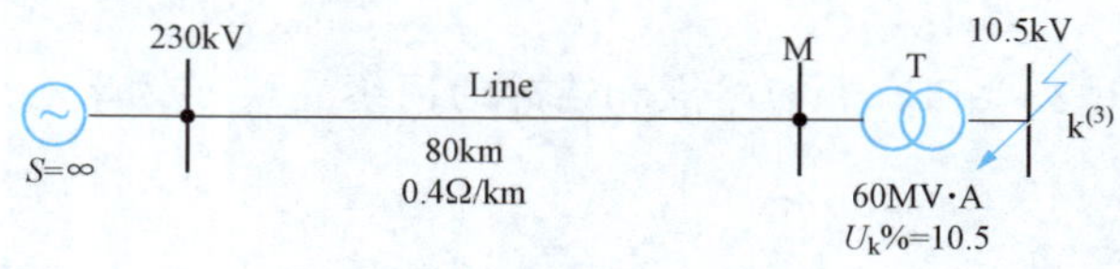

图 6-24　题 6-6 图

（1）短路点短路电流的周期分量；

（2）短路冲击电流；

（3）M 点的残压。

6-7 系统接线如图 6-25 所示。试计算 k 点发生短路时各电源支路的转移电抗以及 k 点的输入电抗。

6-8 何谓计算电抗？

6-9 简述应用计算曲线（计算曲线数字表）解题的基本步骤。

6-10 对称三相电力系统中发生三相短路时，短路电流的周期分量和非周期分量的初始值（$t=0$）是否对称？为什么？

6-11 有限容量电源电力系统三相短路暂态过程中，短路电流各分量的变化特点与恒定电动势源电力系统中的有什么不同？

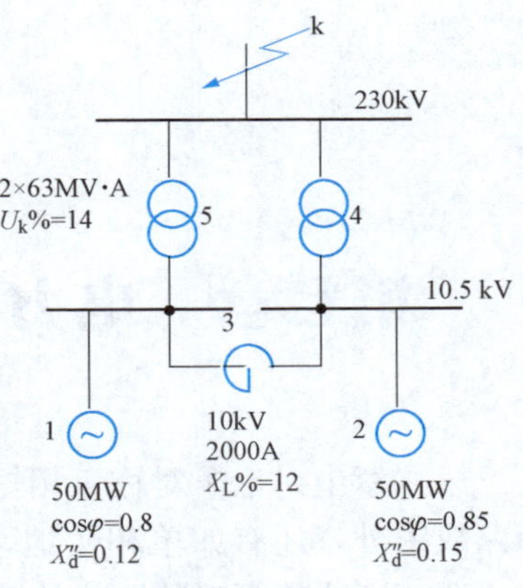

图 6-25 题 6-7 图

6-12 电力系统中发生三相短路时，短路点附近的异步电动机为什么会提供短路电流？

6-13 一台同步发电机经变压器连接到另一台同步电动机。归算到同一基准值时的各元件参数为：发电机$X''_d=0.15$，电动机 $X''_M=0.35$，变压器 $X_T=0.1$。在电动机的机端发生三相短路故障时发电机的端电压为 0.95，电流为 1.0，功率因数为 0.85（超前）。试计算短路点和发电机、电动机的次暂态电流。

6-14 已知某发电机短路前满载运行，以本身额定值为基准的标幺值参数为 $U_{G(0)}=1.0$，$I_{G(0)}=1.0$，$\cos\varphi_{G(0)}=0.8$，$X''_d=0.125$，取短路冲击系数 $K_m=1.85$，发电机额定相电流有效值为 3.45kA。试计算发电机端发生三相短路时的起始次暂态电流 I''_G 和短路冲击电流 i_{imG} 的有名值。

6-15 某系统接线如图 6-26 所示，有关参数标注在图中。图中的 G 为恒定电动势源；G1、G2 为汽轮发电机，且均装有自动电压调节装置。当 k 点发生三相短路时，试分别按下列条件计算 I''、$I_{0.2}$ 和 I_∞，并比较结果：

(1) 将恒定电动势源系统 G 与 G1、G2 合并为一台等值机；

(2) 将 G、G1、G2 分别处理。

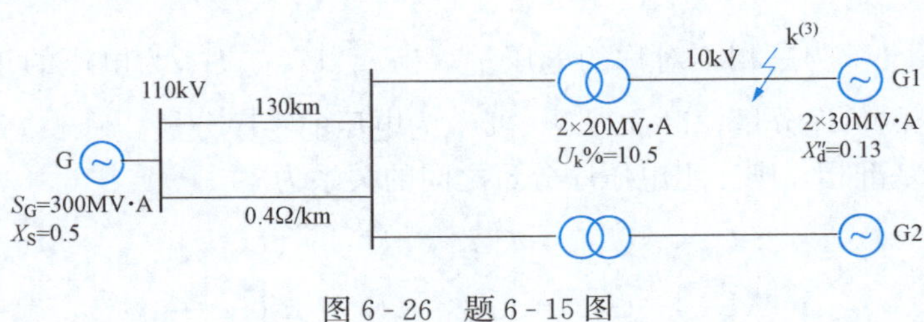

图 6-26 题 6-15 图

6-16 系统接线图和已知条件同题 6-15，但 G2 为一水轮发电机组，试计算 I''、$I_{0.2}$ 和 I_∞。

第七章　电力系统元件的序阻抗和等效网络

第六章中讨论了对称三相短路故障的分析方法。但在电力系统的故障中，除对称三相短路故障外，还有如单相接地、两相短路、两相短路接地等不对称短路故障以及单相断线、两相断线等不对称断线故障。发生不对称故障时，三相阻抗不同、三相电压和电流不等、各相间相位差也不相等。根据运行经验，不对称故障出现的概率远比对称故障的大，因此必须进一步掌握不对称故障的分析方法。对称分量法是不对称故障分析的常用方法。本章着重介绍对称分量的原理以及电力系统各元件在对称分量分析中呈现的特性。有关各种不对称故障的分析将在第八章中介绍。

第一节　对称分量的原理

一、三相不对称量的分解与合成

三相不对称量可以是电压、电流、磁链等，为简便起见，以下的分析均以电压量的形式描述。在电机学中已学过，一组三相不对称的电压可以由三组序电压分量来表示，即

$$\left.\begin{aligned}\dot{U}_{a}&=\dot{U}_{a1}+\dot{U}_{a2}+\dot{U}_{a0}\\\dot{U}_{b}&=\dot{U}_{b1}+\dot{U}_{b2}+\dot{U}_{b0}\\\dot{U}_{c}&=\dot{U}_{c1}+\dot{U}_{c2}+\dot{U}_{c0}\end{aligned}\right\}\tag{7-1}$$

式中：$\dot{U}_{a}$、$\dot{U}_{b}$、$\dot{U}_{c}$为三相不对称的电压量；$\dot{U}_{a1}$、$\dot{U}_{b1}$、$\dot{U}_{c1}$为电压的正序分量；$\dot{U}_{a2}$、$\dot{U}_{b2}$、$\dot{U}_{c2}$为电压的负序分量；$\dot{U}_{a0}$、$\dot{U}_{b0}$、$\dot{U}_{c0}$为电压的零序分量。

若取 a 相为基准相，则三组电压序分量之间的关系为

$$\left.\begin{array}{ll}\text{正序分量} & \dot{U}_{a1},\quad \dot{U}_{b1}=a^{2}\dot{U}_{a1},\quad \dot{U}_{c1}=a\dot{U}_{a1}\\\text{负序分量} & \dot{U}_{a2},\quad \dot{U}_{b2}=a\dot{U}_{a2},\quad \dot{U}_{c2}=a^{2}\dot{U}_{a2}\\\text{零序分量} & \dot{U}_{a0},\quad \dot{U}_{b0}=\dot{U}_{a0},\quad \dot{U}_{c0}=\dot{U}_{a0}\end{array}\right\}\tag{7-2}$$

式中，$a=e^{j120^{\circ}}$，$a^{2}=e^{j240^{\circ}}$，且$1+a+a^{2}=0$。

图 7-1（a）、（b）、（c）显示了式（7-2）所示的三个序分量的性质。将式（7-2）的关系代入式（7-1）中，可得

$$\left.\begin{aligned}\dot{U}_a &= \dot{U}_{a1} + \dot{U}_{a2} + \dot{U}_{a0}\\ \dot{U}_b &= a^2\dot{U}_{a1} + a\dot{U}_{a2} + \dot{U}_{a0}\\ \dot{U}_c &= a\dot{U}_{a1} + a^2\dot{U}_{a2} + \dot{U}_{a0}\end{aligned}\right\} \tag{7-3}$$

将式（7-3）对 $\dot{U}_{a1}$、$\dot{U}_{a2}$、$\dot{U}_{a0}$ 求解可得

$$\left.\begin{aligned}\dot{U}_{a1} &= \frac{1}{3}(\dot{U}_a + a\dot{U}_b + a^2\dot{U}_c)\\ \dot{U}_{a2} &= \frac{1}{3}(\dot{U}_a + a^2\dot{U}_b + a\dot{U}_c)\\ \dot{U}_{a0} &= \frac{1}{3}(\dot{U}_a + \dot{U}_b + \dot{U}_c)\end{aligned}\right\} \tag{7-4}$$

即已知三相不对称电压后，可以通过式（7-4）求出基准相的序电压分量。已知基准相的序电压分量后，可以通过式（7-3）合成为三相不对称的电压，如图 7-1（d）所示。

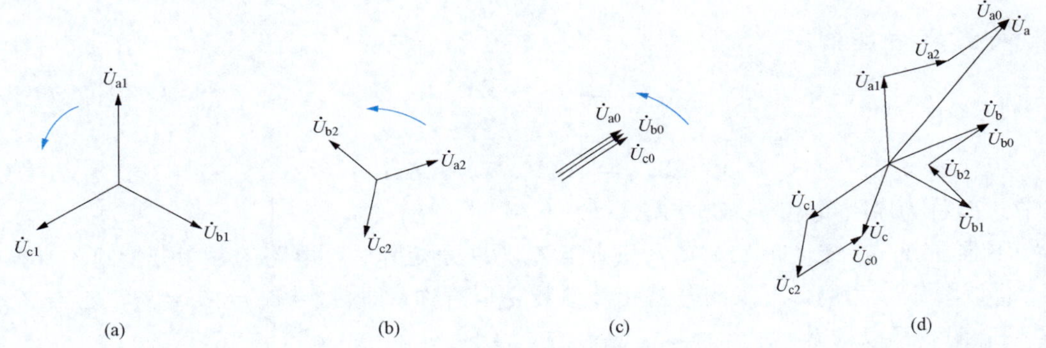

图 7-1 三相不对称电压的分解和合成

（a）正序电压；（b）负序电压；（c）零序电压；（d）三相不对称电压

式（7-4）和式（7-3）也可分别简记为

$$\boldsymbol{U}_{120} = \boldsymbol{A}\boldsymbol{U}_{abc} \tag{7-5}$$

$$\boldsymbol{U}_{abc} = \boldsymbol{A}^{-1}\boldsymbol{U}_{120} \tag{7-6}$$

其中 $\boldsymbol{U}_{abc} = [\dot{U}_a \quad \dot{U}_b \quad \dot{U}_c]^T$，$\boldsymbol{U}_{120} = [\dot{U}_{a1} \quad \dot{U}_{a2} \quad \dot{U}_{a0}]^T$

$$\boldsymbol{A} = \frac{1}{3}\begin{pmatrix}1 & a & a^2\\ 1 & a^2 & a\\ 1 & 1 & 1\end{pmatrix},\quad \boldsymbol{A}^{-1} = \begin{pmatrix}1 & 1 & 1\\ a^2 & a & 1\\ a & a^2 & 1\end{pmatrix}$$

矩阵 **A** 和 $\boldsymbol{A}^{-1}$ 分别称为对称分量的变换矩阵和反变换矩阵。这一变换矩阵同样可用于三相不对称电流或三相不对称磁链的变换。

二、 对称分量的独立性和序阻抗的概念

在对称三相网络中，通以某一序的对称分量电流时，只产生同一序的对称分量电压；施以某一序的对称分量电动势时，只产生同一序的对称分量电流。这表明网络的各序分量具有独立性。序分量的独立性是对称分量运算的前提。

下面以图 7-2 所示的简单三相电路元件为例对序分量的独立性作进一步说明。用 Z_{aa}、

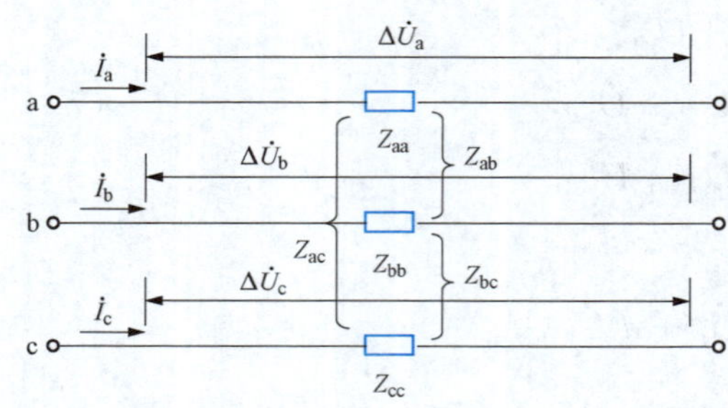

图 7-2　简单三相电路元件

Z_{bb}、Z_{cc}表示各相的自阻抗，用$Z_{ab}(=Z_{ba})$、$Z_{bc}(=Z_{cb})$、$Z_{ca}(=Z_{ac})$表示相间的互阻抗，则当电路通过三相不对称电流时，表示元件上电压降的方程为

$$\begin{bmatrix}\Delta\dot{U}_a\\ \Delta\dot{U}_b\\ \Delta\dot{U}_c\end{bmatrix}=\begin{bmatrix}Z_{aa} & Z_{ab} & Z_{ac}\\ Z_{ba} & Z_{bb} & Z_{bc}\\ Z_{ca} & Z_{cb} & Z_{cc}\end{bmatrix}\begin{bmatrix}\dot{I}_a\\ \dot{I}_b\\ \dot{I}_c\end{bmatrix}\tag{7-7}$$

或简记为

$$\Delta\boldsymbol{U}_{abc}=\boldsymbol{ZI}_{abc}\tag{7-8}$$

参照式（7-5）把$\Delta\boldsymbol{U}_{abc}$和$\boldsymbol{I}_{abc}$分别分解为各序分量，即

$$\left.\begin{aligned}\Delta\boldsymbol{U}_{abc}&=\boldsymbol{A}^{-1}\Delta\boldsymbol{U}_{120}\\ \boldsymbol{I}_{abc}&=\boldsymbol{A}^{-1}\boldsymbol{I}_{120}\end{aligned}\right\}\tag{7-9}$$

则式（7-8）可改写为

$$\boldsymbol{A}^{-1}\Delta\boldsymbol{U}_{120}=\boldsymbol{ZA}^{-1}\boldsymbol{I}_{120}\tag{7-10}$$

或

$$\Delta\boldsymbol{U}_{120}=\boldsymbol{AZA}^{-1}\boldsymbol{I}_{120}=\boldsymbol{Z}_{sc}\boldsymbol{I}_{120}\tag{7-11}$$

式中：$\boldsymbol{Z}_{sc}$称为序阻抗矩阵，$\boldsymbol{Z}_{sc}=\boldsymbol{AZA}^{-1}$。

不难看出，在式（7-11）中，只有当$\boldsymbol{Z}_{sc}$为对角矩阵时，电路的各序分量间才有独立性。仍以图 7-2 为例，当三相电路元件参数完全对称，即$Z_{aa}=Z_{bb}=Z_{cc}=Z_s$，$Z_{ab}=Z_{bc}=Z_{ca}=Z_m$时，可以求得

$$\boldsymbol{Z}_{sc}=\begin{bmatrix}Z_s-Z_m & 0 & 0\\ 0 & Z_s-Z_m & 0\\ 0 & 0 & Z_s+2Z_m\end{bmatrix}\tag{7-12}$$

将式（7-12）代入式（7-11）中，可得序分量的独立表达式为

$$\left.\begin{aligned}\Delta\dot{U}_{a1}&=(Z_s-Z_m)\dot{I}_{a1}\\ \Delta\dot{U}_{a2}&=(Z_s-Z_m)\dot{I}_{a2}\\ \Delta\dot{U}_{a0}&=(Z_s+2Z_m)\dot{I}_{a0}\end{aligned}\right\}\tag{7-13}$$

可见，只有在三相电路元件完全对称时，各序分量才具有独立性。此时各序电压和电流间的关系可以用相应的序阻抗来表示，即由式（7-13）可以写出该三相电路元件的正序阻抗Z_1、负序阻抗Z_2和零序阻抗Z_0分别为

$$\left.\begin{aligned}Z_1&=\frac{\Delta\dot{U}_{a1}}{\dot{I}_{a1}}=Z_s-Z_m\\ Z_2&=\frac{\Delta\dot{U}_{a2}}{\dot{I}_{a2}}=Z_s-Z_m\\ Z_0&=\frac{\Delta\dot{U}_{a0}}{\dot{I}_{a0}}=Z_s+2Z_m\end{aligned}\right\}\tag{7-14}$$

三、不对称电路的运算方法

熟悉三相不对称电压或电流的分解方法以及满足序分量独立性的条件后，在分析电力系统的不对称故障时，就可以将故障点的三个不对称电压（以 a 相接地为例，有$\dot{U}_a=0$，$\dot{U}_b\neq 0$，$\dot{U}_c\neq 0$）用对称分量法分解为三组对称的序电压，如图 7-3（a）所示。如果所分析系统中的元件均为线性元件，且符合三相对称的条件，则可以应用叠加原理将图 7-3（a）分解成正序［图 7-3（b）所示］、负序［图 7-3（c）所示］、零序［图 7-3（d）所示］三个互不相关的网络后独立进行运算。又由于三个序网络都是三相对称的，所以在分析时只需选其中的一相（例如作为基准相的 a 相）为代表，用单相网络来计算。

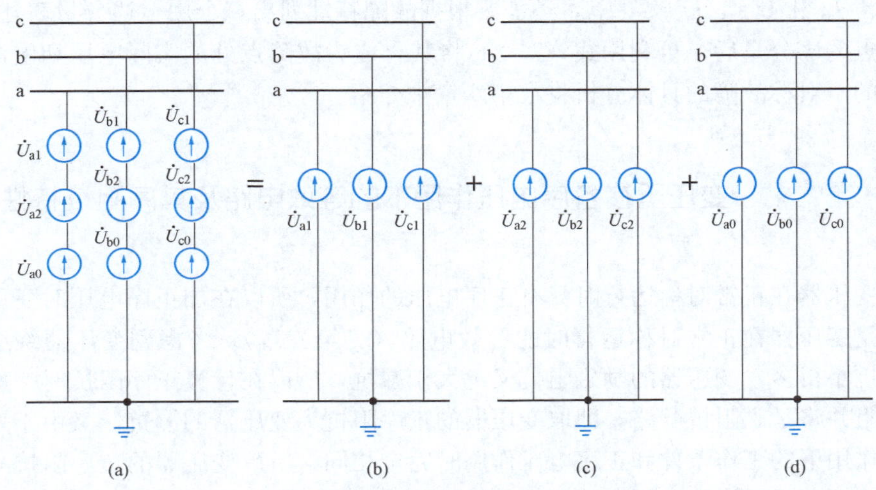

图 7-3　将不对称系统分解为三个对称系统

（a）三相不对称电压的分解；（b）正序网络；（c）负序网络；（d）零序网络

应用等效电源定理，以故障点为输出端口，各序网络都可以用一个等效电源和相应的等效阻抗来代替，如图 7-4 所示。等效电源的电动势为网络在故障点的开路电压，也就是故障发生前网络该点的电压。等效阻抗则为将网络中所有电源短接后在端口处所得到的阻抗。由于故障发生前故障点的电压是对称的，只存在正序分量，因此正序网络的等效电源电动势 $\dot{E}_{1\Sigma}$ 即为故障发生前故障点的对地电压，而负序网络的等效电源电动势 $\dot{E}_{2\Sigma}$ 和零序网络的等效电源电动势 $\dot{E}_{0\Sigma}$ 均为零。正序网络的等效阻抗，即正序阻抗 $Z_{1\Sigma}$，可以由在故障点加三相正序电动势后求出。同理负序阻抗 $Z_{2\Sigma}$ 和零序阻抗 $Z_{0\Sigma}$，可以分别由在故障点加三相负序电动势和三相零序电动势后求出。有关电力系统各元件序阻抗的性质及其参数将在以下各节中详细介绍。

由图 7-4 可列出正序、负序网络和零序网络的电压方程分别为

$$\left.\begin{aligned}\dot{E}_{1\Sigma}-\dot{I}_{a1}Z_{1\Sigma}&=\dot{U}_{a1}\\-\dot{I}_{a2}Z_{2\Sigma}&=\dot{U}_{a2}\\-\dot{I}_{a0}Z_{0\Sigma}&=\dot{U}_{a0}\end{aligned}\right\}\tag{7-15}$$

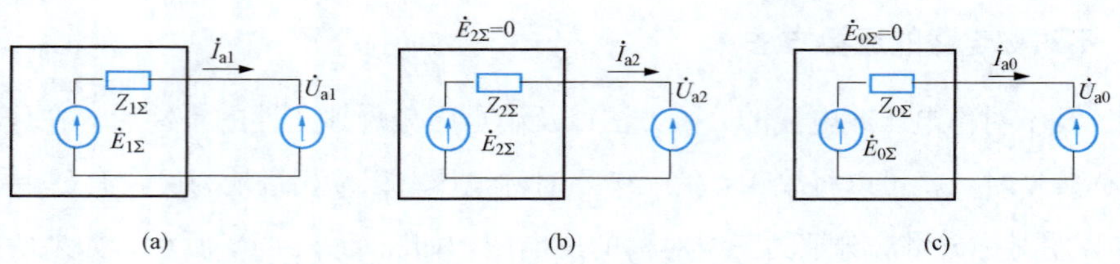

图 7-4　各序网络的等效电路图

(a) 正序网络；(b) 负序网络；(c) 零序网络

式（7-15）对所有不对称故障都适用。然而要解出式（7-15）中的六个未知序分量 $\dot{I}_{a1}$、$\dot{I}_{a2}$、$\dot{I}_{a0}$和 $\dot{U}_{a1}$、$\dot{U}_{a2}$、$\dot{U}_{a0}$，还需要根据故障特性列出三个用上述分量表述的方程。解出故障点的序分量后，再利用式（7-3）将其合成为故障点处的实际电压和电流。有关各种常见的不对称故障的具体分析将在第八章中介绍。

第二节　变压器在各序电压作用下的等效电路及其序阻抗特性

由于变压器在正常对称运行时只有正序电压的作用，所以在加正序电压时变压器的等效电路就是变压器在正常对称运行时的等效电路（见第三章）。考虑到变压器绕组的电阻要比其漏抗小得多，变压器的励磁阻抗又远大于漏抗，所以在计算正序阻抗时一般均可忽略绕组电阻并将励磁阻抗开路，即取变压器的正序阻抗为变压器的漏抗。又由于变压器在负序电压作用下的工作条件和正序电压作用时完全相同，所以变压器的负序阻抗与其正序阻抗相同。下面只需讨论变压器的零序等效电路和零序阻抗。

变压器的零序阻抗与变压器的铁心结构、绕组的连接方式以及中性点的工作方式有关。变压器按其铁心结构的不同可分为三相三柱式和非三相三柱式（包括三相四柱式和三相组式变压器）两大类。变压器三相绕组的连接方法则有三角形接法和星形接法两大类。星形接法中按中性点的工作方式又可划分为中性点不接地、中性点直接接地和中性点经阻抗接地三种类型。

当变压器一侧绕组接成星形或三角形时，如果在该侧绕组上加一组零序电动势 $\dot{U}_0$（如图 7-5 所示，由于三相零序电动势完全相同，所以图中用一个零序电动势代替三相零序电动势），则不管另一侧绕组采用什么连接方法，在变压器中都不会有电流流过，也就是说从三角形侧或星形侧来看，变压器的零序回路是不通的，因而其零序阻抗为无穷大。只有当变压器的一侧绕组接成星形，其中性点直接接地（YN 接法）或经阻抗接地时，在该侧绕组上加一组零序电动势后（如图 7-6 所示），绕组中才有可能有零序电流流过，才会呈现出一定数值的零序阻抗。所以在讨论变压器零序阻抗时，只需研究这种类型的接线方式。

一、变压器一侧绕组中性点直接接地

（一）YNd 接线方式

在这种接线方式下，当变压器星形侧的三个绕组（一次绕组）加上零序电动势时，其三

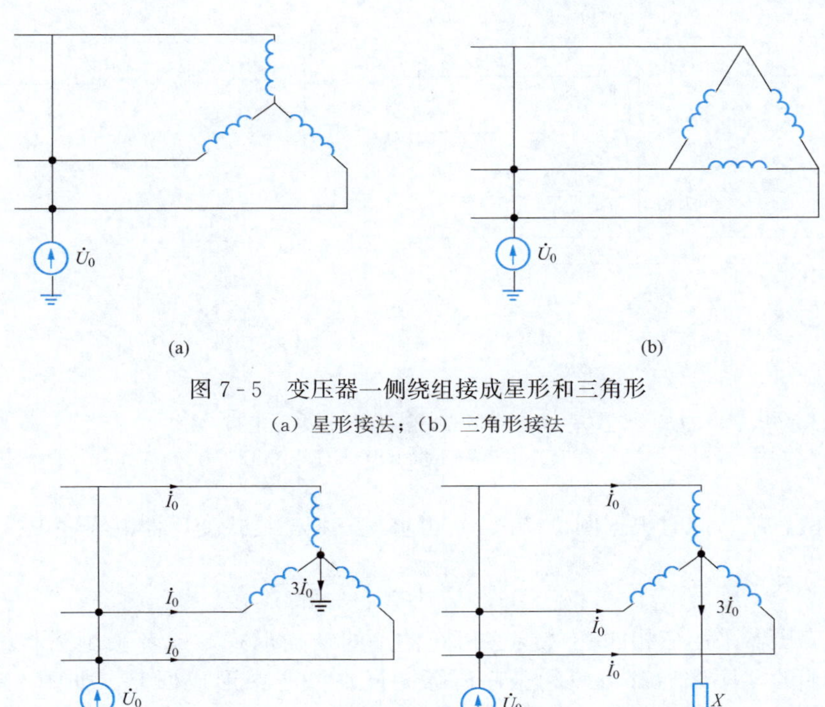

图 7 - 5　变压器一侧绕组接成星形和三角形

（a）星形接法；（b）三角形接法

图 7 - 6　变压器一侧绕组中性点接地

（a）直接接地；（b）经阻抗接地

角形侧的三个绕组（二次绕组）必然感应出三个大小相等、相位相同的零序电动势，即 $\dot{E}_{a0}=\dot{E}_{b0}=\dot{E}_{c0}=\dot{E}_{0\mathrm{II}}$，如图 7 - 7（a）所示。这三个电动势将构成一个闭合回路，并在三角形绕组中形成零序的环流 $\dot{I}_{0\mathrm{II}}$，此时零序电动势将被零序环流在绕组漏抗上的电压降所平衡，使每一绕组两端的电压均为零。这种工作状态与变压器二次侧短路的工作状态相当。注意到此时和变压器二次侧相连的线路中是不会出现零序电流的，即变压器零序回路在其对外连接处是开路的，图 7 - 7（b）虚线框内为与之相应的变压器的零序等效电路。图中 X_{I} 和 X_{II} 分别为零序电流流过一次绕组和二次绕组所形成的漏抗（已归算到同一电压），由于漏磁通的路径与所流过的电流的序别无关，所以 X_{I} 和 X_{II} 就分别是正序电流和负序电流流过时变压器一次绕组和二次绕组的漏抗。X_{m0} 是变压器的零序励磁电抗，它将由零序励磁磁通所经路径的磁导来决定。

注意到在零序电压的作用下，变压器的三相零序励磁磁通的大小和方向都是相同的。因此，当变压器采用三相三柱的铁心结构时，零序励磁磁通不能像正序（或负序）磁通那样在铁心中形成回路，而只能通过绝缘介质和外壳形成回路，如图 7 - 8（a）所示。由于绝缘介质和外壳的磁阻很大，所以三相三柱式变压器的零序励磁电抗要比正序（或负序）励磁电抗小得多。对于普通三相三柱式变压器而言，零序励磁电抗的标幺值 X_{m0*} 为 0.3～1.0，而三相三柱式大容量自耦变压器的 X_{m0*} 为 1.5～2.0。正序（或负序）励磁电抗的标幺值约为 20。

由于三相三柱式变压器的零序励磁电抗不很大，所以在零序等效电路和零序电抗的计

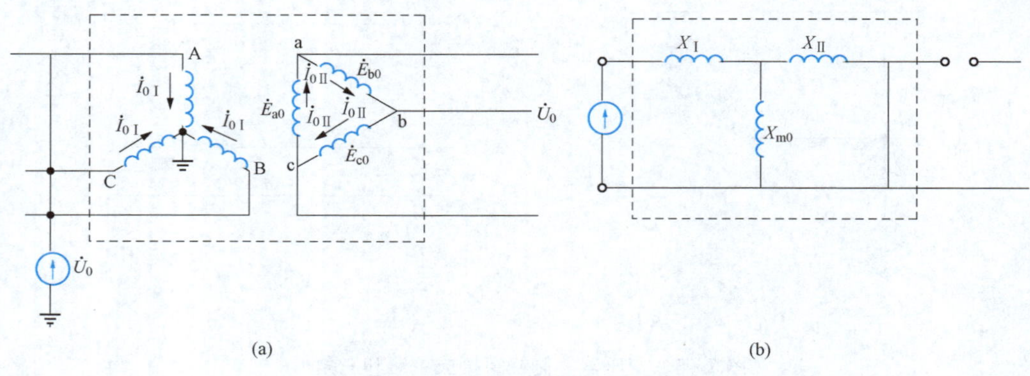

图 7 - 7　YNd 接线方式时的零序电抗

(a) 零序电流的回路；(b) 零序等效电路

算中不能随便忽略。此时根据图 7 - 7（b）可求得三相三柱式变压器的零序电抗为

$$X_0 = X_{\mathrm{I}} + \frac{X_{\mathrm{II}} X_{m0}}{X_{\mathrm{II}} + X_{m0}} \tag{7 - 16}$$

然而当变压器采用三相四柱（或三相五柱）的结构形式，或者采用三相组式变压器时，由于各相的零序磁通都可以和正序磁通一样在铁心中形成回路［如图 7 - 8（b）和（c）所示］，因而变压器的零序励磁电抗和正序励磁电抗相等，其值很大，在实际计算中通常可将 X_{m0} 当作无限大，即将励磁电抗支路视为开路，得

$$X_0 = X_{\mathrm{I}} + X_{\mathrm{II}} \tag{7 - 17}$$

即零序电抗等于变压器的漏抗。

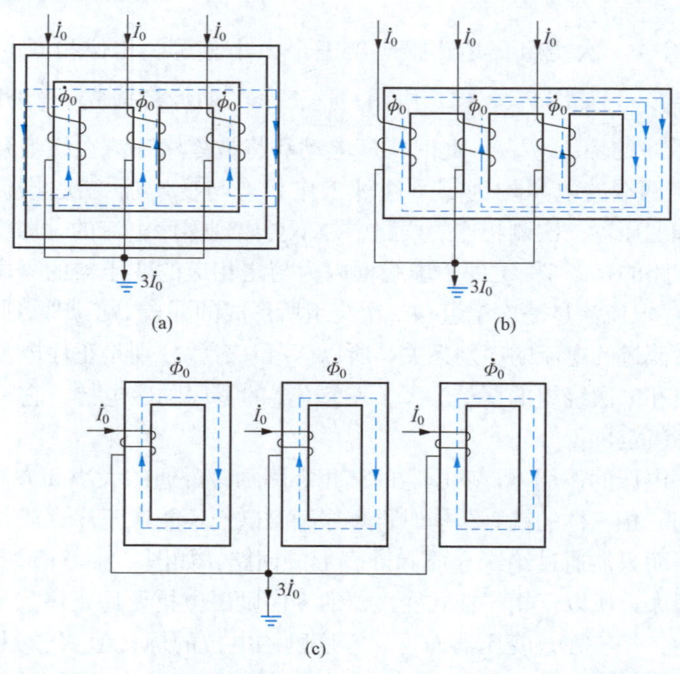

图 7 - 8　零序励磁磁通的回路

(a) 三相三柱式；(b) 三相四柱式；(c) 三相组式

（二）YNyn 接线方式

对于 YNyn 接法的变压器而言，当一次绕组加上零序电动势并在二次侧的三个绕组上感应出零序电动势后，如果与变压器二次侧相连的系统或负荷没有接地的中性点［如图 7-9（a）所示］，则变压器的二次侧不会有零序电流通过。这相当于变压器工作在二次侧开路的状态，其零序等效电路将如图 7-9（b）中虚线框内所示，相应的零序电抗为

$$X_0 = X_{\mathrm{I}} + X_{m0} \approx X_{m0} \tag{7-18}$$

若将励磁电抗视为开路，则有 $X_0 \to \infty$。

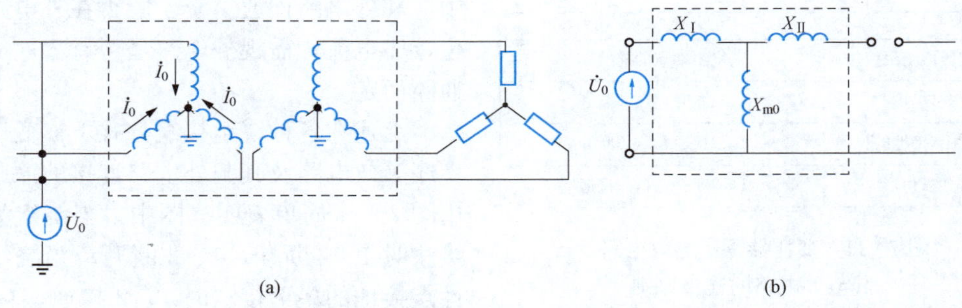

图 7-9　YNyn 接线（负荷无接地中性点）
（a）零序电流回路；（b）零序等效回路

当与变压器二次侧相连的系统或负荷有接地的中性点，能为二次侧的零序电流提供通路［如图 7-10（a）所示］时，变压器的零序等效电路将如图 7-10（b）所示。图中 Z_{LD} 为变压器二次侧的等效负载。如果将励磁电抗视为开路，则变压器的零序电抗就是变压器的漏抗。

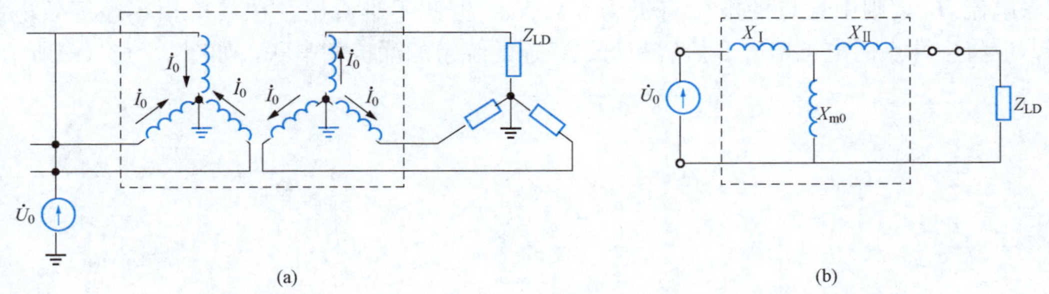

图 7-10　YNyn 接线（负荷有接地中性点）
（a）零序电流回路；（b）零序等效回路

（三）YNy 接线方式

显然采用这种接线方式时，变压器的二次侧是不会有零序电流流通的，因此这种接线方式的零序等效电路将和图 7-9（b）完全相同。

综上所述可知：

（1）在零序电压作用下的变压器零序等效电路仍可采用常规的 T 形电路。所不同的是其励磁电抗应取零序电抗。

（2）三角形接法的绕组能在变压器内部为零序电流的流通提供闭合回路，但不能为与

之相连的外电路提供零序电流回路，所以在零序等效电路中应将三角形接法的绕组短接，并将等效电路与外电路的连接隔断。

(3) 星形接法的绕组既不能为外电路提供零序电流的通路，也不会在变压器内部形成零序电流的闭合回路，所以其等效电路除仍需与外电路隔断外，不需将绕组短接。

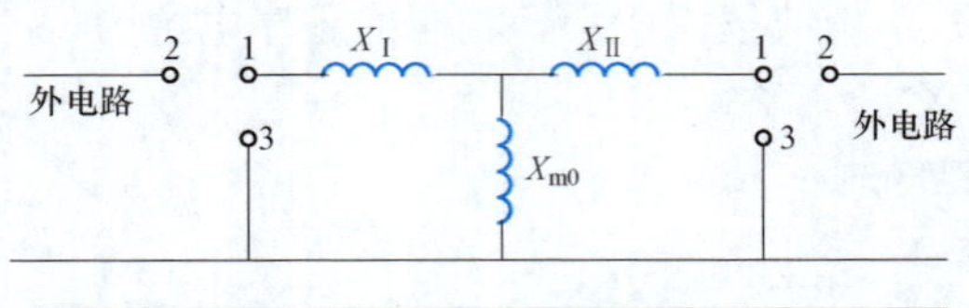

变压器绕组接法	绕组端点的连接
星形	1、2断开，1、3断开
中性点接地的星形	1、2接通，1、3断开
三角形	1、2断开，1、3接通

图 7-11　变压器零序等效电路及其与外电路的连接原则

(4) YN 接法的绕组虽不能在变压器内部形成零序电流的闭合回路，但有可能为外电路提供零序电流的通路，所以在等效电路中应和外电路连通。至于能否在外电路中产生零序电流，需视外电路是否有零序电流的通路而定。

上述在各种绕组接线方式下，变压器的零序等效电路及其与外电路连接的原则，可用图 7-11 简单表明。图中，当绕组为星形接法时 1、2 断开，1、3 断开；当绕组为中性点接地的星形接法时 1、2 接通，1、3 断开；当绕组为三角形接法时，1、2 断开，1、3 接通。

二、变压器一侧绕组中性点经电抗接地

在图 7-12 (a) 中，对变压器一侧绕组中性点经电抗 X_n 接地的线路加上零序电压时，流过中性点电抗的电流为 $3\dot{I}_0$，出现在 X_n 上的电压降（即中性点的电位）将为 $3\dot{I}_0X_n$。如果将中性点的电抗分解成 3 个阻值为 $3X_n$ 的并联电抗［见图 7-12 (b)］，在每个电抗中流过零序电流 $\dot{I}_0$，则中性点的电位将仍为 $3\dot{I}_0X_n$。据此不难看出，在其单相零序等效电路中，应将中性点的电抗增大 3 倍后和与之相连的绕组的漏抗相串联，如图 7-12 (c)所示。

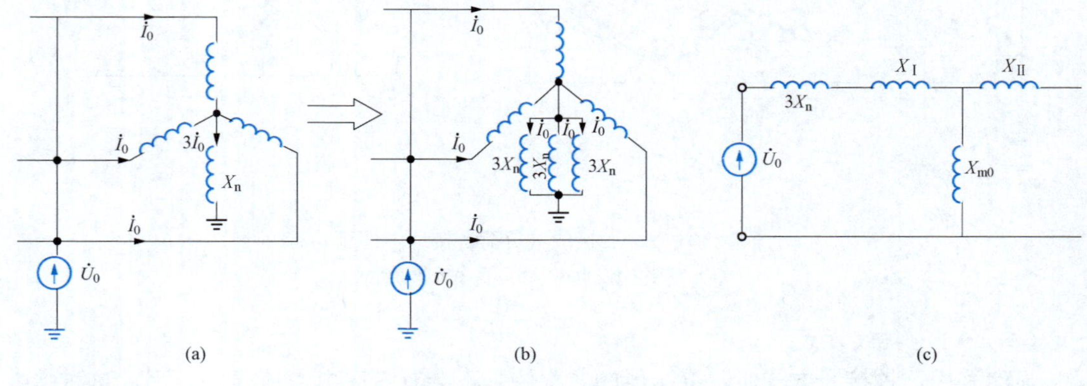

图 7-12　中性点经电抗接地
(a) 1 个 X_n；(b) 3 个 $3X_n$ 并联；(c) 零序等效电路

三、普通三绕组变压器

在三绕组变压器中，为了消除三次谐波磁通的影响，使变压器的电动势接近正弦波，

一般总有一个绕组要连接成三角形，常用的接线方式有 YNdy、YNdyn 和 YNdd 三种。其相应的零序等效电路可按照图 7 - 11 所述原则得到。由于变压器的励磁电抗并联有三角形绕组的漏抗，所以在零序等效电路图中一般可将励磁电抗支路视作开路。

图 7 - 13 所示为中性点直接接地的三绕组变压器及其零序等效电路图。如果中性点经电抗 X_n 接地，则需在 YN 侧的漏抗前串以 $3X_n$ 的电抗，以 YNdyn 接法为例，其等效电路如图 7 - 14所示。

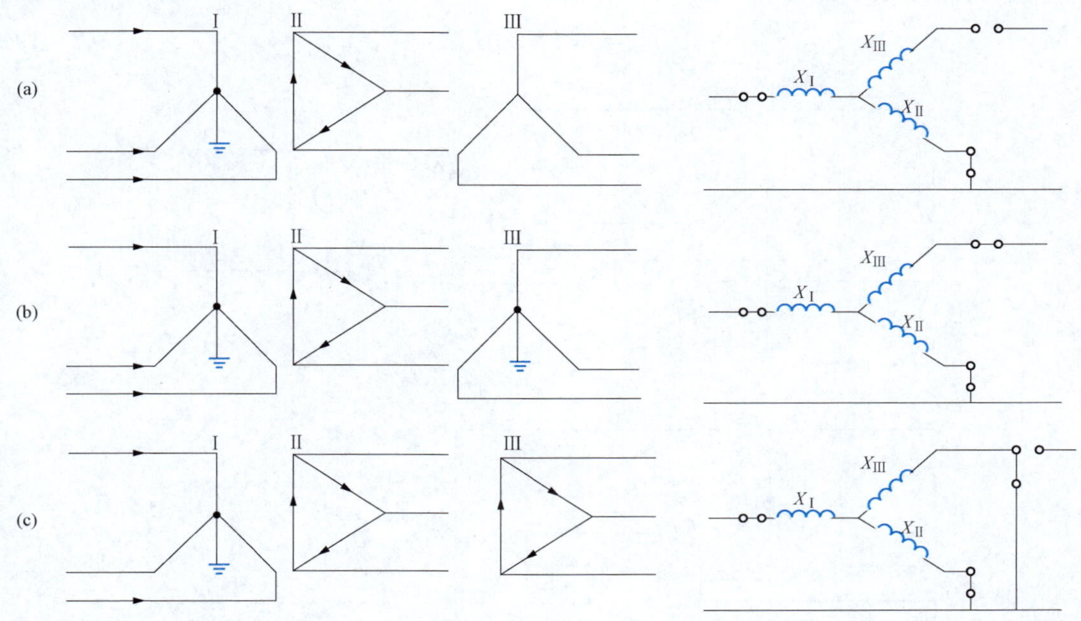

图 7 - 13　三绕组变压器的接线及其零序等效电路

(a) YNdy 接法；(b) YNdyn 接法；(c) YNdd 接法

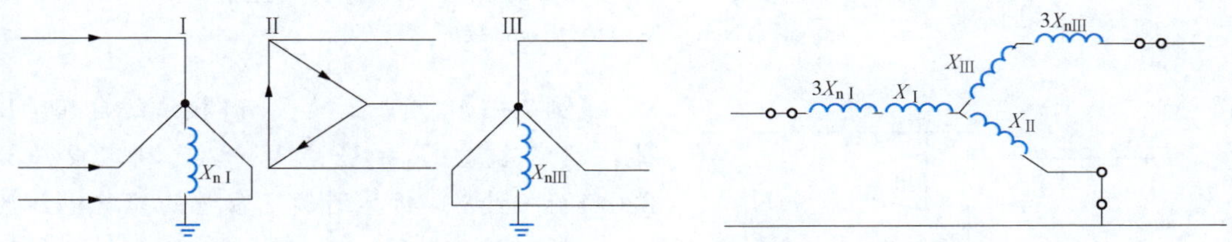

图 7 - 14　中性点经电抗接地的三绕组变压器接线及其零序等效电路

四、自耦变压器

自耦变压器的自耦绕组在电气上是有直接联系的，而且共有一个接地的中性点，因此，自耦变压器的两个高压自耦绕组都是 YN 接线，如果有第三个绕组，则采用三角形接线。

(一) 中性点直接接地的 YNyn 和 YNynd 接线的自耦变压器

如图 7 - 15 所示，当在中性点直接接地的 YNyn 和 YNynd 接线的自耦变压器 I 侧施加三相零序电压时，其中零序电流的流通情况以及零序等效电路与 YNyn 和 YNynd 接线的普通变压器完全相同。但是有两点需要说明：一是三相三柱式自耦变压器的励磁电抗 X_{m0} 大于普通变压器的励磁电抗，因此，不管变压器的铁心结构和接线方式如何，自耦变压器的零序励磁电抗 X_{m0} 支路一般都可开断；二是由于两个直接有电气联系的自耦绕组共用一个中性点和接地线，因此，从等效电路中不能直接求出中性点入地的实际电流有名值，必须先算出Ⅰ侧和Ⅱ侧的零序电流有名值 $\dot{I}_{0\mathrm{I}}$ 和 $\dot{I}_{0\mathrm{II}}$ 后，再计算出流过中性点的实际电流有名值，计算式为

$$\dot{I}_{n}=3(\dot{I}_{0\mathrm{I}}-\dot{I}_{0\mathrm{II}}) \tag{7-19}$$

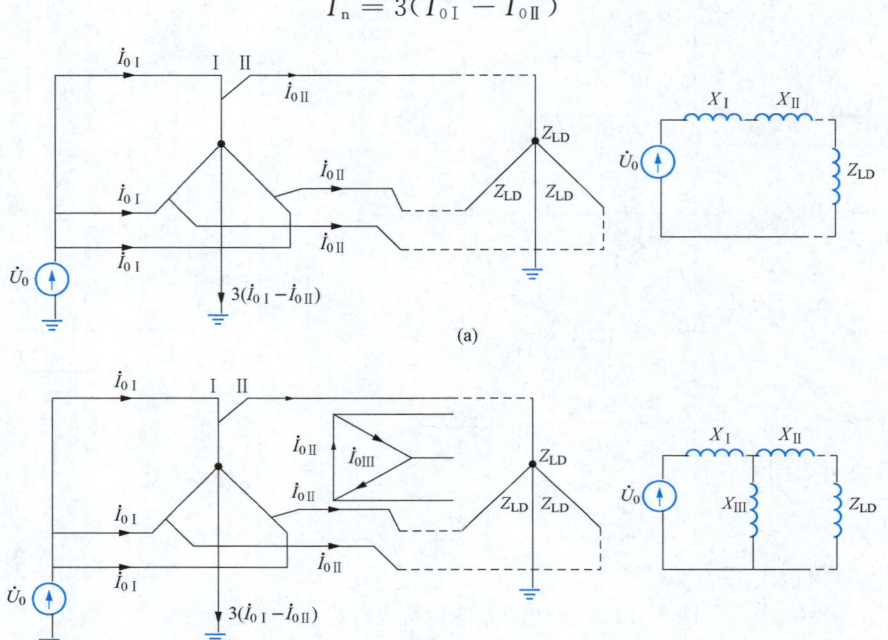

图 7-15　中性点直接接地的自耦变压器的接线及其零序等效电路

(a) YNyn 接法；(b) YNynd 接法

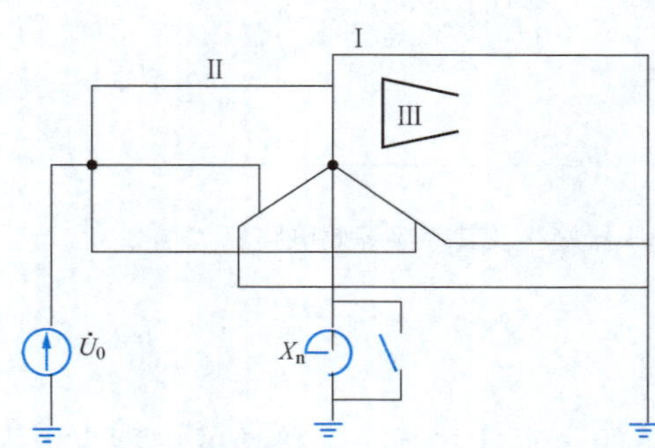

图 7-16　自耦变压器的接线和加压方式

【例 7-1】 有一台 YNynd 接法的自耦变压器，额定容量 $S_N=120\text{MV}\cdot\text{A}$，额定电压为 220/121/11kV。折算到额定容量的短路电压为 $U_{k\mathrm{I}-\mathrm{II}}\%=10.6$，$U_{k\mathrm{I}-\mathrm{III}}\%=36.4$，$U_{k\mathrm{II}-\mathrm{III}}\%=23$。如图 7-16 所示，将其高压侧三相短路接地，中压侧加零序电压 $\dot{U}_0$，$U_0=10\text{kV}$。试求下列两种情况下各绕组和中性点流过的电流：

(1) 第Ⅲ绕组开路；

(2) 第Ⅲ绕组接成三角形。

解　先计算各绕组的等效电抗

$$U_{k\mathrm{I}}\%=\frac{1}{2}(U_{k\mathrm{I}-\mathrm{II}}\%+U_{k\mathrm{I}-\mathrm{III}}\%-U_{k\mathrm{II}-\mathrm{III}}\%)$$

$$=\frac{1}{2}\times(10.6+36.4-23)=12$$

$$U_{k\mathrm{II}}\%=\frac{1}{2}(U_{k\mathrm{I-II}}\%+U_{k\mathrm{II-III}}\%-U_{k\mathrm{I-III}}\%)$$

$$=\frac{1}{2}\times(10.6+23-36.4)=-1.4$$

$$U_{k\mathrm{III}}\%=\frac{1}{2}(U_{k\mathrm{I-III}}\%+U_{k\mathrm{II-III}}\%-U_{k\mathrm{I-II}}\%)$$

$$=\frac{1}{2}\times(36.4+23-10.6)=24.4$$

折算到121kV侧的各绕组等效电抗为

$$X_{\mathrm{I}}=\frac{U_{k\mathrm{I}}\%}{100}\times\frac{U_N^2}{S_N}=\frac{12}{100}\times\frac{121^2}{120000}\times10^3=14.6(\Omega)$$

$$X_{\mathrm{II}}=\frac{U_{k\mathrm{II}}\%}{100}\times\frac{U_N^2}{S_N}=\frac{-1.4}{100}\times\frac{121^2}{120000}\times10^3=-1.7(\Omega)$$

$$X_{\mathrm{III}}=\frac{U_{k\mathrm{III}}\%}{100}\times\frac{U_N^2}{S_N}=\frac{24.4}{100}\times\frac{121^2}{120000}\times10^3=29.8(\Omega)$$

(1) 第Ⅲ绕组开路时的零序等效电路如图7-17(a)所示。据此可求得：

121kV侧的零序电流为

$$I_{0\mathrm{II}}=\frac{U_{0\mathrm{II}}}{X_{\mathrm{I}}+X_{\mathrm{II}}}=\frac{10000}{14.6-1.7}=775(\mathrm{A})$$

220kV侧的零序电流为

$$I_{0\mathrm{I}}=I_{0\mathrm{II}}\frac{U_{0\mathrm{II}}}{U_{\mathrm{IN}}}=775\times\frac{121}{220}=426(\mathrm{A})$$

自耦变压器公共绕组中的电流为

$$I_{0\mathrm{II}}-I_{0\mathrm{I}}=775-426=349(\mathrm{A})$$

经接地中性点的入地电流为

$$I_n=3(I_{0\mathrm{II}}-I_{0\mathrm{I}})=3\times349=1047(\mathrm{A})$$

计算结果示于图7-17(b)中。

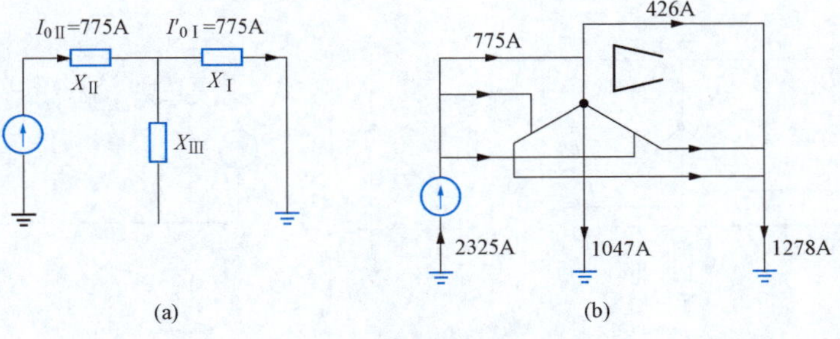

图7-17 第Ⅲ绕组开路

(a) 零序等效电路；(b) 电流在各绕组中的分布

(2) 第Ⅲ绕组接成三角形的零序等效电路如图7-18(a)所示，据此可求得：

121kV侧的零序电流为

$$I_{0\mathrm{II}}=\frac{U_{0\mathrm{II}}}{\dfrac{X_{\mathrm{I}}X_{\mathrm{III}}}{X_{\mathrm{I}}+X_{\mathrm{III}}}+X_{\mathrm{II}}}=\frac{10000}{\dfrac{14.6\times29.8}{14.6+29.8}-1.7}=1235(\mathrm{A})$$

220kV 侧的零序电流为

$$I_{0\mathrm{I}}=I_{0\mathrm{II}}\frac{X_{\mathrm{III}}}{X_{\mathrm{I}}+X_{\mathrm{III}}}\times\frac{U_{\mathrm{IIN}}}{U_{\mathrm{IN}}}=1235\times\frac{29.8}{14.6+29.8}\times\frac{121}{220}=456(\mathrm{A})$$

绕组Ⅲ中零序电流为

$$I_{0\mathrm{III}}=I_{0\mathrm{II}}\frac{X_{\mathrm{I}}}{X_{\mathrm{I}}+X_{\mathrm{III}}}\times\frac{1}{\sqrt{3}}\times\frac{U_{\mathrm{IIN}}}{U_{\mathrm{IIIN}}}=1235\times\frac{14.6}{14.6+29.8}\times\frac{1}{\sqrt{3}}\times\frac{121}{11}=2578(\mathrm{A})$$

经接地中性点的入地电流为

$$I_{\mathrm{n}}=3(I_{0\mathrm{II}}-I_{0\mathrm{I}})=3\times(1235-456)=2337(\mathrm{A})$$

计算结果示于图 7 - 18（b）中。

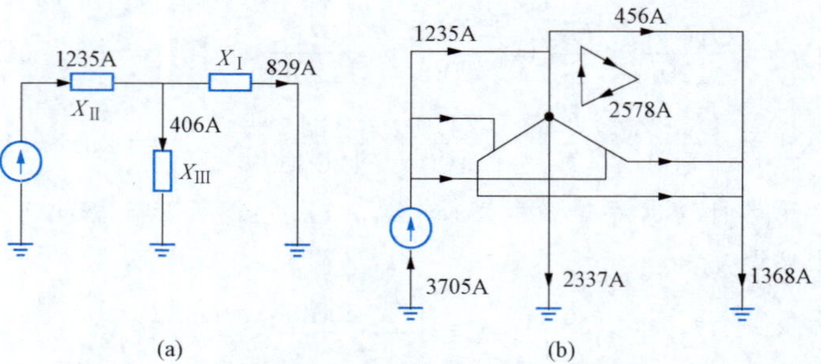

图 7 - 18　第Ⅲ绕组接成三角形

（a）零序等效电路；（b）电流在各绕组中的分布

（二）中性点经电抗接地的 YNyn 和 YNynd 接线的自耦变压器

对中性点经电抗接地的 YNyn 自耦变压器来说，由于其中性点是两侧绕组所共有的，中性点的电位要同时受到两个绕组中零序电流的影响，不能像 YNyn 接法的普通变压器那样用在变压器两侧的漏抗中各自串联 3 倍中性点电抗的方法来构成零序等效回路。已知图 7 - 19（a）中变压器Ⅰ侧和Ⅱ侧间的变比为 k_{12}，则中性点的电压为

$$\dot{U}_{\mathrm{n}}=3\mathrm{j}X_{\mathrm{n}}(\dot{I}_{0\mathrm{I}}-\dot{I}_{0\mathrm{II}})=3\mathrm{j}X_{\mathrm{n}}\dot{I}_{0\mathrm{I}}(1-k_{12})\tag{7 - 20}$$

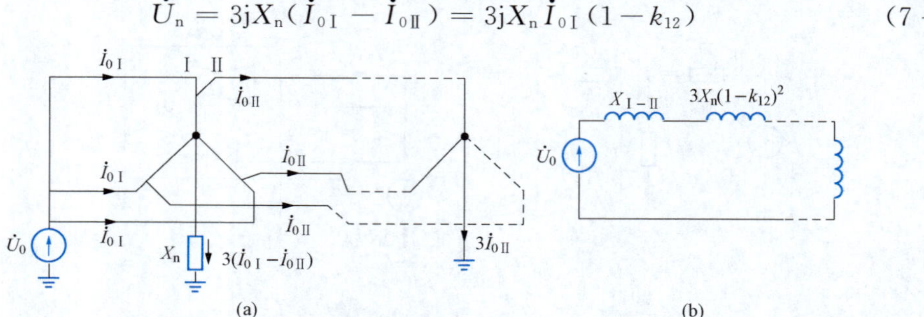

图 7 - 19　YNyn 接法中性点经电抗接地的自耦变压器

（a）三相电路图；（b）零序等效电路

设Ⅰ侧绕组端点及Ⅱ侧绕组端点与中性点之间的电位差的有名值分别为 $\dot{U}_{\mathrm{In}}$ 和 $\dot{U}_{\mathrm{IIn}}$，则绕组端点的对地电压的有名值 $\dot{U}_{\mathrm{I0}}$ 和 $\dot{U}_{\mathrm{II0}}$ 将分别为

$$\left.\begin{aligned}\dot{U}_{\mathrm{I}0}&=\dot{U}_{\mathrm{I}\mathrm{n}}+\dot{U}_{\mathrm{n}}\\ \dot{U}_{\mathrm{II}0}&=\dot{U}_{\mathrm{II}\mathrm{n}}+\dot{U}_{\mathrm{n}}\end{aligned}\right\}\tag{7-21}$$

折算到Ⅰ侧后有

$$\left.\begin{aligned}\dot{U}_{\mathrm{I}0}&=\dot{U}_{\mathrm{I}\mathrm{n}}+\dot{U}_{\mathrm{n}}\\ \dot{U}'_{\mathrm{II}0}&=(\dot{U}_{\mathrm{II}\mathrm{n}}+\dot{U}_{\mathrm{n}})k_{12}\end{aligned}\right\}\tag{7-22}$$

据此可得折算到Ⅰ侧后变压器的零序电抗为

$$\begin{aligned}\mathrm{j}X_0&=\frac{\dot{U}_{\mathrm{I}0}-\dot{U}'_{\mathrm{II}0}}{\dot{I}_{0\mathrm{I}}}=\frac{(\dot{U}_{\mathrm{I}\mathrm{n}}+\dot{U}_{\mathrm{n}})-(\dot{U}_{\mathrm{II}\mathrm{n}}+\dot{U}_{\mathrm{n}})k_{12}}{\dot{I}_{0\mathrm{I}}}\\ &=\frac{\dot{U}_{\mathrm{I}\mathrm{n}}-k_{12}\dot{U}_{\mathrm{II}\mathrm{n}}}{\dot{I}}+\frac{\dot{U}_{\mathrm{n}}}{\dot{I}_{0\mathrm{I}}}(1-k_{12})\end{aligned}\tag{7-23}$$

不难看出，式（7-23）中等号右边第一项为变压器中性点直接接地时（此时 $\dot{U}_{\mathrm{n}}=0$）归算到变压器Ⅰ侧的等效电抗，即变压器的漏抗，因此式（7-23）可改写为

$$\mathrm{j}X_0=\mathrm{j}(X_{\mathrm{I}}+X'_{\mathrm{II}})+\frac{\dot{U}_{\mathrm{n}}}{\dot{I}_{0\mathrm{I}}}(1-k_{12})\tag{7-24}$$

将式（7-20）代入式（7-24）可得

$$X_0=X_{\mathrm{I}}+X'_{\mathrm{II}}+3X_{\mathrm{n}}(1-k_{12})^2=X_{\mathrm{I-II}}+3X_{\mathrm{n}}(1-k_{12})^2\tag{7-25}$$

其零序等效电路如图 7-19（b）所示，其中 $X_{\mathrm{I-II}}=X_{\mathrm{I}}+X'_{\mathrm{II}}$。

对于如图 7-20（a）所示中性点经电抗 X_{n} 接地的 YNynd 接法变压器，应像普通三绕组变压器那样，先求每两个绕组之间的零序电抗，再求每个绕组的电抗。

当Ⅲ侧绕组开路时，折算到Ⅰ侧的Ⅰ、Ⅱ侧之间的零序电抗可仿照式（7-25）写出，即

$$X'_{\mathrm{I-II}}=X_{\mathrm{I-II}}+3X_{\mathrm{n}}(1-k_{12})^2\tag{7-26}$$

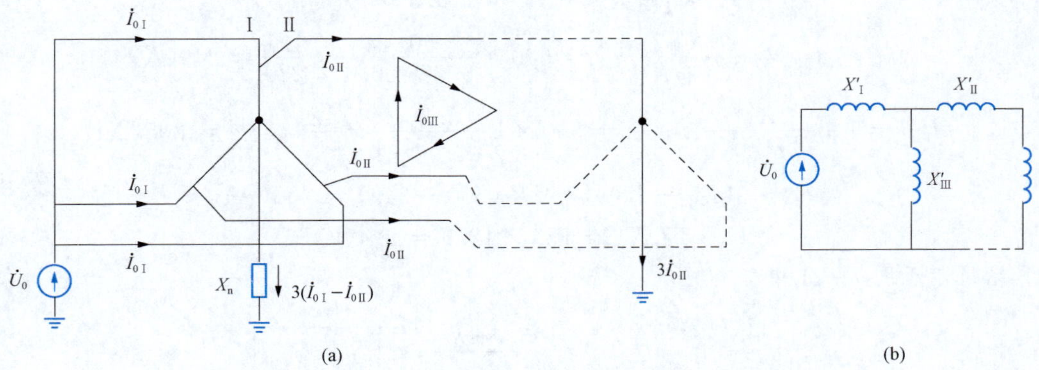

图 7-20 YNynd 接法中性点经电抗接地的自耦变压器

（a）三相电路图；（b）零序等效电路

当Ⅱ侧绕组开路时，自耦变压器成为普通 YNd 接法的双绕组变压器。此时流经中性点绕组的只有Ⅰ侧的零序电流，故折算到Ⅰ侧的Ⅰ、Ⅲ侧之间的零序电抗为

$$X'_{\mathrm{I-III}}=X_{\mathrm{I-III}}+3X_{\mathrm{n}}\tag{7-27}$$

同理，当Ⅰ侧绕组开路时，折算到Ⅰ侧的Ⅱ、Ⅲ侧之间的零序电抗将为

$$X'_{\mathrm{II-III}}=X_{\mathrm{II-III}}+3X_{\mathrm{n}}k_{12}^{2} \tag{7-28}$$

在分别求出两个绕组之间的电抗后，即可按照求三绕组变压器各绕组等效电抗的计算公式，求出星形零序等效电路中折算到Ⅰ侧的各电抗为

$$\left.\begin{aligned}X'_{\mathrm{I}}&=\frac{1}{2}(X'_{\mathrm{I-II}}+X'_{\mathrm{I-III}}-X'_{\mathrm{II-III}})=X_{\mathrm{I}}+3X_{\mathrm{n}}(1-k_{12})\\X'_{\mathrm{II}}&=\frac{1}{2}(X'_{\mathrm{I-II}}+X'_{\mathrm{II-III}}-X'_{\mathrm{I-III}})=X_{\mathrm{II}}+3X_{\mathrm{n}}k_{12}(k_{12}-1)\\X'_{\mathrm{III}}&=\frac{1}{2}(X'_{\mathrm{I-III}}+X'_{\mathrm{II-III}}-X'_{\mathrm{I-II}})=X_{\mathrm{III}}+3X_{\mathrm{n}}k_{12}\end{aligned}\right\} \tag{7-29}$$

其零序等效电路如图 7-20（b）所示。

【例 7-2】 已知图 7-16 所示三绕组自耦变压器折算到中压侧的 $X_{\mathrm{I}}=14.6\Omega$，$X_{\mathrm{II}}=-1.7\Omega$，$X_{\mathrm{III}}=2.9\Omega$，当第Ⅲ绕组接成三角形，中性点经 12.5Ω 电抗接地时，求流过各绕组和中性点的电流。

解 参照式(7-29) 求出计及中性点接地电抗影响后折算到Ⅱ侧（中压侧）的各绕组的等效电抗为

$$X'_{\mathrm{I}}=X_{\mathrm{I}}+3X_{\mathrm{n}}(1-k_{12})k_{21}^{2}=14.6+3\times12.5\times\left(1-\frac{220}{121}\right)\times\left(\frac{121}{220}\right)^{2}=5.3(\Omega)$$

$$X'_{\mathrm{II}}=X_{\mathrm{II}}+3X_{\mathrm{n}}k_{12}(k_{12}-1)k_{21}^{2}=-1.7+3\times12.5\times\frac{220}{121}\times\left(\frac{220}{121}-1\right)\times\left(\frac{121}{220}\right)^{2}=15.2(\Omega)$$

$$X'_{\mathrm{III}}=X_{\mathrm{III}}+3X_{\mathrm{n}}k_{12}k_{21}^{2}=29.8+3\times12.5\times\frac{220}{121}\times\left(\frac{121}{220}\right)^{2}=50.4(\Omega)$$

于是有

$$I_{0\mathrm{II}}=\frac{U_{0\mathrm{II}}}{X'_{\mathrm{II}}+\dfrac{X'_{\mathrm{I}}X'_{\mathrm{III}}}{X'_{\mathrm{I}}+X'_{\mathrm{III}}}}=\frac{10000}{15.2+\dfrac{5.3\times50.4}{5.3+50.4}}=500(\mathrm{A})$$

$$I_{0\mathrm{I}}=I_{0\mathrm{II}}\frac{X'_{\mathrm{III}}}{X'_{\mathrm{II}}+X'_{\mathrm{III}}}k_{21}=500\times\frac{50.4}{5.3+50.4}\times\frac{121}{220}=249(\mathrm{A})$$

$$I_{0\mathrm{III}}=I_{0\mathrm{II}}\frac{X'_{\mathrm{I}}}{X'_{\mathrm{I}}+X'_{\mathrm{III}}}k_{23}\frac{1}{\sqrt{3}}=500\times\frac{5.3}{5.3+50.4}\times\frac{121}{11}\times\frac{1}{\sqrt{3}}=305(\mathrm{A})$$

$$I_{\mathrm{n}}=3(I_{0\mathrm{II}}-I_{0\mathrm{I}})=3\times(500-249)=753(\mathrm{A})$$

$$U_{\mathrm{n}}=I_{\mathrm{n}}X_{\mathrm{n}}=753\times12.5=9.4(\mathrm{kV})$$

计算结果示于图 7-21 中。

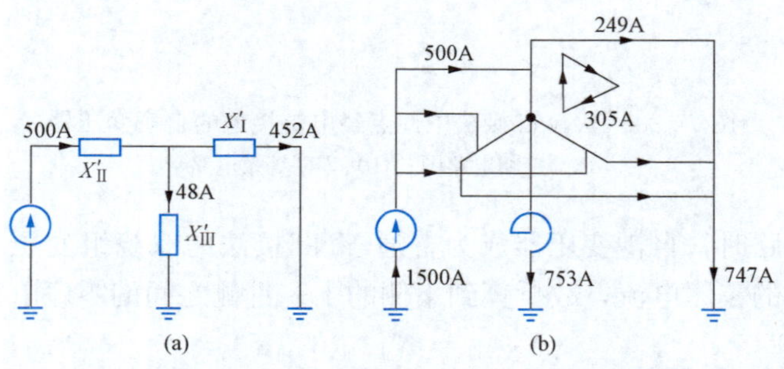

图 7-21 YNynd 接法中性点经 12.5Ω 电抗接地

（a）零序等效电路；（b）电流在各绕组中的分布

第三节 输电线路在各序电压作用下的序阻抗及等效电路

由于输电线路是静止元件，因此线路的负序阻抗等于正序阻抗；但三相导线中流过零序电流时，各相导线间的电磁关系与正序、负序不同，故线路零序阻抗与正序、负序阻抗不相等。由式（7-12）可知，当三相输电线路对称时（即 $Z_{aa}=Z_{bb}=Z_{cc}=Z_s$，$Z_{ab}=Z_{bc}=Z_{ca}=Z_m$），三相输电线路的正序、负序阻抗和零序阻抗分别为

$$\left.\begin{aligned}Z_1&=Z_s-Z_m\\Z_2&=Z_s-Z_m\\Z_0&=Z_s+2Z_m\end{aligned}\right\}\qquad(7-30)$$

式中：Z_s 为单根（相）导线以大地为回路的阻抗，又称导线的自阻抗；Z_m 为以大地为回路时两根（相）导线间的互阻抗，又称相间互阻抗。

由此可见，要计算三相输电线的序阻抗，应先计算导线的自阻抗 Z_s 和互阻抗 Z_m。

输电线路有多种型式，如单回架空线、双回架空线、带架空接地线的单回或双回架空线、电缆等。下面主要介绍各型架空输电线的零序阻抗的计算方法。

一、架空输电线路的自阻抗

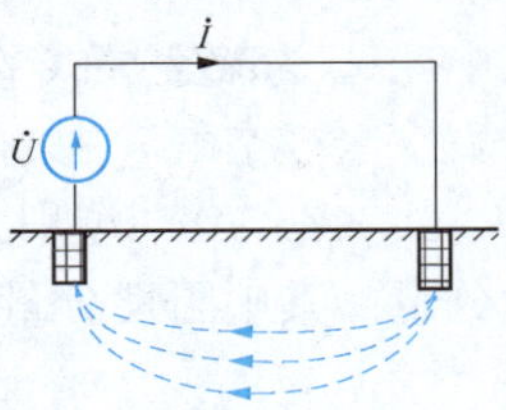

图 7-22 是单根导线经大地回流的示意图。由图可知，若在导线和大地间施加电压$\dot{U}$，测出经导线和大地流通的电流$\dot{I}$后，即可得单根导线以大地为流通回路时的阻抗 $Z_s=\dfrac{\dot{U}}{\dot{I}}$。但是若要对以大地为回路的单根导线的自阻抗进行计算，则必须要知道回流电流在地中的分布。根据理论分析可知，当大地的土壤电阻率$\rho=0$ 时，由于磁力线不能进入大地，因此经大地返回的电流将全部集中于大地表面，而且电流在地表的分布是不均匀的。在导线的直接下方电流密度最大，沿垂直于线路的方向逐步递减，如图7-23（a）所示。此时大地的作用可用一个与地表面对称的镜像来取代。当土壤电阻率 $\rho\neq0$ 时，磁力线将进入大地。在均匀土壤的情况下，地中电流密度的分布除沿垂直于线路的方向递减外，还将随着深度的增加而逐渐减小，ρ 越大，地中回流的深度就越大。此外回流的深度也与所施加的电压和电流的频率有关，频率的增高会使电流的集肤作用增强，因而回流的深度将随频率的增高而减小。

图 7-22 单根导线经大地回流的示意图

理论推导表明❶，这一由架空导线电流和地中电流构成的复杂电流回路所形成的磁通在等效半径为 a_m 的单位长度架空导线上感应的电动势 $\dot{E}_g$ 为

$$\dot{E}_g=\omega\left(\frac{\pi}{2}\times10^{-7}+\mathrm{j}\,\frac{\mu_0}{2\pi}\ln\frac{660\sqrt{\dfrac{\rho}{f}}}{a_m}\right)\dot{I}\quad(\mathrm{V/m})\qquad(7-31)$$

即单位长度架空导线的自感阻抗 z_g 为

❶ 参见解广润编《电力系统接地技术》，水利电力出版社，1991 年。

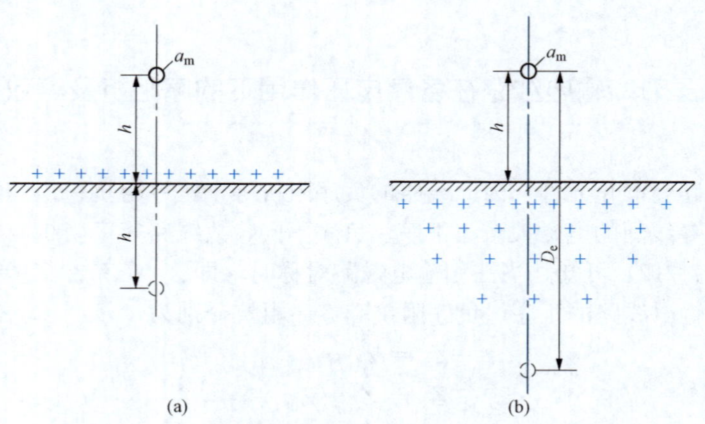

图 7-23　地中镜像导线位置

(a) $\rho=0$；(b) $\rho\neq0$

$$z_g=\frac{\dot{E}_g}{\dot{I}}=\omega\left(\frac{\pi}{2}\times10^{-7}+\mathrm{j}\,\frac{\mu_0}{2\pi}\ln\frac{660\sqrt{\dfrac{\rho}{f}}}{a_m}\right)\quad(\Omega/\mathrm{m})\qquad(7-32)$$

式中：a_m 为架空导线的等效半径，m；ρ 为土壤电阻率，$\Omega\cdot\mathrm{m}$；f 为电流的频率，Hz；μ_0 为真空（或空气）中的磁导率，$\mu_0=4\pi\times10^{-7}\,\mathrm{H/m}$。

式（7-32）说明以大地为回路的架空导线的自感阻抗中除感性分量外，还存在有阻性分量。其中阻性分量是一个和土壤电阻率无关的常量 r_e，即

$$r_e=\omega\,\frac{\pi}{2}\times10^{-7}(\Omega/\mathrm{m})=\pi^2f\times10^{-4}(\Omega/\mathrm{km})=0.05(\Omega/\mathrm{km})\qquad(7-33)$$

感性分量则可用一个设置在地中的和架空导线间距离为 D_e 的镜像导线［如图 7-23（b）所示］来求取，即

$$\begin{aligned}x_e&=\omega\left[\int_{a_m}^{D\to\infty}\frac{\mu_0}{2\pi}\,\frac{1}{r}\mathrm{d}r-\int_{D_e}^{D\to\infty}\frac{\mu_0}{2\pi}\,\frac{1}{r}\mathrm{d}r\right]=\frac{\omega\mu_0}{2\pi}\ln\frac{D_e}{a_m}\\&=\left(4\pi f\lg\frac{D_e}{a_m}\right)\times10^{-4}\quad(\Omega/\mathrm{km})\end{aligned}\qquad(7-34)$$

其中 $D_e=660\sqrt{\dfrac{\rho}{f}}$。

设单位长度架空导线自身的电阻为 r_a，即可得单根导线以大地为回路时导线单位长度的自阻抗 z_s 为

$$\begin{aligned}z_s&=r_a+r_e+\mathrm{j}\,\frac{\omega\mu_0}{2\pi}\ln\frac{D_e}{a_m}=r_a+\left(\pi^2f+\mathrm{j}4\pi f\ln\frac{D_e}{a_m}\right)\times10^{-4}\\&=r_a+0.05+\mathrm{j}0.1445\lg\frac{D_e}{a_m}\quad(\Omega/\mathrm{km})\end{aligned}\qquad(7-35)$$

二、两平行导线的互阻抗

图 7-24 中，导线 1 和 2 为平行导线，导线间的距离为 D。为求以大地为回流的导线 1 通过电流 $\dot{I}$ 时，在导线 2 上感应的电动势 $E_{g,2}$，只需在式（7-31）中用两导线间的距离 D

置换 a_m 即可。由此可得

$$\dot{E}_{g,2}=\omega\left(\frac{\pi}{2}\times10^{-7}+j\frac{\mu_0}{2\pi}\ln\frac{D_e}{D}\right)\dot{I}\quad(V/m)\quad(7-36)$$

即单位长度架空导线间的互感阻抗 z_m 为

$$z_m=\frac{\dot{E}_{g,2}}{\dot{I}}=\omega\left(\frac{\pi}{2}\times10^{-7}+j\frac{\mu_0}{2\pi}\ln\frac{D_e}{D}\right)$$

$$=0.05+j0.1445\lg\frac{D_e}{D}\quad(\Omega/km)\quad(7-37)$$

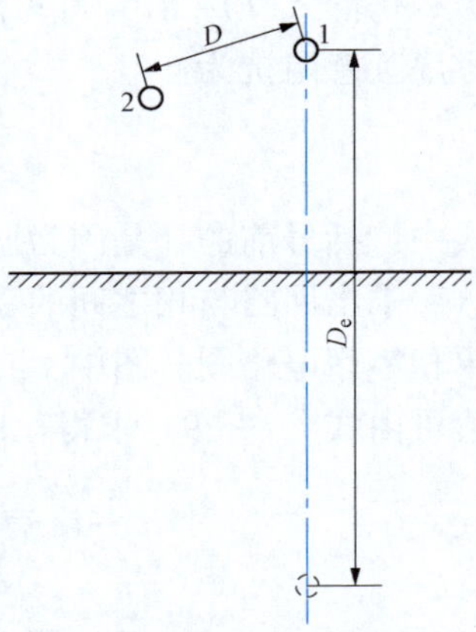

图 7-24　两平行导线间的互感计算

三、单回路三相架空输电线的正序、负序阻抗和零序阻抗

当三相架空输电线完全均匀换位时，式（7-37）中导线间的距离 D 可用三相导线间的几何均距 D_{ge} 表示。参照式（7-30），利用式（7-35）和式（7-37）可得架空线路单位长度的正序阻抗和负序阻抗为

$$z_1=z_2=z_s-z_m=r_a+j0.1445\lg\frac{D_{ge}}{a_m}\quad(7-38)$$

可见式（7-38）和第三章式（3-32）的结果类同。

单位长度架空线的零序阻抗为

$$z_0=z_s+2z_m=r_a+3r_e+j3\times0.1445\lg\frac{D_e}{\sqrt[3]{a_mD_{ge}^2}}$$

$$=r_a+0.15+j0.4335\lg\frac{D_e}{\sqrt[3]{a_mD_{ge}^2}}\quad(\Omega/km)\quad(7-39)$$

式中：$\sqrt[3]{a_mD_{ge}^2}$ 为三相导线的自几何均距。

比较式（7-38）和式（7-39）可知，单回路输电线路的零序阻抗较正序阻抗大，这是由于零序电流三相同相位，全部以大地为回路，相间互感磁通是相互加强的缘故。

四、双回架空输电线的零序阻抗及其零序等效电路

当平行架设的两回三相架空输电线通过正序（或负序）电流时，由于每回线路三相电流之和为零，两回线路之间无互感磁链作用，所以每回线路的正序（或负序）阻抗与单回线路的正序（或负序）阻抗完全相等。但是，当双回输电线通过方向相同的零序电流时，由于每回线路的三相零序电流之和不为零，两回线路之间将存在着零序互感磁链，从而会使每回线路的零序阻抗增大。为了计算双回输电线一相的零序阻抗，必须先计算回路间的零序互阻抗。

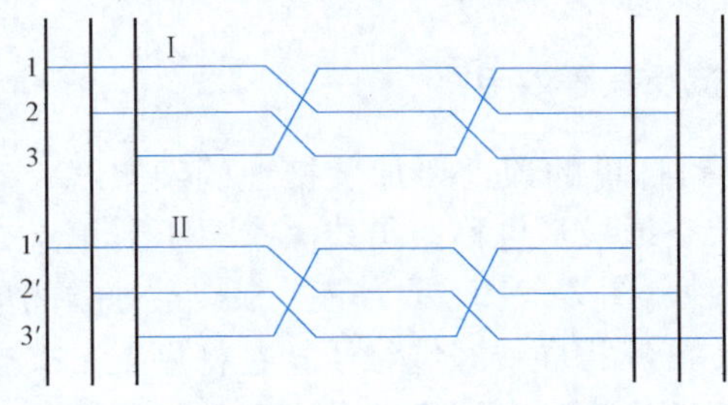

图 7-25　完全换位的双回线路

图 7-25 所示为完全换位的双回线路，$D_{11'}$，$D_{12'}$，$D_{13'}$，…，$D_{33'}$ 分别是两回对应线路的线间距离。由图可得回路Ⅰ和回路Ⅱ间的几何均距 $D_{Ⅰ-Ⅱ}$ 为

$$D_{Ⅰ-Ⅱ}=\sqrt[9]{D_{11'}D_{12'}D_{13'}D_{21'}D_{22'}D_{23'}D_{31'}D_{32'}D_{33'}}$$

仿照式（7-37）可写出回路Ⅰ对回路Ⅱ任一相间（或回路Ⅱ对回路Ⅰ任一相间）的零序互感阻抗为

$$z_{\mathrm{I}\text{-}\mathrm{II}0}=3\times\left(0.05+\mathrm{j}0.1445\lg\frac{D_{\mathrm{e}}}{D_{\mathrm{I}\text{-}\mathrm{II}}}\right)\quad(\Omega/\mathrm{km})\tag{7-40}$$

式中：括号前的3是因为回路Ⅰ的单相零序互阻抗是总互阻抗3倍的缘故。

求出回路与相之间的零序互阻抗后，就可以作出如图7-26（a）所示的双回路系统的单相零序电路图。图中$z_{\mathrm{I}0}$和$z_{\mathrm{II}0}$分别为回路Ⅰ和回路Ⅱ单独存在时一相的零序阻抗，其值可由式（7-39）求得，即

$$z_{\mathrm{I}0}=r_{\mathrm{Ia}}+0.15+\mathrm{j}0.4335\lg\frac{D_{\mathrm{e}}}{\sqrt[3]{a_{\mathrm{Im}}D_{\mathrm{Ige}}^{2}}}\quad(\Omega/\mathrm{km})\tag{7-41}$$

$$z_{\mathrm{II}0}=r_{\mathrm{II}a}+0.15+\mathrm{j}0.4335\lg\frac{D_{\mathrm{e}}}{\sqrt[3]{a_{\mathrm{IIm}}D_{\mathrm{IIge}}^{2}}}\quad(\Omega/\mathrm{km})\tag{7-42}$$

对于图7-26（a）可列出如下的两个电压方程式

$$\left.\begin{aligned}\Delta\dot{U}_{\mathrm{I}0}&=\dot{I}_{\mathrm{I}0}Z_{\mathrm{II}0}+\dot{I}_{\mathrm{I}0}Z_{\mathrm{I}\text{-}\mathrm{II}0}=\dot{I}_{\mathrm{I}0}(Z_{\mathrm{I}0}-Z_{\mathrm{I}\text{-}\mathrm{II}0})+(\dot{I}_{\mathrm{I}0}+\dot{I}_{\mathrm{II}0})Z_{\mathrm{I}\text{-}\mathrm{II}0}\\\Delta\dot{U}_{\mathrm{II}0}&=\dot{I}_{\mathrm{I}0}Z_{\mathrm{I}\text{-}\mathrm{II}0}+\dot{I}_{\mathrm{II}0}Z_{\mathrm{II}0}=\dot{I}_{\mathrm{II}0}(Z_{\mathrm{II}0}-Z_{\mathrm{I}\text{-}\mathrm{II}0})+(\dot{I}_{\mathrm{I}0}+\dot{I}_{\mathrm{II}0})Z_{\mathrm{I}\text{-}\mathrm{II}0}\end{aligned}\right\}\tag{7-43}$$

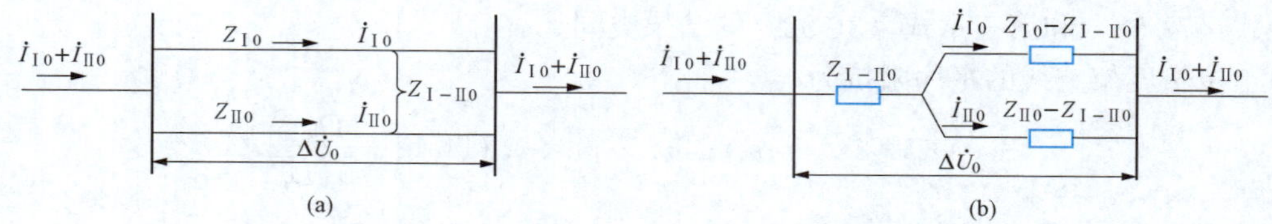

图7-26 双回路零序等效电路图
（a）单相零序电路图；（b）零序等效电路图

根据式（7-43）的电压方程式，可以作出如图7-26（b）所示双回线路的单相零序等效电路，其双回线总的零序阻抗为

$$Z_0^{(2)}=Z_{\mathrm{I}\text{-}\mathrm{II}0}+\frac{(Z_{\mathrm{I}0}-Z_{\mathrm{I}\text{-}\mathrm{II}0})(Z_{\mathrm{II}0}-Z_{\mathrm{I}\text{-}\mathrm{II}0})}{Z_{\mathrm{I}0}-Z_{\mathrm{I}\text{-}\mathrm{II}0}+Z_{\mathrm{II}0}-Z_{\mathrm{I}\text{-}\mathrm{II}0}}\tag{7-44}$$

如果两回路结构完全相同，即$Z_{\mathrm{I}0}=Z_{\mathrm{II}0}=Z_0$，而且$\dot{I}_{\mathrm{I}0}=\dot{I}_{\mathrm{II}0}$，则可得双回线路总的零序阻抗为

$$Z_0^{(2)}=Z_{\mathrm{I}\text{-}\mathrm{II}0}+\frac{1}{2}(Z_0-Z_{\mathrm{I}\text{-}\mathrm{II}0})=\frac{1}{2}(Z_{\mathrm{I}\text{-}\mathrm{II}0}+Z_0)\tag{7-45}$$

而双回路中每一回路的单相零序阻抗为$Z_0+Z_{\mathrm{I}\text{-}\mathrm{II}0}$。（7-46）

五、有架空地线的单回架空输电线的零序阻抗及其等效电路

通常在110kV及以上电压等级的架空输电线路杆塔的顶上要加装接地的架空线，以保护线路免遭直接雷击，这种接地的架空线称为架空地线，也称避雷线（参看下册第十二章）。根据防雷的要求，架空地线有一根和两根两种。图7-27所示为有一根架空地线的单回架空输电线路，（a）图为其结构图。图中a、b、c三相导线经绝缘子挂在杆塔上，架空地线经杆塔与接地体连接。当输电线发生不对称接地故障时，故障点会出现一组零序电动势，导线中会流过三相零序电流。三相零序电流的一部分将经架空地线分流，如图7-27

(b) 所示。为了便于分析，在图 7-27（b）中把架空地线画在输电线的下面。

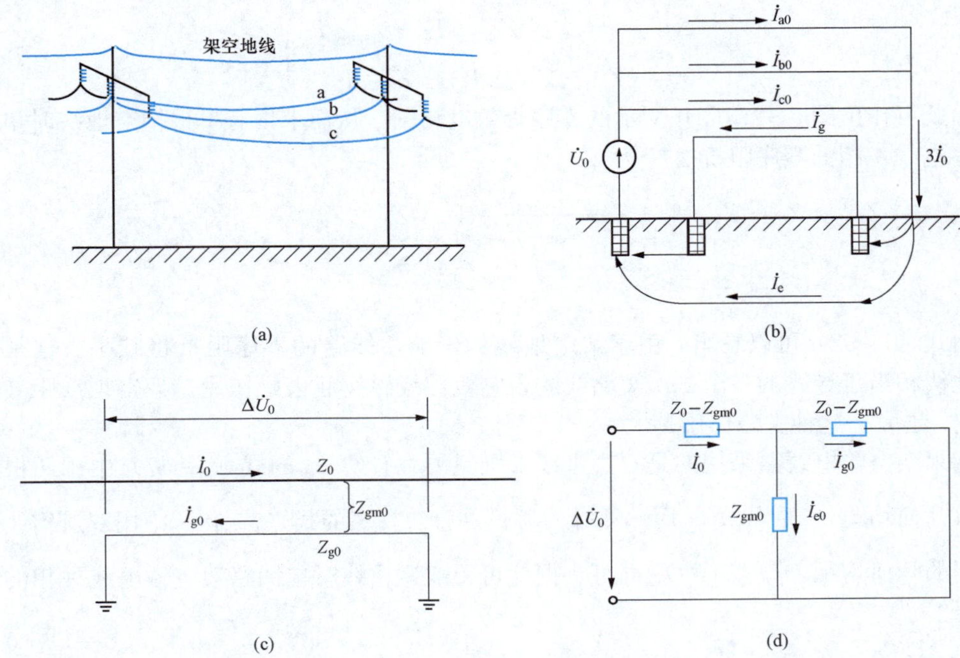

图 7-27　有一根架空地线的单回输电线路

（a）结构图；（b）零序电流流通图；（c）单相零序电路图；（d）零序等效电路图

设流经大地和架空地线的电流分别为 $\dot{I}_e$ 和 $\dot{I}_g$，且 $\dot{I}_e+\dot{I}_g=3\dot{I}_0$。为了能利用前面已分析过的双回线的零序阻抗和等效电路，不妨设想将一根架空地线分成三根并联。每根架空地线中通过的电流为 $\dot{I}_{g0}=\dot{I}_g/3$，而流经大地的电流为 $\dot{I}_e=3(\dot{I}_0-\dot{I}_{g0})=3\dot{I}_{e0}$，每相架空地线单位长度的零序自阻抗 z_{g0} 等于架空地线以大地为回路时的自阻抗的 3 倍，即

$$z_{g0}=3r_g+0.15+\mathrm{j}0.4335\lg\frac{D_e}{a_g}\quad(\Omega/\mathrm{km})\tag{7-47}$$

式中：r_g 为单位长度架空地线的电阻；a_g 为架空地线的半径。

据此可画出图 7-27（c）所示的单相零序电路图。因为三相架空输电线与假想的三相架空地线构成一个双回架空输电系统，故架空输电线与架空地线之间单位长度的零序互阻抗可按式（7-40）写成

$$z_{gm0}=0.15+\mathrm{j}0.4335\lg\frac{D_e}{D_{l\text{-}g}}\quad(\Omega/\mathrm{km})\tag{7-48}$$

式中：$D_{l\text{-}g}$ 为线路与架空地线之间的互几何均距。

按图 7-28 可得

$$D_{l\text{-}g}=\sqrt[3]{D_{ag}D_{bg}D_{cg}}\tag{7-49}$$

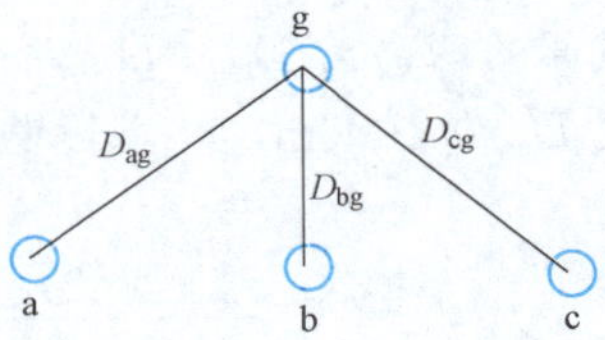

图 7-28　单根架空地线与单回输电线布置图

根据图 7-27（c）所示的单相零序电路图列出电压方程式

$$\left.\begin{aligned}\Delta\dot{U}_0&=Z_0\dot{I}_0-Z_{gm0}\dot{I}_{g0}=(Z_0-Z_{gm0})\dot{I}_0-Z_{gmo}(\dot{I}_{g0}-\dot{I}_0)\\0&=Z_{g0}\dot{I}_{g0}-Z_{gm0}\dot{I}_0=(Z_{g0}-Z_{gm0})\dot{I}_{g0}+Z_{gm0}(\dot{I}_{g0}-\dot{I}_0)\end{aligned}\right\}\tag{7-50}$$

考虑到 $\dot{I}_0 - \dot{I}_{g0} = \dot{I}_{e0}$，式（7-50）可改写为

$$\left.\begin{aligned}\Delta\dot{U}_0 &= (Z_0 - Z_{gm0})\dot{I}_0 + Z_{gm0}\dot{I}_{e0}\\ 0 &= (Z_{g0} - Z_{gm0})\dot{I}_{g0} - Z_{gm0}\dot{I}_{e0}\end{aligned}\right\} \tag{7-51}$$

由此可作出图 7-27（d）所示的零序等效电路图，从而求出有单根架空地线时单回路架空输电线一相的零序阻抗 $Z_0^{(g)}$ 为

$$\begin{aligned}Z_0^{(g)} &= Z_0 - Z_{gm0} + \frac{(Z_{g0} - Z_{gm0})Z_{gm0}}{Z_{g0} - Z_{gm0} + Z_{gm0}} = Z_0 - Z_{gm0} + \frac{Z_{g0}Z_{gm0} - Z_{gm0}^2}{Z_{g0}}\\ &= Z_0 - \frac{Z_{gm0}^2}{Z_{g0}}\end{aligned} \tag{7-52}$$

由式（7-52）可以看出，由于架空地线的影响，线路的零序阻抗将减小。这是因为架空地线相当于导线的一个二次短路线圈，它对导线磁场起去磁作用。架空地线距导线越近，Z_{gm0} 越大，这种去磁作用越大。

如果架空输电线路采用的是双避雷线，则只要在计算 z_{g0} 的式（7-47）中用两根避雷线的自几何均距 a_{gm} 取代 a_g，用 $\frac{3r_g}{2}$ 取代 $3r_g$；在计算 z_{gm0} 的式（7-48）中用双避雷线和输电线间的几何均距 $D_{l\text{-}g}^{(2g)}$ 取代 $D_{l\text{-}g}$ 即可。据此可得双避雷线时单回路架空输电线一相的零序阻抗 $z_0^{(2g)}$ 为

$$z_0^{(2g)} = z_0 - \frac{(z_{gm0}^{(2g)})^2}{z_{g0}^{(2g)}} \quad (\Omega/\text{km}) \tag{7-53}$$

其中

$$z_{g0}^{(2g)} = \frac{3r_g}{2} + 0.15 + \text{j}0.4335\lg\frac{D_e}{a_{gm}} \quad (\Omega/\text{km})$$

$$z_{gm0}^{(2g)} = 0.15 + \text{j}0.4335\lg\frac{D_e}{D_{l\text{-}g}^{(2g)}} \quad (\Omega/\text{km})$$

$$z_0 = r_a + 0.15 + \text{j}0.4335\lg\frac{D_e}{\sqrt[3]{a_m D_{ge}^2}} \quad (\Omega/\text{km})$$

式中　a_{gm} 和 $D_{l\text{-}g}^{(2g)}$ 可按图 7-29 求出为

$$a_{gm} = \sqrt{a_g D_{g1g2}}$$

$$D_{l\text{-}g}^{(2g)} = \sqrt[6]{D_{ag1}D_{bg1}D_{cg1}D_{ag2}D_{bg2}D_{cg2}}$$

【例 7-3】 线路布置如图 7-30 所示。已知导线为 LGJ-150 钢芯铝绞线，架空地线为 LGJ-95 钢芯铝绞线，其等效半径 $a_g = 0.554\times10^{-3}$m。架空地线间的距离 $D_{g1g2} = 6$m，相线间的距离为 $D_{ab} = D_{bc} = 5$m，架空地线和相线的垂直距离为 5m，如取返回电路的等效深度 D_e 为 1000m，试求输电线的零序电抗。

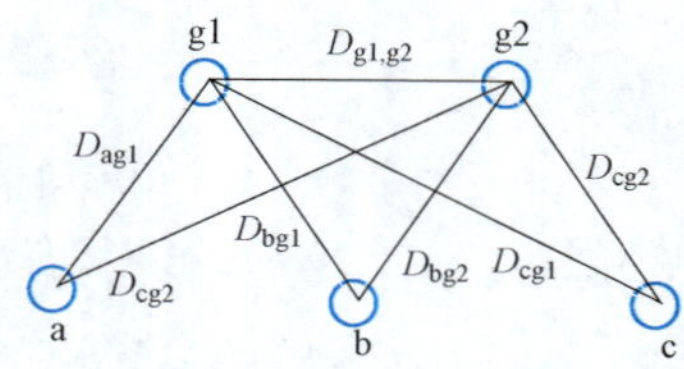

图 7-29　单回线路两根架空地线的布置

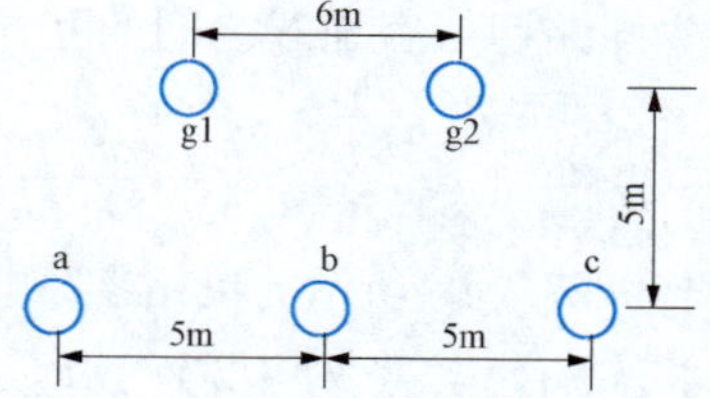

图 7-30　带双回架空地线的线路布置图

解　具有两根架空地线时，可以用一根等效的架空地线来处理，此时架空地线的自几何均距为 $a_{gm}=\sqrt{a_g D_{g1g2}}=\sqrt{5.54\times10^{-3}\times6}=0.1823$（m）。

架空地线的互几何均距为

$$D_{l\text{-}g}^{(2g)}=\sqrt[6]{D_{ag1}D_{bg1}D_{cg1}D_{ag2}D_{bg2}D_{cg2}}\quad(\text{m})$$

其中

$$D_{ag1}=\sqrt{2^2+5^2}=5.38(\text{m}),\quad D_{bg1}=\sqrt{3^2+5^2}=5.83(\text{m}),$$

$$D_{cg1}=\sqrt{8^2+5^2}=9.43(\text{m})$$

$$D_{ag2}=\sqrt{8^2+5^2}=9.43(\text{m}),\quad D_{bg2}=\sqrt{3^2+5^2}=5.83(\text{m}),$$

$$D_{cg2}=\sqrt{2^2+5^2}=5.38(\text{m})$$

故

$$D_{l\text{-}g}^{(2g)}=\sqrt[6]{5.38\times5.83\times9.43\times9.43\times5.83\times5.38}=6.61(\text{m})$$

由相关手册查得 LGJ-95 的 $r_g=0.33\Omega/\text{km}$，LGJ-150 导线外半径 $r=\frac{17}{2}\text{mm}$，$r_a=0.21\Omega/\text{km}$，故

$$z_{g0}^{(2g)}=\frac{3r_g}{2}+0.15+\text{j}0.4335\lg\frac{D_e}{a_{gm}}=\frac{3\times0.33}{2}+0.15+\text{j}0.4335\lg\frac{1000}{0.1823}$$

$$=0.645+\text{j}1.621(\Omega/\text{km})$$

$$D_{ge}=\sqrt[3]{D_{ab}D_{bc}D_{ac}}=\sqrt[3]{2\times5^3}=6.3(\text{m})$$

$$a_m=0.9r=0.9\times\frac{17}{2}\times10^{-3}=7.65\times10^{-3}(\text{m})$$

$$z_0=r_a+0.15+\text{j}0.4335\lg\frac{D_e}{\sqrt[3]{a_m D_{ge}^2}}=0.21+0.15+\text{j}0.4335\lg\frac{1000}{\sqrt[3]{7.65\times10^{-3}\times6.3}}$$

$$=0.36+\text{j}1.491(\Omega/\text{km})$$

$$z_{gm0}^{(2g)}=0.15+\text{j}0.4335\lg\frac{D_e}{D_{l\text{-}g}^{(2g)}}=0.15+\text{j}0.4335\lg\frac{1000}{6.61}=0.15+\text{j}0.947(\Omega/\text{km})$$

$$z_0^{(2g)}=z_0-\frac{(z_{gm0}^{(2g)})^2}{z_{g0}^{(2g)}}=0.36+\text{j}1.491-\frac{(0.15+\text{j}0.947)^2}{0.645+\text{j}1.621}$$

$$=0.36+\text{j}1.491+0.221-\text{j}0.631=0.581+\text{j}0.86(\Omega/\text{km})$$

六、有架空地线的双回架空输电线的零序阻抗及其零序等效电路

对于同杆架设的双回架空输电线，一般有两根架空地线。如图 7 - 31 所示，整个系统由两组三相输电线路和一组（两根）架空地线所组成。

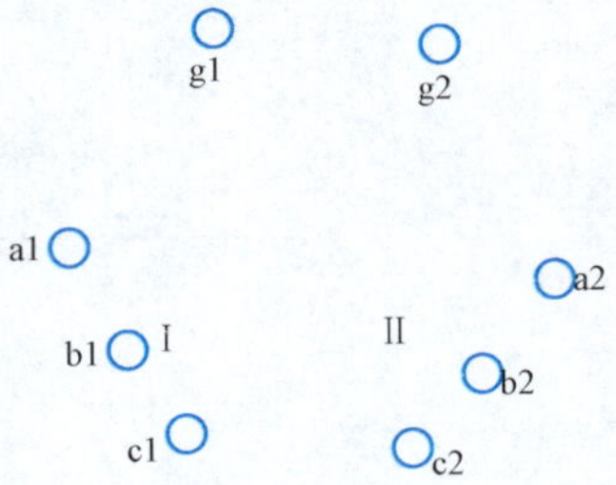

求出回路Ⅰ和回路Ⅱ单独存在时一相的零序阻抗 $Z_{\text{I}0}$ 和 $Z_{\text{II}0}$，两根架空地线时的零序阻抗 $Z_{g0}^{(2g)}$，以及回路Ⅰ、回路Ⅱ间及其与双避雷线间的零序互阻抗 $Z_{\text{I-II}0}$、$Z_{g\text{-I}0}^{(2g)}$、$Z_{g\text{-II}0}^{(2g)}$，从而可以作出如图 7 - 32（a）所示的单相回路图。由单相回路图可以写出电压降方程式为

g1　g2

a1　a2

b1 Ⅰ　Ⅱ　b2

c1　c2

图 7 - 31　双回输电线和架空地线的布置

$$\left.\begin{aligned}
\Delta\dot{U}_{\mathrm{I}0} &= Z_{\mathrm{I}0}\dot{I}_{\mathrm{I}0}+Z_{\mathrm{I}\text{-}\mathrm{II}0}\dot{I}_{\mathrm{II}0}-Z_{\mathrm{g}\text{-}\mathrm{I}0}^{(2\mathrm{g})}\dot{I}_{\mathrm{g}0}^{(2\mathrm{g})}\\
\Delta\dot{U}_{\mathrm{II}0} &= Z_{\mathrm{II}0}\dot{I}_{\mathrm{II}0}+Z_{\mathrm{I}\text{-}\mathrm{II}0}\dot{I}_{\mathrm{I}0}-Z_{\mathrm{g}\text{-}\mathrm{II}0}^{(2\mathrm{g})}\dot{I}_{\mathrm{g}0}^{(2\mathrm{g})}\\
0 &= Z_{\mathrm{g}0}^{(2\mathrm{g})}\dot{I}_{\mathrm{g}0}^{(2\mathrm{g})}-Z_{\mathrm{g}\text{-}\mathrm{I}0}^{(2\mathrm{g})}\dot{I}_{\mathrm{I}0}-Z_{\mathrm{g}\text{-}\mathrm{II}0}^{(2\mathrm{g})}\dot{I}_{\mathrm{II}0}\\
\Delta\dot{U}_{\mathrm{I}0} &= \Delta\dot{U}_{\mathrm{II}0}=\Delta\dot{U}_{0}
\end{aligned}\right\}\tag{7-54}$$

从式（7-54）中消去 $\dot{I}_{\mathrm{g}0}^{(2\mathrm{g})}$，经整理后可得

$$\left.\begin{aligned}
\Delta\dot{U}_{0} &= Z_{\mathrm{I}0}^{(2\mathrm{g})}\dot{I}_{\mathrm{I}0}+Z_{\mathrm{I}\text{-}\mathrm{II}0}^{(2\mathrm{g})}\dot{I}_{\mathrm{II}0}=Z_{\mathrm{I}\text{-}\mathrm{II}0}^{(2\mathrm{g})}(\dot{I}_{\mathrm{I}0}+\dot{I}_{\mathrm{II}0})+(Z_{\mathrm{I}0}^{(2\mathrm{g})}-Z_{\mathrm{I}\text{-}\mathrm{II}0}^{(2\mathrm{g})})\dot{I}_{\mathrm{I}0}\\
\Delta\dot{U}_{0} &= Z_{\mathrm{II}0}^{(2\mathrm{g})}\dot{I}_{\mathrm{II}0}+Z_{\mathrm{I}\text{-}\mathrm{II}0}^{(2\mathrm{g})}\dot{I}_{\mathrm{I}0}=Z_{\mathrm{I}\text{-}\mathrm{II}0}^{(2\mathrm{g})}(\dot{I}_{\mathrm{I}0}+\dot{I}_{\mathrm{II}0})+(Z_{\mathrm{II}0}^{(2\mathrm{g})}-Z_{\mathrm{I}\text{-}\mathrm{II}0}^{(2\mathrm{g})})\dot{I}_{\mathrm{II}0}
\end{aligned}\right\}\tag{7-55}$$

其中

$$Z_{\mathrm{I}0}^{(2\mathrm{g})}=Z_{\mathrm{I}0}-\frac{(Z_{\mathrm{g}\text{-}\mathrm{I}0}^{(2\mathrm{g})})^2}{Z_{\mathrm{g}0}^{(2\mathrm{g})}}\tag{7-56}$$

$$Z_{\mathrm{II}0}^{(2\mathrm{g})}=Z_{\mathrm{II}0}-\frac{(Z_{\mathrm{g}\text{-}\mathrm{II}0}^{(2\mathrm{g})})^2}{Z_{\mathrm{g}0}^{(2\mathrm{g})}}\tag{7-57}$$

$$Z_{\mathrm{I}\text{-}\mathrm{II}0}^{(2\mathrm{g})}=Z_{\mathrm{I}\text{-}\mathrm{II}0}-\frac{Z_{\mathrm{g}\text{-}\mathrm{I}0}^{(2\mathrm{g})}Z_{\mathrm{g}\text{-}\mathrm{II}0}^{(2\mathrm{g})}}{Z_{\mathrm{g}0}^{(2\mathrm{g})}}\tag{7-58}$$

式中：$Z_{\mathrm{I}0}^{(2\mathrm{g})}$、$Z_{\mathrm{II}0}^{(2\mathrm{g})}$、$Z_{\mathrm{I}\text{-}\mathrm{II}0}^{(2\mathrm{g})}$分别为计及两根架空地线影响后线路Ⅰ、Ⅱ的零序自阻抗和互阻抗。

根据式（7-55）可以作出如图7-32（b）所示的有架空地线的双回输电线路的零序等效电路。

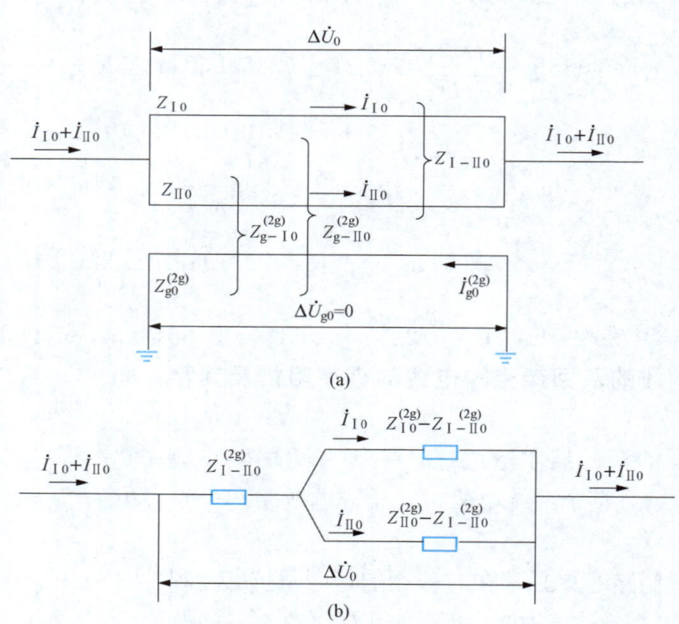

图7-32　有架空地线的双输电线的零序等效电路

（a）单相零序电路图；（b）零序等效电路图

若两回输电线路的参数相同，即 $Z_{\mathrm{I}0}^{(2\mathrm{g})}=Z_{\mathrm{II}0}^{(2\mathrm{g})}=Z_{0}^{(2\mathrm{g})}$，且架空地线对两回线路的相对位置也对称，即 $Z_{\mathrm{g}\text{-}\mathrm{I}0}^{(2\mathrm{g})}=Z_{\mathrm{g}\text{-}\mathrm{II}0}^{(2\mathrm{g})}=Z_{\mathrm{gm}0}^{(2\mathrm{g})}$，则计及架空地线影响后每回输电线路一相的等效零序阻抗为

$$\begin{aligned} Z_0^{(2g,2)} &= 2\left[Z_{\text{I-II}0}^{(2g)} + \frac{1}{2}(Z_0^{(2g)} - Z_{\text{I-II}0}^{(2g)})\right] = Z_0^{(2g)} + Z_{\text{I-II}0}^{(2g)} \\ &= Z_0^{(1)} - \frac{(Z_{gm0}^{(2g)})^2}{Z_{g0}^{(2g)}} \end{aligned} \tag{7-59}$$

其中

$$Z_0^{(1)} = Z_0 + Z_{\text{I-II}0}$$

对于具有分裂导线的输电线路，在实用计算中仍可采用上述的分析方法和计算公式，只是要用分裂导线一相的自几何均距代替单导线的等效半径 a_m，用一相分裂导线的等值中心代替单导线线路的导线轴来计算各种导线之间的距离即可。

在短路实用计算中，对架空输电线常可忽略电阻，近似地采用表 7-1 的值作为输电线路每一回路每单位长度的一相等效零序电抗。

表 7-1　　不同类型架空线路的零序电抗（$x_1=0.4\Omega/km$）

线路类型	x_0/x_1	线路类型	x_0/x_1
无架空地线单回线	3.5	有铁磁导体架空地线双回线	4.7
无架空地线双回线	5.5	有良导体架空地线单回线	2.0
有铁磁导体架空地线单回线	3.0	有良导体架空地线双回线	3.0

七、电缆线路的零序阻抗

电缆芯线间距离较小，故电缆线路的正序（或负序）电抗比架空线路要小得多。电缆的正序阻抗的数值通常由制造厂给出。

电缆的铝（铅）保护层通常是在电缆的两端接地的，所以通过电缆芯线的零序电流将同时经大地和保护层返回，如图 7-33 所示。保护层中的电流对电缆零序电抗的影响相当于架空地线中的电流对架空线路的影响。若保护层中的返回电流大，则对电缆零序磁场的去磁作用强，从而使电缆的零序电抗变小。保护层中的返回电流小，则对电缆零序磁场的去磁作用弱，从而使电缆的零序电抗增大。所以电缆保护层与地连接的好坏以及电缆保护层电阻的大小均将对电缆的零序电抗发生影响，要准确地计算电缆的零序阻抗是相当困难的。电缆的零序阻抗一般应通过实测确定。在近似估算中，对于三芯电缆可以采用的数值为

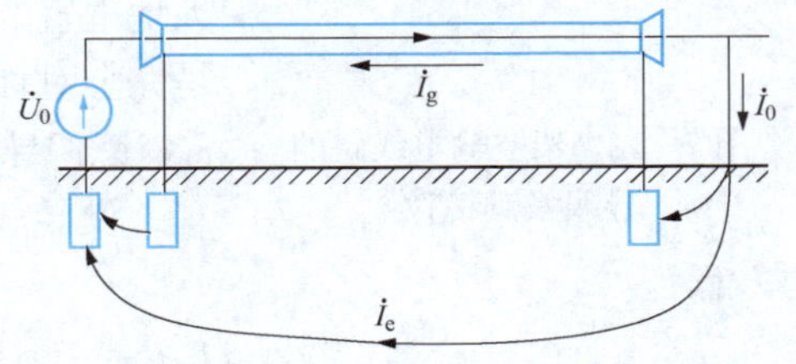

图 7-33　电缆的零序电流流通图

$$\left.\begin{aligned} r_0 &\approx 10r_1 \\ x_0 &\approx (3.5\sim4.6)x_1 \end{aligned}\right\} \tag{7-60}$$

在实用计算中，也可采用表 7-2 列出的电缆电抗平均值。

表 7-2　　电缆电抗的平均值

电缆名称	电抗平均值（Ω/km）		电缆名称	电抗平均值（Ω/km）	
	$x_1=x_2$	x_0		$x_1=x_2$	x_0
1kV 三芯电缆	0.06	0.7	6～10kV 三芯电缆	0.08	$x_0=3.5\quad x_1=0.28$
1kV 四芯电缆	0.066	0.17	35kV 三芯电缆	0.12	$x_0=3.5\quad x_1=0.42$

第四节　架空输电线路的各序电纳

由于输电线路在正序和负序电压下的工作条件和输电线路正常运行时的工作条件完全相同，所以输电线路的正序电纳和负序电纳计算式就是第三章中的式（3-36），这里只需讨论输电线路的零序电纳。

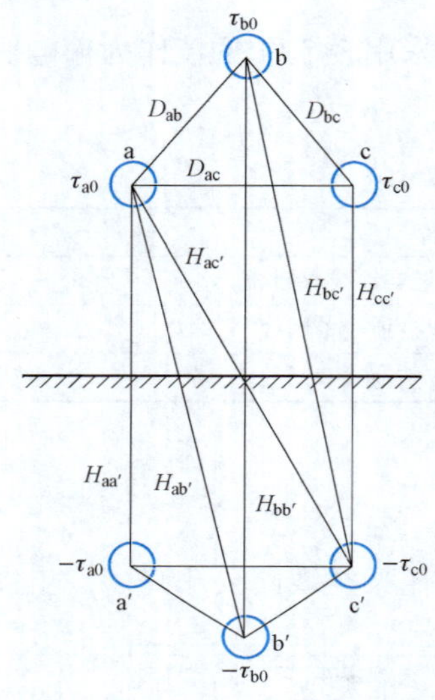

图 7-34　架空输电线路的导线及其镜像

一、无架空地线时三相输电线路的零序电纳

对于完全换位的三相输电线路而言，当在导线三相施加零序电压 U_0 时，有

$$U_{a0}=U_{b0}=U_{c0}=U_0$$

此时三相导线将有相同的线电荷密度 τ_0，即

$$\tau_{a0}=\tau_{b0}=\tau_{c0}=\tau_0$$

求出 τ_0 和 U_0 的关系后，即可得输电线路的零序电容 $c_0=\dfrac{\tau_0}{U_0}$，零序电纳 $b_0=\omega c_0$。

在计算架空输电线路的零序电容时，必须考虑大地的影响，为此也可采用镜像法。由于大地为等位面，电力线是和大地垂直的，所以所设置的镜像导线和架空导线相对于地面是完全对称的，如图 7-34 所示。图中三相导线分别带有电荷 τ_0，镜像导线所带有的电荷则为 $-\tau_0$。这是一个六导体系统。

设导线的半径为 a_m，则求某相导线，如 a 相的电位 U_{a0} 的方程为

$$\begin{aligned}U_{a0}=&\frac{\tau_0}{2\pi\varepsilon_0}\frac{1}{3}\Big[\Big(\ln\frac{D}{a_m}+\ln\frac{D}{D_{ab}}+\ln\frac{D}{D_{ac}}\Big)-\Big(\ln\frac{D}{H_{aa'}}+\ln\frac{D}{H_{ab'}}+\ln\frac{D}{H_{ac'}}\Big)\\&+\Big(\ln\frac{D}{D_{ab}}+\ln\frac{D}{a_m}+\ln\frac{D}{D_{bc}}\Big)-\Big(\ln\frac{D}{H_{ba'}}+\ln\frac{D}{H_{bb'}}+\ln\frac{D}{H_{bc'}}\Big)\\&+\Big(\ln\frac{D}{D_{ac}}+\ln\frac{D}{D_{bc}}+\ln\frac{D}{a_m}\Big)-\Big(\ln\frac{D}{H_{ca'}}+\ln\frac{D}{H_{cb'}}+\ln\frac{D}{H_{cc'}}\Big)\Big]_{D\to\infty}\\=&\frac{\tau_0}{2\pi\varepsilon_0}\frac{1}{3}\Big[\ln\frac{H_{aa'}H_{ab'}H_{ac'}}{a_mD_{ab}D_{ac}}+\ln\frac{H_{ba'}H_{bb'}H_{bc'}}{a_mD_{ab}D_{bc}}+\ln\frac{H_{ca'}H_{cb'}H_{cc'}}{a_mD_{ac}D_{bc}}\Big]\\=&\frac{\tau_0}{2\pi\varepsilon_0}3\ln\frac{\sqrt[9]{H_{aa'}H_{ab'}H_{ac'}H_{ba'}H_{bb'}H_{bc'}H_{ca'}H_{cb'}H_{cc'}}}{\sqrt[9]{a_m^3D_{ab}^2D_{bc}^2D_{ac}^2}}\end{aligned}$$

或简写成

$$U_0=\frac{3\tau_0}{2\pi\varepsilon_0}\ln\frac{D_{gel}}{a_{eql}}\tag{7-61}$$

式中：D_{gel} 为三相导线和其镜像之间的互几何均距，$D_{gel}=\sqrt[9]{H_{aa'}H_{ab'}H_{ac'}H_{ba'}H_{bb'}H_{bc'}H_{ca'}H_{cb'}H_{cc'}}$；$a_{egl}$ 为三相导线组的几何等效半径，$a_{egl}=\sqrt[9]{a_m^3D_{ab}^2D_{bc}^2D_{ac}^2}$。

据此可得

$$c_0 = \frac{\tau_0}{U_0} = \frac{2\pi\varepsilon_0}{3\ln\dfrac{D_{gel}}{a_{egl}}} = \frac{0.024\times10^{-6}}{3\lg\dfrac{D_{gel}}{a_{egl}}} \quad (\text{F/km}) \tag{7-62}$$

$$b_0 = \omega c_0 = \frac{7.58}{3\lg\dfrac{D_{gel}}{a_{egl}}}\times10^{-6} \quad (\text{S/km}) \tag{7-63}$$

比较式（7-63）和式（3-36）可知，输电线路的零序电纳要比其正序电纳为小。

二、架空地线对输电线路零序电纳的影响

架空地线的影响可以用架空地线及其镜像来考虑。图7-35所示为具有一根架空地线的情况。因为三相输电线各相的零序电压的大小和相位都相等，可以将三相输电线看成是三分裂导线的单相输电线，其总电荷为$+3\tau_{a0}$。或者说三相输电线是具有等效半径为a_{eql}、电荷为$+3\tau_{a0}$的单相单导线输电线。同样，将架空地线看成是带有电荷$+3\tau_{g0}$的单导线。这样便可以建立如图7-36所示的计算模型，得

$$U_{a0} = \frac{3}{2\pi\varepsilon_0}\left(\tau_{a0}\ln\frac{D_{gel}}{a_{eql}} + \tau_{g0}\ln\frac{H_{l\text{-}g}}{D_{gel\text{-}g}}\right) \tag{7-64}$$

式中：$H_{l\text{-}g}$为三相导线与架空地线镜像间的互几何均距，$H_{l\text{-}g}=\sqrt[3]{H_{ag}H_{bg}H_{cg}}$；$D_{gel\text{-}g}$为三相导线与架空地线间的互几何均距，$D_{gel\text{-}g}=\sqrt[3]{D_{ag}D_{bg}D_{cg}}$。

因架空地线的电位为零，故有

$$U_{g0} = 0 = \frac{3}{2\pi\varepsilon_0}\left(\tau_{g0}\ln\frac{D_{geg}}{a_{eqg}} + \tau_{a0}\ln\frac{H_{l\text{-}g}}{D_{gel\text{-}g}}\right) \tag{7-65}$$

式中：a_{eqg}为架空地线的等效半径，对于单相架空地线，即为地线半径；D_{geg}为架空地线与其镜像间的距离。

由式（7-65）解出τ_{g0}为

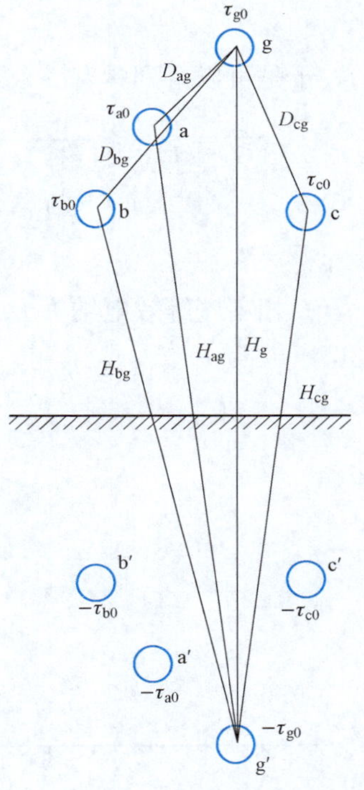

图7-35　导线、地线及其镜像间的相对位置

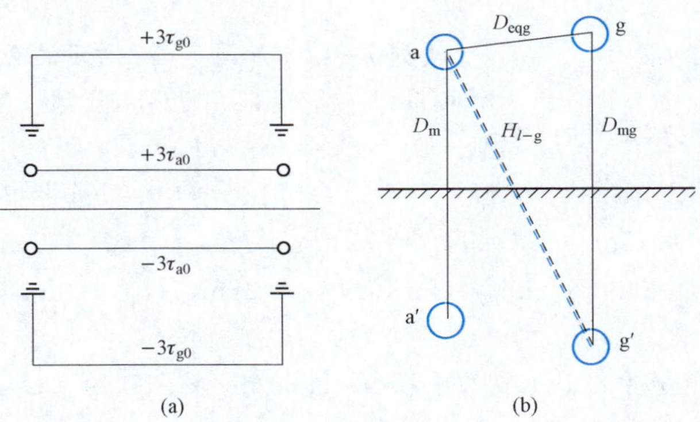

图7-36　具有架空地线的输电线零序电容计算图

（a）单线电路图；（b）单导线布置图

$$\tau_{g0} = -\tau_{a0}\frac{\ln\dfrac{H_{l\text{-}g}}{D_{gel\text{-}g}}}{\ln\dfrac{D_{geg}}{a_{eqg}}} \tag{7-66}$$

将 τ_{g0} 代入式（7-64）中得

$$U_{a0} = \frac{3\tau_{a0}}{2\pi\varepsilon_0}\left[\ln\frac{D_{gel}}{a_{eql}} - \frac{\left(\ln\dfrac{H_{l\text{-}g}}{D_{gel\text{-}g}}\right)^2}{\ln\dfrac{D_{geg}}{a_{eqg}}}\right] \tag{7-67}$$

于是可以得到具有一根架空地线的输电线路的一相等效零序电容为

$$c_0^{(g)} = \frac{\tau_{a0}}{U_{a0}} = \frac{2\pi\varepsilon_0}{3\left[\ln\dfrac{D_{gel}}{a_{eql}} - \dfrac{\left(\ln\dfrac{H_{l\text{-}g}}{D_{gel\text{-}g}}\right)^2}{\ln\dfrac{D_{geg}}{a_{eqg}}}\right]} = \frac{0.024\times10^{-6}}{3\left[\lg\dfrac{D_{gel}}{a_{eql}} - \dfrac{\left(\lg\dfrac{H_{l\text{-}g}}{D_{gel\text{-}g}}\right)^2}{\lg\dfrac{D_{geg}}{a_{eqg}}}\right]}(\text{F/km}) \tag{7-68}$$

一相零序等效电纳为

$$b_0 = \omega c_0^{(g)} = \frac{7.58\times10^{-6}}{3\left[\lg\dfrac{D_{gel}}{a_{eql}} - \dfrac{\left(\lg\dfrac{H_{l\text{-}g}}{D_{gel\text{-}g}}\right)^2}{\lg\dfrac{D_{geg}}{a_{eqg}}}\right]}(\text{S/km}) \tag{7-69}$$

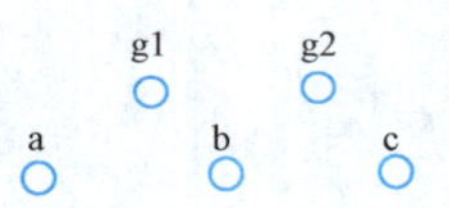

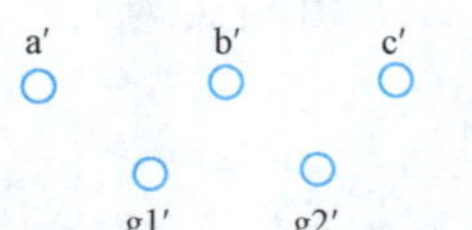

图 7-37　具有两根架空地线的单回路输电系统

比较式（7-62）和式（7-68）可见，架空地线使输电线路的零序电容增大，这是因为与大地相连接的架空线比大地更接近于线路导线的缘故。

对于具有两根架空地线的单回路线路，平行架设的双回线路以及具有分裂导线等输电线路的零序电容计算，其原理和计算方法与上述相同，都是利用镜像法来导出算式；也可以直接套用式（7-62）和式（7-68），只是公式中的等效半径和各个几何均距都要根据具体情况来计算。

【例 7-4】　如图 7-37 所示的两根架空地线的单回路输电系统，导线采用 LGJ-120 型，架空地线采用 GJ-50 型，$D_{ab}=D_{bc}=4\text{m}$，$H_{aa'}=H_{bb'}=H_{cc'}=20\text{m}$，$H_{ba'}=H_{ab'}=H_{cb'}=H_{bc'}=20.4\text{m}$，$H_{ac'}=H_{ca'}=21.6\text{m}$，$D_{ag1}=D_{cg2}=4.37\text{m}$，$D_{bg1}=D_{bg2}=4.75\text{m}$，$D_{cg1}=D_{ag2}=7.44\text{m}$，$H_{ag'1}=H_{cg'2}=24.1\text{m}$，$H_{bg'1}=H_{bg'2}=24.2\text{m}$，$H_{cg'1}=H_{ag'2}=24.6\text{m}$，$D_{g1g2}=5\text{m}$，$H_{g1g'1}=28\text{m}$，$H_{g1g'2}=28.4\text{m}$；试计算这一线路的电纳。

解　由相关手册查得 LGJ-120 的半径 $a=7.6\text{mm}$，GJ-50 的半径 $a_g=4.45\text{mm}$，于是，三相导线的互几何均距为

$$D_{gel} = 1.26D_{ab} = 1.26\times4 = 5.04(\text{m})$$

三相导线组的等效半径为

$$a_{eql} = \sqrt[3]{aD_{gel}^2} = \sqrt[3]{7.6\times10^{-3}\times5.04^2} = 0.58(\text{m})$$

三相导线和它们的镜像间的互几何均距为

$$D_{gel}=\sqrt[9]{H_{aa'}H_{ab'}H_{ac'}H_{ba'}H_{bb'}H_{bc'}H_{ca'}H_{cb'}H_{cc'}}=\sqrt[9]{20^3\times20.4^2\times20.4^2\times21.6^2}=20.5(\mathrm{m})$$

架空地线的等效半径为

$$a_{eqg}=\sqrt{a_g D_{g1g2}}=\sqrt{4.45\times10^{-3}\times5}=0.15(\mathrm{m})$$

三相导线与架空地线的互几何均距为

$$D_{gel\text{-}g}=\sqrt[6]{D_{ag1}D_{bg1}D_{cg1}D_{ag2}D_{bg2}D_{cg2}}=\sqrt[6]{4.37^2\times4.75^2\times7.44^2}=5.37(\mathrm{m})$$

三相导线与架空地线镜像间的互几何均距为

$$H_{l\text{-}g}=\sqrt[6]{H_{ag'1}H_{bg'1}H_{cg'1}H_{ag'2}H_{bg'2}H_{cg'2}}=\sqrt[6]{24.1^2\times24.2^2\times24.6^2}=24.3(\mathrm{m})$$

架空地线与它的镜像间的几何均距为

$$D_{geg}=\sqrt{H_{g1g'1}H_{g1g'2}}=\sqrt{28\times28.4}=28.2(\mathrm{m})$$

零序电纳为

$$b_0^{(g)}=\frac{7.58\times10^{-6}}{3\left[\lg\dfrac{D_{gel}}{a_{eql}}-\dfrac{[\lg(H_{l\text{-}g}/D_{gel\text{-}g})]^2}{\lg(D_{geg}/a_{eqg})}\right]}=\frac{7.58\times10^{-6}}{3\left[\lg\dfrac{20.5}{0.58}-\dfrac{[\lg(24.3/5.37)]^2}{\lg(28.2/0.15)}\right]}$$

$$=1.86\times10^{-6}(\mathrm{S/km})$$

第五节　同步电机的序阻（电）抗

同步电机在正常对称运行和三相对称短路时只有正序电动势和正序电流，此时电机所呈现的电抗就是正序电抗。电机学中讨论过的 X_d、X_q、X'_d、X''_d、X''_q等均属于正序电抗。但是应该注意到电机与变压器及输电线路不同，它是带有转动元件的电气设备，所以它的负序电抗和正序电抗是不相同的。

一、同步电机的负序电抗

当在同步电机的端子上加以负序电压，定子绕组中流过负序电流时，将出现与转子转动方向相反、以同步转速旋转的旋转磁场，简称反转磁场。反转磁场将不断地切割转子，在转子的励磁绕组、阻尼绕组和转子本体中生成感应电流，起到削弱负序电流所形成的反转磁场的作用。可见，从电枢端看，在负序电压作用下，同步电机和一个二次侧短路的变压器相似，它的工作条件和同步电机突然短路的情况类同。在实用计算中，通常可将隐极机和有阻尼绕组的凸极机的负序电抗 X_2 取为 X''_d和 X''_q的算术平均值，即

$$X_2=\frac{1}{2}(X''_d+X''_q)\tag{7-70}$$

将无阻尼绕组的凸极机的负序电抗取为 X'_d和 X_q 的几何平均值，即

$$X_2=\sqrt{X'_dX_q}\tag{7-71}$$

作为近似估算，对汽轮发电机及有阻尼绕组的水轮发电机，可取 $X_2=1.22X''_d$；对无阻尼绕组的发电机，可取 $X_2=1.45X'_d$。在要求不高的场合，对汽轮发电机和有阻尼绕组的水轮发电机也可取 $X_2=X''_d$。

实际上，负序反转磁场在发电机内引起的电磁现象是相当复杂的。由于反转磁场与转

子的相对转速为同步转速的2倍，反转磁场会在励磁绕组、阻尼绕组和转子本体中感生出2倍同步频率的单相交流电流，建立起2倍频率的脉振磁场，进而在定子绕组中激起一系列的正序、负序奇次谐波，在转子绕组中激起一系列偶次谐波。这些高次谐波的源是定子中的同步频率负序分量电流，而后者又与同步频率正序分量密切相关。所以，在暂态过程中，这些高次谐波和同步频率正序分量按同一个规律衰减，故障过渡过程结束后抵达短路稳态时，这些高次谐波仍然存在。

定子绕组中为了保持短路瞬间磁链守恒而产生的非周期直流分量电流，将在转子绕组中激起一系列奇次谐波分量，在定子绕组中激起一系列的正序、负序偶次谐波分量，这些高次谐波分量与定子直流分量按同一个规律衰减。

可见，同步电机负序电抗 X_2 的分析计算是极为复杂的。考虑到在电力系统的不对称故障分析中，主要是计算故障电流中的同步频率分量，即基频电流分量，其等效电路中也应使用与基频电流和电压相对应的电抗，因此在工程实际中使用的同步发电机的负序电抗定义为发电机端点的负序电压的基频分量与流入定子绕组的负序电流基频分量的比值。按照这一定义，同步发电机的负序电抗也可用实验方法得出。

二、 同步发电机的零序电抗

根据定义负序电抗的相同理由，同步发电机的零序电抗可定义为：施加在发电机端点的零序电压的基频分量与流入定子绕组的零序电流的基频分量的比值。

显然同步发电机的零序电抗与同步发电机的中性点是否接地有关。当同步发电机的中性点不接地时，零序电流不能在定子三相绕组中流通，因此 $X_0 \to \infty$。只有在中性点接地的情况下，对同步发电机的端子加以零序电压后，在定子绕组中才会有零序电流流过。应注意到，由于三相零序电流在时间上是同相位的，定子的三相绕组在空间的布置上互差120°（电角度），而三个大小相等、在空间上互差120°的零序磁场的合成磁场为零，因此它们在转子中不可能产生电磁感应电流。也就是说定子三相零序磁场对转子无任何影响，所以定子绕组对零序电流所呈现的只有漏电抗。

一般，同步发电机绕组通过零序电流所产生的漏磁通与通过正序（或负序）电流所产生的漏磁通是不同的，零序漏电抗通常总是比正序漏电抗要小些。零序漏电抗的大小主要取决于绕组的节距和布置形式，所以其数值具有很大的变动范围，通常为

$$X_0 = (0.15 \sim 0.6)X''_d \tag{7-72}$$

当发电机中性点经消弧线圈接地时，只需在零序网络中考虑消弧线圈的作用，即将消弧线圈的零序电抗和发电机的零序电抗串联。

表7-3列出了不同类型同步发电机的 X_2 和 X_0 的大致范围。在实用计算中，如无电机的确定参数，可取表中给出的平均值。

表7-3　同步发电机的负序和零序电抗范围

电抗类型	水轮发电机						汽轮发电机			调相机和同步电动机
	有阻尼绕组			无阻尼绕组						
	低	平均	高	低	平均	高	低	平均	高	平均值
X_2	0.15	0.25	0.35	0.32	0.45	0.55	0.134	0.16	0.18	0.24
X_0	0.04	0.07	0.125	0.04	0.07	0.125	0.036	0.06	0.08	0.08

第六节　负荷的序阻抗

电力系统的负荷主要是异步电动机。异步电动机的数量虽然很大，但除极少数大容量异步电动机需个别表示外，其他的异步电动机和负荷都可作为综合负荷来表示。异步电动机和综合负荷序阻抗的表示形式随计算的目的和方法的不同而不同。

一、负荷的正序阻抗

在电力系统的正常稳态计算中，对大容量异步电动机或综合负荷均用等效功率 $S_{LD}=P_{LD}+jQ_{LD}$表示，所以负荷的正序参数可用与 S_{LD}相对应的恒定阻抗 Z_{LD}表示，Z_{LD}的大小为

$$Z_{LD}=\frac{U_{LD}^2}{S_{LD}}(\cos\varphi_{LD}+j\sin\varphi_{LD}) \tag{7-73}$$

式中：U_{LD}为负荷节点的电压，V；$\cos\varphi_{LD}$为负荷的功率因数。

假如短路前负荷处于额定运行状态，且 $\cos\varphi=0.8$，则负荷以额定值为基准值的标幺阻抗为

$$Z_{LD*}=0.8+j0.6$$

有时为了计算简单，也可用纯电抗表示为

$$Z_{LD*}=j1.2$$

在电力系统的短路计算中，大容量异步电动机和综合负荷正序电抗的表示形式已在第六章中介绍，即在计算短路时的起始次暂态电流 I''时，大容量异步电动机用次暂态参数 $X''_M=0.2$，$E''_M=0.9$ 表示，综合负荷用次暂态参数 $X''_{LD}=0.35$，$E''_{LD}=0.8$ 表示。

二、负荷的负序阻抗

由电机学可知，异步电动机的等效电路如图 7-38 所示，图中 s 为电动机的转差率。若异步电动机空载运行，则转差率 $s\approx0$，$R'_2/s\approx\infty$，异步电动机只向系统取用很小的空载电流，实际上就是励磁电流，此时阻抗 $Z_{LD}=R_1+j(X_{1\sigma}+X_m)$。若异步电动机负载运行，则转差率 s 也仅百分之几（通常为 0.05），此时仍可认为 $Z_{LD}=R_1+j(X_{1\sigma}+X_m)$。若异步电动机转子制动（即刚启动的情况），则转差率 $s=1$，R'_2/s 很小，接近于零，此时异步电动机向系统取用很大的启动电流，与电动机启动瞬间相应的阻抗又称电动机的短路阻抗。若忽略很小的 R_1 和很大的 X_m，则启动电抗等于 $X_{1\sigma}+X_{2\sigma}$，这就是异步电动机的次暂态电抗 X''_M。

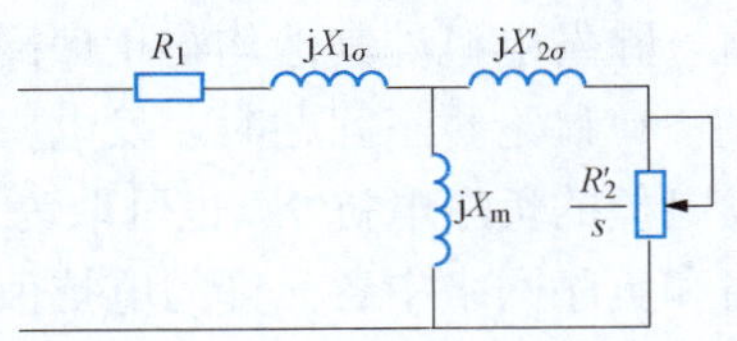

图 7-38　异步电动机等效电路

若对异步电动机端点施加负序电压，并假设电动机转子仍按正常速度 $1-s$ 向原方向旋转，则转子相对于负序电流产生的负序旋转磁场的转差为$2-s$，由于 s 很小，故有 $2-s\approx2$，$R'_2/2\approx0$。忽略 R_1 和 X_m 可得异步电动机的负序电抗$X_2=X''_M$，即可近似认为电动机的负序电抗等于次暂态电抗。

当计及降压变压器及馈电线路的负序电抗（可按 0.15 估算）后，以异步电动机为主要成分的综合负荷的负序电抗可取为

$$X_{LD2}=0.2+0.15=0.35$$

式中的值是以综合负荷的额定值为基准值的标幺值，基准电压是取综合负荷接入点的平均额定电压。

三、负荷的零序阻抗

因异步电动机没有接地的中性点，其他负荷常常接成三角形或者不接地的星形，零序电流不能流通，零序阻抗为无限大，故不需要建立零序等效电路。

第七节　电力系统各序网络的制定

一、不对称故障时各序网络

前面已经介绍过，当电力系统发生不对称故障时，利用对称分量法可以把一个不对称的网络分解为正序、负序网络和零序网络三个对称的网络。由于各序网络是三相对称的，故在制定各序网络的等效电路时，只需画出一相的等效网络。

制定序网络的基本方法是在故障点与地间加上序电压。从故障点开始，逐步查明各序电流流通的情况，凡是某一序电流能流通的元件都必须包含在该序的网络中。

1. 正序网络的制定

由于电力系统各元件的正序电抗就是对称短路时各元件的电抗。所以电力系统的正序网络制定可参照第六章中计算三相短路时的网络，但应注意，与三相短路不同的是故障点的电压不为零而为正序电压U_1。

由于中性点接地阻抗、空载线路（不计导纳）以及空载变压器（不计励磁电流）中不会有正序电流通过，所以这些元件在正序网络中是不出现的。

2. 负序网络的制定

由于负序电流和正序电流仅仅是相序不同，凡正序电流能通过的元件负序电流也能通过，因此组成负序网络的元件与组成正序网络的元件完全相同。所不同的是由于发电机电源内不存在负序电动势，所以在负序网络中发电机的电动势为零。至于各元件的负序电抗值，除发电机外其他均与正序网络相同。

在讨论暂态问题时，发电机在正序网络中要用次暂态电抗X''_d表示，而在近似计算中发电机的负序电抗X_2也可取为X''_d，所以实际上在计算暂态短路电流I''时可以认为正序网络和负序网络中各元件的电抗值均相同。在制定负序网络时只要把正序网络中发电机的电源短接，并在故障点加上负序电压U_2即可。

但在计算稳态短路电流I_k时情况就不同了，此时电动机的正序电抗要用X_d表示，而负序电抗则仍为X''_d，因此正序网络和负序网络中电动机的电抗值将不同，而其他元件的电抗值则仍相同。

3. 零序网络的制定

由于电力系统的某些元件（例如中性点不接地的变压器和发电机）能通过正序、负序电流而不能通过零序电流，而当变压器中性点接地时，其中性点能通过零序电流而不通过正序、负序电流，所以组成零序网络的元件和组成正序、负序网络的元件是不同的。在制定零序网络时首先要查明，在故障点加零序电压后，零序电流可能通过的路径。将零序电流能通过的元件以相应的零序电抗代替，即可组成零序网络。

下面举例来说明如何制定各序网络。

【例 7-5】 试作出图 7-39（a）所示电力系统在 k 点发生单相接地短路时的各序网络。图中变压器 T2 为三相三柱型，负荷 LD 为一大容量电动机。

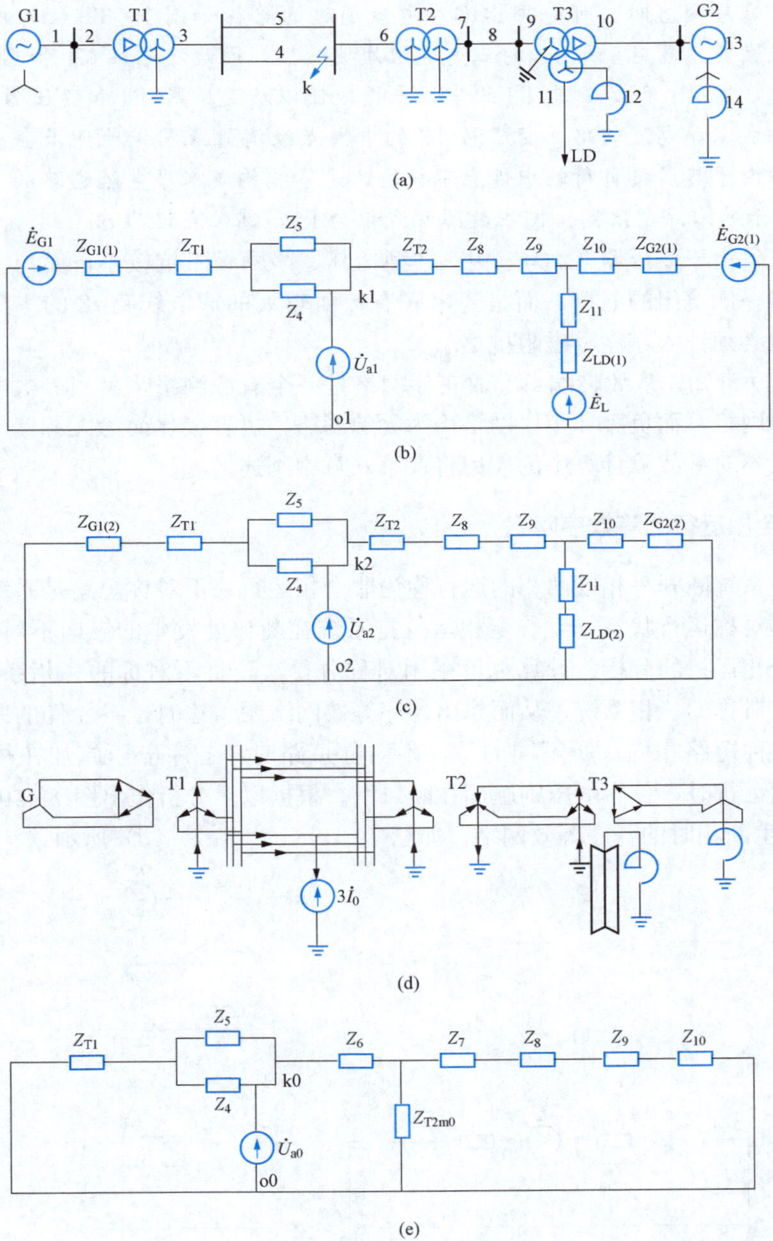

图 7-39 各序网络的制定

（a）电力系统图；（b）正序网络图；（c）负序网络图；（d）零序电流的回路；（e）零序网络图

解 (1) 先作出正序网络，如图 7-39 (b) 所示。图中故障端点记为 k1，零位点记为 o1。因为在三相互差 120°的对称电源作用下，中性点不会有电流流过，所以消弧线圈在这里不起作用。由于负荷 LD 离短路点较远，因此用一个含次暂态电动势和次暂态电抗的综合负荷来表示。

(2) 将图 7-39 (b) 中的电源电动势短接，所有元件的电抗改用负序电抗，即可得图 7-39 (c) 所示的负序网络。图中故障端点记为 k2，零位点记为 o2。

(3) 在作零序网络时，可先画出零序电流通过的路径如图 7-39 (d) 所示。由图可见，零序电流在变压器 T1 和 T3 的三角绕组处被短接，因此发电机 G1 和 G2 不出现在零序网络内。变压器 T1 和变压器 T2 的中性点接地侧以及变压器 T2 和变压器 T3 的中性点接地侧均能形成零序电流回路。变压器 T3 的中性点经消弧线圈接地侧虽会感应出三相零序电动势，但由于其所接负荷的中性点不接地，是不能构成零序电流通路的。据此可得图 7-39 (e) 所示的零序网络图。图中故障端点记为 k0，零位点记为 o0。

应该注意，由于变压器 T2 为三相三柱型，其零序励磁阻抗较小，而与它并联的回路不仅是变压器一侧绕组的漏抗，而是还串联有数值较大的输电线路 $l2$ 的零序电抗，所以在零序网络内必须计入零序励磁阻抗 Z_{T2m0}。

由图 7-39 可知，从故障端口 k 看正序网络是一个有源网络，可用等效电源定理简化为有源二端口网络。而负序和零序网络均为无源网络，可直接化简为无源二端口网络。有关相序网络在不对称故障计算中的应用将在第八章中阐述。

二、非全相运行的等效序网络

三相电力系统断开一相或两相的运行称为非全相运行。不对称短路是系统在短路点处发生的横向不对称运行状态，而非全相运行是系统在断口处发生的纵向不对称运行状态。因此，对非全相运行的分析、计算也可采用对称分量法，将不对称的三相系统分解为正、负、零序三组对称的三相系统，从而作出各序等效网络图。这时，各元件的序参数和等效电路也与不对称短路相同。所不同的是，不对称短路时，各序电压施加在故障点与地之间；而非全相运行时，各序电压则施加在断口上。根据以上分析作出图 7-40 (a) 所示网络在 dd′间发生断相时的各序等效网络，如图 7-40 (b)、(c)、(d) 所示。

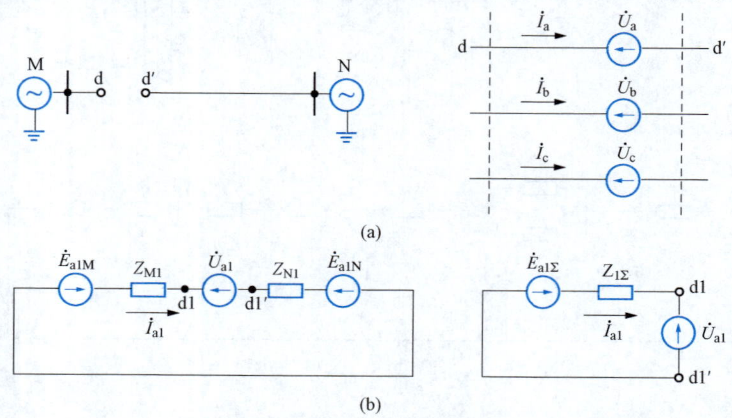

图 7-40 电力系统断相时各序等效网络（一）

(a) 网络在 dd′断相；(b) a 相正序等效网络

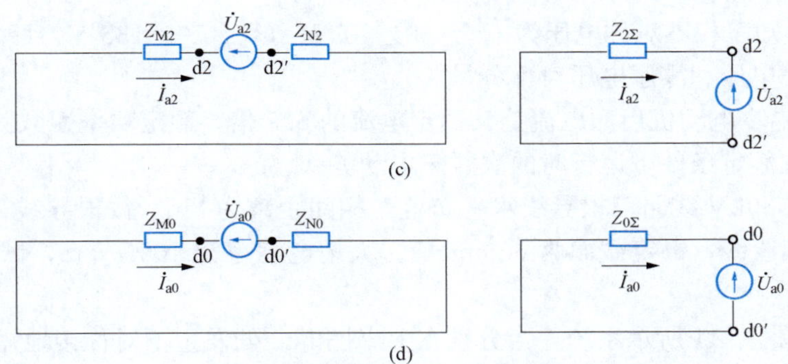

图 7-40　电力系统断相时各序等效网络（二）

（c）a 相负序等效网络；（d）a 相零序等效网络

本 章 小 结

在不对称故障的分析计算中，常用对称分量法。在三相参数对称的线性电路中，各序分量具有独立性，因而将不对称故障情况的运算分解为三序分量计算是简捷而有效的。

本章重点讲述电力系统中各元件的负序及零序电抗的计算。一个元件的正、负、零序电抗是否相等，取决于该元件通以各序电流时所产生磁通的通路上的磁导是否相同，各相之间的互感影响如何。因此三相磁路独立的电抗器的各序电抗是相等的；输电线的正、负序电抗相等，而零序电抗大于正序电抗，避雷线的存在会使零序电抗有所减小；变压器的各序漏抗相同，零序励磁电抗的大小取决于铁心结构；旋转电机的各序电抗不相同。

制定序网络的原则是在故障点与地间加上序电压，从故障点开始逐步查明各序电流流通的情况，凡是某一序电流能流通的元件都必须包含在该序的网络中。序网中仅在正序网络中含有电动势源，负序网络可由正序网络中将电动势源短接后得到，零序网络和正、负序网络间则有较大的差别。不对称短路时，各序电压施加在故障点与地之间，而非全相运行时，各序电压则施加在断口上。

思考题与习题

7-1　什么叫对称分量法？它有何用处？试推导出对称分量法的变换公式。

7-2　同步发电机的负序和零序电抗是如何定义的？

7-3　YNd 接线变压器的零序等效电路和零序等效电抗是怎样推导出来的？

7-4　三绕组变压器零序等效电路中电抗 X_{I}、X_{II}、X_{III} 与双绕组变压器等效电路中的电抗 X_{I}、X_{II}，从性质上看有什么区别？

7-5　自耦变压器的中性点为什么应直接接地或者经小电抗接地？

7-6　证明输电线路的序阻抗 $Z_0>Z_1$，$Z_1=Z_2$。

7-7　当流过双回路架空输电线路的零序电流方向相反时，试推导该输电线路的零序等效阻抗和零序等效电路。

7-8　非全相运行时的序网络与不对称短路的序网络有何区别？

7-9　设已知三相不对称电压为 $\dot{U}_a=80\angle 10°V$、$\dot{U}_b=70\angle 135°V$、$\dot{U}_c=85\angle 175°V$。试求正序、负序电压和零序电压对称分量。

7-10　某异步电动机启动电流是其额定电流的 6.5 倍，额定功率因数为 0.9，计算其次暂态电抗和在额定条件下运行时的次暂态电动势。

7-11　某 330kV 线路三根导线水平布置，相间距离为 8m，每根导线采用 LGJQ-600 型（轻型钢芯铝绞线，额定截面为 $600mm^2$），大地电阻率为 100Ω·m，试计算输电线路的零序电抗。

7-12　如图 7-41 所示系统，当分别在 k1 处和 k2 处发生不对称接地短路时，制定出下述两种运行条件下的零序网络：

（1）T3 高压绕组中性点不接地；

（2）T3 高压绕组中性点直接接地。

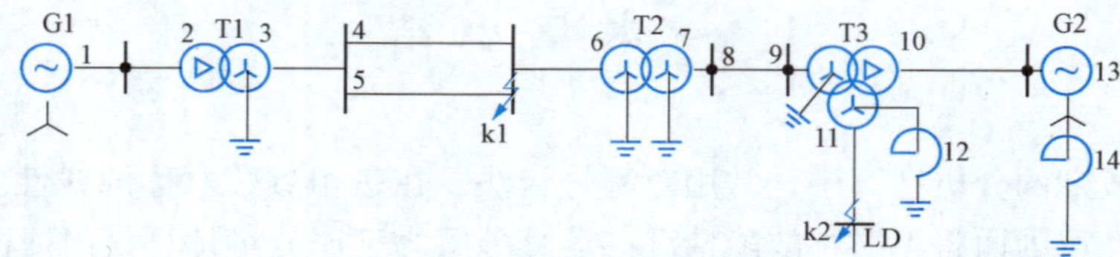

图 7-41　题 7-12 图

7-13　如图 7-42 所示系统，当分别在 k1 和 k2 处发生不对称接地短路时，试制定出正序、负序网络和零序网络。

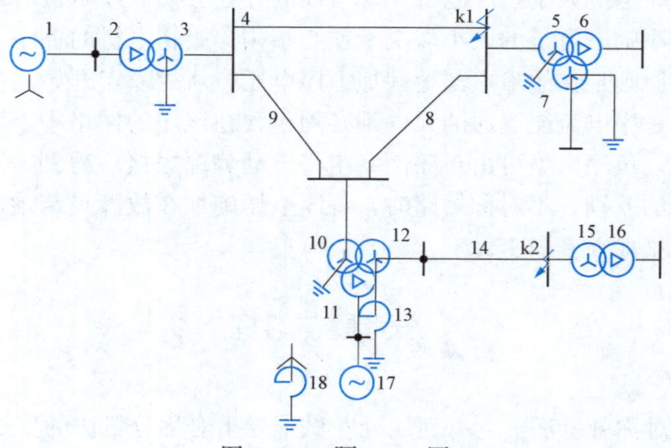

图 7-42　题 7-13 图

7-14　如图 7-43 所示系统，当 k 点发生单相接地短路时，试作出正序、负序网络和零序网络。

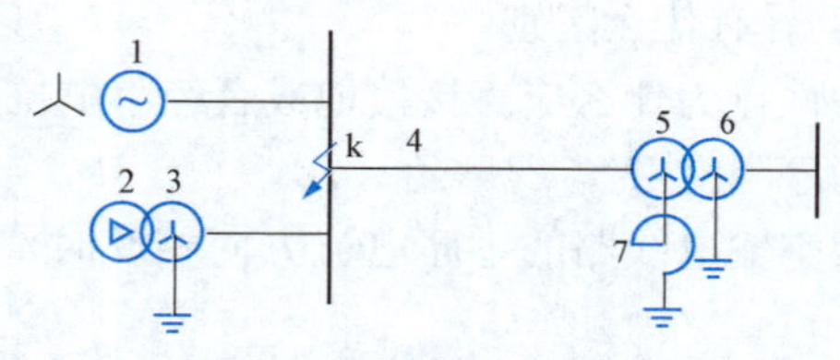

图 7-43　题 7-14 图

第八章　电力系统不对称短路故障分析

电力系统不对称故障有横向故障和纵向故障之分。横向故障是指单相接地短路、两相短路和两相接地短路，纵向故障是指单相断线和两相断线。本书只讨论横向故障，即不对称短路故障。

电力系统中发生不对称短路时，无论是单相接地短路、两相短路还是两相接地短路，只是在短路点出现系统结构的不对称，而其他部分三相仍旧是对称的。根据对称分量法的原理，将这样的不对称系统分解为正、负、零序网络时，各序网络各自单独存在。对于不对称短路的计算，一般是先计算出短路点的各序电流、电压分量，然后根据需要算出各序电流、电压在网络中的分布，最后将各序分量合成，得出网络各支路中的各相电流以及网络各节点上的各相电压。

第一节　简单不对称短路的分析

一、　单相接地短路

如图 8-1 所示系统，当 a 相经电抗 X_k 接地短路时，由于 a 相的状态不同于 b、c 两相，故称 a 相为特殊相。在短路点，a 相的对地电抗为 X_k，b、c 两相对地电抗为无穷大。当选定特殊相（a 相）为基准相时，可列写出故障点的边界条件为

$$\dot{U}_a = j\dot{I}_a X_k,\quad \dot{I}_b = 0,\quad \dot{I}_c = 0 \tag{8-1}$$

应用对称分量法，上述故障点的边界条件可改用序电压和序电流表示为

$$\dot{U}_a = \dot{U}_{a1} + \dot{U}_{a2} + \dot{U}_{a0} = j\dot{I}_a X_k \tag{8-2}$$

$$\begin{bmatrix} \dot{I}_{a1} \\ \dot{I}_{a2} \\ \dot{I}_{a0} \end{bmatrix} = \frac{1}{3}\begin{bmatrix} 1 & a & a^2 \\ 1 & a^2 & a \\ 1 & 1 & 1 \end{bmatrix}\begin{bmatrix} \dot{I}_a \\ 0 \\ 0 \end{bmatrix} \tag{8-3}$$

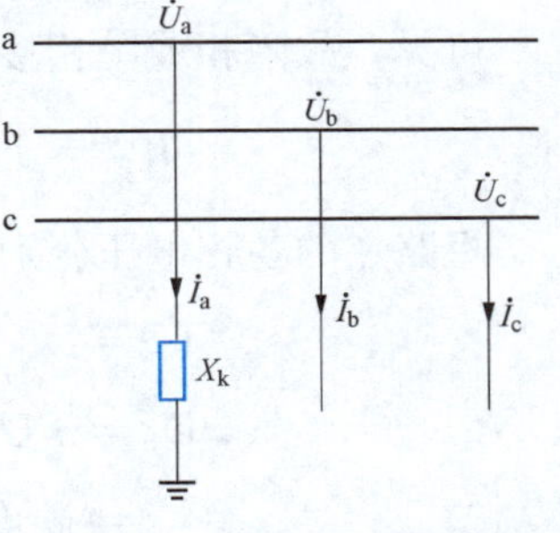

图 8-1　a 相经 X_k 接地短路

或

$$\dot{I}_{a1} = \dot{I}_{a2} = \dot{I}_{a0} = \frac{1}{3}\dot{I}_a$$

也就是说，在单相经 X_k 接地的情况下，以序分量表示的故障点的边界条件为

$$\left.\begin{aligned}&\dot{U}_{a1}+\dot{U}_{a2}+\dot{U}_{a0}=j(\dot{I}_{a1}+\dot{I}_{a2}+\dot{I}_{a0})X_k=j3\dot{I}_{a1}X_k\\&\dot{I}_{a2}=\dot{I}_{a1}\\&\dot{I}_{a0}=\dot{I}_{a1}\end{aligned}\right\}\tag{8-4}$$

联立求解式（7-15）所示序网络的三个基本方程式和式（8-4）给出的三个边界条件方程，就可求出短路点的六个未知序参数，即短路点的序电流 $\dot{I}_{a1}$、$\dot{I}_{a2}$、$\dot{I}_{a0}$ 和序电压 $\dot{U}_{a1}$、$\dot{U}_{a2}$、$\dot{U}_{a0}$，此为解析法。也可根据式（8-4）给定的序分量边界条件，将正序、负序、零序网络三个序网串联，构成如图 8-2 所示的复合序网，由复合序网直接求出短路点的三个序电流和三个序电压分量，此为复合序网络法。由于复合序网络法简单直观，故以下的分析均采用复合序网络法。

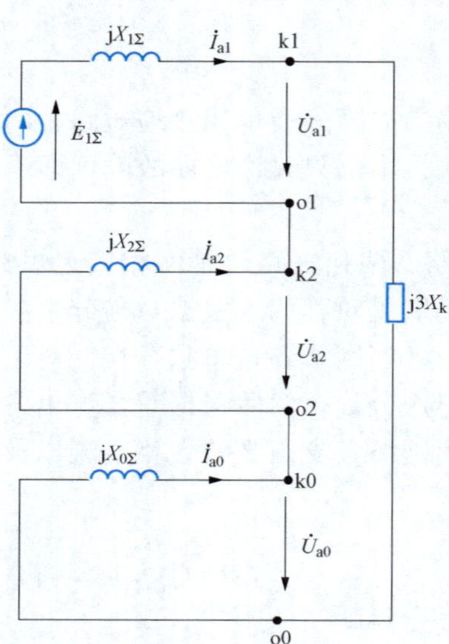

图 8-2　单相接地时的复合序网

根据图 8-2 所示的复合序网，可得各序电流和电压分量分别为

$$\dot{I}_{a1}=\frac{\dot{E}_{1\Sigma}}{j(X_{1\Sigma}+X_{2\Sigma}+X_{0\Sigma}+3X_k)}\tag{8-5}$$

$$\dot{I}_{a2}=\dot{I}_{a0}=\dot{I}_{a1}\tag{8-6}$$

$$\begin{aligned}\dot{U}_{a1}&=\dot{E}_{1\Sigma}-jX_{1\Sigma}\dot{I}_{a1}\\&=j(X_{2\Sigma}+X_{0\Sigma}+3X_k)\dot{I}_{a1}\end{aligned}\tag{8-7}$$

$$\dot{U}_{a2}=-jX_{2\Sigma}\dot{I}_{a1}\tag{8-8}$$

$$\dot{U}_{a0}=-jX_{0\Sigma}\dot{I}_{a1}\tag{8-9}$$

将所求得的各序电流、电压分量合成，即可得到短路点的各相电流和各相电压。

短路点的各相电流分别为

$$\left.\begin{aligned}&\dot{I}_a=\dot{I}_{a1}+\dot{I}_{a2}+\dot{I}_{a0}=3\dot{I}_{a1}\\&\dot{I}_b=a^2\dot{I}_{a1}+a\dot{I}_{a2}+\dot{I}_{a0}=(a^2+a+1)\dot{I}_{a1}=0\\&\dot{I}_c=a\dot{I}_{a1}+a^2\dot{I}_{a2}+\dot{I}_{a0}=(a+a^2+1)\dot{I}_{a1}=0\end{aligned}\right\}\tag{8-10}$$

可见，故障相或单相接地短路电流的数值为

$$I_k^{(1)}=I_a=|\dot{I}_a|=3I_{a1}=\frac{3E_{1\Sigma}}{X_{1\Sigma}+X_{2\Sigma}+X_{0\Sigma}+3X_k}\tag{8-11}$$

短路点的各相电压分别为

$$\dot{U}_a=\dot{U}_{a1}+\dot{U}_{a2}+\dot{U}_{a0}=j3\dot{I}_{a1}X_k\tag{8-12}$$

$$\begin{aligned}\dot{U}_b&=a^2\dot{U}_{a1}+a\dot{U}_{a2}+\dot{U}_{a0}\\&=ja^2(X_{2\Sigma}+X_{0\Sigma}+3X_k)\dot{I}_{a1}-jaX_{2\Sigma}\dot{I}_{a1}-jX_{0\Sigma}\dot{I}_{a1}\\&=j[(a^2-a)X_{2\Sigma}+(a^2-1)X_{0\Sigma}+a^2\times3X_k]\dot{I}_{a1}\end{aligned}\tag{8-13}$$

$$\begin{aligned}\dot{U}_c&=a\dot{U}_{a1}+a^2\dot{U}_{a2}+\dot{U}_{a0}\\&=ja(X_{2\Sigma}+X_{0\Sigma}+3X_k)\dot{I}_{a1}-ja^2X_{2\Sigma}\dot{I}_{a1}-jX_{0\Sigma}\dot{I}_{a1}\end{aligned}$$

$$= \mathrm{j}[(a-a^2)X_{2\Sigma}+(a-1)X_{0\Sigma}+3aX_{\mathrm{k}}]\dot{I}_{\mathrm{a1}} \tag{8-14}$$

如果短路点 k 发生 a 相直接接地短路，即 $X_{\mathrm{k}}=0$，则式（8-2）、式（8-5）、式（8-7）～式（8-9）和式（8-11）可分别简化为

$$\dot{U}_{\mathrm{a}}=\dot{U}_{\mathrm{a1}}+\dot{U}_{\mathrm{a2}}+\dot{U}_{\mathrm{a0}}=0 \tag{8-15}$$

$$\dot{I}_{\mathrm{a1}}=\dot{I}_{\mathrm{a2}}=\dot{I}_{\mathrm{a0}}=\frac{\dot{E}_{1\Sigma}}{\mathrm{j}(X_{1\Sigma}+X_{2\Sigma}+X_{0\Sigma})} \tag{8-16}$$

$$\left.\begin{aligned}\dot{U}_{\mathrm{a1}}&=\mathrm{j}(X_{2\Sigma}+X_{0\Sigma})\dot{I}_{\mathrm{a1}}\\ \dot{U}_{\mathrm{a2}}&=-\mathrm{j}X_{2\Sigma}\dot{I}_{\mathrm{a1}}\\ \dot{U}_{\mathrm{a0}}&=-\mathrm{j}X_{0\Sigma}\dot{I}_{\mathrm{a1}}\end{aligned}\right\} \tag{8-17}$$

$$I_{\mathrm{k}}^{(1)}=3I_{\mathrm{a1}}=\frac{3E_{1\Sigma}}{X_{1\Sigma}+X_{2\Sigma}+X_{0\Sigma}} \tag{8-18}$$

相应的非故障相电压分别为

$$\begin{aligned}\dot{U}_{\mathrm{b}}&=\mathrm{j}\dot{I}_{\mathrm{a1}}[(a^2-a)X_{2\Sigma}+(a^2-1)X_{0\Sigma}]\\ &=\frac{\sqrt{3}}{2}[(2X_{2\Sigma}+X_{0\Sigma})-\mathrm{j}\sqrt{3}X_{0\Sigma}]\dot{I}_{\mathrm{a1}}\end{aligned} \tag{8-19}$$

$$\begin{aligned}\dot{U}_{\mathrm{c}}&=\mathrm{j}\dot{I}_{\mathrm{a1}}[(a-a^2)X_{2\Sigma}+(a-1)X_{0\Sigma}]\\ &=\frac{\sqrt{3}}{2}[-(2X_{2\Sigma}+X_{0\Sigma})-\mathrm{j}\sqrt{3}X_{0\Sigma}]\dot{I}_{\mathrm{a1}}\end{aligned} \tag{8-20}$$

$$|\dot{U}_{\mathrm{b}}|=|\dot{U}_{\mathrm{c}}|=\sqrt{3(X_{2\Sigma}^2+X_{2\Sigma}X_{0\Sigma}+X_{0\Sigma}^2)}I_{\mathrm{a1}} \tag{8-21}$$

选正序电流 $\dot{I}_{\mathrm{a1}}$ 作参考相量，可以绘制出短路点的电流、电压相量，如图 8-3 所示。图中 $\dot{I}_{\mathrm{a0}}$、$\dot{I}_{\mathrm{a2}}$ 与 $\dot{I}_{\mathrm{a1}}$ 大小相等，方向相同；$\dot{U}_{\mathrm{a1}}$ 超前 $\dot{I}_{\mathrm{a1}}$ 的相位角为 90°；$\dot{U}_{\mathrm{a2}}$ 和 $\dot{U}_{\mathrm{a0}}$ 比 $\dot{I}_{\mathrm{a1}}$ 落后 90°。

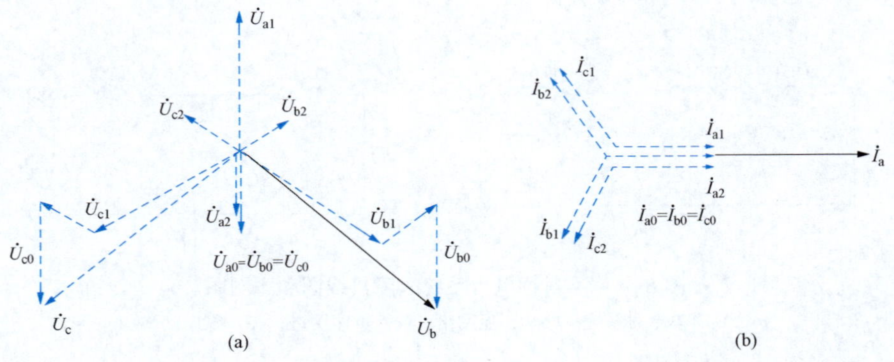

图 8-3 单相接地时的电压及电流相量图

（a）电压相量；（b）电流相量

由前面分析可知，在电源电动势一定的情况下，单相短路电流和各序输入电抗之和有关。$X_{1\Sigma}$ 和 $X_{2\Sigma}$ 的大小与短路点至电源点之间的电气距离有关，$X_{0\Sigma}$ 则与中性点接地方式有关。当 $X_{2\Sigma}\approx X_{1\Sigma}$，且 $X_{0\Sigma}<X_{1\Sigma}$ 时，同一点发生单相接地短路时的短路电流会大于三

相短路电流。

非故障相电压 $\dot{U}_b$ 和 $\dot{U}_c$ 的数值总是相等的，其相角差 θ_U 与 $X_{0\Sigma}/X_{2\Sigma}$ 的大小有关。当 $X_{0\Sigma}$ 趋于零时，$\dot{U}_b$ 与 $\dot{U}_c$ 反相，$\theta_U=180°$。当 $X_{0\Sigma}$ 趋于∞时，短路点的各序电流为零，即 $\dot{I}_{a1}=\dot{I}_{a2}=\dot{I}_{a0}=0$，因而单相接地短路电流为零；短路点的各序电压分别为

$$\dot{U}_{a1}=\dot{E}_{1\Sigma}-j\dot{I}_{a1}X_{1\Sigma}=\dot{E}_{1\Sigma}$$

$$\dot{U}_{a2}=-j\dot{I}_{a2}X_{2\Sigma}=0$$

$$\dot{U}_{a0}=-(\dot{U}_{a1}+\dot{U}_{a2})=-\dot{E}_{1\Sigma}$$

因而非故障相的电压分别为

$$\dot{U}_b=a^2\dot{U}_{a1}+a\dot{U}_{a2}+\dot{U}_{a0}=(a^2-1)\dot{E}_{1\Sigma}=-\sqrt{3}\dot{E}_{1\Sigma}e^{j30°}$$

$$\dot{U}_c=a\dot{U}_{a1}+a^2\dot{U}_{a2}+\dot{U}_{a0}=(a-1)\dot{E}_{1\Sigma}=-\sqrt{3}\dot{E}_{1\Sigma}e^{-j30°}$$

也就是说，非故障相电压的数值升高为线电压，θ_U 为 60°。

只有当 $X_{0\Sigma}=X_{2\Sigma}$ 时，非故障相电压才等于故障前正常电压，θ_U 为 120°。

【例 8-1】 在图 8-4（a）所示简单电力系统中，已知参数如下。

发电机 G：电压为 10.5kV，功率为 200MW，$\cos\varphi=0.85$，$\dot{E}_G=1.10\angle 0°$，$X''_d=0.12$；

变压器 T：$S_{TN}=250$MV·A，$U_k\%=10.5$，变比 $k=10.5/242$；

线路 L：长度为 60km，$x_1=0.4\Omega/\text{km}$，$x_0=3.54x_1$。

试计算 k 点 a 相发生直接接地短路（即 $X_k=0$）时的短路电流和非故障相的电压有名值。

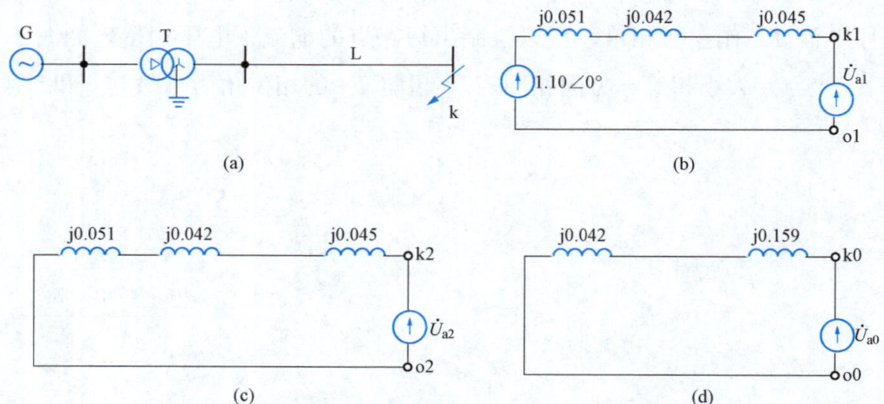

图 8-4 不对称电力系统故障接线图和序网图

（a）简单电力系统；（b）正序网络；（c）负序网络；（d）零序网络

解 （1）选基准容量 $S_B=100$MV·A，基准电压 U_B 等于网络平均额定电压 U_{av}，计算各元件参数标幺值。

发电机 G $X_{G1}=X_{G2}=X''_d\dfrac{S_B}{S_{GN}}=0.12\times\dfrac{100}{200/0.85}=0.051$

变压器 T $X_{T1}=X_{T2}=X_{T0}=\dfrac{U_k\%}{100}\dfrac{S_B}{S_{TN}}=\dfrac{10.5}{100}\times\dfrac{100}{250}=0.042$

线路 L $X_{L1}=X_{L2}=0.4\times 60\times \dfrac{100}{230^2}=0.045$

$X_{L0}=3.54X_{L1}=3.54\times 0.045=0.159$

(2) 制定各序网络。正序、负序网络包含了图中所有元件，如图 8-4 (b)、(c) 所示。由图 8-4 (b)、(c) 可知

$$\dot{E}_{1\Sigma}=\dot{E}_G=1.10\angle 0°$$

$$X_{1\Sigma}=\dot{E}_G+X_{T1}+X_{L1}=0.051+0.042+0.045=0.138$$

$$X_{2\Sigma}=X_{G2}+X_{T2}+X_{L2}=0.051+0.042+0.045=0.138$$

因变压器低压侧为三角形接法，故零序电流不流经发电机。零序网络中不包括发电机，如图 8-4 (d) 所示。由图 8-4 (d) 可得

$X_{0\Sigma}=X_{T0}+X_{L0}=0.042+0.159=0.201$

(3) 制定复合序网。根据题意，由 a 相直接接地的序量边界条件 $\dot{I}_{a1}=\dot{I}_{a2}=\dot{I}_{a0}$，$\dot{U}_{a1}+\dot{U}_{a2}+\dot{U}_{a0}=0$ 可得对应的复合序网如图 8-5 所示。

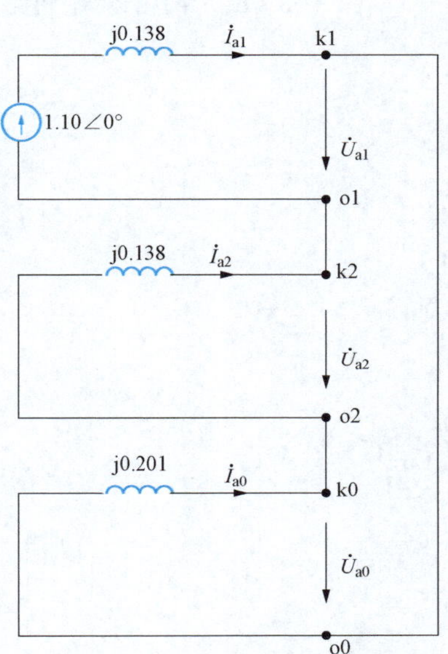

图 8-5 [例 8-1] 的复合序网

(4) 计算短路点正序电流 $\dot{I}_{a1}$ 为

$$\dot{I}_{a1}=\frac{\dot{E}_{1\Sigma}}{j(X_{1\Sigma}+X_{2\Sigma}+X_{0\Sigma})}=\frac{1.10}{j(0.138\times 2+0.201)}=-j2.31$$

$$\dot{I}_{a2}=\dot{I}_{a0}=\dot{I}_{a1}=-j2.31$$

(5) 计算故障相电流为

$$\dot{I}_a=3\dot{I}_{a1}=-j3\times 2.31=-j6.93$$

$$I_k^{(1)}=I_a=6.93\times\frac{S_B}{\sqrt{3}U_{av}}=6.93\times\frac{100}{\sqrt{3}\times 230}=1.74(\text{kA})$$

(6) 计算非故障相电压为

$$\dot{U}_{a1}=j(X_{2\Sigma}+X_{0\Sigma})\dot{I}_{a1}=j(0.138+0.201)(-j2.31)=0.783\angle 0°$$

$$\dot{U}_{a2}=-jX_{2\Sigma}\dot{I}_{a1}=(-j0.138)\times(-j2.31)=-0.319\angle 0°$$

$$\dot{U}_{a0}=-jX_{0\Sigma}\dot{I}_{a1}=(-j0.201)\times(-j2.31)=-0.464\angle 0°$$

$$\begin{aligned}\dot{U}_b&=a^2\dot{U}_{a1}+a\dot{U}_{a2}+\dot{U}_{a0}=0.783a^2-0.319a-0.464\\&=-0.696-j0.954=1.18\angle-126.11°\end{aligned}$$

$$\begin{aligned}\dot{U}_c&=a\dot{U}_{a1}+a^2\dot{U}_{a2}+U_{a0}=0.783a-0.319a^2-0.464\\&=-0.696+j0.954\\&=1.18\angle 126.11°\end{aligned}$$

所以

$$U_b=U_c=0.18\times\frac{U_{av}}{\sqrt{3}}=1.18\times\frac{230}{\sqrt{3}}=156.70(\text{kV})$$

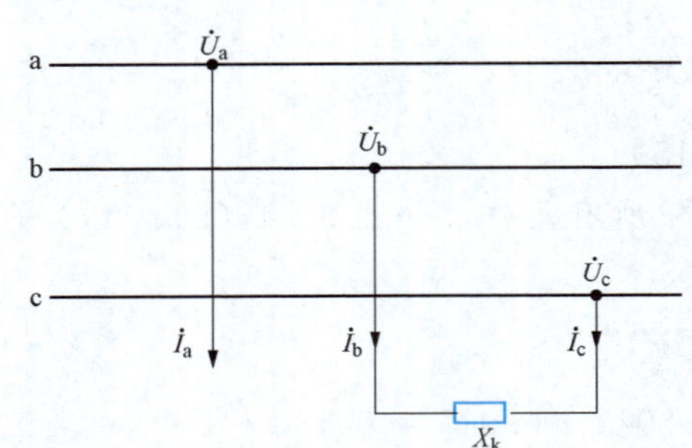

图 8-6 b、c 两相经 X_k 短路

二、两相短路

假设 b、c 相经附加电抗 X_k 发生短路，如图 8-6所示。此时短路点的边界条件为

$$\left.\begin{aligned}\dot{I}_a&=0\\\dot{I}_b+\dot{I}_c&=0\\\dot{U}_b-\dot{U}_c&=\mathrm{j}X_k\dot{I}_b\end{aligned}\right\}\tag{8-22}$$

应用对称分量法可得出相应的序电流、序电压边界条件为

$$\begin{bmatrix}\dot{I}_{a1}\\\dot{I}_{a2}\\\dot{I}_{a0}\end{bmatrix}=\frac{1}{3}\begin{bmatrix}1&a&a^2\\1&a^2&a\\1&1&1\end{bmatrix}\begin{bmatrix}0\\\dot{I}_b\\-\dot{I}_b\end{bmatrix}\tag{8-23}$$

即

$$\left.\begin{aligned}\dot{I}_{a1}&=\frac{1}{3}(a-a^2)\dot{I}_b\\\dot{I}_{a2}&=\frac{1}{3}(a^2-a)\dot{I}_b\\\dot{I}_{a0}&=0\end{aligned}\right\}\tag{8-24}$$

$$\begin{bmatrix}\dot{U}_{a1}\\\dot{U}_{a2}\\\dot{U}_{a0}\end{bmatrix}=\frac{1}{3}\begin{bmatrix}1&a&a^2\\1&a^2&a\\1&1&1\end{bmatrix}\begin{bmatrix}\dot{U}_a\\\dot{U}_b\\\dot{U}_b-\mathrm{j}X_k\dot{I}_b\end{bmatrix}\tag{8-25}$$

即

$$\left.\begin{aligned}\dot{U}_{a1}&=\frac{1}{3}[\dot{U}_a+a\dot{U}_b+a^2(\dot{U}_b-\mathrm{j}X_k\dot{I}_b)]\\\dot{U}_{a2}&=\frac{1}{3}[\dot{U}_a+a^2\dot{U}_b+a(\dot{U}_b-\mathrm{j}X_k\dot{I}_b)]\\\dot{U}_{a0}&=\frac{1}{3}(\dot{U}_a+\dot{U}_b+\dot{U}_b-\mathrm{j}X_k\dot{I}_b)\end{aligned}\right\}\tag{8-26}$$

根据式（8-26）并利用式（8-24）中的关系式 $(a-a^2)\dot{I}_b=3\dot{I}_{a1}$ 可得

$$\dot{U}_{a1}-\dot{U}_{a2}=\mathrm{j}X_k\dot{I}_{a1}\tag{8-27}$$

根据式（8-24）和式（8-27）可画出两相短路时的复合序网，如图 8-7 所示（由于 $\dot{I}_{a0}=0$，故零序网络不存在）。

根据图 8-7 可得短路点各序的电流和电压分别为

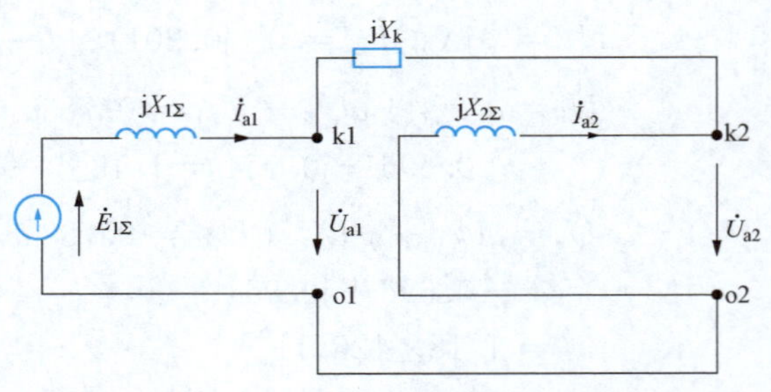

图 8-7 两相短路时的复合序网

$$\left.\begin{aligned}\dot{I}_{a1}&=\frac{\dot{E}_{1\Sigma}}{j(X_{1\Sigma}+X_{2\Sigma}+X_k)}\\ \dot{I}_{a2}&=-\dot{I}_{a1}=-\frac{\dot{E}_{1\Sigma}}{j(X_{1\Sigma}+X_{2\Sigma}+X_k)}\\ \dot{I}_{a0}&=0\end{aligned}\right\}\quad(8-28)$$

$$\left.\begin{aligned}\dot{U}_{a1}&=\dot{E}_{1\Sigma}-jX_{1\Sigma}\dot{I}_{a1}=j(X_{1\Sigma}+X_{2\Sigma}+X_k)\dot{I}_{a1}-jX_{1\Sigma}\dot{I}_{a1}=j(X_{2\Sigma}+X_k)\dot{I}_{a1}\\ \dot{U}_{a2}&=\dot{U}_{a1}-jX_k\dot{I}_{a1}=j(X_{2\Sigma}+X_k)\dot{I}_{a1}-jX_k\dot{I}_{a1}=jX_{2\Sigma}\dot{I}_{a1}\\ \dot{U}_{a0}&=-jX_{0\Sigma}\dot{I}_{a0}=0\end{aligned}\right\}\quad(8-29)$$

而短路点的各相电流和各相电压分别为

$$\left.\begin{aligned}\dot{I}_a&=\dot{I}_{a1}+\dot{I}_{a2}+\dot{I}_{a0}=0\\ \dot{I}_b&=a^2\dot{I}_{a1}+a\dot{I}_{a2}+\dot{I}_{a0}=(a^2-a)\dot{I}_{a1}=-j\sqrt{3}\dot{I}_{a1}\\ \dot{I}_c&=a\dot{I}_{a1}+a^2\dot{I}_{a2}+\dot{I}_{a0}=(a-a^2)\dot{I}_{a1}=j\sqrt{3}\dot{I}_{a1}\end{aligned}\right\}\quad(8-30)$$

$$\left.\begin{aligned}\dot{U}_a&=\dot{U}_{a1}+\dot{U}_{a2}+\dot{U}_{a0}=2\dot{U}_{a1}-jX_k\dot{I}_{a1}\\ \dot{U}_b&=a^2\dot{U}_{a1}+a\dot{U}_{a2}+\dot{U}_{a0}=-\dot{U}_{a1}-jaX_k\dot{I}_{a1}\\ \dot{U}_c&=a\dot{U}_{a1}+a^2\dot{U}_{a2}+\dot{U}_{a0}=-\dot{U}_{a1}-ja^2X_k\dot{I}_{a1}\end{aligned}\right\}\quad(8-31)$$

由式（8-30）可见，两相短路时，故障相电流的绝对值为正序电流分量的$\sqrt{3}$倍，即

$$I_k^{(2)}=|\dot{I}_b|=|\dot{I}_c|=\sqrt{3}I_{a1}=\frac{\sqrt{3}E_{1\Sigma}}{X_{1\Sigma}+X_{2\Sigma}+X_k}\quad(8-32)$$

若 b、c 两相发生的是两相直接短路，即 $X_k=0$ 的金属性短路时，则式（8-27）、式（8-28）、式（8-31）、式（8-32）可分别改写为

$$\dot{U}_{a1}-\dot{U}_{a2}=0\quad(8-33)$$

$$\left.\begin{aligned}\dot{I}_{a1}&=\frac{\dot{E}_{1\Sigma}}{j(X_{1\Sigma}+X_{2\Sigma})}\\ \dot{I}_{a2}&=-\dot{I}_{a1}=-\frac{\dot{E}_{1\Sigma}}{j(X_{1\Sigma}+X_{2\Sigma})}\\ \dot{I}_{a0}&=0\end{aligned}\right\}\quad(8-34)$$

$$\left.\begin{aligned}\dot{U}_a&=\dot{U}_{a1}+\dot{U}_{a2}=2\dot{U}_{a1}=j2X_{2\Sigma}\dot{I}_{a1}\\ \dot{U}_b&=a^2\dot{U}_{a1}+a\dot{U}_{a2}=-\dot{U}_{a1}=-jX_{2\Sigma}\dot{I}_{a1}\\ \dot{U}_c&=a\dot{U}_{a1}+a^2\dot{U}_{a2}=-\dot{U}_{a1}=-jX_{2\Sigma}\dot{I}_{a1}\end{aligned}\right\}\quad(8-35)$$

$$I_k^{(2)}=|\dot{I}_b|=|\dot{I}_c|=\sqrt{3}I_{a1}=\frac{\sqrt{3}E_{1\Sigma}}{X_{1\Sigma}+X_{2\Sigma}}\quad(8-36)$$

由式（8-35）可见，短路点非故障相（a 相）电压，是正序电压的 2 倍，即 $|\dot{U}_a|=2X_{2\Sigma}I_{a1}$，而故障相（b、c 相）电压的大小，为非故障相电压的一半，且方向与非故障相电压相反。

如果仍以正序电流 $\dot{I}_{a1}$ 为参考量，则可得到两相短路时的电流、电压相量如图 8-8 所示。

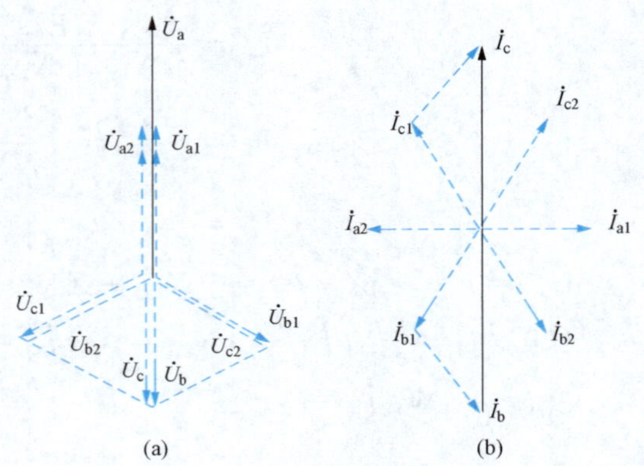

图 8-8　两相短路时的电压及电流相量图
(a) 电压相量；(b) 电流相量

【例 8-2】 试计算图 8-4（a）所示简单电力系统 k 点发生 b、c 两相直接短路时的故障相电流和各相电压。参数与［例 8-1］相同。

解　由于两相短路时没有零序电流，故零序网络不存在，正序、负序网络分别如图8-4（b）、（c）所示。

（1）制定复合序网。b、c 两相直接短路时的序量边界条件为 $\dot{I}_{a1}+\dot{I}_{a2}=0$，$\dot{U}_{a1}=\dot{U}_{a2}$，据此可得相应的复合序网如图 8-9 所示。

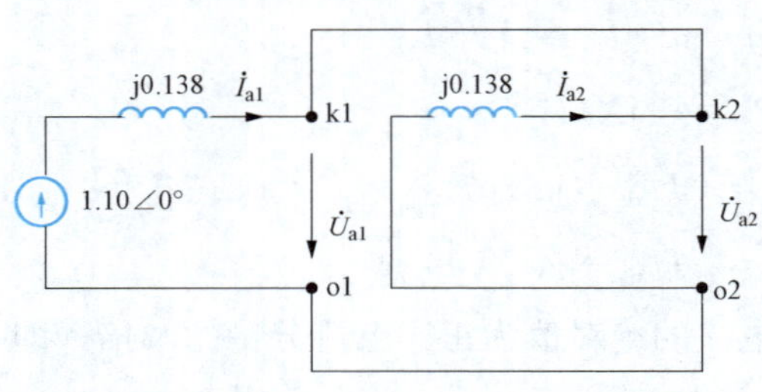

图 8-9　［例 8-2］的复合序网

（2）计算短路点的序电流 $\dot{I}_{a1}$、$\dot{I}_{a2}$ 及 $\dot{I}_{a0}$ 标幺值为

$$\dot{I}_{a1}=\frac{\dot{E}_{1\Sigma}}{\mathrm{j}(X_{1\Sigma}+X_{2\Sigma})}=\frac{1.10}{\mathrm{j}(0.138+0.138)}=-\mathrm{j}3.986$$

$$\dot{I}_{a2}=-\dot{I}_{a1}=\mathrm{j}3.986$$

$$\dot{I}_{a0}=0$$

（3）计算故障相电流标幺值、有名值为

$$\dot{I}_b=a^2\dot{I}_{a1}+a\dot{I}_{a2}+\dot{I}_{a0}=-\mathrm{j}3.986a^2+\mathrm{j}3.986a=-6.9$$

$$\dot{I}_c=a\dot{I}_{a1}+a^2\dot{I}_{a2}+\dot{I}_{a0}=-\mathrm{j}3.986a+\mathrm{j}3.986a^2=6.9$$

$$I_k^{(2)}=I_b=I_c=6.9\times\frac{S_B}{\sqrt{3}U_{av}}=6.9\times\frac{100}{\sqrt{3}\times230}=1.732(\mathrm{kA})$$

（4）计算短路点各相电压标幺值为

$$\dot{U}_{a0}=0$$

$$\dot{U}_{a1}=\dot{U}_{a2}=\mathrm{j}X_{L\Sigma}\dot{I}_{a1}=\mathrm{j}0.138\times(-\mathrm{j}3.986)=0.55$$

$$\dot{U}_a=\dot{U}_{a1}+\dot{U}_{a2}+\dot{U}_{a0}=0.55+0.55=1.1$$

$$\dot{U}_b=\dot{U}_c=a\dot{U}_{a1}+a^2\dot{U}_{a2}+\dot{U}_{a0}=0.55a+0.55a^2=-0.55$$

所以，各相电压的有名值为

$$U_a=1.1\times\frac{U_{av}}{\sqrt{3}}=1.1\times\frac{230}{\sqrt{3}}=146.07(\mathrm{kV})$$

$$U_b=U_c=0.55\times\frac{U_{av}}{\sqrt{3}}=0.55\times\frac{230}{\sqrt{3}}=73.04(\mathrm{kV})$$

三、两相短路接地

(1) 假设 b、c 两相经附加电抗 X_k 短路接地，如图8-10所示。

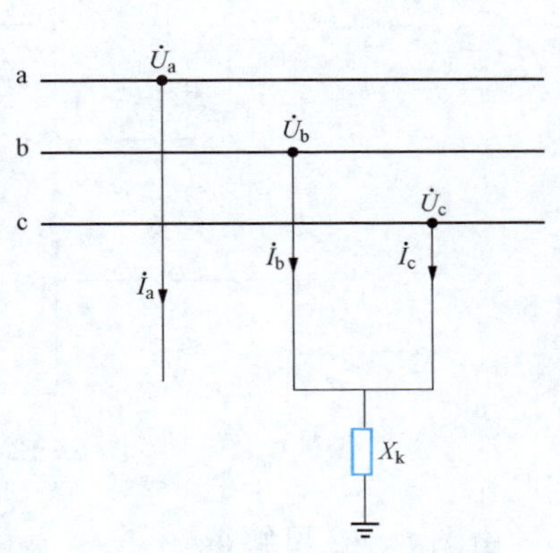

图 8-10　两相经 X_k 接地短路

此时故障点处的边界条件为

$$\left.\begin{aligned}&\dot{I}_a=0\\&\dot{U}_b=\dot{U}_c=j(\dot{I}_b+\dot{I}_c)X_k\end{aligned}\right\}\tag{8-37}$$

应用对称分量法可得相应的序量边界条件为

$$\dot{I}_{a1}+\dot{I}_{a2}+\dot{I}_{a0}=0\tag{8-38}$$

$$\dot{U}_{a1}=\dot{U}_{a2}\tag{8-39}$$

$$\dot{U}_{a0}-\dot{U}_{a1}=\dot{U}_b=j3\dot{I}_{a0}X_k\tag{8-40}$$

对应于式（8-38）～式（8-40）的复合序网如图 8-11 所示。

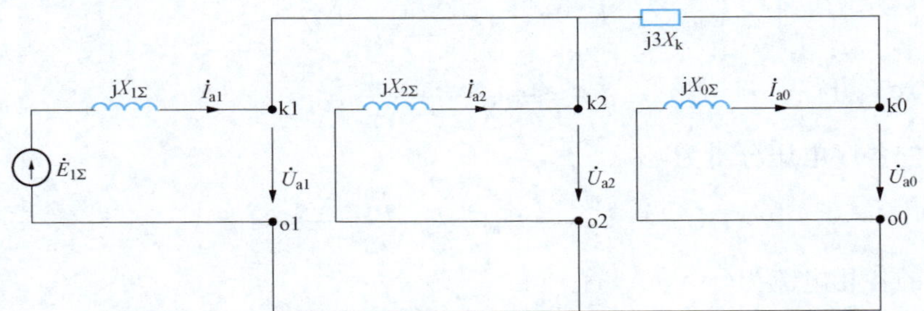

图 8-11　两相经 X_k 接地短路时的复合序网

由图 8-11 可解得

$$\dot{I}_{a1}=\frac{\dot{E}_{1\Sigma}}{j\left[X_{1\Sigma}+\dfrac{X_{2\Sigma}(X_{0\Sigma}+3X_k)}{X_{2\Sigma}+(X_{0\Sigma}+3X_k)}\right]}\tag{8-41}$$

$$\dot{I}_{a2}=-\frac{X_{0\Sigma}+3X_k}{X_{2\Sigma}+X_{0\Sigma}+3X_k}\dot{I}_{a1}\tag{8-42}$$

$$\dot{I}_{a0}=-\frac{X_{2\Sigma}}{X_{2\Sigma}+X_{0\Sigma}+3X_k}\dot{I}_{a1}\tag{8-43}$$

短路点各序电压分量的计算方法与前面介绍的单相接地短路和两相短路类同。

(2) 若 b、c 两相是直接接地短路，则各序电流分量的关系仍如式（8-38）所述，而各序电压分量的关系则变为

$$\dot{U}_{a1}=\dot{U}_{a2}=\dot{U}_{a0}\tag{8-44}$$

b、c 两相直接接地的序量边界条件也可直接由单相接地短路的分析结果获得。由 a 相直接接地短路的分析可知，其边界条件为 $\dot{U}_a=0$，$\dot{I}_b=0$，$\dot{I}_c=0$。b、c 两相直接接地的边界条件为 $\dot{I}_a=0$，$\dot{U}_b=0$，$\dot{U}_c=0$。比较两者可知，只要将单相直接接地短路时序量边界条件中的电流、电压与两相直接接地短路中的互换，即可得到如式（8-38）和式（8-44）所示的序量边界条件，绘制出 b、c 两相直接接地的复合序网，如图 8-12 所示。

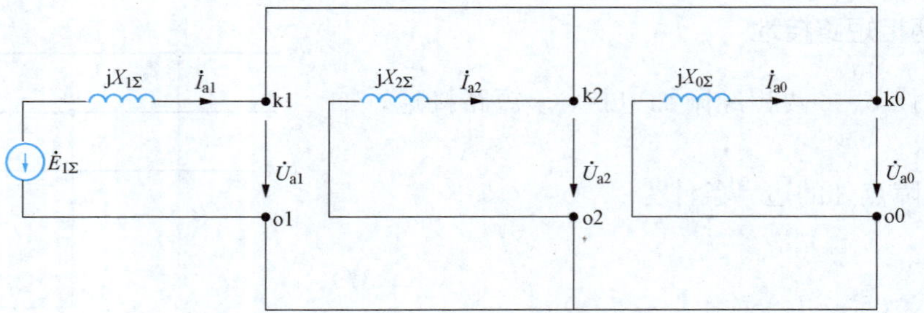

图 8-12　两相直接接地短路时的复合序网

由图 8-12 可解得

$$\dot{I}_{a1}=\frac{\dot{E}_{1\Sigma}}{\mathrm{j}\left(X_{1\Sigma}+\dfrac{X_{2\Sigma}X_{0\Sigma}}{X_{2\Sigma}+X_{0\Sigma}}\right)} \tag{8-45}$$

$$\dot{I}_{a2}=-\frac{X_{0\Sigma}}{X_{2\Sigma}+X_{0\Sigma}}\dot{I}_{a1} \tag{8-46}$$

$$\dot{I}_{a0}=-\frac{X_{2\Sigma}}{X_{2\Sigma}+X_{0\Sigma}}\dot{I}_{a1} \tag{8-47}$$

短路点的各序电压分量为

$$\dot{U}_{a1}=\dot{U}_{a2}=\dot{U}_{a0}=\mathrm{j}\frac{X_{2\Sigma}X_{0\Sigma}}{X_{2\Sigma}+X_{0\Sigma}}\dot{I}_{a1} \tag{8-48}$$

短路点的各相电流为

$$\left.\begin{aligned}&\dot{I}_{a}=\dot{I}_{a1}+\dot{I}_{a2}+\dot{I}_{a0}=0\\&\dot{I}_{b}=a^{2}\dot{I}_{a1}+a\dot{I}_{a2}+\dot{I}_{a0}=\left(a^{2}-\frac{X_{2\Sigma}+aX_{0\Sigma}}{X_{2\Sigma}+X_{0\Sigma}}\right)\dot{I}_{a1}\\&\dot{I}_{c}=a\dot{I}_{a1}+a^{2}\dot{I}_{a2}+\dot{I}_{a0}=\left(a-\frac{X_{2\Sigma}+a^{2}X_{0\Sigma}}{X_{2\Sigma}+X_{0\Sigma}}\right)\dot{I}_{a1}\end{aligned}\right\} \tag{8-49}$$

由式（8-49）可解得故障相电流的绝对值为

$$I_{k}^{(1.1)}=|\dot{I}_{b}|=|\dot{I}_{c}|=\sqrt{3}\sqrt{1-\frac{X_{2\Sigma}X_{0\Sigma}}{(X_{2\Sigma}+X_{0\Sigma})^{2}}}I_{a1} \tag{8-50}$$

短路点非故障相的电压为

$$\dot{U}_{a}=\dot{U}_{a1}+\dot{U}_{a2}+\dot{U}_{a0}=3\dot{U}_{a1}=\mathrm{j}3\frac{X_{2\Sigma}X_{0\Sigma}}{X_{2\Sigma}+X_{0\Sigma}}\dot{I}_{a1} \tag{8-51}$$

若仍以正序电流 $\dot{I}_{a1}$ 为参考相量，则可画出 b、c 两相直接接地短路时的各相电流、电压相量图，如图 8-13 所示。

【例 8-3】 试计算 8-4（a）所示简单电力系统在 k 点发生 b、c 两相直接接地短路时的故障相电流，通过变压器中性点的电流以及非故障相的电压。参数与［例 8-1］相同。

解　正序、负序、零序网络分别如图 8-4（b）、（c）、（d）所示。

（1）制定复合序网。b、c 两相直接接地短路时的序量边界条件为 $\dot{I}_{a1}+\dot{I}_{a2}+\dot{I}_{a0}=0$，$\dot{U}_{a1}=\dot{U}_{a2}=\dot{U}_{a0}$。据此可得相应的复合序网如图 8-14 所示。

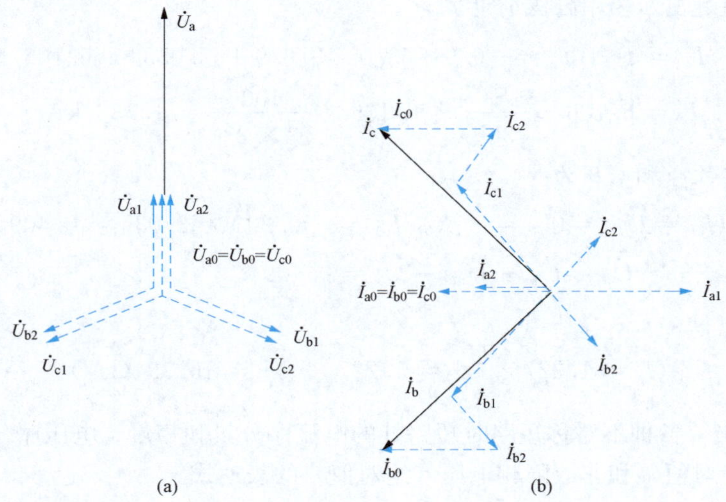

图 8-13 两相直接接地短路时的电压及电流相量图

（a）电压相量；（b）电流相量

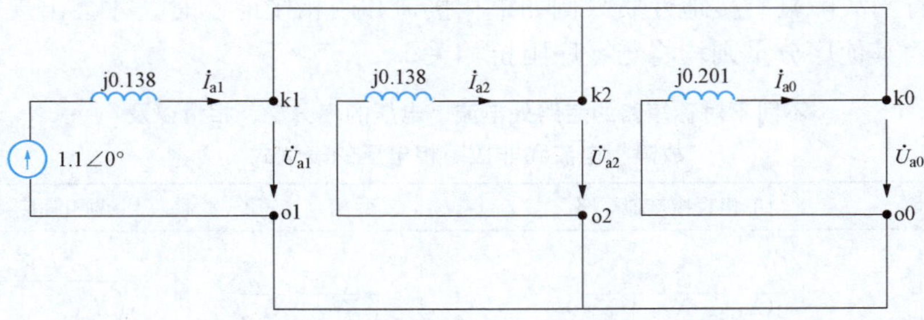

图 8-14 ［例 8-3］的复合序网

（2）计算短路点序电流为

$$\dot{I}_{a1}=\frac{\dot{E}_{1\Sigma}}{\mathrm{j}\left(X_{1\Sigma}+\dfrac{X_{2\Sigma}X_{0\Sigma}}{X_{2\Sigma}+X_{0\Sigma}}\right)}=\frac{1.10}{\mathrm{j}\left(0.138+\dfrac{0.138\times0.201}{0.138+0.201}\right)}=-\mathrm{j}5.0$$

$$\dot{I}_{a2}=-\frac{X_{0\Sigma}}{X_{2\Sigma}+X_{0\Sigma}}\dot{I}_{a1}=-\frac{0.201}{0.138+0.201}(-\mathrm{j}5.0)=\mathrm{j}2.965$$

$$\dot{I}_{a0}=-\frac{X_{2\Sigma}}{X_{2\Sigma}+X_{0\Sigma}}I_{a1}=-\frac{0.138}{0.138+0.201}(-\mathrm{j}5.0)=\mathrm{j}2.035$$

（3）计算故障相电流为

$$\dot{I}_b=a^2\dot{I}_{a1}+a\dot{I}_{a2}+\dot{I}_{a0}=-\mathrm{j}5.0a^2+\mathrm{j}2.965a+\mathrm{j}2.035$$
$$=-6.9+\mathrm{j}3.053=7.55\angle156.13^\circ$$

$$\dot{I}_c=a\dot{I}_{a1}+a^2\dot{I}_{a2}+\dot{I}_{a0}=-\mathrm{j}5.0a+\mathrm{j}2.965a^2+\mathrm{j}2.035$$
$$=6.9+\mathrm{j}3.053=7.55\angle23.87^\circ$$

$$I_k^{(1,1)}=I_b=I_c=7.55\times\frac{S_B}{\sqrt{3}U_{av}}=7.55\times\frac{100}{\sqrt{3}\times230}=190(\mathrm{kA})$$

(4) 计算通过变压器中性点的电流为

$$\dot{I}_g = \dot{I}_b + \dot{I}_c = -6.9 + j3.053 + 6.9 + j3.053 = j6.106$$

$$I_g = 6.106 \times \frac{S_B}{\sqrt{3}U_{av}} = 6.106 \times \frac{100}{\sqrt{3} \times 230} = 1.533(kA)$$

(5) 计算非故障相电压为

$$\dot{U}_{a1} = \dot{U}_{a2} = \dot{U}_{a0} = -jX_{0\Sigma}\dot{I}_{a0} = -j0.201 \times j2.035 = 0.409$$

$$\dot{U}_a = \dot{U}_{a1} + \dot{U}_{a2} + \dot{U}_{a0} = 0.409 \times 3 = 1.227$$

所以

$$U_a = 1.227 \times \frac{U_{av}}{\sqrt{3}} = 1.227 \times \frac{230}{\sqrt{3}} = 162.94(kV)$$

表 8-1 列出了各种不对称短路时短路处的电流序分量和相量、电压序分量和相量以及故障相电流（绝对值）和非故障相电压（绝对值）的表达式。

由表 8-1 可以看出：

(1) 如果故障是不接地性质的（例如两相直接短路），则序分量表达式中不会出现零序阻抗，而且零序电流和零序电压必为零值；

(2) 只有当故障具有接地性质（例如单相接地和两相接地）时，才会出现零序电流和零序电压，而其他序分量则均将与零序阻抗相关。

表 8-1　不同不对称短路的短路处电流、电压的序分量、相量以及故障相电流和非故障相电压的表达式

分量	单相直接接地短路	两相直接短路	两相直接接地短路
$\dot{I}_{a1}$	$\frac{\dot{E}_{1\Sigma}}{j(X_{1\Sigma}+X_{2\Sigma}+X_{0\Sigma})}$	$\frac{\dot{E}_{1\Sigma}}{j(X_{1\Sigma}+X_{2\Sigma})}$	$\frac{\dot{E}_{1\Sigma}}{j\left(X_{1\Sigma}+\frac{X_{2\Sigma}X_{0\Sigma}}{X_{2\Sigma}+X_{0\Sigma}}\right)}$
$\dot{I}_{a2}$	$\dot{I}_{a1}$	$-\dot{I}_{a1}$	$-\frac{X_{0\Sigma}}{X_{2\Sigma}+X_{0\Sigma}}\dot{I}_{a1}$
$\dot{I}_{a0}$	$\dot{I}_{a1}$	0	$-\frac{X_{2\Sigma}}{X_{2\Sigma}+X_{0\Sigma}}\dot{I}_{a1}$
$\dot{I}_a$	$3\dot{I}_{a1}$	0	0
$\dot{I}_b$	0	$-j\sqrt{3}\dot{I}_{a1}$	$\left(a^2-\frac{X_{2\Sigma}+aX_{0\Sigma}}{X_{2\Sigma}+X_{0\Sigma}}\right)\dot{I}_{a1}$
$\dot{I}_c$	0	$j\sqrt{3}\dot{I}_{a1}$	$\left(a-\frac{X_{2\Sigma}+a^2X_{0\Sigma}}{X_{2\Sigma}+X_{0\Sigma}}\right)\dot{I}_{a1}$
$\dot{U}_{a1}$	$j(X_{2\Sigma}+X_{0\Sigma})\dot{I}_{a1}$	$jX_{2\Sigma}\dot{I}_{a1}$	$j\frac{X_{2\Sigma}X_{0\Sigma}}{X_{2\Sigma}+X_{0\Sigma}}\dot{I}_{a1}$
$\dot{U}_{a2}$	$jX_{2\Sigma}\dot{I}_{a1}$	$jX_{2\Sigma}\dot{I}_{a1}$	$j\frac{X_{2\Sigma}X_{0\Sigma}}{X_{2\Sigma}+X_{0\Sigma}}\dot{I}_{a1}$

续表

分量	单相直接接地短路	两相直接短路	两相直接接地短路
$\dot{U}_{a0}$	$jX_{0\Sigma}\dot{I}_{a1}$	0	$j\dfrac{X_{2\Sigma}X_{0\Sigma}}{X_{2\Sigma}+X_{0\Sigma}}\dot{I}_{a1}$
$\dot{U}_{a}$	0	$j2X_{2\Sigma}\dot{I}_{a1}$	$j3\dfrac{X_{2\Sigma}X_{0\Sigma}}{X_{2\Sigma}+X_{0\Sigma}}\dot{I}_{a1}$
$\dot{U}_{b}$	$j[(a^2-a)X_{2\Sigma}+(a^2-1)X_{0\Sigma}]\dot{I}_{a1}$	$-jX_{2\Sigma}\dot{I}_{a1}$	0
$\dot{U}_{c}$	$j[(a^2-a)X_{2\Sigma}+(a^2-1)X_{0\Sigma}]\dot{I}_{a1}$	$-jX_{2\Sigma}\dot{I}_{a1}$	0
故障相电流绝对值	$3I_{a1}$	$\sqrt{3}I_{a1}$	$\sqrt{3}\sqrt{1-\dfrac{X_{2\Sigma}X_{0\Sigma}}{X_{2\Sigma}+X_{0\Sigma}}}I_{a1}$
非故障相电压绝对值	$\sqrt{3(X_{2\Sigma}^2+X_{2\Sigma}X_{0\Sigma}+X_{0\Sigma}^2)}I_{a1}$	$2X_{2\Sigma}I_{a1}$	$3\dfrac{X_{2\Sigma}X_{0\Sigma}}{X_{2\Sigma}+X_{0\Sigma}}I_{a1}$

表 8-1 给出的公式均是以 a 相为基准相导出的。实际中，同一类型的短路故障不一定会都发生在上述讨论的相别上，因而就不一定都能选 a 相为基准相。在简单不对称短路的分析计算中，一般均选三相中的特殊相为基准相。所谓特殊相，是指运行状态不同于另外两相的那一相。如单相接地短路时，故障相即为特殊相；两相短路或两相接地短路时，非故障相即为特殊相。此时，只需更换一下前面讨论的相关公式中的下标即可。例如，当两相短路接地故障不是发生在 b、c 相，而是发生在 a、b 相，当取 c 相为特殊相时，只要将式（8-38）和式（8-44）中的 a 换成 c，即可得选 c 相为基准相的序量边界条件为

$$\left.\begin{aligned}\dot{I}_{c1}+\dot{I}_{c2}+\dot{I}_{c0}=0\\ \dot{U}_{c1}=\dot{U}_{c2}=\dot{U}_{c0}\end{aligned}\right\}$$

四、 正序等效定则

由表 8-1 中列出的电力系统各种简单短路故障的正序电流分量计算式可见，$\dot{I}_{a1}$ 可表示为

$$\dot{I}_{a1}^{(n)}=\frac{\dot{E}_{1\Sigma}}{j(X_{1\Sigma}+X_{\Delta}^{(n)})} \tag{8-52}$$

式中：$X_{\Delta}^{(n)}$ 为与短路类型有关的附加电抗，上标 n 表示短路类型。

式（8-52）表明了一个非常重要的概念，即简单不对称短路时，短路点正序电流分量的大小与在短路点每一相中串接一附加电抗 $X_{\Delta}^{(n)}$，并在其后面发生三相短路时的电流相等，称此为正序等效定则。

同理可得，I_k 的计算也可表示为

$$I_k^{(n)}=m^{(n)}I_{a1}^{(n)} \tag{8-53}$$

式中：$m^{(n)}$ 为与短路类型有关的比例系数。

各种简单不对称短路时的附加电抗 $X_{\Delta}^{(n)}$ 和比例系数 $m^{(n)}$ 见表 8-2。

表 8-2　简单不对称短路时的 $X_{\Delta}^{(n)}$ 和 $m^{(n)}$

短路类型	$X_{\Delta}^{(n)}$	$m^{(n)}$
单相直接接地短路 $k^{(1)}$	$X_{2\Sigma}+X_{0\Sigma}$	3
两相直接短路 $k^{(2)}$	$X_{2\Sigma}$	$\sqrt{3}$
两相直接接地短路 $k^{(1,1)}$	$\dfrac{X_{2\Sigma}X_{0\Sigma}}{X_{2\Sigma}+X_{0\Sigma}}$	$\sqrt{3}\sqrt{1-\dfrac{X_{2\Sigma}X_{0\Sigma}}{(X_{2\Sigma}+X_{0\Sigma})^2}}$
三相短路 $k^{(3)}$	0	1

五、接地系数

由表 8-1 可知，两相直接短路时非故障相的电压为 $\dot{U}_a=j2X_{2\Sigma}\dot{I}_{a1}$，设 $X_{1\Sigma}\approx X_{2\Sigma}$，则有

$$\dot{U}_a=\frac{2X_{2\Sigma}}{X_{1\Sigma}+X_{2\Sigma}}\dot{E}_{1\Sigma}\approx\dot{E}_{1\Sigma} \tag{8-54}$$

也就是说两相直接短路不会使非故障相的对地电压升高。然而，当故障带有接地性质时，随着 $X_{0\Sigma}$ 的变化，非故障相的对地电压会在很大的范围内变动。计算表明单相接地时非故障相的电压升高一般较两相短路接地时为高。下面以单相接地故障为例作进一步的讨论。

参考表 8-1，如果令 $X_{1\Sigma}=X_{2\Sigma}$，则当 a 相直接接地时非故障相 b、c 的电压表达式可简化为

$$\begin{aligned}\dot{U}_b&=j[(a^2-a)X_{1\Sigma}+(a^2-1)X_{0\Sigma}]\frac{\dot{E}_{1\Sigma}}{j(2X_{1\Sigma}+X_{0\Sigma})}\\&=\left[\frac{(a^2-a)+(a^2-1)\dfrac{X_{0\Sigma}}{X_{1\Sigma}}}{2+\dfrac{X_{0\Sigma}}{X_{1\Sigma}}}\right]\dot{E}_{1\Sigma}=\left(\frac{1.5\dfrac{X_{0\Sigma}}{X_{1\Sigma}}}{2+\dfrac{X_{0\Sigma}}{X_{1\Sigma}}}-j\frac{\sqrt{3}}{2}\right)\dot{E}_{1\Sigma}\end{aligned} \tag{8-55}$$

$$\begin{aligned}\dot{U}_c&=j[(a-a^2)X_{1\Sigma}+(a-1)X_{0\Sigma}]\frac{\dot{E}_{1\Sigma}}{j(2X_{1\Sigma}+X_{0\Sigma})}\\&=\left[\frac{(a-a^2)+(a-1)\dfrac{X_{0\Sigma}}{X_{1\Sigma}}}{2+\dfrac{X_{0\Sigma}}{X_{1\Sigma}}}\right]\dot{E}_{1\Sigma}=\left(-\frac{1.5\dfrac{X_{0\Sigma}}{X_{1\Sigma}}}{2+\dfrac{X_{0\Sigma}}{X_{1\Sigma}}}+j\frac{\sqrt{3}}{2}\right)\dot{E}_{1\Sigma}\end{aligned} \tag{8-56}$$

不难看出，非故障相电压的绝对值为

$$U_b=U_c=\sqrt{\left(\frac{1.5\dfrac{X_{0\Sigma}}{X_{1\Sigma}}}{2+\dfrac{X_{0\Sigma}}{X_{1\Sigma}}}\right)^2+\frac{3}{4}}E_{1\Sigma}=\alpha E_{1\Sigma} \tag{8-57}$$

由式（8-57）可知

$$\alpha=\sqrt{\left(\frac{1.5\dfrac{X_{0\Sigma}}{X_{1\Sigma}}}{2+\dfrac{X_{0\Sigma}}{X_{1\Sigma}}}\right)^2+\frac{3}{4}} \qquad (8-58)$$

式中：α 为接地系数。

α 的大小将直接决定单相接地所引起的工频过电压的大小。α 越大，单相接地的过电压就越高。α 是和 $X_{0\Sigma}/X_{1\Sigma}$ 直接相关的，图 8-15 给出了表示 α 与 $X_{0\Sigma}/X_{1\Sigma}$ 间关系的曲线。

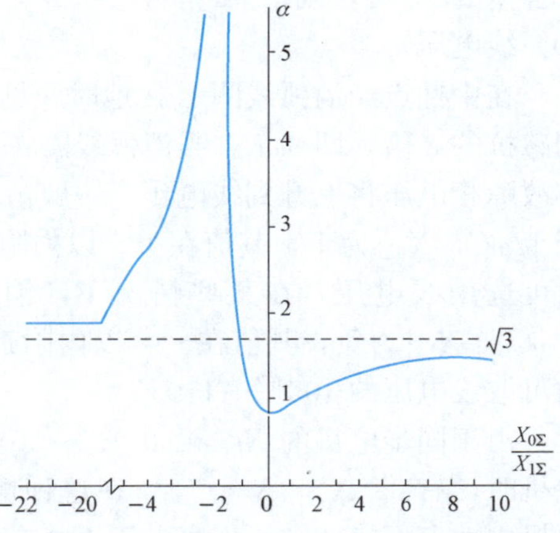

图 8-15　单相直接接地时的接地系数曲线

由图 8-15 可见，如果 $X_{0\Sigma}/X_{1\Sigma}$ 落在 −20～−1的范围内，非故障相的电压会上升到极高的数值，这是非常危险的。好在实际电力系统中一般均有 $X_{0\Sigma}\leqslant -26X_{1\Sigma}$，所以通常是不会出现此类电压升高的。但是如果为了其他目的而人为地加大对地电容（例如在三相导线与地之间加电容器或中性点上加电容）时，应当验算并防止 $X_{0\Sigma}/X_{1\Sigma}$ 落在 −20～−1 的范围内。

在中性点不接地系统中［见图 8-16（a)］，零序电流不能在变压器中流通，所以 $X_{0\Sigma}$ 主要由曲线的对地容抗（零序导纳）决定，此时 $X_{0\Sigma}/X_{1\Sigma}$ 将落在 −∞～−26 的范围内。由式（8-58）可以求出，当 $X_{0\Sigma}\rightarrow-\infty$ 时 $\alpha=\sqrt{3}$，当 $X_{0\Sigma}/X_{1\Sigma}=-26$ 时 $\alpha=1.84$，即单相接地时非故障相的对地电压可能上升到线电压的 1.06 倍。考虑安全系数后，在过电压设计中可将非故障相的对地电压取为线电压的 1.1 倍。

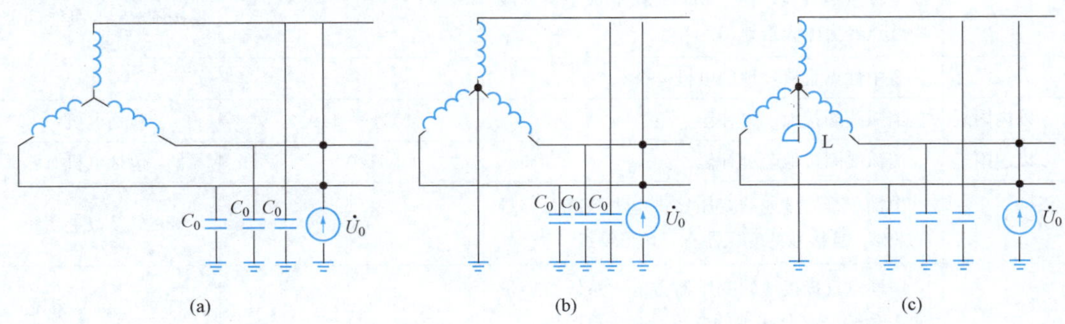

图 8-16　中性点的工作条件

（a）中性点不接地；（b）中性点直接接地；（c）中性点经消弧线圈接地

如果中性点接地［见图 8-16（b)］，则线路容抗将被变压器漏抗所短接，而使 $X_{0\Sigma}/X_{1\Sigma}$ 变为正值。如果 $X_{0\Sigma}\approx X_{1\Sigma}$，则意味着三相间无任何电磁联系，此时 $\alpha=1$，单相接地将不会使非故障相电压升高。如果 $X_{0\Sigma}/X_{1\Sigma}>1$，则意味着三相间有正的电磁联系，相间互感磁通相互加强，因而单相接地时非故障相的对地电压可以比相电压高。

注意到在中性点直接接地系统中，由于继电保护的需要，运行中往往要将某些变压器的中性点解开以增大系统的零序阻抗。此时 $X_{0\Sigma}/X_{1\Sigma}$ 的值将取决于中性点不接地变压器的总容量与系统中变压器总容量之比。在过电压设计中，当全部变压器中性点都直接接地时，取 $X_{0\Sigma}/X_{1\Sigma}\approx1$；当中性点直接接地的变压器占总容量的 1/3 时，取 $X_{0\Sigma}/X_{1\Sigma}\approx1\sim2$，取非故障相对地电压为 1.3 倍相电压（或 75%线电压）；当中性点直接接地的变压器占总容量的1/2时，则取 $X_{0\Sigma}/X_{1\Sigma}=2.5\sim3.5$，取非故障相对地电压为 1.4 倍相电压（或 80％线电压）。

在中性点经消弧线圈 L 接地时［见图 8-16（c）］，与线路对地容抗并联的将是消弧线圈感抗的 3 倍，即 $3\omega L$。当消弧线圈在全补偿下运行时，有 $3\omega L=1/\omega C$，$X_{0\Sigma}\rightarrow\infty$，此时非故障相电压将上升到线电压。一般情况下，消弧线圈是在过补偿下运行的，即 $3\omega L$ 稍小于 $1/\omega C$，$X_{0\Sigma}$ 为正，其值在 $+\infty$ 以内附近，此时非故障相对地电压将略低于线电压，设计时可选用线电压。在某些情况下，消弧线圈也可能在欠补偿下运行，即 $3\omega L$ 略大于 $1/\omega C_0$，$X_{0\Sigma}$ 为负，其值在 $-\infty$ 以内附近，此时非故障相对地电压将略高于线电压，设计时可取线电压的 105％～110％。

由于同步电机的 $X_0=(0.15\sim0.6)X_1$，所以当零序电压作用于中性点直接接地的发电机时，有 $0<X_{0\Sigma}/X_{1\Sigma}<1$，在这种情况下非故障相的对地电压将小于相电压。但在发电机中性点不接地时，零序电流不能在电机中流通，此时 $X_{0\Sigma}$ 将由电机绕组的对地电容决定，$X_{0\Sigma}/X_{1\Sigma}$ 为负值，在设计时非故障相电压要取为线电压的 110％。

表 8-3 列出了各种电力系统发生单相接地故障时，可能出现的非故障相电压升高值。它是确定避雷器额定电压的依据（详见下册第十二章）。

表 8-3　　各种电力系统中单相接地时非故障相电压的升高

$X_{0\Sigma}/X_{2\Sigma}$	大致相应的电力系统实际情况	非故障相电压（系统最高运行线电压的百分数）	备　注
$-\infty\sim-26$	中性点不接地	110％	
$-20\sim-1$	中性点不接地，但三相对地接有大电容，或中性点经大电容接地	—	需按图 8-15 具体确定
0～1	有中性点直接接地的电机	58％	
$-\infty$以内附近	消弧线圈接地，欠补偿	105％～110％	包括电机
$+\infty$以内附近	消弧线圈接地，过补偿	100％	包括电机
1～2.5	中性点直接接地的变压器占电力系统总容量的 1/2，且接地的变压器有三角形绕组	75％	330kV 及以上系统
2.5～3.5	中性点直接接地的变压器占电力系统总容量的 1/3～1/2，且接地的变压器有三角形绕组	80％	110～220kV 系统
$3.5\sim+\infty$	中性点直接接地的变压器占电力系统总容量的 1/3 以下	100％	或按图 8-15 具体确定

第二节　不对称短路时网络中电流和电压的分布

在电力系统故障分析中，尤其是在继电保护整定及其动作分析中，不但需要计算短路点的电流和电压，还要计算出网络中相关支路的电流和某些节点的电压。计算的基本方法是：首先计算不对称短路时网络中任意支路的电流和节点电压的各序分量，然后再应用对称分量法对这些电流和电压的序分量进行合成，以求取各相电流和电压。

一、各序电流分布的计算

三相短路计算中的电流分布系数法，同样适用于求不对称故障的电流分布。

对正序网络进行电流分布计算时，若各电源电动势相等或近似认为相等，则应用电流分布系数法计算电流分布较为方便；若各电源电动势不相等，则应用回路电流法进行计算较为方便。

对于负序、零序网络，由于它们是无源网络，故只需应用电流分布系数法计算电流分布。

图 8-17 给出了简单电网在发生各种不对称短路时的各序电压分布。由图 8-17 可见，正序电压在电源处最高，随着与短路点的接近而逐渐降低，在短路点处降到最低值；负序电压和零序电压则在短路点处最高，随着与短路点距离的增加而降低，且零序电压在变压器三角形出线处降到零值，而负序电压则在电源处降到零值。

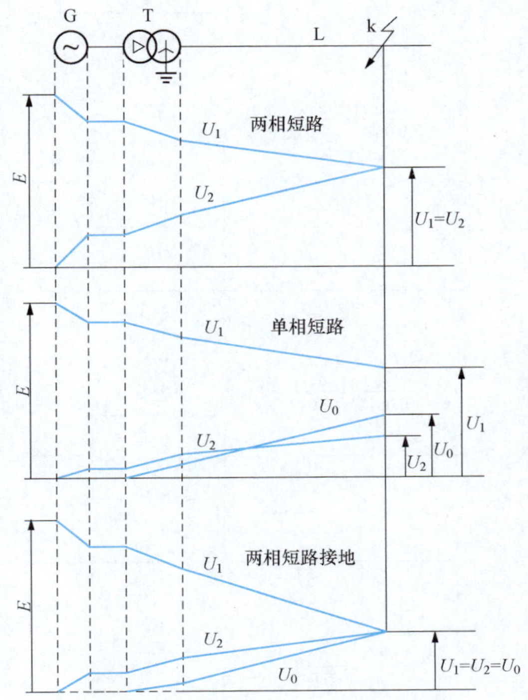

图 8-17 各种不对称短路时的各序电压分布

【例 8-4】 图 8-18（a）所示简单电力系统中，已知参数如下。

发电机 G：$U_{NG}=10.5\text{kV}$，$P_{NG}=200\text{MW}$，$\dot{E}_G=1.67\angle 0°$，$\cos\varphi_N=0.85$，$X''_d=0.12$；

变压器 T_A：$S_{NTA}=250\text{MVA}$，$\dot{U}_{kTA}\%=10.5$，变比 $k_{TA}=10.5/242$；

变压器 T_B：$S_{NTB}=250\text{MVA}$，$\dot{U}_{kTB}\%=10.5$，变比 $k_{TB}=10.5/242$；

双回线路：长度为 60km，$x_1=0.4\Omega/\text{km}$，$x_0=3.5x_1$；

负荷 LD：$S_{NLD}=200\text{MVA}$，$X_{LD1}=0.12$，$X_{LD2}=0.035$。

试计算 m 点发生 a 相直接接地短路时，流经变压器 TA 中性点的短路电流以及 n 点的各相电压有名值。

解 （1）选基准容量$S_B=100\text{MV}\cdot\text{A}$，基准电压$U_B$等于网络平均额定电压$U_{av}$，计算各元件参数标幺值。

发电机 G $\quad X_{G1}=X_{G2}=X''_d\dfrac{S_B}{S_{NG}}=0.12\times\dfrac{100}{200/0.85}=0.051$

变压器 TA $\quad X_{TA1}=X_{TA2}=X_{TA0}=\dfrac{U_{kTA}\%}{100}\dfrac{S_B}{S_{NTA}}=\dfrac{10.5}{100}\times\dfrac{100}{250}=0.042$

变压器 TB $\quad X_{TB1}=X_{TB2}=X_{TB0}=\dfrac{U_{kTB}\%}{100}\dfrac{S_B}{S_{NTB}}=\dfrac{10.5}{100}\times\dfrac{100}{250}=0.042$

线路 L $\quad X_{L1}=X_{L2}=x_1 l\dfrac{S_B}{U_{av}^2}=0.4\times 60\times\dfrac{100}{230^2}=0.045$

$$X_{L0}=3.5X_{L1}=3.5\times 0.045=0.158$$

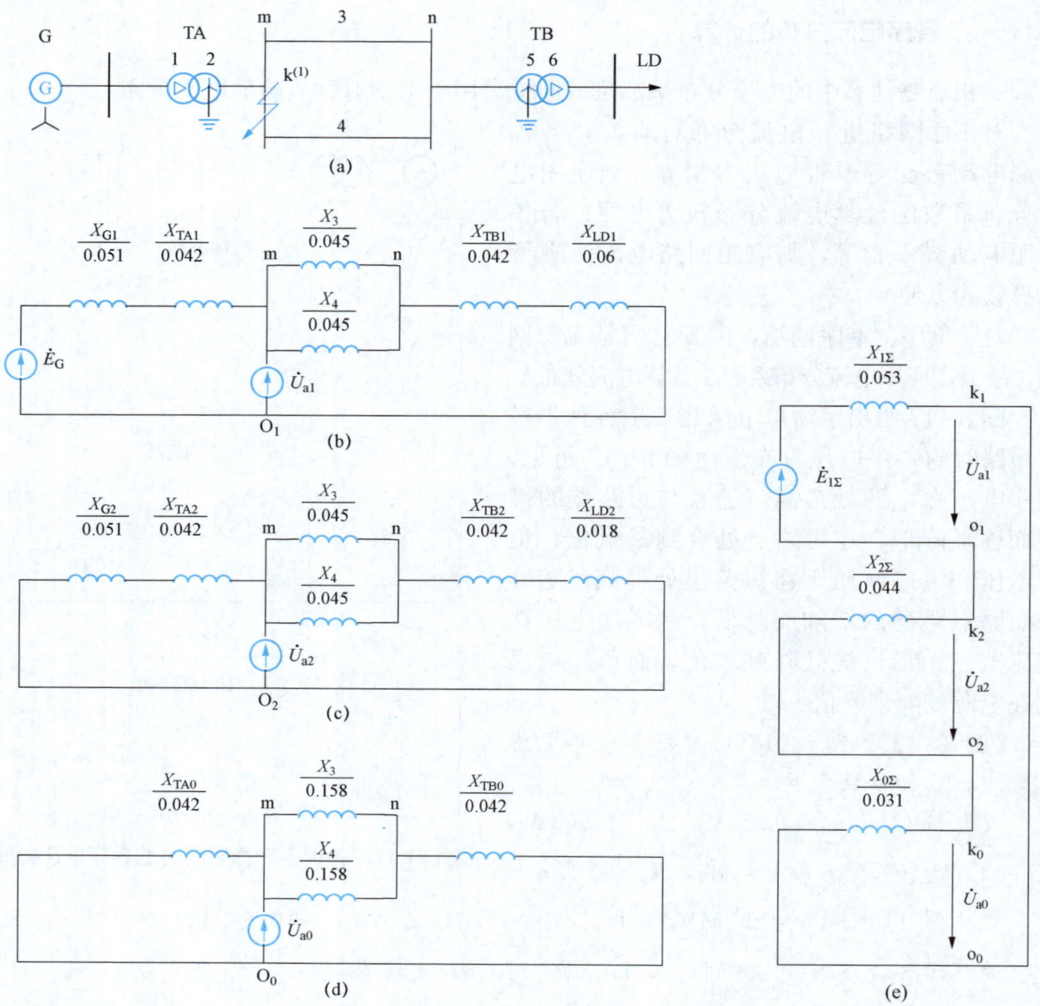

图 8-18　各序支路电流的计算

(a) 简单电力系统接线图；(b) 正序网络；(c) 负序网络；(d) 零序网络；(e) 复合序网络

负荷 LD　$X_{LD1}=X_{LD1}\dfrac{S_B}{S_{NLD}}=0.12\times\dfrac{100}{200}=0.06$

$$X_{LD2}=X_{LD2}\frac{S_B}{S_{NLD}}=0.035\times\frac{100}{200}=0.018$$

(2) 制定各序网络。正序、负序网络包含了图中所有元件，如图 8-18 (b)、(c) 所示。由图 8-18 (b)、(c) 可知

$$\dot{E}_{1\Sigma}=\frac{\dot{E}_G}{\mathrm{j}\left(X_{G1}+X_{TA1}+\dfrac{1}{2}X_3+X_{TB1}+X_{LD1}\right)}\mathrm{j}\left(\frac{1}{2}X_3+X_{TB1}+X_{LD1}\right)$$

$$=\frac{1.67}{\mathrm{j}(0.051+0.042+\dfrac{1}{2}\times0.045+0.042+0.06)}\times$$

$$\mathrm{j}\left(\frac{1}{2}\times 0.045+0.042+0.06\right)=0.956$$

$$X_{1\Sigma}=\frac{(X_{G1}+X_{TA1})\left(\frac{1}{2}X_3+X_{TB1}+X_{LD1}\right)}{\left(X_{G1}+X_{TA1}+\frac{1}{2}X_3+X_{TB1}+X_{LD1}\right)}$$

$$=\frac{(0.051+0.042)\times\left(\frac{1}{2}\times 0.045+0.042+0.06\right)}{\left(0.051+0.042+\frac{1}{2}\times 0.045+0.042+0.06\right)}=0.053$$

$$X_{2\Sigma}=\frac{(X_{G2}+X_{TA2})\left(\frac{1}{2}X_3+X_{TB2}+X_{LD2}\right)}{\left(X_{G2}+X_{TA2}+\frac{1}{2}X_3+X_{TB2}+X_{LD2}\right)}$$

$$=\frac{(0.051+0.042)\times\left(\frac{1}{2}\times 0.045+0.042+0.018\right)}{(0.051+0.042+\frac{1}{2}\times 0.045+0.042+0.018)}=0.044$$

变压器低压侧为三角形接法，因此零序电流不流经发电机和负荷。零序网络不包括发电机和负荷，如图 8-18（d）所示。由图 8-18（d）可得

$$X_{0\Sigma}=\frac{X_{TA0}\left(\frac{1}{2}X_3+X_{TB0}\right)}{\left(X_{TA0}+\frac{1}{2}X_3+X_{TB0}\right)}=\frac{0.042\times\left(\frac{1}{2}\times 0.158+0.042\right)}{\left(0.042+\frac{1}{2}\times 0.158+0.042\right)}=0.031$$

（3）制定复合序网。根据题意，由 a 相直接接地短路的序量边界条件 $\dot{I}_{a1}=\dot{I}_{a2}=\dot{I}_{a0}$，$\dot{U}_{a1}+\dot{U}_{a2}+\dot{U}_{a0}=0$ 可得对应的复合序网络如图 8-19（e）所示。

（4）计算短路点各序电流为

$$\dot{I}_{a1}=\frac{\dot{E}_{1\Sigma}}{\mathrm{j}(X_{1\Sigma}+X_{2\Sigma}+X_{0\Sigma})}=\frac{0.956}{\mathrm{j}(0.053+0.044+0.031)}=-\mathrm{j}7.469$$

$$\dot{I}_{a2}=\dot{I}_{a0}=\dot{I}_{a1}=-\mathrm{j}7.469$$

（5）计算流过变压器 TA 中性点的短路电流。由于只有零序电流会流经变压器中性点，因此只用计算零序网络中的电流分布。流过变压器 TA 的零序电流为

$$\dot{I}_{TA0}=\frac{\frac{1}{2}X_3+X_{TB0}}{\left(X_{TA0}+\frac{1}{2}X_3+X_{TB0}\right)}\dot{I}_{a0}=\frac{\frac{1}{2}\times 0.158+0.042}{(0.042+\frac{1}{2}\times 0.158+0.042)}\times(-\mathrm{j}7.469)=-\mathrm{j}5.544$$

流过变压器 TA 中性点的零序电流为

$$\dot{I}_{TA}=3\dot{I}_{TA0}=-\mathrm{j}3\times 5.544=-\mathrm{j}16.632$$

$$I_{TA}=16.632\times\frac{S_B}{\sqrt{3}U_{av}}=16.632\times\frac{100}{\sqrt{3}\times 230}=4.175(\mathrm{kA})$$

（6）计算 n 点各相电压。

首先计算故障点的各序电压为

$$\dot{U}_{a1}=\mathrm{j}(X_{2\Sigma}+X_{0\Sigma})\dot{I}_{a1}=\mathrm{j}(0.044+0.031)\times(-\mathrm{j}7.469)=0.560$$

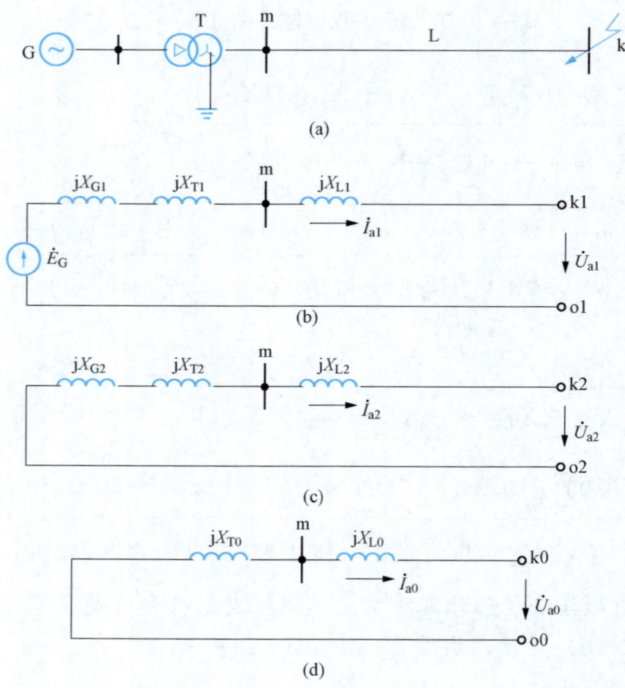

图 8-19　各序电压分布的计算

（a）原理接线图；（b）正序网络；（c）负序网络；（d）零序网络

$$\dot{U}_{a2}=-\mathrm{j}X_{2\Sigma}\dot{I}_{a1}=-\mathrm{j}0.044\times(-\mathrm{j}7.469)=-0.329$$

$$\dot{U}_{a0}=-\mathrm{j}X_{0\Sigma}\dot{I}_{a1}=-\mathrm{j}0.031\times(-\mathrm{j}7.469)=-0.232$$

再计算 n 点各序电压，流经 n 点的各序电流为

$$\dot{I}_{n1}=\frac{\dot{U}_{a1}}{\mathrm{j}\left(\frac{1}{2}X_3+X_{TB1}+X_{LD1}\right)}=\frac{0.560}{\mathrm{j}\left(\frac{1}{2}\times0.045+0.042+0.06\right)}=-\mathrm{j}4.498$$

$$\dot{I}_{n2}=\frac{X_{G2}+X_{TA2}}{\left(X_{G2}+X_{TA2}+\frac{1}{2}X_3+X_{TB2}+X_{LD2}\right)}\dot{I}_{a2}$$

$$=\frac{0.051+0.042}{(0.051+0.042+\frac{1}{2}\times0.045+0.042+0.018)}\times(-\mathrm{j}7.469)=-\mathrm{j}3.958$$

$$\dot{I}_{n0}=\frac{X_{TA0}}{\left(X_{TA0}+\frac{1}{2}X_3+X_{TB0}\right)}\dot{I}_{a0}$$

$$=\frac{0.042}{\left(0.042+\frac{1}{2}\times0.158+0.042\right)}\times(-\mathrm{j}7.469)=-\mathrm{j}1.925$$

$$\dot{U}_{n1}=\mathrm{j}(X_{TB1}+X_{LD1})\dot{I}_{n1}=\mathrm{j}(0.042+0.06)\times(-\mathrm{j}4.498)=0.459$$

$$\dot{U}_{n2}=\mathrm{j}(X_{TB2}+X_{LD2})\dot{I}_{n2}=\mathrm{j}(0.042+0.018)\times(-\mathrm{j}3.958)=0.237$$

$$\dot{U}_{n0}=jX_{TB0}\dot{I}_{n0}=j0.042\times(-j1.925)=0.081$$

$$\dot{U}_{na}=\dot{U}_{n1}+\dot{U}_{n2}+\dot{U}_{n0}=0.459+0.237+0.081=0.777$$

$$\begin{aligned}\dot{U}_{nb}&=a^2\dot{U}_{n1}+a\dot{U}_{n2}+\dot{U}_{n0}=0.459a^2+0.237a+0.081\\&=-0.267-j0.192=0.329\angle-144.280^\circ\end{aligned}$$

$$\begin{aligned}\dot{U}_{nc}&=a\dot{U}_{n1}+a^2\dot{U}_{n2}+\dot{U}_{n0}=0.459a+0.237a^2+0.081\\&=-0.267+j0.192=0.329\angle 144.280^\circ\end{aligned}$$

所以

$$U_{na}=0.777\times\frac{U_{av}}{\sqrt{3}}=0.777\times\frac{230}{\sqrt{3}}=103.181(\text{kV})$$

$$U_{nb}=U_{nc}=0.329\times\frac{U_{av}}{\sqrt{3}}=0.329\times\frac{230}{\sqrt{3}}=43.689(\text{kV})$$

二、各序电压分布的计算

网络中任意节点的各序电压等于短路点的各序电压，加上该节点至短路点间的同一序电流产生的电压降。

以图 8 - 19（a）所示的简单网络为例，节点 m 在正序、负序网络和零序网络中，分别经 X_{L1}、X_{L2} 和 X_{L0} 与短路点 k 相连。据此可写出 m 点处以基准相表示的正、负、零序电压 $\dot{U}_{ma1}$、$\dot{U}_{ma2}$、$\dot{U}_{ma0}$ 与故障处序电压和序电流的关系分别为

$$\left.\begin{aligned}\dot{U}_{ma1}&=\dot{U}_{a1}+j\dot{I}_{a1}X_{L1}\\\dot{U}_{ma2}&=\dot{U}_{a2}+j\dot{I}_{a2}X_{L2}\\\dot{U}_{ma0}&=\dot{U}_{a0}+j\dot{I}_{a0}X_{L0}\end{aligned}\right\}\tag{8 - 59}$$

而 m 点的各相电压则分别为

$$\left.\begin{aligned}\dot{U}_{ma}&=\dot{U}_{ma1}+\dot{U}_{ma2}+\dot{U}_{ma0}\\\dot{U}_{mb}&=a^2\dot{U}_{ma1}+a\dot{U}_{ma2}+\dot{U}_{ma0}\\\dot{U}_{mc}&=a\dot{U}_{ma1}+a^2\dot{U}_{ma2}+\dot{U}_{ma0}\end{aligned}\right\}\tag{8 - 60}$$

由于正序网络中电压降 $j\dot{I}_{a1}X_{L1}$ 与 $\dot{U}_{a1}$ 同相，负序网络和零序网络中的电压降 $j\dot{I}_{a2}X_{L2}$ 和 $j\dot{I}_{a0}X_{L0}$ 分别与 $\dot{U}_{a2}$、$\dot{U}_{a0}$ 反相，因而正序电压将随着与短路点距离的增加而升高，而负序电压和零序电压则随着与短路点距离的增加而降低。

第三节 电流和电压各序分量经变压器后的相位变换

本章前两节介绍的电流和电压计算方法，只能应用在没有变压器的网络中。当网络中接有变压器时，由于变压器两侧绕组的连接组别不同，故两侧的序电压或序电流可能发生相位变化。下面针对变压器常用的两种连接组别 Yy 和 Yd 来讨论。为了简单起见，假设变压器的变比为 1，即不考虑两侧数值的变化，仅考虑相位的转移。

在图 8 - 20（a）所示的 Yy0 接法的变压器中，当在绕组Ⅰ的出线端 A、B、C 上施加正序电压时，绕组Ⅱ的相电压与绕组Ⅰ的相电压是同相位的，如图 8 - 20（b）所示。当在绕组Ⅰ施加负序电压时，绕组Ⅱ的相电压与绕组Ⅰ的相电压也是同相位的，如图 8 - 20（c）所示。如果变压器接成 YNyn，且又存在零序电流通路时，变压器两侧的零序电流（或零序电压）也是同相位的。所以电压和电流的各序分量经过 Yy 连接的变压器变换时，不会发生相位的移动。

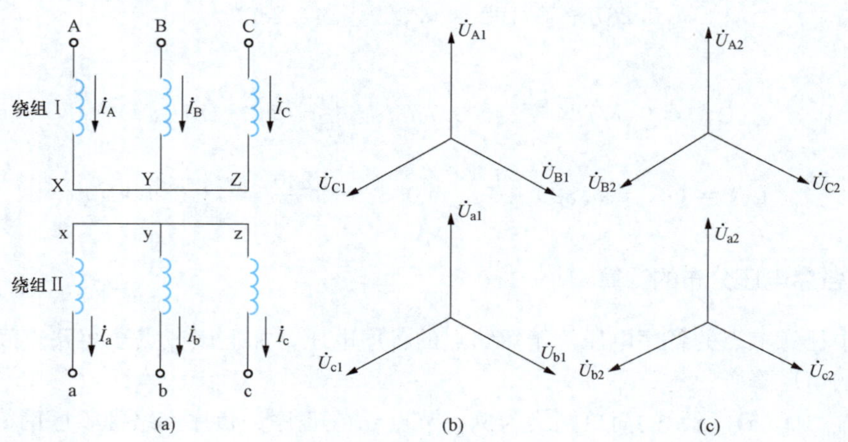

图 8 - 20 Yy0 接法变压器两侧正、负序电压分量的相位关系

（a）原理接线图；（b）正序分量相位关系；（c）负序分量相位关系

对于图 8 - 21（a）所示的 Yd11 接法的变压器而言，其三角形侧的外电路中不含零序分量。若在其 Y 侧施加正序电压，则三角形侧的线电压与 Y 侧的相电压同相位，此时三角形侧的相电压将超前 Y 侧的相电压 30°，如图 8 - 21（b）所示。当在 Y 侧施加负序电压时，则三角形侧的相电压将滞后 Y 侧的相电压 30°，如图 8 - 21（c）所示，即

$$\dot{U}_{a1} = \dot{U}_{A1}\angle 30^\circ \tag{8 - 61}$$

$$\dot{U}_{a2} = \dot{U}_{A2}\angle -30^\circ \tag{8 - 62}$$

同理可得正序、负序电流间的关系式为

$$\dot{I}_{a1} = \dot{I}_{A1}\angle 30^\circ \tag{8 - 63}$$

$$\dot{I}_{a2} = \dot{I}_{A2}\angle -30^\circ \tag{8 - 64}$$

可见，正、负序的电压、电流分量经 Yd 连接的变压器后，均会有相位的移动。

【例 8 - 5】 试计算图 8 - 4（a）所示的简单电力系统中 k 点发生 b、c 两相短路时，发电机侧的各相电压有名值。参数与［例 8 - 1］相同。

解 由［例 8 - 2］计算结果可知

$$\dot{I}_{a1} = -j3.986，\dot{I}_{a2} = j3.986$$

$$\dot{U}_{a1} = \dot{U}_{a2} = 0.55$$

由图 8 - 4（b）和式（8 - 61）可知

$$\dot{U}_{Ga1} = [0.55 + j(0.042 + 0.0454)(-j3.986)]e^{j30^\circ} = 0.898e^{j30^\circ}$$

由图 8 - 4（c）和式（8 - 62）可知

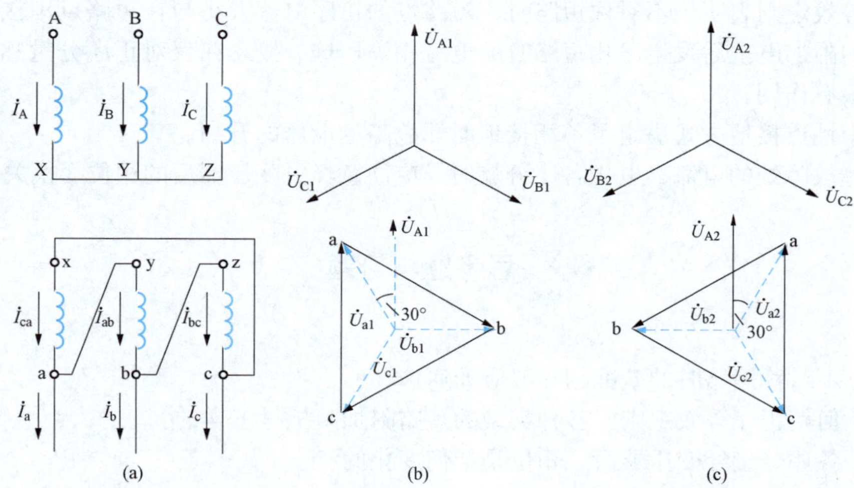

图 8-21 Yd11 接法变压器两侧正、负序电压分量的相位关系

(a) 原理接线图；(b) 正序分量相位关系；(c) 负序分量相位关系

$$\dot{U}_{Ga2}=[0.55+j(0.042+0.0454)(j3.986)]e^{-j30^\circ}=0.202e^{-j30^\circ}$$

由此可得发电机侧各相电压为

$$\dot{U}_{Ga}=\dot{U}_{Ga1}+\dot{U}_{Ga2}=0.898e^{j30^\circ}+0.202e^{-j30^\circ}=0.955+j0.35=1.02e^{j20.13^\circ}$$

$$\dot{U}_{Gb}=a^2\dot{U}_{Ga1}+a\dot{U}_{Ga2}=0.898e^{j270^\circ}+0.202e^{j90^\circ}=0.696e^{-j90^\circ}$$

$$\begin{aligned}\dot{U}_{Gc}&=a\dot{U}_{Ga1}+a^2\dot{U}_{Ga2}=0.898e^{j150^\circ}+0.202e^{j210^\circ}\\&=-0.955+j0.35=1.02e^{j159.87^\circ}\end{aligned}$$

有名值为

$$U_{Ga}=1.02\times\frac{10.5}{\sqrt{3}}=6.18(\text{kV})$$

$$U_{Gb}=0.696\times\frac{10.5}{\sqrt{3}}=4.22(\text{kV})$$

$$U_{Gc}=1.02\times\frac{10.5}{\sqrt{3}}=6.18(\text{kV})$$

本章小结

简单电力系统不对称短路的分析与计算，主要借助于对称分量法，利用对称分量法可将不同短路类型的边界条件转换为相应的序量边界条件。一种方法是将序量边界条件和不对称短路计算的基本方程式联立，求解基准相的正序电流分量，此为解析法；另一种方法是根据序量边界条件将正序、负序和零序三个独立序网连接构成复合序网，由复合序网求解正序电流分量，此为复合序网法。复合序网法直观、具体，便于分析，应注意掌握。解得正序电流分量后，其他各序电流、电压分量以及各相电流、电压的求解就迎刃而解了。

正序等效定则表明，不对称短路时，短路点的正序电流大小与在短路点串接一与短路类型有关的附加电抗后发生三相短路时的电流相等，这一概念在仅对正序分量感兴趣的工程计算中很有作用。

电网中性点接地方式决定了单相接地时非故障相电压的升高。

在求非故障处的电流、电压各序分量时，应注意经过变压器后的相位变换关系。

思考题与习题

8-1　不对称短路时的基准相一般应如何选择？

8-2　何谓正序等效定则？各种类型的短路附加阻抗是怎样的？

8-3　各序分量经变压器后，相位是如何变化的？

8-4　不对称短路时的各序电压分布有何规律？

8-5　如图 8-22 所示简单电力系统，各元件参数的标幺值如下：

发电机 G1　$\dot{E}_{G1}=j1.0$，$X_{G11}=X''_d=j0.13$，$X_{G12}=j0.2$

发电机 G2　$\dot{E}_{G2}=j1.0$，$X_{G21}=X''_d=j0.13$，$X_{G22}=j0.2$

线路 L　$X_{L1}=j0.06$，$X_{L0}=3X_{l1}$

变压器 T1　$X_{T11}=X_{T12}=j0.12$

变压器 T2　$X_{T21}=X_{T22}=j0.14$

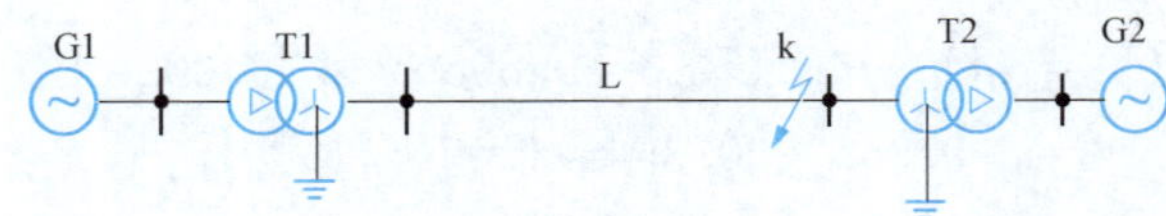

图 8-22　题 8-5 图

试计算 k 点发生下列短路时的各相电流、电压标幺值，并画出相量图，比较结果。

（1）c 相直接接地短路；

（2）a、b 两相直接短路；

（3）a、b 两相直接接地短路。

8-6　简单电力系统如图 8-23 所示，各元件参数的标幺值为：

发电压 G　$\dot{E}_G=j1.1$，$X_{G1}=j0.25$，$X_{G2}=j0.3$

变压器 T（变压器为 YNd11 连接组别）　$X_T=j0.2$，$X_L=j0.4$

当 k 点发生 b 相接地短路时，试计算：

（1）短路点的故障相电流；

（2）变压器中性点电压；

（3）发电机侧的各相电流标幺值。

8-7　在图 8-24 所示电力系统中，k 点 a、c 相发生接地短路故障，以 $S_B=100\text{MVA}$，$U_B=U_{av}$ 为基准值计算的各元件参数标幺值为：

发电机 G　$\dot{E}_G=j1.22$，$X''_d=j0.66$，$X_{G2}=j0.27$

变压器 T　$X_T = j0.22$，变比 $k = \frac{10.5}{121}$

线路 L　$X_{L1} = j0.19$，$X_{L0} = j3X_{L1}$

试计算故障点的电流和 M 点各相电压有名值。

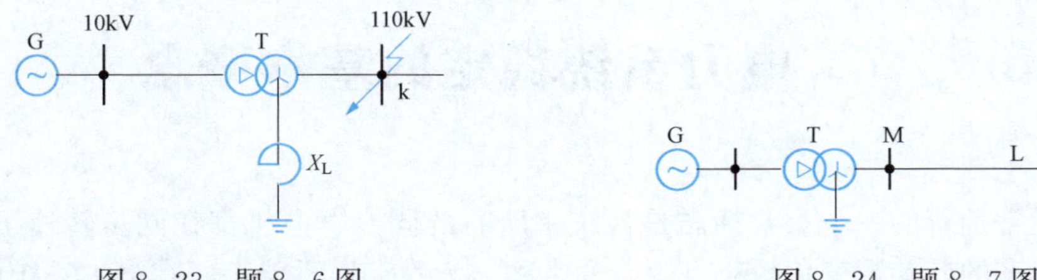

图 8-23　题 8-6 图　　图 8-24　题 8-7 图

8-8　在图 8-24 所示电力系统中参数与题 8-7 相同，试计算 k 点 a 相经 $X_k = j30\Omega$ 发生接地短路时的故障点的各相电流和电压有名值。

8-9　什么是接地系数？它与哪些因素相关？接地系数怎样影响非接地相电压？

第九章 电力系统稳定的基本概念

电力系统正常运行的一个重要标志是系统中所有的同步发电机都在同步转速下运转，此时表征运行状态的各参数变化较小且缓，通常称之为稳定运行状态。在电力系统的发展过程中，自从出现两台同步发电机并联运行，就产生了同步电机并联运行的稳定性问题。在同步电机间电气距离较短、交换功率不大的情况下，这一问题并不突出。然而随着电网互联规模的扩大，传输距离和传输功率的增加，当系统在运行中受到某些突然扰动时，可能出现电流、电压、功率等运行参数的剧烈变化和振荡。这种暂态过程的变化可能有两种结果：一是暂态过程最终进入一种新的稳态运行状态；二是系统不能建立一种新的稳定运行状态，各种运行参数随时间不断增大，或减少，或振荡，使系统失去稳定。保证电力系统的稳定是保持系统安全可靠运行和提供高质量电能的重要条件。

IEEE/CIGRE（国际电气与电子工程师学会/国际大电网会议）将电力系统稳定性定义为在给定的初始运行方式下，电力系统受到物理扰动后仍能够重新获得运行平衡点，且在该平衡点大部分系统状态量都未越限，从而保持系统完整性的能力。电力系统失稳后的动态过程与失稳前的初始工作状态以及电网的连接方式密切相关。根据电力系统失稳动态过程的特征，电力系统稳定可分为功角稳定、电压稳定和频率稳定三大类。

我国《电力系统安全稳定导则》对电力系统稳定进行了更详细的划分，如图 9-1 所示。

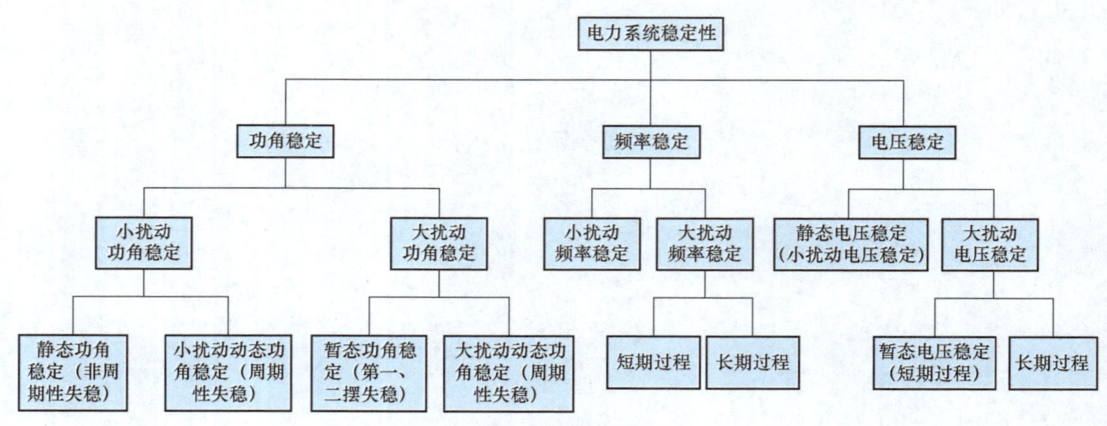

图 9-1　电力系统稳定的分类

将电力系统的稳定性分为功角稳定，频率稳定和电压稳定，针对每一种稳定类型又按照扰动大小进行了分类。将小干扰功角稳定细分为静态功角稳定（非周期性失稳）和小扰动动态功角稳定（周期性失稳）；而将大干扰功角稳定细分为暂态功角稳定（第一、二摆失稳）和大扰动动态功角稳定（周期性失稳）。频率稳定也分成两类，即小扰动频率稳定和大扰动频率稳定，对于大扰动频率稳定还可以进一步细分为短期过程和长期过程。在电压稳定中，小扰动的电压稳定称为静态电压稳定，而大扰动电压稳定又细分为暂态电压稳定和长期过程。

功角稳定主要与有功功率的平衡相关，其主要标志是同步发电机受到扰动后是否还能保持同步运行。电压稳定主要与无功功率平衡相关，其主要标志是系统受扰动后，是否会发生局部或全局电压的持续下降或上升。功角不稳定与电压不稳定是电力系统不稳定性的不同表现方式。二者相互区别，又相互联系。功角失稳有可能引发电压失稳，反之亦然。频率稳定也与功角稳定相关。为此，本章主要就电力系统功角稳定的基本概念、物理本质、研究方法及控制措施进行基础性介绍，深入的探讨将在后续课程中进行。

第一节 同步发电机的机电特性

电力系统的稳定问题，除了与电磁暂态过程有关外，还涉及旋转电机转动的暂态过程，因此在讨论时不能再像讨论电磁暂态过程那样，假设旋转电机的转速不变，而要同时考虑电机转速的改变，构成机电暂态过程。同步发电机的机电特性由同步发电机转子的运动特性及其电磁功率的变化特性共同决定。

一、同步发电机的功角特性

图 9-2（a）所示的简单电力系统中，发电机 G 经升压变压器 T1，双回输电线 L 及降压变压器 T2 向系统 S 输送功率。设系统 S 的容量比发电机的容量大得多，即无论发电机 G 向系统输送多大的功率，系统 S 的母线电压 U 在大小和相位上都能维持不变。在等效电路中，若发电机 G 的电动势为 E，同步电抗用 X_d 表示，忽略变压器的励磁电抗和线路的电容，忽略各元件的电阻，即认为在功率传输过程中无有功功率损耗，则电力系统的总电抗 X_Σ，也即发电机 G 和系统母线间的转移电抗为

$$X_\Sigma = X_d + X_{T1} + \frac{X_L}{2} + X_{T2} \tag{9-1}$$

图 9-2（b）、（c）所示为与之相应的等效电路。

不计发电机励磁调节器的作用，即认为发电机的励磁电动势 $\dot{E}$ 为常数不变，而其相位角可变。设发电机向系统输送的有功功率 P 为

$$P = UI\cos\varphi \tag{9-2}$$

则根据图 9-3 所表示的 $\dot{E}$ 和 $\dot{U}$ 关系的相量图，可得

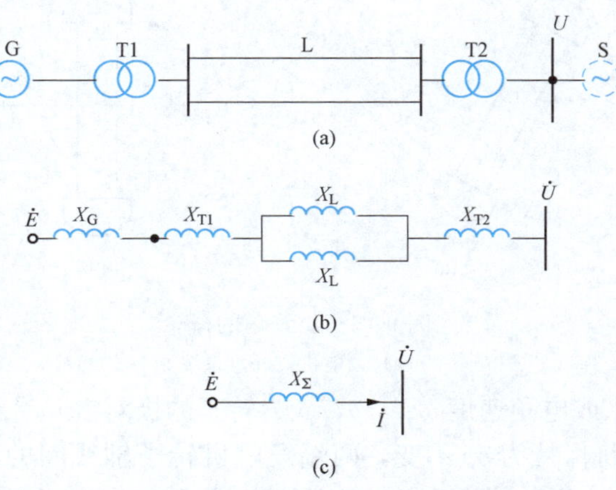

图 9-2 简单电力系统及其等效电路图
（a）系统图；（b）、（c）等效电路图

$$I\cos\varphi=\frac{E\sin\delta}{X_{\Sigma}} \tag{9-3}$$

代入式（9-2）中，即有

$$P=\frac{EU}{X_{\Sigma}}\sin\delta \tag{9-4}$$

由式（9-4）不难看出，当发电机的电动势 E 和系统电压 U 恒定时，在给定的转移阻抗下，发电机输出的功率 P 是 E、U 间夹角 δ 的正弦函数，如图 9-4 所示。发电机输送的功率极限出现在 $\delta=90°$ 时，其值为 $\frac{EU}{X_{\Sigma}}$。由于功率 P 直接由 δ 决定，所以称 δ 为功率角，简称功角，$P=f(\delta)$ 称为功率特性或功角特性。

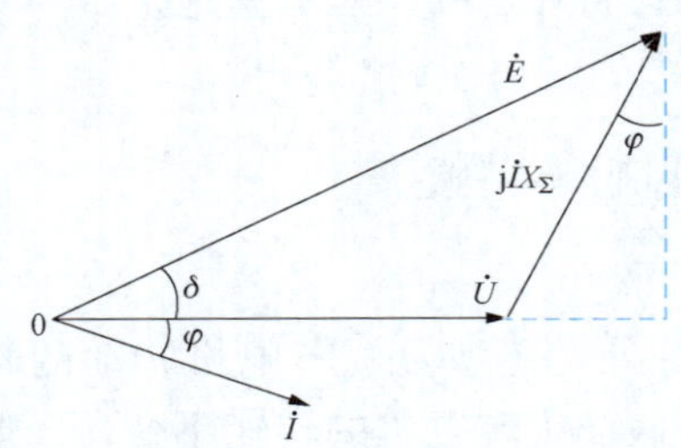

图 9-3　表示 $\dot{E}$ 和 $\dot{U}$ 关系的相量图

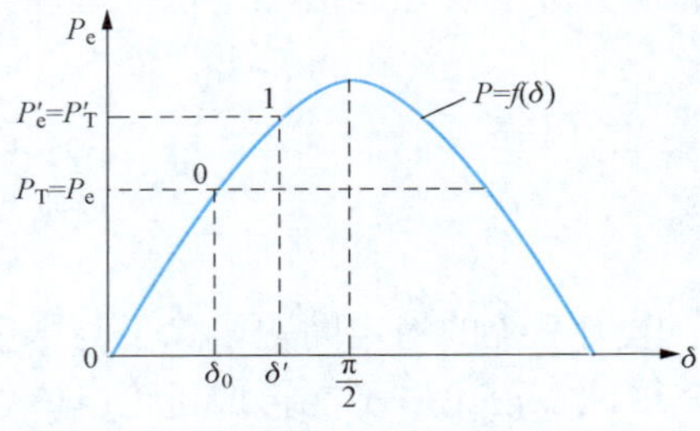

图 9-4　功角特性

二、同步发电机的转子运动特性

注意到发电机 G 的励磁电动势 $\dot{E}$ 是由其转子主磁通 $\dot{\Phi}_0$ 决定的，设发电机转子只有一对磁极，则磁通和励磁电动势间的关系将如图 9-5（a）所示。将无穷大系统 S 当作一台内阻为零的等效发电机，则该等效发电机的励磁电动势就是系统的母线电压 $\dot{U}$，与之相应的主磁通为 $\dot{\Phi}_S$，如图 9-5（b）所示。

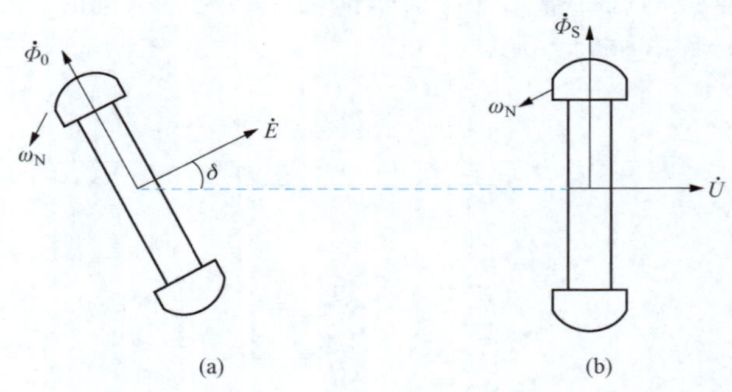

图 9-5　位置角的概念

（a）发电机；（b）系统

由图 9-5 不难看出，$\dot{E}$ 和 $\dot{U}$ 间的夹角 δ 也就是并列运行的两台发电机转子轴线间的夹角，即功角 δ 既能表征系统中功率传输的特性，也能表征系统两端发电机转子相对位置的特性，在这个意义上，功角又可称为“位置角”。

电力系统稳态运行时，系统中所有发电机的转子都是以同步转速运转的，即所有发电机转子的机械角速度 Ω（或电角速度 $\omega=\Omega p$，p 为转子的极对数）是不变的。在传输某一恒定功率 P_e 时，其功角将保持为 δ_0 不变，两端发电机转子轴线间的夹角也保持不变（当 $p=1$ 时，其值也为 δ_0）。此时由原动机产生的带动转子转动的机械转矩 M_T（称主动转矩）是与发电机输出有功功率所形成的电磁转矩 M_e（称制动转矩）相平衡的。由原动机提供的机械功率 P_T 与发

电机输出的电磁功率 P_e 也是相平衡的，即有

$$M_T = M_e \tag{9-5}$$

$$P_T = P_e \tag{9-6}$$

而且功率与转矩间满足下列关系

$$P_T = M_T\Omega_N = M_T\frac{\omega_N}{p} \tag{9-7}$$

$$P_e = M_e\Omega_N = M_e\frac{\omega_N}{p} \tag{9-8}$$

式中：Ω_N、ω_N 分别为转子的额定（或同步）机械角速度和额定（或同步）电角速度，rad/s。

如果将发电机原动机的功率增大到 P'_T，形成功率增量 $\Delta P=P'_T-P_e$，则作用在发电机转子上的转矩平衡将受到破坏而形成转矩增量 $\Delta M=M'_T-M_e$，使发电机的转子得到加速。由旋转刚体的力学定律可写出

$$J\alpha = \Delta M \tag{9-9}$$

式中：J 为转子的转动惯量，$kg\cdot m^2$；α 为转子的机械角加速度，rad/s^2；ΔM 为转轴上的净加速转矩，N·m。

将 $\Delta M=M'_T-M_e$，$\alpha=\frac{d^2\delta}{dt^2}$代入式（9-9），可得

$$J\frac{d^2\delta}{dt^2} = M'_T-M_e \tag{9-10}$$

式（9-10）即为描述发电机转子运动特性的方程。

发电机加速会使功角 δ 增大。由图 9-4 所示的功角特性可知，当功角由 δ_0 增大到 δ'，发电机输出的电磁功率由 P_e 增大到 $P'_e=P'_T$时，功率和转矩将再次达到平衡，此时功角将不再增大，系统将在增大后的功角 δ' 下稳定运行。

实际上，电力系统的机电暂态过程是相当复杂的。在进行机电暂态分析时，除了上述同步发电机的功角特性方程和转子运动方程外，还要考虑原动机所装调速器的性能参数、原动机的工质特性（水、汽）以及转速对功率和转矩间转换关系的影响。详细的分析将在相关专业课程中介绍。

第二节 静态稳定的概念

电力系统在运行中时刻会受到小的扰动，如汽轮机或水轮机工质参数（汽压、汽温、水头）的小波动、负荷的随机变化等。系统对小扰动的响应特性取决于初始运行条件、输电系统结构参数以及系统中的发电机励磁控制等因素。静态稳定和小干扰动态稳定都归属于小扰动功角稳定问题，其研究目标是系统在遭受到小扰动时保持同步运行的能力。小扰动功角稳定研究的时间范围通常是扰动后的 10～20s。

仍以图 9-2（a）所示的简单电力系统为例。发电机输出电磁功率的功角特性 $P_e=f(\delta)$ 如图 9-6 所示。设由原动机输入的功率 P_T 保持不变，则 P_T 与 P_e 曲线有两个交点 a 和 b，所对应的功角分别为 δ_a 和 δ_b。虽然在这两个交点处发电机转轴上的输入、输出功率

均是平衡的，然而系统在此两点的运行稳定性却是不同的。

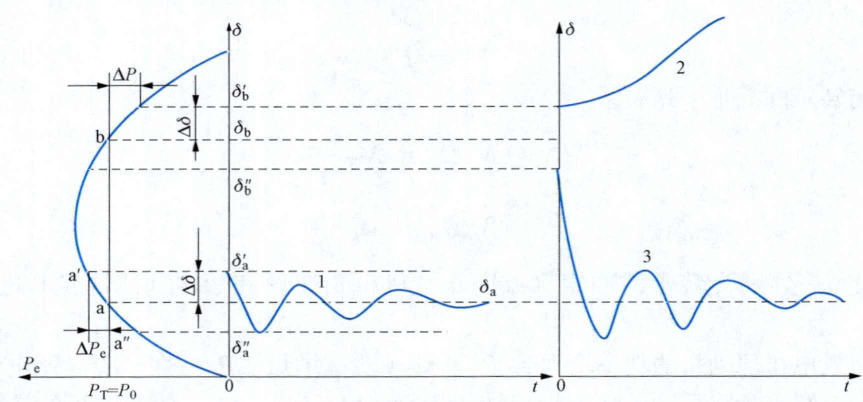

图 9-6　小扰动后功角变化示意图

设发电机在 a 点运行时，有 $P_e=P_T=P_0$，转子的角速度为 ω_0。当出现瞬间小扰动使功角 δ_a 获得一个正增量 $\Delta\delta$ 而上升为 δ_a' 后，发电机的电磁功率将出现一个正增量 ΔP_e。考虑到转子是惯性元件，瞬间干扰消失后，发电机的功角仍将保持在 $\delta_a+\Delta\delta$ 的位置，从而出现了 $P_e=P_0+\Delta P_e>P_T$ 的工作条件，在转轴上形成负的加速转矩（即制动转矩）。此时，发电机转子开始减速，使功角 δ 减小。当 δ 减小到 δ_a 时，有 $P_T=P_e$，$M_T=M_e$，转子的加速为零。但由于惯性的原因功角仍将继续减小。而出现 $P_e<P_T$ 的工作条件，在转轴上形成正的加速转矩，阻止 δ 的继续下降。由于系统阻尼的存在，功角 δ 的变化将是一个围绕 δ_a 的衰减振荡，最后稳定在 δ_a 处，如图 9-6 中曲线 1 所示。反之，如瞬间扰动使功角获得一个负增量（$-\Delta\delta$）而下降到 δ_a''处，则在扰动消失后，也会通过衰减振荡而稳定在 δ_a 处。所以发电机在 a 点运行是静态稳定的。

当发电机在 b 点运行时，情况就不同了。此时如果出现一个瞬间小扰动使功角 δ_b 获得一个正增量 $\Delta\delta$ 而上升为 δ_b'后，发电机的电磁功率将有一个负增量。出现 $P_T>P_e-\Delta P_e$ 的工作条件，形成正的加速转矩，使发电机加速，导致功角的不断加大，如图 9-6 中的曲线 2 所示。最终使发电机与系统失步。若瞬间扰动使功角获得一个负增量（$-\Delta\delta$）而下降到 δ_b''处，发电机的电磁功率将出现一个正增长量，形成负的转矩，使发电机制动，功角 δ 不断下降，此时功角将从 δ_b''经衰减振荡后稳定到 δ_a 处，如图 9-6 中的曲线 3 所示。由于系统随时都可能有小扰动出现，所以发电机不可能在 b 点稳定运行，b 点也称不稳定平衡点。

由此可见，在小干扰作用下，系统运行状态出现小变化而偏离原来的运行状态（即偏离原来的平衡点）时，如果干扰不消失，系统将在偏离原来平衡点很小处建立新的平衡点，或当干扰消失后，系统能回到原有的平衡点，则称电力系统是静态稳定的。反之，若受干扰后系统运行状态对原平衡状态的偏离不断扩大，不能恢复平衡，则称电力系统是静态不稳定的。

从功率特性曲线上可以看出，当发电机的工作点在曲线的上升部分，即 $\delta<90°$，$\dfrac{\mathrm{d}P}{\mathrm{d}\delta}>0$ 时，系统是静态稳定的。当发电机的工作点处于曲线的下降部分，即 $\delta>90°$，$\dfrac{\mathrm{d}P}{\mathrm{d}\delta}<0$

时，系统是不稳定的。$\delta=90°$是静态稳定的临界角度，此时系统的稳定极限功率 P_{Sl} 也就是发电机输送的功率极限$\frac{EU}{X_{\Sigma}}$。应该指出，上述结论只适用于图 9-2 所示的简单电力系统且发电机无励磁调节的情况，在多机复杂系统中，系统的功角静态稳定条件是不能简单地用$\frac{dP}{d\delta}$的符号来判定的。

静态稳定分析主要用以定义系统正常运行和事故后运行方式下的静稳定储备情况。系统的正常运行功率 P_0 和稳定极限功率 P_{Sl} 的差值决定了系统的静态稳定储备，用静态稳定储备系数 K_P 表示，定义为

$$K_P=\frac{P_{Sl}-P_0}{P_0}\times 100\% \tag{9-11}$$

我国《电力系统安全稳定导则》规定：正常运行方式下，K_P 应不小于 15%～20%，在事故后的运行方式下（指事故后尚未恢复到原始的正常状态），K_P 应不小于 10%。

第三节　提高静态稳定的措施

发电机可能输送的功率极限值越高，则系统抗击小干扰影响的能力越强，系统静态稳定性越高。根据式（9-4）发电机输出功率的表达式，发电机的电动势越高，发电机与系统间的转移阻抗越小，则功率特性的幅值越高，发电机输出的功率极限越大，静态稳定性也就越好。以下是提高系统静态稳定性的几种常见措施。

一、 采用自动励磁调节装置

同步发电机一般都带感性负载，它的电枢反应是起去磁作用的，因此随着发电机输出功率的增加，发电机的端电压将逐渐下降。自动励磁调节装置的任务就是在发电机端电压降低时，自动增大励磁电流来提高发电机的励磁电动势 E，使发电机的端电压恢复正常。所以在采用自动励磁调节装置后，随着发电机输出功率的增加，发电机的励磁电动势 E 将自动上升，与之相应的功角特性曲线的幅值也将正比增大。图 9-7 是根据不同 E 值绘制出的一组幅值不同的功角特性曲线。这样，当输出功率增加时，由于励磁电动势的增加，发电机的运行点将不再沿着电动势 E 为常数的功角特性曲线移动而将从一个功角特性曲线转移到另一个有较高幅值的功角特性曲线上。因此，在采用自动励磁调节装置后，发电机实际运行时的功角关系将如图 9-7 中的粗实线所示。这条表示发电机实际运行时功角关系的曲线可称为外功角特性曲线。从图中可以看出，这条曲线在功角 δ 超过 90°的某一范围内仍然具有上升的性质。这是因为在 $\delta>90°$附近电动势 E 随着 δ 的增大要超过 $\sin\delta$ 的减少。实用中，可认为只要系统运行在外功角特性曲线的上升部分，都是静态稳定的。这样，就将不考虑自动励磁调节作用时的静态稳定区域称为自然稳定区，将由于采用自动励磁调节装置而扩大了的稳定区域称为人工稳定区。

显然采用自动励磁调节装置后，系统的功率极限将增高到图 9-7 中的 c 点。极限功率的提高增大了系统的静态稳定储备量，提高了系统保持静态稳定的能力。然而还应指出，对于某些动作不灵敏的调节器而言（例如机械型的调节器），当系统因某些小扰动而使功

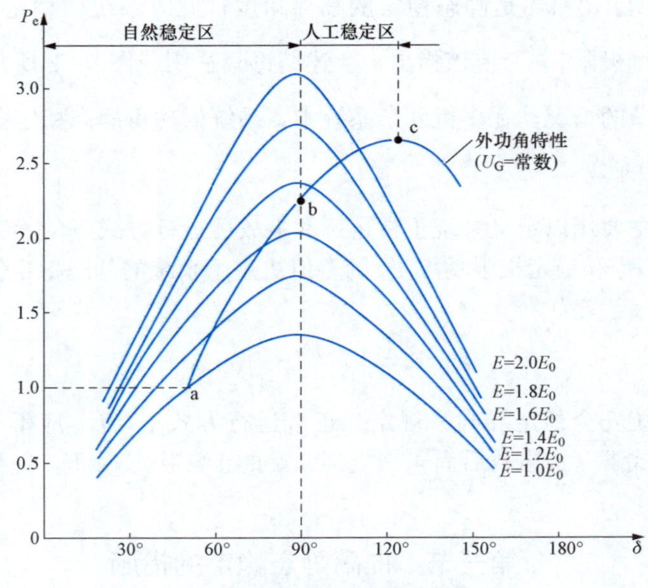

图 9-7　发电机运行的功角关系

角发生微小偏移时，由于发电机端电压的变化很小，调节器往往不能动作，此时系统的极限功率只能定在外功角特性曲线的 b 点。

二、 调整输电线路参数

发电机输送功率的稳定极限随发电机和系统间转移电抗减少而增大的。在超高压输电线中采用分裂导线，在长线上采用串联电容补偿均可降低线路的电抗，从而使转移电抗得到降低。这些措施虽然不是单纯由稳定性要求来决定的，但对提高系统的稳定性是有利的。

在长输电线的中间装设静止无功补偿器或同步调相机一类的设备，可以维持线路中间某点电压恒定。这样，相当于将输电线分为两段，等效于降低了转移电抗，从而可使系统的静态稳定性得到提高。

第四节　暂态稳定的概念

系统能保持静态稳定，并不能说明在系统遭受到剧烈或突然的大扰动时（如短路、突然断开发电机或者断开线路）系统也是稳定的。电力系统突然遭受大扰动时保持同步运行的能力的大小由系统结构、初始的运行方式及受扰动的严重程度共同决定。

暂态稳定主要是指系统受到大扰动后第一、二个摇摆过程的稳定性，其物理特性是指与同步转矩相关的暂态稳定性。暂态失稳表现为转子角度持续增加直到失去同步，这种失稳形式也称为一次摇摆不稳定。暂态稳定研究的时间范围一般是扰动后的 3～5s。

仍以图 9-2（a）所示的简单电力系统为例来讨论。该系统在正常运行时，发电机和系统间的转移电抗 $X_{\Sigma \mathrm{I}}$ 为

$$X_{\Sigma \mathrm{I}} = X_{\mathrm{d}} + X_{\mathrm{T1}} + \frac{X_{\mathrm{Line}}}{2} + X_{\mathrm{T2}}$$

其功角特性为

$$P_{\mathrm{I}} = \frac{EU}{X_{\Sigma \mathrm{I}}} \sin\delta$$

如果突然切掉一回线，则发电机和系统间的转移电抗将增大为 $X_{\Sigma \mathrm{II}}$

$$X_{\Sigma \mathrm{II}} = X_{\mathrm{d}} + X_{\mathrm{T1}} + X_{\mathrm{Line}} + X_{\mathrm{T2}}$$

所对应的功角特性将变为

$$P_{\mathrm{II}} = \frac{EU}{X_{\Sigma \mathrm{II}}} \sin\delta$$

由于 $X_{\Sigma \mathrm{II}} > X_{\Sigma \mathrm{I}}$，所以其稳定极限功率将降低。图 9-8 中同时画出了两种情况下的功角特性曲线。

如果在切除一回线路前，原动机的功率为 P_0，此时发电机工作在功角特性曲线 P_{I} 的 a 点，其功角为 δ_a，那么在切除一回线路后，发电机的工作点将转移到功角特性曲线 P_{II} 上。由于转子的惯性，在线路切除的最初瞬间，发电机转子的转速来不及变化，发电机的功角将仍为 δ_a，因此，发电机的工作点便会由 a 点降至 b 点。也就是说在切除一回线路后发电机的输出功率将突然减小。又由于决定原动机输出功率的汽门（或水门）的开启是由调速器控制的，而在切断的瞬间，发电机的转速来不及变化，再加之调速器动作的时间常数很大，故可以认为在线路切除后的一段时间内原动机功率保持不变，即原动机的功率保持为 P_0。因此在切除一回线路后就会出现原动机的主动转矩大于发电机制动转矩的工作条件，促使发电机转子加速。此时发电机的转速 ω_G 将超出稳定运行时的转速（即系统等效发电机的转速）ω_0，功角 δ 将逐渐增大，发电机的工作点将由 b 点沿功率特性曲线 P_{II} 移向 c 点。

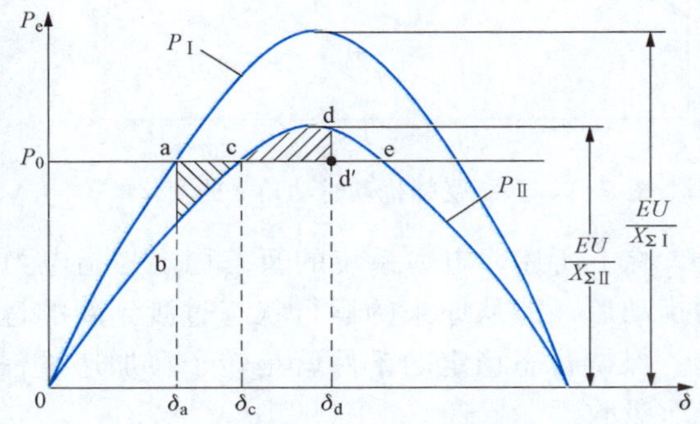

图 9-8　暂态稳定情况下系统的功角特性

显然，在功角由 δ_a 增加到 δ_c 的过程中，发电机的转子一直是加速的，这样当功角增加到 δ_c 时，虽然发电机的输出功率已与原动机的功率相平衡，发电机的转子将不再得到加速，但此时发电机转子的转速达到了最大值，发电机转子在 bc 段加速过程中所积累的动能也达到了最大值，由于 ω_G 仍大于 ω_0，功角 δ 将继续增大。当功角 δ 大于 δ_c 后，发电机的输出功率将大于原动机的功率，因此发电机的转子就会逐渐减速，转子的动能逐渐补偿了发电机输出功率高出原动机功率的差值而被系统所吸收，如果当工作点上升到 d 点时，转子在加速过程中积累起来的动能已全部被系统所吸收，功角 δ 将达到最大值 δ_d 而不再增大。但是过程并没有结束，因为在 d 点发电机的输出功率仍大于原动机的功率，发电机的转子将继续得到减速而回到 c 点，以后又越过 c 点，经过一系列振荡后，最后稳定在 c 点。在 c 点发电机的输出功率等于原动机的功率 P_0，而功角则上升为 δ_c。

功角 δ 随时间而变化的情况可由图 9-9 中的曲线 1 表示。由于系统剧烈扰动发生功角振动后，功角 δ 最后能稳定为某一值（图中 δ_c 值），所以该系统是暂态稳定的。

系统受扰动而发生功角振荡后，也可能会出现另外一个结果，如图 9 - 10 所示。如果从 c 点开始的减速过程，在 δ 角上升到 δ_e（即不稳定平衡点 e）时，仍不能结束，也就是说 e 点之前，转子在加速过程中所积累的动能没有被系统吸收完，那么 δ 角将越过 e 点继续增大。但在越过 e 点后发电机的输出功率将小于原动机的功率，因此，转子将重新得到加速而使功角 δ 越来越大，此时再要维持同步运行便不可能了。在这种情况下，δ 随时间而变化的情况将如图 9 - 9 中的曲线 2 所示，从而出现了系统的暂态不稳定。

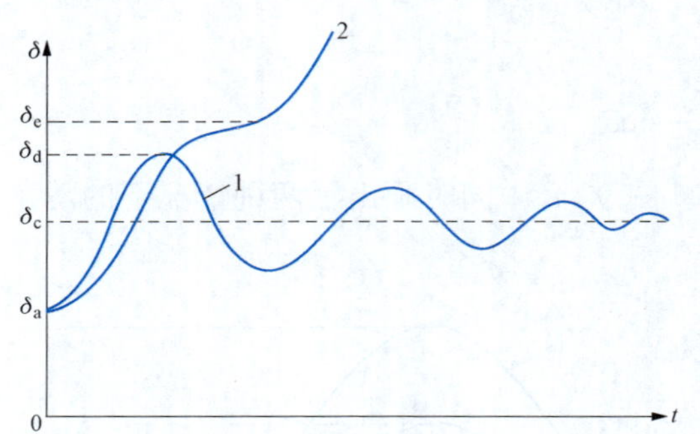

图 9 - 9　系统受强扰动时功角 δ 的变化

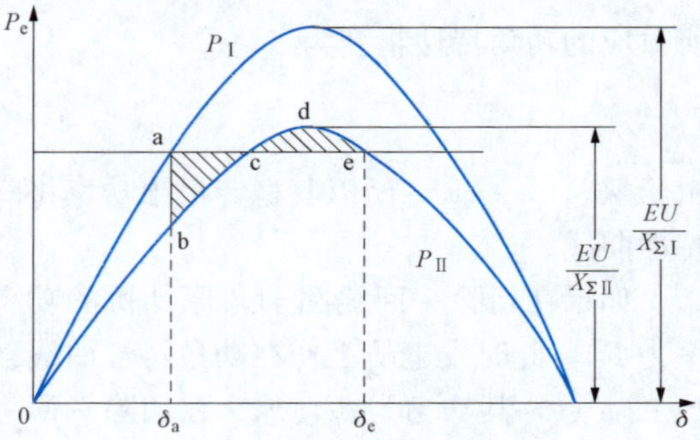

图 9 - 10　暂态不稳定情况下系统的功角特性

综上所述，电力系统的暂态稳定是指电力系统在正常工作的情况下，受到一个较大的扰动后，能从原来的运行状态过渡到新的运行状态，并能在新的运行状态下稳定地工作。保持暂态稳定的条件就是转子在加速过程中所积累的动能在减速过程中能全部为系统所吸收。

由于转子在加速过程中所积累的动能 A_+ 为

$$A_+ = \int_{\delta_a}^{\delta_c} \Delta M \mathrm{d}\delta$$

式中：ΔM 为原动机转矩和发电机制动转矩间的差值。

当发电机的转速偏离同步转速不大时，可以认为原动机功率和发电机功率的差值 $\Delta P \propto \Delta M$。因此，在进行稳定分析时可以认为这部分能量正比于图 9 - 8 和图 9 - 10 中的面积 S_{abc}，称此面积为加速面积。参看图 9 - 8，在减速过程中系统所能吸收的能量 A_- 为

$$A_- = \int_{\delta_c}^{\delta_d} \Delta M \mathrm{d}\delta$$

这部分能量正比于面积 $S_{cdd'}$，称为减速面积。

参看图 9 - 10 可知，只有当加速面积 S_{abc} 小于可能的减速面积 S_{cde} 时，系统才能保持暂态稳定。反之，当加速面积 S_{abc} 大于减速面积 S_{cde} 时，暂态稳定就会破坏。这是判别简单电力系统暂态稳定的基本准则，也称“面积定则”。虽然这一定则只适用于简单电力系统，但可以给初学者一个清晰的物理概念。多机系统暂态稳定分析则需求解发电机组间的相对加速度方程，检验的标志是所有机组间相对摇摆角是否逐渐衰减。

第五节　提高暂态稳定的措施

提高暂态稳定应从减小暂态过程中作用在发电机轴上的不平衡转矩，以及不平衡转矩

作用的时间着手。据此为提高系统的暂态稳定性常采取以下的一些措施。

一、 故障后进行合理操作

以图 9-11（a）所示的双回路系统中的突发性短路故障为例进行分析。假设故障发生在双回路中某一回线路的首端，考虑发电机在运行方式发生突变时出现的暂态过程，等效电路中的发电机采用暂态模型（用暂态电动势 E' 和暂态电抗 X'_d 表示的模型），即可得到如图 9-11（b）所示系统正常运行时的等效电路。将式（9-4）中的 E 用 E' 替代、X_d 用 X'_d 替代即可得到系统正常运行时的功角特性。为书写方便起见，暂态电动势 E' 的“撇号”通常可以略去。

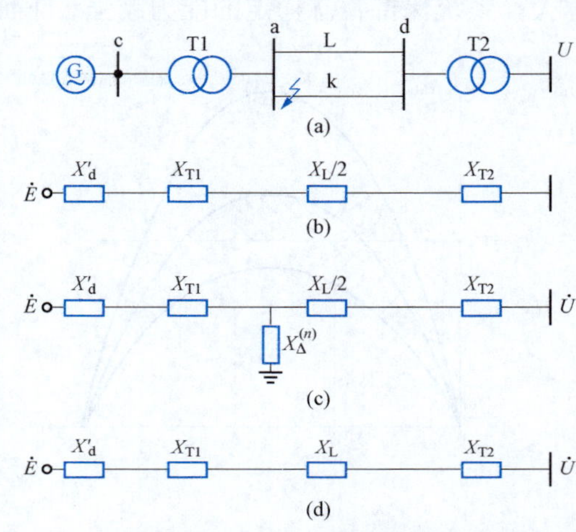

图 9-11 简单双回路系统中的突发性短路故障

（a）系统接线图；（b）正常运行时的等效电路；（c）短路故障时的等效电路；（d）故障线路切除后的等效电路

由图 9-11（b）可写出正常运行时发电机和系统母线间的转移电抗 $X_{\Sigma \mathrm{I}}$ 为

$$X_{\Sigma \mathrm{I}} = X'_d + X_{T1} + \frac{1}{2}X_L + X_{T2} \tag{9-12}$$

其功角特性方程为

$$P_{\mathrm{I}} = \frac{EU}{X_{\Sigma \mathrm{I}}}\sin\delta \tag{9-13}$$

由于负序及零序电流对转子运动没有明显的影响，在线路突然发生不对称短路后的功率传输计算中，通常只需计及正序功率的传输。参照第八章介绍的“正序等效定则”可作出图 9-11（c）所示的等效电路。图中 $X_{\Delta}^{(n)}$ 为各种不对称故障引起的附加电抗（见表 8-2）。利用 Y—△变换可求得发电机与系统母线间的转移电抗为

$$X_{\Sigma \mathrm{II}} = (X'_d + X_{T1}) + \left(\frac{1}{2}X_L + X_{T2}\right) + \frac{(X'_d + X_{T1})\left(\frac{1}{2}X_{\mathrm{Line}} + X_{T2}\right)}{X_{\Delta}^{(n)}} \tag{9-14}$$

相应的功角特性方程为

$$P_{\mathrm{II}} = \frac{EU}{X_{\Sigma \mathrm{II}}}\sin\delta \tag{9-15}$$

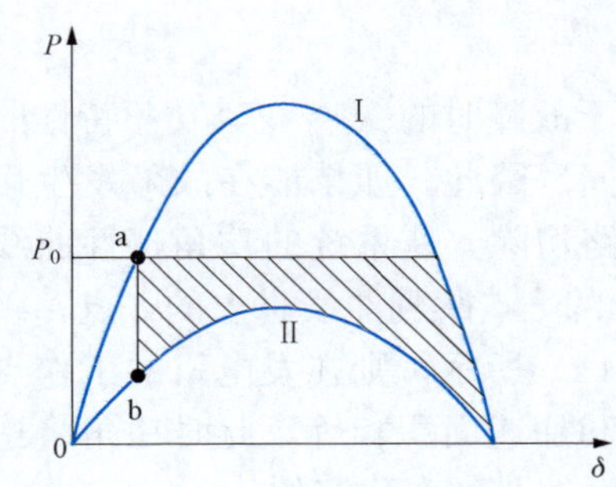

图 9-12 故障发生前后的功角特性

Ⅰ—正常工作；Ⅱ—故障后

以三相短路的极限状态为例，此时有 $X_{\Delta}^{(n)}=0$，$X_{\Sigma \mathrm{II}} \to \infty$，$P_{\mathrm{II}}=0$，即此时发电机已不能向系统输送功率（在其他短路故障时，也会出现 $X_{\Sigma \mathrm{II}} > X_{\Sigma \mathrm{I}}$，而使发电机输送功率降低的情况）。图 9-12 中的曲线Ⅰ和曲线Ⅱ分别是与 P_{I} 和 P_{II} 相应的功角特性曲线。

由图 9-12 可见，当故障发生后发电机的工作点将由曲线Ⅰ上的 a 点降至曲线Ⅱ上的 b 点，发电机将在原动机的过剩功率下加速。由于故障后发电机的输出功率永远小于原动机的功率 P_0，在功角变化中，只有加速面积（图中阴影所示）而无减速面积。所以发电机会不

断加速而最终失去稳定。为了使系统在故障后能保持稳定，必须使功角上升到某一程度后，能出现减速面积。如果加速面积小于最大可能减速面积 S_{cr}，则系统暂态稳定；否则系统暂态不稳定。系统的暂态稳定储备能力可以用暂态稳定储备系数 K_S 表示，定义为 $K_S=\dfrac{S_{cr}-S_c}{S_c}$，其中 S_{cr} 是最大可能减速面积，S_c 为加速面积。根据前面的分析可知：$K_S>0$，则系统暂态稳定；$K_S<0$，则系统暂态不稳定；$K_S=0$，则系统为临界状态。K_S 值越大，系统保持暂态稳定的能力越强。下面是提高系统暂态稳定性的措施。

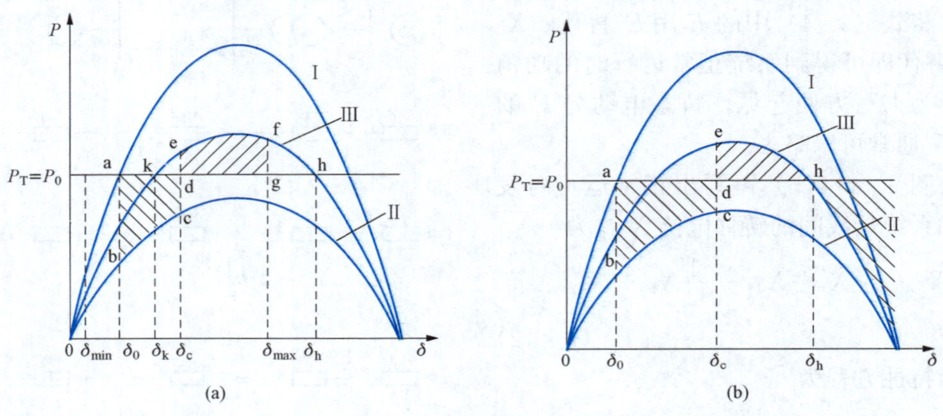

图 9 - 13　快速切除故障后的功角特性

（a）稳定运行；（b）不稳定运行

Ⅰ—正常工作；Ⅱ—故障后；Ⅲ—切除故障后

（一）快速切除故障

利用继电保护装置配以快速动作的断路器快速切除故障是提高系统暂态稳定的首要措施。快速切除故障可以减小加速面积，增大减速面积，因而可以提高暂态稳定的储备能力。

图 9 - 11（d）是故障切除后的等效电路图，据此可写出故障切除后发电机和系统母线间的转移电抗 $X_{\Sigma Ⅲ}$ 为

$$X_{\Sigma Ⅲ}=X'_d+X_{T1}+X_L+X_{T2} \tag{9-16}$$

相应的功角特性方程为

$$P_{Ⅲ}=\frac{EU}{X_{\Sigma Ⅲ}}\sin\delta \tag{9-17}$$

式（9 - 16）中的转移电抗 $X_{\Sigma Ⅲ}$ 大于 $X_{\Sigma Ⅰ}$，但必然小于故障时的 $X_{\Sigma Ⅱ}$，其功角特性曲线 $P_{Ⅲ}$（图 9 - 13 中的曲线Ⅲ）将处在曲线Ⅰ和曲线Ⅱ之间。因此，如果能在故障发生后的较短时间内，即功角增加到某一值 δ_c 的时候把故障线路切除，使系统的功角特性曲线升高到曲线Ⅲ的位置，则发电机的工作点就会从曲线Ⅱ上的 c 点跳到曲线Ⅲ上的 e 点，以后发电机就会得到减速。如果 S_{abcd} 小于 S_{deh}，如图 9 - 13（a）所示，则在发电机的工作点沿曲线Ⅲ移动到 f 点时就会有 $S_{edgf}=S_{abcd}$，即减速面积已和加速面积相等，此时功角将达其最大值 δ_{max} 而开始减小，经振荡后最终稳定到 δ_k。因此系统是暂态稳定的。

如果 S_{abcd} 大于 S_{deh}，如图 9 - 13（b）所示，则故障切除后，功角增大到和不稳定平衡点 h 相应的 δ_h 时，还将继续增大，所以系统是不稳定的。

在保持加速面积 S_{abcd} 与减速面积 S_{deh} 相等的条件下求得的切除故障的角度，是能保证暂态稳定的最大切除角，也称极限切除角 $\delta_{c.sl}$。按照运行条件和故障性质可以求出与极限切除角相应的故障极限切除时间 $t_{c.sl}$。图 9-14 中实线所示为输送功率为 P_0 时的极限切除角。

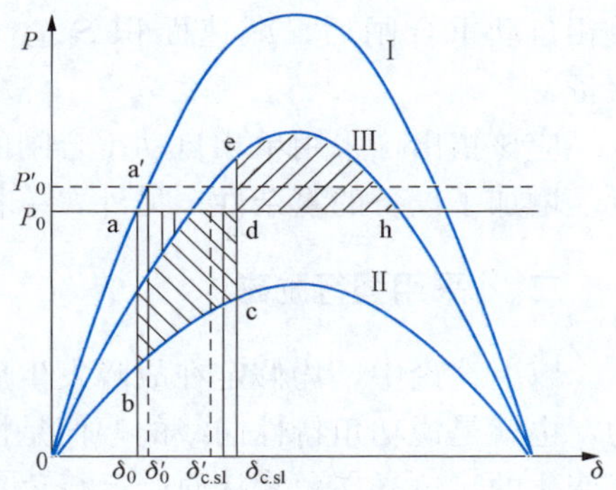

图 9-14　输送功率对极限切除角的影响

Ⅰ—正常工作；Ⅱ—故障后；Ⅲ—切除故障后

从图 9-14 中可以看出，如果输出功率由 P_0 提高到 P_0'（图中虚线所示），极限切除角必然会减小（图中 $\delta_{c.sl}'$），与之对应的极限切除时间 $t_{c.sl}'$ 也会减小，也就是说，要提高输送功率必须减小故障的持续时间。通常故障的持续时间取决于继电保护和断路器的动作时间。因此提高继电保护和断路器的动作时间可以将原来不稳定的系统变为稳定系统。现代超高压输电线路切除故障时间限制一般在 0.1s 以内。

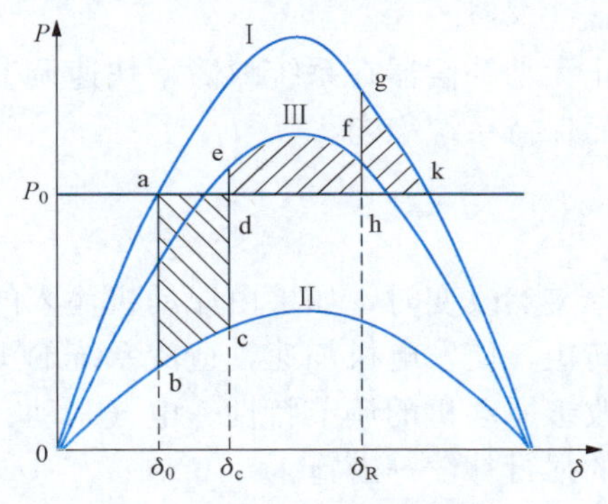

图 9-15　采用三相自动重合闸时的功角特性变化

Ⅰ—正常工作；Ⅱ—故障后；Ⅲ—故障线路三相切除

（二）采用自动重合闸

自动重合闸装置是将因故障跳开后的断路器按需要自动投入的一种自动装置。高压线路的短路故障大多是瞬时性的，由于继电保护动作切除短路故障之后，电弧将自动熄灭，绝大多数情况下短路处的绝缘可以自动恢复。此时若重新合上断路器，线路就能恢复正常运行，从而提高了供电的安全性和可靠性。

图 9-15 表示图 9-11（a）所示系统中一回线路发生故障，在故障切除后采用三相自动重合闸（即故障线路三相切除后重合）的情况。图中在功角上升到 δ_R 时重合闸成功，这样发电机的工作点将从曲线Ⅲ上的 f 点上升到曲线Ⅰ上的 g 点。从图中可以看出，重合闸可以使减速面积从 S_{defh} 增大到 S_{defgk}，从而提高了系统的稳定性。

考虑到线路的故障大多数是瞬时单相接地故障，此时可以仅将故障相切除，再辅以单相自动重合闸，就能恢复正常运行。由于故障时切除的只是故障相，发电机和系统间仍能通过其他两相联系，因此切除单相线路后的功角特性曲线将比三相线路全切除时高。

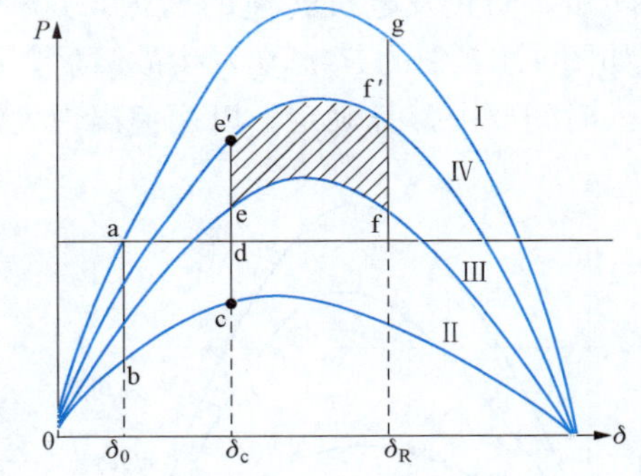

图 9-16　采用单相自动重合闸时的功角特性变化

Ⅰ—正常工作；Ⅱ—单相接地故障后；Ⅲ—故障线路三相切除；Ⅳ—只切除单相故障线路

采用单相自动重合闸时的功角特性如图 9-16 所示。图 9-16 中曲线Ⅰ是正常情况的功率特性，曲线Ⅱ是单相接地故障时的功率特性，曲线Ⅲ是故障线路三相切除后的功率特性，曲线Ⅳ是故障后只切除单相线路时的功率特性。由曲线Ⅲ和曲线Ⅳ可以看出采用单相自动重合闸后，减速面积 $S_{ee'f'f}$（图 9 - 16 中阴影面积）将增加，从而提高了稳定储备。

应该指出，采用单相自动重合闸的缺点是要求断路器能分相操作，还要有故障选相装置，增加了设备的复杂性；另外，单相重合闸的动作时间较三相重合闸的长。

二、 采用强行励磁

以上讨论中，均假定在故障发生后的功角 δ 变化期内，发电机的电动势 E 是恒定不变的，也就是说功角特性曲线的幅值是恒定的。但实际上发电机的电动势在故障时是不断衰减变化的，这样功角 δ 从原始运行角 δ_0 摆开时，功率曲线的幅值要逐渐减小，如图 9 - 17 中虚线所示。这就导致了加速面积的加大和减速面积的减小。

发电机的强行励磁装置能在系统故障，发电机电压降低时动作，使发电机的励磁电流增大，这样就能减少发电机电动势的衰减，甚至使电动势升高，从而提高输出功率。这对提高系统的暂态稳定有很大的作用。对强行励磁的要求是励磁电压顶值倍数要高（一般要求为 1.6～2），上升速度要快（电压响应时间为 0.1～0.4s）。

同步补偿机在系统故障下快速强行励磁以及静止无功补偿器在系统故障下快速调节输出的滞后无功功率均可稳定电网中枢点的电压，从而保持系统稳定。

三、 降低作用在发电机轴上的不平衡转矩

当电力系统受到大扰动，发电机输出的电磁功率突然改变时，如果由原动机输入的机械功率来不及变化，就会使发电机轴上出现不平衡转矩，使发电机加速，造成系统的不稳定。为减小作用在发电机轴上的不平衡转矩可采取改善原动机的调节特性、电气制动、送端自动切机、受端自动低频减载以及线路串联电容的强行补偿等措施。

改善原动机的调节特性可使原动机的输出功率能快速跟上发电机电磁功率的变化。例如，对汽轮发电机可以用能快速关闭汽门来降低原动机的输出功率。对于水轮机，虽然由于有水锤效应，不能采用快速关闭水门的措施，但是可以采用切除一台发电机的措施（注意同时切除相应的负荷），等效起到降低原动机输入功率的作用。

发生故障后在发电机的端部投入电阻负荷可消耗发电机多余的有功功率，从而降低不平衡转矩，防止发电机转速的增大，这种做法称为电气制动，所投入的电阻称为制动电阻，如图 9 - 18 中的 R_2。在发生故障后，R_2 靠关合断路器 QF2 投入，制动电阻 R_2 的大小和接入时间要由计算确定，以避免出现欠制动或过制动现象。

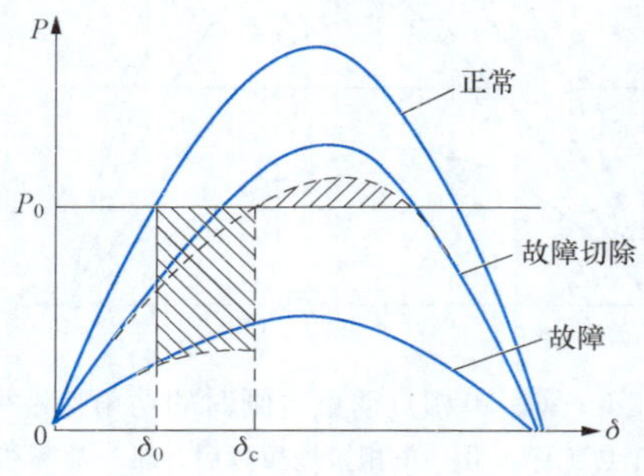

图 9 - 17　电动势变化时的功角特性

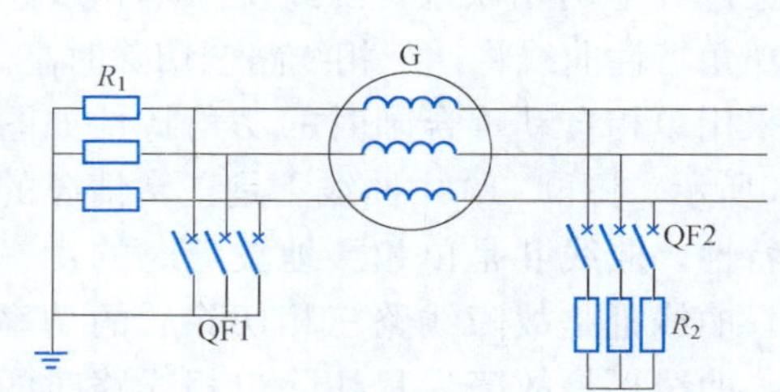

图 9 - 18　制动电阻的接入方式

在发电机中性点接入小电阻也可起到制动作用，如图 9-18 中的 R_1。当发生接地故障时，断开断路器 QF1，使零序电流流过 R_1，消耗有功功率，从而提高系统在接地故障时的暂态稳定。由于中性点电阻的大小会对系统的接地方式产生影响，因此选用中性点制动电阻时要进行综合考虑，通常其电阻值以 4%（以发电机的额定容量为基准）左右为宜。

四、 采用合理的运行方式

合理的运行方式包括改善接线方式、改善潮流分布、保持有功功率和无功功率的备用容量、正确规定发电机组和主要传输线的功率极限以及保持中枢点电压水平等，均可改善系统的暂态稳定特性。

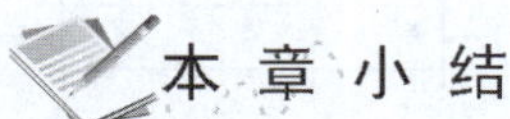

本章小结

同步发电机的同步运行是电力系统正常运行的必要条件。在系统遭受干扰后，各发电机转轴上的净加速功率（转矩）不尽相同，致使各发电机转轴之间产生了相对运动。由于功角 δ 不仅表示发电机电动势相位差，同时也表示了发电机转子的相对位置随时间变化的规律，因此其变化规律可作为判断发电机同步运行稳定性的依据。

电力系统稳定研究中的基础问题是其定义及分类，清晰理解不同类型的稳定问题以及它们之间的相互关系对于电力系统安全规划和运行非常必要。根据我国《电力系统安全稳定导则》的划分，电力系统稳定可分为功角稳定、电压稳定和频率稳定三大类，每一类又有更细的划分。本章主要对功角稳定中的静态稳定和暂态稳定的基本概念、物理本质及控制措施进行了论述。

静态稳定是系统受到小扰动后不发生非周期失稳的功角稳定性，其物理本质与同步转矩不足相关。在简单电力系统的条件下可用 $\frac{dP}{d\delta}>0$ 的实用判据判别系统是否具有静态稳定性。在复杂系统的条件下，可用小扰动法（列写全系统的状态方程，利用微分方程的特征方程来判断稳定性）严格地对系统的功角静稳定性进行判断。

暂态稳定是系统受到大扰动后不发生非周期失稳的功角稳定性，其物理本质也与同步转矩不足有关。基于单机无穷大系统，采用能量守恒原理导出的等面积定则不仅适用于简单系统，其原理也适用于复杂系统。

为提高电力系统的稳定性，常采取改善同步发电机及其自动励磁调节装置性能、快速切除故障及采用自动重合闸、尽量降低发电机轴上的不平衡转矩、降低线路阻抗等措施。

思考题与习题

9-1　什么是同步发电机的功角？什么是功角特性？

9-2　试比较电力系统功角静态稳定与暂态稳定的特点。

9-3　试按照图9-9所示的$\delta(t)$曲线画出相对速度随时间变化的曲线$\Delta\omega(t)$。

9-4　如图9-19所示的简单电力系统，各元件参数如下：

发电机G　$P_N=250MW$，$\cos\varphi_N=0.85$，$U_N=10.5kV$，$X_d=X_q=1.7$，$X_d=0.25$，$T_J=8s$

变压器T1　$S_N=300MV\cdot A$，$U_S=15\%$，$k_T=10.5/242$

变压器T2　$S_N=300MV\cdot A$，$U_S=15\%$，$k_T=220/121$

线路L　$l=250km$，$U_N=220kV$，$x_1=0.42\Omega/km$

运行初始状态　$U_0=115kV$，$P_0=220MW$，$\cos\varphi_0=0.98$。发电机无励磁调节，试求功率特性$P(\delta)$及功率极限P_m。

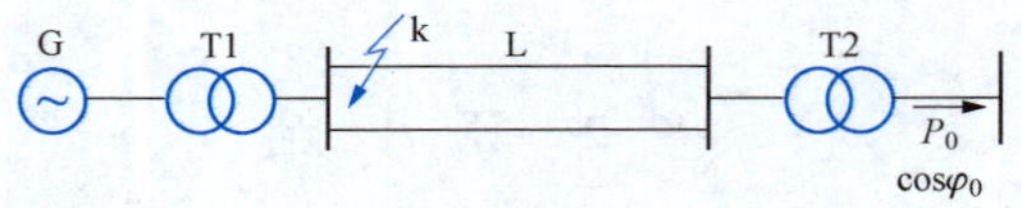

图9-19　题9-4（题9-5）图

9-5　系统接线如图9-19所示。$t=0s$时在一回线路的k点发生突然单相接地短路，经过0.2s切除线路，试定性绘制正常、故障及故障切除后的等效电路图以及正常、故障及故障切除后的功角特性曲线；利用等面积定则在功角特性图上分析系统的暂态稳定性。

附　　录

附录Ⅰ　导线常用规格及载流量

附表Ⅰ-1　　常用架空线的规格

标称截面（mm^2）	导线型号														
	LJ			LGJ			LGJQ			LGJJ			GJ		
	计算外径（mm）	计算截面（mm^2）	单位质量（kg/km）	计算外径（mm）	计算截面（mm^2）	单位质量（kg/km）	计算外径（mm）	计算截面（mm^2）	单位质量（kg/km）	计算外径（mm）	计算截面（mm^2）	单位质量（kg/km）	计算外径（mm）	计算截面（mm^2）	单位质量（kg/km）
35	7.50	34.36	94	8.40	43.11	149							7.8	37.15	31.82
50	9.00	49.48	135	9.60	56.30	195							9.0	49.49	42.37
70	10.65	69.29	190	11.40	79.39	275							11.0	72.19	61.50
95	12.50	93.27	257	13.68	112.04	401							12.5	93.22	79.45
95(1)	12.42	94.23	258	13.68	112.04	398							12.6	94.11	79.39
120	14.00	116.99	323	15.20	138.33	495							14.0	116.18	98.10
120(1)				15.20	138.33	492									
150	15.75	148.07	409	16.72	167.37	598	16.44	161.39	537	17.50	181.62	677			
185	17.75	182.80	504	19.02	216.76	774	18.24	198.49	661	19.60	227.83	850			
240	19.90	236.38	652	21.28	271.11	969	21.88	285.55	951	22.40	297.57	1110			
300	22.40	297.57	822	25.20	377.21	1348	23.70	335.00	1116	25.68	389.57	1446			
300(1)							23.72	335.74	1117						
400	25.90	397.83	1099	27.68	454.62	1626	27.36	446.6	1487	29.18	502.99	1868			
400(1)							27.40	448.34	1491						
500	28.98	498.97	1376				30.16	538.5	1795						
600	31.95	603.78	1699				33.20	652.83	2175						
700							36.24	778.18	2592						

注　LJ 型为铝绞线；LGJ 型为普通钢芯铝绞线；LGJQ 型为轻型钢芯铝绞线；LGJJ 型为加强型钢芯铝绞线；GJ 型为钢绞线。

附表Ⅰ-2　**LGJ型钢芯铝绞线长期允许载流量**　单位：A

导线型号 \ 导体最高允许温度	70℃	80℃	90℃	导线型号 \ 导体最高允许温度	70℃	80℃	90℃
LGJ-35/6	134	158	180	LGJ-240/30	445	552	639
LGJ-50/8	161	191	218	LGJ-240/40	440	546	633
LGJ-50/30	166	195	218	LGJ-240/55	445	554	641
LGJ-70/10	194	232	266	LGJ-300/15	495	615	711
LGJ-70/40	196	230	257	LGJ-300/20	502	624	722
LGJ-95/15	252	306	351	LGJ-300/25	505	628	726
LGJ-95/20	233	277	319	LGJ-300/40	503	628	728
LGJ-95/55	230	270	301	LGJ-300/50	504	629	730
LGJ-120/7	287	350	401	LGJ-300/70	512	641	745
LGJ-120/20	285	348	399	LGJ-400/20	595	746	864
LGJ-120/25	265	315	365	LGJ-400/25	584	730	845
LGJ-120/70	258	301	335	LGJ-400/35	583	729	844
LGJ-150/8	323	395	454	LGJ-400/50	592	741	857
LGJ-150/20	326	400	461	LGJ-400/65	597	752	876
LGJ-150/25	331	407	469	LGJ-400/95	608	767	895
LGJ-150/35	331	407	469	LGJ-500/35	670	842	977
LGJ-185/10	372	458	528	LGJ-500/45	664	834	967
LGJ-185/25	379	468	540	LGJ-500/65	667	850	983
LGJ-185/30	373	460	531	LGJ-630/45	763	964	1120
LGJ-185/45	379	469	541	LGJ-630/55	775	979	1136
LGJ-210/10	397	490	565	LGJ-630/80	774	977	1131
LGJ-210/25	405	501	579	LGJ-800/55	887	1126	1310
LGJ-210/35	409	507	586	LGJ-800/70	884	1121	1301
LGJ-210/50	409	507	586	LGJ-800/100	878	1113	1288

注　载流量计算条件：环境温度40℃，风速0.5m/s，辐射系数0.9，吸热系数0.9，日照强度1000W/m²。

附录Ⅱ 架空线路和电缆线路参数

附表Ⅱ-1 **LJ、TJ 型架空线路的电阻及感抗** 单位：Ω/km

导线型号	电阻（LJ 型）	几何均距（m）										电阻（TJ 型）	导线型号
		0.6	0.8	1.0	1.25	1.5	2.0	2.5	3.0	3.5	4.0		
		感抗											
LJ-16	1.98	0.358	0.377	0.391	0.405	0.416	0.435	0.449	0.460			1.20	TJ-16
LJ-25	1.28	0.345	0.363	0.377	0.391	0.402	0.421	0.435	0.446			0.74	TJ-25
LJ-35	0.92	0.336	0.352	0.366	0.380	0.391	0.410	0.424	0.435	0.445	0.453	0.54	TJ-35
LJ-50	0.64	0.325	0.341	0.355	0.365	0.380	0.398	0.413	0.423	0.433	0.441	0.39	TJ-50
LJ-70	0.46	0.315	0.331	0.345	0.359	0.370	0.388	0.399	0.410	0.420	0.428	0.27	TJ-70
LJ-95	0.34	0.303	0.319	0.334	0.347	0.358	0.377	0.390	0.401	0.411	0.419	0.20	TJ-95
LJ-120	0.27	0.297	0.313	0.327	0.341	0.352	0.368	0.382	0.393	0.403	0.411	0.158	TJ-120
LJ-150	0.21	0.287	0.312	0.319	0.333	0.344	0.363	0.377	0.388	0.398	0.406	0.123	TJ-150

注 LJ 型为铝绞线；TJ 型为铜绞线。

附表Ⅱ-2 **LGJ 型钢芯铝绞线架空线路导线的电阻及感抗** 单位：Ω/km

导线型号	电阻	几何均距（m）														
		1.0	1.5	2.0	2.5	3.0	3.5	4.0	4.5	5.0	5.5	6.0	6.5	7.0	7.5	8.0
		感抗														
LGJ-35	0.850	0.366	0.385	0.403	0.417	0.429	0.438	0.446								
LGJ-50	0.650	0.353	0.374	0.392	0.406	0.418	0.427	0.435								
LGJ-70	0.450	0.343	0.364	0.385	0.396	0.408	0.417	0.425	0.433	0.440	0.446					
LGJ-95	0.330	0.334	0.353	0.371	0.385	0.397	0.406	0.414	0.422	0.429	0.435	0.44	0.445			
LGJ-120	0.270	0.326	0.347	0.365	0.379	0.391	0.400	0.408	0.416	0.423	0.429	0.433	0.438			
LGJ-150	0.210	0.319	0.340	0.358	0.372	0.384	0.398	0.401	0.409	0.416	0.422	0.426	0.432			
LGJ-185	0.170				0.365	0.377	0.386	0.394	0.402	0.409	0.415	0.419	0.425			
LGJ-240	0.132				0.357	0.369	0.378	0.386	0.394	0.401	0.407	0.412	0.416	0.421	0.425	0.429
LGJ-300	0.107										0.399	0.405	0.410	0.414	0.418	0.422
LGJ-400	0.080										0.391	0.397	0.402	0.406	0.410	0.414

附表Ⅱ-3 **LGJQ 与 LGJJ 型架空线路导线的电阻及感抗** 单位：Ω/km

导线型号	电 阻	几何均距（m）						
		5.0	5.5	6	6.5	7.0	7.5	8.0
		感抗						
LGJQ-300	0.108		0.401	0.406	0.411	0.416	0.420	0.424
LGJQ-400	0.080		0.391	0.397	0.402	0.406	0.410	0.414
LGJQ-500	0.065		0.384	0.390	0.395	0.400	0.404	0.408

续表

导线型号	电　阻	几　何　均　距（m）						
		5.0	5.5	6	6.5	7.0	7.5	8.0
		感　　抗						
LGJJ-185	0.170	0.406	0.412	0.417	0.422	0.426	0.433	0.437
LGJJ-240	0.131	0.397	0.403	0.409	0.414	0.419	0.424	0.428
LGJJ-300	0.106	0.390	0.396	0.402	0.407	0.411	0.417	0.421
LGJJ-400	0.079	0.381	0.387	0.393	0.398	0.402	0.402	0.412

注　LGJQ 型为轻型钢芯铝绞线；LGJJ 型为加强型钢芯铝绞线。

附表Ⅱ-4　　LGJ、LGJJ 及 LGJQ 型架空线路导线的容纳　　单位：$\times 10^{-6}$S/km

导线型号		几　何　均　距（m）														
		1.5	2.0	2.5	3.0	3.5	4.0	4.5	5.0	5.5	6.0	6.5	7.0	7.5	8.0	8.5
		容　　纳														
	35	2.97	2.83	2.73	2.65	2.59	2.54									
	50	3.05	2.91	2.81	2.72	2.66	2.61									
	70	3.12	2.99	2.88	2.79	2.73	2.68	2.62	2.58	2.54						
	95	3.25	3.08	2.96	2.87	2.81	2.75	2.69	2.65	2.61						
	120	3.31	3.13	3.02	2.92	2.85	2.79	2.74	2.69	2.65						
LGJ	150	3.38	3.20	3.07	2.97	2.90	2.85	2.79	2.74	2.71						
	185			3.13	3.03	2.96	2.90	2.84	2.79	2.74						
	240			3.21	3.10	3.02	2.96	2.89	2.85	2.80	2.76					
	300									2.86	2.81	2.78	2.75	2.72		
	400									2.92	2.88	2.83	2.81	2.78		
	120						2.8	2.75	2.70	2.66	2.63	2.60	2.57	2.54	2.51	2.49
	150						2.85	2.81	2.76	2.72	2.68	2.65	2.62	2.59	2.57	2.54
	185						2.91	2.86	2.80	2.76	2.73	2.70	2.66	2.63	2.60	2.58
	240						2.98	2.92	2.87	2.82	2.79	2.75	2.72	2.68	2.66	2.64
LGJJ LGJQ	300						3.04	2.97	2.91	2.87	2.84	2.80	2.76	2.73	2.70	2.68
	400						3.11	3.05	3.00	2.95	2.91	2.87	2.83	2.80	2.77	2.75
	500						3.14	3.08	3.01	2.96	2.92	2.88	2.84	2.81	2.79	2.76
	600						3.16	3.11	3.04	3.02	2.96	2.91	2.88	2.85	2.82	2.79

注　LGJ 型为普通钢芯铝绞线；LGJJ 型为加强型钢芯铝绞线；LGJQ 型为轻型钢芯铝绞线。

附表Ⅱ-5　　220～750kV 架空线路导线的电阻及感抗　　单位：Ω/km

导线型号	220kV				330kV（双分裂）		500kV（三分裂）		750kV（四分裂）	
	单导线		双分裂							
	电阻	电抗	电阻	电抗	电阻	电抗	电阻	电抗	电阻	电抗
LGJ-185	0.170	0.440	0.0350	0.315						

续表

导线型号	220kV				330kV（双分裂）		500kV（三分裂）		750kV（四分裂）	
	单导线		双分裂							
	电阻	电抗	电阻	电抗	电阻	电抗	电阻	电抗	电阻	电抗
LGJ-240	0.132	0.432	0.0660	0.310						
LGJQ-300	0.107	0.427	0.0540	0.308	0.0540	0.321	0.0360	0.302		
LGJQ-400	0.080	0.417	0.0400	0.303	0.0400	0.316	0.0266	0.299	0.0200	0.289
LGJQ-500	0.065	0.411	0.0325	0.300	0.0325	0.313	0.0216	0.297	0.0163	0.287
LGJQ-600	0.055	0.405	0.0275	0.297	0.0275	0.310	0.0183	0.295	0.0138	0.286
LGJQ-700	0.044	0.398	0.0220	0.294	0.0220	0.307	0.0146	0.292	0.0110	0.284

注 1. LGJ 型为普通钢芯铝绞线；LGJQ 型为轻型钢芯铝绞线。

2. 计算条件：

电压（kV）	110	220	330	500	750
线间距离（m）	4	6.5	8	11	14
线分裂距离（cm）		40	40	40	40
导线排列方式		水平二分裂	水平二分裂	正三角三分裂	正四角四分裂

附表Ⅱ-6　　110～750kV 架空线路导线的电容（μF/100km）及充电功率（MV·A/100km）

导线型号	110kV		220kV				330kV（双分裂）		500kV（三分裂）		750kV（四分裂）	
			单导线		双分裂							
	电容	功率	电容	功率	电容	功率	电容	功率	电容	功率	电容	功率
LGJ-50	0.808	3.06										
LGJ-70	0.818	3.14										
LGJ-95	0.840	3.18										
LGJ-120	0.854	3.24										
LGJ-150	0.870	3.30										
LGJ-185	0.885	3.35			1.14	17.3						
LGJ-240	0.904	3.43	0.837	12.7	1.15	17.5	1.09	36.9				
LGJQ-300	0.916	3.48	0.848	12.9	1.16	17.7	1.10	37.3	1.180	94.4		
LGJQ-400	0.939	3.54	0.867	13.2	1.18	17.9	1.11	37.5	1.190	95.4	1.220	215
LGJQ-500			0.882	13.4	1.19	18.1	1.13	38.2	1.200	96.2	1.230	217
LGJQ-600			0.895	13.6	1.20	18.2	1.14	38.6	1.205	96.7	1.235	228
LGJQ-700			0.912	14.8	1.22	18.3	1.15	38.8	1.210	97.2	1.240	219

注 1. LGJ 型为普通钢芯铝绞线；LGJQ 型为轻型钢芯铝绞线。

2. 计算条件：

电压（kV）	110	220	330	500	750
线间距离（m）	4	6.5	8	11	14
线分裂距离（cm）		40	40	40	40
导线排列方式		水平二分裂	水平二分裂	正三角三分裂	正四角四分裂

附录Ⅲ　电力变压器技术数据

附表Ⅲ-1～附表Ⅲ-7的数据为老型号变压器的数据，仅供读者做习题参考使用。

附表Ⅲ-1　　35kV三相铝线双绕组变压器技术数据

型　号	额定容量（kV·A）	额定电压（kV）		连接组别	损耗（kW）		空载电流（%）	短路阻抗（%）	总质量（t）
		高压	低压		负载	空载			
SL7-50/35	50				1.35	0.27	2.8		0.830
SL7-100/35	100				2.25	0.37	2.6		1.090
SL7-125/35	125				2.65	0.42	2.5		1.300
SL7-160/35	160				2.65	0.47	2.4		1.465
SL7-200/35	200				3.70	0.55	2.2		1.695
SL7-250/35	250				4.40	0.64	2.0		1.890
SL7-315/35	315				5.30	0.76	2.0		2.185
SL7-400/35	400	35.0	0.40	Yyn0	6.40	0.92	1.9	6.5	2.510
SL7-500/35	500				7.70	1.08	1.9		2.810
SL7-630/35	630				9.20	1.30	1.8		3.225
SL7-800/35	800				11.00	1.54	1.5		4.200
SL7-1000/35	1000				13.50	1.80	1.4		4.595
SL7-1250/35	1250				16.30	2.20	1.2		5.470
SL7-1600/35	1600				19.50	2.65	1.1		6.060
SL7-800/35	800				11.00	1.54	1.5		4.360
SL7-1000/35	1000				13.50	1.80	1.4		
SL7-1250/35	1250				16.30	2.20	1.3		
SL7-1600/35	1600				19.50	2.65	1.2	6.5	6.325
SL7-2000/35	2000	35.0	3.15		19.80	3.40	1.1		6.240
SL7-2500/35	2500	38.5	6.30	Yd11	23.00	4.00	1.1		6.980
SL7-3150/55	3150	±5%	10.50		27.00	4.75	1.0		8.280
SL7-4000/85	4000				32.00	5.65	1.0	7.0	9.590
SL7-5000/35	5000				36.70	6.75	0.9		11.475
SL7-6000/35	6000				41.00	8.20	0.9	7.5	13.340
SFL7-8000/35	8000				45.00	11.50	0.8		17.015
SFL7-10000/35	10000		3.15		53.00	13.60	0.8	7.5	21.255
SFL7-12500/35	12500	35.0	3.30		63.00	16.00	0.7		
SFL7-16000/35	16000	38.5±2	6.60	YNd11	77.00	19.00	0.7		27.600
SFL7-20000/35	20000	×2.5%	10.50		93.00	22.50	0.7	8.0	
SFL7-25000/35	25000		11.00		110.00	26.60	0.6		
SFL7-31500/35	31500				132.00	31.60	0.6		

注　SL7系列为三相油浸自冷铝线双绕组变压器；SFL7系列为三相油浸风冷铝线双绕组变压器。

附表Ⅲ-2

110kV 三相铝线双绕组变压器技术数据

型　　号	额定容量 (kV·A)	额定电压（kV）		接线组别	损耗（kW）		空载电流 (%)	短路阻抗 (%)	总质量（t）
		高压	低压		负载	空载			
SL7-6300/110	6300	110，121	35.0，38.5		44	12.5	1.5		21.7
SL7-6300/110	6300	110，121±2×2.5%	6.3，6.6，10.5，11.0		41	11.6	1.1		20.2
SL7-8000/110	8000	110，121±2×2.5%	6.3，6.6，10.5，11.0		50	14.0	1.1	10.5	
SL7-10000/110	10000	121±2×2.5%			59	16.5	1.0		32.3
SL7-12500/110	12500	110，121±2×2.5%	6.3，6.6，10.5，11.0		70	19.5	1.0		
SL7-16000/110	16000	110，121±2×2.5%			86	23.5	0.9		33.6
SFL7-6300/110	6300	110，121±2×2.5%	6.3，6.6，10.5，11.0		41	11.6	1.1		20.0
SFL7-8000/110	8000	110，121	35.0，38.5		53	15.0	1.5		
SFL7-8000/110	8000	110，121±2×2.5%	6.3，6.6，10.5，11.0		50	14.0	1.1		22.5
SFL7-10000/110	10000	110，121	35.0，38.5		62	17.5	1.4	10.5	
SFL7-1000/110	10000	110，121±2×2.5%	6.3，6.6，10.5，11.0		59	16.5	1.0		25.2
SFL7-12500/110	12500	110，121±2×2.5%	6.3，6.6，10.5，11.0		70	19.5	1.0		28.7
SFL7-12500/110	12500	110，121	35.0，38.5		74	20.5	1.4		
SFL7-16000/110	16000	110，121±2×2.5%	6.3，6.6，10.5，11.0		86	23.5	0.9		34.2
SFL7-16000/110	16000	110，121	35.0，38.5		91	24.5	1.3		
SFL7-20000/110	20000	110，121±2×2.5%	6.3，6.6，10.5，11.0	YNd11	104	27.5	0.9		38.3
SFL7-20000/110	20000	110，121	35.0，38.5		110	29.0	1.3		
SFL7-25000/110	25000	110，121±2×2.5%	6.3，6.6，10.5，11.0		123	32.5	0.8		45.6
SFL7-25000/110	25000	110，121	35.0，38.5		129	34.2	1.2		
SFL7-31500/110	31500	110，121±2×2.5%	6.3，6.6，10.5，11.0		148	38.5	0.8		50.4
SFL7-31500/110	31500	110，121	3535，38.5，38.5		156	40.5	1.2		
SFL7-40000/110	40000	110，121±2×2.5%	6.3，6.6，10.5，11.0		174	46.0	0.7		61.3
SFL7-50000/110	50000	110，121±2×2.5%	6.3，6.6，10.5，11.0		216	55.0	0.7	10.5	66.6
SFL7-63000/110	63000	110，121±2×2.5%	6.3，6.6，10.5，11.0		260	65.0	0.6		85.0
SFPL7-40000/110	40000	110，121±2×2.5%	6.3，6.6，10.5，11.0		174	46.0	0.7		
SFPL7-40000/110	40000	110，121	35.0，38.5		216	55.0	1.1		
SFPL7-50000/110	50000	110，121	35.0，38.5		227	57.8	1.1		
SFPL7-63000/110	63000	110，121±2×2.5%	6.3，6.6，10.5，11.0		260	65.0	0.6		
SFPL7-63000/110	63000	110，121	35.0，38.5		273	68.3	1.0		
SFPL7-63000/110	63000	121±2×2.5%	13.8		266	50.5			62.0
SFPL7-90000/110	90000	110，121	6.3，6.6，10.5，11.0		340	85.0	0.6		
SFPL7-120000/110	120000	110，121	6.3，6.6，10.5，11.0		422	106.0	0.5		

注　SL7 系列为三相油浸自冷铝线双绕组变压器；SFL7 系列为三相油浸风冷铝线双绕组变压器；SFPL7 系列为三相强迫油循环风冷铝线双绕组变压器。

附表Ⅲ-3　　220kV三相铜线双绕组变压器技术数据

型号	额定容量(kV·A)	额定电压(kV)		连接组别	损耗(kW)		短路阻抗(%)	空载电流(%)	总质量(t)
		高压	低压		负载	空载			
SFP7-31500/220	31500	220,242	6.3,6.6,10.5	YNd11	150	44	12～14	1.1	
		220,242±2×2.5%	6.3,6.6,10.5,11						
SFP7-40000/220	40000	236±2×2.5%	18				14	0.8	
		220^{+1}_{-3}×2.5%	38.5		194	52	13.2	1.0	89.6
		220,242	6.3,6.6,10.5		175	52	12～14	1.1	
		220,242	6.3,6.6,10.5,11		175	52	12	1.1	95.0
SFP7-50000/220	50000	220,242	11		210	61	12～14	1.0	
		220,242±2×2.5%	6.3,6.6,10.5,11						103
SFP7-63000/220	63000	220,242	11		245	73			
		220,242±2×2.5%	6.3,6.6,10.5,11						119
SFP7-90000/220	90000	220,242	10.5,11,13.8		320	96	12.5	0.9	
		220,242±2×2.5%	10.5,11,13.8						154
		220^{+1}_{-1}×2.5%	38.5		320	90～96	13.1		119
SFP7-120000/220	120000	240,242	11		385	118	12～14	0.9	154
		220,242±2×2.5%	10.5,11,13.8					1.3	171
		242±2×2.5%	10.5,15.75					0.9	151
		220±2×2.5%	121		490	126	14	0.8	161
SFP7-150000/220	150000	220,242	11,13.8					0.8	166
		220,242±2×2.5%	10.5,11,13.8,15.75		450	140	12～14		152～199
SFP7-180000/220	180000	220,242	13.8		510	160	12～14	0.8	
		242±2×2.5%	66		517	130	13.1		
		220,242±2×2.5%	11,13.8,15.75		510	160	12～14		200
SFP7-240000/220	240000	220,242	15.75		630	200	12～14	0.7	198.5
		220,242±2×2.5%	11,13.8,15.75						200～250
SFP7-250000/220	250000	220±2×2.5%	15.75		615	162	13.13	0.7	274
SFP7-300000/220	300000	220,242±2×2.5%	15.75,18		750	230	12～14	0.6	
SFP7-360000/220	360000	236±2×2.5%	20		828	180	13.13	0.6	263
		242±2×2.5%	18,20		860	272	14	0.6 (0.8)	257
		242±2×2.5%	18			190	14.3	0.28	256
		220,236,242±2×2.5%	15.75,18			272	12～14	0.6	260
SSP-120000/220	120000	242	10.5,15.75		380～440	118～126	14	0.9	155

注　SFP型为三相强迫油循环风冷铜线双绕组变压器；SSP型为三相强迫油循环水冷双绕组变压器。

附表Ⅲ-4　　**110kV 三相铝线三绕组变压器技术数据**

电力变压器型号	额定容量（kV·A）	额定电压（kV）			损耗（kW）				短路阻抗（%）			空载电流（%）	连接组别
		高压	中压	低压	负载 高中	负载 高低	负载 中低	空载	高中	高低	中低		
SFSL4-6300/110	6300/6300/6300	121±2×2.5%	38.5±2×2.5%	11.0，10.5	62.9	62.6	50.7	12.5	17.0	10.5	6.0	1.4	YNynd11
		110±2×2.5%			62.3	62.0	50.7						
		121±2×2.5%		6.6，6.3	66.2	60.2	51.6	12.5	10.5	17.0	6.0	1.4	
		110±2×2.5%			65.6	59.6	51.6						
SFSL4-8000/110	8000/4000/8000	121±5%	38.5±2×2.5%	11.0，10.5	27.0	83.0	19.0	14.2	17.5	10.5	6.5	1.26	
		110±5%			27.0	83.0	19.0						
	8000/8000/4000	121±5% 110±5%		6.6，6.3	84.0	27.0	21.0	14.2	10.5	17.5	6.5	1.26	
SFSL4-10000/110	10000/10000/1000	121±2×2.5%	38.5±2×2.5%	10.5	91.0	89.0	69.3	17.0	17.0	10.5	6.0	1.5	
				6.3	89.6	88.7	69.7		10.5	17.0	6.0		
SFSL4-15000/110	15000/15000/15000	121±2×2.5%	38.5±2×2.5%	10.5 6.3	120.0	120.0	95.0	22.7	17.0	10.5	6.0	1.3	
									10.5	17.0	6.0		
SFSL4-20000/110	20000/20000/10000	121±2.5%	38.5±5%	10.5 6.3	152.8	52.0	47.0	50.2	10.5	18.0	6.5	4.1	
	20000/10000/20000	121±2×2.5%	38.5±5%	10.5 6.3	52.0	148.2	47.0	50.2	18.0	10.5	6.5	4.1	
SFSL4-20000/110	20000/20000/20000	121±2×2.5%	38.5±5%	10.5 6.3	145.0	158.0	117.0	43.3	10.5	18.0	6.5	3.46	
		121±2×2.5%	38.5±5%	10.5 6.3	154.0	154.0	119.0	43.3	18.0	10.5	6.5	3.46	
SFSL4-25000/110	25000/25000/25000	121±2×2.5%	38.5±5%	10.5 6.3	175.0	197.0	142.0	49.5	10.5	18.0	6.5	3.6	
SFSL4-25000/110	25000/25000/25000	121±2×2.5%	38.5±2.5%	10.5 6.3	194.0	182.0	144.0	49.5	18.0	10.5	6.5	3.6	
			10.5	6.3	219.0	224.0	172.0	42.7	10.5	18.0	6.0	2.99	
SFSL4-31500/110	31500/31500/31500	121±2×2.5%	38.5±2×2.5%	10.5	229.1	212.0	181.6	37.2	18.0	10.5	6.5	0.8	
				6.3	215.4	231.0	184.0	37.2	10.5	18.0	6.5	0.8	
SFPSL4-40000/110	40000/40000/40000	121±2×2.5%	38.5±2×2.5%	10.5	276.0	250.0	205.5	72.0	17.5	10.5	6.5	2.7	
				6.3	244.0	274.5	205.5	72.0	10.5	17.5	6.5	2.7	

续表

电力变压器型号	额定容量（kV·A）	额定电压（kV）			损耗（kW）				短路阻抗（%）			空载电流（%）	连接组别
		高压	中压	低压	负载 高中	负载 高低	负载 中低	空载	高中	高低	中低		
SFPSL4-50000/110	50000/50000/50000	121±2×2.5%	38.5±2×2.5%	6.3	308.8	350.3	251.0	62.2	10.5	18.0	6.5	1.0	YNynd11
			38.5±2×2.5%	6.3	350.6	318.3	252.9	62.2	18.0	10.5	6.5	1.0	
SFSL4-50000/110	50000/50000/50000	121±2×2.5%	38.5±2.5%	6.3	350.00	300.00	255.00	53.2	17.5	10.5	6.5	0.8	
					300.00	350.00	255.00		10.5	17.5	6.5		
SFPSL4-63000/110	63000/63000/63000	121±2×5%	38.5±2.5%	6.3	380.00	470.00	320.00	64.2	10.5	18.5	6.5	0.7	
				6.3	470.00	380.00	330.00	64.2	18.5	10.5	6.5	0.7	
SFSLQ1-10000/110	10000/10000/10000	121±2×2.5%	38.5±2×2.5%	6.3	87.95	90.05	67.90	21.4	17.0	10.5	6.0	1.5	
					88.76	86.55	67.70		10.5	17.0	8.0		
SFSLQ1-15000/110	15000/15000/15000	121±2×2.5%	38.5±2×2.5%	6.3	120.00	120.00	94.00	30.5	17.0	10.5	6.0	1.2	
									10.5	17.0	6.0		
SFSLQ1-20000/110	20000/20000/20000	121±2×2.5%	38.5±2×2.5%	6.3	153.00	147.60	111.60	33.5	17.0	10.5	6.0	1.1	
					142.90	152.90	110.40		10.5	17.0	6.0		
		121±2×2.5%	38.5±2×2.5%	6.3	155.00	150.00	112.00	34.0	17.0	10.5	6.0	1.2	
					150.00	155.00	112.00		10.5	17.0	6.0		
SFSLQ1-31500/110	31500/31500/31500	121±2×2.5%	38.5±2×2.5%	10.5	217.00	200.70	158.60	46.8	17.0	10.5	6.0	0.9	
SSPSL1-31500/110				6.3	202.00	214.00	160.50		10.5	17.0	6.0		
			38.5±2×2.5%	13.8	230.00	214.00	184.00	38.4	18.0	10.5	6.5	0.8	
SSPSL1-45000/110	45000/45000/45000	121±5%	69	6.3	160.00	185.00	115.00	80.0	12.0	23.0	9.5	3.0	
SSPSL1-50000/110	50000/50000/50000	121±2.5%	38.5±2.5%	10.5	350.00	318.30	250.50	89.6	18.0	10.5	6.5	2.82	
SSPSL1-75000/110	75000/75000/75000	121±2×2.5%	38.5±2×2.5%	10.5	580.00	510.00	450.00	76.0	18.5	10.5	6.5	0.8	
SFSL-10000/110	10000/10000/10000	121±2×2.5%	38.5±2×2.5%	10.5	91.00	91.00	70.00	22.0	18.0	10.5	6.5	3.3	
				6.3					10.5	18.0	6.5		
SFSL-15000/110	15000/15000/15000	121±2×2.5%	38.5±2×2.5%	10.5	120.00	120.00	95.00	27	17.0	10.5	6.0	4.0	
				6.3					10.5	17.0	6.0		
SFSL-31500/110	31500/31500/31500	121±2×2.5%	38.5±2×2.5%	10.5	235.00	235.00	115.00	49	18.0	10.5	6.5	2.5	
				6.3					10.5	18.0	6.5		
SFSL-63000/110	63000/63000/63000	121±2×2.5%	38.5±2.5%	10.5	410.00	410.00	260.00	84	18.0	10.5	6.5	2.2	
				6.3					10.5	18.0	6.5		

注 SFSL 型为三相油浸风冷三绕组铝线变压器，SFPSL 型为三相强迫油循环风冷三绕组铝线变压器；SFSLQ 型为三相油浸风冷三绕组铝线全绝缘变压器；SSPSL 型为三相强迫油循环水冷三绕组铝线变压器。

附表Ⅲ-5　　110～220kV 三相铜线三绕组变压器技术数据

型　号	额定容量(kV·A)	额定电压(kV)			连接组别	损耗(kW)		空载电流(%)	短路阻抗(%)			总质量(t)
		高压	中压	低压		负载	空载		高低	高中	中低	
SFS7-31500/110	31500	110,121,110	35,38.5 38.5	6.3,6.6,10.5 10.5	YNyn0d11	175.0 175.0	46.0 46.0	1.0 1.0	17～18(降) 10.5	10.5(降) 18	6.5 6.5	
SFS7-40000/110 SFS7-50000/110	40000 50000	110 121	35,38.5 38.5	6.3,6.6,10.5 6.3,6.6,10.5		210.0 250.0	54.5 65.0	0.9 0.9	10.5 17～18	17～18 10.5	6.5	
SFS7-80000/110	80000	110,121	35,38.5	6.3,6.6,10.5		460.0	80.0	0.8	17～18	10.5	10.5	196
SFS7-120000/220	120000	220, 242±2×2.5% 230±2×2.5% 220±4×2.5% 220 $^{+3}_{-1}$×2.5%	121 121 121 121	10,10.5,11,38.5 10.5 38.5 10.5,11		480.0 480.0 640.0 480.0	133.0 133.0 148.0 138.0	0.8 0.8 0.8 0.8	22～24 24 24 23	12～24 14 15 13	7～9 8 7.4 8	196 196 206 175
SFS7-150000/220	150000	220±2×2.5% 220,242	121 121,69	11,13.8 11,13.8,15.75 35,38.5		570.0 570.0	157.0 157.0	0.7 0.7	22～24 22～24	12～14 12～14	7～9 7～9	200 211
SFS7-180000/220	180000	220±2×2.5% 220,242	121 121	10.5, 11,13.8,15.75 35,38.5		650.0 650.0	178.0 178.0	0.7 0.7	23 12～14	14 22～24	7 7	247 213
SFPS7-240000/220	240000	242±2×2.5% 242±2×2.5%	121 121	17.57, 11,13.8,15.75 35,38.5		380.0 800.0	170.0 220.0	0.7 0.6	22～24 22～24	12～14 12～14	7～9 7～9	268

注　SFS7 型为三相油浸风冷铜线三绕组变压器；SFPS7 型为三相强迫油循环风冷铜线三绕组变压器。

附表Ⅲ-6　**220kV 三相铜线自耦变压器技术数据**

型号	额定容量(kV·A)	额定电压(kV) 高压	中压	低压	连接组别	损耗(kW) 负载	空载	空载电流(%)	短路阻抗(%) 高低	高中	中低	总质量(t)
OSFPS7-120000/220	120000 100/100/50	220±$\frac{10}{7}$×2.5% 230$^{+3}_{-1}$×2.5% 220±2×2.5%	121	38.5 10.5,11,35,38.5 38.5	YN a0 d11	320 320 340	82 70 71	0.5 0.5 0.6	37 28~34 32	8.5 8~10 49	25 18~24 22	134.7 141 147
OSFPS7-120000/220	120000 100/50/100	242±2×2.5% 220$^{+3}_{-1}$×2.5%	121	10.5,13.8 38.5		378 300	77 75	0.7 0.3	8~12 10.5	12~14 10	14~18 18.5	105
OSFPS7-150000/220	150000 100/100/50 100/100/30	230$^{+3}_{-1}$×2.5% 220±2×2.5% 242±2×2.5%	117 121 121	37 11,35,38.5 6.3		380 400	82 61	0.5 0.16	31.3 28~34 29.2	8.3 8~10 8.7	20.2 18~24 18.3	143 132 132
OSFPS7-180000/220	180000 100/100/50 100/50/100	220 242 220±2×2.5% 242±2×2.5%	121 121 121 121	10.5,11,13.8,18 15.75,38.5 38.5 10.5,13.8,15.75 18		515 430 430 430~ 515	105 95 53 95~ 105	0.6 0.5 0.7 0.6	8~12 28~34 31.2 8~12	12~14 8~10 7.8 12~14	14~18 18~24 21.4 14~18	152 152 152 152

注　OSFPS7 型为三相强迫油循环风冷铜线降压自耦变压器。

附表Ⅲ-7　**220kV 三相铝线及 330kV 三相铜线自耦变压器的技术数据**

型号	额定容量 高/中/低 (MV·A)	额定电压(kV) 高	中	低	损耗(kW) 空载	负载 高-中	高-低	中-低	短路阻抗(%)(已归算到高压额定容量) 高-中	高-低	中-低	空载电流(%)	联结组别
SSPSO-360000/330	360/360/72	363$^{+4.5}_{-5.5}$%	242	11.0	207.00				7.50	77.50	66.70	0.351	YN a0 d11
OSFPSZ-90000/330	90/90/30	345	121±6×1.67%	11.0	97.00	33.94	93.92	78.4	9.65	25.74	14.25	0.483	
OSFPS-150000/330	150/150/40	330±2×2.5%	121	11.0	145.40	569.50	83.95	106.4	9.90	24.30	13.80	0.627	
OSFPS-240000/330	240/240/40	330±2×1%	242	10.5	73.50	565.30	176.90	180.4	8.64	94.20	78.50	0.206	
OSFPSL-90000/220	90/90/45	220±2×2.5%	121	11.0	77.70	323.70	315.00	253.5	9.76	36.62	24.24	0.500	
OSFPSL-120000/220	120/120/60	220±4×2.5%	121	11.0	73.25	455.00	306.00	346.0	9.35	33.10	21.60	0.346	
SSPSOL-300000/220	300/300/150	242±2×2.5%	121	13.8	224.70	1043.00	508.20	612.5	13.43	11.74	18.66	0.582	

注　SSPSO 型为三相强迫油循环水冷铜线升压自耦变压器；OSFPSZ 型为三相强迫油循环风冷铜线降压有载调压自耦变压器；OSFPS 型为三相强迫油循环风冷铜线降压自耦变压器；OSFPSL 型为三相强迫油循环风冷铝线降压自耦变压器；SSPSOL 型为三相强迫油循环水冷铝线升压自耦变压器。

附录Ⅳ 短路电流周期分量计算曲线数字表

附表Ⅳ-1 汽轮发电机计算曲线数字表（X_{js}=0.12～0.95）

X_{js}	0s	0.01s	0.06s	0.1s	0.2s	0.4s	0.5s	0.6s	1s	2s	4s
0.12	8.963	8.603	7.186	6.400	5.220	4.252	4.006	3.821	3.344	2.795	2.512
0.14	7.718	7.467	6.441	5.839	4.878	4.040	3.829	3.673	3.280	2.808	2.526
0.16	6.763	6.545	5.660	5.146	4.336	3.649	3.481	3.359	3.060	2.706	2.490
0.18	6.020	5.844	5.122	4.697	4.016	3.429	3.288	3.186	2.944	2.659	2.476
0.20	5.432	5.280	4.661	4.297	3.715	3.217	3.099	3.016	2.825	2.607	2.462
0.22	4.938	4.813	4.296	3.988	3.487	3.052	2.951	2.882	2.729	2.561	2.444
0.24	4.526	4.421	3.984	3.721	3.286	2.904	2.816	2.758	2.638	2.515	2.425
0.26	4.178	4.088	3.714	3.486	3.106	2.769	2.693	2.644	2.551	2.467	2.404
0.28	3.872	3.705	3.472	3.274	2.939	2.641	2.575	2.534	2.464	2.415	2.378
0.30	3.603	3.536	3.255	3.081	2.785	2.520	2.463	2.429	2.379	2.360	2.347
0.32	3.368	3.310	3.063	2.909	2.646	2.410	2.360	2.332	2.299	2.306	2.316
0.34	3.159	3.108	2.891	2.754	2.519	2.308	2.264	2.241	2.222	2.252	2.283
0.36	2.975	2.930	2.736	2.614	2.403	2.213	2.175	2.156	2.149	2.109	2.250
0.38	2.811	2.770	2.597	2.487	2.297	2.126	2.093	2.077	2.081	2.148	2.217
0.40	2.664	2.628	2.471	2.372	2.199	2.045	2.017	2.004	2.017	2.099	2.184
0.42	2.531	2.499	2.357	2.267	2.110	1.970	1.946	1.936	1.956	2.052	2.151
0.44	2.411	2.382	2.253	2.170	2.027	1.900	1.879	1.872	1.899	2.006	2.119
0.46	2.302	2.275	2.157	2.082	1.950	1.835	1.817	1.812	1.845	1.963	2.088
0.48	2.203	2.178	2.069	2.000	1.879	1.774	1.759	1.756	1.794	1.921	2.057
0.50	2.111	2.088	1.988	1.924	1.813	1.717	1.704	1.703	1.746	1.880	2.027
0.55	1.913	1.894	1.810	1.757	1.665	1.589	1.581	1.583	1.635	1.785	1.953
0.60	1.748	1.732	1.662	1.617	1.539	1.478	1.474	1.479	1.538	1.699	1.884
0.65	1.610	1.596	1.535	1.497	1.431	1.382	1.381	1.388	1.452	1.621	1.819
0.70	1.492	1.479	1.426	1.393	1.336	1.297	1.298	1.307	1.375	1.549	1.734
0.75	1.390	1.379	1.332	1.302	1.253	1.221	1.225	1.235	1.305	1.484	1.596
0.80	1.301	1.291	1.249	1.223	1.179	1.154	1.159	1.171	1.243	1.424	1.474
0.85	1.222	1.214	1.176	1.152	1.114	1.094	1.100	1.112	1.186	1.358	1.370
0.90	1.153	1.145	1.110	1.089	1.055	1.039	1.047	1.060	1.134	1.279	1.279
0.95	1.091	1.084	1.052	1.032	1.002	0.990	0.998	1.012	1.087	1.200	1.200

附表Ⅳ-2　　汽轮发电机计算曲线数字表（X_{js}=1.00～3.45）

X_{js}	0s	0.01s	0.06s	0.1s	0.2s	0.4s	0.5s	0.6s	1s	2s	4s
1.00	1.035	1.028	0.999	0.981	0.954	0.945	0.954	0968	1.043	1.129	1.129
1.05	0.985	0.979	0.952	0.935	0.910	0.904	0.914	0.928	1.003	1.067	1.067
1.10	0.940	0.934	0.908	0.893	0.870	0.866	0.876	0.891	0.966	1.011	1.011
1.15	0.898	0.892	0.869	0.854	0.833	0.832	0.842	0.857	0.932	0.961	0.961
1.20	0.860	0.855	0.832	0.819	0.800	0.800	0.811	0.825	0.898	0.915	0.915
1.25	0.825	0.820	0.799	0.786	0.769	0.770	0.781	0.796	0.864	0.874	0.874
1.30	0.793	0.788	0.768	0.756	0.740	0.743	0.754	0.769	0.831	0.836	0.836
1.35	0.763	0.758	0.739	0.728	0.713	0.717	0.728	0.743	0.800	0.802	0.802
1.40	0.735	0.731	0.713	0.703	0.688	0.693	0.705	0.720	0.769	0.770	0.770
1.45	0.710	0.705	0.688	0.678	0.665	0.671	0.682	0.697	0.740	0.740	0.740
1.50	0.686	0.682	0.665	0.656	0.644	0.650	0.662	0.676	0.713	0.713	0.713
1.55	0.663	0.659	0.644	0.635	0.623	0.630	0.642	0.657	0.687	0.687	0.687
1.60	0.642	0.639	0.623	0.615	0.604	0.612	0.624	0.638	0.664	0.664	0.664
1.65	0.622	0.619	0.605	0.596	0.586	0.594	0.606	0.621	0.642	0.642	0.642
1.70	0.604	0.601	0.587	0.579	0.570	0.578	0.590	0.604	0.621	0.621	0.621
1.75	0.586	0.583	0.570	0.562	0.554	0.562	0.574	0.598	0.602	0.602	0.602
1.80	0.570	0.567	0.554	0.547	0.539	0.548	0.559	0.573	0.584	0.584	0.584
1.85	0.554	0.551	0.539	0.532	0.524	0.534	0.545	0.559	0.566	0.566	0.566
1.90	0.540	0.537	0.525	0.518	0.511	0.521	0.532	0.544	0.550	0.550	0.550
1.95	0.526	0.523	0.511	0.505	0.498	0.508	0.520	0.530	0.535	0.535	0.535
2.00	0.512	0.510	0.498	0.492	0.486	0.496	0.508	0.517	0.521	0.521	0.521
2.05	0.500	0.497	0.486	0.480	0.474	0.485	0.496	0.504	0.507	0.507	0.507
2.10	0.488	0.485	0.475	0.469	0.463	0.474	0.485	0.492	0.494	0.494	0.494
2.15	0.476	0.474	0.464	0.458	0.453	0.463	0.474	0.481	0.482	0.482	0.482
2.20	0.465	0.463	0.453	0.448	0.443	0.453	0.464	0.470	0.470	0.470	0.470
2.25	0.455	0.453	0.443	0.438	0.433	0.444	0.454	0.459	0.459	0.459	0.459
2.30	0.445	0.443	0.433	0.428	0.424	0.435	0.444	0.448	0.448	0.448	0.448
2.35	0.435	0.433	0.424	0.419	0.415	0.426	0.435	0.438	0.438	0.438	0.438
2.40	0.426	0.424	0.415	0.411	0.407	0.418	0.426	0.428	0.428	0.428	0.428
2.45	0.417	0.415	0.407	0.402	0.399	0.410	0.417	0.419	0.419	0.419	0.419
2.50	0.409	0.407	0.399	0.394	0.391	0.402	0.409	0.410	0.410	0.410	0.410
2.55	0.400	0.399	0.391	0.387	0.383	0.394	0.401	0.402	0.402	0.402	0.402
2.60	0.392	0.391	0.383	0.379	0.376	0.387	0.393	0.393	0.393	0.393	0.393
2.65	0.385	0.384	0.376	0.372	0.369	0.380	0.385	0.386	0.386	0.386	0.386
2.70	0.377	0.377	0.369	0.365	0.362	0.373	0.378	0.378	0.378	0.378	0.378
2.75	0.370	0.370	0.362	0.359	0.356	0.367	0.371	0.371	0.371	0.371	0.371

续表

X_{js}	0s	0.01s	0.06s	0.1s	0.2s	0.4s	0.5s	0.6s	1s	2s	4s
2.80	0.363	0.363	0.356	0.352	0.350	0.361	0.364	0.364	0.364	0.364	0.364
2.85	0.357	0.356	0.350	0.346	0.344	0.354	0.357	0.357	0.357	0.357	0.357
2.90	0.350	0.350	0.344	0.340	0.338	0.348	0.351	0.351	0.351	0.351	0.351
2.95	0.344	0.344	0.338	0.335	0.333	0.343	0.344	0.344	0.344	0.344	0.344
3.00	0.338	0.338	0.332	0.329	0.327	0.337	0.338	0.338	0.338	0.338	0.338
3.05	0.332	0.332	0.327	0.324	0.322	0.331	0.332	0.332	0.332	0.332	0.332
3.10	0.327	0.326	0.322	0.319	0.317	0.326	0.327	0.327	0.327	0.327	0.327
3.15	0.321	0.321	0.317	0.314	0.312	0.321	0.321	0.321	0.321	0.321	0.321
3.20	0.316	0.316	0.312	0.309	0.307	0.316	0.316	0.316	0.316	0.316	0.316
3.25	0.311	0.311	0.307	0.304	0.303	0.311	0.311	0.311	0.311	0.311	0.311
3.30	0.306	0.306	0.302	0.300	0.298	0.306	0.306	0.306	0.306	0.306	0.306
3.35	0.301	0.301	0.298	0.295	0.294	0.301	0.301	0.301	0.301	0.301	0.301
3.40	0.297	0.297	0.293	0.291	0.290	0.297	0.297	0.297	0.297	0.297	0.297
3.45	0.292	0.292	0.289	0.287	0.286	0.292	0.292	0.292	0.292	0.292	0.292

附表Ⅳ-3　　水轮发电机计算曲线数字表（$X_{js}=0.18\sim0.95$）

X_{js}	0s	0.01s	0.06s	0.1s	0.2s	0.4s	0.5s	0.6s	1s	2s	4s
0.18	6.127	5.695	4.623	4.331	4.100	3.933	3.867	3.807	3.605	3.300	3.081
0.20	5.526	5.184	4.297	4.045	3.856	3.754	3.716	3.681	3.563	3.378	3.234
0.22	5.055	4.767	4.026	3.806	3.633	3.556	3.531	3.508	3.430	3.302	2.191
0.24	4.647	4.402	3.764	3.575	3.433	3.378	3.363	3.348	3.300	3.220	2.151
0.26	4.290	4.083	3.538	3.375	3.253	3.216	3.208	3.200	3.174	3.133	3.098
0.28	3.993	3.816	3.343	3.200	3.096	3.073	3.070	3.067	3.060	3.049	3.043
0.30	3.727	3.574	3.163	3.039	2.950	2.938	2.941	2.943	2.952	2.970	2.993
0.32	3.494	3.360	3.001	3.892	2.817	2.815	2.822	2.828	2.851	2.895	2.943
0.34	3.285	3.168	2.851	2.755	2.692	2.699	2.709	2.719	2.754	2.820	2.891
0.36	3.095	2.991	2.712	2.627	2.574	2.589	2.602	2.614	2.660	2.745	2.837
0.38	2.922	2.831	2.583	2.508	2.464	2.484	2.500	2.515	2.569	2.671	2.782
0.40	2.767	2.685	2.464	2.398	3.361	2.388	2.405	2.422	2.484	2.600	2.728
0.42	2.627	2.554	2.356	2.297	2.267	2.297	2.317	2.336	2.404	2.532	2.675
0.44	2.500	2.434	2.256	2.204	2.179	2.214	2.235	2.255	2.329	2.467	2.624
0.46	2.385	2.325	2.164	2.117	2.098	2.136	2.158	2.180	2.258	2.406	2.575
0.48	2.280	2.225	2.079	2.038	2.023	2.064	2.087	2.110	2.192	2.348	2.527
0.50	2.183	2.134	2.001	1.964	1.953	1.996	2.021	2.044	2.130	2.293	2.482
0.52	2.095	2.050	1.928	1.895	1.887	1.933	1.958	1.983	2.071	2.241	2.438
0.54	2.013	1.972	1.861	1.831	1.826	1.874	1.900	1.925	2.015	2.191	2.396

续表

X_{js}	0s	0.01s	0.06s	0.1s	0.2s	0.4s	0.5s	0.6s	1s	2s	4s
0.56	1.938	1.899	1.798	1.771	1.769	1.818	1.845	1.870	1.963	2.143	2.355
0.60	1.802	1.770	1.683	1.662	1.665	1.717	1.744	1.770	1.866	2.054	2.263
0.65	1.658	1.630	1.559	1.543	1.550	1.605	1.633	1.660	1.759	1.950	2.137
0.70	1.534	1.511	1.452	1.440	1.451	1.507	1.535	1.562	1.663	1.846	1.964
0.75	1.428	1.408	1.358	1.349	1.363	1.420	1.449	1.476	1.578	1.741	1.794
0.80	1.336	1.318	1.276	1.270	1.286	1.343	1.372	1.400	1.498	1.620	1.642
0.85	1.254	1.239	1.203	1.199	1.217	1.274	1.303	1.331	1.423	1.507	1.513
0.90	1.182	1.169	1.138	1.135	1.155	1.212	1.241	1.268	1.352	1.403	1.403
0.95	1.118	1.106	1.080	1.078	1.099	1.156	1.185	1.210	1.282	1.308	1.308

附表Ⅳ-4　　水轮发电机计算曲线数字表（X_{js}＝1.00～3.45）

X_{js}	0s	0.01s	0.06s	0.1s	0.2s	0.4s	0.5s	0.6s	1s	2s	4s
1.00	1.061	1.050	1.027	1.027	1.048	1.105	1.132	1.156	1.211	1.225	1.225
1.05	1.009	0.999	0.979	0.980	1.002	1.058	1.084	1.105	1.146	1.152	1.152
1.10	0.962	0.953	0.936	0.937	0.959	1.015	1.038	1.057	1.085	1.087	1.087
1.15	0.919	0.911	0.896	0.898	0.920	0.974	0.995	1.011	1.029	1.029	1.029
1.20	0.880	0.872	0.859	0.862	0.885	0.936	0.955	0.966	0.977	0.977	0.977
1.25	0.843	0.837	0.825	0.829	0.852	0.900	0.916	0.923	0.930	0.930	0.930
1.30	0.810	0.804	0.794	0.798	0.821	0.866	0.878	0.884	0.888	0.888	0.888
1.35	0.780	0.774	0.765	0.769	0.792	0.834	0.843	0.847	0.849	0.849	0.849
1.40	0.751	0.746	0.738	0.743	0.766	0.803	0.810	0.812	0.813	0.813	0.813
1.45	0.725	0.720	0.713	0.718	0.740	0.774	0.778	0.780	0.780	0.780	0.780
1.50	0.700	0.696	0.690	0.695	0.717	0.746	0.749	0.750	0.750	0.750	0.750
1.55	0.677	0.673	0.668	0.673	0.694	0.719	0.722	0.722	0.722	0.722	0.722
1.60	0.655	0.652	0.647	0.652	0.673	0.694	0.696	0.696	0.696	0.696	0.696
1.65	0.635	0.632	0.628	0.633	0.653	0.671	0.672	0.672	0.672	0.672	0.672
1.70	0.616	0.613	0.610	0.615	0.634	0.649	0.649	0.649	0.649	0.649	0.649
1.75	0.598	0.595	0.592	0.598	0.616	0.628	0.628	0.628	0.628	0.628	0.628
1.80	0.581	0.578	0.576	0.582	0.599	0.608	0.608	0.608	0.608	0.608	0.608
1.85	0.565	0.563	0.561	0.566	0.582	0.590	0.590	0.590	0.590	0.590	0.590
1.90	0.550	0.548	0.546	0.552	0.566	0.572	0.572	0.572	0.572	0.572	0.572
1.95	0.536	0.533	0.532	0.538	0.551	0.556	0.556	0.556	0.556	0.556	0.556
2.00	0.522	0.520	0.519	0.524	0.537	0.540	0.540	0.540	0.540	0.540	0.540
2.05	0.509	0.507	0.507	0.512	0.523	0.525	0.525	0.525	0.525	0.525	0.525
2.10	0.497	0.495	0.495	0.500	0.510	0.512	0.512	0.512	0.512	0.512	0.512
2.15	0.485	0.483	0.483	0.488	0.497	0.498	0.498	0.498	0.498	0.498	0.498

续表

X_{js}	0s	0.01s	0.06s	0.1s	0.2s	0.4s	0.5s	0.6s	1s	2s	4s
2.20	0.474	0.472	0.472	0.477	0.485	0.486	0.486	0.486	0.486	0.486	0.486
2.25	0.463	0.462	0.462	0.466	0.473	0.474	0.474	0.474	0.474	0.474	0.474
2.30	0.453	0.452	0.452	0.456	0.462	0.462	0.462	0.462	0.462	0.462	0.462
2.35	0.443	0.442	0.442	0.446	0.452	0.452	0.452	0.452	0.452	0.452	0.452
2.40	0.434	0.433	0.433	0.436	0.441	0.441	0.441	0.441	0.441	0.441	0.441
2.45	0.425	0.424	0.424	0.427	0.431	0.431	0.431	0.431	0.431	0.431	0.431
2.50	0.416	0.415	0.415	0.419	0.422	0.422	0.422	0.422	0.422	0.422	0.422
2.55	0.408	0.407	0.407	0.410	0.413	0.413	0.413	0.413	0.413	0.413	0.413
2.60	0.400	0.399	0.399	0.402	0.404	0.404	0.404	0.404	0.404	0.404	0.404
2.65	0.392	0.391	0.392	0.394	0.396	0.396	0.396	0.396	0.396	0.396	0.396
2.70	0.385	0.384	0.384	0.387	0.388	0.388	0.388	0.388	0.388	0.388	0.388
2.75	0.378	0.377	0.377	0.379	0.380	0.380	0.380	0.380	0.380	0.380	0.380
2.80	0.371	0.370	0.370	0.372	0.373	0.373	0.373	0.373	0.373	0.373	0.373
2.85	0.364	0.363	0.364	0.365	0.366	0.366	0.366	0.366	0.366	0.366	0.366
2.90	0.358	0.357	0.357	0.359	0.359	0.359	0.359	0.359	0.359	0.359	0.359
2.95	0.351	0.351	0.351	0.352	0.352	0.353	0.353	0.353	0.353	0.353	0.353
3.00	0.345	0.345	0.345	0.346	0.346	0.346	0.346	0.346	0.346	0.346	0.346
3.05	0.339	0.339	0.339	0.340	0.340	0.340	0.340	0.340	0.340	0.340	0.340
3.10	0.334	0.333	0.333	0.334	0.334	0.334	0.334	0.334	0.334	0.334	0.334
3.15	0.328	0.328	0.328	0.329	0.329	0.329	0.329	0.329	0.329	0.329	0.329
3.20	0.323	0.322	0.322	0.323	0.323	0.323	0.323	0.323	0.323	0.323	0.323
3.25	0.317	0.317	0.317	0.318	0.318	0.318	0.318	0.318	0.318	0.318	0.318
3.30	0.312	0.312	0.312	0.313	0.313	0.313	0.313	0.313	0.313	0.313	0.313
3.35	0.307	0.307	0.307	0.308	0.308	0.308	0.308	0.308	0.308	0.308	0.308
3.40	0.303	0.302	0.302	0.303	0.303	0.303	0.303	0.303	0.303	0.303	0.303
3.45	0.298	0.298	0.298	0.298	0.298	0.298	0.298	0.298	0.298	0.298	0.298

参　考　文　献

[1] 西安交通大学，等．电力系统计算．北京：水利电力出版社，1978．
[2] 解广润．过电压及保护（增订版）．北京：电力工业出版社，1980．
[3] 西安交通大学．电力工程．北京：电力工业出版社，1981．
[4] 刘万顺，等．电力系统故障分析．3版．北京：中国电力出版社，2010．
[5] 陈慈萱，马志瀛．高压电器．北京：水利电力出版社，1987．
[6] 马大强．电力系统机电暂态过程．北京：水利电力出版社，1988．
[7] 韩帧祥．电力系统稳定．北京：水利电力出版社，1995．
[8] 西北电力设计院．电力工程电气设计手册．北京：水利电力出版社，1995．
[9] 鞠平，马大强．电力系统负荷建模．北京：水利电力出版社，1995．
[10] 吴希再，熊信银，张国强．电力工程．武汉：华中理工大学出版社，1997．
[11] 张文勤．电力系统基础．2版．北京：中国电力出版社，1998．
[12] 周文俊．电气设备实用手册．北京：中国水利水电出版社，1999．
[13] 刘荣．自然能供电技术．北京：科学技术出版社，2000．
[14] 郭永基．电力系统新进展．北京：冶金工业出版社，2000．
[15] 林海雪，孙树勤．电网中的谐波．北京：中国电力出版社，2000．
[16] 国家电力调度通信中心．全国电网典型事故分析（1988—1998）．北京：中国电力出版社，2000．
[17] 徐国政，张节容，钱家骊，黄瑜珑．高压断路器的原理和应用．北京：清华大学出版社，2000．
[18] 王仁祥．常用低压电器原理及其控制技术．北京：机械工业出版社，2001．
[19] 刘笙．电气工程基础．北京：科学出版社，2002．
[20] 刘涤尘．电气工程基础．武汉：武汉理工大学出版社，2002．
[21] 尹炼，刘文洲．风力发电．北京：中国电力出版社，2002．
[22] 林莘．现代高压电器技术．北京：机械工业出版社，2002．
[23] 何仰赞．电力系统分析．3版．武汉：华中科技大学出版社，2003．
[24] 王长贵，崔容强，周篁．新能源发电技术．北京：中国电力出版社，2003．
[25] 熊信银，张步涵．电气工程基础．武汉：华中科技大学出版社，2005．
[26] 周浩，等．电力工程．杭州：浙江大学出版社，2007．
[27] 张晓东，等．核能及新能源发电技术．北京：中国电力出版社，2008．
[28] 韦钢，等．电力工程概论．3版．北京：中国电力出版社，2009．
[29] 杨金焕，于化丛，葛亮．太阳能光伏发电应用技术．北京：电子工业出版社，2009．
[30] 尹忠东，朱永强．可再生能源发电技术．北京：中国水利水电出版社，2010．
[31] 刘振亚．智能电网技术．北京：中国电力出版社，2010．
[32] 熊信银．发电厂电气部分．3版．北京：中国电力出版社，2009．
[33] 中国电力科学研究院．特高压输电技术：交流输电分册．北京：中国电力出版社，2012．
[34] GB 38755—2019，电力系统安全稳定导则．北京：中国电力出版社，2020．
[35] 舒印彪，等．构建以新能源为主体的新型电力系统框架研究．中国工程科学，2021，23（6）：61-69．
[36] 王德全．混合式直流断路器电流转移机制与均流均压特性研究．大连：大连理工大学，2022．
[37] 石方迪，等．世界一流城市配电网典型接线模式的评估及选型方法．电网技术，2022，46（6）：2249-2258．